Jochen M. Auler | Jens Becker (BG Verkehr) | Ralf Brandau (BG Verkehr) | Stephan Burgmann | Petra Drünkler (BG Verkehr) | Josef Frauenrath (BG Verkehr) | Anselm Grommes | Sven Hallmann (BG Verkehr) | Michael Jung | Georg Krackhardt | Frank Lenz | Daniela Leonhardt | Dr. Birger Neubauer (BG Verkehr) | Reiner Rosenfeld | Jörg Weymann | Ralf Zanetti (BG Verkehr)

Beschleunigte Grundqualifikation

Basiswissen Lkw/Bus

EU-Berufskraftfahrer

Jochen M. Auler | Jens Becker (BG Verkehr) | Ralf Brandau (BG Verkehr) Stephan Burgmann | Petra Drünkler (BG Verkehr) | Josef Frauenrath (BG Verkehr) | Anselm Grommes | Sven Hallmann (BG Verkehr) | Michael Jung Georg Krackhardt | Frank Lenz | Daniela Leonhardt | Dr. Birger Neubauer (BG Verkehr) | Reiner Rosenfeld | Jörg Weymann | Ralf Zanetti (BG Verkehr)

Beschleunigte Grundqualifikation

Name des Teilnehmers

Name der Ausbildungsstätte

Datum der beschleunigten Grundqualifikation
von __.__.____ bis __.__.____

Voraussichtliches Prüfungsdatum
__.__.____

Der Verlag Heinrich Vogel ist Fördermitglied von „DocStop für Europäer e.V."

10. Auflage 2021
Stand 01/2021

Autoren Jochen M. Auler (Kapitel 2), Jens Becker (BG Verkehr) (Kapitel 8), Ralf Brandau (BG Verkehr) (Kapitel 4), Stephan Burgmann (Kapitel 3), Petra Drünkler (BG Verkehr) (Kapitel 4), Josef Frauenrath (BG Verkehr) (Kapitel 7), Anselm Grommes (Kapitel 1), Sven Hallmann (BG Verkehr) (Kapitel 8), Michael Jung (Kapitel 2), Georg Krackhardt (Kapitel 7), Frank Lenz (Kapitel 1), Daniela Leonhardt (Kapitel 5), Dr. Birger Neubauer (BG Verkehr) (Kapitel 7), Reiner Rosenfeld (Kapitel 5, Aus der Praxis – für die Praxis), Jörg Weymann (Kapitel 8), Ralf Zanetti (BG Verkehr) (Kapitel 6)
Bildnachweis Actia, Beru AG, Berufsgenossenschaft für Transport und Verkehrswirtschaft (BG Verkehr), Ralf Brandau (BG Verkehr), Sascha Böhnke, Bundesministerium des Inneren, Bundespolizei, Bundesverband deutscher Omnibusunternehmer e.V. (bdo), Continental AG, Daimler AG, ddp, Deutsche Gesellschaft für Ernährung e.V., Deutscher Verkehrssicherheitsrat e.V. (DVR), Efkon, EWE Oldenburg, Fotolia, Axel Gebauer (BG Verkehr), Anselm Grommes, Hagener Straßenbahn AG, Michael Jung, Knorr-Bremse, Kraftfahrtbundesamt (KBA), Frank Lenz, Lobbe Entsorgung GmbH, Wolfgang Maier, MAN Truck & Bus, Reiner Rosenfeld, Siemens VDO, Scania Deutschland, Stoneridge, TOTAL Feuerschutz GmbH, VAG Nürnberg, VDO Automotive AG, Archiv Verlag Heinrich Vogel, VKT.Georg Fischer, Volvo Trucks Deutschland, Wabco, ZF-Friedrichshafen
Illustrationen Jörg Thamer
Layout und Satz Uhl+Massopust, Aalen
Titelbild © MAN Truck & Bus AG
Lektorat Julia Drichel, Rico Fischer
Druck Gotteswinter und Aumaier GmbH, 80807 München

Aus Gründen der Lesbarkeit wurde im Folgenden die männliche Form (z. B. Fahrer) verwendet. Alle personenbezogenen Aussagen gelten jedoch stets für Männer, Frauen und divers gleichermaßen.

Die Berufsgenossenschaft für Transport und Verkehrswirtschaft (BG Verkehr) ist Rechtsnachfolgerin der Berufsgenossenschaft für Fahrzeughaltungen (BGF).

ISBN 978-3-574-24765-1

Inhalt

Einführung

Das Berufskraftfahrer-Qualifikationsgesetz (BKrFQG)

Das „BKrFQG" basiert auf der EG-Richtlinie 2003/59 und regelt die Aus- und Weiterbildung von Berufskraftfahrern.
Bus- und Lkw-Fahrer, die seit dem 10.09.2008 (Bus) bzw. ab dem 10.09.2009 (Lkw) ihren Führerschein gemacht haben, müssen zusätzlich eine **Grundqualifikation** absolvieren, um den Führerschein gewerblich nutzen zu dürfen.
Außerdem müssen alle Bus- und Lkw-Fahrer, unabhängig vom Datum des Führerscheinerwerbs, alle 5 Jahre 35 Stunden **Weiterbildung** absolvieren.

Grundqualifikation

Die Grundqualifikation kann über **drei Wege** erlangt werden:

- Berufsausbildung zum/zur Berufskraftfahrer/in (BKF), Fachkraft im Fahrbetrieb (FIF) oder vergleichbarer Ausbildungsberuf
- Grundqualifikation (Lehrgang nicht erforderlich, 7,5-stündige praktische und theoretische Prüfung)
- Beschleunigte Grundqualifikation (140 Stunden Lehrgang, 1,5-stündige nur theoretische Prüfung)

Bei Vorbesitz einer Grundqualifikation für die jeweils andere Fahrzeugklasse oder einer absolvierten Fachkundeprüfung reduzieren sich der Lehrgang und die Prüfung (**Umsteiger** bzw. **Quereinsteiger**).

Inhalte des Bands Basiswissen Lkw/Bus

Folgende Ziele und Kenntnisbereiche nach Anlage 1 BKrFQV werden vermittelt und abgedeckt:

- Kapitel 1 behandelt Unterkenntnisbereich 1.2 Kenntnis der technischen Merkmale und der Funktionsweise der Sicherheitsausstattung, um das Fahrzeug zu beherrschen, seinen Verschleiß möglichst gering zu halten und Fehlfunktionen vorzubeugen

- Kapitel 2 behandelt Unterkenntnisbereich 1.1 Kenntnis der Eigenschaften der kinematischen Kette für eine optimierte Nutzung sowie Unterkenntnisbereich 1.3 Fähigkeit zur Optimierung des Kraftstoffverbrauchs
- Kapitel 3 behandelt Unterkenntnisbereich 2.1 Kenntnis der sozialrechtlichen Rahmenbedingungen und Vorschriften für den Kraftverkehr
- Kapitel 4 behandelt Unterkenntnisbereich 1.3a Fähigkeit, Risiken im Straßenverkehr vorherzusehen, zu bewerten und sich daran anzupassen sowie Unterkenntnisbereich 3.1 Sensibilisierung in Bezug auf Risiken des Straßenverkehrs und Arbeitsunfälle
- Kapitel 5 behandelt Unterkenntnisbereich 3.2 Fähigkeit, der Kriminalität und der Schleusung illegaler Einwanderer vorzubeugen
- Kapitel 6 behandelt Unterkenntnisbereich 3.3 Fähigkeit, Gesundheitsschäden vorzubeugen
- Kapitel 7 behandelt Unterkenntnisbereich 3.4 Sensibilisierung für die Bedeutung einer guten körperlichen und geistigen Verfassung
- Kapitel 8 behandelt Unterkenntnisbereich 3.5 Fähigkeit zu richtiger Einschätzung der Lage bei Notfällen

Alle weiteren Ziele nach Anlage 1 der BKrFQV werden im jeweiligen Band **„Spezialwissen Lkw"** bzw. **„Spezialwissen Bus"** behandelt.

Informationsportal EU-BKF

Auf dem Informationsportal www.eu-bkf.de finden Sie aktuelle Informationen zum Thema Berufskraftfahrerqualifikation.

Symbolerläuterung

 Ziel

 Praxistipp

 Medienverweis

 Aufgabe

 Warnhinweis

 Mehr Informationen im Internet

Links zu Webinhalten sind zusätzlich als QR-Codes dargestellt. Sie lassen sich über die Kamera Ihres Smartphones oder Tablets scannen und anschauen. Dazu benötigen Sie einen QR-Code Reader als App, den Sie kostenlos von verschiedenen Anbietern im Store Ihres mobilen Geräts herunterladen können.

Um Dateien in einem besonderen Format aufzurufen (z.B. PDF oder Word-Datei) benötigen Sie am Rechner sowie auf dem Mobilgerät spezielle Anwendungen.

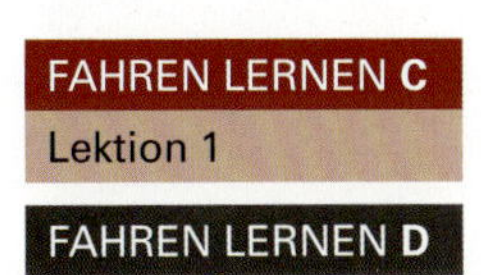

Bei einigen Themen gibt es inhaltliche Überschneidungen mit der Führerscheinausbildung der Klassen C und D. Die Markierungen am Anfang der Unterkapitel verweisen auf die Lektionen im Führerschein-Lehrbuch, in denen das Thema auch behandelt wird.

Aus der Praxis – für die Praxis

An verschiedenen Stellen im Buch finden Sie Praxisseiten, die hilfreiche Tipps für unterwegs enthalten. Hier steht nicht die Prüfung im Vordergrund, sondern *Ihr* künftiger Berufsalltag!

Medienverweis →

Arbeits- und Lehrbuch
Beschleunigte Grundqualifikation Spezialwissen Lkw
Artikelnummer: 24767

Arbeits- und Lehrbuch
Beschleunigte Grundqualifikation Spezialwissen Bus
Artikelnummer: 24766

Prüfungstest
Beschleunigte Grundqualifikation Lkw/Bus
Artikelnummer: 24764

FAHREN LERNEN
Lehrbuch Klasse C
Artikelnummer: 27270

FAHREN LERNEN
Lehrbuch Klasse D
Artikelnummer: 27290

1 Technische Ausstattung und Fahrphysik

Nr. 1.2 und 1.3
Anlage 1 BKrFQV

1.1 Gesetzliche Vorschriften

FAHREN LERNEN **C**
Lektion 6

FAHREN LERNEN **D**
Lektion 6

Sie sollen einen Überblick über die wichtigsten Vorschriften zu Bremsanlagen bekommen, die in der StVZO und verschiedenen europäischen Richtlinien verankert sind. Ebenso sollen Sie die grundlegenden Anforderungen an die Bremsen kennen.

1.1.1. StVZO

Die gesetzlichen Grundlagen für Bremsanlagen sind in verschiedenen nationalen und internationalen Vorschriften niedergelegt. Im Rahmen der Erteilung einer allgemeinen Betriebserlaubnis für Typen gemäß §20 StVZO oder einer Betriebserlaubnis für Einzelfahrzeuge gemäß §21 StVZO müssen die Bremsanlagen den Bau- und Betriebsvorschriften des §41 StVZO entsprechen.

1.1.2 Europäische Vorschriften

Für Fahrzeuge mit Zulassung nach 1991 gelten die meist weiterreichenden Anforderungen der EU-Richtlinien und DIN-Normen. In Deutschland werden nur Fahrzeuge zugelassen, die entweder der EU-Richtlinie oder der StVZO entsprechen.
Die Anforderungen der Bremsanlage sind von den Fahrzeugklassen abhängig. Kfz zur Personenbeförderung sind in die Klassen M1-M3, Kfz zur Güterbeförderung in N1-N3 eingestuft.
Als Bremsanlage wird die Gesamtheit der Teile bezeichnet, deren Aufgabe es ist, die Geschwindigkeit eines fahrenden Fahrzeugs zu verringern, es zum Stillstand zu bringen oder zu halten, wenn es bereits steht.

Die Bremsanlage besteht aus der:
- Betätigungseinrichtung
- Übertragungseinrichtung
- eigentlichen Bremsen

Die Bremsanlage muss folgende Anforderungen erfüllen:

1. Betriebsbremse
Die Betriebsbremsanlage dient zur Verzögerung der Geschwindigkeit des Fahrzeugs. Sie wird vom Fahrer betätigt, ohne dass dieser die Hände von der Lenkanlage nehmen muss.

2. Feststellbremse
Die Feststellbremse sichert ein stehendes Fahrzeug gegen Wegrollen. Sie muss auch bei Ausfall der Energieversorgung voll wirken.

3. Dauerbremse
Die Dauerbremsen in einem Fahrzeug arbeiten verschleißfrei. Sie sind als Zusatzbremse zu betrachten und für KOM über 5,5 t zGM und andere Kraftfahrzeuge über 9 t zGM vorgeschrieben.

4. Hilfsbremse
Die Hilfsbremsanlage muss bei Ausfall der Betriebsbremse deren Funktion mit verminderter Wirkung erfüllen. Sie braucht keine unabhängige Bremsanlage zu sein. Der Fahrer muss mit einer Hand die Kontrolle über die Lenkanlage behalten.

An der Bremsanlage müssen zwei voneinander unabhängige Betätigungseinrichtungen vorhanden sein. Die Betriebsbremsanlage und die Feststellbremse müssen getrennte Betätigungseinrichtungen haben.

In der **EU-Regelung Nr. 13, Bremsanlage** sind alle wichtigen

- Anwendungsbereiche
- Sicherheitsstandards
- Prüfsysteme
- Fahrzeugkontrollsysteme

festgelegt.

Nach der EU-Richtlinie müssen alle Fremdkraftbremsen zweikreisig ausgeführt sein und folgende Mindestverzögerung erreichen:

- Betriebsbremse 5 m/s^2
- Feststellbremse 1,5 m/s^2
- Hilfsbremse 2,5 m/s^2

Weitere Anforderungen betreffen:

- Zulässige Handkraft
- Zulässige Fußkraft
- Maximale Betätigungswege
- Vermeiden von Ausfall der Bremse durch Überhitzung (Fading)
- Kursstabilität des Fahrzeugs
- Radbremsdrücke für ABS, Antriebsschlupfregelung (ASR) und Elektronisches Stabilitätsprogramm (ESP)
- Ggf. situationsabhängige Bremskrafterhöhung (z. B. Bremsassistent)

AUFGABEN

Mit welchen Bremsen ist ein Lkw über 9 t zGM ausgestattet?

Welche Mindestverzögerung müssen die Bremsanlagen eines Kraftfahrzeugs mindestens erreichen?

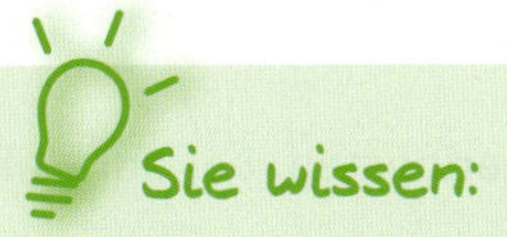

- ✔ Welche gesetzlichen Regelungen für Bremsanlagen es gibt.
- ✔ Welche Anforderungen eine Bremsanlage erfüllen muss.

1.2 Arten von Bremsanlagen

FAHREN LERNEN **C**
Lektion 6

FAHREN LERNEN **D**
Lektion 6

Sie sollen die physikalischen Grundlagen für das Bremsen mit Fahrzeugen kennenlernen. Sie sollen den Unterschied zwischen den Reibungsarten kennen und um die Bedeutung des Kamm'schen Kreises wissen.
Sie sollen die verschiedenen Arten von Bremsanlagen und ihre Aufgaben kennen und die Funktion erklären können.
Sie sollen wissen, wie und wann Sie welche Bremse einsetzen können.

1.2.1 Physikalische Grundlagen

Physikalisch gesehen sind Bremsvorgänge eine Umwandlung der Bewegungsenergie eines fahrenden Fahrzeugs in Wärmeenergie.
Diese ist von der Fahrzeugmasse und der Geschwindigkeit abhängig.

Die gewünschte Verzögerung ist abhängig von:
- Der Leistung der Bremsanlage
- Der Haftung zwischen Reifen und Fahrbahn
- Der Bremskraftverteilung

Grundsätzlich unterscheidet man zwischen drei verschiedenen Reibungsarten, die im Betrieb mit Kraftfahrzeugen vorkommen.
Diese sind:
- Haftreibung
- Gleitreibung
- Rollreibung

Jede dieser Reibungsarten hat eine charakteristische Reibungszahl μ. Der Reibwert μ ist jedoch keine konstante Größe, sondern ist unter anderem abhängig vom Fahrbahnbelag und den Witterungsverhältnissen.

Bei der Rollreibung ist die Reibungszahl am geringsten, bei der Haftreibung am größten.
Im normalen Fahrbetrieb mit einem Fahrzeug, das auf einer Straße fährt, tritt zwischen dem Reifen und der Fahrbahn die Rollreibung auf.

Oberstes Ziel beim Bremsen ist es, einen möglichst kurzen Bremsweg zu erreichen. Der Fahrer soll bei jedem Bremsvorgang Haftung zwischen Reifen und Fahrbahn anstreben. Die höchstmögliche Verzögerung kann erreicht werden, wenn alle Räder gebremst werden und an die Kraftschlussgrenze stoßen.
Die Kraftschlussgrenze ist der Übergang von Haftreibung in Gleitreibung. Von entscheidender Bedeutung ist hier der Oberflächenzustand der Fahrbahn, das Material der Fahrbahn und der Reifenzustand in Profil und Profiltiefe.

PRAXIS-TIPP

Bei ungleichmäßiger Beladung kann das Fahrzeug bei blockierten Hinterrädern seitlich ausbrechen. Beladen Sie daher Ihre Nutzfahrzeuge gleichmäßig.

Ein weiteres Ziel ist, dass das Fahrzeug während des Bremsvorgangs jederzeit lenkbar bleibt.
Dies ist aber nur möglich, wenn die Räder nicht blockieren. Somit müssen neu zugelassene Nutzfahrzeuge über 3,5 t zGM mit einem automatischen Blockierverhinderer (ABV) gemäß §41b StVZO ausgestattet sein, um Gleitreibung zu verhindern und das Fahrzeug lenkfähig zu halten.
Soll jedoch durch die Reifen hundert Prozent Bremskraft übertragen werden, bleibt für die Übertragung der Seitenführungskraft nichts mehr

Abbildung 1: Bremstest Sattelzugmaschine

Abbildung 2: Bremsentraining Bus

übrig. Ein Fahrzeug mit blockierenden Rädern ist daher nicht lenkbar.

Der sogenannte Kamm'sche Reibungskreis verdeutlicht den Zusammenhang zwischen Bremskraft und Seitenführungskraft.
Man erkennt, dass nur in einem bestimmten Verhältnis zur Bremskraft eine optimale Seitenführungskraft übertragen werden kann. Wenn die Hinterräder blockieren, können keine Seitenführungskräfte übertragen werden. Das Fahrzeug kann hinten ausbrechen und ins Schleudern kommen.
Die Seitenführungskraft wird für die Kurvenfahrt und Fahrstabilität benötigt. Den erforderlichen Anteil „stiehlt" sie sich von der vorhandenen Bremskraft. Bei der Kurvenfahrt stellt sich also stets eine Kompromisslösung zwischen Fahrstabilität, Lenkbarkeit und Bremsweg ein.

Da beim Bremsen sehr hohe Temperaturen entstehen können, werden an Bremstrommeln und Bremsscheiben Materialien verwendet, die Wärme aufnehmen und speichern können, ohne sich selbst übermäßig stark zu erhitzen. Weiterhin muss das Material die Wärme rasch an die Umgebungsluft abgeben, um ein Bremsfading, das heißt die Verminderung der Bremsleistung durch Überhitzung, zu verhindern.

AUFGABE

Warum soll der Fahrer beim Bremsen immer Haftreibung anstreben?

1.2.2 Arten von Bremsanlagen

Definition

Die Bremsanlage ist ein technisches System zur Verzögerung und Verhinderung der Rollbewegung eines Fahrzeugs. Die Wirkung der Bremse wird über die Bremsverzögerung definiert, die als Abnahme der Geschwindigkeit pro Zeit definiert wird. Die Bremsverzögerung ist als negative Beschleunigung zu verstehen.

Abbildung 3: Fußbremspedal

Betriebsbremsanlage

Die Betriebsbremsanlage (BBA) dient dazu, die Geschwindigkeit des Fahrzeugs zu verlangsamen oder es zum Stillstand zu bringen.
Zur Berechnung der Verzögerung der Betriebsbremsanlage ist die Bezugsgröße die Fallbeschleunigung von 9,81 m/s². Die Betriebsbremsanlage muss eine Mindestverzögerung von 45 %, also 4,42 m/s² bei Lkw über 3,5 t erreichen. Bei Hauptuntersuchungen und Sicherheitsprüfungen werden diese Werte ermittelt und in ein Prüfprotokoll eingetragen.

Abbildung 4: Feststellbremsventil

Feststellbremsanlage

Die Feststellbremsanlage (FBA) dient dazu, die Räder eines Fahrzeugs auch bei Abwesenheit des Fahrers dauerhaft zu blockieren und ein Wegrollen zu verhindern.
In Personenkraftwagen finden Seilzugbremsen als Feststellbremsen Anwendung. Die Betätigung erfolgt mit Hilfe von Hebeln oder Pedalen mechanisch oder hydraulisch.
Neuere Fahrzeuggenerationen verwenden auch elektromechanische Feststellbremsen. Hier werden die Bremsbeläge mit Hilfe von Stellmotoren am Bremssattel an die Bremsscheibe gedrückt.
Betriebsbremsanlage und Feststellbremsanlage müssen unabhängig voneinander sein. In Nutzfahrzeugen finden Federspeicherbremsen Anwendung. Die Bremsung erfolgt mittels Federkraft. Die Feststellbremse muss eine Mindestverzögerung von 1,5 m/s² erreichen.

Hilfsbremsanlage

Die Hilfsbremsanlage (HBA) ist eine Ersatzbremse. Mit ihr muss bei Ausfall der kompletten Betriebsbremse eine Notbremsung durchgeführt werden können. Sie ist keine eigenständige Bremse und kann in die Betriebsbremsanlage oder Feststellbremsanlage integriert sein. Es gilt die Funktionsbeschreibung der Betriebsbremsanlage oder Feststellbremsanlage.

Abbildung 5: Elektrischer Wirbelstromretarder

Dauerbremsanlage

Kraftomnibusse mit einer zulässigen Gesamtmasse von mehr als 5,5 t sowie andere Kraftfahrzeuge mit einer zGM von mehr als 9 t müssen mit einer Dauerbremse ausgerüstet sein. Die Dauerbremsanlage (DBA) soll das Fahrzeug in einem Gefälle von 7 % bei einer Geschwindigkeit von 30 km/h halten.

Die Dauerbremsen arbeiten verschleißfrei. Es finden Motorbremsen und/oder Retarder Anwendung.

Haltestellenbremse

Die Haltestellenbremse wird vorwiegend in Linienbussen eingesetzt. Mit ihrer Hilfe soll das Fahrzeug an Haltestellen schnell und einfach festgehalten werden können. Durch das schnelle lösen wird ein zügigerer Anfahrvorgang ermöglicht.

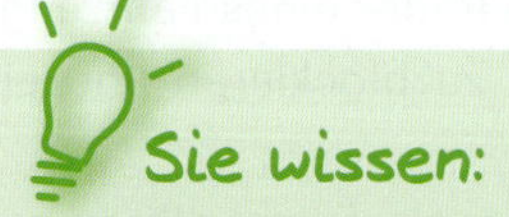

Sie wissen:

- ✔ Welche physikalischen Gesetze bei Bremsvorgängen eine Rolle spielen.
- ✔ Welche Arten von Bremsanlagen es gibt und wie diese eingesetzt werden.

1.3 Betriebsbremsanlagen I

Sie sollen die Funktionsweise von mechanischen und hydraulischen Bremsanlagen kennen.

FAHREN LERNEN **C**
Lektion 6

FAHREN LERNEN **D**
Lektion 6

1.3.1 Mechanische Bremsanlage

Abbildung 6: Mechanische Bremsanlage am Vorderrad eines Motorrads

Mechanisch wirkende Bremsanlagen werden in Pkw, in Anhängern und leichten Zweirädern als Feststell- oder Handbremse eingesetzt. Sie finden in großen Nutzfahrzeugen keine Verwendung. Bei KOM oder kleinen Lastkraftwagen mit Anhängerbetrieb kann jedoch eine mechanische Feststellbremsanlage Anwendung finden. Die Übertragung der Kräfte erfolgt hier mittels Drahtseil oder Gestänge zur Radbremse.

Abbildung 7: Auflaufbremse

Auflaufbremse

Bremsen, deren Wirkung ausschließlich durch die Auflaufkraft erzeugt wird, nennt man Auflaufbremsen. Sie sind an Anhängern bis zu einer zulässigen Gesamtmasse von 3,5 t erlaubt (Bei Fahrzeugen mit einer betriebsbedingten Höchstgeschwindigkeit bis 40 km/h ist auch höhere Tonnage erlaubt). Es wird die Massenträgheit genutzt. Wird das Zugfahrzeug gebremst, läuft der Anhänger auf das ziehende Fahrzeug auf. Von der Anhängerkupplung wird die so entstehende Auflaufkraft über mechanische Hebel oder Seilzüge auf die Bremsen des Anhängers übertragen. Die Bremskraft ist abhängig von der Kraft, mit der der Anhänger auf das Zugfahrzeug aufläuft.

1.3.2 Hydraulische Bremsanlage

In Pkw und kleinen bis teilweise mittleren Nutzfahrzeugen werden hydraulische Bremsanlagen verwendet. Diese Bremsanlage arbeitet nach dem Pascal'schen Prinzip. Der Druck wird in einer eingeschlossenen Flüssigkeit nach allen Seiten gleichmäßig übertragen.

In einer hydraulischen Anlage werden zur Kraftübertragung folgende Bauteile benötigt:

- Geberzylinder
- Leitungssystem
- Nehmerzylinder

Eine hydraulische Bremsanlage besteht aus:

- Hauptbremszylinder (Geberzylinder)
- Leitungssystem mit Bremsflüssigkeit zur Übertragung der hydraulischen Kraft
- Radbremszylinder (Nehmerzylinder)
- Reibsysteme
- Bremsbeläge

In den vorgenannten Kraftfahrzeugen werden zweikreisige Bremsanlagen eingebaut, um den Totalausfall des Bremssystems zu minimieren. Bei Ausfall eines Bremskreises kann man mit dem zweiten Kreis noch wirksam abbremsen. Beim Betätigen der Bremse werden in einem Hauptbremszylinder Kolben verschoben und die im System befindliche Bremsflüssigkeit unter Druck gesetzt.

Abbildung 8: Hydraulische Bremsanlage

Der so entstehende Druck wird über ein Leitungssystem an die Bremszylinder der Vorder- und Hinterachse weitergeleitet. Die Bremszylinder erzeugen Spannkräfte, die zum Anpressen der Bremsbeläge an die Bremstrommeln oder Bremsscheiben benötigt werden. Der Fahrer kann durch unterschiedlichen Druck auf das Bremspedal die Bremswirkung variieren.

Bei der Aufteilung der Bremskreise sind folgende Möglichkeiten gegeben:

- Achsweise Aufteilung
- Diagonale Aufteilung
- L-Aufteilung

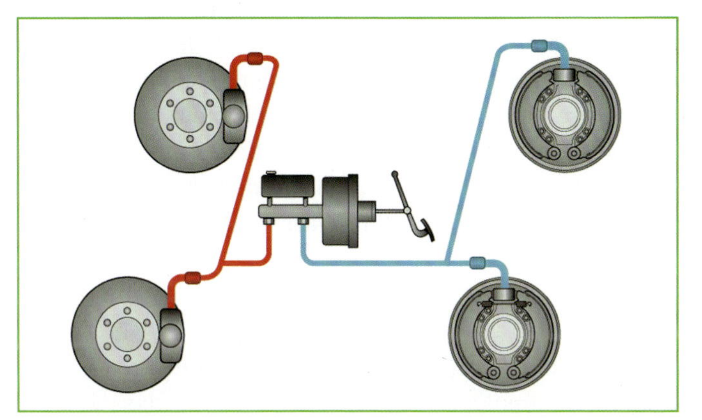

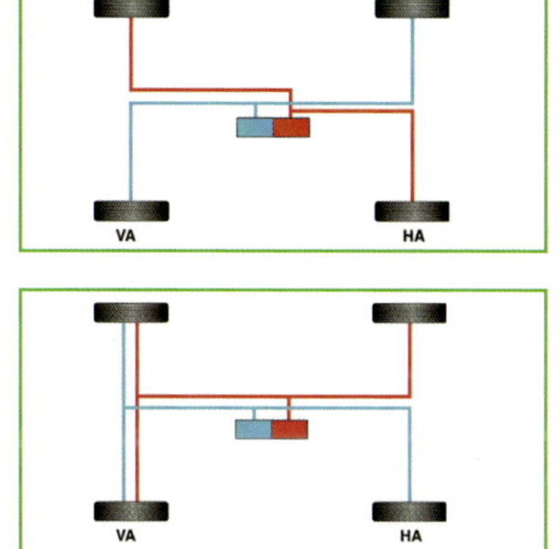

Die **achsweise Aufteilung** ermöglicht bei Ausfall der Hinterachsbremse, dass die Vorderachse bremsfähig bleibt bzw. umgekehrt.

Abbildung 9: Achsweise Aufteilung

Bei der **diagonalen Version** ist ein Vorderrad diagonal mit dem gegenüberliegenden Hinterrad verbunden. Bei Ausfall bremst immer ein Vorder- und ein Hinterrad.

Abbildung 10: Diagonale Aufteilung

Bei der **L-Aufteilung** werden Vierzylinder-Bremssattel an den Vorderrädern verwendet. Zwei Kolben vorne und ein Kolben hinten werden einem Kreis zugeordnet. Bei Ausfall eines Kreises werden immer beide Vorderräder und ein Hinterrad gebremst.

Abbildung 10a: L-Aufteilung

AUFGABE

Welche Bremskreisaufteilung ist bei einer hydraulischen Bremse möglich?

- ❑ Diagonale Aufteilung
- ❑ Linke Seite
- ❑ Rechte Seite

Abbildung 11: Bremsflüssigkeit

Zur Übertragung der hydraulischen Kraft wird Bremsflüssigkeit verwendet. Mit ihr wird die Pedalkraft beim Bremsen auf die Radbremszylinder übertragen. Bremsflüssigkeit ist gesundheitsschädlich und reizt Haut und Augen. Weiterhin greift sie Lack und Kunststoffteile an. Die Qualität wird durch DOT-Klassen festgelegt. DOT 3 - DOT 5 (höchste Qualität) sind im Handel erhältlich und unterscheiden sich in ihrem Siedeverhalten. Ist die Siedetemperatur zu niedrig, können sich beim Bremsen Dampfblasen im System bilden, die zum Ausfall der Bremse führen. Generell sollte die Bremsflüssigkeit verwendet werden, die die Fahrzeughersteller vorgeben. Auf ein Mischen verschiedener DOT-Klassen sollte verzichtet werden. Nachteilig wirkt sich die Eigenschaft „hygroskopisch", d.h. Wasser aufnehmend, aus.

PRAXIS-TIPP

Es darf nur Originalflüssigkeit eingefüllt werden. Nur beim Einsatz von Qualitätsbremsflüssigkeit ist gewährleistet, dass sich auch bei hohen Temperaturen keine Dampfblasen bilden. Da die Bremsflüssigkeit mit der Zeit Wasser aufnimmt, sollte sie regelmäßig alle zwei Jahre gewechselt werden.

AUFGABE

Welche nachteilige Eigenschaft hat Bremsflüssigkeit?

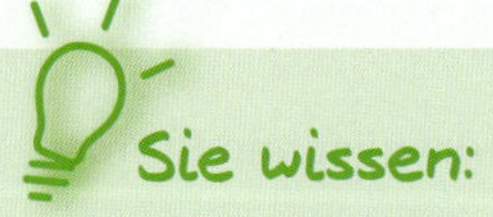

- ✔ Wie mechanische Bremsanlagen funktionieren.
- ✔ Nach welchem Prinzip die hydraulische Bremsanlage funktioniert.
- ✔ Welche Bremskreisaufteilungen es gibt.
- ✔ Was bezüglich Bremsflüssigkeiten zu beachten ist.

1.4 Betriebsbremsanlagen II

FAHREN LERNEN **C**
Lektion 7

FAHREN LERNEN **D**
Lektion 7

Sie sollen die Bauteile und die Funktionsweise von Druckluftbremsanlagen, kombinierten Bremsanlagen und von der elektronischen Bremsanlage kennen.

1.4.1 Druckluftbremsanlagen

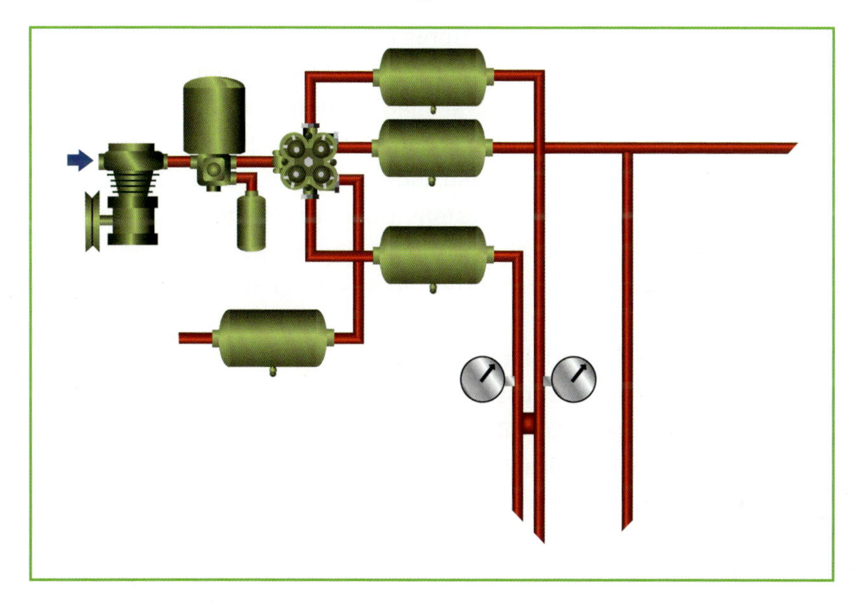

Abbildung 12: Druckluftbeschaffungsanlage

In großen Lkw und KOM werden reine Druckluftbremsanlagen eingesetzt.

Druckluftbeschaffung

Luftpresser

Luftpresser werden je nach Luftbedarf in Ein- oder Zweizylinderausführung eingebaut, beim Niederflur-Linienbus werden auch 3-Zylinder-Ausführungen eingesetzt. Mit einem möglichst hohen Wirkungsgrad hat der Luftpresser die Druckluftversorgung der Bremsanlage sicherzustellen.
Wird der Luftpresser über Keilriemen angetrieben, werden aus Sicherheitsgründen zwei verwendet. Reißt einer, sind immer sofort beide zu ersetzen.

Abbildung 13: Luftpresser

Durch den ständigen Betrieb des Luftpressers erwärmt sich dieser stark. Die Kühlung der Kompressoren erfolgt mit Hilfe von Fahrtwind oder sie sind an den Kühlwasserkreislauf des Motors mit angeschlossen. Neue Fahrzeuggenerationen verwenden „abschaltbare bzw. bedarfsgesteuerte Luftpresser“.

Der Kraftfahrer hat sich von der einwandfreien Funktion des Luftpressers zu überzeugen. Er muss die Druckluftmanometer und die optischen oder akustischen Warneinrichtungen überwachen. Ist der Druck unzulässig abgesunken, muss der Luftpresser überprüft werden.
Weiterhin ist die Fülldauer der Bremsanlage entsprechend der Richtlinie 71/320 EWG zu prüfen. Der Druckanstieg auf Betriebsdruck muss bei Solofahrzeugen unter acht Minuten liegen (bei Zuggespannen unter elf Minuten). Der Fahrer kann dies prüfen, indem er testet, ob der Druckanstieg bei 1000 U Motordrehzahl mindestens 1 bar pro Minute erreicht und der Abschaltdruck (Betriebsdruck der Anlage) überhaupt erreicht wird.
Werden die Füllzeiten überschritten, können folgende Ursachen vorliegen:

- Zu geringe Förderleistung durch
  - Kompressionsverluste des Luftpressers
  - Verschmutzter Luftfilter
  - Zylinder verschlissen, Ventile schadhaft
- undichte Anschlüsse / Druckluftbehälter

In Abstellhallen von KOM kann die Druckluftanlage bei längeren Standzeiten zur Vermeidung von Lärm- und Geruchsbelästigung mit Fremdluft über einen externen Kompressor befüllt werden, ohne dass der Motor laufen muss.

Abbildung 14: Druckregler

Druckregler

Der Druckregler hat die Aufgabe, die Bremsanlage nur bis zu einem zugelassenen Betriebsdruck zu füllen. Darüber hinaus wird die Druckluftversorgung nicht abgeschaltet, sondern drucklos in die Umgebung abgeleitet. Das Erreichen des Betriebsdruckes können Sie am „Abblasen“ hören.
Nach dem Abblasen entsteht eine Entlastung des Luftpressers, und er kühlt ab. Über einen besonderen Anschluss (Reifenfüllanschluss) können Reifen gefüllt, das Nutzfahrzeug abgeschleppt oder die Bremsanlage von einer Fremdquelle gefüllt werden.

Schaltet der Druckregler wegen eines Defektes nicht ab, öffnet sich ein Sicherheitsventil. Fällt der Druck unter einen bestimmten Wert (Einschaltdruck) ab, schaltet der Druckregler wieder auf Lastlauf. Die Bremsanlage wird wieder mit Druckluft befüllt.

PRAXIS-TIPP

Im Fahrzeugschein findet man Angaben über den Betriebsdruck eines Fahrzeugs. Der Druckregler schaltet den Betriebsdruck zwischen 7,3 und 12,5 bar, bei Hochdruckanlagen auch 16 bar, ab. Der Betriebsdruck der Anlage ist erreicht, wenn die Kontrollleuchten erlöschen und der Summer verstummt.

Lufttrockner

Die benötigte Druckluft enthält Wasseranteile. Die enthaltene Feuchtigkeit kann zu gefährlichen Funktionseinschränkungen durch Korrosion oder im Winter durch Einfrieren führen. Dadurch kann die Bremsfunktion bis hin zum Totalausfall beeinträchtigt werden. Bei Druckluftanlagen ohne Lufttrockner müssen daher regelmäßig die Luftbehälter entwässert werden.

Stand der Technik sind aber Fahrzeuge mit Lufttrockner. Man unterscheidet zwischen Einkammer- und Zweikammer-Lufttrocknern.

Der Lufttrockner entzieht mit Hilfe einer Lufttrocknerpatrone, die ein Granulat enthält, der angesaugten Luft die Feuchtigkeit. Ebenfalls werden Öl und Verunreinigungen absorbiert. Durch einen Regenerationsbehälter wird die Standzeit des Granulats erhöht. Trotz regelmäßiger Regeneration sind Verschleißerscheinungen unumgänglich.

Abbildung 15: Lufttrockner

PRAXIS-TIPP

Der Fahrer muss regelmäßig an den Entwässerungsventilen kontrollieren, ob der Lufttrockner einwandfrei arbeitet. Dieser ist weitgehend wartungsfrei. Neuere Fahrzeuge verwenden Feuchtigkeitssensoren, die dem Fahrer über das Fahrerinformationssystem (FIS) eine nötige Wartung des Lufttrockners anzeigen. Die Wartungsintervalle der Fahrzeughersteller/Bremsenhersteller sind einzuhalten.

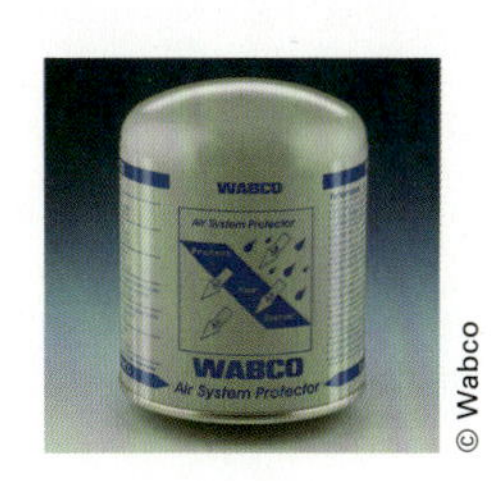

Abbildung 16: Lufttrocknerpatrone

Abbildung 17: Vierkreisschutzventil

Mehrkreisschutzventil

Das Mehrkreisschutzventil (bei insgesamt 4 Kreisen auch als Vierkreisschutzventil bezeichnet) hat die Aufgabe, die Bremsanlage in mehrere Kreise aufzuteilen und die Druckabsicherung der beiden Betriebsbremskreise, der Feststellbremse und des Nebenverbraucherkreises sicherzustellen. Bei einem eventuellen Druckverlust im System übernimmt es die Sicherungsaufgabe und schließt einen defekten Kreis gegen die anderen ab. Bei einem Vierkreisschutzventil handelt es sich um eine Kombination von vier Überströmventilen mit begrenzter Rückströmung.

Die Überströmventile haben die Aufgabe, die vier Kreise unabhängig mit Druckluft zu versorgen und bei einem Ausfall den defekten Kreis auszuschalten. Das Ventil stellt sich so ein, dass die intakten Kreise einen Sicherungsdruck von mindestens 65 % halten. Somit bleibt das Fahrzeug in jedem Fall bremsbar.

Druckluftbehälter

Die Druckluftbehälter aus Stahl, Blech oder Aluminium haben die Aufgabe, die Vorratsluft zum Betreiben der Bremsanlage zu speichern und anfallendes Kondenswasser zu sammeln. Das eventuell angesammelte Wasser wird mit Hilfe von eingebauten Entwässerungsventilen per Handbedienung oder automatisch ins Freie geblasen. Der Luftinhalt und die Anzahl der Behälter richten sich nach dem Volumen der Bremszylinder, den Rohrleitungen und der Art und Anzahl der Nebenverbraucher.
Druckbehälter sind mit einem Typenschild versehen. Dort findet man Angaben über:

- Behälterhersteller
- Baujahr
- Luftinhalt
- Druckverhältnisse

Beschädigte Luftbehälter müssen durch neue, baugleiche ersetzt werden.

Druckmanometer

Zur Kontrolle der Bremsanlage sind Druckmesser im Fahrzeug eingebaut. Hierbei handelt es sich um Doppeldruckmesser, die die Vorratsdrücke in den Betriebsbremskreisen 1 und 2 anzeigen. Üblich sind zwei

Druckmesser mit jeweils einem oder ein Druckmesser mit zwei Zeigern. Ist ein Druckmesser mit nur einem Zeiger vorhanden, kann per Tastendruck zwischen den beiden Kreisen hin und her geschaltet werden. Die Druckanzeige ist auch in digitaler Form kombiniert mit anderen Kontrolldaten im Fahrerinformationsdisplay (FID) möglich.
Mit Hilfe der Manometer können der momentane Vorratsdruck, der Ein- und Abschaltdruck des Druckreglers und Undichtheiten in der Anlage überprüft werden.
So darf der Druck im Vorratsteil der Anlage innerhalb von 10 Minuten um maximal 2 % des Abschaltdrucks absinken.
Bei einer Vollbremsung fällt der Druck um ca. 0,5 bis maximal 0,7 bar ab. Wird eine Teilbremsung eingesteuert, darf der Druck innerhalb von 3 Minuten kaum merklich absinken.

Abbildung 18: Druckmanometer

Druckwarneinrichtung

Um den Fahrer über nicht ausreichenden Vorratsdruck zu informieren, sind Druckwarneinrichtungen im Fahrzeug eingebaut. Üblich sind optische und/oder akustische Warneinrichtungen.
Beim Ansprechen der Druckwarneinrichtung reicht der Druckluftvorrat noch mindestens für 4 Vollbremsungen. Trotzdem ist das Fahrzeug sofort anzuhalten und eine Fehlersuche nach Betriebsanleitung durchzuführen. Die Schadensursache ist umgehend in einer Fachwerkstatt beheben zu lassen.

AUFGABEN

Nennen Sie mindestens drei Mängel, die als Ursache für eine zu geringe Förderleistung des Luftpressers in Frage kommen!

Während der Fahrt leuchtet plötzlich die Druckwarneinrichtung der Bremsanlage. Was bedeutet das?

- ❑ Ein Bremszylinder ist undicht
- ❑ Die Bremsanlage ist defekt
- ❑ Der Vorratsdruck ist nicht mehr ausreichend

Sie starten Ihr Fahrzeug nach längerer Pause, die Bremsanlage ist noch nicht ganz gefüllt. Bis zu welchem Druck sollten Sie die Anlage befüllen, bevor Sie losfahren?

Bremsteil

Abbildung 19: Zweikreis-Druckluftbremsanlage

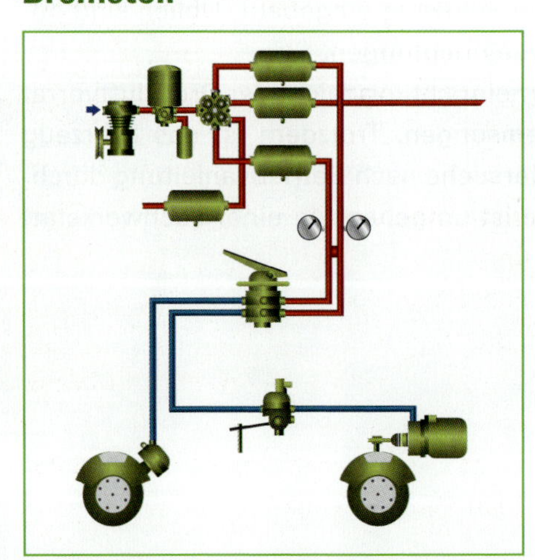

Betätigungseinrichtung

Der Fahrer steuert mit den Betätigungseinrichtungen Druckluft als Hilfskraft zu den Bauteilen der Radbremsen. Hierzu gehören das Motorwagen-Bremsventil, das Feststellbremsventil und beim Gelenkfahrzeug das Schaltventil für den Nachläufer.

Automatisch-Lastabhängige-Bremskraftreglung (ALB)

Abbildung 20: Automatisch-lastabhängiger Bremskraftregler

Bei Lastkraftwagen und Kraftomnibussen ist je nach Beladungszustand das Fahrgewicht verschieden. Durch den Einbau eines ALB-Reglers wird die Bremskraft dem jeweiligen Achsgewicht angepasst. Es wird ein Überbremsen verhindert.
Blockiert bei jeder stärkeren Bremsung die Hinterachse, kann als Ursache eine defekte oder falsch eingestellte ALB vorliegen.
Bei luftgefederten Fahrzeugen werden luftgesteuerte Bremskraftregler genutzt. Diese Bremskraftregler werden vom jeweiligen Faltenbalgdruck beaufschlagt und steuern den Bremsdruck an der entsprechenden Achse.
Der Faltenbalgdruck ist in seiner Höhe von der Beladung des Fahrzeugs abhängig. Unterschiedliche Faltenbalgdrücke durch ungleiche Beladung oder Kurvenfahrt werden über separate Anschlüsse ermittelt und im Bremskraftregler gemittelt. Somit ist immer eine optimale Bremskraftreglung sichergestellt.
Bei modernen Fahrzeugen mit elektronischen Bremssystemen übernimmt die Aufgabe des ALB ein sogenannter Achsmodulator.

Radbremsen

Die Radbremsen eines Kraftfahrzeugs sind normalerweise Reibungsbremsen. Sie wandeln Bewegungsenergie von aneinander reibenden Teilen in Wärmeenergie und in einen kleinen Teil mechanischen Materialabtrag um. Man unterscheidet Trommel- und Scheibenbremsen. Kleinere oder ältere Fahrzeuge verwenden noch Trommelbremsen; Standard sind überwiegend Scheibenbremsen.

Abbildung 21: S-Nockenbremse

Trommelbremsen unterscheiden sich nach der Betätigungseinrichtung der Bremsbacken und nach dem Funktionsprinzip.

Unterschieden werden:

- Simplex Trommelbremsen
  - Zylinder Simplex Bremse
  - S-Nocken Simplex Bremse
  - Spreizkeil Simplex Bremse

- Duplex Trommelbremsen
  - Duo-Duplex-Bremse
  - Duo-Servo-Trommelbremse

Aufgrund der bauartbedingt schlechteren Wärmeableitung von Trommelbremsen treten Kennwertschwankungen (Fading) auf. Aus diesem Grund werden die Trommelbremsen mehr und mehr durch die Scheibenbremsen verdrängt. Steigende Anforderungen der Nutzfahrzeuge bringen die Scheibenbremse verstärkt zum Einsatz.

Sie bieten entscheidende Vorteile:

- Gute Kühlung
- Konstanteres Kennwertverhalten
- Bessere Dosierbarkeit
- Größere Wartungsfreundlichkeit

Im Nutzfahrzeugbereich haben sich innenbelüftete Schwimmsattel-Scheibenbremsen durchgesetzt.

AUFGABE

Was bewirkt eine automatisch-lastabhängige Bremskraftregelung (ALB)?

1.4.2 Kombinierte Bremsanlage

Kleinere Nutzfahrzeuge verfügen teilweise über gemischte Systeme. Das heißt, es werden Flüssigkeitsbremsen mit Druckluftunterstützung oder Druckluftbetätigung eingesetzt.

Bei der druckluftunterstützten Bremse wird mit Hilfe der Druckluft die Fußkraft des Fahrers unterstützt und sie dient somit als Verstärkung der Bremskräfte. Bei Ausfall eines hydraulischen Kreises kann das Fahrzeug noch über den zweiten intakten Kreis mit verminderter Bremswirkung abgebremst werden. Versagt die Druckluftversorgung,

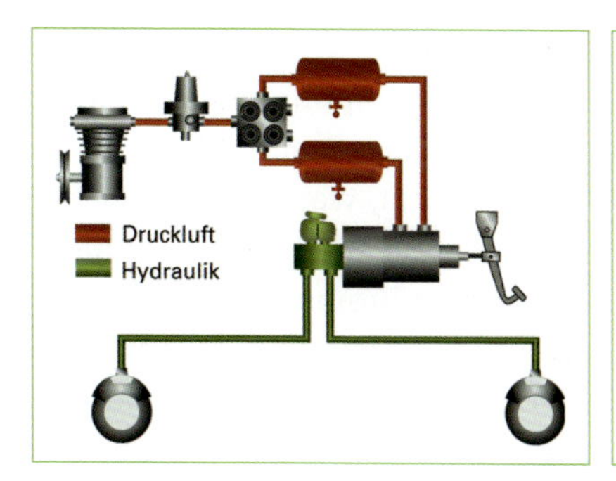

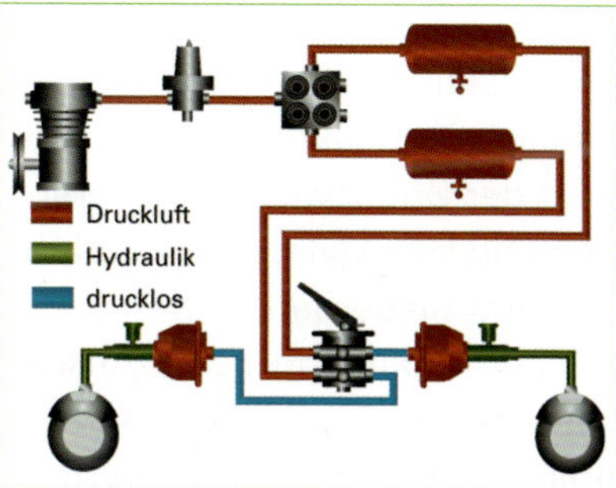

Abbildung 22: Druckluft als Hilfskraft

Abbildung 23: Fremdkraft pneumatisch/ hydraulisch

kann das Fahrzeug noch mit dem Hydraulikteil und erheblichem Kraftaufwand abgebremst werden.

Bei der druckluftbetätigten Bremse erzeugt allein die Druckluft den gewünschten Bremsblock. Wenn ein hydraulischer Kreis ausfällt, kann das Fahrzeug noch über den intakten zweiten Hydraulikkreis gebremst werden. Fällt jedoch die Druckluft aus, ist ein Bremsen nicht mehr möglich.

1.4.3 Elektronische Bremsanlage (EBS)

Durch den Einsatz des elektronischen Bremssystems (EBS) lässt sich der Bremsvorgang von Nutzfahrzeugen optimieren. Das elektronische Bremssystem ist eine Weiterentwicklung der Druckluftbremsanlage. Durch die elektronische Komponente wird eine kürzere Ansprechzeit der Bremsen erreicht. Die Grundfunktion besteht aus der elektronischen Betriebsbremse, wobei der Radzylinderdruck individuell geregelt wird. Darüber hinaus sind ABS und ASR sowie weitere Funktionen integriert. Bei einer elektronischen Störung macht ein Sicherheitssystem eine pneumatische Abbremsung möglich. Durch einen Elektronikverbund entsteht ein Informationsaustausch zwischen Motor, Getriebe und Retarder.

Eine elektronische Aktivierung der EBS-Bremskomponenten verringert deutlich die Reaktions- und Druckaufbauzeit in den Bremszylindern. So wird der Bremsweg um mehrere Meter verkürzt, was von großer Bedeutung sein kann. Die integrierte ABS-Funktion sichert die Fahrstabilität und Steuerbarkeit während des gesamten Bremsvorgangs.

Mit der Betätigung der Bremse gibt der Fahrer seinen Verzögerungswunsch vor. Die Elektronik des Systems hat dann die Aufgabe, die Bremszylinder so anzusteuern, dass alle Bremsen des Fahrzeugs sofort, gleichzeitig und gleichmäßig ansprechen. Das ermöglicht eine schnellere Ansprech- und Schwellzeit, ein feinfühligeres Dosieren und somit ein komfortableres Bremsgefühl unabhängig vom Beladungszustand. Ebenso reduziert sich der Bremsbelagverschleiß.

Bauteile

Bremswertgeber

Der Bremswertgeber wandelt den Bremswunsch des Fahrers in ein elektrisches Signal zur Weiterleitung an das Zentralmodul um.

Zentralmodul

Das Zentralmodul steuert und überwacht das EBS. Es koordiniert die Bremsfunktionen der Vorder- und Hinterachse sowie die ABS-Regelung für die Vorderachse. Zudem wertet das Zentralmodul die Sensorsignale aus und kommuniziert mit den anderen Fahrzeugsystemen, wie ABS, ASR und ESP.

Proportional-Relaisventil

Das Proportional-Relaisventil regelt den Vorderachsbremsdruck.

ABS-Magnetventil

Das ABS-Magnetventil lässt den Bremsdruck kontrolliert zu den Membran-Zylindern durch.

Sensor

Die Radsensoren überwachen den Bremsvorgang. Die Sensoren messen die Drehzahl der Räder und senden die Werte dem Zentralmodul.

Membran-Zylinder

Die Membran-Zylinder leiten den Bremsdruck weiter zu den Radbremszylindern an Vorder- bzw. Hinterachse.

Redundanzventil

Redundanzventile dienen zur schnellen Be- und Entlüftung der Bremszylinder. Sie werden überwiegend bei Sattel-Kraftfahrzeugen eingebaut, zum einen an der Hinterachse, damit der Zug nicht einknickt, und zum anderen an der Vorderachse, damit die leere Sattelzugmaschine bei einer Vollbremsung nicht überkippt.

Achsmodulator

Der Achsmodulator regelt den Bremsdruck an der Hinterachse und steuert zusätzlich das elektropneumatische Anhängersteuerventil an.

Funktionsweise Vorderachse

1. Der Fahrer betätigt das Bremspedal, dadurch wird der Bremswertgeber aktiviert
2. Der Bremswertgeber gibt den „Verzögerungswunsch" an das Zentralmodul weiter
3. Das Zentralmodul steuert das Proportional-Relaisventil an und gibt den Bremsdruck an die Vorderachse weiter
4. Die Überwachung des Bremsdrucks erfolgt durch den Drucksensor am Proportional-Relaisventil, der die Werte an das Zentralmodul zurückmeldet
5. Das ABS-Magnetventil lässt den Bremsdruck kontrolliert zu den Membran-Zylindern
6. Die Radsensoren überwachen den Bremsvorgang

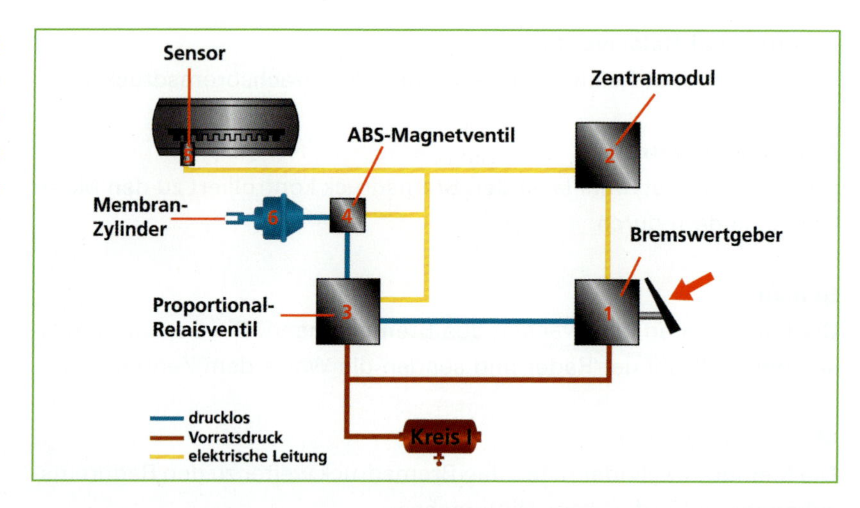

Abbildung 24: Regelkreis elektronisch geregeltes Bremssystem (EBS); rechte Vorderachse

Funktionsweise Hinterachse

1. Der Fahrer betätigt das Bremspedal, dadurch wird der Bremswertgeber aktiviert
2. Der Bremswertgeber gibt den „Verzögerungswunsch" an das Zentralmodul weiter
3. Das Zentralmodul steuert den Achsmodulator an und regelt den Bremsdruck auf beiden Seiten der Achse
4. Das Redundanzventil regelt die Be- und Entlüftung der Hinterachse
5. Die Radsensoren überwachen den Bremsvorgang

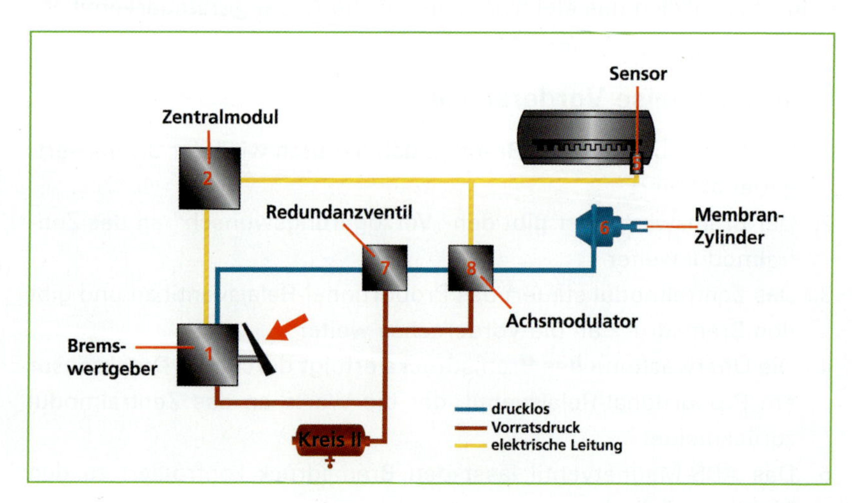

Abbildung 25: Regelkreis elektronisch geregeltes Bremssystem (EBS); rechte Hinterachse

⚠ Bei einer Störung in der Elektronik muss das Fahrzeug auf herkömmliche Art abgebremst werden. Das bedeutet für den Fahrer, dass er sich auf eine längere Ansprechzeit der Bremsen und somit auf einen längeren Bremsweg einstellen muss.

Vorteile

- Verringerung des Bremswegs
- Reduzierung der Ansprech- und Anschwellzeiten
- Bremsbelagverschleißanzeige
- Verbesserung der Bremsstabilität
- Ein automatisch-lastabhängiger Bremskraftregler ist nicht erforderlich
- Diagnose- und Überwachungsfunktion aller Komponenten und Funktionen der Betriebsbremsen
- Verbesserte ABS-Funktion mit integrierter ASR
- Reduzierte Servicekosten durch:
  - Geringen Verschleiß der Bremsbeläge
  - Gleichmäßigen Verschleiß der Bremsbeläge
  - Höhere Wirtschaftlichkeit
  - Weniger Stillstandszeiten

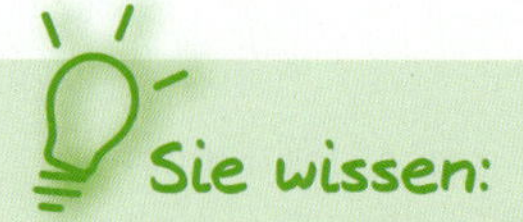

- ✔ Welche Bestandteile eine Druckluftbremsanlage hat und welche Funktionen diese haben.
- ✔ Wie Sie den richtigen Druck in der Bremsanlage überprüfen können.
- ✔ Wie kombinierte Bremsanlagen wirken.
- ✔ Wie die elektronische Bremsanlage funktioniert und was deren Vorteile sind.

1.5 Feststellbremse, Hilfsbremse, Haltestellenbremse

FAHREN LERNEN C
Lektion 7

FAHREN LERNEN D
Lektion 7

Sie sollen wichtige Bauteile kennen und deren unterschiedliche Funktion erläutern können.

1.5.1 Feststellbremse

Die Feststellbremsen in Nutzfahrzeugen und ihren Anhängern sind als Federspeicherbremsen ausgelegt. Die Hauptbauteile sind das Feststellbremsventil und der Kombizylinder (Federspeicherbremszylinder), auch Tristopzylinder genannt. Man erkennt ihn an den zwei Zuleitungen. Durch das Einlegen der Bremse wird die Bremskraft rein mechanisch mittels Federkraft im Kombizylinder erzeugt und übertragen.

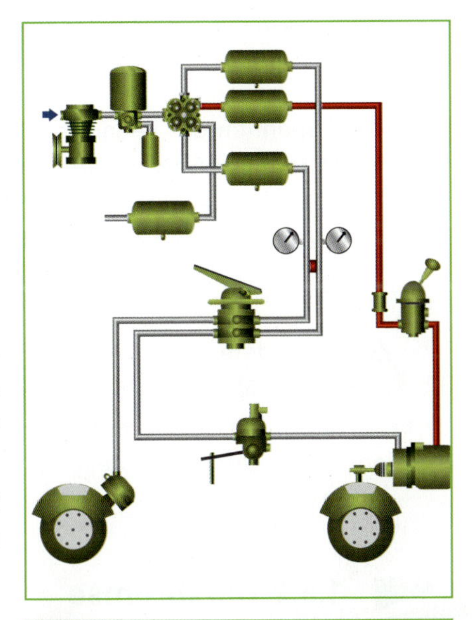

Abbildung 26: Feststellbremsanlage

Beim Betätigen der Feststellbremse wird der Druck im Federspeicherzylinder vollständig abgebaut. Dadurch wird die Kraft der Vorspannfeder zur Erzielung der maximalen Bremswirkung freigegeben.

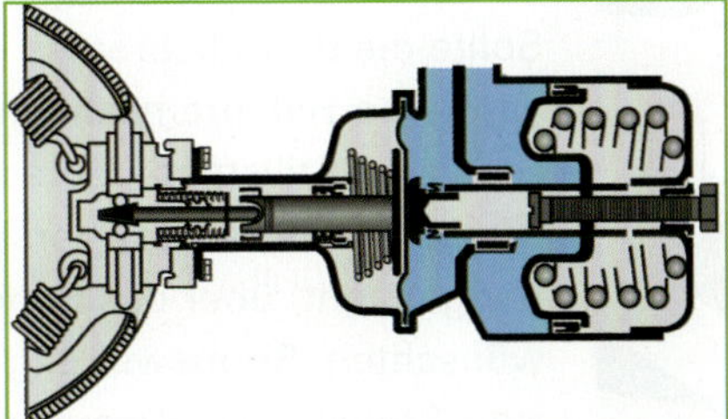

Abbildung 27: Federspeicher in Bremsstellung

PRAXIS-TIPP

Der Federspeicherzylinder arbeitet auf Entlüften. Die Bremse ist somit ausfallsicher.

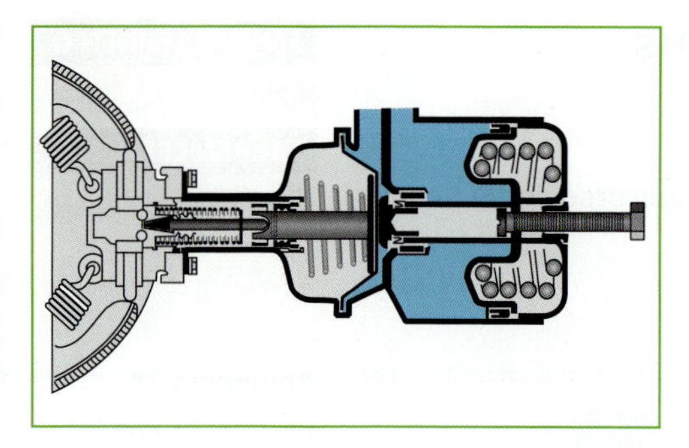

Abbildung 28: Federspeicher mit Notlöseeinrichtung

Zum Lösen der Bremse muss die Federkraft im Federspeicherzylinder mit Hilfe von einströmender Druckluft überwunden werden. Dadurch wird die Bremse gelöst.
Um bei einem technischen Defekt am Motor, an der Betätigungseinrichtung oder der Luftversorgung die Bremsen lösen zu können, ist im Federspeicherzylinder eine Notlöseeinrichtung vorgesehen.

Sollte das Spannen der Feder mit Druckluft nicht mehr möglich sein, wird mit Hilfe einer Gewindestange die Feder mechanisch gespannt, und so die Bremse gelöst. In diesem Zustand darf aber nicht gefahren werden, das Fahrzeug ist in die nächste Werkstatt abzuschleppen.

Vor dem Lösen ist das Fahrzeug gegen Wegrollen mit Unterlegekeilen zu sichern. Nachdem der Schaden behoben wurde, darf nicht vergessen werden, die Löseeinrichtung wieder in die Ausgangsstellung zu bringen.

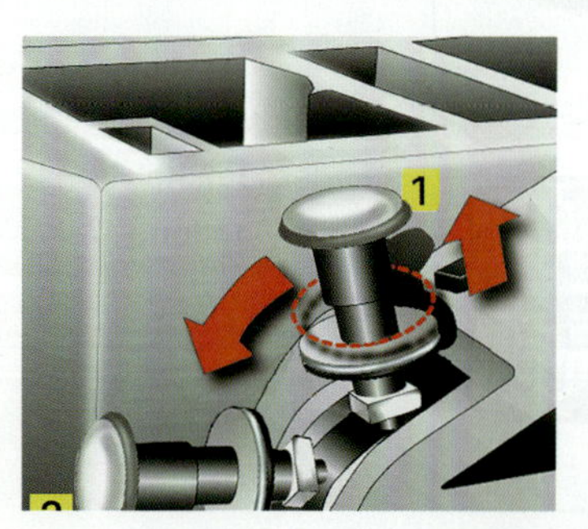

Abbildung 29: Handbremsventil

1.5.2 Hilfsbremse

Sollte die Betriebsbremse einmal einen Totalausfall erleiden, wird eine Hilfsbremsanlage benötigt. Mit ihr kann das Fahrzeug zum Stillstand gebracht werden.
Hierbei werden die Federspeicherzylinder (auch Tristopzylinder genannt) über das Handbremsventil stufenlos bis zur gewünschten Bremswirkung entlüftet. Das Fahrzeug kommt zum Stehen. Die Bremszylinder sind in diesem Fall als Tristopzylinder (für die Betätigung als Betriebs-, Feststell- und Hilfsbremse) ausgeführt.

Da die Hilfsbremse über die Federspeicher (i.d.R. nur an der Hinterachse) wirkt, sollten Sie diese nur im Notfall und – vor allem bei ungünstiger Witterung – unbedingt abgestuft einsetzen, um ein Ausbrechen des Fahrzeugs zu verhindern.

1.5.3 Haltestellenbremse

Mit der Haltestellenbremse kann der Linien- oder Stadtbus an den Haltestellen schnell und mit geringem Luftbedarf gehalten werden.
Die Bremsfunktion erfolgt durch einen eingestellten Druck von ca. 2–4 bar auf die Membranzylinder (Kombibremszylinder) an der Hinterachse.
Der Fahrer betätigt zum Einlegen der Haltestellenbremse einen Schalter am Armaturenbrett.
In Fahrzeugen neuerer Generation besteht eine Koppelung von Bremsanlagen, Türsteuerung, Kneeling-Funktion und Knickschutzeinrichtung. Der Fahrer erkennt an einer Kontrollleuchte oder am Display, dass die Haltestellenbremse eingelegt ist.

© Frank Lenz

Abbildung 30: Haltestellenbremse

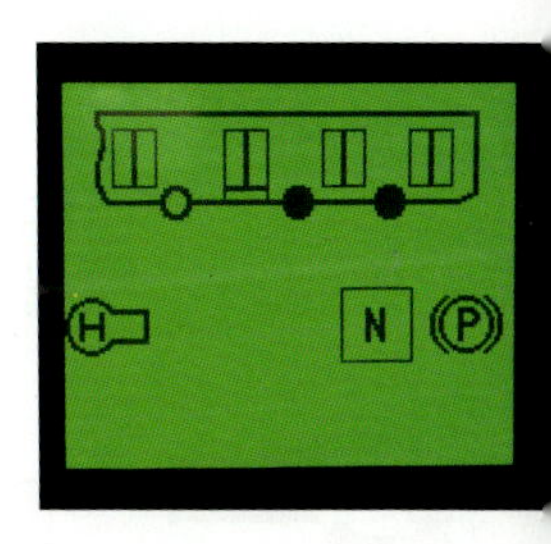

Abbildung 31: Anzeige der aktivierten Bremsen

⚠ Es ist nicht erlaubt, KOM nur mit eingelegter Haltestellenbremse abzustellen. Bei Druckverlust würde die Bremswirkung nachlassen und das Fahrzeug könnte sich selbstständig machen.

AUFGABE

Welche Aufgabe hat die Hilfsbremse?

- ✔ Wie die Feststellbremse arbeitet.
- ✔ Welchem Zweck die Hilfsbremse dient.
- ✔ Wie die Haltestellenbremse im Bus funktioniert.

1.6 Dauerbremsen

Sie sollen die verschiedenen Arten von Dauerbremsen und deren Funktionsprinzip kennen, um diese richtig einsetzen zu können.

FAHREN LERNEN C
Lektion 8

FAHREN LERNEN D
Lektion 8

1.6.1 Einsatz von Dauerbremsen

Die Betriebsbremsen eines schweren Nutzfahrzeugs sind nicht für den Dauereinsatz geeignet. Durch längere Betätigung bei Bergabfahrten kann es zur thermischen Überlastung kommen, da Temperaturen von bis zu 1000 °C entstehen können. Die Bremswirkung nimmt dadurch rapide ab. Aus diesen Gründen schreibt der Gesetzgeber bei Kraftomnibussen über 5,5 t zGM sowie anderen Kraftfahrzeugen mit einem zulässigen Gesamtgewicht von mehr als 9 t den Einbau einer Dauerbremsanlage vor, die unabhängig von der Betriebsbremse wirken muss. Dadurch kann die Geschwindigkeit im Gefälle ohne Einsatz der Betriebsbremse gehalten werden. Nimmt die Geschwindigkeit trotz eingeschalteter Dauerbremse zu, muss die Betriebsbremse kurzzeitig zum Schalten in einen niedrigeren Gang verwendet werden.

Abbildung 32: Konstantdrossel-Bremse

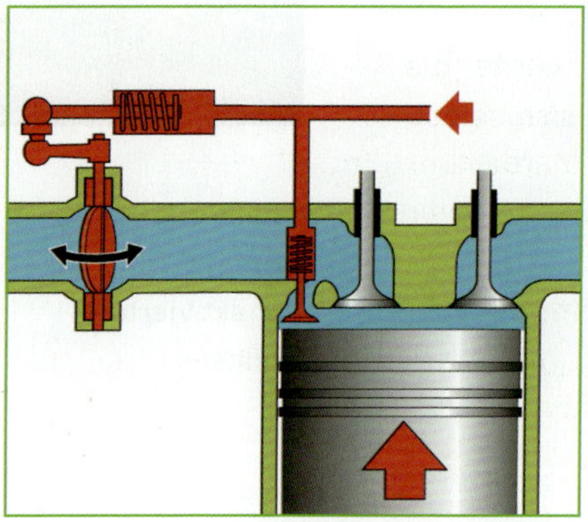

In Nutzfahrzeugen werden zwei Arten von Dauerbremsen eingesetzt:

- Motorbremsen
- Retarderbremsen

Motorbremsen

Die Motorbremsen unterscheiden sich in:

- Auspuffklappenbremse
- Konstantdrossel
- Auslassventil-Bremse
- Turbobrake

Alle Motorbremssysteme sind Primärsysteme und arbeiten in Verbindung mit der Motordrehzahl. Das heißt: Hohe Drehzahl = Hohe Bremsleistung. Wenn die Motorbremse vom Fahrer betätigt wird, schließt sich im Auspuffkrümmer eine Klappe und das Einspritzsystem wird auf Nullförderung gestellt. Da Motorbremsen in ihrer Wirkung nicht abstufbar sind, ist der Fahrbahnzustand zu beachten.

Retarder

Werden größere Anforderungen an die Bremsanlagen gestellt, kommen Retarder zum Einsatz. Sie sind – wie auch die Motorbremsen – verschleißfrei.

Man unterscheidet:
- Aquatarder
- Hydrodynamische Retarder
- Elektrodynamische Retarder

Retarder sind in der Regel Sekundärsysteme, das heißt, sie sind hinter dem Getriebe eingebaut und wirken direkt auf die Gelenkwelle des Fahrzeugs.

Das größte Problem beim Einsatz von Retardern ist die enorme Wärmeentwicklung. Elektronische Überwachungssysteme vermeiden Beschädigungen der Bauteile durch zu hohe Temperaturen. Weiterhin schaltet bei Blockierneigung der Räder das ABS die Retarderfunktion aus. Bei niedrigen Drehzahlen kann auch mit dem Retarder nur begrenzt Bremsleistung erzielt werden. Wird der Retarder im Gefälle mit zu niedriger Drehzahl eingesetzt, kann zudem die Kühlmitteltemperatur erheblich ansteigen, ggf. schaltet sich der Retarder automatisch ab. Die Betriebsbremse muss dann zusätzliche Bremsleistung erbringen, es besteht Gefahr der Überhitzung.

Aquatarder

- Niedrige Geräuschemission
- Geringes Gewicht
- Einfache Kühlung durch Einbindung in den Wasserkreislauf
- Hohe Bremsleistung auch bei niedrigen Drehzahlen

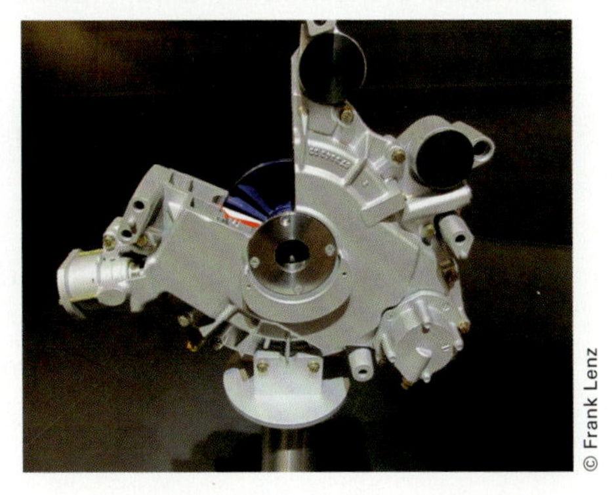

Abbildung 33: Aquatarder

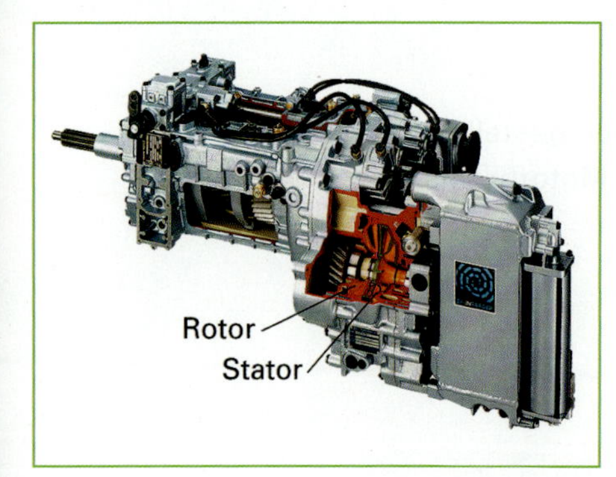

Abbildung 34: Hydrodynamischer Retarder

Hydrodynamische Retarder (Strömungsbremsen)

- Stufenlose Regelung der Bremskraft
- Hohe thermische Belastung
- Kühlanlage muss größer dimensioniert sein
- Hoher Bauaufwand

Elektrodynamische Retarder (Wirbelstrombremsen)

- Hohes Gewicht
- Niedriger Bauaufwand
- Nachlassende Bremswirkung bei Erwärmung des Systems
- Wärme wird an die Umwelt abgegeben

Vorteile von Retardern

- Der Retarder amortisiert sich meist schon in weniger als 2 Jahren
- Höhere, gleichmäßigere Durchschnittsgeschwindigkeiten bei erhöhten Sicherheitsreserven
- Die Betriebsbremse wird geschont
- Bremsbeläge halten bis zu achtmal länger
- Richtige Retardernutzung spart Kraftstoff und Zeit
- Geringere Betriebskosten
- Mehr Sicherheit im Gefälle und bei Anpassungsbremsungen
- Höherer Fahrkomfort
- Konstante Fahrgeschwindigkeit
- Weiche, dauerwirksame Bremskraft

Bei hohem Retardereinsatz und gleichzeitiger Betriebsbremsbetätigung ohne ABV kann selbst bei trockener Fahrbahn eine Blockierwirkung der Antriebsachsen vorkommen.

AUFGABE

Welche Bremsen arbeiten ohne nennenswerten Verschleiß?

- ❑ Betriebsbremse
- ❑ Motorbremse
- ❑ Wirbelstrombremse
- ❑ Federspeicherbremse

- ✔ Welchem Zweck Dauerbremsen dienen.
- ✔ Welche Arten von Dauerbremsen es gibt.
- ✔ Welche Vorteile Retarder haben.

1.7 Anhängerbremsen

Sie sollen die Funktion der Anhängerbremsanlage erläutern können.

FAHREN LERNEN **C**
Lektion 12

FAHREN LERNEN **D**
Lektion 8

1.7.1 Anhängerbremsanlage Lkw

Bei Anhängern sind folgende Bremsanlagen vorgeschrieben:

- Betriebsbremsanlage (BBA)
- Feststellbremsanlage (FBA)
- Abrisssicherung

Die Betriebsbremsanlage in einem Anhänger wird vom Zugfahrzeug aus mit Energie versorgt und auch betätigt. Man spricht daher von einer durchgehenden Bremsanlage.

Die Luftversorgung und Ansteuerung wird über zwei Luftleitungen, die mit dem Zugfahrzeug verbunden sind, vorgenommen. Die rote Leitung (Vorratsleitung) versorgt den Anhänger mit Vorratsluft, die benötigt wird, um die Bremsanlage des Anhängers zu betätigen. Die gelbe Leitung (Steuerleitung) steuert die Bremsanlage des Anhängers. Eingeleitet wird die Bremsung vom Anhängersteuerventil. Es befindet sich im Motorwagen. Die Bremssignale, die der Fahrer mit dem Fußbremsventil einsteuert, werden über die gelbe Bremsleitung an den Anhänger weitergegeben. So löst eine Bremsung des Zugfahrzeuges durch Druckanstieg in der Bremsleitung immer auch die Bremsung des Anhängers aus. Um im Gefälle zu überprüfen, ob die Federspeicherbremszylinder den Zug des Lkw mit Anhänger alleine halten können, legen Sie die Kontrollstellung der Feststellbremse ein. Dadurch wird die Anhängerbremse gelöst.

Die meisten Anhängerbremsventile verfügen über eine einstellbare „Voreilung", wodurch ein höherer Druck als der Steuerdruck zur Betriebsbremse angesteuert werden kann. So wird ein Einknicken des Zuges beim Bremsen verhindert.

Die Anhängerbremsanlage besitzt als Schutzeinrichtung eine Abreißsicherung. Beim Bruch der Steuerleitung geschieht zunächst nichts, erst wenn der Fahrer am Betriebs- oder Handbremsventil eine Bremsung einleitet, wird die Notbremsung am Anhänger eingeleitet.

Das Entlüften oder ein Bruch in der Vorratsleitung (z.B. Abriss der roten Leitung) bewirkt die sofortige automatische Bremsung des Anhängers.

Die meisten Anhänger sind mit einem automatisch-lastabhängigen Bremskraftregler ausgestattet. Beim Ankuppeln eines Anhängers mit Druckluftbremse ist folgende Reihenfolge zu beachten:

- Bremsleitung (gelb) anschließen
- Vorratsleitung (rot) anschließen
- Elektrische Verbindung herstellen
- Ggf. Bremskraft-Regler einstellen
- Feststellbremse lösen

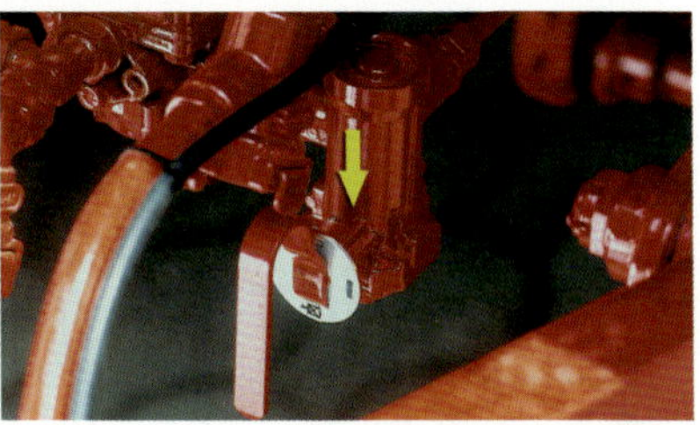

Abbildung 35: Kupplungsköpfe

Abbildung 36: Bremskraftregler

PRAXIS-TIPP

Ältere Anhänger haben noch einen handverstellbaren Bremskraftregler. Hier muss der Fahrer den Bremskraftregler auf den Beladungszustand einstellen. Steht der Regler auf Volllast, obwohl der Anhänger unbeladen ist, besteht die Gefahr, dass er bei einer Vollbremsung ausbricht, da die Räder blockieren.

Bei landwirtschaftlichen Fahrzeugen kommt häufig noch die Auflaufbremse zum Einsatz. Hier wird die Bremskraft ausschließlich durch die Auflaufkraft erzeugt.

1.7.2 Anhängerbremsanlage Bus

Abbildung 37: Bus mit angekuppeltem Anhänger

Werden hinter Kraftomnibussen Anhänger mitgeführt, so können diese mit einer Auflaufbremse oder einer durchgehenden Bremsanlage (Druckluft) ausgestattet sein. In der Regel werden hinter Kraftomnibussen Gepäckanhänger mit Auflaufbremsen an einer Kugelkopfanhängerkupplung mitgeführt. Anhänger bis 750 kg zGM benötigen keine eigene Bremsanlage. Bei einer Anhängelast über 750 kg ist jedoch eine eigene Bremse vorgeschrieben. Auflaufgebremste Anhänger sind nur bis zu 3,5 t Gesamtmasse zulässig. Hat der Anhänger ein größeres Gewicht, muss er mit einer durchgehenden Bremsanlage ausgestattet sein. Aufbau und Funktion sind mit der Lkw-Anhängerbremsanlage identisch.

Bremsanlage Gelenkbus

Die Bremsanlage ist ausgestattet wie in einem normalen Kraftomnibus. Man benötigt allerdings noch weitere Bauteile, wie Anhängersteuerventil, Relaisventile und zusätzliche Luftbehälter.
Das Anhängersteuerventil wird zweikreisig von der Betriebsbremse angesteuert und ist für die Bremsanlage im Nachläufer zuständig. Bei Ausfall eines Bremskreises bleibt somit die Nachläuferbremse voll intakt.

Abbildung 38: Gelenkbus-Druckluftbremsanlage, Fahrstellung

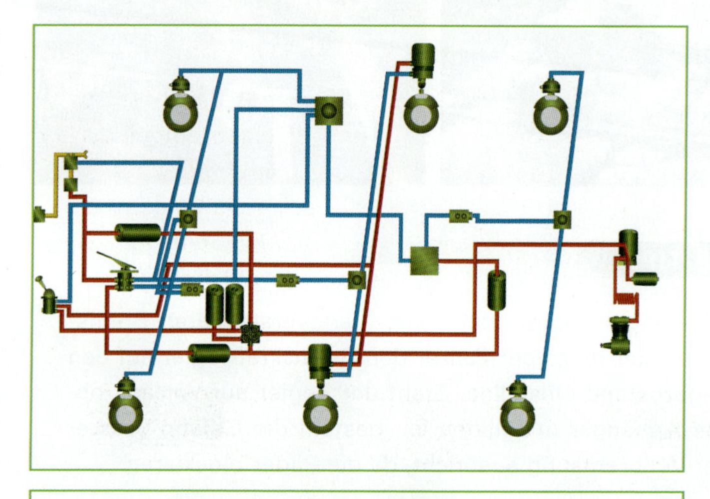

Abbildung 39: Gelenkbus-Druckluftbremsanlage, Bremsstellung: Betriebsbremse

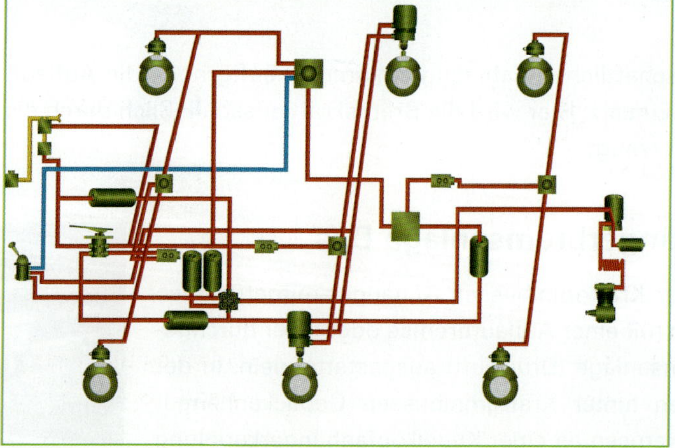

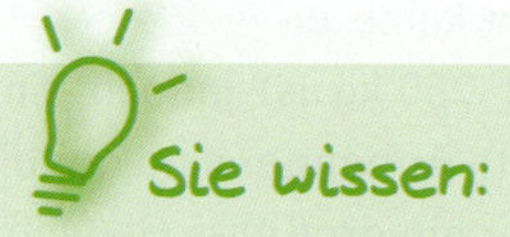

- ✔ Wie Anhängerbremsen bei Lkw und Bussen funktionieren.

1.8 Systeme zur Verbesserung der Fahrsicherheit

FAHREN LERNEN **C**
Lektion 7

FAHREN LERNEN **D**
Lektion 8

Sie sollen die verschiedenen Sicherheitssysteme und deren Funktionsweisen kennen.

1.8.1 Automatischer Blockierverhinderer (ABV)/ Antiblockiersystem (ABS)

Seit 1991 müssen Fahrzeuge mit einer durch die Bauart bestimmten Höchstgeschwindigkeit von mehr als 60 km/h mit einem automatischen Blockierverhinderer ausgerüstet sein.
Durch Verringerung der Bremskraft wird bei Teilbremsungen auf glatten und schmierigen Fahrbahnen sowie bei Notbremsungen das Blockieren der Räder verhindert und das Fahrzeug bleibt lenkbar.

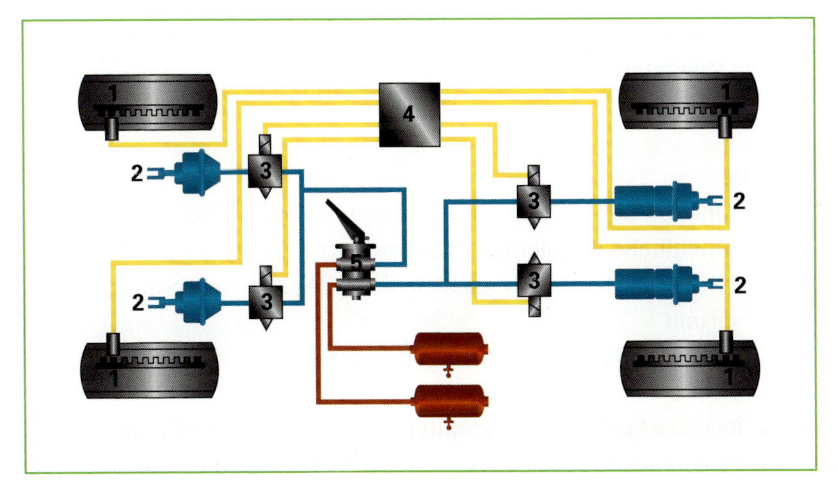

Abbildung 40: ABV-Regelung

1 Polrad und Sensor
2 Radbremszylinder
3 Elektromagnetische Regelventile
4 Elektronisches Steuergerät
5 Motorwagen-Bremsventil

Funktion

An den Rädern montierte Sensoren ermitteln den Umlauf der einzelnen Räder. Das elektronische Steuergerät des ABV/ABS hat die Aufgabe, die gesendeten Impulse zu messen, zu überprüfen und verschiedene Radumläufe zu vergleichen.
Neigt ein Rad zum Blockieren, dann gibt das Steuergerät ein Signal an ein Drucksteuerventil, welches die Bremse an dem blockierenden Rad kurzzeitig löst. Dieser Vorgang wiederholt sich mehrmals in der Sekunde.
Eine ABS-Kontrolllampe signalisiert dem Fahrer eine Störung des Systems. Bei einer Störung im ABS-System steht die Bremsanlage dennoch zu Verfügung. Es kann jedoch zum Blockieren einzelner Räder kommen.

PRAXIS-TIPP

Erlischt die ABS-Kontrolllampe beim Anfahren nicht oder leuchtet sie während der Fahrt auf, muss sich der Fahrer darauf einstellen, dass die Räder beim Bremsen blockieren können. Die Funktion der Bremse bleibt erhalten. Trotzdem möglichst schnell eine Werkstatt aufsuchen.

Vorteile

- Funktion der herkömmlichen Bremsanlage bleibt erhalten
- Individuelle Regelung der Bremskraft
- Schonung der Reifen, da sich die Reifenabnutzung gleichmäßig verteilt
- Besseres Bremsverhalten und kürzere Bremswege auf nassen Straßen
- Bessere Lenkbarkeit auf unterschiedlich griffigen Fahrbahnen
- Lenkbarkeit des Fahrzeugs während des Bremsvorgangs

Abbildung 41: Kontrollleuchte Symbol ABS

PRAXIS-TIPP

Kommt während des Bremsvorganges das ABS zum Einsatz, kann das Bremspedal stark vibrieren. Das ist ein ganz normaler Vorgang, deshalb sollte der Fahrer das Bremspedal auch bei glatter Fahrbahn voll durchtreten.

1.8.2 Antriebsschlupfregelung (ASR)

Die Antriebsschlupfregelung (ASR) verhindert das Durchdrehen der Räder beim Anfahren und beim Beschleunigen. Droht ein zu starker Schlupf der Antriebsräder, wird die Antriebskraft durch gezielten Brems- und/oder Motorsteuerungseingriff reguliert.
Das ASR-Regelsystem gewährleistet so die nötige Fahrstabilität. Ein Ausbrechen der Antriebsachse wird vermieden.
In den ABS-Steuergeräten ist die Funktion der ASR-Regelung integriert.

Schlupf

Bei jeder Art der Kraftübertragung zwischen Reifen und Fahrbahn, sei es beim Anfahren, Beschleunigen, Kurven fahren oder Bremsen, tritt ein sogenannter Schlupf auf.
Tatsächlich ist keine Kraftübertragung in Fahrtrichtung ohne Schlupf möglich. Im normalen Fahrtzustand bemerken wir den Schlupf nicht.
Ein Schlupf von 0% bedeutet keine unterschiedliche Drehzahl, während ein Schlupf von 100% im Falle des Antreibens das „Räderdurchdrehen“ und im Falle des Bremsens das „Blockieren“ beschreibt. Ein Reifenschlupf von etwa 10% kann die maximale Kraft übertragen. Dieser Wert ist bei der Antriebs-Schlupf-Regelung (ASR) und dem Antiblockiersystem (ABS) eingestellt und bleibt ohne Eingriff.
Mit steigendem Schlupf sinkt die maximal übertragbare Seitenkraft rapide ab, was beim Beschleunigen in einer Kurve bei frontgetriebenen Fahrzeugen zum Untersteuern und bei heckgetriebenen Fahrzeugen zum Übersteuern führt.

Antriebsschlupfregelung durch Bremseneingriff

Die Bauteile, die benötigt werden, sind bereits durch das ABS vorhanden. Somit ist nur eine Softwareerweiterung des ABS-Systems nötig, damit man jedes Antriebsrad einzeln abbremsen kann.
Ein solcher Eingriff ist nur für die Räder erforderlich, die angetrieben werden. Das zu schnelle Rad wird abgebremst, dadurch erhält das andere Rad mehr Antriebskraft. Der Eingriff erfolgt ohne die Mitwirkung des Fahrers.

Antriebsschlupfregelung über Eingriff in die Motorsteuerung

Hier erfolgt ein Eingriff in das Motormanagement. Durch Minderung der Motorkraft wird dem Durchdrehen des angetriebenen Rads oder der ganzen Antriebsachse entgegengewirkt.
Registriert die ASR einen zu großen Antriebschlupf, wird beim Dieselmotor entweder der Verstellhebel der Einspritzpumpe, bei Motoren mit Common-Rail Technik mit Hilfe des CAN-Datenbusses die Kraftstoffmenge auf Anforderung der ASR reduziert, sodass sich überschüssige Antriebskraft verringert. Neuere ASR-Systeme berücksichtigen auch den Lenkwinkel.

Kombinierte Systeme

Hier erfolgen die Eingriffe über die Bremsanlage, und auch über das Motormanagement.

PRAXIS-TIPP

Die Antriebs-Schlupfregelung kann mit einem Schalter am Armaturenbrett ein- bzw ausgeschaltet werden. Wenn die ASR arbeitet, leuchtet die ASR-Kontrolllampe. Blinkt die Kontrolllampe, ist die ASR ausgeschaltet.

Abbildung 42: Kontrollleuchte Symbol ASR

Vorteile

- Problemloses Anfahren auf glatten Fahrbahnen
- Mithilfe des ASR-Systems werden die Kraftschlüsse zwischen Reifen und Fahrbahn optimal genutzt

1.8.3 Elektronisches Stabilitätsprogramm (ESP)

Bei Kurvenfahrten, Spurwechseln oder auch bei Ausweichmanövern zur Verhinderung eines Unfalles wirken Fliehkräfte auf Ihr Fahrzeug. Diese Kräfte können das Fahrzeug von der vorgesehenen Fahrtrichtung abbringen. Der Fliehkraft entgegen wirken Haftreibungskräfte an den Reifenaufstandsflächen.

Werden die je nach Fahrsituation maximal zulässigen Kräfte überschritten, dann

- schiebt Ihr Fahrzeug entweder über die Vorderachse lenkunfähig geradeaus (Untersteuern)

oder

- das Heck des Fahrzeuges bricht aus, so dass das Fahrzeug schleudert (Übersteuern).

Zur Optimierung der Längs- und Seitenführungskräfte an den Rädern wurde das elektronische Stabilitätsprogramm (ESP), je nach Hersteller auch als ESC (Electronic Stability Control) bezeichnet, als Erweiterung der Systeme ABS und ASR entwickelt.
Das elektronische Stabilitätsprogramm (ESP) hilft dem Fahrer, in kritischen Fahrsituationen die Kontrolle über das Fahrzeug zu behalten. Durch einen gezielten, exakt dosierten Bremseneingriff an den Rädern und einer Reduzierung des Motormoments wird versucht, sowohl das Übersteuern (Schleudern) des Fahrzeuges als auch das Untersteuern eines Fahrzeuges zu beeinflussen bzw. zu verhindern und die Richtungsstabilität wiederherzustellen.
Einrichtungen zur Steigerung der Fahrsicherheit wie ESP berücksichtigen neben statischen Faktoren eines Fahrzeuges auch die dynamischen Faktoren. Dadurch werden beispielsweise dynamische Achslastverlagerungen bei den Systemen berücksichtigt.

Abbildung 43: Spurwechsel Bus ohne ESP

Abbildung 44: Spurwechsel Lkw ohne ESP

Funktionsweise
Die Elektronik des ESP erfasst die Bewegungen des Lkw/Omnibusses und vergleicht diese Informationen in Sekundenbruchteilen mit dem Lenkradeinschlag. Erkennt das System eine kritische Fahrsituation, er-

Abbildung 45:
Wirkung ESP beim Übersteuern

Abbildung 46:
Wirkung ESP beim Untersteuern

folgt elektronisch ein gezieltes Abbremsen einzelner Radbremsen und eine Reduzierung des Motordrehmomentes.

Zusätzlich zu den bei Pkw verwendeten Systemen zeichnen sich die beim Nutzfahrzeug eingesetzten ESP-Systeme dadurch aus, dass eine Funktion integriert ist, die die bei diesen Fahrzeugen erhöhte Kippneigung berechnet und so weit wie möglich vermindert.

Auch ein Elektronisches Stabilitätsprogramm (ESP) kann Unfälle nicht verhindern, wenn die physikalisch zulässigen Grenzen überschritten werden!

Ihr Fahrzeug kann bei Überschreitung dieser Grenzen trotzdem aus der Kurve schieben, ins Schleudern geraten, Umkippen oder im Straßengraben landen. ESP kann die Grenze zum Kontrollverlust nur hinausschieben und ist kein Freibrief für sorgloses Fahren! ESP soll Sie als Fahrer dann unterstützen, wenn Sie eine Fahrsituation einmal doch falsch eingeschätzt haben.

PRAXIS-TIPP

Das ESP erkennt kritische Situationen und leitet selbsttätig Bremsvorgänge ein. Deswegen kann es sein, dass Bremsungen ohne Ihren Eingriff durchgeführt werden. Dabei wird die ESP-Funktion gleichzeitig als Signal in den Kontrollinstrumenten angezeigt. Für Sie ist dies der warnende Hinweis, dass Sie in dieser Fahrsituation eigentlich zu schnell gefahren sind und Gefahr bestand!

1.8.4 Assistenzsysteme

Moderne Fahrerassistenzsysteme bieten technische Lösungen zur Unterstützung und Entlastung des Fahrers. Sie helfen die Zahl von schweren Unfällen zu senken und erhöhen die Verkehrssicherheit. Weiterhin ermöglichen sie ein entspannteres Fahren. Kritische Fahrsituationen entstehen nicht oder werden entschärft.
Jedoch auch die komplexeste Technologie kann die Fahrphysik nicht außer Kraft setzen. Bitte beachten Sie dieses zu jeder Zeit!

Geschwindigkeitsregelanlage (GRA)/Tempomat

Eine Geschwindigkeitsregelanlage, auch Tempomat genannt, ist eine Vorrichtung die eine vom Fahrer vorgegebene Geschwindigkeit durch automatische Regelung der Kraftstoffzufuhr hält.

Die Regelung erfolgt:
- mechanisch
- pneumatisch
- oder elektronisch

Der Tempomat erweist sich als besonders nützlich auf Autobahnen, auf längeren ebenen Strecken und bei Fahrten mit Anhänger. Bei richtigem Einsatz führt er zu entspannterem Fahren und sorgt für eine Senkung des Kraftstoffverbrauchs. Weiterhin kann man mit ihm Geschwindigkeitsbeschränkungen genau einhalten. Der Einsatz verlangt vom Fahrer eine erhöhte Aufmerksamkeit, denn je nach Position des rechten Fußes in Ruhestellung kann es gegenüber der Platzierung auf dem Fahrpedal zu Verzögerungen bis zum Erreichen des Bremspedals kommen.

PRAXIS-TIPP

Der Tempomat sollte nur benutzt werden, wenn die Verkehrsverhältnisse eine gleichbleibende Geschwindigkeit zulassen.

Geschwindigkeitsbegrenzer

Der Geschwindigkeitsbegrenzer ist eine Einrichtung, die im Kraftfahrzeug durch Steuerung der Kraftstoffzufuhr zum Motor die Fahrzeuggeschwindigkeit auf einen fest eingestellten Geschwindigkeitswert beschränkt. Die Elektronik lässt keine höhere Geschwindigkeit als die eingestellte zu. Es wird immer nur soviel Kraftstoff verbraucht, wie für das Halten der Geschwindigkeit erforderlich ist.

Ausrüstpflicht

Alle Kraftomnibusse sowie Lastkraftwagen, Zugmaschinen und Sattelzugmaschinen mit einer zulässigen Gesamtmasse von jeweils mehr als 3,5 t müssen mit einem Geschwindigkeitsbegrenzer ausgerüstet sein. Der Geschwindigkeitsbegrenzer muss so beschaffen sein, dass er nicht ausgeschaltet werden kann.

Ausnahmen

- Kraftfahrzeuge, deren bauartbedingte Höchstgeschwindigkeit geringer ist als der einzustellende Wert
- Kraftfahrzeuge von Bundeswehr, Bundesgrenzschutz, Katastrophenschutz, Feuerwehr, Rettungsdienst und Polizei
- Kraftfahrzeuge, die für wissenschaftliche Versuchszwecke auf der Straße oder zur Erprobung benutzt werden
- Kraftfahrzeuge, die ausschließlich für öffentliche Dienstleistungen innerhalb geschlossener Ortschaften eingesetzt werden oder die überführt werden (z. B. vom Aufbauhersteller zum Betrieb oder für Wartungs- und Reparaturarbeiten)

Einstellung des Geschwindigkeitsbegrenzers

Die Geschwindigkeitsbegrenzer sind nach der Fahrzeugart unterschiedlich einzustellen:

1. Bei Kraftomnibussen auf eine Höchstgeschwindigkeit von 100 km/h (V_{set})
2. Bei Lastkraftwagen, Zugmaschinen und Sattelzugmaschinen auf eine Höchstgeschwindigkeit – einschließlich aller Toleranzen – von 90 km/h (V_{set} + Toleranzen < 90 km/h)

Prüfung des Geschwindigkeitsbegrenzers

Eine Prüfung des Geschwindigkeitsbegrenzers ist erforderlich nach:

- jedem Einbau
- jeder Reparatur
- jeder Änderung der Wegdrehzahl bzw. des Reifenumfangs
- jeder Änderung der Kraftstoffzuführungseinrichtung

Im Rahmen der Hauptuntersuchung wird die Kraftstoffzuführungseinrichtung, das Einbauschild und die eingestellte Geschwindigkeit geprüft.

PRAXIS-TIPP

Manipulationen in Sachen Geschwindigkeitsbegrenzer werden für den Fahrer mit 100 € und Halter mit 150 € Bußgeld, sowie je 3 Punkten belegt.

Spurassistent (SPA)

Bei langen und monotonen Strecken oder Nachtfahrten kommt es vor, dass die Aufmerksamkeit des Fahrers nachlässt oder Sekundenschlaf eintritt. Dies kann dramatische Unfälle zur Folge haben.

Abbildung 47: Spurassistent Lkw

Abbildung 48: Spurassistent im Bus

Der Spurassistent bzw. Lane Departure Warning System (LDWS) hat die Aufgabe, den müden oder unaufmerksamen Fahrer vor dem Verlassen der Fahrspur zu warnen. Der kamerabasierte Spurassistent hat den Vorteil, dass das System in der Lage ist, Fahrbahnverläufe vorauszusehen. Droht das Fahrzeug die Markierungslinien zu überfahren, wird der Fahrer durch ein akustisches Signal aus dem Radiolautsprecher oder ein Pulsieren im Fahrersitz gewarnt. Diese Warnungen erfolgen richtungsgetreu, so dass der Fahrer sofort weiß, aus welcher Richtung die Gefahr droht. Die Vibrationswarnung im Sitz warnt den Fahrer sehr deutlich und unabhängig vom Lärmpegel im Fahrzeug. Zudem hat diese Art der Warnung den Vorteil, dass Fahrgäste in Kraftomnibussen diese nicht wahrnehmen können und somit auch nicht beunruhigt oder verunsichert werden.
Der SPA schaltet sich bei einer fest eingestellten Geschwindigkeit ein und kann vom Fahrer über einen Schalter ausgeschaltet werden. Die Deaktivierung erfolgt durch Betätigung des Blinkers. Warnungen erfolgen Geschwindigkeitsabhängig in Bezug auf die Innen- bzw. Außenkante der Fahrspurmarkierungen. Sie werden abgebrochen, sobald der Fahrer zurück zur Fahrbahnmitte lenkt. Voraussetzung für ein fehlerfreies Funktionieren sind weiße oder gelbe Markierungslinien auf der Fahrbahn.

Abstandsregelung

In der heutigen Zeit ist das Abstandhalten eine der wichtigsten Sicherheitsregeln. Es gilt, diese Regelung immer und überall einzuhalten. Mit zunehmendem Verkehr auf den europäischen Autobahnen wird es immer schwerer, das zu erfüllen. Aus diesem Grund haben die Fahrzeughersteller neue Systeme für die Abstandsregelung auf den Markt gebracht.

Kraftomnibus: Abstandsregeltempomat (ART)

Ein Abstandsregeltempomat (ART) ist eine Geschwindigkeitsregelanlage, die bei der Regelung den Abstand zu einem vorausfahrenden Fahrzeug als zusätzliche Berechnungsgrundlage einbezieht. Er entlastet den Fahrer auf Autobahnen und vergleichbaren Fernstraßen.
Beim Einsatz wird die Position und die Geschwindigkeit des vorausfahrenden Fahrzeugs mit einem Sensor ermittelt und die Geschwindigkeit sowie der Abstand des mit diesem System ausgerüsteten nachfolgenden Fahrzeugs durch entsprechende Motor- und Bremseingriffe geregelt.
Ein Abstandssensor tastet 20-mal pro Sekunde die Umgebung vor dem Bus ab. Der Sensor schaltet ständig zwischen drei „Radarkeulen" hin und her. Die drei Keulen verwendet der Sensor um festzustellen, wo sich das reflektierende Objekt befindet: In der eigenen Fahrspur oder in (einer) der Nachbarfahrspur(en). Er misst dabei den Abstand, die Fahrgeschwindigkeit und den Winkel der vorausfahrenden Fahrzeuge in einer Entfernung von maximal 150 Metern. Die Ergebnisse werden ständig abgeglichen. Das System reagiert erst, wenn der Vorausfahrende als sicher erfasst gilt. Der Abstandssensor ist mit den Steuergeräten der Bremsanlage und des Motors gekoppelt, mit denen er wichtige Daten austauscht und abgleicht.

Der Abstandsregeltempomat (ART) sollte bei Sichtbehinderung, Nebel, Schneefall, starkem Regen sowie bei glatten Fahrbahnen nicht eingesetzt werden. In einigen Ländern ist in diesen Situationen der Einsatz sogar gesetzlich untersagt. Hier muss der Fahrer seine Fahrweise der jeweiligen Situation anpassen.

Abbildung 49: Abstandsregeltempomat

© Daimler AG

Abbildung 50: Radarsensor

Abstandsregelung beim Lkw

Durch ein Hightech-System wird nun der bisher bekannte Tempomat zu einem automatischen Abstandsregler aufgerüstet.
Die meisten Hersteller setzen dabei auf ein radargestütztes System. Vorn auf der Stoßstange sitzt ein Radarsensor und ermittelt den Abstand zum vorausfahrenden Fahrzeug. Im Abstandsregler sind „sichere" Abstände bereits eingespeichert. So ist bei einer Geschwindigkeit von 50 km/h ein Mindestabstand von 50 m festgelegt. Vom Fahrer gewünschte Erhöhungen sind zulässig und können direkt eingegeben werden. Witterungseinflüsse wie Nebel, Schnee oder starker Regen haben somit keinen Einfluss auf die erfassten Daten. Der Verkehrsbereich bis zu 150 Meter vor dem Fahrzeug wird erfasst, die Abstände zu vorausfahrenden Fahrzeugen und deren Geschwindigkeit aufgenommen und die Veränderung ausgewertet. Als Ergebnis werden Geschwindigkeit und Abstand der sich dauernd ändernden Verkehrssituationen automatisch angepasst. Bei Abstandunterschreitungen reagiert das System und nimmt das Gas zurück. Reicht diese Maßnahme nicht aus, wird der Retarder (sofern vorhanden) zugeschaltet.

PRAXIS-TIPP

Nutzen Sie den Tempomat unter günstigen Bedingungen. Verzichten Sie bei dichtem Verkehr und schlechten Fahrbahnzuständen (Eis, Nässe, Laub usw.) aus Sicherheitsgründen auf das Einsetzen des Tempomats.

Abbildung 51: Abbiegeassistent

© MAN Truck & Bus

Abbiegeassistent

Der Abbiegeassistent warnt den Fahrer, wenn er beim Abbiegen an Kreuzungen und Einmündungen Fußgängern und Radfahrern übersehen könnte. Mit Hilfe von Ultraschallsensoren, die auf der rechten Lkw-Seite verbaut sind bekommt der Fahrer zunächst ein optisches Signal in der Nähe des rechten Außenspiegels, wenn sich jemand im Gefahrenbereich aufhält. Ein akustisches Signal kommt hinzu, wenn beim Anfahren eine Kollisionsgefahr weiterhin besteht.

Notbremsassistent

Der Notbremsassistent oder Active Brake Assistent (ABA) bzw. Advanced Electronic Brake System (AEBS) hilft den Fahrern von Nutzfahrzeugen beim Auftreten einer akuten Gefahr das Fahrzeug rechtzeitig zum Stehen zu bringen. Bei der Gefahr eines Auffahrunfalls auf ein langsam vorausfahrendes Fahrzeug oder stehende Hindernisse, wie etwa ein Stauende, wird der Fahrer optisch, durch ein rot aufleuchtendes Dreieck, sowie akustisch gewarnt. Er hat nun Zeit, entsprechende Gegenmaßnahmen einzuleiten. Erfolgt keinerlei Reaktion seitens des Fahrers, leitet das Notbremssystem ABA (Active Brake Assist) bei Verschärfung der Kollisionsgefahr zunächst eine Teilbremsung mit ca. 30 % Bremsleistung ein, danach erfolgt eine Vollbremsung. Der ABA reagiert nicht auf kleinere Hindernisse, wie verlorene Ladung oder ähnliches, da im System Fahrzeugkonturen als Erkennungsmerkmal hinterlegt sind.
Eine Kollision kann der ABA nicht immer verhindern, aber er verringert die Kollisionsgeschwindigkeit und somit die Unfallfolgen erheblich.

Abbildung 52: Anzeige Active Break Assistent

Abbildung 53: Notbremsassistent ABA der dritten Generation

© Daimler AG

Abbildung 54: System Dauerbremslimiter (DBL)

Dauerbremslimiter (DBL)

Der Dauerbremslimiter (DBL) ist serienmäßig in einigen Reisebussen eingebaut. Er verhindert aktiv mittels des Retarders, dass die gesetzlich vorgegebene Höchstgeschwindigkeit von 100 Stundenkilometern beim Bergabfahren deutlich überschritten wird.
Der DBL besteht aus einem Softwaremodul im Fahrregler. Das System kann weder abgeschaltet noch verstellt werden. Es steuert den Retarder an und sorgt somit für eine Reduzierung der Fahrgeschwindigkeit. Bei sehr langen und steilen Gefällen kann es unter Umständen vorkommen, dass der Retarder wegen Überhitzung kurzzeitig abschaltet.
Der DBL informiert den Fahrer über die ungewollte Geschwindigkeitsüberschreitung. Ab 107 km/h ertönt ein Warnsignal und eine optische Anzeige erscheint auf dem Display. Hier muss der Fahrer die Betriebsbremse einsetzen. Erst wenn das Fahrzeug wieder eine Geschwindigkeit von 100 km/h erreicht hat, erlischt die Warnanzeige.

Vorteile

- Erhöhung der Sicherheit
- Entlastung des Fahrers
  - Einhaltung der zulässigen Höchstgeschwindigkeit in Gefällen
  - Automatische Ansteuerung des Retarders
  - Akustisches und optisches Warnsignal ab 107 km/h

PRAXIS-TIPP

Beim Befahren von Gefällstrecken sollte der Fahrer die Anzeigeinstrumente aufmerksam beobachten.

AUFGABE

Wofür stehen die Abkürzungen ART, GRA und DBL?

Bremsassistent (BAS)

Ein Bremsassistent (BAS) ist eine Vorrichtung in einem Kraftfahrzeug, die in der Lage ist Bremsmanöver, die während einer Gefahrensituation eingeleitet werden, zu erkennen. Ob das System eingreift und den Fahrer unterstützt hängt von verschiedenen Faktoren (z.B. der Fahrtgeschwindigkeit und der Betätigungswechsel zwischen Gas- und Bremspedal) ab. Wenn ein Fahrer bei einer Notbremsung das Bremspedal anfangs schnell betätigt, dann aber das Pedal nicht weiter mit voller Kraft durchtritt, verlängert sich der Bremsweg unnötig. Jetzt greift der Bremsassistent ein und baut mit Hilfe eines Bremsverstärkers den maximalen Bremsdruck auf.
Das Antiblockiersystem (ABS) verhindert ein Blockieren der Räder.

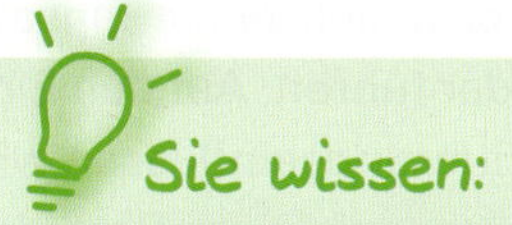

- ✔ Wie ABS und ABV funktionieren und welche Vorteile diese Systeme bringen.
- ✔ Wie die Antriebsschlupfregelung arbeitet.
- ✔ Wie das Elektronische Stabilitätsprogramm den Fahrer unterstützt.
- ✔ Welche Fahrerassistenzsysteme es gibt, welchem Zweck sie dienen und wie sie richtig eingesetzt werden.

1.9 Einsatz der Bremsanlage und Bremsenprüfung

FAHREN LERNEN C
Lektion 8

FAHREN LERNEN D
Lektion 9

Sie sollen wissen wie, wann und in welcher Kombination Sie die an Ihrem Fahrzeug vorhandenen Bremsanlagen wirkungsvoll und verschleißfrei einsetzen können.
Sie sollen die technischen Untersuchungsarten kennen, die an Nutzfahrzeugen durchgeführt werden müssen und wissen, in welchen Abständen diese bei unterschiedlichen Fahrzeugen zu erfolgen haben.
Sollte bei der Bremsanlage während des Fahrbetriebs ein technischer Defekt auftreten, müssen Sie wissen, wie Sie sich zu verhalten haben. Sie müssen entscheiden können, ob Sie die Fahrt fortsetzen können oder das Fahrzeug stilllegen müssen.

1.9.1 Kombinierter Einsatz von Betriebs- und Dauerbremsanlagen

Die Betriebsbremse kann unabhängig von den vorhandenen Dauerbremsen eingesetzt werden. Kann der Fahrer im Gefälle trotz eingeschalteter Dauerbremse seine gewünschte Geschwindigkeit nicht halten, muss er die Betriebsbremse des Fahrzeugs dazunehmen und einen oder mehrere Getriebegänge zurückschalten.
Bei älteren Kraftfahrzeugen ohne ABS kann der gleichzeitige Einsatz beider Bremsen zum Blockieren der Antriebsräder führen. Auf den Einsatz der Dauerbremsen sollte bei schlechten Witterungseinflüssen wie Schnee und Eis verzichtet werden. Im Zusammenspiel von Retarder und ABS wird bei glatter Straße auch eine Blockierneigung der Räder sofort erkannt und die Elektronik schaltet den Retarder ab. Der Fahrer kann unbeeinflusst von der Regelung der Elektronik die Betriebsbremse weiterhin einsetzen und ohne Retarder wie gewünscht bremsen.

1.9.2 Einsatz der Bremsanlage

1. Vorausschauendes Fahren

Durch eine bewusste Verkehrsbeobachtung kann sich der Fahrer auf die wechselnden Verkehrsabläufe einstellen. Das spart Kraftstoff und schont die Bremsen.

2. Gänge überspringen wo möglich, splitten wo nötig

Die heutigen Getriebe ermöglichen es, in allen Fahrsituationen im optimalen Drehzahlbereich zu fahren. Der Fahrer muss nicht jeden Gang schalten, sondern kann auch einzelne Gänge überspringen oder halbe Gänge schalten (splitten). Durch das Überspringen von Gängen hat man weniger Zugkraftunterbrechungen und eine bessere Beschleunigung.

3. Sicher und wirtschaftlich bremsen

Nutzen Sie die zur Verfügung stehenden verschleißfreien Bremsen (Motorbremsen- und/oder Retarder) möglichst als erste, wenn es die Verkehrs- und Straßenverhältnisse zulassen. Dadurch wird die Betriebsbremse entlastet und man hat für eventuelle Notsituationen eine kalte Bremse zur Verfügung. Schalten Sie rechtzeitig zurück und nutzen Sie den gelben Bereich im Drehzahlmesser voll aus, um die Motorbremsleistung zu erhöhen und mehr Kühlleistung für den Retardereinsatz zu haben. Die verschleißfreien Dauerbremsen stufenweise zuschalten, die Bedienhebel nicht durchreißen.

4. Bremsfading

Als Fading („Dahinschwinden“) oder Bremsschwund bezeichnet man ein unerwünschtes Nachlassen der Bremswirkung durch Wärme. Dadurch kann sich der Bremsweg dramatisch verlängern. Dieser unerwünschte Effekt tritt vor allem bei Trommelbremsen auf. Bei Scheibenbremsen gibt es kaum Fading.
Wegen der hohen Fading-Anfälligkeit werden heute kaum noch Trommelbremsen verbaut, allenfalls nur noch an der Hinterachse. Um das Fading bei Scheibenbremsen fast ganz auszuschließen, benutzt man innenbelüftete Bremsscheiben.

PRAXIS-TIPP

Bei langen Gefällstrecken ist der dauerhafte Einsatz der Betriebsbremse zu vermeiden. Sie sollte nur kurz gleichzeitig mit der Dauerbremse des Fahrzeugs einsetzt werden.

1.9.3 Bremsenprüfung

Nationale und internationale Bauvorschriften regeln den Bau, die Wirkung und das Zeitverhalten der Bremsanlagen genau.

Druckluft- und hydraulische Bremsen von Nutzfahrzeugen müssen auch bei Undichtigkeit an einer Stelle mindestens zwei Räder bremsen können, die nicht auf derselben Seite liegen. Bei Druckluftbremsen muss das unzulässige Absinken des Drucks dem Fahrer durch eine optische oder akustische Warneinrichtung angezeigt werden.

Abbildung 55: Arbeitsgrube mit Bremsenprüfstand

Prüfung nach StVZO

Halter von Lastkraftwagen und Kraftomnibussen haben ihre Fahrzeuge in regelmäßigen Zeitabständen untersuchen zu lassen. Der Halter hat den Monat, in dem das Fahrzeug spätestens zur:

- Hauptuntersuchung (HU) vorgeführt werden muss, durch eine Prüfplakette auf dem amtlichen Kennzeichen nachzuweisen
- Abgasuntersuchung (AU) vorgeführt werden muss nachzuweisen. Die AU ist Bestandteil der HU. Eine gesonderte Plakette wird nicht mehr erteilt.
- Sicherheitsprüfung (SP) vorgeführt werden muss, durch eine Prüfmarke in Verbindung mit einem SP-Schild nachzuweisen

Die Kraftomnibusse, Lastkraftwagen und deren Anhänger sind mindestens in folgenden regelmäßigen Zeitabständen den Untersuchungen zu unterziehen:

Fahrzeugart	HU/AU	SP
KOM und andere Kfz mit mehr als 8 Fahrgastplätzen		
> bei erstmals in den Verkehr gekommenen Kfz in den ersten 12 Monaten	12	–
> weitere Untersuchungen von 12–36 Monaten nach Erstzulassung	12	6
> alle weiteren Untersuchungen	12	3/6/9
Kfz, die zur Güterbeförderung bestimmt sind, selbstfahrende Arbeitsmaschinen, Zugmaschinen sowie nicht oben genannte Kfz (außer Pkw)		
> baulich bedingte Höchstgeschwindigkeit nicht mehr als 40 km/h oder zGM max. 3,5 t	24	–
> zGM größer 3,5 t max. 7,5 t	12	–
> zGM größer 7,5 t max. 12 t		
▪ bei erstmals in den Verkehr gekommenen Kfz in den ersten 36 Mon.	12	–
▪ alle weiteren Untersuchungen	12	6
> zGM größer 12 t		
▪ bei erstmals in den Verkehr gekommenen Kfz in den ersten 24 Mon.	12	–
▪ alle weiteren Untersuchungen	12	6
Anhänger, einschließlich angehängte Arbeitsmaschinen u. Wohnanhänger		
> zGM max. 0,75 t oder ohne eigene Bremsanlage		
▪ bei erstmals in den Verkehr gekommenen Fahrzeugen für die 1. HU	36	–
▪ alle weiteren HU	24	–
> bbH nicht mehr als 40 km/h oder zGM größer 0,75 t, max. 3,5 t	24	–
> zGM größer 3,5 t, max. 10 t	12	

> zGM größer 10 t		
▪ bei erstmals in den Verkehr gekommenen Fahrzeugen in den ersten 24 Mon.	12	–
▪ alle weiteren Untersuchungen	12	6

Bei den vorgeschriebenen Untersuchungen wird eine Sicht-, Wirkungs- und Funktionsprüfung des Fahrzeugs vorgenommen. Als sichtbare Zeichen der bestandenen Prüfung wird das Fahrzeug mit entsprechenden Prüfplaketten versehen und ein Eintrag in das Prüfbuch des Fahrzeugs vorgenommen.

Verhalten bei Defekten

Der Fahrer eines Fahrzeugs zur Güter- oder Personenbeförderung hat sich während der gesamten Fahrt davon zu überzeugen, dass seine Bremsanlage zu hundert Prozent funktioniert. Sollte er einen Defekt feststellen, hat er zu prüfen, ob eine Weiterfahrt bis zum Betriebshof oder in eine nahegelegene Fachwerkstatt noch gefahrlos möglich ist.

Sollte eine Weiterfahrt nicht möglich sein, hat der Fahrer in Verbindung mit seinem Unternehmer oder Werkstattmeister die weiteren Schritte zu besprechen.

⚠ Bei mangelnder Förderleistung des Luftpressers oder Undichtigkeiten an der Bremsanlage ist das Kraftfahrzeug aus Gründen der Verkehrssicherheit stillzulegen.

Wartungsarbeiten an Bremsanlagen

Häufig geschehen Unfälle mit Schwerverletzten oder sogar Toten. Viele Unfälle müssten aber gar nicht sein. In einer Untersuchung wurde festgestellt, dass jeder vierte beteiligte Unfallwagen technische Mängel hatte. Häufigste Unfallursache: Schäden an der Bremsanlage.

Wichtiger noch als das Beschleunigen ist das Abbremsen. Die Bremsanlage gehört daher zu den wichtigsten Bauteilen an einem Kraftfahrzeug.

Alle Arbeiten an der Bremsanlage dürfen nur von geeigneten Fachkräften durchgeführt werden.

Der Arbeitsaufwand für die Wartung einer Bremsanlage bei neuen Fahrzeuggenerationen ist nicht sehr groß. Die einwandfreie Funktionsfähigkeit der Bremsen ist allerdings lebenswichtig.

Einsatz von Bremsflüssigkeit

Mischen Sie in keinem Fall die Bremsflüssigkeiten der Klassen DOT-3 oder DOT-4 mit der Bremsflüssigkeit DOT-5. DOT-5-Bremsflüssigkeit ist auf Silikonbasis hergestellt und daher nicht mischbar. Dieses Gemisch kann die gesamte Bremsanlage zerstören. Markieren Sie am Ausgleichsbehälter, welche Bremsflüssigkeit sich im Bremssystem befindet. Die neu entwickelte DOT-5.1 lässt sich wieder mit DOT-3 und -4 mischen.

Im Ausgleichsbehälter muss sich immer ausreichend Bremsflüssigkeit befinden. Selbst bei hermetisch verschlossenen Bremssystemen zieht Bremsflüssigkeit nach einiger Zeit Wasser. Dadurch wird der Siedepunkt der Bremsflüssigkeit herabgesetzt, was bei einer zu heißen Bremse zu Blasenbildung in der Bremsflüssigkeit führen kann. Dies kann unter Umständen zum Versagen der Bremse führen. Aus diesem Grund sollte spätestens alle zwei Jahre die Bremsflüssigkeit gewechselt werden!

Beachten Sie, dass die Bremsflüssigkeit stark säurehaltig ist und deswegen Lack sehr schnell angreift.

Trommelbremsen

Es muss immer genügend Bremsbelag vorhanden sein. Die Mindestdicke sollte 2 mm nicht unterschreiten. Als Messpunkt gilt immer die dünnste Stelle des Belages (ggf. über Schaulöcher prüfbar). Neue Bremsbeläge müssen auf den ersten 200 Kilometern vorsichtig eingebremst werden. Vermeiden Sie während dieser Zeit unnötige Gewaltbremsungen.

Scheibenbremsen

Auch hier gilt, dass eine ausreichende Dicke an Bremsbelägen vorhanden sein muss. Wenn die Beläge zu weit abgefahren sind, wird die Bremsscheibe von dem Belagträger beschädigt und muss dann unbedingt ausgetauscht werden!
Die Bremsscheiben müssen sauber sein. Verunreinigungen wirken nämlich wie ein Schmierfilm. Besondere Vorsicht ist bei der Benutzung von Reinigungsmitteln geboten, die eine rückfettende Wirkung haben (z. B. Antikorrosionssprays).

Elektronische Verschleißanzeigen

Moderne Fahrzeuggenerationen verfügen über eine Bremsbelagverschleißanzeige. Im Fahrerinformationssystem (FIS) wird dem Fahrer über eine optische Anzeige der fortgeschrittene Verschleiß angezeigt. Ein Wechsel der Beläge ist dann unumgänglich.

Lufttrockner

Diese Trockenmittelbehälter enthalten ein spezielles Trockenmittel, das eine hohe Wasseraufnahmekapazität und somit einen hohen Trocknungsgrad gewährleistet. Dieses Trockenmittel hat eine hohe Beständigkeit gegen Ölverschmutzung.
Die Behälter müssen entsprechend der Wartungsintervalle der Fahrzeughersteller ausgetauscht werden. Fahrzeuge mit Fahrerinformationssystem (FIS) zeigen im Display an, dass sich Wasser in den Behältern angesammelt hat und somit die Funktion des Lufttrockners überprüft werden muss. Nähere Angaben hierzu findet man in der Betriebsanleitung der Fahrzeuge.

Bremsgestänge

Alle Bremsübertragungsteile sollen auf einwandfreie Funktion und Beweglichkeit überprüft werden. Verbogene Gestänge müssen ausgetauscht werden. Bewegliche Teile müssen eingefettet werden, um eine gute Funktion sicherzustellen und unnötigen Verschleiß zu verhindern.
Automatische Gestängenachsteller müssen auf Gangbarkeit überprüft werden und, sofern nicht wartungsfrei, in regelmäßigen Abständen abgeschmiert werden.

Sie wissen:

- ✔ Wie Betriebs- und Dauerbremsanlagen sinnvoll kombiniert werden können.
- ✔ Wie die Bremsanlage sicher und wirtschaftlich eingesetzt werden kann.
- ✔ Welche regelmäßigen Sicherheitsprüfungen vorgeschrieben sind.
- ✔ Wie Sie sich bei Defekten an der Bremsanlage verhalten und was bei Wartungsarbeiten zu beachten ist.

1.10 Geschwindigkeit und Getriebeübersetzung

Sie sollen wissen, worauf Sie achten müssen, um wirtschaftlich und Material schonend zu fahren.

FAHREN LERNEN C
Lektion 10

FAHREN LERNEN D
Lektion 15

1.10.1 Wirtschaftliche Fahrweise

1. Motor nicht unnötig laufen lassen
   - Bei langen Stopps den Motor abstellen
2. Richtiges Starten
   - Motor ohne Gas und Betätigung der Kupplung starten
3. Richtiges Anfahren
   - Nicht über die schleifende Kupplung fahren
   - Erst Gas geben, wenn eingekuppelt ist
   - Vorhandene Rollsperren benutzen
4. Niedrige Drehzahl, wo möglich
   - Im Teillastbereich ist die geringstmögliche Drehzahl die, bei der der Motor am wenigsten Kraftstoff verbraucht
5. Hohe Drehzahl (Leistung), wo nötig
   - Wird Leistung benötigt, sollte sie auch eingesetzt werden
   - Durch rechtzeitiges Zurückschalten in einen niedrigeren Getriebegang Leistungsreserven des Motors nutzen
   - Versuchen, eine verkehrssituationsangepasste, hohe Durchschnittsgeschwindigkeit zu erreichen
6. Fahren nach Drehzahlmesser
   - Der Drehzahlmesser enthält markierte Bereiche, um den Fahrer bei seiner wirtschaftlichen Fahrweise zu unterstützen
   - Neuere Fahrzeuggenerationen haben ökonomische Drehzahlmesser mit einem variablen grünen Bereich
7. Geschwindigkeitsänderung, Geschwindigkeitsspitzen
   - Möglichst gleichmäßig fahren
   - Häufige Geschwindigkeitsänderungen kosten Kraftstoff
   - Geschwindigkeitsspitzen erhöhen nur den Kraftstoffverbrauch, nicht den Zeitgewinn

1.10.2 Benutzung von Tempomaten

Wirtschaftliches Fahren bedeutet gleichmäßiges Fahren. Dieses ist in der Praxis nur schwer durchführbar. Um diesem Ziel näher zu kommen, lassen sich Hilfsmittel einsetzen. Diese Hilfsmittel sind zum einen der Tempomat und zum anderen der Geschwindigkeitsbegrenzer.
Eine Geschwindigkeitsregelanlage (GRA) bzw. ein Tempomat ist eine Vorrichtung in Kraftfahrzeugen, die dafür sorgt, dass eine vom Fahrer vorgegebene Geschwindigkeit eingehalten wird. Diese Regelung erfolgt meistens elektronisch. Auf Autobahnen und längeren ebenen Strecken erweist sie sich als besonders praktisch. Sie führt zu stressfreiem Fahren und kann den Kraftstoffverbrauch reduzieren.

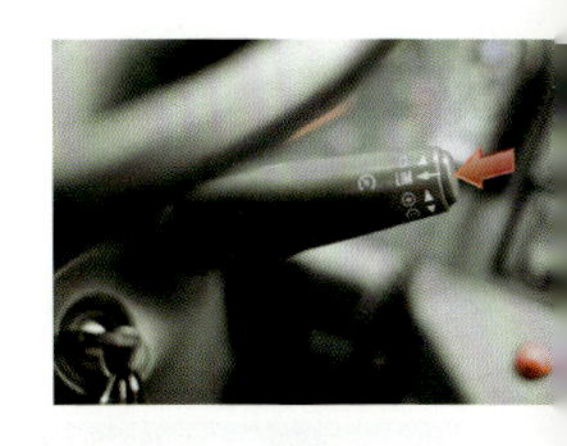

Abbildung 56: Umschalter zwischen Tempomat und Geschwindigkeitsbegrenzer

1.10.3 Benutzung von Automatikgetrieben

Das Automatikgetriebe nimmt dem Fahrer viele Entscheidungen bezüglich der Getriebeübersetzungen ab. Die Möglichkeit wirtschaftlich zu fahren kann leichter genutzt werden.
Die Schaltungen des Automatik-Getriebes lassen sich über das Fahrpedal beeinflussen.

Abbildung 57: Automatikschalter Bus

Grundsätze für das wirtschaftliche Fahren mit Automatikgetrieben:

- Zügig anfahren, um den Wandlerbereich schnell zu verlassen
- Die grüne Welle ausnutzen
- Den Schub des Fahrzeugs ausnutzen
- Vorausschauend fahren und unnötige Stopps vermeiden
- Auf die Kick-down Funktion verzichten

- ✔ Was für eine wirtschaftliche Fahrweise zu beachten ist.
- ✔ Wie Tempomaten und Automatikgetriebe richtig eingesetzt werden.

1.11 Räder und Reifen

FAHREN LERNEN C
Lektion 4

FAHREN LERNEN D
Lektion 2

Sie sollen den Aufbau von Rädern, die in Nutzfahrzeugen eingesetzt werden, sowie die Reifenarten und ihre Vor- und Nachteile kennen. Sie sollen die wichtigsten Reifenbezeichnungen zu deuten wissen und die neuen Techniken zur Reifendrucküberwachung kennen.

Die Hauptaufgabe der Fahrzeugbereifung ist

- Aufnahme von Fahrzeuggewicht und Stoßkräften der Fahrbahn
- Übertragen von Antriebs-, Brems- und Seitenführungskräften
- Abführen von Bremswärme
- Abdichten bei schlauchlosen Reifen

1.11.1 Felgen

Anforderungen an ein modernes Scheibenrad bzw. an eine Felge sind ein geringes Eigengewicht und zugleich eine hohe Tragkraft.

Einteilige Räder

In der Regel werden heute einteilige Scheibenräder benutzt. Sie bestehen aus der Radscheibe (Radschüssel) und der Felge. Die Radscheibe verbindet die Felge, die den Reifen aufnimmt, mit der Nabe.

Die Radscheibe und die Felge können verschweißt sein, gegossen oder geschmiedet werden. Gussräder sind in den meisten Fällen Leichtmetallräder. Gegossene oder geschmiedete Räder haben hohe Festigkeiten und sind teurer in der Anschaffung als Stahl-Scheibenräder.

Abbildung 58: Stahlfelge

Abbildung 59: Leichtmetallfelge

Mehrteilige Räder

Bei segmentgeteilten Felgen unterscheidet man Trilex-Felgen, Tuplex-Felgen und Unilex-Felgen.

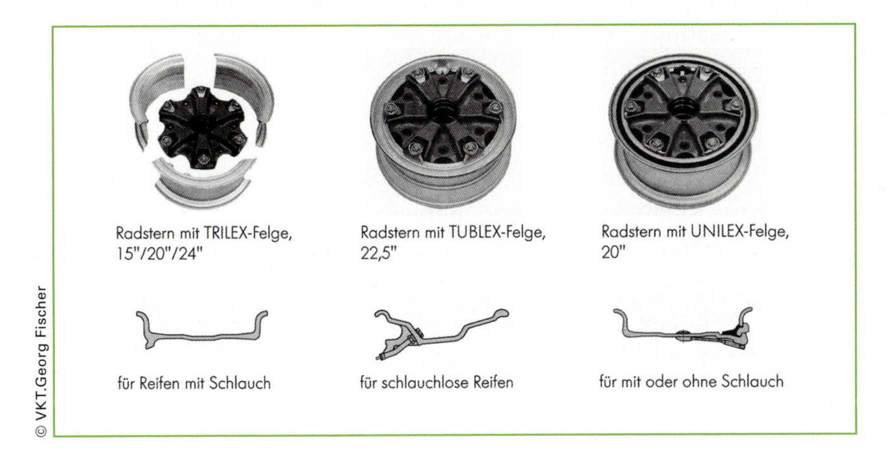

Abbildung 60: Segmentgeteilte Felgen

Bei allen mehrteiligen Felgen werden die Felge oder Felgenteile und der Radkranz oder Radstern verschraubt. Diese Felgen bieten als Vorteil einen einfachen Reifenwechsel ohne Montagegeräte. Als Nachteil sind jedoch ein hohes Gewicht und eine teure Fertigung zu sehen.

Felgen-Bauformen

Bei Nutzfahrzeugfelgen unterscheidet man zwischen:

- Flachbettfelge
- Tiefbettfelge
- Schrägschulterfelge
- Steilschulterfelge

Tiefbett- und Steilschulterfelgen sind einteilige Felgen, Schrägschulterfelgen sind mehrteilig. Schrägschulterfelgen haben ein abnehmbares Felgenhorn, wodurch eine einfachere Reifenmontur möglich ist.

Abbildung 61: Mehrteilige Felge

PRAXIS-TIPP

Lassen Sie Reifen auf Schrägschulterfelgen nur von geschultem Fachpersonal wechseln. Durch das unsachgemäße Öffnen des Verschlussringes können schwere Verletzungen entstehen.

Kennzeichnung der Felgen

An den Rädern müssen an gut sichtbarer Stelle dauerhaft und gut lesbar folgende Kennzeichnung angegeben werden:

- Hersteller
- Felgengröße
- Herstellungsdatum
- Felgentyp
- Typenzeichen
- Einpresstiefe oder halber Mittenabstand

Bezeichnungen von Felgen

1. Schrägschulterfelge
   8.00 = Maulweite in Zoll
   – = mehrteilige Felge
   20 = Felgendurchmesser in Zoll

2. Steilschulterfelge
   8.50 = Maulweite in Zoll
   X = einteilige Felge
   22.5 = Felgendurchmesser in Zoll

1.11.2 Reifen

Der moderne Nutzfahrzeugreifen soll weitergehende Anforderungen erfüllen. Diese sind:

Komfort

- Hoher Federungskomfort
- Laufruhe
- Rundlauf
- Geringe Geräuschentwicklung
- Gutes Handling

Wirtschaftlichkeit

- Hohe Laufleistung
- Geringer Preis
- Hohe Tragfähigkeit
- Niedriges Eigengewicht
- Geringer Rollwiderstand
- Runderneuerbarkeit

Fahrsicherheit

- Hohe Pannensicherheit
- Guter Kraftschluss zwischen Fahrbahn und Reifen
- Alterungsbeständig
- Gute Traktion

Abbildung 62: Reifenmontage

© Continental AG

Umweltverträglichkeit

- Recycelbar
- Niedrige Geräuschbelastung
- Niedriger Materialverbrauch

Reifenaufbau

Je nach Aufbau des Reifens unterscheidet man zwischen Diagonalreifen und Radialreifen. Bei Lkw und KOM werden heute fast ausschließlich Radialreifen verwendet.

Vorteile des Radialreifens gegenüber dem Diagonalreifen:

- Bessere Federung
- Geringerer Rollwiderstand
- Hohe Laufleistung
- Gute Haftung
- Bessere Bremskraftunterstützung
- Bessere Antriebskraftübertragung

Diagonalreifen

Diagonalreifen haben diagonal gekreuzte Gewebelagen im Unterbau.
Die Seitenwände des Diagonalreifens sind durch den Unterbau sehr stabil ge-

Abbildung 63:
Diagonalreifen

Abbildung 64:
Radialreifen

baut. Beim Abrollen entsteht durch die Anordnung der Lagen eine große Verformung des Reifens und somit auch eine nachteilige große Walkarbeit.

Radialreifen

Beim Radialreifen sind die Gewebelagen der Karkasse radial angeordnet. Zwischen der Karkasse, die meist aus zwei Lagen besteht, und der Lauffläche wird ein zusätzlicher Gürtel aus mehreren Textilfasern oder feinen Stahlseilen hergestellt. Daher auch der Name Gürtelreifen. Die Steifigkeit des Radialreifens ergibt einen kleinen Rollwiderstand und vermindert Verformungen in der Aufstandsfläche. Dies ergibt eine geringere Wärmeentwicklung, weniger Reifenverschleiß und einen hohen Fahrkomfort.

Reifenbezeichnungen

Auf der Reifenseitenwand (Flanke) werden durch die Hersteller zahlreiche Kenndaten und Bezeichnungen dargestellt. Als Fahrer sollten Sie die teilweise verschlüsselten Angaben kennen und zu deuten wissen. Die Reifenbezeichnung enthalten ECE-Kennzeichen und US-Normen.

Ein Reifen kann folgende Bezeichnungen enthalten:

- Hersteller
- Herstellungsland
- Regroovable (nachschneidbar)
- E (Reifen erfüllt die ECE Sollwerte)
- Länderkennzahl (Zeigt, wo der Reifen geprüft wurde, zum Beispiel 4 = Niederlande)
- US-Lastkennzeichnung

© Continental AG

- US-Fülldruck
- Betriebskennung (Lastindex Einzel-/Zwillingsbereifung, Kennbuchstabe für die Geschwindigkeit)
- Tragfähigkeitsklasse nach US-Norm
- Angaben über den inneren Reifenaufbau gemäß US-Norm
- Größenbezeichnungen (Breite, Verhältnis Höhe/Breite, Bauweise, Felgendurchmesser)
- Profilbezeichnung
  - Herstellercode (Herstellungsdatum, Reifenausführung)
  - DOT (Rechtsvorschriftenbestätigung für USA)
  - M+S (Mud and Snow = Matsch und Schnee)
  - Tubeless (Schlauchlos)
  - Tube Type (mit Schlauch)
  - PR-Zahl (Ply Rating = Lagenanzahl von Baumwolle oder Cord entsprechen der Festigkeit)
  - TWI (Tread Wear Indicator = Abfahrmakierung)
  - Retread (Runderneuert)
  - Reinforced (verstärkter Reifen)

Abbildung 65: Reifenbezeichnungen

1.11.3 Reifenverschleiß

Der Grad der Abnutzung wird über den Verschleißanzeiger TWI (Tread Wear Indicator) angezeigt. Mit ihm kann man die vorgeschriebenen Mindestprofiltiefen gemäß der StVZO von 1,6 mm kontrollieren. Ein bei der Herstellung eingegossener Gummisteg auf dem Profilgrund kommt zum Vorschein, wenn die gesetzliche Abfahrgrenze erreicht ist. So kann der Fahrer mit einem Blick die Profiltiefe kontrollieren.

Abbildung 66: Verschleißanzeiger

PRAXIS-TIPP

In der Praxis ist es ratsam, Reifen unter 3 mm Profiltiefe, bei Winterreifen unter 4 mm Profiltiefe zu wechseln.

Der größte Reifenverschleiß entsteht durch:

- Schlupf
- Durchdrehen der Räder beim Anfahren
- Beim normalen Abrollen
- Falscher Luftdruck
- Fehler in der Achsgeometrie

PRAXIS-TIPP

Muldenförmige Auswaschungen deuten auf defekte Stoßdämpfer hin.
Der Reifenverschleiß kann vom Fahrer durch gute Pflege und sachgerechte Handhabung deutlich reduziert werden.

AUFGABE

Was bedeutet die Bezeichnung „TUBELESS" auf einem Reifen?

1.11.4 Reifendruck

Der Reifendruck muss möglichst oft überprüft werden. Bei der Überprüfung ist das Reserverad mit einzubeziehen. Der Luftdruck ist gemäß den Herstellerangaben vor der Fahrt und bei kalten Reifen zu prüfen.

Eine Luftdruckkontrolle bei erwärmten Reifen ist nicht empfehlenswert, da sich die Luft bei Erwärmung des Reifens ausdehnt und somit der Luftdruck im Reifen steigt und dass Messergebnis verfälscht.
Der Luftdruck ist auch den wechselnden Beladezuständen anzupassen. Angabe hierzu findet man in der Betriebsanleitung des Fahrzeugs.
Die Auswirkungen eines falschen Reifendrucks sind erheblich.

© Frank Lenz

Abbildung 67: Luftdruckkontrolle

Abbildung 68: Zu niedriger Luftdruck

Abbildung 69: Zu hoher Luftdruck

Abbildung 70: Richtiger Luftdruck

Zu geringer Reifendruck führt zu:

- Höherem Abrieb
- Unregelmäßigem Abrieb
- Höherem Rollwiderstand
- Geringerer Laufleistung
- Verstärkter Walkbewegung
- Reifenbränden
- Bei einem um ein Bar zu niedrigen Reifendruck sinkt die Reifenlebensdauer um ca. 20%, der Kraftstoffverbrauch steigt um ca. 2%

Zu hoher Reifendruck führt zu:

- Minderung der zu erwartenden Laufleistung um bis zu 20 %
- Minimal vermindertem Kraftstoffverbrauch

Bei einer Zwillingsbereifung eines Nutzfahrzeuges ist der richtige oder falsche Reifendruck eines Reifens fast überhaupt nicht sichtbar. Grundsätzlich müssen beide Reifen den gleichen Druck haben.
Speziell der innere Zwillingsreifen wird gerne vernachlässigt.
Vorgeschobene Gründe sind häufig:

- Schlechtere Zugänglichkeit
- Keine direkte Sichtbarkeit
- Starke Verschmutzungen an Rädern, Achsen und Radläufen
- Mehr Aufwand

Lassen Sie es nicht so weit kommen!

Reifenbrände entstehen durch Überladung des Fahrzeuges oder durch einen zu geringen Reifendruck. Eine übermäßige Erwärmung durch zu geringen Luftdruck kann zum Ablösen der Lauffläche führen. Bei Zwillingsreifen kann durch zu wenig Luft das innere Aneinanderreiben der Reifen einen Reifenbrand erzeugen.

PRAXIS-TIPP

Der Reifendruck ist einer der wichtigsten Parameter für Fahrsicherheit und eine der wichtigsten Ursachen für übermäßigen Reifenverschleiß und Reifenbeschädigungen. Eine häufige Kontrolle ist daher unerlässlich.

Weitere Aufgaben und Kontrollen:

Überprüfung des Reifendrucks:
Beim Thema Luftdruck ist neben dem Reifen auch das Reifenventil ein wichtiges Bauteil. Beachten Sie:

- Jedes Ventil sollte mit einer Ventilkappe versehen sein.
- Ersetzen Sie verloren gegangene Ventilkappen möglichst schnell, denn Schmutz kann zu Undichtigkeiten führen und Luftverlust beschleunigen.
- Überprüfen Sie Gummiventile auf Beschädigung am Ventilsitz.
- Benetzen Sie die Ventilöffnung mit Spucke. Bei Blasenbildung: Ventil nachziehen oder ggf. tauschen.
- Vergessen Sie das Reserverad nicht. Auch hier muss der Luftdruck regelmäßig geprüft werden, sonst kann es bei einer Reifenpanne eine ärgerliche Überraschung geben. Grundsätzlich sollten Sie in den Reservereifen immer einen etwas höheren Luftdruck sicherstellen.

Abbildung 71: Kontrolle Reserverad Bus

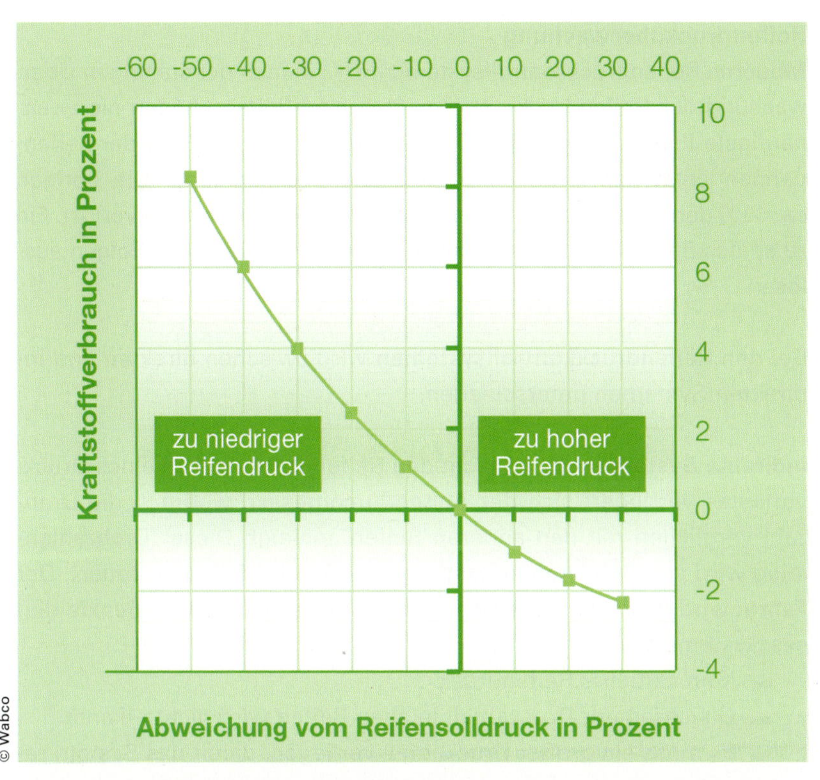

Abbildung 72: Reifendruck und Kraftstoffverbrauch

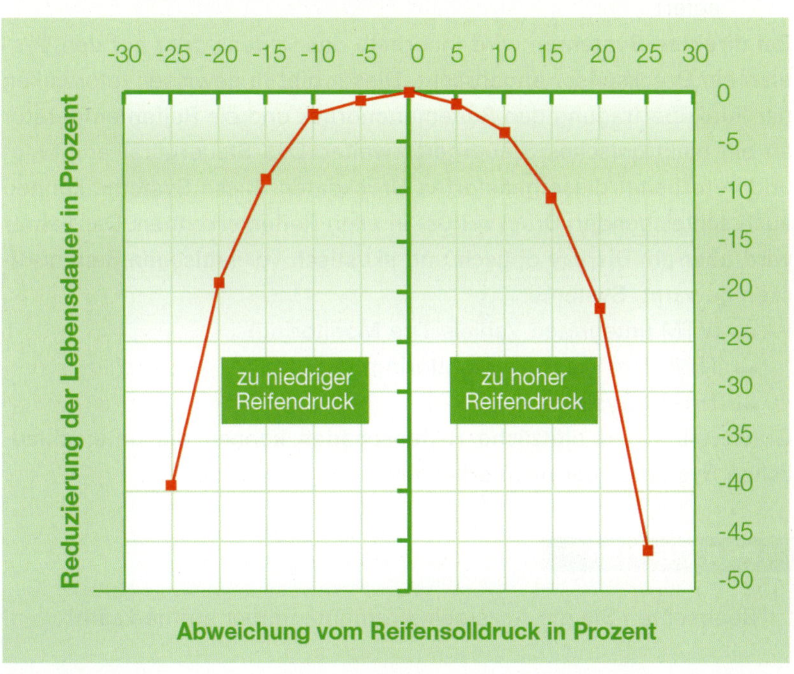

Abbildung 73: Reifendruck und Reifenlebensdauer

Reifendrucküberwachung

Moderne Reifendruckkontrollsysteme (RDK) dienen der ständigen Überwachung des Reifendrucks. Mit ca. 25% sind Reifenschäden die zweithäufigste Pannenursache bei Nutzfahrzeugen. Nur ca. 60% der Reifenpannen entstehen durch eine plötzliche Beschädigung. Die übrigen ca. 40% der Schäden beginnen mit schleichendem Luftdruckverlust. Ein zu spätes Bemerken kann eine Kette von schwerwiegenden Folgen auslösen.

Bei den **Reifendruckkontrollsystemen** wird zwischen direkten und indirekten Systemen unterschieden.

Indirekte Systeme messen nicht den Reifendruck. Im Fall eines Druckverlustes verringert sich der Außendurchmesser, wodurch die Drehzahl verglichen mit den anderen Reifen ansteigt. Dieser Drehzahlanstieg wird von Sensoren erfasst, und als Druckabfall interpretiert. Der Fahrer wird dann akustisch oder optisch gewarnt. Schwachpunkte dieses Systems sind:

- Kein aktueller Reifendruck
- Gleichzeitiger Druckabfall in allen Reifen wird nicht erkannt
- Es muss ein großer Druckabfall vorliegen, damit das System reagiert

Bei direkten Systemen wird innerhalb des Reifens oder auf den Ventilen ein Drucksensor angebracht. Dieser gibt in gewissen Interwallen per Funkübertragung den Reifeninnendruck und die Reifentemperatur an ein elektronisches Steuergerät weiter. Das Steuergerät empfängt und verarbeitet diese gelieferten Druckdaten. Diese Systeme können auch schleichenden Druckverlust in allen Reifen erkennen. Der Fahrer wird über ein Display optisch und akustisch vor kritischen Reifendrücken gewarnt. Systeme:

- IVTM (Integrated Vehicle Tire Monitoring)
- TPM (Tire Pressure Monitoring)
- Tire-IQ-System

Gravierende und plötzliche Reifenschäden können die unterschiedlichen Systeme aber nicht erkennen.

PRAXIS-TIPP

Beobachten Sie die Anzeigeinstrumente immer aufmerksam!

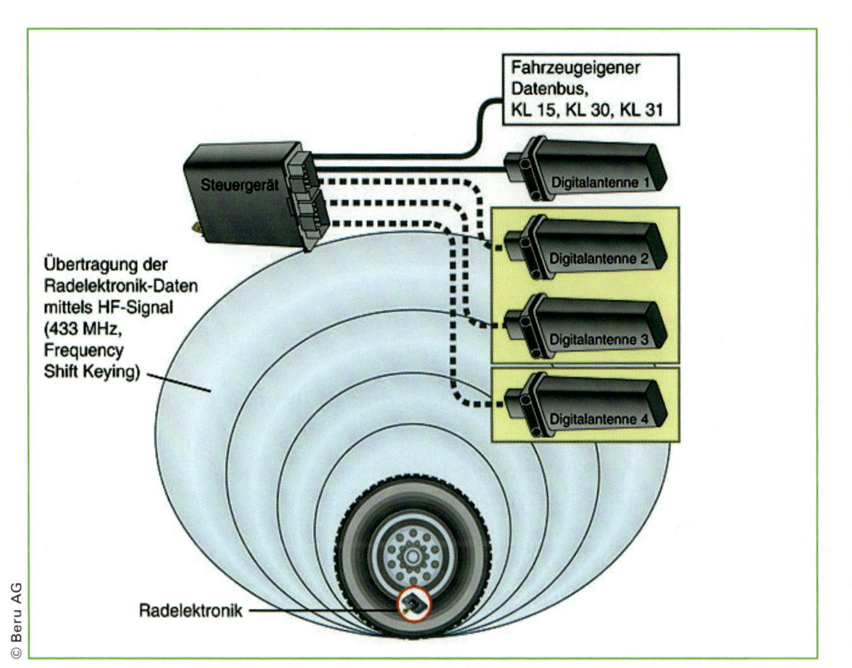

Abbildung 74: Systemkomponenten des Reifendruckkontrollsystems

Abbildung 75: Integrated Vehicle Tire Monitoring

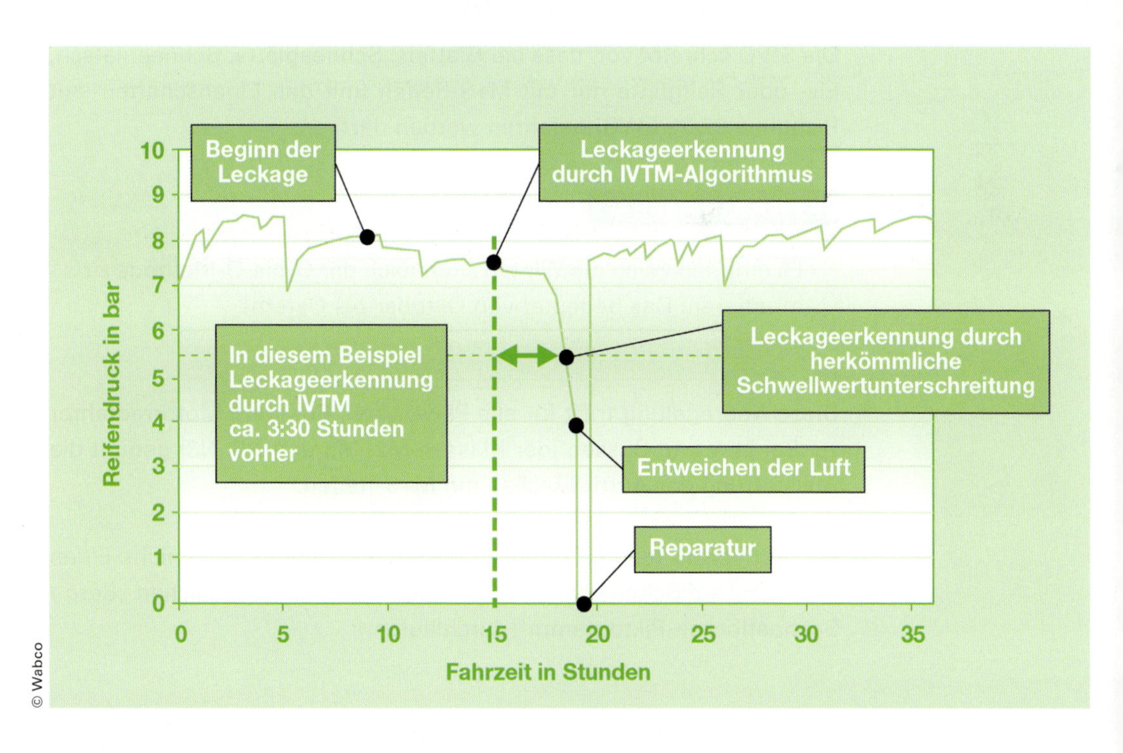

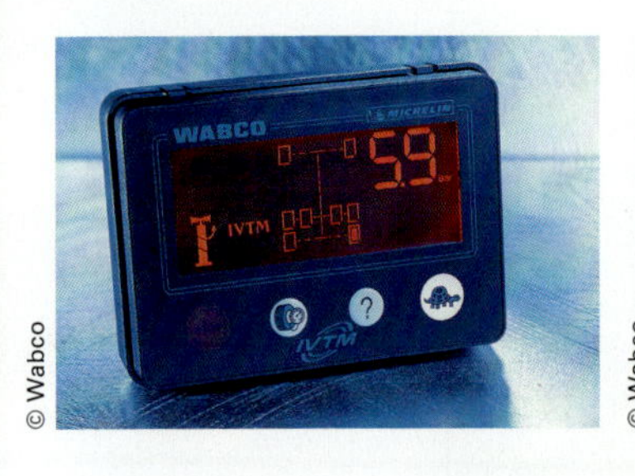

© Wabco

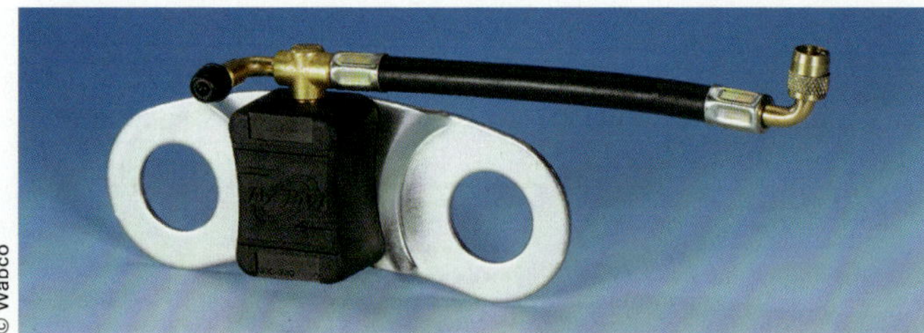

© Wabco

Abbildung 76: IVTM Multifunktionsdisplay

Abbildung 77: IVTM Radmodul

AUFGABE

Wozu kann ein zu niedriger Reifendruck führen?

- ❑ Senkung des Kraftstoffverbrauches
- ❑ Erhöhung des Kraftstoffverbrauches
- ❑ Überhitzung des Reifens

1.11.5 Winterreifenpflicht

Die StVO schreibt vor, dass bei Glatteis, Schneeglätte, Schneematsch, Eis- oder Reifglätte nur mit M+S-Reifen (mit den Eigenschaften laut Richtlinie 92/23/EWG) gefahren werden darf.

PRAXIS-TIPP

Es empfiehlt sich die Winterreifen nach der O-bis-O-Methode zu montieren. Das bedeutet von Oktober bis Ostern!

Diese Neuregelung trifft für alle Pkw-, Lkw-, Bus- und Motorradfahrer zu. Bei Lkw und Bussen (der Klassen M2, M3 und N2, N3) genügt die Ausstattung der Antriebsachse mit M+S-Reifen.

Ein normiertes Testverfahren für M+S-Reifen gibt es noch nicht. Einen Praxistest auf Schnee haben Winterreifen mit dem zusätzlichen „Berg-/Schneeflocken-Piktogramm" durchlaufen.

Abbildung 78:
Winterreifen

Winterreifen, die ab dem 1. 1. 18 hergestellt wurden, müssen das „Alpine" Symbol enthalten. Das bisherige M+S Symbol reicht nicht mehr aus. Dem neuen Symbol liegt ein höherer Qualitätsanspruch zugrunde.
Wer bei winterlichen Bedingungen mit falscher Bereifung unterwegs ist, muss mit einem Bußgeld in Höhe von 60 Euro sowie einem Punkt im Fahreignungsregister rechnen. Kommt es dadurch zu einer Behinderung oder Gefährdung anderer Verkehrsteilnehmer, erhöht sich das Bußgeld auf 80 Euro.

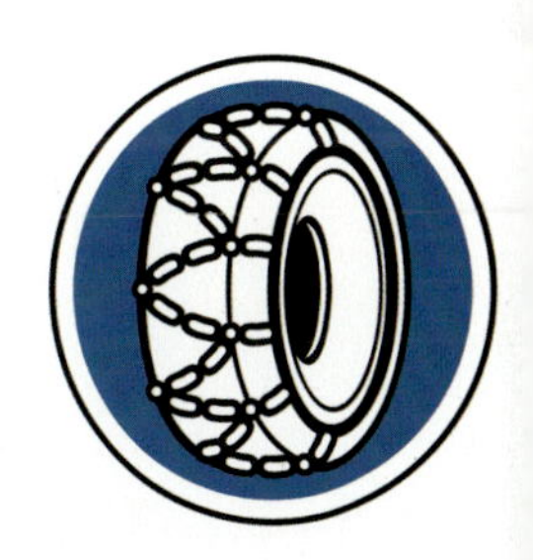

Abbildung 79:
Verkehrszeichen 268 StVO, Schneekettenpflicht

Hinweis: Auch in anderen europäischen Ländern gibt es Vorschriften zur Ausrüstungspflicht mit Winterreifen, die aber z. B. durch fest vorgeschriebene Benutzungszeiträume abweichen. Deshalb erkundigen Sie sich vor der Fahrt ins Ausland über die dort gültigen Regelungen.

1.11.6 Nachschneiden von Reifen

Alle Reifen, bei denen ein Nachschneiden zulässig ist, tragen in Übereinstimmung mit ECE-Regelung 54 an beiden Seitenwänden das Wort „REGROOVABLE".
Um die Kilometerleistung eines Reifens noch zu erhöhen, können sie nachgeschnitten werden. Durch das Nachschneiden gewinnt man bis zu 4 mm zusätzliche Profiltiefe. Es muss jedoch eine Restgrundstärke von 2 mm erhalten bleiben.
Soll ein Reifen nach Erreichen der Abfahrgrenze runderneuert werden, ist ein Nachschneiden nicht in jedem Fall zu empfehlen. Durch die Ver-

Abbildung 80: Nachschneiden von Reifen

ringerung der Grundstärke können Fremdkörper schneller in den Stahlgürtel eindringen und dort durch die Beschädigung Rostbildung hervorrufen. Hierdurch ist dann die Eignung zur Runderneuerung stark beeinträchtigt.
Der beste Zeitpunkt zum Nachschneiden ist erreicht, wenn das Profil gleichmäßig auf ca. 3 mm abgefahren ist. Blockierstellen und unregelmäßiger Verschleiß sind zu beachten. Um Ausfälle zu vermeiden, sollte das Nachschneiden nur von qualifizierten Fachkräften durchgeführt werden. Moped-, Motorrad-, Pkw- und deren Anhängerreifen dürfen unter keinen Umständen nachgeschnitten werden.

1.11.7 Runderneuern von Reifen

Schätzungsweise fünfzig Prozent aller montierten Reifen auf Nutzfahrzeugen sind runderneuert. Im Pkw-Bereich ist der Anteil bedeutend kleiner.

Was geschieht beim Runderneuern?

Computergesteuerte Aufraumaschinen entfernen alle alten Laufstreifengummi-Bestandteile millimetergenau vom Reifenunterbau, der dabei nicht beschädigt werden darf. Jede Unregelmäßigkeiten im Unterbau der Karkasse, die nach dem Aufrauen sichtbar werden, führen zum

sofortigen Aus. Eine neue Rohgummimischung wird durch schablonengesteuerte Beleg-Extruder aufgebracht. Die Zusammensetzung entspricht der von Neureifen.
Die entstandenen Rohlinge werden erneut vermessen und der jeweils richtigen Heizpresse zugeführt. Unter ca. 15 bar Druck und einer Temperatur von ca. 160 °C bekommt der Reifen sein neues Profil.
Bevor der Reifen die Produktion verlässt, wird er ein letztes Mal geprüft. Nur wenn alles hundertprozentig stimmt, kommt der Reifen in den Handel.

Runderneuerte Reifen und ihre Bedeutung auf dem Markt

Die Anteile runderneuerter Reifen am Pkw- und Lkw-Reifen-Ersatzmarkt in Europa sind sehr unterschiedlich:

- Bei Pkw-Reifen reichen sie von minimalen 1–2 % in der Schweiz bis hin zu Werten von >20 % in Skandinavien.
- In Deutschland liegt der Anteil der runderneuerten Pkw-Reifen bei ca. 10 %; im Segment Winterreifen sogar bei 20 %.
- Bei Lkw- und Busreifen ist der Anteil der Runderneuerten deutlich höher und reicht von etwa 40 % in Spanien bis über 70 % in Finnland.
- In Deutschland und Frankreich machen die runderneuerten Lkw- und Busreifen ca. die Hälfte des Reifenersatzmarktes aus.
- Im ganzen EU-Raum kommen pro Jahr mehr als 15 Mio. Lkw- und Busreifen zum Einsatz. Davon sind ca. 8 Mio. Reifen neu und ca. 7 Mio. Reifen runderneuert.

Bei Nutzfahrzeugen ist eine qualitativ hochwertige Runderneuerung eine gute Alternative zum Neureifen, denn sie bietet Sicherheit, hohe Laufleistungen und ein sehr gutes Preis-Leistungs-Verhältnis.

Vorteile der Runderneuerung

Umweltbewusst und kosteneffizient! Nach verschlissener Lauffläche sind erst ca. 25 % eines Reifens verbraucht. Die Karkasse, in der ca. 75 % des Reifenwertes enthalten sind, kann für ein „neues Reifenleben" wieder aufgummiert werden. Zur Herstellung eines Lkw- oder Busneureifens benötigt man ca. 70–80 kg Gummimischung. Die Runderneuerung eines solchen Reifens erfordert lediglich ca. 15 kg Gummimischung. Hierdurch werden eine erhebliche Menge an Rohstoffen eingespart. In der EU sind dies pro Jahr mehr als 300.000 Tonnen.

TIPPS FÜR UNTERWEGS

Reifenverschleiß ist teuer

Fahrer, die bemüht sind, die Betriebskosten ihres Lastwagens niedrig zu halten, sind ein Gewinn für jede Firma. Zu diesem Themenbereich gehört neben bewusst kraftstoffsparender Fahrweise auf jeden Fall auch der verantwortungsbewusste Umgang mit Reifen. Immerhin kostet ein kompletter Satz für einen Sattelzug mit dreiachsigem Auflieger, je nach Reifenqualität, zwischen 4000 und 6000 Euro. Ein hochwertiger Winterreifen für die Antriebs- oder Lenkachsen knackt dabei schon mal die 600.– Euro Marke. Um die teuren Gummimischungen nicht zu schnell abzunutzen, sollten Sie deswegen folgende Praxistipps berücksichtigen:

Verschleißarmes Fahren

Drehen Sie die Vorderräder Ihres Schwerfahrzeuges nie im Stand. Denn das Gewicht, das dabei auf den Reifen lastet, ist so hoch, dass sich auf dem Asphalt runde Plaques aus Gummiabrieb bilden. Teure Winterreifen, die durch ihre extrem weiche Gummimischung auf Eis und Schnee guten Grip bieten, leiden unter solchem Missbrauch ganz besonders. Profis halten den Truck deshalb beim Drehen am Lenkrad immer ein wenig in Bewegung. Das gleiche gilt für Reifen auf einem beladenen Auflieger. Wenden Sie mit einem beladenen Auflieger nie auf der Stelle. Die Gewalt, die dabei auf Reifen, Radbolzen und Achsen wirkt, ist unglaublich. Wer einmal beobachtet hat, wie sich Reifenflanken bei einem solchen Manöver unter dem Gewicht von 24 Tonnen Ladung verwinden, vergisst dieses Bild nicht mehr. Mindestens genau so beeindruckend ist aber auch der Gummiabrieb, den die sechs Reifen des Aufliegers dabei auf dem Asphalt zurück lassen. In einigen Firmen haben Fahrer wegen eines solchen Wendemanövers schon schriftliche Abmahnungen kassiert. Kostenbewusste Chefs betrachten so etwas nämlich als Sachbeschädigung. Also fahren Sie, wo immer möglich, einen kleinen Bogen, wenn sie mit Ihrem Fahrzeug wenden müssen. Alternativ können sie auch, wo möglich, ein kleines Stück im 90 Grad Winkel rückwärtsfahren und dann vorwärts in die gewünschte Fahrtrichtung einschwenken. Auch das schont die Reifen an Ihrem Auflieger.

Kontrolle ist besser

Nun ein Wort zum Thema Fahrzeugübernahme. Das ist ein wichtiges Thema, denn als CE-Neuling werden Sie bei Ihrem Arbeitgeber wahrscheinlich zunächst auf älteren bis ganz alten Fahrzeugen eingesetzt werden. Schließlich muss Ihr Chef davon ausgehen, dass Sie am Fahrzeug den ein oder andere Schaden verursachen, weil Sie hinterm Lkw-Lenkrad noch unerfahren sind. Die ältesten Fahrzeuge eines Fuhrparks haben aber meist das Problem, dass sich niemand dafür verantwortlich fühlt. Deswegen sollten Sie bei der Übernahme der Fahrzeugrentner bei der Abfahrtskontrolle besonders umsichtig vorgehen. Werfen Sie dabei einen besonders intensiven Blick auf die inneren Zwillingsreifen der Antriebsachse. Die werden meist stiefmütterlich behandelt, wenn Fahrzeuge keinen festen Fahrer haben! Oft reicht der Zustand von halbleer bis platt. Dann droht ein Fahrzeugbrand, weil die Reifen überhitzen oder es kommt zum Reifenplatzer **(Foto)**, wenn die Traglast des gesunden, äußeren Pneus bei maximaler Beladung überschritten wird.

© Reiner Rosenfeld

Einen unbekannten Lkw, mit dem Sie am nächsten Morgen starten wollen, sollten Sie übrigens, wenn möglich, bereits am Abend zuvor genau unter die Lupe nehmen. So haben Sie die Chance, abgefahrene Reifen noch vom Werkstattpersonal wechseln zu lassen. Ansonsten müssen Sie am nächsten Morgen vor Beginn Ihrer Fahrt unter Umständen selbst zu Wagenheber und Radkreuz greifen, weil das Werkstattpersonal noch in den Federn liegt! Sollten Sie mit Ihrem Lastwagen unterwegs einen schleichenden Plattfuß feststellen, muss das übrigens nicht gleich ein Grund für einen Radwechsel sein. Durchsuchen Sie lieber die Staukästen Ihres Fahrzeuges. Vielleicht finden Sie dort ja einen Reifenfüllschlauch **(Foto)**. Den können Sie am Druckluftsystem Ihres Fahrzeuges anschließen und den Reifen wieder auf Betriebsdruck bringen.
Bevor Sie sich aber ans Befüllen machen, überprüfen Sie zunächst einmal den Zustand des Ventils am schadhaften Reifen. Reiben Sie dazu einfach etwas Spucke übers Ventil. Wirft der Speichel Blasen, wissen Sie, wo das Problem liegt. Wenn Sie jetzt noch einen Ventilschlüssel und ein Ersatzventil dabei haben, können Sie den Schaden schnell selbst beheben. Als Ersatz für einen Ventilschlüssel können Sie unter Umständen auch eine Ventilkappe Ihrer Reifen benutzen. In einigen Fällen haben Ventilkappen aus Metall nämlich eine schmale Spitze mit einer Vertiefung und einem Schlitz.

© Reiner Rosenfeld

Abbildung 81: Runderneuern von Reifen

Weiterhin werden einige tausend Tonnen Rohöl eingespart.

Durch die Runderneuerung wird die Entsorgung abgefahrener Reifen zwar nicht endgültig vermieden, aber deutlich hinausgeschoben. Die stetig steigenden Entsorgungskosten werden damit gering gehalten und die Mülldeponien entlastet.

Hauptsächlich beim Einsatz von runderneuerten Nutzfahrzeug-Reifen dürfte der Kostenaspekt die Hauptrolle spielen, denn diese Reifen kosten nur circa die Hälfte des Neureifenpreises.

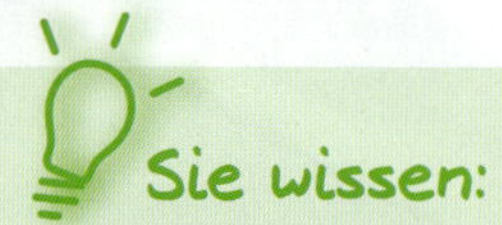

- ✔ Wie Nutzfahrzeugreifen aufgebaut sind.
- ✔ Wie Reifenverschleiß minimiert werden kann.
- ✔ Wie der richtige Reifendruck überprüft werden kann und warum dieser wichtig ist.
- ✔ Wann Winterreifen genutzt werden müssen.
- ✔ Was bei nachgeschnittenen und runderneuerten Reifen zu beachten ist.

1.12 Verhalten bei Defekten

Sie sollen mögliche Defekte, Fahrzeugmängel und deren mögliche Ursachen kennenlernen. Anhand der Beispiele sollen Sie das richtige Verhalten schlussfolgern können.

1.12.1 Verhalten bei Defekten

Mangel	Mögliche Ursachen	Verhalten
Motor dreht, springt aber nicht an	Luft in der Kraftstoffanlage	Kraftstoffanlage entlüften
	Kraftstofffilter verstopft	Filter reinigen oder tauschen
Motor hat zu wenig Leistung	Verschmutzung des Kraftstofffilters	Filter tauschen oder auswaschen
	Luftfilter verstopft	Filter reinigen oder tauschen
Motortemperatur zu hoch	Kühler verschmutzt	Kühler reinigen
	Keilriemen rutscht durch	Keilriemen spannen
	Viscolüfter defekt	Lüfter sperren, Werkstatt aufsuchen
	Thermostat im Kühlkreislauf defekt	Werkstatt aufsuchen
Anlasser zeigt keine Funktion	Batterie leer oder defekt	Batterie laden oder austauschen
	Kabel gebrochen	Defektes Kabel austauschen Werkstatt aufsuchen
	Anlasser defekt	Werkstatt aufsuchen

Mangel	Mögliche Ursachen	Verhalten
Motor qualmt stark	Luftfilter verstopft	Filter wechseln oder ausblasen
	Turbolader defekt	Werkstatt aufsuchen
	Fehler in der Einspritzanlage	Werkstatt aufsuchen
Motor qualmt blau	Defekte Zylinderkopfdichtung (Öl wird verbrannt)	Werkstatt aufsuchen
Motor qualmt weiß	Defekte Zylinderkopfdichtung (Wasser wird verbrannt)	Werkstatt aufsuchen
Probleme beim Anfahren und/oder beim Schalten	Kupplung rutscht, verölte oder verschlissene Kupplungsbeläge, Kupplungsmechanik defekt	Werkstatt aufsuchen
Fehlende Kraftübertragung	Bruch an den Übertragungsteilen wie z. B. Gelenkwelle	Werkstatt aufsuchen
	Schaltelektronik defekt, Schaltventile defekt	Notschaltung aktivieren, Werkstatt aufsuchen
Erheblicher Ölverlust am Fahrzeug	Defekte Anschlüsse/Dichtungen/Leitungen	Schnellstmöglich rechts ranfahren, Fahrzeug abstellen, Gefahrenstelle absichern, Werkstatt/Feuerwehr und Chef informieren
Kein/kaum Druckanstieg in der Bremsanlage	Luftpresser defekt, schadhafte Ventile, rutschender Keilriemen, verstopfter Fahrzeugluftfilter	Werkstatt aufsuchen
	undichte Anschlüsse	Schrauben nachziehen, Werkstatt aufsuchen

Mangel	Mögliche Ursachen	Verhalten
Zu hoher Druckabfall beim Bremsen	Wasser in den Vorratsbehältern	Lufttrockner überprüfen, Behälterentwässern
	Luftleitungen sind undicht, Gestänge ausgeschlagen	Werkstatt aufsuchen
Bremsen ziehen einseitig	Bremsbeläge abgenutzt	Bremsbeläge tauschen
	Bremsbeläge verölt	Werkstatt aufsuchen
Schlechte Bremswirkung	Bremsbeläge abgenutzt	Bremsbeläge tauschen
	Bremsbeläge verölt	Werkstatt aufsuchen
Bremse überhitzt	Dauerbremse nicht korrekt eingesetzt	Anhalten und Bremse auskühlen lassen
	Mechanische Feststellbremse (am Anhänger) vergessen zu lösen	Anhalten, Bremse lösen und abkühlen lassen
	Bremse löst nicht vollständig (z. B. durch starke Verunreinigung, Verschleiß, Korrosion)	Anhalten, Bremse abkühlen lassen, Werkstatt benachrichtigen
Bremsbeläge nutzen sich zu schnell ab	Radbremszylinder sind fest, so dass Bremsbeläge immer schleifen; Bremstrommel oder Bremsscheiben sind zu stark eingelaufen (aufgeraut) Bremse löst nicht vollständig (ständiges Schleifen)	Werkstatt benachrichtigen

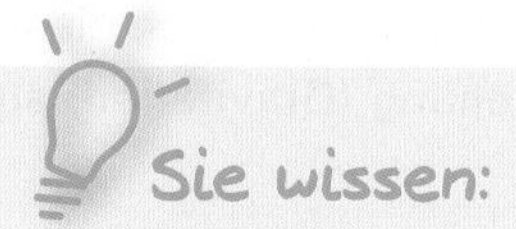

✔ Welche Ursachen bestimmte Fahrzeugmängel haben können und wie Sie sich in diesen Fällen verhalten müssen.

1.13 Fahrphysikalische Grundlagen

FAHREN LERNEN C
Lektion 2

FAHREN LERNEN D
Lektion 10

Sie sollen die Grundzüge und Zusammenhänge der Fahrphysik nachvollziehen und Ihr Handeln entsprechend ausrichten können. Der Gefahr eines Kontrollverlustes sollten Sie sich bewusst werden und aus diesem Grund für das Fahrverhalten Ihres Fahrzeugs sensibilisiert werden.

Im Alltagsbetrieb hat es manchmal den Anschein, als spiele die trockene und theoretische Fahrphysik keine besondere Rolle: Das Fahrzeug tut ja, was Sie als Fahrer wollen, auch ohne dass Sie sich über Fahrphysik ernsthaft Gedanken machen.
Diesen bequemen Fahrzustand mit einem gewissen Sicherheitspolster haben Sie allerdings nur, solange Sie mit Ihrem Fahrzeug nicht aus irgendeinem Grund in einen Grenzbereich geraten.

In eine kritische Fahrsituation und einen fahrerischen Grenzbereich können Sie jederzeit kommen, auch in vermeintlich ruhiger und übersichtlicher Verkehrslage und wenn Sie mit angemessener Geschwindigkeit fahren!

Hinweis: Wenn Sie die Fahrphysik kennen, können Sie die Kräfte besser kontrollieren, die auf Ihr Fahrzeug wirken. Es dürfen möglichst keine Fahrzustände entstehen, die Sie als Fahrer nicht mehr unter Kontrolle bekommen! So vermeiden Sie Unfälle.

1.13.1 Übertragung von Kräften

Masse und Kraft

Jeder Körper hat ein bestimmtes Gewicht (Masse). Befindet sich dieser Körper in einer Ruhelage, so wirkt die Erdanziehung (Gravitation) auf ihn.

Die Erdanziehungskraft bzw. Schwerkraft ist zum Erdmittelpunkt gerichtet. Sie sorgt dafür, dass wir fest stehen und Gegenstände fallen können.

FORMEL

Die Größe dieser Kraft hängt von zwei Faktoren ab:
- Dem Gewicht (= Masse m)
- Der Beschleunigung a (hier: Die Erdbeschleunigung $g = 9{,}81\ m/s^2$)

Damit ergibt sich für die Gewichtskraft: F_G

$$\mathbf{F_G = m \cdot g}$$

Bei einem Fahrzeug wirken an den Reifenaufstandspunkten bzw. -flächen folgende Kräfte:
- Gewichtskraft entsprechend der Masse des Fahrzeuges mit einer Wirkung abhängig von der Lage des Schwerpunktes
  - **statisch,** verteilt auf Achsen bzw. Räder (oft mit ungleichen Achslasten, aber nahezu symmetrisch zwischen rechts und links)
  - **dynamisch,** verteilt je nach Fahrsituation zwischen vorn und hinten (Beschleunigen, Bremsen) bzw. zwischen rechts und links (Kurvenfahrt)
- Beschleunigungskraft und Bremskraft als Längskraft
- Querkraft (Kurvenfahrt, Seitenwind, Fahrbahnneigung)

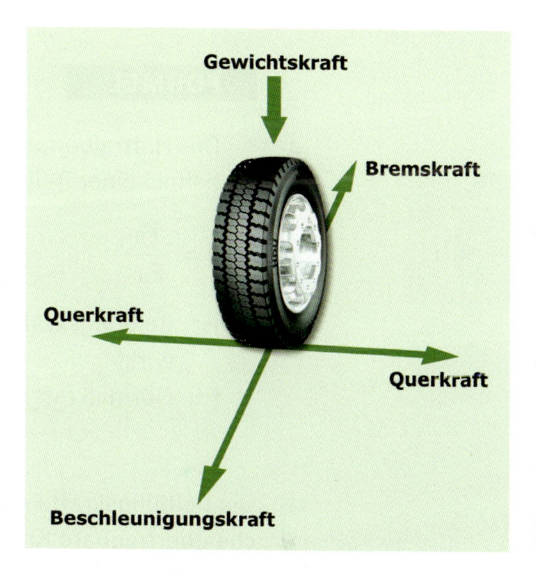

Abbildung 82:
Kräfte am Fahrzeug

Kraftschluss

Die Übertragung der Kräfte zwischen zwei Körpern aufgrund des Ineinandergreifens dieser geschieht mittels Formschluss (z. B. Zahnriemen und Zahnriemenscheibe oder Zahnräder untereinander).
Die Übertragung der Kräfte zwischen zwei Körpern (wie z. B. Reifen und Fahrbahnbelag, Keilriemen und Keilriemenscheibe) nur aufgrund der Berührung geschieht mittels **Kraftschluss**.
Je größer die Haftung des Reifens auf der Fahrbahn ist, desto höher sind die Kräfte, die zwischen Fahrzeug und Fahrbahn übertragen werden können. Diese Haftung zwischen den Körpern als Kraftschluss wird auch Haftreibung genannt.

Haftreibung

Die Haftung bzw. **Haftreibung** sollte immer größer sein als die Kräfte an den Reifenaufstandsflächen des Fahrzeugs. Sind jedoch die auftretenden Kräfte höher als die Haftreibung, dann gerät ein Fahrzeug ins Rutschen oder Schleudern.
Moderne elektronische Fahrdynamiksysteme helfen, einen solchen Vorgang zu vermeiden.
Bei der Übertragung von Kräften zwischen Reifen und Fahrbahn spielt die Haftreibungszahl eine entscheidende Rolle.

FORMEL

Die Haftreibungszahl μ (sprich: Mü) beschreibt das Kräfteverhältnis einer Reibpaarung:

$$\mu = \frac{F_R}{F_N}$$

F_R: Reibungskraft = Kraft, die der Verschiebekraft entgegenwirkt
F_N: Normalkraft = Kraft, mit der die Körper aufeinander wirken

Die Reibungskraft F_R ist in unserem Fall die an der Reifenaufstandsfläche übertragbare Kraft. Die Normalkraft F_N entspricht in der Ebene der **Gewichtskraft** des Fahrzeugs, die jeweils anteilig an den einzelnen Reifenaufstandsflächen als **Radlast** auf die Fahrbahn wirkt.

Die Haftreibung zwischen Reifen und Fahrbahn hat einen Maximalwert, der abhängig von vielen Faktoren und der Fahrsituation ist z. B. von

- Reifen,
- Laufflächenprofil,
- herrschenden Umgebungstemperaturen,
- Reifentemperaturen aufgrund des ständigen Walkens oder
- dem Fahrbahnbelag (z. B. Asphalt, Schotter).

Beispiele Haftreibungszahl μ:

Beton, trocken:	0,7–0,8	Pflaster, nass:	0,3–0,5
Asphalt, trocken:	0,6–0,7	Schnee, fest:	0,1–0,3
Pflaster, trocken:	ca. 0,6	Eis:	0,1–0,2
Beton, nass:	0,5–0,6	Aquaplaning	< 0,05
Asphalt, nass:	0,4–0,6		

Aquaplaning ist ein Beispiel für eine extrem niedrige Haftreibungszahl. Dabei bildet sich bei nasser Fahrbahn ein Wasserkeil unter dem Reifen. Antriebskräfte und Bremskräfte können nicht mehr übertragen werden und die Lenkfähigkeit des Fahrzeuges geht verloren.

Gleitreibung

Gleitreibung tritt in einer Fahrsituation dann auf, wenn die gerade maximal mögliche Haftreibungskraft überschritten wird und Ihr Fahrzeug ins Rutschen gerät. Die Reifen haften nicht mehr auf der Fahrbahn, sondern gleiten darüber.
Für Sie als Fahrer ist das – außerhalb eines Übungsgeländes – eine schwierige Situation: Es entstehen Gefahren für Fahrzeug, Fahrer, Mitfahrer, Fahrgäste, Ladung und evtl. auch für andere Verkehrsteilnehmer.

Die Gleitreibungskraft ist allgemein niedriger als die Haftreibungskraft. Diese Differenz kann 15–30 % betragen. Mit Beginn des Rutschens wird daher die Reibung plötzlich verringert, sodass sich eine zu starke Kraft auf das Fahrzeug ergibt, die das Fahrzeug plötzlich stark auslenken kann und im schlimmsten Fall zum Schleudern bringt.

Dass die Gleitreibungskraft niedriger ist als die Haftreibungskraft, wissen Sie alle, wenn Sie schon einmal versucht haben, einen schweren Gegenstand wie z. B. ein Möbelstück zu verrücken oder zu verschieben:
Das Anschieben des Möbelstücks ist wegen der Haftreibung besonders schwierig. Weniger Kraftaufwand benötigen Sie dann beim Schieben, wenn sich das schwere Teil erst einmal in Bewegung gesetzt hat. Dann haftet es nicht mehr, sondern gleitet (Gleitreibung).

Schlupf

Bei jeder Art der Kraftübertragung zwischen Reifen und Fahrbahn tritt so genannter Schlupf auf. Das passiert beim Anfahren, Beschleunigen, Kurven fahren oder Bremsen.
Schlupf ist die Differenz zwischen dem Weg, den das Rad aufgrund seiner Umdrehungen beschreibt, und dem Weg, den das Fahrzeug tatsächlich zurücklegt. Angetriebene Reifen drehen sich dabei mehr als es der gemessenen Wegstrecke des Fahrzeuges entspricht. Der ständige und notwendige Schlupf beim Fahren verursacht stets ein Mindestmaß an Reifenverschleiß.
Im normalen Fahrtzustand bemerken Sie diesen Schlupf allerdings überhaupt nicht. Ein Reifenschlupf von ca. 10 % kann die maximale Kraft übertragen. Diesen Wert machen sich die elektronischen Assistenzsysteme ASR und ABS bei ihrer Regelung zunutze.

Bei schlagartigem Gasgeben oder sehr starkem Bremsen kann der Schlupf Werte von mehr als 30 % erreichen. Ein (theoretischer) Schlupf von 0 % bedeutet keine unterschiedliche Drehzahl, während ein Schlupf von 100 % (Eis, Aquaplaning oder Rollsplit) im Fall einer Antriebskraft das Durchdrehen der Räder oder im Fall einer Bremskraft das Blockieren der Räder beschreibt. Diese beiden speziellen Formen des Schlupfes sollten wir als Fahrer allerdings vermeiden.

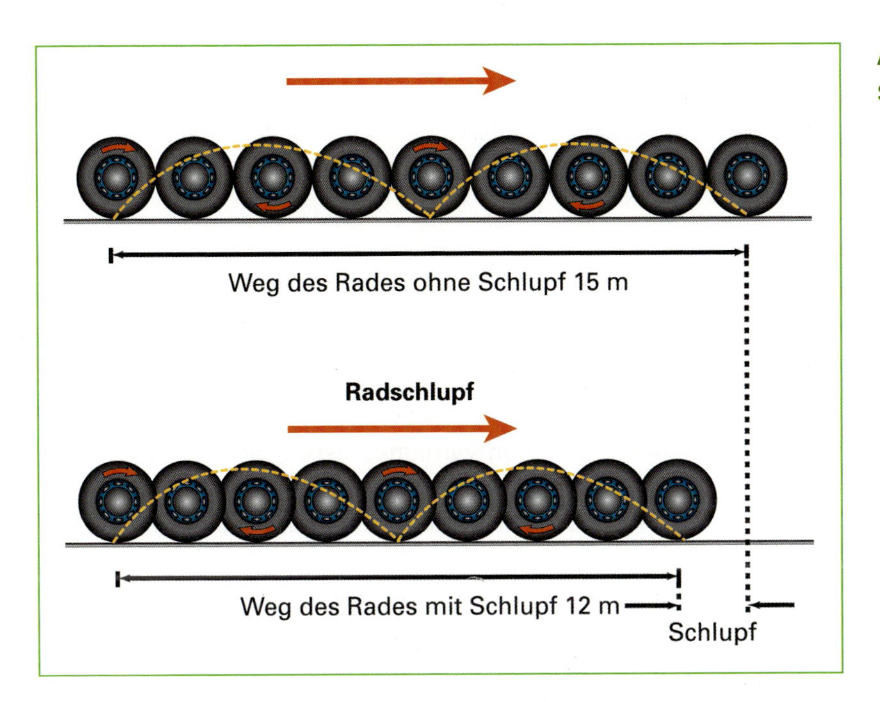

Abbildung 83: Schlupf

Je höher der Schlupf, desto geringer wird die maximal übertragbare Seitenführungskraft der Reifen. In einer Kurve führt dann Beschleunigen oder auch Bremsen schnell zu einem geradeaus rutschenden (untersteuernden) Fahrzeug oder einem schleudernden (übersteuernden) Fahrzeug.

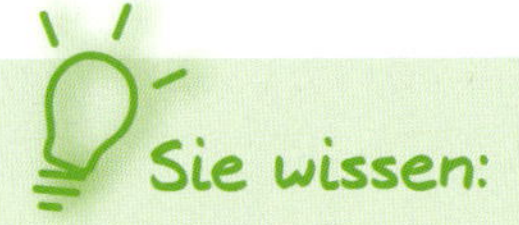

- Welche Kräfte während der Fahrt auf ein Fahrzeug wirken.
- Wie Kräfte zwischen zwei Körpern übertragen werden.
- Wann Haft- und wann Gleitreibung auftritt und was dieses für den Fahrer bedeutet.
- Was Schlupf ist.

1.14 Fahrdynamik

Sie sollen die Zusammenhänge zwischen den verschiedenen Einflussfaktoren auf die Fahrdynamik verstehen.

FAHREN LERNEN **C**
Lektion 2

FAHREN LERNEN **D**
Lektion 10

Die Fahrdynamik lässt sich in folgende Bereiche unterteilen:

- Längsdynamik
- Querdynamik
- Vertikaldynamik

Wie die Bezeichnungen schon vermuten lassen, richten sich die genannten Unterteilungen nach den drei **Fahrzeughauptachsen** eines Fahrzeuges. Diese Hauptachsen sind standardmäßig definiert.

In der Fahrpraxis stellen sich dann in den meisten Fällen Fahrzustände ein, die Kombinationen aller drei Kategorien darstellen.

Abbildung 84: X-Y-Z-Koordinatensystem eines Fahrzeuges

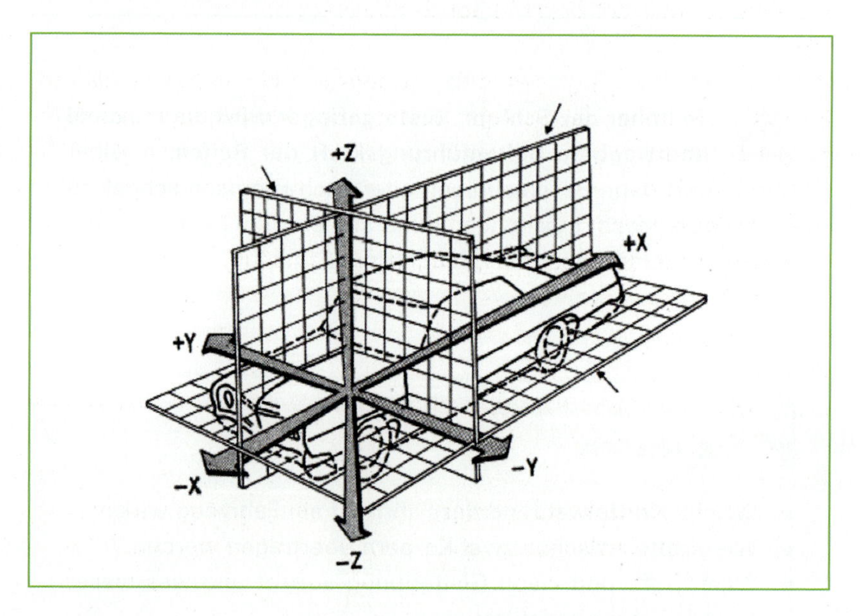

1.14.1 Längsdynamik

Die Längsdynamik ist ein Oberbegriff für die Vorgänge, die sich auf die Bewegung eines Fahrzeugs in seiner Längsrichtung beziehen. Diese Längsrichtung wird auch als X-Achse bezeichnet.

Fahrwiderstand

Der Fahrwiderstand bezeichnet allgemein die **Summe der Widerstände,** die ein Fahrzeug mit Hilfe einer Antriebskraft überwinden muss, um mit einer konstanten Geschwindigkeit fahren zu können. Eine zusätzliche Antriebskraft ist erforderlich, um mit einem Fahrzeug anzufahren oder ein Fahrzeug auf eine höhere Geschwindigkeit zu beschleunigen.

Für die Bewegung eines Fahrzeuges sind verschiedene Fahrwiderstände zu überwinden. Hierfür benötigt das Fahrzeug eine entsprechende Energie bzw. Leistung. Die Antriebsleistung ergibt sich aus der Antriebskraft multipliziert mit der Geschwindigkeit.

Der auf ein Fahrzeug wirkende Fahrwiderstand $\mathbf{F_{FW}}$ setzt sich aus Anteilen für die gleichmäßige Fahrt und die Beschleunigung eines Fahrzeuges zusammen:

Gleichmäßige Fahrt:
- Radwiderstand bzw. Rollwiderstand (F_{Roll})
- Luftwiderstand (F_{Luft})
- Steigungswiderstand (F_{Steig})

Beschleunigung:
- Beschleunigungswiderstand bzw. Massenträgheitskraft (F_{Beschl})

⚠ Steigungs- und Beschleunigungswiderstand können häufig auch so wirken, dass diese nicht als Widerstand auftreten und der Vorwärtsbewegung des Fahrzeuges entgegenwirken, sondern sogar das Fahrzeug antreiben. Ein Gefälle, Rückenwind oder das Ausnutzen des Fahrzeugschwungs und der Massenträgheit wirkt sich positiv auf den Kraftstoffverbrauch aus.

FORMEL

Somit erhält man die Formel für den gesamten Fahrwiderstand:

$F_{FW} = F_{Roll} + F_{Luft} + F_{Steig} + F_{Beschl}$

Testen Sie diesen gesamten Fahrwiderstand selbst, z. B. beim Fahrradfahren:

- Auf einer asphaltierten Straße mit bestens aufgepumpten Reifen ist das Vorwärtskommen merkbar einfacher als auf einem sandigen Weg (Rollwiderstand).
- Bei höheren Geschwindigkeiten oder starkem Gegenwind fährt es sich deutlich besser, wenn Sie sich so weit wie möglich nach unten beugen (Luftwiderstand).
- In der Ebene oder bergab fährt es sich spürbar leichter als bei einer Steigung, den Berg oder eine Brückenauffahrt hinauf (Steigungswiderstand).
- Das Beschleunigen fällt leichter, wenn die Masse von Fahrrad inkl. Last schon etwas in Schwung ist, als aus dem Stillstand heraus (Beschleunigungswiderstand).

Rollwiderstand

Das Verhältnis von Gewichtskraft und Rollwiderstandskraft ist proportional: Je höher das Gewicht, desto höher der Kraftstoffverbrauch. Neben dem Fahrzeuggewicht hängt der Rollwiderstand hauptsächlich von drei Faktoren ab:

- Reifen
- Fahrbahn
- Radstellung (Radeinstellung)

Die elastische Verformung des Reifens auf der Fahrbahn ist einer der Hauptgründe für das Auftreten von Rollreibung. Neben der Verformung des Reifens als

- Walkwiderstand

sind aber auch der

- Lüfterwiderstand und der
- Reibwiderstand

weitere Anteile am Rollwiderstand. Die Bezeichnung Lüfterwiderstand statt Luftwiderstand wird hier verwendet, weil es auch um die Durch-

strömung der Felge (Lüftung der Bremse) geht, nicht nur die Luftverdrängung des Reifens. Der **Lüfterwiderstand** eines Rades besteht aus den Strömungsverlusten durch ein sich drehendes Rad. Aber aufgrund dieses Zusammenhanges wird der Lüfterwiderstand meistens dem Gesamtluftwiderstand des Fahrzeuges zugerechnet.

Der **Reibwiderstand** eines Rades tritt auf, weil beim Abrollen des Reifens der Reifenradius unter Belastung auf der Fahrbahn verkleinert wird, er wird quasi gestaucht. Dadurch kommt es zum sog. Teilgleiten zwischen Reifen und Fahrbahn sowohl in Fahrzeuglängs- als auch in Querrichtung. Dieses Teilgleiten wird in Energie umgesetzt und verursacht ein gewisses Mindestmaß an Reifenabrieb.

Aber – auf den ersten Blick erstaunlich – auch die **elastische Verformung** der Fahrbahn unter der Gewichtskraft des Reifens hat Anteil am Rollwiderstand. Diese ist umso größer, je weicher oder nachgiebiger die Fahrbahn ist.
So bewirkt ein sandiger Weg eine elastische Verformung beim Reifen und sogar eine plastische, bleibende Verformung beim Sand. Gerade bei plastischer Verformung wird besonders viel Energie benötigt. Na-

türlich ist bei der Kombination Reifen–Fahrbahnbelag die Verformung beim Reifen sichtbar größer als bei einer befestigten Straße. Ein Faktor für die Verformung des Reifens ist neben dem Gewicht des Fahrzeugs der Luftdruck des Reifens. Hier gilt: Je höher der Luftdruck, desto geringer der Rollwiderstand.
Diese Erfahrung können Sie selbst am besten machen: Ein Fahrrad mit prall gefüllten Reifen rollt deutlich leichter als eines mit wenig aufgepumpten Reifen.

Die Radstellung beeinflusst den Rollwiderstand. Damit ein Fahrzeug möglichst gute Fahr- und Lenkeigenschaften (z.B. Geradeauslauf, Rückstellkräfte der Lenkung) besitzt, legen die Fahrzeughersteller für ihre Produkte bestimmte Geometrien bzw. Radstellungen fest:

- Spur, Sturz, Nachlauf, Spreizung **und** Lenkrollradius.

Diese erforderlichen Radeinstellungen bewirken aber auch, dass die Räder etwas abweichend vom Idealzustand abrollen. Dadurch erhöht sich auch der Rollwiderstand. Bei Geradeausfahrt auf trockener Straße als Grundlage der meisten Berechnungen kann der Radwiderstand dem Rollwiderstand gleichgesetzt werden.

Luftwiderstand

Für uns ist Luft eigentlich nichts. Wir spüren keinen Widerstand. Diesen ersten Eindruck müssen wir jedoch schnell korrigieren.
Schließlich merken wir zum Beispiel bei starkem Gegenwind, wie groß und störend der Luftwiderstand sein kann.
Das ist bei einem Kfz nicht anders: Der Luftwiderstand ist abhängig von

- Der Geschwindigkeit
- Der Stirnfläche des Fahrzeugs
- Der Form des Fahrzeuges

Der Luftwiderstand steigt quadratisch mit der Fahrgeschwindigkeit. **Doppelte Geschwindigkeit bedeutet somit viermal so hohen Luftwiderstand!**

Die Geschwindigkeit des Fahrzeuges setzt sich aus der Relativgeschwindigkeit zwischen Fahrzeug und Fahrtwind zusammen. Bei Gegenwind wird die Windgeschwindigkeit zu der eigentlichen Fahrgeschwindigkeit des Fahrzeuges addiert. Die Luftwiderstandskraft erhöht sich entsprechend. Umgekehrt verhält es sich natürlich bei Rückenwind. Hier wirkt der Fahrzeugaufbau sozusagen als Segelfläche.

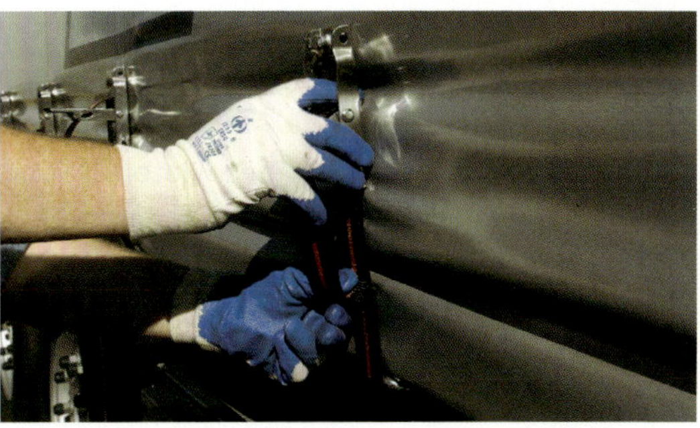

Abbildung 85: Omnibus im Windkanal

Abbildung 86: Durch festes Verspannen der Plane lässt sich bei Lkw der Luftwiderstand verringern

Wird das Fahrzeug schräg von der Luft angeströmt, erhöht sich der Luftwiderstandsbeiwert bzw. Luftwiderstandskoeffizient um bis zu 50%. Das heißt, schräg wirkender Wind wirkt bis zu 1,5 mal so stark auf das Fahrzeug, wie nur von vorn wirkender Wind.

Steigungswiderstand

Den Steigungswiderstand kennt jeder, der einmal zu Fuß einen Berg hinaufgestiegen ist.
Der zusätzliche Energieverbrauch, den der Steigungswiderstand verursacht, ist nur schlecht zu beeinflussen. Schließlich kann man den Berg, den es zu überwinden gilt, nicht kleiner machen als er ist. Aber natürlich gilt auch hier: Je leichter ein Fahrzeug (oder eben eine Person) ist, umso besser.

Bei einem Gefälle wirkt der Steigungswiderstand entgegen seinem Wortsinn nicht als Widerstand (in diesem Fall wird der Steigungswinkel [in der Einheit rad] als negativer Wert eingesetzt), sondern im Gegenteil: Auf das Fahrzeug wirkt aufgrund der Erdanziehung eine Kraft, die das Fahrzeug bergab zieht und damit beschleunigt.

Abbildung 87: Steigungswiderstand

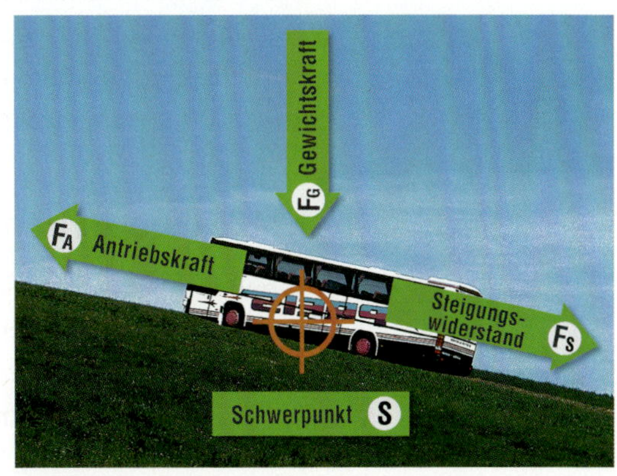

Hinweis: Im Straßenverkehr ist es üblich, Steigungen und Gefälle nicht mit einem Winkel in Grad [°], sondern auf Schildern oder Karten in Prozent auszuweisen. Beispielsweise bedeuten dort 12 % Steigung gleich 12 m Höhenunterschied auf 100 m Strecke.

Beschleunigungswiderstand

Die drei bisher genannten Fahrwiderstände (Rollwiderstand, Luftwiderstand, Steigungswiderstand) sind Anteile, die von der Antriebskraft des Motors auch bei Fahrt mit gleich bleibender Geschwindigkeit geleistet werden müssen.
Doch bis zu dieser Geschwindigkeit müssen Sie als Fahrer Ihr Fahrzeug erst einmal beschleunigen. Aus der Praxis wissen Sie: Im normalen Verkehr kann nicht von konstanter Geschwindigkeit ausgegangen werden. Die Fahrt wird – insbesondere im Stadtverkehr – immer wieder gestoppt oder behindert. So ist der Beschleunigungswiderstand der vierte Anteil am gesamten Fahrwiderstand.

Der Beschleunigungswiderstand tritt auf, wenn das Fahrzeug seine Geschwindigkeit ändert. Eine Verzögerung (z.B. durch Bremsen) ist eine negative Beschleunigung. Die Trägheit des Fahrzeugs lässt sich allerdings bei vorausschauender Fahrweise in Schubbetrieb energiesparend ohne oder mit reduzierter Betätigung der Bremsen nutzen.
Während die Beschleunigungsleistung vom Antrieb des Fahrzeuges aufgebracht werden muss, ist die Bremsleistung von den Fahrzeugbremsen (inkl. Dauerbremse), den Reifen und der Fahrbahn aufzunehmen.

Die meiste Energie (und damit natürlich Kraftstoff) benötigen Sie im Vergleich zu anderen Fahrzuständen, wenn Sie die träge Masse Ihres Fahrzeuges beschleunigen. Insbesondere, wenn Sie Ihr Fahrzeug aus dem Stillstand beschleunigen.

Daher muss der Grundsatz beim Fahren sein, unnötiges Beschleunigen zu vermeiden. Wenn Sie **vorausschauend fahren** und dadurch seltener und weniger stark bremsen müssen, werden Sie Ihr Fahrzeug auch weniger häufig und weniger stark beschleunigen müssen. Versuchen Sie also, die Verkehrssituationen früh zu erkennen und sich entsprechend angepasst zu verhalten.

1.14.2 Querdynamik

Neben dem Gasgeben (Beschleunigen) und dem Bremsen (Verzögern) müssen die Reifen auch die Wirkung von Querbeschleunigungen bzw. Seitenführung auf den Asphalt übertragen.
Querbeschleunigung tritt dabei fast immer in Kurven auf; sie wirkt quer zur Fahrtrichtung auf das Fahrzeug ein.

Aber auch bei konstanter Geradeausfahrt können Kräfte in Querrichtung auf das Fahrzeug einwirken und zwar durch:

- Spurrillen
- eine geneigte Fahrbahn
- Seitenwind

Spurrillen

Starke Spurrillen sind nicht immer durch Schilder angekündigt. Je nach Ausprägung kann ein Fahrzeug in Querrichtung pendeln und sich dabei aufschaukeln.

PRAXIS-TIPP

Diese Situation lässt sich meistens entschärfen, indem Sie als Fahrer

- die Geschwindigkeit reduzieren
- möglichst das Lenkrad ruhig halten bzw. besonnen lenken
- versetzt zu den Spurrillen fahren

Abbildung 88: Spurrillen

Abbildung 89: Geneigte Fahrbahn

Geneigte Fahrbahn

Konstant quer geneigte Fahrbahnen treten heutzutage selten auf, sie finden sich überwiegend bei Straßen der unteren Kategorien. Hier hilft besonnenes Gegenlenken.

Hinweis: Insbesondere bei winterlichen Witterungsverhältnissen kann es vorkommen, dass Ihr Fahrzeug beim Bremsen in Neigungsrichtung rutscht. Die Gefahr besteht vor allem bei geringer Geschwindigkeit, da moderne Blockierverhinderer von Nutzfahrzeugen meist erst in einem Geschwindigkeitsbereich oberhalb 5–10 km/h regeln.

Am Anfang und Ende von Autobahn-Baustellen gibt es häufig geneigte Fahrbahnen bei denen ein deutlicher Höhenversatz überwunden werden muss.

> ⚠ Als Fahrer eines Nutzfahrzeugs mit hohem Aufbau erfordert das Befahren eines geneigten Fahrbahnabschnittes mit Höhenversatz gefühlvolles Lenken im richtigen Moment.

Nur so lässt sich ein Aufschaukeln vermeiden und der Fahrspur möglichst genau folgen.

Seitenwind

Der ebenfalls in Fahrzeug-Querrichtung auftretende Seitenwind ist eine oft plötzlich und unerwartet auftretende Störkraft, die von Ihnen als Fahrer eine spontane und beherzte Reaktion abverlangt, um die Fahrspur nicht zu verlassen.

Im Extremfall kann Seitenwind auch als **seitlich wirkende Schubkraft** auftreten: Sollte Ihr Fahrzeug starkem Seitenwind ausgesetzt sein, kann es ins Rutschen kommen und sich seitlich verschieben.
Ganz kritisch sind in einer solchen Situation vereiste Fahrbahnen, wie sie beispielsweise auf Brücken auftreten können. Des Weiteren kann Seitenwind z.B. auf Brücken, hinter Kuppen, an Waldschneisen, beim Überholen von Fahrzeugen mit großer Seitenfläche und am Ende von Lärmschutzwänden gefährlich werden.

Abbildung 90:
Seitenwind

Bemerken Sie, dass auf Ihre Lenkbewegungen keine Korrekturwirkung folgt, sollten Sie weder stark lenken, bremsen oder Gas geben.
Nur dann besteht die Chance, dass Sie das Potenzial der Seitenführungskraft zwischen Rad und Fahrbahn maximal nutzen.

Folglich ist Seitenwind für Nutzfahrzeuge mit ihrer großen, geschlossenen Seitenfläche nicht zu unterschätzen, insbesondere bei wenig oder unbeladenen Fahrzeugen.

Fliehkraft

Die sogenannte Fliehkraft können Sie sehr anschaulich bei Mitfahrern und Fahrgästen beobachten – hier sind natürlich nicht die Mitfahrer in Ihrem Lkw oder die Fahrgäste Ihres Omnibusses gemeint, sondern die Fahrgäste eines Kettenkarussells: Je schneller das Kettenkarussell dreht, desto weiter werden die Fahrgäste durch die Fliehkraft nach außen gedrängt.

Abbildung 91: Kettenkarussell

Die Fliehkraft (eigentlich Zentrifugalkraft genannt) ist die seitliche Kraft, die auf einen Körper wirkt, der sich nicht geradlinig, sondern auf einer gekrümmten Bahn (Kurve) bewegt. Die Fliehkraft bzw. Zentrifugalkraft wirkt auf einer Kurve nach außen. Ihr entgegengerichtet ist die nach innen wirkende Zentripetalkraft. Diese „zieht" den Körper nach innen und hält diesen so auf der gekrümmten Bahn. Bei Fahrzeugen, die durch Kurven fahren, entsprechen die nach innen wirkenden Seitenführungskräfte an den Radaufstandsflächen den Zentripetalkräften.

Die Querbeschleunigung beim Fahren ist bei zu schnellem Einfahren in eine Kurve besonders hoch. Um das Fahrzeug in der beabsichtigen Spur zu halten, müssen die Reifen auf der Fahrbahn bestmöglich haften. Sind die Reifen abgefahren, der Straßenbelag rutschig oder das Fahrzeug einfach zu schnell, ist die Haftung besonders schlecht und die so genannten Seitenführungskräfte lassen sich nicht mehr optimal übertragen. Ist die auf das Fahrzeug wirkende Fliehkraft größer als die Seitenführungskräfte, rutscht das Fahrzeug aus der Kurve oder gerät ins Schleudern.

Für die Fliehkraft gelten folgende Grundsätze:

- Die doppelte Kurvengeschwindigkeit bewirkt die vierfache Fliehkraft!
- Die Fliehkraft ist abhängig von der Masse und steigt in gleichem Maße.
- Die Fliehkraft ist abhängig vom Kurvenradius: Je enger die Kurve, desto höher die Fliehkraft bei konstanter Geschwindigkeit.

Seitenführungskraft

Die Seitenführungskraft bezeichnet diejenige **Kraft, die der Fliehkraft** beim Durchfahren einer Kurve **entgegen wirkt** und somit das Fahrzeug auf der Fahrbahn hält. Die Übertragung der Seitenführungskräfte erfolgt über Achsen und Radnaben auf die Räder.
Bei Gleitreibung nimmt die Seitenführungskraft (Traktion) plötzlich und an den einzelnen Reifen zu unterschiedlichen Zeitpunkten stark ab. Die Folge ist ein schwer kontrollierbares oder – im schlimmsten Fall – unkontrollierbares Fahrzeug.
Verliert ein Fahrzeug die Traktion mehr vorn als hinten, so rutscht es in der ursprünglichen Fahrtrichtung aus der Kurve (Untersteuern). Verliert ein Fahrzeug die Traktion mehr hinten als vorn, so schleudert es (Übersteuern).

Eine natürliche Reaktion des Fahrers ist in diesem Fall häufig das Bremsen. Tückisch daran ist, dass weitere Kräfte vom Reifen auf die Fahrbahn übertragen werden müssen. Im Falle des Übersteuerns kann es die Situation weiter verschlimmern und aus einem schwer kontrollierbaren ein unkontrollierbares Fahrzeug machen.

Diese Fahreigenschaften sind schon bei Solofahrzeugen mit zwei oder drei Achsen eine sehr komplexe Angelegenheit. Noch komplizierter ist die Betrachtung von Anhängerzügen, Sattelkraftfahrzeugen (Sattelzüge) und Gelenkomnibussen.
Insbesondere bei Zügen sind die Bremsanlagen der beiden aneinander gekoppelten Fahrzeuge oft nicht so abgestimmt, dass diese über ein völlig identisches Bremsverhalten verfügen. Über die Kopplung der Fahrzeugeinheiten erfolgt dann als Wechselwirkung eine gegenseitige Beeinflussung auf Zug oder Schub.

Dabei kann der Fall auftreten, **dass ein Zugfahrzeug vom Anhänger beim Bremsen geschoben wird,** weil der Anhänger schwächer bremst als das Zugfahrzeug. Durch die Schubkraft des Anhängers kann zusätzlich die Hinterachse bzw. Antriebsachse des Zugfahrzeuges entlastet werden. Die mögliche Seitenführungskraft der Achse sinkt und geht im Extremfall verloren. Die Räder dieser Achse blockieren leichter: **Die gesamte Fahrzeugkombination kann ins Schleudern geraten und einknicken!**
Eine solche Entlastung der Hinterachse tritt aufgrund der vorherrschenden Hebelgeometrie insbesondere bei Sattelzügen auf, weil diese eine relativ hohe Kupplungshöhe, kombiniert mit einem kurzen Radstand, aufweisen.
Andererseits **kann ein Anhänger stärker bremsen als das Zugfahrzeug,** wodurch die Anhängerkupplung mit einer Zugkraft belastet wird. Gleichzeitig ist das Risiko höher, dass bei extrem ungünstigen Fahrbahnverhältnissen **die Räder des Anhängers blockieren und dieser dadurch ins Schleudern gerät.**
In den beiden genannten Fällen muss ein Teil des Lastzuges mehr Bremskraft aufbringen und übertragen. Dieses bewirkt nicht nur einen erhöhten Bremsbelagverschleiß, sondern lässt auch den kritischen Grenzbereich früher erreichen. In diesem Grenzbereich können Sie als Fahrer durch Fahrerassistenzsysteme wie beispielsweise das elektronische Stabilitätsprogramm (ESP) unterstützt werden.

Der Kamm'sche Kreis

Ein Reifen muss beim Beschleunigen und Bremsen Kräfte in Längsrichtung und beim Kurvenfahren zusätzlich Kräfte in Querrichtung auf die Fahrbahn übertragen. Die maximal möglichen Kräfte im Bereich der Reifenaufstandsfläche sind in jeder Richtung gleich groß.
Wenn Sie nun ausgehend von dem Mittelpunkt der Radaufstandsfläche die Kräfte nach allen Seiten aufzeichnen und die Spitzen der Kraftpfeile miteinander verbinden, so erhalten Sie den so genannten Kamm'schen Kreis (benannt nach dem Entdecker dieses Sachverhaltes, Professor Kamm). Der Radius entspricht der jeweils zur Verfügung stehenden maximal erreichbaren Gesamtkraft, die der Reifen auf die Fahrbahn übertragen kann (s. Abb. 92).
Der Kamm'sche Kreis stellt eine Vereinfachung unter idealen Bedingungen dar. Trotzdem eignet er sich gut, um die Grundlage der fahrdynamischen Zusammenhänge zu erläutern. Seitens des Fahrzeuges werden diese Vorgänge zusätzlich von verschiedenen Faktoren beeinflusst, z. B. Reifen, Feder-/Dämpfersystem, Beladung.

Der Kamm'sche Kreis ist somit eine **grafische Darstellung** zur Aufteilung der möglichen Gesamtkraft am Reifen in die

- **Antriebskraft bzw. Bremskraft** in Längsrichtung des Rades
- **Seitenführungskraft** in Querrichtung des Rades

bis zum Erreichen der Haftgrenze.

Abbildung 92:
Kamm'scher Kreis

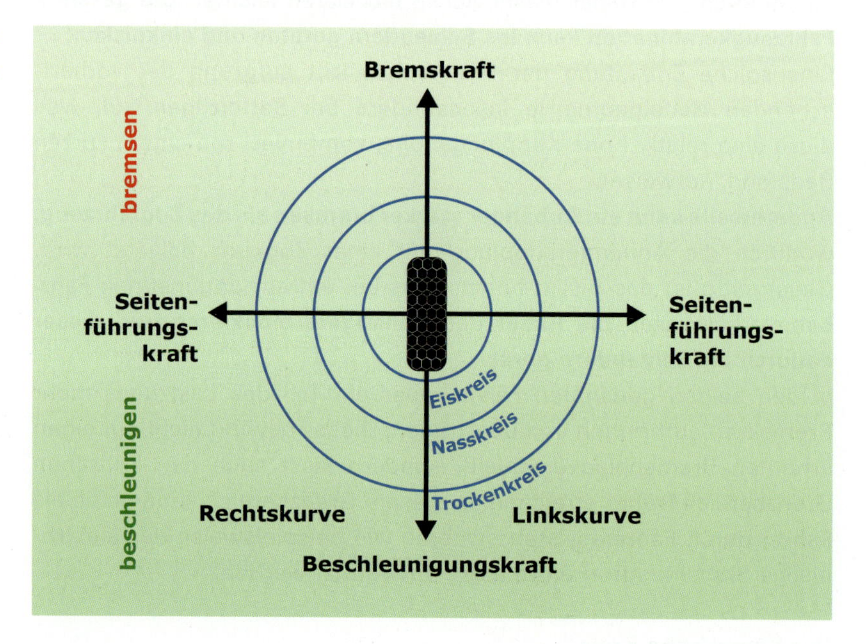

Ändert sich die Radlast oder der Fahrbahnzustand (z.B. nass anstatt trocken), so ändert sich auch die Größe der maximal übertragbaren Kräfte – und damit auch die Größe des Kamm'schen Kreises: Bei kleineren Radlasten oder bei schlechterem Straßenzustand wird der Kreis kleiner, d.h. der Reifen kann nur noch geringere Kräfte auf die Fahrbahn übertragen.

Wichtig: Ein Reifen kann nicht die durch die Rahmenbedingungen begrenzte, größtmögliche Kraft gleichzeitig in Längsrichtung und in Querrichtung übertragen (s. Abb. 92).

Im Allgemeinen gilt, dass bei **Erhöhung der Längskraft** (Bremsen, Beschleunigen) dadurch **gleichzeitig weniger Seitenführungskraft** (z.B. in Kurven) zur Verfügung steht. Damit kann der notwendige Bedarf an Seitenführungskraft eventuell nicht mehr gedeckt werden.
Der Kraftverlust tritt in der Regel zuerst bei der Seitenführungskraft

ein: Ist die zur Verfügung stehende, verbliebene Seitenführungskraft zu gering, gerät das Rad in Querrichtung ins Rutschen. Dies führt zum Unter- oder Übersteuern des Fahrzeuges und damit zum Ausbrechen. Es bedeutet im Gegenzug: Ein Fahrzeug kann bei Kurvenfahrt nicht so stark abgebremst oder beschleunigt werden, wie ein geradeaus fahrendes Fahrzeug bei gleicher Geschwindigkeit.
Anders formuliert gilt, dass **maximale Verzögerung somit nur bei Geradeausfahrt möglich** ist.

In Abbildung 93 sehen Sie, dass z.B. bei Kurvenfahrt und Ausnutzung von 70 % der Seitenführung nur noch 70 % der maximalen Bremskraft zur Verfügung stehen. Bei einer Ausnutzung von 50 % der Seitenführung können dagegen fast 90 % der maximalen Verzögerung erreicht werden.

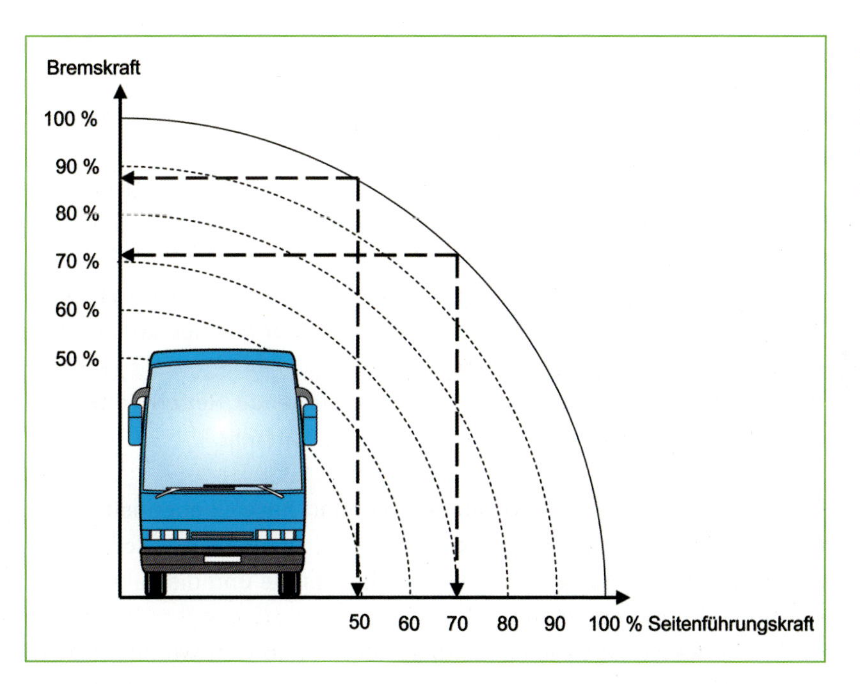

Abbildung 93: Abhängigkeit der Seitenführungskraft von der Höhe der Bremskraft

PRAXIS-TIPP

Je langsamer also eine Kurve gefahren wird, desto mehr Bremsreserven bleiben übrig, falls in der Kurve ein unerwartetes Hindernis auftritt.

1.14.3 Vertikaldynamik

Neben der Längsdynamik und der Querdynamik stellt die Vertikaldynamik den dritten Bereich dar, der Auswirkungen auf ein fahrendes Fahrzeug hat. **Die Vertikaldynamik befasst sich mit der Wechselwirkung Reifen–Fahrbahn und der Federung des Fahrzeuges.**

Steht ein Fahrzeug, so wirkt an den Reifenaufstandsflächen eine bestimmte Radlast. Diese festen, statischen Radlasten sind abhängig von folgenden Bedingungen:

- Fahrzeuggesamtgewicht
- Anzahl und Anordnung der Achsen
- Anzahl der Räder

Das Anfahren und Beschleunigen des Fahrzeuges führt aufgrund der Trägheit der Fahrzeugmasse zu einer **Achslastverschiebung** nach hinten (das Fahrzeug „wehrt" sich gegen den Vorwärtsdrang), beim Bremsen umgekehrt nach vorne (Widerstand gegen das Langsamerwerden oder das Anhalten).
Auch bei Kurvenfahrt ändert sich die Radlastverteilung. Aufgrund der Fliehkraft werden die kurveninneren Räder entlastet, die kurvenäußeren Räder stärker belastet.
Als Betreiber und Fahrer des Fahrzeugs sind Sie unter anderem für den Reifenzustand und den Reifenluftdruck verantwortlich und können diesen positiv oder negativ beeinflussen.
Wichtig ist dabei, dass der unter Druck stehende Reifen selbst ein Federsystem zwischen Fahrbahn und Achse darstellt.

Fahrbahnen sind mehr oder weniger uneben. Diese Unebenheiten verursachen beim Fahren Vertikalbewegungen, die über die Reifen und die Radaufhängungen auf die Fahrzeugkarosserie und die Fahrzeuginsassen bzw. Ladung wirken.
Diese Vertikalbewegungen auszugleichen und so weit wie möglich zu reduzieren, ist die Aufgabe des Fahrwerks, insbesondere der Federung und Dämpfung des Fahrzeugaufbaus. Ziel ist nicht nur die Verbesserung des Federungskomforts und der Fahrzeugbelastung, sondern auch die Reduzierung der Radlastschwankungen als dynamische Radlasten. Dadurch wird der Kraftschluss verbessert und die aktive Fahrsicherheit gesteigert.

Diese Änderungen der Radlasten als vertikale bzw. senkrecht der Radaufstandsflächen wirkende Kräfte haben gleichzeitig Auswirkungen auf Längsdynamik und Querdynamik:

Durch die **dynamischen Radlaständerung** kann ein Rad
- schneller beim Anfahren und Beschleunigen durchdrehen
- früher beim Bremsen blockieren
- eher bei Kurvenfahrt die Seitenführung verlieren

Dynamische Achslastverschiebung
Auf einer ebenen Fläche hat beispielsweise ein leerer 2-achsiger Omnibus eine Gewichtsverteilung von ca. 1/3 seines Gewichtes auf der Vorderachse und ca. 2/3 auf der Hinterachse. Bei zulässigem Gesamtgewicht: ca. 2/5 auf der Vorderachse und ca. 3/5 auf der Hinterachse. Ein Lkw liegt dabei als 2-achsiges Fahrzeug in einem ähnlichen Bereich. Bei 3-achsigen und mehrachsigen Fahrzeugen verteilt sich das Gewicht entsprechend der Anordnung der Achsen.

Beim Bergauffahren verlagert sich das Gewicht des Fahrzeuges nach hinten. Dadurch werden die Reifen der Hinterachse stärker belastet und können größere Reibungskräfte als die Reifen der Vorderachse übertragen.
Beim Bergabfahren verlagert sich das Gewicht des Fahrzeugs nach vorne, d.h. die Reifen der Vorderachse werden stärker belastet und können größere Reibungskräfte übertragen – bei einem Fahrzeug mit Einzelbereifung an allen Achsen (z.B. Pkw) dann evtl. sogar mehr Reibungskräfte als die Reifen der Hinterachse.

Beim Bremsen laufen ähnliche Vorgänge ab. Mit Beginn der Bremsung setzt eine dynamische Achslastverlagerung nach vorne ein. Die Vorderradlast erhöht sich mit steigender Bremsverzögerung, wodurch dort größere Reibungskräfte übertragen werden können. Allerdings erhöht sich durch diesen Effekt auch der Bremsbelagverschleiß an der Vorderachse.
Beim Beschleunigen verlagert sich das Gewicht nach hinten. Die Reifen der Vorderachse werden entlastet und können deswegen beim Lenken weniger Seitenführungskräfte übertragen.

Fahrdynamische Zustände führen somit zu einer Verlagerung des Fahrzeuggewichtes und damit zu Radlastschwankungen. Die Haftungsbedingungen der einzelnen Reifen verändern sich dadurch natürlich ständig.

Kritisch kann es werden, wenn verschiedene Beeinflussungen der dynamischen Radlasten gleichzeitig auftreten und sich addieren. Das geschieht z.B, wenn die Vorderachse fast 80% der Belastung aufnehmen muss, während die Hinterachse nur noch 20% des Fahrzeuggewichtes trägt.

In solchen Situationen sind Sie als Fahrer gefordert: Sie sollten richtig einschätzen, dass die Hinterräder in diesem Fall kaum noch Seitenführungskräfte übertragen und die Haftungsgrenze sehr schnell erreicht bzw. überschritten werden kann!

- ✔ Welche Fahrwiderstände auf ein Fahrzeug wirken.
- ✔ Wovon die Fahrwiderstände abhängen und wie Sie sie ggf. beeinflussen können.
- ✔ Wie Querdynamik auf das Fahrzeug wirkt und wie die Fliehkraft und die Seitenführungskräfte zusammenhängen.
- ✔ Welche Achs- und Radlasten an einem Fahrzeug wirken und welche Auswirkungen Veränderungen haben können.

1.15 Wissens-Check

1. Welche Behauptung über den Reifendruck bei Zwillingsreifen ist richtig?

- ❑ a) Runderneuerte Reifen bekommen einen höheren Druck
- ❑ b) Beide Reifen erhalten immer den gleichen Druck
- ❑ c) Bei Zwillingsreifen erhält der äußere Reifen weniger Druck
- ❑ d) Neue Reifen werden mit Unterdruck gefahren

2. Welches Bauteil einer Bremsanlage sorgt zeitweise für eine Entlastung des Kompressors?

- ❑ a) Der Bremskraftregler
- ❑ b) Das Überströmventil
- ❑ c) Der Druckregler
- ❑ d) Das Mehrkreisschutzventil

3. Welche Ursachen kann eine Minderförderleistung des Kompressors haben?

____

____

____

____

4. Welche Bremsanlagen kann es bei Kraftfahrzeugen über 3,5 t zGM geben?

____

____

____

____

____

5. Welche Bedeutung hat es, wenn während der Fahrt plötzlich die ABS-Leuchte aufleuchtet?

____

____

6. Erklären Sie den technischen Ablauf der Druckluftversorgung in einem Anhänger!

____

____

____

____

7. Wozu dient die Dauerbremse?

____

____

8. Welche Aufgabe hat ein Geschwindigkeitsbegrenzer?

____

____

____

9. Welche Fahrzeuge müssen in regelmäßigen Zeitabständen zur Sicherheitsprüfung?

- ❑ a) Kraftomnibusse mit mehr als 8 Fahrgastplätzen unabhängig von der zulässigen Gesamtmasse
- ❑ b) Anhänger mit einer zulässigen Gesamtmasse unter 6.000 kg
- ❑ c) Kraftfahrzeuge mit einer zulässigen Gesamtmasse unter 5.000 kg
- ❑ d) Kraftomnibusse im Gelegenheitsverkehr, unabhängig von der Fahrgastzahl

10. Welche Aussage über Bremsflüssigkeit ist richtig?

- ❑ a) Sie greift Gummi an
- ❑ b) Sie ist wasserabweisend
- ❑ c) Sie besteht aus Öl und Alkohol
- ❑ d) Sie ist giftig

11. Welche Aufgabe hat ein automatischer Blockierverhinderer (ABV)?

____

____

12. Welche der aufgeführten Bremsanlagen ist eine abstufbare Dauerbremse?

- ❑ a) Motorbremse
- ❑ b) Federspeicherbremsanlage
- ❑ c) Strömungsbremse
- ❑ d) Feststellbremsanlage

13. Was wird durch den Einbau eines Mehrkreisschutzventils in einer Druckluftbremsanlage erreicht?

____

____

____

14. Welche Ursache kann es haben, wenn sich die Bremsbeläge zu schnell abnutzen?

____

____

____

____

15. Welche Kräfte wirken am Reifenaufstandspunkt eines Fahrzeugs?

____

____

16. Wie zeigt sich die Gewichtskraft eines Körpers?

____

17. Was ist Formschluss?

- ❑ a) Formschluss ist die Übertragung von Kräften zwischen zwei Körpern nur aufgrund der Berührung.
- ❑ b) Formschluss ist die Übertragung von Kräften zwischen zwei Körpern nur aufgrund magnetischer Wirkung.
- ❑ c) Formschluss ist die Übertragung von Kräften zwischen zwei Körpern nur aufgrund der Erdanziehung.
- ❑ d) Formschluss ist die Übertragung von Kräften zwischen zwei Körpern aufgrund des Ineinandergreifens.

18. Nennen Sie Beispiele für eine formschlüssige Verbindung zweier Körper!

____

____

19. Was ist Kraftschluss/Haftreibung?

- ❑ a) Kraftschluss ist die Übertragung von Kräften zwischen zwei Körpern nur aufgrund des Ineinandergreifens.
- ❑ b) Kraftschluss ist die Übertragung von Kräften zwischen zwei Körpern nur aufgrund der Berührung.
- ❑ c) Kraftschluss ist die Übertragung von Kräften zwischen zwei Körpern nur aufgrund magnetischer Wirkung.
- ❑ d) Kraftschluss ist die Übertragung von Kräften zwischen zwei Körpern nur aufgrund der Erdanziehung.

20. Nennen Sie Beispiele für eine kraftschlüssige Verbindung zweier Körper!

____

____

21. Was ist Gleitreibung?

- ❑ a) Gleitreibung beschreibt bei Fahrzeugen generell das Verhältnis zwischen Reifen und Fahrbahn.
- ❑ b) Gleitreibung tritt beispielsweise bei Fahrsituation auf, wenn ein Fahrzeug ins Rutschen gerät.
- ❑ c) Gleitreibung ist eine spezielle Federungstechnik des Fahrwerks.
- ❑ d) Gleitreibung ist Haftreibung bei Fahrzeugen.

22. Was ist der Schlupf eines Reifens?

____

____

____

23. Wozu kann zu großer Reifenschlupf durch zu starkes Beschleunigen oder Bremsen in einer Kurve führen?

____

____

____

24. Wie hoch ist der Schlupf eines Reifens, wenn der Reifen ins Gleiten gerät?

____

____

25. Welches Verhältnis beschreibt die Haftreibungszahl μ (vereinfacht in der Ebene)?

____

____

26. Wie hoch ist die Haftreibungszahl μ ungefähr bei trockenem Asphalt bzw. nassem Asphalt?

- ❑ a) μ beträgt bei trockenem Asphalt ca. 1,5 bei nassem Asphalt ca. 1,0
- ❑ b) μ beträgt bei trockenem Asphalt ca. 0,7 bei nassem Asphalt ca. 0,5
- ❑ c) μ beträgt bei trockenem Asphalt ca. 2,6 bei nassem Asphalt ca. 1,4
- ❑ d) μ beträgt bei trockenem Asphalt ca. 0,7 bei nassem Asphalt ca. 1,3

27. Gerät ein Fahrzeug ins Rutschen, dann geht die Haftreibung an den Reifenaufstandsflächen in Gleitreibung über. Welche Reibung ist höher? Wie groß ist ungefähr der Unterschied zwischen diesen beiden?

____

28. Welche vier Widerstandkräfte bilden zusammen den gesamten Fahrwiderstand?

____

____

____

____

____

29. Von welchen Faktoren hängt der Luftwiderstand eines Fahrzeugs ab?

______

______

30. Wodurch können auch bei konstanter Geradeausfahrt Kräfte in Querrichtung auf das Fahrzeug wirken?

______

31. Wie verhalten Sie sich als Fahrer bei Spurrillen?

______

32. Die Querbeschleunigung ist bei schneller Einfahrt in eine Kurve besonders groß. Durch welche Faktoren besteht in dieser Situation die Gefahr, dass die Reifen die Haftung verlieren?

______

33. Wie wirkt sich die Gewichtskraft auf die Rollwiderstandskraft aus?

______

34. Wie wirkt sich die Masse eines Fahrzeuges auf die Fliehkraft aus?

______

35. Wie wirkt sich der Kurvenradius auf die Fliehkraft aus?

______

36. Wie wirkt sich die Kurvengeschwindigkeit auf die Fliehkraft aus?

37. Bei welchem Schlupf an der Kontaktfläche Reifen-Fahrbahn kann die maximale Bremskraft optimal übertragen werden?

38. Was stellt der Kamm'sche Kreis vereinfacht dar?

39. Wie verlagert sich das Fahrzeuggewicht beim Anfahren / Beschleunigen und Bremsen?

40. Von welchen Faktoren sind die statischen Radlasten abhängig?

41. Wie wirken sich dynamische Radlaständerungen während der Fahrt auf die Haftung eines Rades aus?

2 Optimale Nutzung der kinematischen Kette

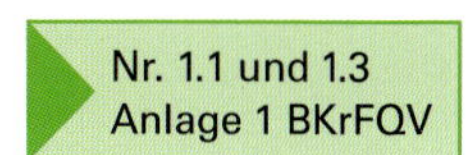
Nr. 1.1 und 1.3
Anlage 1 BKrFQV

2.1 Kinematische Kette

FAHREN LERNEN **C**
Lektion 5

FAHREN LERNEN **D**
Lektion 3

Sie sollen die Glieder der kinematischen Kette kennen, diese in einer Abbildung benennen und ihre Aufgaben erklären können.

2.1.1 Die kinematische Kette

Bei der „Kinematischen Kette" sprechen wir vom Antriebs- oder Kraftstrang eines Kraftfahrzeugs (Kfz) und der Kraftübertragung des Motors zu den angetriebenen Rädern. Die vom Antriebsstrang bereitgestellten Kräfte überwinden die Fahrwiderstände (siehe Kapitel 2.4), sie machen das Fahrzeug mobil. Das Motordrehmoment wird durch die Kraftübertragung in Antriebskraft verwandelt.

Definition Kinematik:
Die Kinematik befasst sich mit der geometrischen Beschreibung von Bewegungsverhältnissen. Sie ist Teil der Mechanik und der Bewegungslehre.

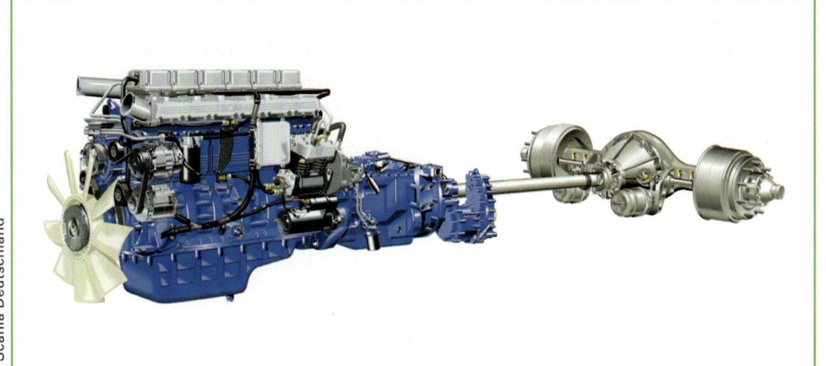

Abbildung 94: Antriebstrang mit Retarder

Im Zusammenhang mit der Aus- und Weiterbildung wird die Bezeichnung „Kinematische Kette" erstmals in der Anlage 1 zur Berufskraftfahrerqualifikationsverordnung verwendet.

Zu den Gliedern der kinematischen Kette gehören:
- Motor
- Kupplung
- Schaltgetriebe
- Gelenkwellen
- Differenzialgetriebe
- Achswellen
- Außenplanetengetriebe und
- Räder

Die Antriebstechnik stellt den Haupteinflussfaktor eines Herstellers auf den wirtschaftlichen Betrieb eines Kfz dar. Alle Bauteile entscheiden maßgeblich über den Einsatzbereich, die Transportleistung, die Fahrzeugkosten, die Wirtschaftlichkeit und die Umweltfreundlichkeit eines Fahrzeuges. Keines der Aggregate kann für sich alleine betrachtet werden. Erst die sorgfältige Abstimmung auf den Fahrzeugeinsatz sichert den Erfolg. Nun ist es die Verantwortung des geschulten Fahrpersonals, die vorhandene Technik sinnvoll einzusetzen und das Fahrzeug umweltbewusst und wirtschaftlich zu bewegen.

Aufgaben der Kraftübertragung

Aus dem Angebot des Motors und den Unterschieden des Fahrzeugbedarfs ergeben sich folgende Aufgaben der Kraftübertragung:
- Bereitstellung des Antriebsmoments auch bei Stillstand des Fahrzeugs.
- Drehmomentwandlung für hohe Zugkraft sowie Bereitstellung des Motorantriebs zur Rückwärtsfahrt.
- Anpassung unterschiedlicher Drehzahlniveaus zwischen Motor und angetriebenen Rädern und Umwandlung des Drehmoments in Zugkraft.
- Ausgleichende Verteilung des Antriebsdrehmoments auf die angetriebenen Achswellen und Räder, insbesondere bei Kurvenfahrten.
- Wahlweise Anpassung des Antriebes, z.B. Gelände- oder Straßeneinsatz, Wahl der Fahrtrichtung, Anpassung der Schaltstufen (automatisch oder manuell).

2.1.2 Zusammenspiel der Kettenglieder

Der Motor

Der Motor setzt die chemische Energie eines Kraftstoffes durch Verbrennung in Bewegungsenergie um. Heute hat sich der Dieselmotor als Antriebsquelle in Lkw und Bus durchgesetzt. Dieselmotoren sind Selbstzündungsmotoren und benötigen somit keine Zündkerzen. Oberhalb des Kolbens findet die Verbrennung im Verbrennungsraum statt. Die hierdurch entstehende Wärmeausdehnung des heißen Gases wird zur Bewegung eines Kolbens genutzt. Durch die Kurbelwelle wird die Auf- und Abwärtsbewegung der Kolben in eine Drehbewegung gewandelt.

Abbildung 95: Busmotor

Die Kupplung

Um den Kraftfluss zwischen Motor und Getriebe zu unterbrechen, benötigen alle Kraftfahrzeuge eine Kupplung.
Die Kupplung wird zum Anfahren, Schalten, Anhalten und als Überlastungsschutz gebraucht.

- Anfahren: Beim Anfahren muss die Kupplung kurze Zeit schleifen, um den Drehzahlunterschied zwischen Motor und Getriebe auszugleichen. Sie soll ein ruckfreies Anfahren ermöglichen.
- Schalten/Gangwechsel: Die Kupplung trennt den Kraftfluss, damit die Gänge geschaltet werden können.
- Anhalten: Beim Abbremsen des Fahrzeugs muss die Kupplung betätigt werden, um ein „Abwürgen" des Motors zu vermeiden.
- Überlastungsschutz: Um Motor, Getriebe, Antriebswellen und Achsen z. B. bei technischen Defekten nicht zu überlasten und somit größere Schäden zu vermeiden ist die Kupplung als sogenannter Überlastungsschutz vorgesehen.

Weitere Aufgaben der Kupplung sind:
Die möglichst schlupffreie Übertragung des Drehmoments und die Dämpfung von Drehschwingungen zwischen Motor und Getriebe.

Folgende Kupplungen werden unterschieden:
- Reibungskupplung – Einsatz bei handgeschalteten Getrieben
- Strömungskupplung, auch als hydraulische Kupplung bezeichnet
- Strömungswandler, auch als dynamischer Wandler bezeichnet
- Wandlerschaltkupplung – kombinierter Wandler mit Reibungskupplung für den Einsatz in schweren Nutzfahrzeugen.

Das Schaltgetriebe

Das Schaltgetriebe, das als nächstes Glied in den Antriebsstrang eines Kraftfahrzeugs eingebaut ist, ermöglicht:
- den Leerlauf des Motors bei stehendem Fahrzeug
- das Umkehren der Drehrichtung zur Rückwärtsfahrt
- das Erreichen hoher Drehmomente bei niedriger Geschwindigkeit
- das Erreichen hoher Geschwindigkeiten bei niedriger Motordrehzahl

Im Getriebe wird die Motordrehzahl auf die Antriebsdrehzahl übersetzt. Das Schaltgetriebe muss so ausgelegt sein, dass – je nach Einsatzart des Fahrzeugs – jedem Geschwindigkeitsbereich ein wirtschaftlich sinnvoller Drehzahlbereich des Motors zur Verfügung steht.

Abbildung 96:
Schaltgetriebe

Im Nutzfahrzeugbau gibt es verschiedene Getriebearten. Sie sind auf die unterschiedlichen Einsatzmöglichkeiten von Fahrzeugen abgestimmt. Wir sprechen von:

- Unsynchronisierten Getrieben
- Synchrongetrieben
- Automatisierten Schaltgetrieben
- Automatischen Getrieben
- Vor- und Nachschaltgruppen
- Verteilergetrieben

Die Gelenkwelle

Die Gelenkwelle hat die Aufgabe, die am Getriebeausgang ankommende Drehbewegung auf das Differenzialgetriebe zu übertragen. Nutzfahrzeuge benötigen ein- oder zweiteilige Gelenkwellen mit folgenden Komponenten:

- Kreuzgelenke
- Gelenkwellenrohre
- Zwischenlager
- Schiebestück

Um Vibrationen zu vermeiden, müssen Gelenkwellen ausgewuchtet werden.

Abbildung 97:
Gelenkwelle am Fahrzeug

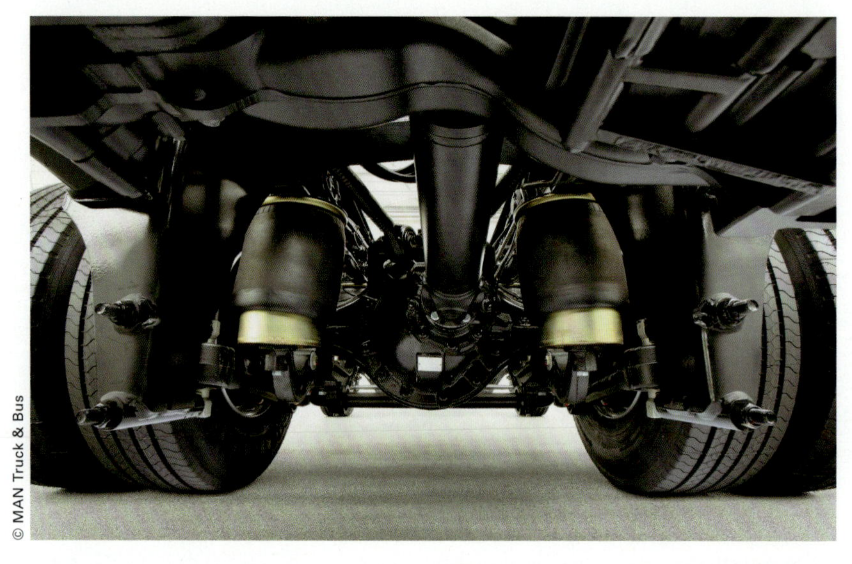

Das Differenzialgetriebe

Das Differenzialgetriebe nimmt die Drehbewegung der Gelenkwelle mit dem kleineren Kegelrad auf und überträgt sie mit dem größeren Tellerrad um 90° auf die Antriebsachsen. Durch den Größenunterschied zwischen Kegel- und Tellerrad wird die Drehzahl der Antriebswelle übersetzt. Das Übersetzungsverhältnis richtet sich u.a. nach:

- Einsatzzweck des Fahrzeugs
- Übersetzung im Schaltgetriebe
- Untersetzung im Außenplanetengetriebe
- Radgröße

Bei Kurvenfahrten gleicht das Differenzialgetriebe den Wegstreckenunterschied zwischen innerem und äußerem Rad aus. Ein Nachteil dieser Konstruktion ist es, dass auf einseitig glatten Straßen im ungünstigsten Fall der gesamte Vortrieb zum stehen kommen kann. Das Differenzialgetriebe leitet dann die gesamten Drehzahlen dem Rad mit der schlechteren Haftung zu, während das Rad auf dem Untergrund mit guter Haftung stehen bleibt. Die Kraft geht sozusagen – den Weg des geringsten Wiederstandes. Um dies zu umgehen, kann bei vielen Nutzfahrzeugen mittels Schalter eine Sperre zwischen rechter und linker Achswelle aktiviert werden. So lassen sich beide Achswellen mit gleicher Drehzahl antreiben.

Achtung: Vermeiden Sie Kurvenfahrten mit Differentialsperre, denn durch fehlenden Ausgleich zwischen den Achsen kann das Getriebe zerstört werden.

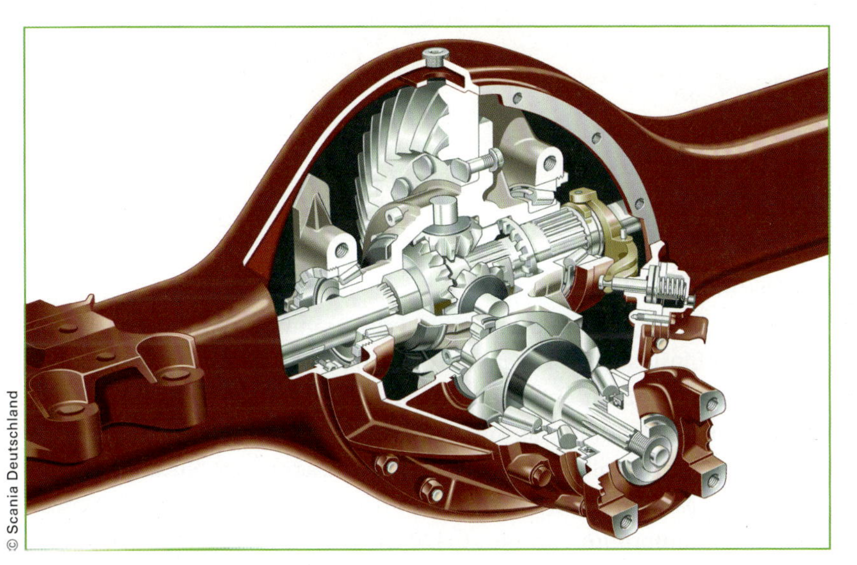

Abbildung 98: Differenzialgetriebe mit Sperre

Die Antriebsachse

Auch die Wahl der Antriebsachse richtet sich nach der Einsatzart des Fahrzeugs. Man unterscheidet zwischen Steckachsen und Außenplanetenachsen (AP).

Die so genannte „Steckachse" – treffender als Welle zu bezeichnen – steckt als Radantrieb in der Achse. Sie stellt eine Verbindung vom Differential zur Radnabe her. Dieser Achstyp findet sich in Fahrzeugen mit weniger schweren Einsatzbedingungen.

Die AP-Achse wird häufig in Lkw verbaut, die unter erschwerten Bedingungen fahren (Schwerlast- und Baustellenverkehre, Geländeeinsatz). Sie integriert am Ende der Achswelle einen Planetensatz in die Räder, der aus Sonnenrad, Hohlrad und Planetenrädern besteht. Das Planetengetriebe untersetzt die Achswellendrehzahl – das heißt, dass sich die Achswellen schneller drehen als die Räder. Dadurch erreicht man, dass die eigentliche Kraft erst am Rad erzeugt wird. Der gesamte Antriebsstrang kann also bis dahin mit weniger Bauaufwand und vor allem leichter erfolgen.

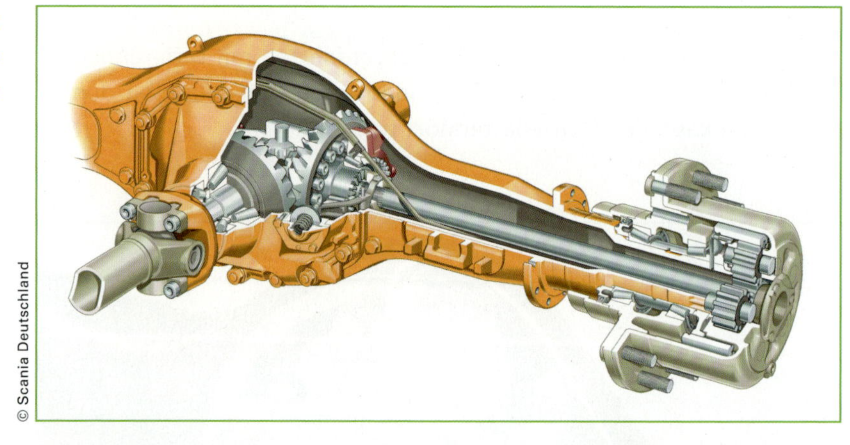

Abbildung 99:
Differenzialgetriebe und AP-Achse

Die Räder

Die Räder übertragen das ankommende Drehmoment auf den Untergrund. Der Einfluss, den sie auf die einzelnen Glieder der kinematischen Kette ausüben, hängt entscheidend von ihrer Größe ab. Bei Volumenfahrzeugen kommen Räder mit kleinerem Umfang zum Einsatz.
Kleine Räder ermöglichen einen größeren Laderaum. So können Sattelzüge mit Megatrailern bis zu 100 m³ laden. Lkw mit Anhänger erreichen einen Laderaum von bis zu 120 m³.

Abbildung 100:
Volumenfahrzeug

AUFGABE

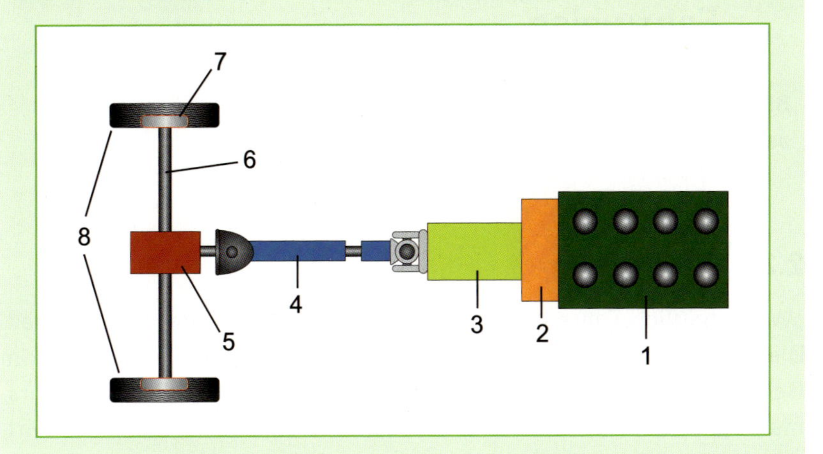

Abbildung 101:
Kinematische Kette

Benennen Sie die einzelnen Bestandteile der kinematischen Kette in der richtigen Reihenfolge!

1.	5.
2.	6.
3.	7.
4.	8.

Sie wissen:

- ✔ Aus welchen Bauteilen sich die kinematische Kette zusammensetzt.
- ✔ Wie die unterschiedlichen Kettenglieder im Zusammenspiel funktionieren.
- ✔ Welche unterschiedlichen Getriebearten es gibt.
- ✔ Welche Aufgabe einem Achsantrieb zukommt.

2.2 Bedeutung der wirtschaftlichen Fahrweise

Sie sollen für die Bedeutung einer wirtschaftlichen Fahrweise sensibilisiert werden.

FAHREN LERNEN **C**
Lektion 10

FAHREN LERNEN **D**
Lektion 15

2.2.1 Einführung

„Wirtschaftlich Fahren" wird oft mit „langsam Fahren" verwechselt. Diese Vorstellung führt jedoch auf eine völlig falsche Fährte. Ganz im Gegenteil: Im immer härter werdenden Personen- und Güterverkehrsmarkt gilt mehr denn je der Leitspruch „Zeit ist Geld". Ziel eines wirtschaftlichen Fahrstils ist es somit, in möglichst kurzer Zeit einen Fahrtauftrag abzuwickeln, dabei aber so wenig Kosten wie möglich zu verursachen.

Abbildung 102: Verkehr auf der Autobahn

Die Kostenseite (Aufwand) ist hierbei sowohl gesamtwirtschaftlich als auch aus Sicht des Unternehmens und des Fahrers zu betrachten. Ein ausgeglichener, stressfreier und wirtschaftlicher Fahrstil kann somit nicht nur kostengünstig für den Fuhrunternehmer sein, sondern auch die allgemeine Verkehrs-, Lärm- und Umweltbelastung senken. Zudem ist Stressvermeidung förderlich für die eigene Gesundheit und kommt letztlich Ihnen selbst zugute.

Wirtschaftliches Fahren dient somit unter anderem

- Der Senkung des Kraftstoffverbrauchs
- Der Senkung der Gesamtkosten durch allgemein geringeren Verschleiß
- Der Senkung von Umweltbelastungen (Verkehr, Lärm, Schadstoffe...)
- Der Senkung der persönlichen Stressbelastung

2.2.2 Kostenverteilung im Fuhrpark

Beim Betrieb eines Fahrzeugs fallen unterschiedliche Kosten an. Zu den Wichtigsten zählen unter anderem:

Fixkosten (feste Kosten)

- Zeitabschreibung für die Anschaffungskosten (abhängig von der Abschreibungs- / Finanzierungsdauer)
- Kfz-Steuer
- Kfz-Versicherung
- Personalkosten für Fahrpersonal
- Nebenkosten für Verwaltungs- und evtl. Werkstattpersonal
- Kalkulatorische Zinsen

Variable Kosten (bewegliche Kosten)

- Leistungsabschreibung für die Anschaffungskosten (abhängig von der Fahrleistung des Fahrzeugs)
- Kraftstoffkosten
- Kosten für Wartung und Schmierstoffe
- Reparaturkosten
- Sonstige Verschleißteile(z.B. Reifen, Kupplung, Bremsen)
- Ggf. Mautkosten

Gerade bei den variablen Kosten haben Sie als Fahrer einen sehr großen Einflussbereich auf deren Entwicklung.

Abbildung 103: Kostenkuchen Lkw (für den Bus abweichende Werte)

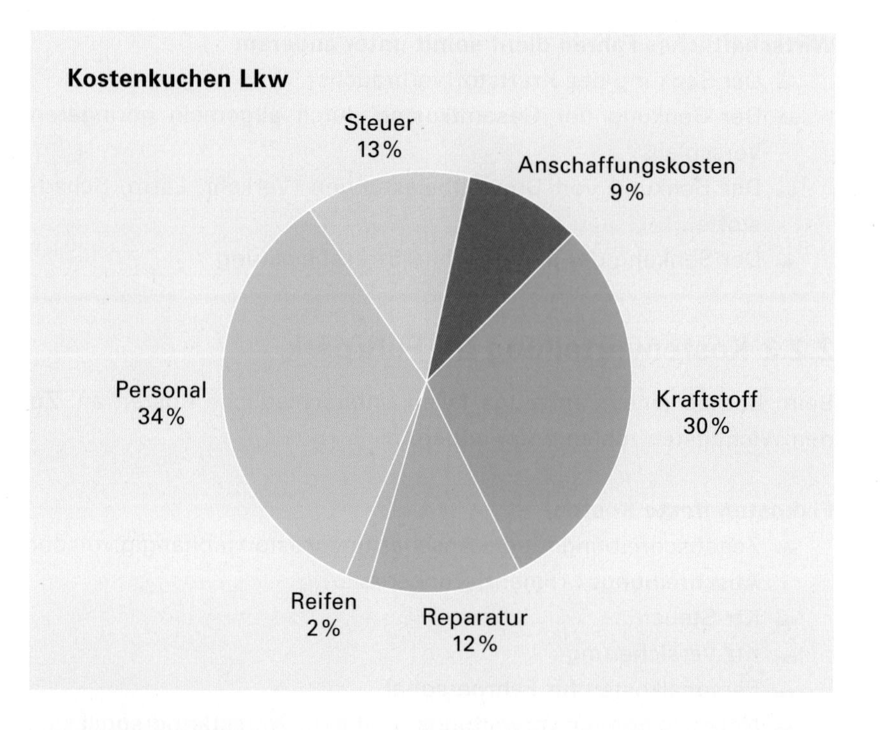

BEISPIEL

Ein Beispiel (Kraftstoffkosten) verdeutlicht hier die Größenordnung des möglichen Einsparpotentials:

Angenommene Jahreslaufleistung eines Lkw/Omnibusses:	120.000 km
Momentaner Durchschnittsverbrauch:	35 l/100 km
Literpreis Dieselkraftstoff:	1,35 €
Gesamte Jahreskraftstoffkosten: $\frac{120.000 \text{ km}}{100 \text{ km}} \cdot 35 \text{ l} \cdot 1{,}35 \text{ €} =$	56.700,-- €

Bei einer **Einsparung von 5 l/100 km** ergibt sich folgende Rechnung:

Angenommene Jahreslaufleistung eines Lkw/Omnibusses:	120.000 km
Neuer Durchschnittsverbrauch:	30 l/100 km
Literpreis Dieselkraftstoff:	1,35 €
Gesamte Jahreskraftstoffkosten: $\frac{120.000\ km}{100\ km} \cdot 30\ l \cdot 1{,}35\ € =$	48.600,-- €
Ersparnis pro Jahr und Fahrzeug alleine an Kraftstoff:	8.100,-- €

Bei einem Fuhrpark von 25 Fahrzeugen lassen sich somit über 200.000,-- € pro Jahr alleine an Kraftstoffkosten einsparen!

- ✔ Dass wirtschaftliches Fahren eine existenzielle Notwendigkeit ist.
- ✔ Wie sich fixe und variable Kosten verteilen.
- ✔ Wie Sie selbst errechnen können, was an Einsparungen möglich ist.

2.3 Einflussfaktoren auf die Wirtschaftlichkeit

Sie sollen wissen, wer und was Einfluss auf die Wirtschaftlichkeit der Fahrweise nimmt. Sie sollen die neuesten technischen Entwicklungen auf diesem Gebiet kennen.

FAHREN LERNEN **C**
Lektion 10

FAHREN LERNEN **D**
Lektion 15

2.3.1 Die Rolle des Gesetzgebers

Dem Gesetzgeber obliegt primär die Aufgabe, die Entwicklung des Verkehrssektors zu beobachten und durch Gesetze und Vorschriften darauf hinzuwirken, dass einerseits die Mobilität verbessert und andererseits die Umwelt geschont wird.
Mehr denn je muss hier eine gesamteuropäische Betrachtung im Vordergrund stehen, um für einheitliche Vorgaben zu sorgen. Nur so kann der stetig steigenden Verkehrsbelastung begegnet werden, ohne die Wettbewerbsfähigkeit der Verkehrsunternehmen zu gefährden. So wurde auf EU-Ebene das „Weißbuch Verkehr" verfasst, welches in 40 Einzelmaßnahmen für die Jahre 2011 bis 2020 für eine Ökologisierung des Verkehrs sorgen soll. Die EU-Kommission verfolgt weiterhin bis zum Jahr 2050 im Wesentlichen vier Zielstellungen:

- die Verringerung der Importabhängigkeit vom Öl
- die Senkung der verkehrsbedingten CO_2-Emissionen um 60 %
- die Vollendung des Verkehrsbinnenmarktes und
- die Steigerung der Effizienz des Verkehrs.

Diese Vorgaben sind nun auf nationaler Ebene die Richtschnur für die Politik.
Direkt spürbar wird dies für jeden Einzelnen beispielsweise durch die Umsetzung der EU-Schadstoffklassen, welche seit 01.01.2014 die Schadstoffnorm „Euro VI" verbindlich für neu zugelassene Lkw und Omnibusse eingeführt hat. Ab 2015 wird dies auch im Pkw-Bereich umgesetzt.

2.3.2 Was tut die Politik?

Nachdem im Jahr 2008 von der Bundesregierung der „Masterplan Güterverkehr und Logistik" erarbeitet wurde, ist dieser mittlerweile durch den „Aktionsplan Güterverkehr und Logistik" weiterentwickelt wor-

den. Er wurde im November 2010 der Öffentlichkeit vorgestellt. Das BMVI (Bundesministerium für Verkehr und digitale Infrastruktur) beschreibt dessen Inhalte wie folgt:
„Ziel ist es, Mobilität zu ermöglichen, anstatt sie zu behindern. Im Interesse einer in die Zukunft gerichteten Güterverkehrspolitik sorgt der Aktionsplan dafür, dass der Transport von Gütern effizient und umweltgerecht gestaltet und multimodal ausgerichtet wird. Die 30 im Aktionsplan enthaltenen Einzelmaßnahmen führen zu einer effizienteren Ausgestaltung des Güterverkehrssystems und erzielen auf diese Weise den größtmöglichen Nutzen für den Logistikstandort Deutschland, für dessen Zukunft alle Verkehrsträger wichtig sind."

Diese 30 Maßnahmen verteilen sich auf 5 Kernthemen:
- Logistikstandort Deutschland stärken
- Effizienzsteigerung aller Verkehrsträger erreichen
- Stärken aller Verkehrsträger durch optimal vernetzte Verkehrswege nutzen
- Vereinbarkeit von Verkehrswachstum mit Umwelt- und Klimaschutz fördern
- Gute Arbeitsbedingungen und Ausbildung im Transportgewerbe unterstützen

Um dies zu erreichen, wurde unter anderem die Lkw-Maut eingeführt: sie soll dazu führen, dass durch den Kostendruck Fahrzeuge effizienter eingesetzt und Leerfahrten vermieden werden. Der Einsatz von Telematik Systemen bei den Unternehmen und Verkehrsleitanlagen beim Staat sind weitere Beispiele für eine effizientere Ausnutzung der benötigten Transportmittel.

Abbildung 104: Lkw-Mautbrücke

Die Politik wurde und wird aber nicht nur im Güterverkehr aktiv, sondern führte auch weitreichende Änderungen im Personenverkehr herbei. So wurde mit der Änderung des Personenbeförderungsgesetzes im Jahr 2013 die Liberalisierung des Personenfernverkehrs (Fernbusmarkt) umgesetzt und somit weitere Möglichkeiten geschaffen, den Individualverkehr zu verringern und gleichzeitig die Personenbeförderungsbranche zu stärken und dort weitere Arbeitsplätze zu schaffen.
Damit wurde auch einer Entwicklung Rechnung getragen, die trotz sinkender Bevölkerungszahlen einen Anstieg der zugelassenen Fahrzeuge verzeichnet.
Hatte Deutschland im Jahr 2009 noch 81,8 Millionen Einwohner, so waren es Ende 2013 nur noch 80,5 Millionen (Quelle: destatis.de). Demgegenüber steht folgende Entwicklung im Fahrzeugbestand (Quelle: destatis.de):

	2009	2013
Pkw	41,3 Mio.	43,8 Mio.
Lkw	2,3 Mio.	2,6 Mio.
Omnibusse	75.300	76.800

Auf immer weniger Menschen kommen also immer mehr Fahrzeuge.

2.3.3 Die Rolle der Kraftfahrzeugentwickler und -fertiger

Aufgabe der Fahrzeughersteller ist es nun, die Fahrzeuge zu entwickeln und zu produzieren, welche den Anforderungen der Kunden, aber auch den Anforderungen des Gesetzgebers entsprechen:

- Der Gesetzgeber fordert durch die Einführung der Euro-Normen bestimmte Schadstoffwerte sowie die Einhaltung technischer Vorgaben.
- Der Kunde (Transporteur, Omnibusunternehmer) wünscht sich preisgünstige Fahrzeuge bei der Anschaffung und im Unterhalt.
- Die Fahrer wünschen sich einfach zu bedienende und komfortable Fahrzeuge.

All dies vereint zu verwirklichen ist die größte Herausforderung an die Fahrzeugindustrie.
Ein Weg, gleichzeitig die Kosten und die Schadstoffe zu reduzieren, ist eine Senkung des Kraftstoffverbrauchs durch technische Veränderungen. Neben der Gewichtsreduktion der Fahrzeuge durch den Einsatz von modernen Werkstoffen (Alu statt Stahl, vermehrter Einsatz von Kunststoffen, Carbon und dünneren Scheiben) steht hier natürlich die Weiterentwicklung von Motoren und Getrieben im Vordergrund. Aber auch andere kreative Innovationen tauchen im Fahrzeugmarkt auf: So senken Omnibusse der Marke „SETRA“ bei einigen Typen ihre komplette Karosserie ab 95 km/h automatisch um 2 cm ab und reduzieren so den Luftwiderstand (siehe auch Kapitel 2.4.2) dadurch erheblich: mit einem c_W-Wert von 0,33 liegt hier ein Omnibus erstmals auf Sportwagenniveau.

Motorenentwicklung

Lautete früher die Devise, dass Hubraum (Bohrung mal Hub mal Zylinderzahl) durch nichts zu ersetzen wäre, so widerlegt die Fahrzeugindustrie dies heute durch moderne Technologien immer mehr. Mehrleistung wird bei modernen Motoren auch aus höheren Einspritzdrücken, Einsatz von Turboladern und höheren Verdichtungen gewonnen. Durch EDC (Elektronische Dieselregelung) wird immer die optimale Kraftstoffmenge eingespritzt. Dies hat auch ein besseres Umweltverhalten zur Folge, da der Wirkungsgrad der Motoren stetig steigt.

Abbildung 105: Dieselmotor

Neben Systemen wie der Abgasrückführung, dem Einsatz von Turboladern, Oxidationskatalysatoren und Partikelfiltern ist nun auch die Abgasnachbehandlung mittels „SCR-Kat“ obligatorisch.
Mit Einführung der Schadstoffnorm „Euro VI“ für Nutzfahrzeuge im Jahr 2014 ist nun herstellerübergreifend eine Motorengeneration auf dem Markt, welche ohne aktive Abgasnachbehandlung nicht mehr zulassungsfähig wäre.
Hier wird dem Abgas nun ein Zusatzstoff (Harnstofflösung, Verkaufsbezeichnung „AdBlue®“) zugeführt, welcher sich mit den Abgasen vermischt und im SCR-Kat (selective catalytic reduction) in Stickstoff und Wasser umgewandelt wird.

Nach wie vor ist es mit Katalysatoren jedoch nicht möglich, das klimaschädigende CO_2 (Kohlendioxid) zu neutralisieren. Solange dies so bleibt, wird der Straßenverkehr auch weiterhin einer der größten Verursacher des sogenannten Treibhauseffektes bleiben (siehe auch Kapitel 2.3.4).

Abbildung 106:
SCR-Prinzip

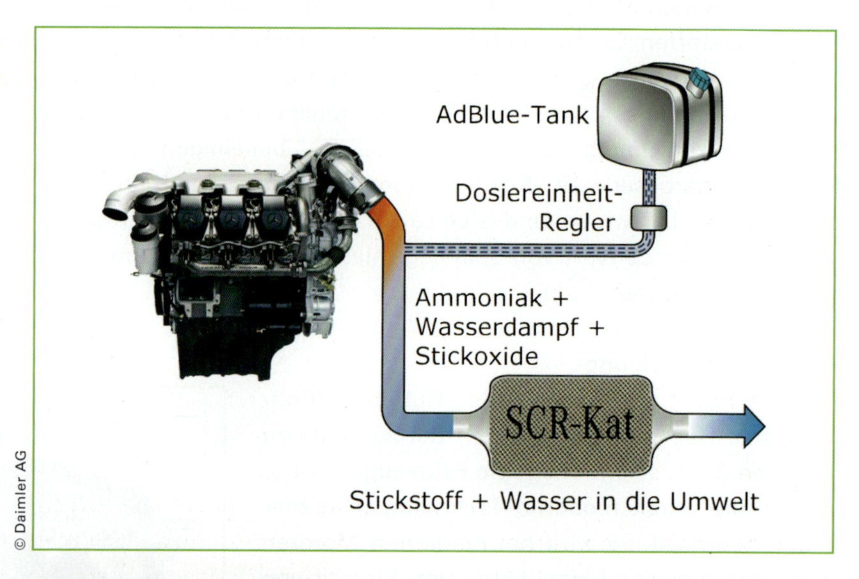

Abbildung 107:
Trennwand zwischen Mototrraum und Kühler (bei einem Setra S 515 HD)

Die Vorteile dieser Euro-VI-Generation liegen neben dem reduzierten Schadstoffausstoß auch in einem verringerten Kraftstoffverbrauch. Dem gegenüber stehen der Verbrauch von AdBlue® und ein höheres Gewicht durch zusätzliche Bauteile. Im Omnibusbereich wurden hier z.B. Motorraum und Kühler durch den Einbau einer Wand getrennt, um die Kühlleistung nicht durch die Motorwärme zu beeinflussen. Zudem ist AdBlue® nicht frostbeständig, was eine Heizung der Vorratsanlage (Tank, Filter, Leitungssystem) erforderlich macht.

Systeme zur Abgasreinigung und Schadstoffverringerung:

- Abgasrückführung: senkt die Verbrennungstemperatur und die Entstehung von Stickoxiden
- Oxidationskatalysatoren: entfernen durch Katalyse (Umwandlung) Kohlenmonoxid (CO) und Kohlenwasserstoffe
- Partikelfilter: filtern Rußpartikel aus dem Abgas
- SCR-Katalysatoren: wandeln durch Zugabe von Harnstofflösung (Verkaufsbezeichnung „AdBlue®") Stickoxide (NO_x) in Stickstoff und Wasser um.

Eigenschaften von AdBlue®

- Synthetisch hergestellte, 32,5-prozentige Harnstofflösung
- Wässrig, ungiftig, geruchsneutral
- Gefrierpunkt liegt bei ca. -11°C
- Genaue Spezifikation ist in der DIN 70070 festgelegt
- Haltbarkeit wird nur in einem bestimmten Temperaturbereich erreicht

Getriebe

Waren bis vor ein paar Jahren noch manuelle Schaltgetriebe (Handschaltgetriebe) oder elektrisch betätigte Handschaltgetriebe (ESP) mit Kupplungspedal der Stand der Technik, so werden heute standardmäßig teil- oder vollautomatisierte Schaltgetriebe eingesetzt, bei denen die Kupplung nicht mehr manuell vom Fahrer, sondern automatisiert bedient wird.
Die bekannten Getriebe, welche mit Vor- und Nachschaltgruppen (Splitgetriebe) und vielfachen Gangstufen zur Feinabstimmung des Drehmomentverlaufs dafür sorgten, immer im optimalen Drehzahlbereich (grüner Bereich) fahren zu können, verschwinden mehr und mehr vom Markt. Fahrzeuge mit Kupplungspedal gibt es – wenn überhaupt (z. B. bei Scania) – im Schwer-Lkw-Bereich nur noch als Sonderwunsch.
Automatisierte Schaltgetriebe arbeiten häufig topografieabhängig, d.h. es wird ständig der Steigungs- oder Gefällegrad erfasst und entsprechend verbrauchsoptimiert geschaltet. Ebenso reagiert diese automatisierte Gangwahl gewichtsabhängig.
Neuere Systeme arbeiten bei eingeschaltetem Tempomat sogar mit topografischen Kartendaten und GPS-Steuerung und können dadurch „vorausschauend" fahren:

- Die Fahrstrecke wird hier für mehrere Kilometer im Voraus analysiert und die größtmögliche Rolldistanz ermittelt.

- Kurz vor einer Kuppe wird bereits das Gas zurückgenommen, um anschließend weniger schnell wieder bergab zu rollen
- Kurz vor dem Erreichen einer Steigung schaltet das Getriebe selbsttätig zurück.

Dies vereinfacht dem Fahrpersonal die Arbeit erheblich und führt zu enormen Kraftstoffeinsparungen.
Je nach Hersteller und eingestelltem Schaltprogramm sind hier manuelle Schalteingriffe des Fahrers nur noch bedingt möglich. Durch weitere Programme wie „EcoRoll" wird zeitweise auch wieder auf eine Schubabschaltung verzichtet, um die Bremswirkung des Motors zu verringern und die Rollstrecken zu verlängern.
Im Omnibussektor gibt es neben diesen automatisierten Varianten die manuellen Getriebe noch häufiger. Ebenso verhält es sich mit reinen Automatikgetrieben mit Drehmomentwandler: Diese finden sich hauptsächlich in Omnibussen, speziell im Linien-/Stadtbusbereich. Hier vereinfachen sie das ständige Anfahren an Kreuzungen, Ampeln, Einmündungen und Haltestellen enorm.

Abbildung 108: ZF 8-Gang-Automatikgetriebe

Völlig unabhängig von der Art des verbauten Getriebes, bleibt die grundsätzliche Funktionsweise jedoch immer gleich: Um die Getriebe an die unterschiedlichen Einsatzzwecke und Topografie anpassen zu können, wird in verschiedenen Abstufungen die eingehende Motordrehzahl untersetzt (= verringert), indem ein kleines Zahnrad ein größeres antreibt. Hierbei erhöht sich gleichzeitig das Drehmoment (siehe auch Kapitel 2.5).

2.3.4 Alternative Antriebskonzepte

Dieselmotoren sind derzeit im Nutzfahrzeugsektor die am häufigsten eingesetzten Antriebsmaschinen. Ein Nachteil des Dieselkraftstoffes ist, dass er – wie alle fossilen Treibstoffe – bei der Verbrennung Kohlendioxid freisetzt, welches zur Klimaerwärmung beiträgt. Um dies langfristig zu vermeiden, muss über alternative Antriebskonzepte nachgedacht werden.

Alternative Kraftstoffe

Spätestens seit Einführung der Euro-VI-Motoren haben sich annähernd alle Nutzfahrzeughersteller vom Biodiesel (B100) verabschiedet und für ihre Motoren keine Freigabe mehr dafür erteilt. Bereits seit der Anhebung der Steuer auf Biodiesel schrumpfte der jährliche Absatz von einst 1,94 Mio. Tonnen auf unter 100.000 Tonnen (Quelle: DVZ Deutsche Logisitik-Zeitung vom 28.07.2012). Was einst als nachwachsender Rohstoff der Zukunft angepriesen wurde, ist heute höchstens noch ein Randprodukt in der Landwirtschaft.
Teuer, kompliziert in der Herstellung und teilweise noch in der Entwicklung sind Dieselalternativen wie GTL (gas to liquid), bzw. BTL (biomass to liquid): zwei Brennstoffe, die in Dieselmotoren eingesetzt werden und durch die Verflüssigung von Erdgas oder Biomasse hergestellt werden können.

Alternative Antriebe

Erdgasantrieb

Erdgas-Fahrzeuge werden unter der Bezeichnung CNG-Fahrzeuge mit verdichtetem Erdgas (Compressed Natural Gas) und mit einem turbogeladenen Verbrennungsmotor betrieben. Mit Erdgas betriebene Busse waren schon mit der Einführung der Euro 3-Norm in der Lage, die EEV-Norm (Enhanced Environmentally Friendly Vehicles) zu erfüllen.

Abbildung 109:
Erdgasbus

Durch ihre Umweltvorteile werden Erdgas-Fahrzeuge mit Länderzuschüssen besonders gefördert und stellen für einige Kommunen bzw. Betriebe eine Alternative zu Fahrzeugen mit klassischem Dieselantrieb dar.

Hybridantrieb

Einen Hybridantrieb bezeichnet man als solchen, wenn er über mindestens zwei unterschiedliche Energiewandler (z.B. Verbrennungs- und Elektromotor) sowie entsprechend über mindestens zwei Speichersysteme (z.B. Kraftstofftank und Batterie/Akku) verfügt.
Man unterscheidet hierbei zwischen

- **Parallelhybrid** (beide Motoren sind mechanisch mit dem Radantrieb verbunden: es kann elektrisch und konventionell gefahren werden) und
- **Seriellhybrid** (nur der Elektromotor ist mit dem Radantrieb verbunden und der Verbrennungsmotor dient ausschließlich der Stromerzeugung).

Vorteile beim Hybridantrieb liegen unter anderem darin, dass die beim Bremsen und Verzögern freiwerdende Bremsenergie wieder genutzt wird, indem der Elektromotor als Generator dient und damit die Akkumulatoren wieder auflädt (Rekuperation). Diese Energie kann dann später wieder zum Antrieb oder zum Einsatz von Nebenaggregaten (z.B. Klimaanlage) genutzt werden. Hybridantriebe machen somit hauptsächlich da Sinn, wo viel beschleunigt und wieder abgebremst werden muss, z.B. in Omnibussen des Stadtlinienverkehrs.

© MAN Truck & Bus

Abbildung 110: Hybridfahrzeug

Beim seriellen Hybridantrieb bietet es sich an, statt eines Verbrennungsmotors eine Brennstoffzelle zur Energiegewinnung zu integrieren: damit ist dann völlig emissionsfreies Fahren möglich.

Brennstoffzelle

Beim Einsatz einer Brennstoffzelle dient Wasserstoff als Kraftstoff. Dieser wird mit Sauerstoff aus der Umgebungsluft zusammengeführt und in einer chemischen Reaktion entstehen dabei elektrische Energie, Wärme und Wasserdampf. Aus dem Auspuff kommt hier nur noch reines Wasser! Die erzeugte elektrische Energie dient dann zum Antrieb des Fahrzeugs mittels eines Elektromotors.

Der Nachteil dieser Technologie liegt derzeit darin, dass Wasserstoff in reiner Form auf unserer Erde nicht vorkommt und erst durch Elektrolyse aus Wasser gewonnen werden muss. Hierzu ist eine große Menge elektrischer Energie nötig. Erst wenn diese elektrische Energie ausschließlich regenerativ und im Idealfall während der Schwachlastzeiten erzeugt wird, liegt ein großer Umweltvorteil vor. Als Schwachlastzeiten bezeichnet man hier die Zeiten, in denen am Strommarkt wenig Nachfrage herrscht (z.B. nachts) und beispielsweise Windkraftanlagen abgeschaltet werden, da keine Abnehmer da sind.

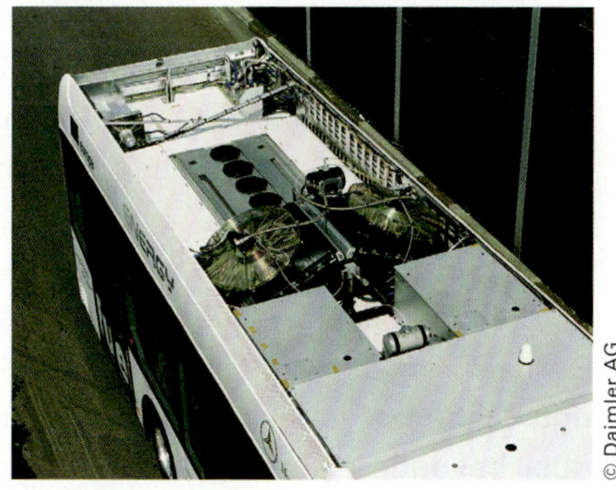

© Daimler AG

Abbildung 111: Stadtbus mit Brennstoffzelle

2.3.5 Die Rolle des Unternehmers

Fahrzeuganschaffung

Nachdem Politik und Industrie nun für ein breites Spektrum an verfügbaren Fahrzeugen gesorgt haben, liegt es am Unternehmer, die jeweils passenden Einheiten anzuschaffen.
Wird beispielsweise viel Langstrecke im Fernverkehr gefahren, bietet sich eine lange Achsübersetzung an, um hohe Geschwindigkeiten mit niedrigen Drehzahlen zurücklegen zu können. Umgekehrt werden im Baustellenbereich eher hohe Drehmomente benötigt und kurze Übersetzungen in Verbindung mit Allradantrieb sind meist die erste Wahl.
Welche Ausstattung am Ende eingekauft wird, hängt auch von den Kenntnissen des Unternehmers selbst ab. Nur wenn dieser sich auch selbst fort- und weiterbildet, kann er für sein Unternehmen optimal angepasste Fahrzeuge anschaffen.

Disposition und Planung

Mit einem passenden Fuhrpark ist nun das „Werkzeug" vorhanden. Nun gilt es noch, die Weichen für einen effizienten Fahrzeugeinsatz zu stellen.
Um eine möglichst reibungslose Tourenplanung zu realisieren, helfen moderne Telematik- und Navigationssysteme. Mit dieser Technologie lassen sich Fahrtzeiten sehr genau vorausplanen und durch die Möglichkeit, im Unternehmen jederzeit genau zu sehen, wo sich ein Fahrzeug gerade befindet, kann auch auf Staus und Verzögerungen schnell reagiert werden.
Verbrauch und Fahrstil können mit Telematiksoftware analysiert und ausgewertet werden und eine Verknüpfung mit den digitalen Tachografen stellt die Schnittstelle zur Einhaltung der Lenk- und Ruhezeiten her.

Sind die eingesetzten Navigationssysteme nun noch mit der richtigen Software ausgestattet, welche auch Achsanzahl, Achslasten, Gewichte und Maße berücksichtigt – und im Idealfall sogar auf Informationen über besondere Ladung, z. B. Gefahrgut zurückgreift –, können Staus oftmals vermieden bzw. sinnvoll umfahren werden. Mit einer Pkw-Software im Lkw/Bus wäre dies nicht möglich.

Abbildung 112: Navigationsgerät für Lkw und Bus

Zusammenarbeit im Betrieb

Letztlich liegt es aber auch in der Verantwortung der Unternehmer, für eine sinnvolle Einweisung der Fahrer auf die entsprechenden Fahrzeuge und Ausstattung zu sorgen. Gemeinsam mit dem Fahrpersonal ist eine sinnvoll geplante Aus- und Weiterbildung ein ganz wichtiger Aspekt, um moderne Fahrzeuge auch wirtschaftlich einsetzen zu können.

2.3.6 Die Rolle des Fahrers im täglichen Einsatz

Waren vor wenigen Jahrzehnten von den „***Kraft***fahrern" tatsächlich noch viel Kraft und ausgeprägte mechanische Kenntnisse gefordert, so werden heute völlig andere Anforderungen an das Fahrpersonal gestellt. Fahrer sollen

- Gesetze, Verordnungen und Richtlinien kennen und einhalten
- Moderne Kontroll- und Überwachungstechniken kennen und sinnvoll bedienen (Telematik, Navigation, Mautgeräte, Digitale Tachografen...)
- Moderne Fahrzeugtechnik beherrschen und wirtschaftlich einsetzen (Assistenzsysteme, Bordcomputer...)
- als Schnittstelle zwischen Unternehmen und Kunden kommunikativ geschult sein
- Zoll- und Frachtpapiere und deren Behandlung beherrschen

Gerade im technischen Bereich geht die Entwicklung rasant vorwärts: Wer hier nicht am Ball bleibt, verliert schnell den Überblick. Im Rahmen der Weiterbildungen nach dem Berufskraftfahrer-Qualifikationsgesetz bieten sich – neben den reinen Theorieschulungen – viele Möglichkeiten an, technische Neuerungen auch direkt „zu erfahren": Das Angebot an Fahrtrainings, speziell direkt bei den Herstellern, ist groß!

Mehr denn je ist somit eine intensive Kommunikation zwischen der Unternehmensführung und dem Fahrpersonal nötig, um neue Möglichkeiten wie z. B. Telematiksysteme nicht als Überwachung zu sehen, sondern als Werkzeug zur Erzielung guter Betriebsergebnisse.

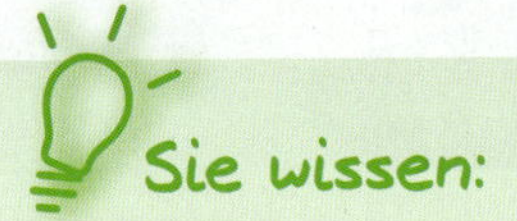

- ✔ Was Politik und Gesetzgeber tun, um die Verkehrsbelastungen zu senken.
- ✔ Welche alternativen Antriebe es gibt.
- ✔ Was topografieabhängig arbeitende Getriebe sind.
- ✔ Dass Sie sich als Fahrer ständig weiterbilden müssen, um mit den technischen Entwicklungen Schritt halten zu können.

2.4 Bedeutung der Fahrwiderstände

FAHREN LERNEN C
Lektion 2

FAHREN LERNEN D
Lektion 10

Sie sollen den Zusammenhang von Fahrwiderständen und Kraftstoffverbrauch kennen.

2.4.1 Einführung

Als Fahrwiderstände bezeichnet man die Widerstände, die man mit einem Fahrzeug überwinden muss, wenn man es in Bewegung setzen und halten möchte.

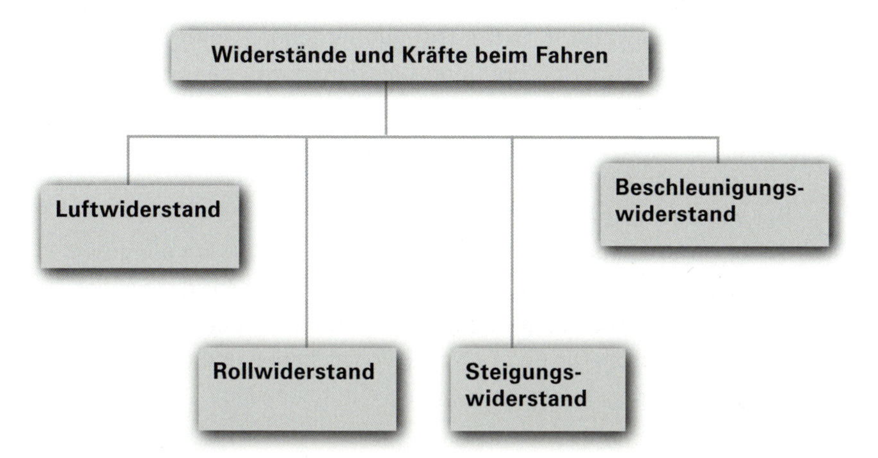

BEISPIEL

Welche Bedeutung die einzelnen Fahrwiderstände haben, wird oftmals unterschätzt. Richtig erfassen kann man das sehr gut, wenn man in kurzer Zeit die verschiedenen Fahrwiderstände im direkten Vergleich erlebt.

Hans-Peter Christoph, Chef des Freiburger Unternehmens „Avanti-Busreisen“ kann hier von einer Busweltreise berichten, die er 2013/2014 über 9 Monate und 52.000 km durchgeführt hat. Die Fahrt ging zunächst quer durch Europa und Asien bis nach Shanghai. Dort erfolgte die Verschiffung des Omnibusses nach Übersee und es ging weiter über die komplette Panamericana von Anchorage/Alaska bis nach Ushuaia/Feuerland (Argentinien) (www.busweltreise.de).

Abbildung 113: Dieser Bus fuhr in 52.000 km um die Welt.

Auf dieser Fahrt konnten er und seine Reisegruppe alle Fahrwiderstände teilweise in Extremsituation erleben: Unter anderem erlebten sie den Luftwiderstand bei Sandsturm, den Rollwiderstand auf Schotterpisten und den Steigungswiderstand auf Passstraßen in den südamerikanischen Anden mit Reisehöhen von mehr als 4.000 m ü. NN.
Bei seinem hochmodernen Reisebus (Setra S 515 HD) wurden dabei Verbrauchsschwankungen zwischen 18 l/100 km auf guten Rollstrecken und 36 l/100 km bei den Passetappen verzeichnet. Dies zeigt, welche Auswirkungen die einzelnen Fahrwiderstände auf einen wirtschaftlichen Fahrzeugeinsatz haben und wie wichtig ausgeprägte Kenntnisse im Umgang mit ihnen sind.

2.4.2 Luftwiderstand

Luftwiderstand ist der Widerstand, den ein Körper in bewegter Luft erfährt. Hierbei ist es egal, ob der Körper steht und sich die Luft bewegt, die Luft steht und sich der Körper bewegt oder sogar beides zusammen auftritt. Sicher ist jeder schon mal mit einem Fahrrad unterwegs gewesen: Gegenwind oder Rückenwind? Was ist wohl angenehmer?
Die **Einflussfaktoren** sind

- Fahrgeschwindigkeit
- Windgeschwindigkeit und Windrichtung
- Stirnfläche des Fahrzeugs und deren Form (= Luftwiderstandskoeffizient c_w-Wert)

Die Größe des Luftwiderstandes ändert sich bei Geschwindigkeitswechseln quadratisch: **Verdoppelt sich die Geschwindigkeit, vervierfacht sich der Luftwiderstand.**
Durch die Wahl der Geschwindigkeit haben Sie als Fahrer somit unmittelbaren Einfluss auf die Wirtschaftlichkeit Ihres Fahrstils. Hierzu ist z. B. auf fest verzurrte Planen und korrekt eingestellte Windleitkörper (Dachspoiler) zu achten, um den c_W-Wert zu optimieren.

2.4.3 Rollwiderstand

Der Rollwiderstand entsteht durch die Verformung von Reifen und Fahrbahn. Auch hier wieder der Vergleich zum Fahrrad: Ein Rennrad mit großen harten Reifen auf der Straße oder ein Mountainbike mit kleineren Rädern und niedrigem Luftdruck auf einer Wiese – was läuft wohl leichter? Dazu kommt dann noch das Gewicht.
Die **Einflussfaktoren** sind somit

- Reifenluftdruck als größter Faktor
- Reifenbauart und Profil
- Reifengröße (Abrollumfang)
- Straßenzustand/Fahrbahnoberfläche

Den meisten Einfluss auf die Größe des Rollwiderstandes haben Sie als Fahrer also durch eine regelmäßige Kontrolle des Reifenluftdruckes und dadurch, dass Sie kein unnötiges Gewicht bewegen und nur befördern, was befördert werden muss. Als bestes Beispiel für unnötigen Ballast sei hier ein zu voller Tank erwähnt. Eine Tagesfahrt mit 400 km und beispielsweise 150 Liter Gesamtverbrauch (inkl. Sicherheitsreserve) muss nicht mit einem vollen 800-Liter-Tank gefahren werden.

2.4.4 Steigungswiderstand

Der Steigungswiderstand resultiert aus der Erdanziehungskraft und ist Teil der Gewichtskraft des Fahrzeugs. Er wirkt an Steigungen parallel zur Fahrbahn talwärts. Bergauf ist er somit hinderlich und lästig – bergab hingegen als Antriebskraft sehr hilfreich: Stichwort „Fahrrad"!
Hier sind die **Einflussfaktoren** somit

- Die Fahrzeugmasse
- Der Grad der Steigung

Auch hier gilt wieder: unnötiges Gewicht vermeiden!
Bei der Streckenwahl kann man sich als Faustregel merken, dass kurze steile Anstiege in der Regel wirtschaftlicher zu bewältigen sind als lange flache Steigungen. Der effektive Verbrauch pro gefahrenem Kilometer ist hier zwar höher, doch wird das meist durch die kürzere Strecke wieder ausgeglichen. Man spart somit zweimal: einmal direkt an der effektiv verbrauchten Kraftstoffmenge und zusätzlich auch noch an der Fahrtzeit.

2.4.5 Beschleunigungswiderstand

Der Beschleunigungswiderstand ist die Kraft, die sich jedem Versuch widersetzt, einen Körper in Bewegung zu versetzen oder weiter zu beschleunigen und resultiert aus dem physikalischen Gesetz der Trägheit der Masse.
Ein weiteres Mal sei hier der Vergleich zum Fahrrad herangezogen: Die erste Pedalumdrehung ist immer die schwerste. Wenn das Rad erst einmal in Bewegung ist, tritt es sich viel leichter.
Die **Einflussfaktoren** des Beschleunigungswiderstandes sind

- Die Masse des Fahrzeugs
- Die Stärke der Beschleunigung

Neben der Vermeidung von unnötigem Gewicht kann hier nur durch eine Vermeidung von auftretenden Beschleunigungswiderständen gespart werden. Dies erreicht man beispielsweise durch vorausschauendes Fahren, Vermeiden von unnötigen Stopps, ausreichendem Abstand zum Vordermann und einem gleichmäßigen Fahrstil.

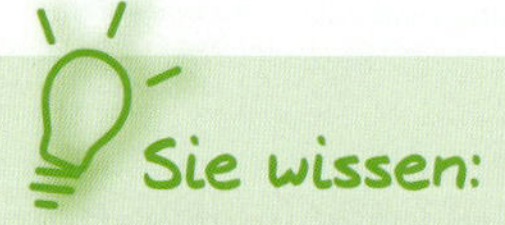

- ✔ Welche Fahrwiderstände es gibt.
- ✔ Dass sich der Luftwiderstand im Verhältnis zur Geschwindigkeit quadratisch verändert.
- ✔ Welchen Einfluss der Reifenluftdruck auf den Rollwiderstand hat.

2.5 Motorkenndaten

FAHREN LERNEN **C**
Lektion 10

FAHREN LERNEN **D**
Lektion 15

Sie sollen den Zusammenhang von Drehmoment, Leistung und Kraftstoffverbrauch verstehen.

2.5.1 Volllastkennlinien des Dieselmotors

Die Leistung ***P*** (in kW), das Drehmoment ***M*** (in Nm) und der spezifische Kraftstoffverbrauch ***b*** (in g/kWh) eines Motors werden unter Volllast (=Vollgas!) ermittelt und in Diagrammen dargestellt.

Die Volllastkennlinien geben nicht nur Auskunft über die bei verschiedenen Drehzahlen erreichbaren Leistungs-, Drehmoment- oder Verbrauchswerte, sondern auch über den Verlauf dieser Größen in Abhängigkeit zur Drehzahl. Das Volllastdiagramm eines Fahrzeugherstellers sieht wie folgt aus:

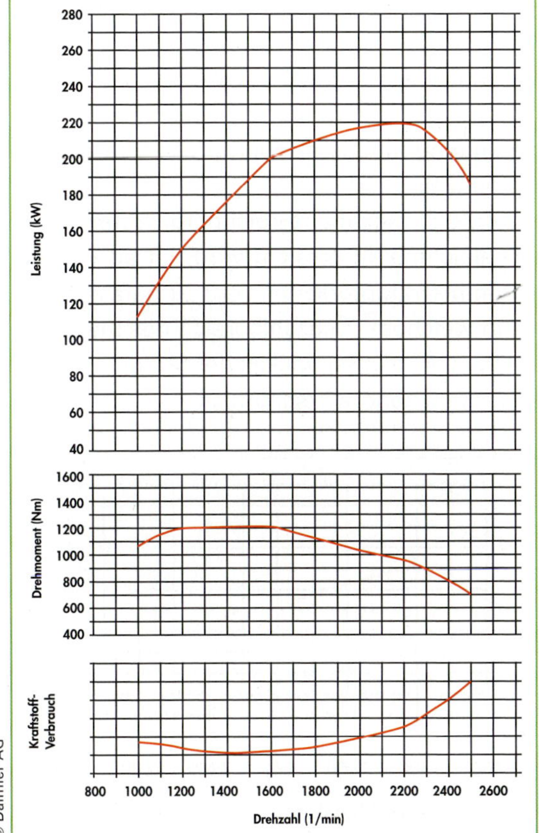

Abbildung 114:
Volllastdiagramm
EURO 6

2.5.2 Das Drehmoment

Drehmomentangaben begegnen Ihnen als Fahrer in vielen Bereichen rund um Ihr Fahrzeug: Als „Anzugsdrehmoment" bei Schrauben und Muttern (z.B. Radmuttern), aber auch als Angabe des Drehmomentes Ihres Motors.
Die Formel dazu lautet:

FORMEL

Drehmoment = Kraft × Hebelarm

Um eine Schraube möglichst fest anziehen zu können, benötigen Sie somit möglichst viel Kraft oder aber einen möglichst langen Hebel. Sie lassen somit Ihre Kraft über einen Hebel als Drehbewegung auf die Schraube wirken.
Beim Motordrehmoment wird angegeben, welche Kraft Ihr Motor bei Volllast (= Vollgasstellung) an der Kurbelwelle abgibt. Die Maßeinheit hierzu ist Newtonmeter (Nm). Newtonmeter ist die Kraft (in der Maßeinheit Newton) bei einem angenommenen Hebel von 1 m Länge, gemessen am Zapfen der Kurbelwelle.
Da bei Verbrennungsmotoren das maximal erreichbare Drehmoment nicht bei allen Drehzahlen gleichmäßig erreicht wird, ist es wichtig, sich mit den Drehzahldiagrammen (Motorkennlinien) zu befassen. An ihnen kann man erkennen, in welchem Drehzahlbereich das maximale Drehmoment erreicht werden kann: hier entwickelt der Motor somit die größte Kraft und arbeitet entsprechend wirtschaftlich.

Abbildung 115:
Drehmomentkurve

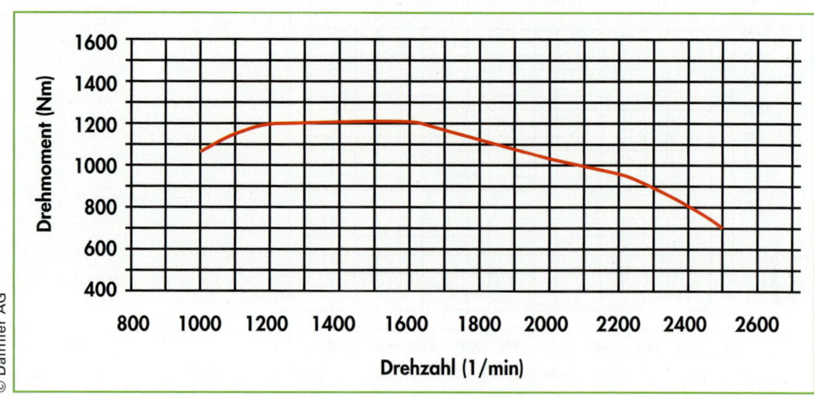

2.5.3 Drehzahl

Im Zusammenhang mit Motordaten beschreibt der Begriff „Drehzahl" die Anzahl der Umdrehungen der Kurbelwelle. Die internationale Maßeinheit ist „rpm" (revolutions per minute). In Deutschland ist die Maßeinheit 1/min oder U/min (Umdrehungen pro Minute) gebräuchlich. Ein Verbrennungsmotor benötigt eine bestimmte Mindestdrehzahl (ca. 500 - 800 U/min), um überhaupt zu laufen und hat eine vorgegeben Maximaldrehzahl (Beginn des roten Bereichs am Drehzahlmesser), bei der keine Motorschäden zu erwarten sind. Der Bereich zwischen Mindest- und Maximaldrehzahl wird als Drehzahlband bezeichnet.

2.5.4 Leistung

Bei der Leistung werden nun die beiden vorherigen Größen, Drehmoment und Drehzahl, miteinander ins Verhältnis gesetzt. Erledigen zwei Kraftfahrer nebeneinander jeweils einen Radwechsel mit gleichem Anzugsdrehmoment der Radschrauben, so müssen beide das gleiche Drehmoment aufbringen, um die Schrauben zu lösen bzw. wieder anzuziehen. Erhöht einer der beiden jedoch seine Drehzahl und schraubt entsprechend schneller, so wird er früher fertig sein und hat somit eine höhere Leistung erbracht.
Um eine Steigung mit dem Lkw/Omnibus schneller hochfahren zu können, muss man also mehr Leistung beim Motor abrufen. Dies erreicht man, indem man eine höhere Drehzahl des Motors abruft, da das Drehmoment des Motors konstruktiv vorgegeben ist und nicht vom Fahrer verändert werden kann. Höhere Drehzahl bei gleichem Drehmoment = höhere Leistung.

FORMEL

$$\text{Leistung} = \frac{\text{Kraft} \times \text{Hebelarm}}{\text{Zeit}} \text{ oder } \frac{\text{Kraft} \times \text{Weg}}{\text{Zeit}}$$

Seine höchste Leistung erreicht ein Dieselmotor bei ca. 75% der Nenndrehzahl.

2.5.5 Der spezifische Kraftstoffverbrauch

Die zuvor beschriebenen Leistungsdaten von Motoren werden auf einem Prüfstand stationär ermittelt. Hierbei wird der Motor unter Volllast betrieben. So erhält man ein Diagramm für den Drehmomentverlauf, das für das nutzbare Drehzahlband gültig ist. Das Gleiche lässt sich für den Leistungsverlauf durchführen. Der spezifische Kraftstoffverbrauch, der bei der Messung ebenfalls ermittelt wird, ist nur für Volllast aussagekräftig. Er wird in g/kWh (Gramm pro Kilowattstunde) angegeben.
Obwohl in vielen Ländern sogenannte Mindestmotorleistungen vorgeschrieben sind, werden wesentlich stärkere Motoren angeboten und auch gekauft. Folgende Faktoren fließen in die Kaufentscheidung der Unternehmer ein:

- Große Transportleistung durch hohe Durchschnittsgeschwindigkeit, insbesondere durch große Bergfahrgeschwindigkeit
- Möglicher Betrieb des Motors im verbrauchsgünstigen unteren Drehzahlbereich. Hier wird nicht nur Kraftstoff eingespart, sondern gleichzeitig der Motor geschont.

Die folgende Darstellung zeigt, wie ein leistungsstarker Motor im Gegensatz zu einem leistungsschwächeren Motor in einem wesentlich verbrauchsgünstigeren Drehzahlbereich die gleiche Fahrleistung erbringen kann.

Abbildung 116: Kraftstoffverbrauch

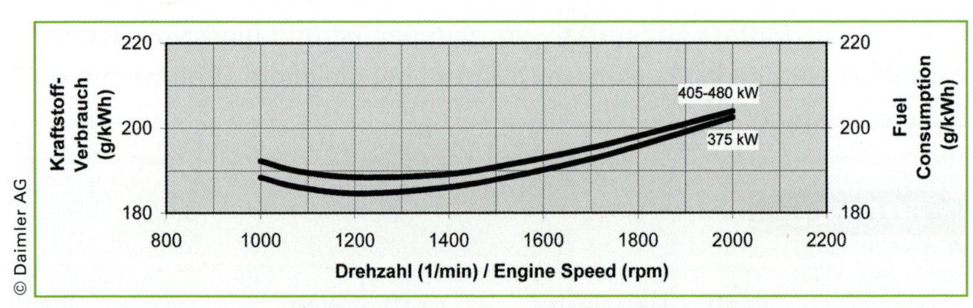

Die Leistungsabgabe unter Volllast setzt nach Erreichen der Mindestdrehzahl ein, die zur Einleitung des Verbrennungsvorganges notwendig ist. Der Kurvenverlauf zeigt den spezifischen Verbrauch bei Volllast des Motors und seine Veränderung in Abhängigkeit von der Drehzahl. Der günstigste Wert liegt für den Motor mit 375 kW zwischen 1.100 und 1.300 U/min. Bei den leistungsstärkeren Motoren (405 – 480 kW) befindet sich dieser Bereich zwischen 1.100 und 1.400 U/min.

2.5.6 Muscheldiagramm

Befassten sich die bisher behandelten Diagramme mit dem Volllastbetrieb (Vollgasstellung), so zeigt das Muscheldiagramm den optimalen Drehzahlbereich bei maximaler Leistung im Teillastbetrieb. Viel häufiger als mit Vollgas fahren Sie „mit wenig Gas": Somit hilft Ihnen ein Muscheldiagramm dabei, den optimalen Fahrzustand zu finden.

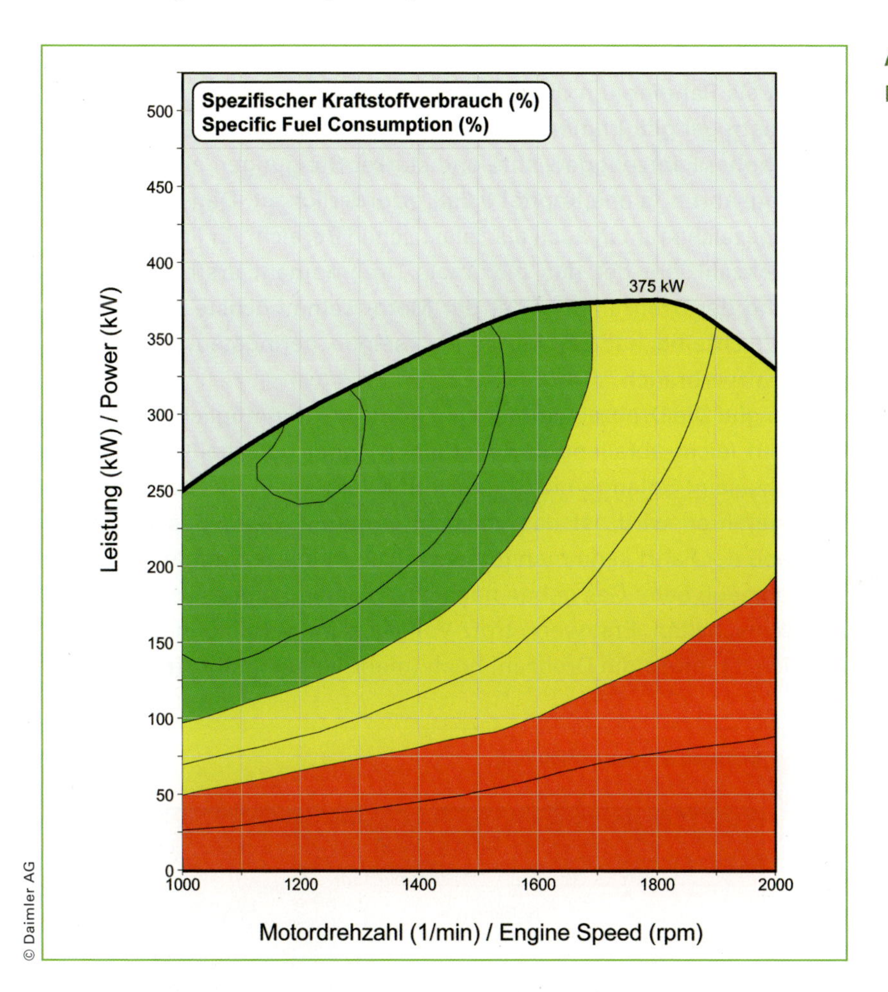

Abbildung 117: Muscheldiagramm

Sie können hier den spezifischen Kraftstoffverbrauch im Verhältnis zur Drehzahl (waagerechte Achse) und der abgerufenen Motorleistung (senkrechte Achse) erkennen. Die Farbe Grün kennzeichnet den verbrauchsgünstigsten Bereich, gelb ist der mittlere Verbrauchsbereich und rot kennzeichnet den höchsten Verbrauch.

Bei diesem Muscheldiagramm handelt es sich somit um einen Motor mit einer Höchstleistung von 375 kW, der im optimalen Verbrauchsbereich (1.100 und 1.300 U/min) schon zwischen 290 und 320 kW Leistung bringt.

2.5.7 Fahren im günstigsten Betriebszustand und Drehzahl des Motors

Kraftstoffbetonte Fahrweise

„Herunter mit der Drehzahl und herauf mit der Last" – dies kann man getrost als Rahmen um dieses Kapitel setzen.
Als Faustregel gilt: Immer im grünen Bereich fahren, sofern nicht aufgrund hoher Fahrzeuggewichte und starker Steigungen ein maximaler Leistungsabruf (siehe Kapitel 2.5.4) erforderlich ist. Den „grünen Bereich" bezeichnet man auch als „elastischen Bereich". Er liegt zwischen der Drehzahl, bei der das maximale Drehmoment erstmals erreicht wird und der Drehzahl, bei der der Motor seine höchste Leistung liefert. Gleichzeitig hat der Motor hier seinen geringsten spezifischen Kraftstoffverbrauch.
Hierbei gilt: Die Drehzahl immer so niedrig wie nur möglich halten. Das kann auf leicht abfallenden Rolletappen sogar unterhalb des grünen Bereichs sein. Solange nicht untertourig (unterhalb der Leerlaufdrehzahl) gefahren wird, ist das völlig in Ordnung. Beim Beschleunigen während der Fahrt kann man folgende Faustregel verwenden: Solange das Fahrzeug beim Gas geben noch beschleunigt, gibt es keinen Grund zurückzuschalten. Erst wenn trotz Vollgas keine Beschleunigung mehr möglich ist, muss die Drehzahl hoch (mehr Leistung abrufen).

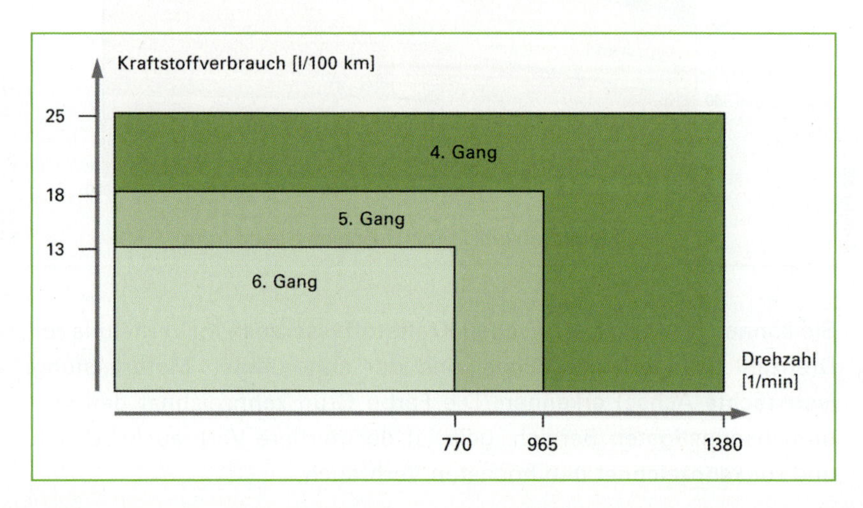

Abbildung 118: Beispiel: Konstantfahrt bei 50 Km/h: Verhältnis Kraftstoffverbrauch/ Drehzahl/Gang

Leistungsbetonte Fahrweise

Wenn aufgrund Steigung und Gewicht ein hoher Leistungsabruf erforderlich sein sollte, wird vor dem Erreichen einer Steigung bereits zurückgeschaltet, damit ausreichend Leistung zur Verfügung steht, um die Steigung schnellstmöglich zu überwinden. Hier hilft es niemandem, wenn das Fahrzeug seinen Schwung verliert und am Berg „verhungert". Die richtige und frühzeitige Gangwahl ist somit wichtig, um Schaltvorgänge in Steigungen zu vermeiden. Spätestens wenn trotz Vollgas die Drehzahl unter den grünen Bereich zu sinken droht, muss zurückgeschaltet werden.

Ebenso gilt dies beim Beschleunigen, z.B. auf der Einfädelspur einer Autobahn oder bei Überholvorgängen: Hier geht Sicherheit vor Wirtschaftlichkeit.

Zusammengefasst heißt das:

- Niedrige Drehzahl und hohe Last im Teillastbetrieb
- Höhere Drehzahl und maximaler Leistungsabruf im Volllastbetrieb

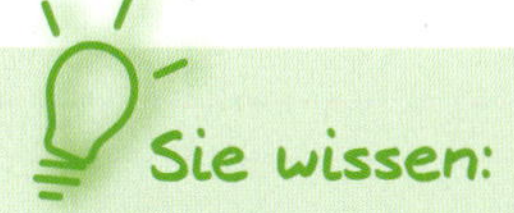

- ✔ Welches die wichtigsten Motorkenndaten sind.
- ✔ Was Sie mit Hilfe eines Muscheldiagramms erkennen können.
- ✔ Was der Unterschied zwischen leistungsbetonter und kraftstoffbetonter Fahrweise ist.

AUFGABE

Betrachten Sie die gelben Kurven (250 kW/340 PS) des Volllastdiagramms (Leistungsdiagramme MAN D0836).

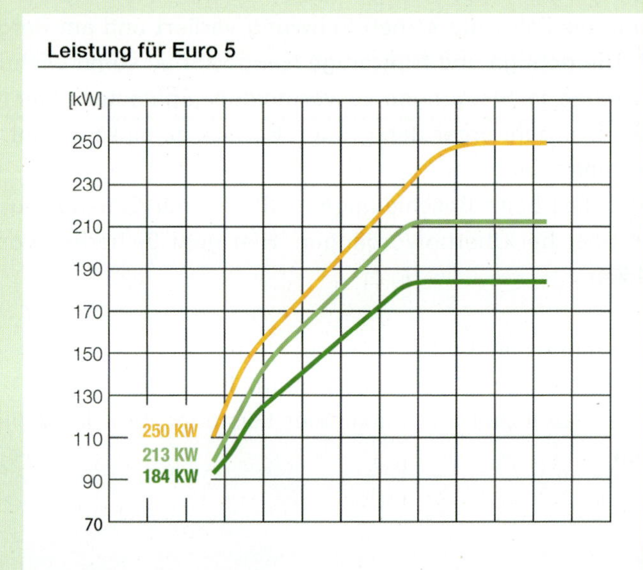

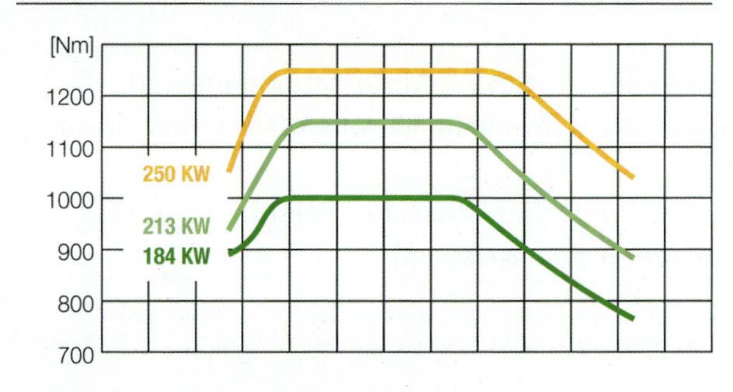

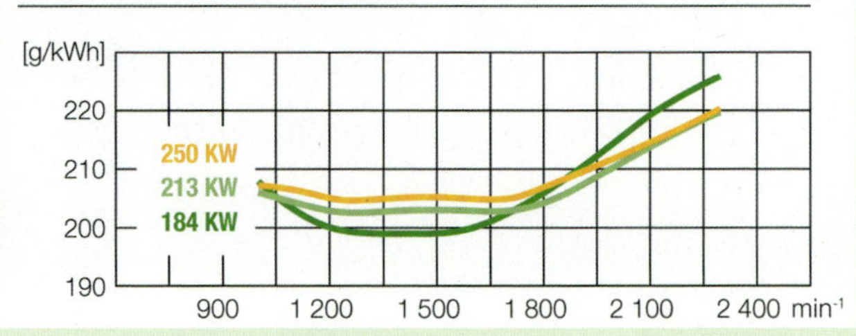

a) Bei welcher Drehzahl erreicht der Motor seine höchste Leistung?

b) Welches maximale Drehmoment kann abgerufen werden?

c) Über welches Drehzahlband erstreckt sich dieses?

d) Bei welchen Drehzahlen erreichen Sie unter Volllast den geringsten Kraftstoffverbrauch?

e) Um unter Volllast (Vollgas) bergauf zu fahren, sollten Sie welchen Drehzahl-Bereich wählen?

f) Welche Unterschiede lassen sich im Vergleich der Kurven für Drehmoment und spezifischem Kraftstoffverbrauch mit dem 184 kW-Motor feststellen?

2.6 Der Fahrer als Schlüssel zum rationellen Fahren

Sie sollen lernen, wie Sie eine wirtschaftliche Fahrweise erreichen können.

FAHREN LERNEN **C**
Lektion 10

FAHREN LERNEN **D**
Lektion 15

2.6.1 Allgemein richtige Fahrzeugbedienung

Um ein Fahrzeug sicher, wirtschaftlich und umweltgerecht bedienen zu können, bedarf es einiger grundlegender Voraussetzungen:

- Studium der Bedienungsanleitung, um die Besonderheiten des Fahrzeugs kennenzulernen. Hier finden Sie unter anderem auch die Angaben über die Motorkenndaten und die optimalen Drehzahlen für den bestmöglichen Verbrauch.
- Durchführen einer Abfahrtskontrolle vor jeder Fahrt, um entstehenden Verschleiß und sich ankündigende Reparaturen frühzeitig zu erkennen und Ausfälle zu vermeiden. Dies ist nicht nur sinnvoll im Hinblick auf den wirtschaftlichen Fahrzeugeinsatz, sondern auch gesetzlich vorgeschrieben (§ 23 StVO: „... Wer ein Fahrzeug führt, hat zudem dafür zu sorgen, dass das Fahrzeug, der Zug, das Gespann sowie die Ladung und die Besetzung vorschriftsmäßig sind ...“).

2.6.2 Zu kontrollierende Punkte rund um das Fahrzeug

Eine komplette Abfahrtkontrolle dient nicht nur der Vorbereitung auf die Prüfung, sondern sie ist die Grundlage für Ihren täglichen Arbeitsbeginn. Je öfter Sie diese durchführen, umso schneller wird es zur Routine und Sie lernen Ihr Fahrzeug kennen. Die Erfahrung zeigt Ihnen dann zum Beispiel, welche Punkte täglich besonders intensiv geprüft werden müssen. Im Hinblick auf die Wirtschaftlichkeit hier noch einmal die wichtigsten Punkte, die sich bei mangelhafter Kontrolle direkt und unmittelbar auf die Kosten auswirken können:

- **Reifen:** Speziell der Reifenluftdruck hat direkte Auswirkungen auf den Verbrauch. Ein zu niedriger Luftdruck erhöht den Verbrauch, ein zu hoher Luftdruck verringert die Lebensdauer des Reifens.

- **Filter:** Luft- und Kraftstofffilter in schlechtem Zustand verringern die Motorleistung, was zur Folge hat, dass mehr Gas gegeben wird und somit der Verbrauch direkt steigt.
- **Betriebsstoffe:** Öle und Kühlflüssigkeit sorgen für einen reibungslosen Motorbetrieb. Und wenig Reibung ist gleichbedeutend mit weniger Leistungsverlust.
- **Kühler:** Saubere Lamellen sorgen für einen guten Luftdurchsatz und somit einem verringerten Lüfterbetrieb. Dies spart Leistung und somit Kraftstoff.

Diese Aufzählung soll Sie aber nicht zu der Annahme verleiten, dass die anderen Punkte weniger wichtig wären. Ganz im Gegenteil: hier wurden einige Punkte aufgezählt, die sich mit der Wirtschaftlichkeit befassen – viel wichtiger sind aber noch die Punkte, welche sich mit der Sicherheit befassen. Diese dürfen natürlich nicht vergessen werden.

Medienverweis →

Frank Lenz
Fahreranweisung Abfahrtkontrolle Lkw
Artikelnummer: 13988

Goerdt Gatermann
Fahreranweisung Abfahrtkontrolle Omnibus
Artikelnummer: 13989

2.6.3 Motor starten

Zu einer ausführlichen Abfahrtskontrolle gehört bei modernen Fahrzeugen auch ein Durchlaufen des Checkprogrammes des Bordcomputers. Hier werden, je nach Hersteller und Ausführung, bereits viele Parameter abgefragt:

- Flüssigkeitsstände (Öl, Kühlflüssigkeit, Scheibenwaschflüssigkeit...)
- Zustand der Beleuchtungseinrichtungen
- Verschleiß der Bremsbeläge
- Wartungsintervalle

Bevor der Motor gestartet wird, sollte die Abfahrtkontrolle so weit beendet und dieses Checkprogramm komplett durchlaufen werden. Dies geschieht bei den meisten Fahrzeugen automatisch mit Einschalten der Zündung und ist erst beendet, wenn es z.B. durch einen Quittungston bestätigt wird. Startet man den Motor vorher, wird das Programm abgebrochen und es kann zu Fehlermeldungen in der Bordanzeige kommen. Keinesfalls darf also der Zündschlüssel einfach „durchgedreht" werden. Weiterhin sollte grundsätzlich im Leerlauf gestartet werden. Geben Sie beim Starten kein Gas, sonst erhöhen Sie den Verbrauch unnötig.

Motor starten:

- Zündung einschalten und Checkprogramm durchlaufen
- Leerlauf einlegen
- Kein Gas geben
- Keine Kupplung treten
- Motor starten

Vor der Abfahrt erfolgt nun noch der Teil der Abfahrtskontrolle, welcher einen laufenden Motor voraussetzt: zum Beispiel die Kontrolle der Bremsdrücke und Füllzeiten, sowie die Kontrolle des Öldrucks.

2.6.4 Anfahren

Wirtschaftlich Anfahren heißt bei manuellen Schaltgetrieben zunächst einmal: Anfahren ohne Gas und im kleinen Gang (bei 6-Gang-Getrieben grundsätzlich und ausnahmslos im 1. Gang)!

Es ist zudem bei modernen Motoren nicht erforderlich, die Drehzahl durch die Bedienung des Fahrpedals zu erhöhen. Die elektronisch geregelte Einspritzanlage sorgt selbständig dafür, dass ausreichend Kraftstoff für den Anfahrvorgang eingespritzt wird. Eine Erhöhung der Drehzahl hätte nur einen erhöhten Verbrauch und einen erhöhten Kupplungsverschleiß zur Folge. Ein Anfahren ist selbst bei einem ausgeladenen 40-Tonnen-Zug und 20 % Steigung ohne Gas zu geben möglich. Anfahren mit erhöhter Drehzahl kann die Lebensdauer einer Kupplung um bis zu 80 % verringern.

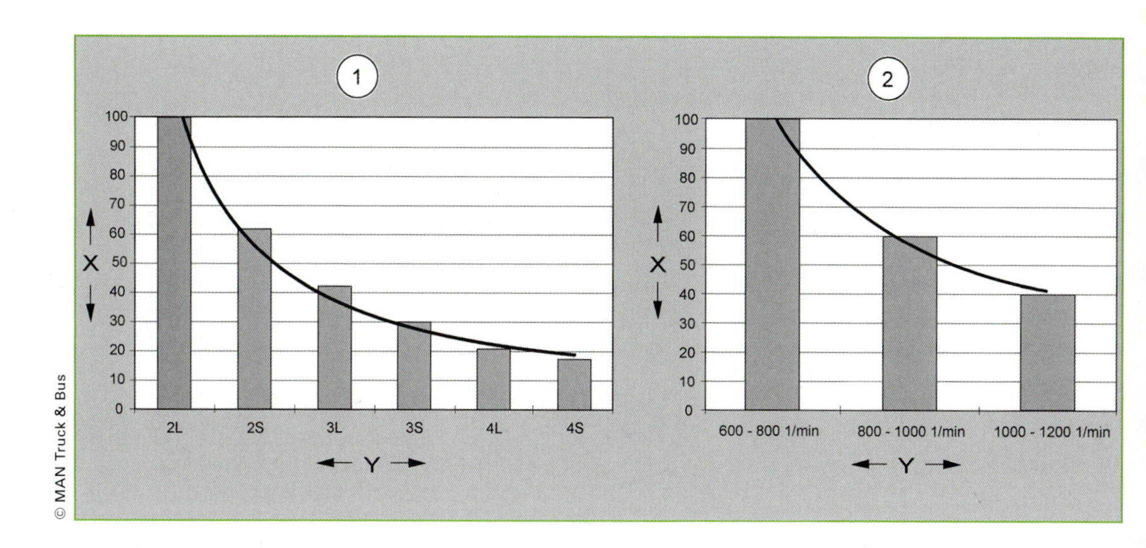

Abbildung 119: Kupplungslebensdauer (x-Achse) in Prozent nach Gang (1) und Drehzahl (2) beim Anfahren eines 40-t Lkw-Zug

2.6.5 Fahrbetrieb und Schalten

Beschleunigen

Beim Beschleunigen gilt die obige Faustregel „herunter mit der Drehzahl und herauf mit der Last". Es ist nicht unwirtschaftlich, mit durchgetretenem Gaspedal (Volllast) zu beschleunigen, so lange man frühzeitig in den nächst höheren Gang schaltet. Auf der Ebene bleibt man grundsätzlich im grünen Bereich – in Steigungen wird der obere Leistungsbereich ausgenutzt (siehe auch Kapitel 2.5.7).

Im folgenden Diagramm wird das sehr deutlich: Bei der ersten Messung wurde mit halb durchgetretenem Gaspedal jeweils bis 1.900 U/min beschleunigt und dann erst geschaltet. Der Verbrauch lag hier bei 89,2 l/100 km.

Bei der zweiten Messung wurde mit voll durchgetretenem Gaspedal, aber jeweils nur bis 1.300 U/min beschleunigt, bevor der nächst höhere Gang eingelegt wurde. Der Verbrauch hier lag bei deutlich geringeren 67,2 l/100 km.

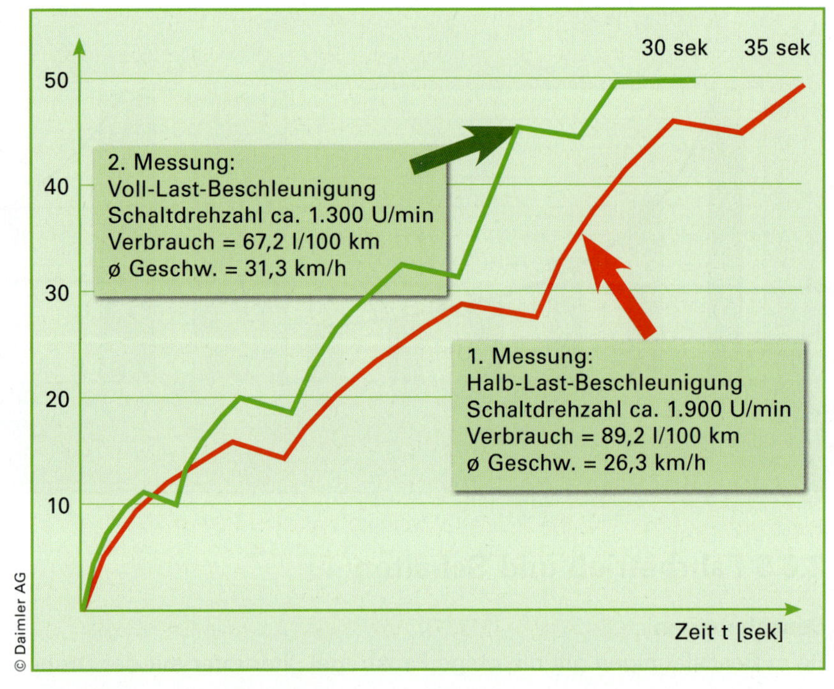

Abbildung 120: Beschleunigungsdiagramm

Vorausschauendes Fahren

Ob ein wirtschaftlicher Fahrstil letztlich gelingen kann, steht und fällt in erster Linie mit dem Abstand zum Vordermann.

- Ohne ausreichenden Abstand nimmt man sich selbst die Möglichkeit, sinnvolle Entscheidungen über das eigene Tun zu treffen.
- Ohne ausreichenden Abstand überlässt man dies dem Vordermann.
- Ohne ausreichenden Abstand kann man nicht mehr sinnvoll agieren.
- Ohne ausreichenden Abstand kann man nur noch reagieren.

Eine häufig gebrauchte Ausrede ist die, dass bei zu großem Abstand zum Vordermann ständig andere Fahrzeuge überholen und einen ausbremsen. Dies ist und bleibt jedoch nur eine Ausrede und kann ganz schnell widerlegt werden:

- Überholende Fahrzeuge sind (sonst könnten sie ja nicht überholen) schneller als Sie. Und schnellere Fahrzeuge können kein Hindernis sein.

- Bei ausreichendem Abstand zum Vordermann hat ein überholendes Fahrzeug zudem ausreichend Platz, um zügig weiterfahren zu können. Und letztlich ist es für Lkw- und Busfahrer auch gesetzlich vorgeschrieben, ausreichend Abstand zu halten (§ 4, StVO):
  „...Wer ein Kraftfahrzeug führt, für das eine besondere Geschwindigkeitsbeschränkung gilt, sowie einen Zug führt, der länger als 7 m ist, muss außerhalb geschlossener Ortschaften ständig so großen Abstand von dem vorausfahrenden Kraftfahrzeug halten, dass ein überholendes Kraftfahrzeug einscheren kann...“

Bei der heutigen Verkehrsdichte ist es unerlässlich, das gesamte Geschehen um einen herum stets zu analysieren. Ob dies nun Ampeln, Verkehrszeichen, Hindernisse, Fußgänger, Radfahrer oder vorausfahrende Fahrzeuge sind: Vorausschauend Fahren heißt, sich frühzeitig auf die Situationen einzustellen und entsprechend darauf zu reagieren. Ziel ist es, einen möglichst flüssigen und gleichmäßigen Fahrstil zu realisieren, bei dem auf unnötige Stopps verzichtet werden kann und möglichst wenig verzögert werden muss. Denn jedes Verzögern muss später wieder durch Beschleunigen teuer erkauft werden.
Benötigt ein 40-Tonnen-Zug zum Beschleunigen von 0 km/h auf 50 km/h effektiv ca. 0,3 l Diesel, so werden davon bereits ca. 0,25 l für den reinen Anfahrvorgang von 0 km/h auf 5 km/h verbraucht. Die restlichen 0,05 l genügen dann, um von 5 km/h weiter auf 50 km/h zu beschleunigen.

Hier einige Tipps für dichten Verkehr (Stadtverkehr):

- An rote Ampeln langsam heranrollen und frühzeitig vom Gas gehen. Das spart zweimal: zunächst dadurch, dass früher vom Gas gegangen wird und anschließend im Idealfall dadurch, dass die Ampel auf „Grün“ springt, ohne dass gestoppt werden musste.
- Beim Beschleunigen gilt auch hier die bereits bekannte Faustregel: „Herunter mit der Drehzahl und herauf mit der Last“: mit durchgetretenem Gaspedal zügig beschleunigen, dabei aber auch frühzeitig hoch schalten.
- Bei längeren Stopps: Motor ausschalten (gilt selbstverständlich auch außerhalb von Ortschaften)
- Bei Stau oder Stop-and-go-Verkehr: in dem Gang fahren, in dem das Fahrzeug ohne Betätigung der Kupplung rollen kann

Tipps für Rolletappen außerhalb geschlossener Ortschaften:

- Größtmöglicher Abstand (ideal ist „voller Tachoabstand" = gefahrene Geschwindigkeit in Metern. Bei 60 km/h = 60 Meter Mindestabstand zum Vordermann)
- Einsatz von Assistenzsystemen wie Tempomat (im Idealfall mit automatischer Abstandsregelung)
- Einhalten der zulässigen Höchstgeschwindigkeiten: Damit läuft man seltener auf vorausfahrende Fahrzeuge auf und erreicht einen deutlich gleichmäßigeren Fahrstil, ohne letztlich auf Dauer merklich langsamer zu sein.

Auf Abbildung 121 sehen Sie anhand der Bordanzeige eines Omnibusses (Setra S 415 GT-HD), der im Fernlinieneinsatz täglich die gleiche Strecke zurücklegt, was an Einsparungen möglich ist. Während der Durchschnittsverbrauch aller Fahrer dieser Firma bei 23,9 Litern/100 km und die gefahrene Durchschnittsgeschwindigkeit bei 53 km/h lagen, konnte die gleiche Strecke unter Einhaltung der Regeln für wirtschaftliches Fahren mit 19,9 Litern/100 km und einer deutlich höheren Durchschnittsgeschwindigkeit von 65 km/h gefahren werden. Dies alles gelang unter strikter Einhaltung aller Geschwindigkeitsbeschränkungen.

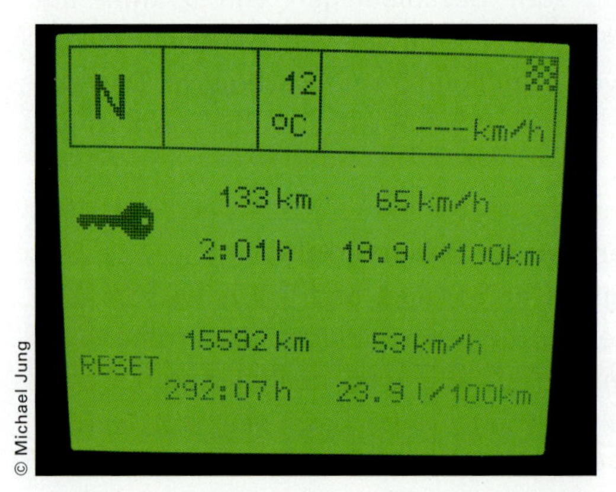

Abbildung 121: Verbrauchsanzeige eines Omnibusses

Schaltphilosophie

Auch wenn seitens der Hersteller immer weniger Fahrzeuge mit manuellem Schaltgetriebe angeboten werden, so werden Ihnen diese trotzdem noch etliche Jahre im Einsatz begegnen. Die folgenden Schalttipps beziehen sich auf diese manuellen Schaltgetriebe sowie auf automatisierte Schaltgetriebe, bei denen noch ein Eingriff des Fahrers möglich ist:

- Herunter mit der Drehzahl – herauf mit der Last: Fahren Sie gemäß der Motorkenndaten Ihres Fahrzeugs möglichst immer im grünen Bereich. Faustregel: 50–60% der Nenndrehzahl bei 80–90% der Volllast (Gaspedalstellung). Außerhalb des grünen Bereiches fällt das Drehmoment ab und der Verbrauch steigt.
- Rolletappen mit möglichst niedriger Drehzahl – auch unterhalb des grünen Bereichs ist das möglich.
- Steigungen fährt man im oberen Leistungsbereich: „Zeit sparen vor Kraftstoff sparen"!
- Bereits kurz vor Erreichen einer Bergkuppe vom Gas gehen und den Restschwung ausnutzen.
- Schubbetrieb ausnutzen: Im Schubbetrieb gehen die meisten Fahrzeuge in „Nullförderung", das heißt: es wird überhaupt kein Kraftstoff verbraucht – es findet im Zylinder keine Verbrennung statt. Hiervon ausgenommen sind einige neuere Fahrzeuge mit „EcoRoll-Funktion" (siehe Kapitel 2.3.3).
- Grundsätzlich nach Drehzahlmesser fahren und schalten – nicht nach Gehör.
- Variable Drehzahlmesser beachten, falls vorhanden: Grüne Leuchten zeigen den optimalen Drehzahlbereich an.
- Roten Bereich des Drehzahlmessers meiden: Hier drohen Motorschäden!
- Beim Befahren von Gefällstrecken: Zurückschalten, Dauerbremsen nutzen (Retarder, Motorbremse ...), Betriebsbremsen schonen. Im richtigen Gang kann das Fahrzeug ausschließlich mit den Dauerbremsen verzögert werden.

2.6.6 Motor abstellen

Wie auch beim Starten, so gibt es auch beim Abstellen eines Motors keinen Grund, Gas zu geben. Diese Unsitte verbraucht lediglich unnötig Kraftstoff, belastet die Umwelt und beschleunigt noch einmal die Welle des Turboladers, bevor die Schmierung durch den Motorstillstand abbricht (die Welle aber noch weiter läuft). Schäden an Turboladern kosten bei Nutzfahrzeugen schnell mehrere tausend Euro. Nach längeren Volllastfahrten oder Steigungsstrecken darf der Motor nicht sofort abgeschaltet werden, um eine Überhitzung zu vermeiden. Hier sollte der Motor noch ein bis zwei Minuten im Leerlauf weiter laufen, um durch den Kühlkreislauf die Temperaturerhöhung des Motors abzubauen.

- Wie Sie eine korrekte Abfahrtskontrolle durchführen.
- Mit welcher Drehzahl und Gaspedalstellung Sie anfahren und beschleunigen.
- Was mit „vorausschauendem Fahren“ gemeint ist.
- Welchen Abstand Sie zum Vordermann einhalten müssen.

2.7 Regeln für die wirtschaftliche Fahrweise

FAHREN LERNEN **C**
Lektion 10

FAHREN LERNEN **D**
Lektion 15

Sie sollen die wichtigsten Regeln zur wirtschaftlichen Fahrweise verinnerlichen.

Streckenplanung

- Auf stauträchtige Strecken und Zeiten verzichten
- Navigationssysteme für Lkw/Bus verwenden
- Telematiksysteme

Beim Start

- Abfahrtskontrolle durchführen
- Motor anlassen ohne Gas
- Warmfahren statt warmlaufen lassen

Anfahren und Beschleunigen

- Anfahren ohne Gas
- Herunter mit der Drehzahl – herauf mit der Last
- Mit Volllast im grünen Bereich beschleunigen

Fahren und Schalten

- Kraftstoffbetonte Fahrweise in der Ebene
- Leistungsbetonte Fahrweise in Steigungen
- Frühzeitiges Zurückschalten im Gefälle

Verzögern und Anhalten

- Frühzeitig vom Gas: Schubabschaltung nutzen
- Dauerbremsen zur Reduzierung der Geschwindigkeit – Betriebsbremsen zum Anhalten
- Motor aus bei längeren Stopps

Nachhaltigkeit

- Dauerhaft wirtschaftlich fahren, nicht nur beim Fahrtraining
- Optimale Fahrzeugwartung gewährleisten
- Stetige Weiterbildung aller am Transport beteiligten Personen

✔ Wie Sie eine wirtschaftliche Fahrweise erreichen können.

2.8 Wissens-Check

1. Auf welche variablen Kosten hat der Fahrer besonderen Einfluss?

- ❑ a) Kraftstoffkosten
- ❑ b) Be- und Entladekosten
- ❑ c) Reifenkosten

2. Was versteht man unter Nachhaltigkeit beim wirtschaftlichen Fahren?

____

____

3. Wie kann die Politik ökonomisches Fahren unterstützen?

____

____

____

4. Wo und wie können Fahrzeughersteller und Entwickler dem ökonomischen Gedanken Rechnung tragen?

____

5. Welche Euro-Norm muss ein Bus oder Lkw über 3,5 t erfüllen, der im Januar 2014 neu zugelassen wurde?

____

6. Was sind alternative Antriebskonzepte?

---

7. Was ist ein Hybrid-Antrieb?

❑ a) Im selben Motor können mehrere Kraftstoffe (Diesel, Benzin, Gas) verwendet werden.
❑ b) In diesem werden die Vorteile der manuellen, mit der automatischen Schaltung kombiniert.
❑ c) Eine Kombination von zwei oder mehr Antriebsarten in einem Fahrzeug.

8. Wie setzen sich die Abgase eines Brennstoffzellen-Fahrzeugs zusammen?

---

9. Was sind Aufgaben eines professionellen Fahrers in Bezug auf aktuelle rechtliche und technische Entwicklungen?

---

10. Nennen Sie alle Fahrwiderstände!

---

11. Was hat den größten Einfluss auf den Rollwiderstand?

---

12. Wie kann man den Beschleunigungswiderstand möglichst gering halten?

- ❑ a) Durch gleichmäßiges Fahren
- ❑ b) Durch regelmäßige Luftdruckkontrolle
- ❑ c) Durch vorausschauende Fahrweise
- ❑ d) Durch die Nutzung von Retarder oder Motorbremse

13. Was sind die wichtigsten Motorkenndaten?

---

14. Bei welcher „Gaspedalstellung" wird das Muscheldiagramm ermittelt?

---

15. Wie wird ein Fahrzeug beschleunigt?

---

16. Welche Bremsen minimieren den Bremsverschleiß?

---

17. Wie hoch ist der Verbrauch bei modernen Dieselmotoren im Schubbetrieb?

---

3 Sozialvorschriften

Nr. 2.1 Anlage 1 BKrFQV

3.1 Warum Sozialvorschriften?

FAHREN LERNEN C
Lektion 1

FAHREN LERNEN D
Lektion 17

Sie sollen für die Thematik sensibilisiert werden.

3.1.1 Warum Sozialvorschriften?

Einer der größten Kostenfaktoren für den Unternehmer ist der Fahrer. Das Unternehmen versucht daher, eine möglichst hohe Auslastung mit Ladung bzw. Fahrgästen zu erreichen. Nur so wird Umsatz erzielt. Dieses wirtschaftliche Interesse kann jedoch unter Umständen mit dem Sicherheitsgedanken kollidieren. Betroffen wären davon die Allgemeinheit und im Personenverkehr besonders auch die Fahrgäste.

Mit zunehmender Dauer der Tätigkeit nehmen Aufmerksamkeit, Konzentration und Reaktionsvermögen ab. Die Fehlerquote steigt und das Unfallrisiko nimmt zu. Für den Einzelnen ist dies unter Umständen zunächst nicht zu merken. Kommt es jedoch zu kritischen Situationen, erfolgen Reaktionen verzögert. Ein typisches Beispiel ist eine Notbremsung wegen Kindern auf der Fahrbahn. Durch das spätere Reagieren steigt das Unfallrisiko. Der Sekundenschlaf stellt bei Verkehrsunfällen mit Nutzfahrzeugen eine Hauptunfallursache dar.

Vor diesem Hintergrund sind die Sozialvorschriften zu sehen. Sie sollen Ihnen als Kraftfahrer die nötigen Ruhephasen/Unterbrechungen geben, um zu regenerieren.

Sozialvorschriften sind sinnvoll, weil ...
- sie die Verkehrssicherheit erhöhen
- sie die Fahrer schützen
- sie gleiche Wettbewerbsbedingungen schaffen

Die Erhöhung der Verkehrssicherheit liegt im Interesse der Allgemeinheit. Sie als Fahrer eines Kraftomnibusses oder Lastkraftwagen haben eine besondere Verantwortung. Das hängt mit den Abmessungen und Kräften zusammen, die beim Führen von Nutzfahrzeugen wirken. Beim

Führen eines Kraftomnibusses kommt die Verantwortung für die Fahrgäste noch hinzu. So zeigt sich, wie wichtig dieser Punkt ist.

Abbildung 122: Von der Fahrbahn abgekommener Bus

Die Harmonisierung der Wettbewerbsbedingungen ist ein Ziel, welches für die Unternehmen von besonderer Bedeutung ist. Die EU versucht, mit den Sozialvorschriften den Markt zu regeln. Es sollen Wettbewerbsvorteile verhindert werden, die zu Lasten der Allgemeinheit oder der Beschäftigten gehen.

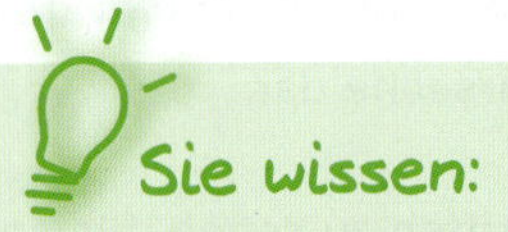

✔ Warum Sozialvorschriften sinnvoll sind.

3.2 Rechtliche Grundlagen der Sozialvorschriften

FAHREN LERNEN C
Lektion 1

FAHREN LERNEN D
Lektion 17

Sie sollen erkennen, welche Vorschriften für die jeweilige Fahrt anzuwenden sind. Sie sollen verstehen, welche Vorschriften Vorrang haben, und die Regelungen zu den Lenk- und Ruhezeiten in den einzelnen Gesetzen/Verordnungen kennen.

3.2.1 Übersicht

Im Rahmen der Sozialvorschriften gilt nationales und internationales Recht. Das internationale Recht umfasst die Sozialvorschriften der EU und des AETR (Europäisches Übereinkommen über die Arbeit des im internationalen Straßenverkehr beschäftigten Fahrpersonals).

Rechtsvorschrift	Inhalt	Geltungsbereich
VO (EG) 561/2006	Lenkzeiten, Fahrtunterbrechungen, Ruhezeiten	EU-Mitgliedsstaaten EWR-Staaten Schweiz
VO (EU) 165/2014	Fahrtenschreiber im Straßenverkehr	EU-Mitgliedsstaaten EWR-Staaten Schweiz
AETR-Regelung	Lenkzeiten, Fahrtunterbrechungen, Ruhezeiten bei Transporten die einen AETR-Staat berühren, der kein EU-Mitglied ist	AETR-Staaten
Fahrpersonalgesetz und -verordnung	Arbeitszeit, Lenkzeit, Fahrtunterbrechungen und Ruhezeiten bei Transporten, die nicht unter EG- und AETR-Regelungen fallen	Deutschland
Arbeitszeitgesetz	Arbeitszeiten von Fahrern	Deutschland

3.2.2 EU-Regelungen

Die EU kann durch das Europäische Parlament und den Rat der Europäischen Union **Verordnungen** erlassen, die in allen Mitgliedsstaaten der EU gelten und anzuwenden sind.
Verordnungen der EU haben grundsätzlich Vorrang vor nationalen Regelungen. Im Bereich der Sozialvorschriften sind die beiden wesentlichen Verordnungen die VO (EG) 561/2006 und die VO (EU) 165/2014.
Die Verordnung (EG) 561/2006 regelt in erster Linie die:

- Dauer der täglichen Lenkzeit
- Dauer von Fahrtunterbrechungen
- Ruhezeiten

Die Verordnung (EU) 165/2014 enthält Regelungen zum digitalen, analogen sowie zum „intelligenten" Fahrtenschreiber. Sogenannte „intelligente" Fahrtenschreiber zeichnen zukünftig automatisch den Standort und weitere Daten zu Beginn, am Ende und nach 3 Stunden Lenkzeit auf. Diese können drahtlos per Fernabfrage von Kontrollbehörden bei fahrenden Fahrzeugen ausgelesen werden, um Missbrauch und Manipulation leichter zu erkennen.

Abbildung 123:
Die EU-Staaten

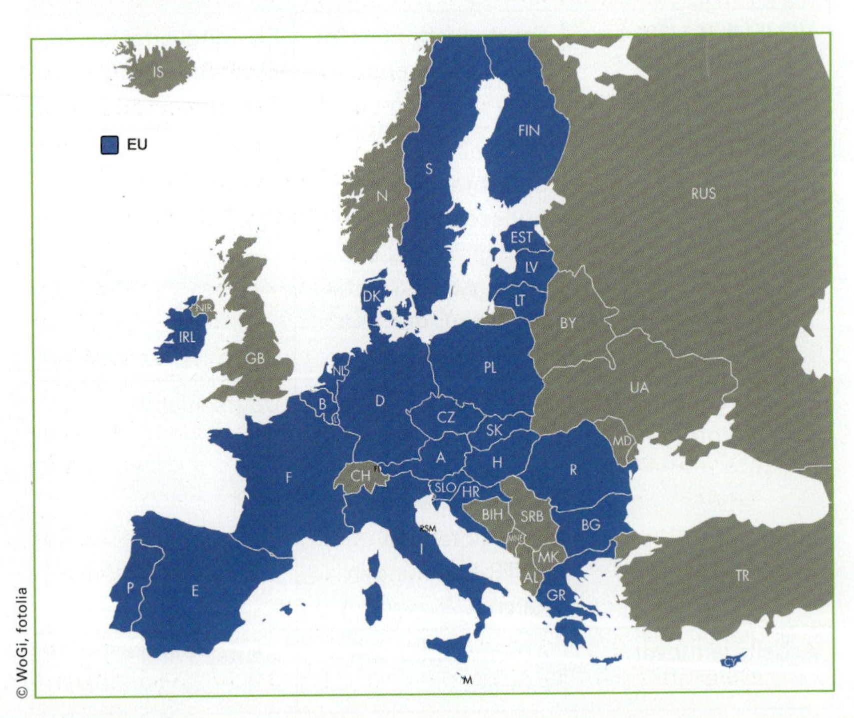

Die EU-Regelungen gelten nicht nur in den EU-Staaten, sondern auch in den Staaten des EWR (Europäischer Wirtschaftsraum), dies sind Norwegen, Island und Liechtenstein. In der Schweiz wird seit dem 1. Januar 2011 ebenfalls die VO (EG) 561/2006 angewandt.

Anzuwenden sind die Regelungen der EU nach Artikel 2 VO (EG) 561/2006 bei:

1. Güterbeförderung mit Fahrzeugen, deren zulässige Gesamtmasse (zGM) einschließlich Anhänger oder Sattelanhänger 3,5 t übersteigt.
2. Personenbeförderung mit Fahrzeugen, die für die Beförderung von mehr als neun Personen einschließlich des Fahrers konstruiert oder dauerhaft angepasst und zu diesem Zweck bestimmt sind.

Gibt es Ausnahmen von den Sozialvorschriften?

Die VO (EG) 561/2006 lässt eindeutig Ausnahmen zu. Die nachfolgenden Ausnahmen gelten im gesamten Geltungsbereich der EU-Verordnung. Ausnahme bedeutet, dass Sie als Fahrer die Vorschriften der VO (EG) 561/2006 nicht anwenden müssen. Allerdings gilt das Arbeitszeitgesetz. Nachfolgend einige wichtige Beispiele:

- Fahrzeuge zur **Personenbeförderung im Linienverkehr,** wenn die Linienstrecke nicht mehr als 50 km beträgt.
- Fahrzeuge, die Eigentum der **Streitkräfte,** des **Katastrophenschutzes,** der **Feuerwehr** oder der für die Aufrechterhaltung der öffentlichen Ordnung zuständigen Kräfte sind oder von ihnen ohne Fahrer angemietet werden, sofern die Beförderung aufgrund der diesen Diensten zugewiesenen Aufgaben stattfindet und ihrer Aufsicht unterliegt.
- Spezielle **Pannenhilfsfahrzeuge,** die innerhalb eines Umkreises von 100 km um ihren Standort eingesetzt werden.
- Fahrzeuge, mit denen zum Zweck der technischen Entwicklung oder im Rahmen von **Reparatur- oder Wartungsarbeiten** Probefahrten auf der Straße durchgeführt werden, sowie neue oder umgebaute Fahrzeuge, die noch nicht in Betrieb genommen worden sind.
- Fahrzeuge oder Fahrzeugkombinationen mit einer zulässigen Gesamtmasse von nicht mehr als 7,5 t, die zur **nichtgewerblichen Güterbeförderung** verwendet werden.
- Fahrzeuge oder Fahrzeugkombinationen mit einer zulässigen Gesamtmasse von nicht mehr als 7,5 t, die zum nichtgewerb-

lichen Transport von Material, das der Fahrer zur Ausübung seiner Tätigkeit benötigt, oder zur Auslieferung handwerklich hergestellter Güter genutzt werden. Das Fahren darf nicht Haupttätigkeit sein und die Umkreisbeschränkung von 100 km um den Unternehmensstandort muss eingehalten werden.

BEISPIEL

Es soll eine Privatfahrt mit einem Lkw durchgeführt werden, z. B. für einen Umzug oder um Material für eine Privatveranstaltung zu befördern. Wird dafür ein Fahrzeug über 7,5 t zGM verwendet, müssen trotz des privaten Zwecks die Fahrerkarte verwendet und die Vorschriften der EU-Regelung beachtet werden.

BEISPIEL

Ein Zimmereibetrieb setzt ein Fahrzeug mit 12 t zGM ein. Daher müssen die Regelungen zu den Lenk- und Ruhezeiten eingehalten werden, auch wenn das Fahrzeug im Rahmen der Handwerkerregelung und nur im Umkreis von 100 km eingesetzt wird.

3.2.3 AETR

Mit der Einführung einheitlicher Sozialvorschriften innerhalb der EU bzw. des EWR wurden die Güterbeförderung und der Personenverkehr erheblich erleichtert. Ohne diese Regelungen würden bei der Beförderung über mehrere Staaten die jeweiligen nationalen Bestimmungen gelten.

Doch würden weiterhin Probleme bestehen, wenn die Beförderung durch Länder verläuft, die weder EU- noch EWR-Staat sind. An diesem Punkt kommt das AETR zum Tragen. Das AETR ist ein Abkommen aller EU-/EWR-Staaten mit weiteren europäischen Staaten, die nicht zur EU/EWR gehören.

Die nachfolgende Karte zeigt neben den EU-/EWR-Staaten auch die AETR-Vertragsstaaten.

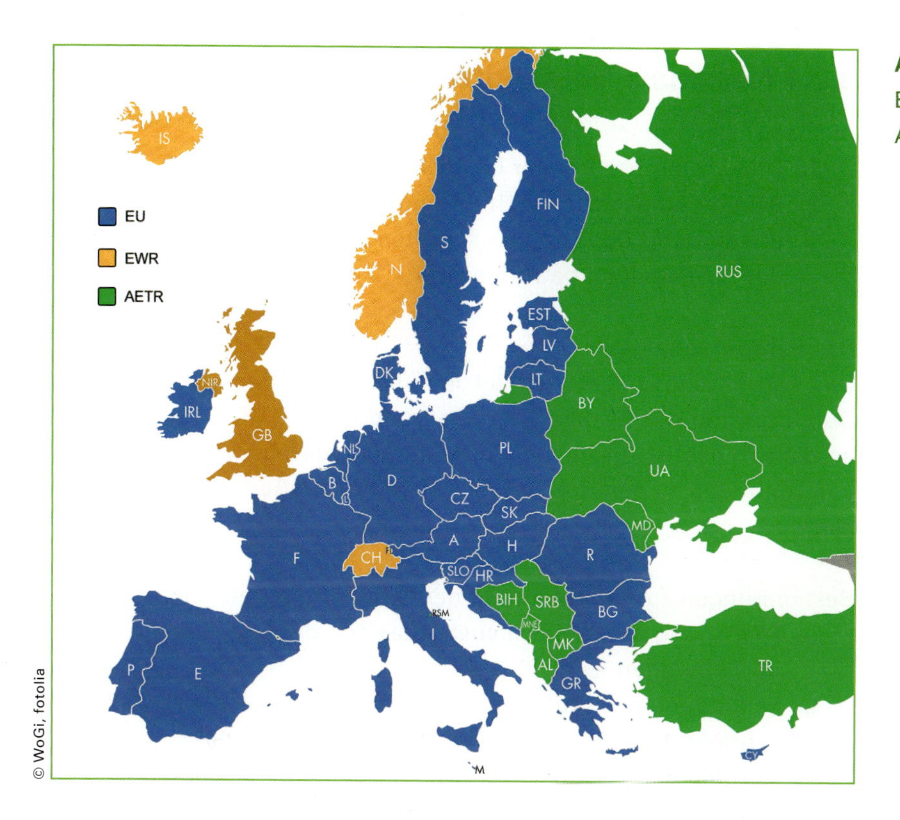

© WoGi, fotolia

Abbildung 124:
EU-, EWR- und AETR-Staaten

Berührt ein Transport oder eine Beförderung einen AETR-Staat, so gilt auf der gesamten Strecke (ggf. auch in EU-Staaten) das AETR. Die Anwendung der VO (EG) 561/2006 auf den Schweiz-Verkehr ergibt sich aus Artikel 2 Abs. 2 Buchstabe b der VO (EG) 561/2006. Das AETR wurde in jüngster Zeit überarbeitet. Um die tägliche Arbeit zu erleichtern, wurde es weitgehend der EU-Regelung VO (EG) 561/2006 angeglichen. Auf die Regelungen des AETR wird in Kapitel 3.5.4 eingegangen.

Welche Vorschriften sind bei einer Beförderung durch EU-, AETR- und weitere Staaten, die weder der EU noch dem AETR angehören, anzuwenden? In diesem Fall wenden Sie im Bereich der EU und des AETR die Vorschriften des AETR an. Im Drittstaat sind die dortigen nationalen Vorschriften anzuwenden.

3.2.4 Nationale Vorschriften in Deutschland

Die nationalen Vorschriften dienen drei Zielen:

1. Umsetzung bestimmter EU-Richtlinien in nationales Recht
2. Bestimmungen zur Durchführung von EG-Verordnungen
3. Erweiterung der Sozialvorschriften auf Bereiche, die nicht von der EU-Regelung betroffen sind

Das Fahrpersonalgesetz

Das Fahrpersonalgesetz enthält in erster Linie Bestimmungen zur Durchführung der EG-Verordnungen und des AETR. Zudem enthält es die Ermächtigung für das Verkehrsministerium, weitere Rechtsverordnungen zu den Sozialvorschriften im Straßenverkehr zu erlassen.

Bestimmungen zur Durchführung der EG-Verordnungen sind z. B.:

- Festlegung der Aufsichtsbehörden für die Einhaltung der EG-Verordnungen
- Festlegung der Zuständigkeit für die Ausgabe der Fahrtenschreiberkarten
- Abrufen fahrerlaubnisrechtlicher Daten bei Beantragung von Fahrerkarten
- Schaffung eines zentralen Fahrtenschreiberkartenregisters
- Verweis bei Verstößen gegen die EG-Verordnungen auf Bußgeldtatbestände

Entscheidend im Fahrpersonalgesetz ist die Klärung des Verhältnisses zum Arbeitszeitgesetz. Regelungen zur Arbeitszeit im Fahrpersonalgesetz oder in Verordnungen zum Fahrpersonalgesetz haben grundsätzlich Vorrang gegenüber dem Arbeitszeitgesetz.

Die Fahrpersonalverordnung

Die Fahrpersonalverordnung erweitert die Anwendung von Sozialvorschriften auf Bereiche, die nicht von EU-Regelungen oder dem AETR betroffen sind. Diese Erweiterung betrifft in der Bundesrepublik Busfahrer im Linienverkehrunter 50 km und Fahrer von Fahrzeugen zur Güterbeförderung, deren zulässige Gesamtmasse mehr als 2,8 und nicht mehr als 3,5 t beträgt.
Die Fahrpersonalverordnung wurde zuletzt zum 7.6.2013 geändert. Sie dient zudem der Umsetzung der EU-Verordnungen.

In der Fahrpersonalverordnung werden die Vorschriften der VO (EG) 561/2006 bezüglich Lenkzeit, Fahrtunterbrechungen, Tagesruhezeit und Wochenruhezeit auch auf folgende Fahrzeuge ausgeweitet:

- Fahrzeuge zur Güterbeförderung mit einer zGM einschl. Anhänger oder Sattelanhänger von > 2,8 t bis 3,5 t

sowie

- Fahrzeuge zur Personenbeförderung für mehr als 9 Personen (einschl. Fahrer) im Linienverkehr mit einer Linienlänge bis zu 50 Kilometern.

Die Regelungen der Fahrpersonalverordnung werden in Kapitel 3.5.3 genauer betrachtet. Die nationalen Regelungen sehen Besonderheiten bei den einzuhaltenden Vorschriften vor, die von der VO (EG) 561/2006 abweichen.
Für diese beiden Gruppen schreibt die Fahrpersonalverordnung den digitalen Fahrtenschreiber nicht vor. Es sind andere Kontrollmittel zur Überwachung der Lenk- und Ruhezeiten zulässig. Ausnahme: Ist in einem Fahrzeug zur Güterbeförderung mit einer zGM von mehr als 2,8 t bis 3,5 t ein digitaler Fahrtenschreiber verbaut, so muss dieses auch verwendet werden.

Die Kontrollmittel der Fahrpersonalverordnung werden ab Kapitel 3.6 dargestellt. Bestimmungen zur Durchführung von EG-Verordnungen und AETR sind:

- Ausnahmen zur EG-Verordnung (Die VO (EG) 561/2006 ermächtigt die Staaten, bestimmte Fahrzeuge von den Vorschriften auszunehmen.)
- Regelungen bezüglich des AETR-Fahrtenschreibers
- Regelungen zum Nachweis berücksichtigungsfreier Tage
- Regelungen zu Ordnungswidrigkeitentatbeständen
- Regelungen zu digitalem Fahrtenschreiber und Fahrtenschreiberkarten
- Zentrales Fahrtenschreiberkartenregister

Ausnahmen von der Fahrpersonalverordnung

Neben den oben beschriebenen Ausnahmen der VO (EG) 561/2006 gibt es auch in der **deutschen Fahrpersonalverordnung** aufgeführte Ausnahmen. Diese Ausnahmen sind von der EU eindeutig zugelassen.
Einige Beispiele für Ausnahmen der Bundesrepublik Deutschland:

- Fahrzeuge, die zum Fahrschulunterricht und zur Fahrprüfung zwecks Erlangung der Fahrerlaubnis oder eines beruflichen Befähigungsnachweises dienen, sofern diese Fahrzeuge nicht für die gewerbliche Personen- oder Güterbeförderung verwendet werden.
- Fahrzeuge, die von Landwirtschafts-, Gartenbau-, Forstwirtschafts- oder Fischereiunternehmen zur Güterbeförderung, insbesondere auch zur Beförderung lebender Tiere, im Rahmen der eigenen unternehmerischen Tätigkeit in einem Umkreis von bis zu 100 km vom Standort des Unternehmens verwendet oder von diesen ohne Fahrer angemietet werden. In diese Ausnahme fällt z. B. das Fahren eines Gartenbauers mit einem Lkw zu einer Baustelle und das anschließende Abfahren der Grünabfälle.
- Fahrzeuge, die zum Abholen von Milch bei landwirtschaftlichen Betrieben und zur Rückgabe von Milchbehältern oder zur Lieferung von Milcherzeugnissen für Futterzwecke an diese Betriebe verwendet werden, innerhalb eines Umkreises von bis zu 100 Kilometern.

Arbeitszeitgesetz

Das Arbeitszeitgesetz ist eine Umsetzung der EU-Richtlinie 2002/15/EG („Arbeitszeitrichtlinie"). § 21a ArbZG richtet sich an im Straßenverkehr beschäftigte Personen. Diese Regelungen gelten für **angestellte Fahrer.** Die Regelungen zur Arbeitszeit für **selbständige Kraftfahrer** wurden im „Gesetz zur Regelung der Arbeitszeit für selbständige Kraftfahrer" zusammengefasst.

Das Arbeitszeitgesetz enthält unter anderem Regelungen zu

- Wöchentlicher Arbeitszeit
- Arbeitszeit/Bereitschaftszeit
- Nacht-/Schichtarbeit
- Ruhepausen
- Ruhezeiten
- Täglicher Arbeitszeit

Generell gilt: Wenn das Arbeitszeitgesetz im Widerspruch zur Verordnung (EG) 561/2006 oder zur Fahrpersonalverordnung steht, genießen diese beiden Verordnungen Vorrang. Die Probleme, die sich aus dem Arbeitszeitgesetz ergeben können, werden später noch umrissen.

3.2.5 Aufgabenteil

AUFGABE 1

Ein Bekannter fragt Sie, ob Sie einen privaten Möbelumzug mit einem 12-Tonnen-Fahrzeug ohne Verwendung einer Fahrerkarte durchführen können. Wie ist die Rechtslage?

AUFGABE 2

Wann läuft ein Transport nach AETR ab?

AUFGABE 3

Versuchen Sie festzustellen, welche Regelungen bezüglich der Lenk- und Ruhezeiten für folgende Fahrten gelten.

a) Transporter mit 3,5 t zGM, Beförderung von Expressgut

b) Kleinbus mit acht Fahrgastplätzen, Hol- und Bringedienst zum Flughafen

c) Mobiler Autokran, Zulassung als selbstfahrende Arbeitsmaschine

d) Fahrt mit Sattelzug über Deutschland, Polen und Weißrussland

Sie wissen:

- ✔ Welche Sozialvorschriften es gibt.
- ✔ Welche Sozialvorschriften für welche Fahrzeuge und welche Transporte gelten.
- ✔ Welche Ausnahmen es gibt.
- ✔ Was im Arbeitszeitgesetz geregelt ist.

3.3 Lenk- und Ruhezeiten I: Tages- und Wochenlenkzeit

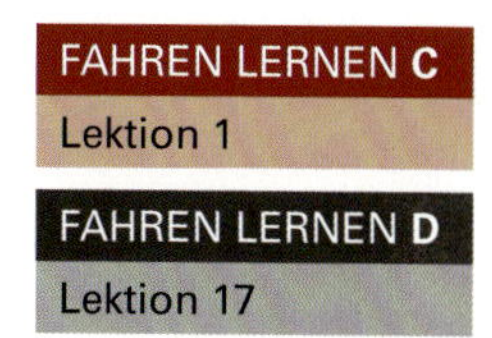

Sie sollen die Regelungen zur Tages- und Wochenlenkzeit kennen.

3.3.1 Tageslenkzeit

Die normale Tageslenkzeit beträgt 9 Stunden. Nach spätestens 4,5 Stunden ist eine Fahrtunterbrechung von 45 Minuten einzulegen. Fahrtunterbrechungen sind die Zeiten, in denen der Fahrer nicht lenkt und keine sonstigen Arbeiten durchführt.

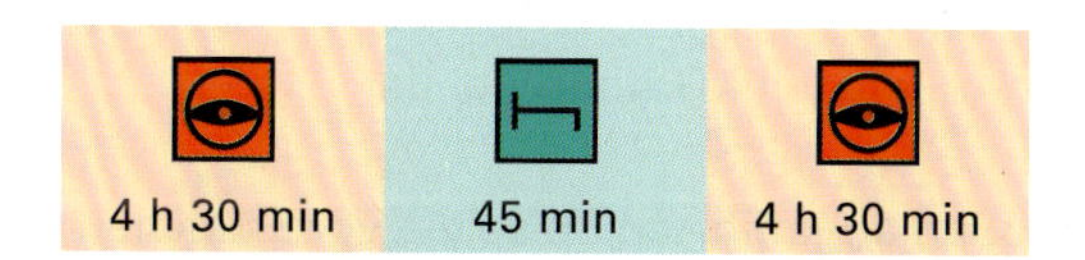

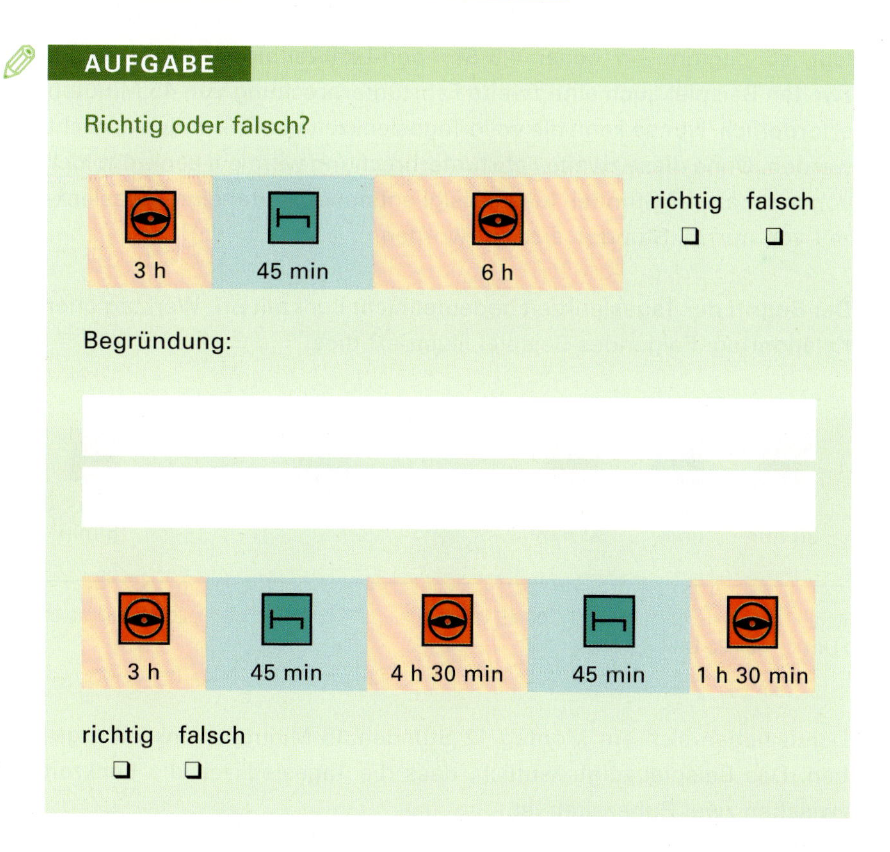

Tageslenkzeit umfasst die Lenktätigkeit zwischen zwei Tagesruhezeiten oder einer Tages- und einer Wochenruhezeit. Bei der Tageslenkzeit darf kein Lenkzeitblock von mehr als 4,5 Stunden entstehen. Nach 4,5 Stunden Lenkzeit ist eine Fahrtunterbrechung von 45 Minuten erforderlich. Diese Regelung stellt die so genannte Grundregel dar.

Wird wie im zweiten der oben angeführten Beispiele vor Erreichen der 4,5-Stunden-Lenkzeit eine Fahrtunterbrechung von 45 Minuten eingelegt, so beginnt ein neuer 4,5-Stunden-Lenkzeitblock. Daher ist im zweiten Beispiel auch eine zweite Fahrtunterbrechung von 45 Minuten erforderlich. Nur so kann die volle Tageslenkzeit von 9 Stunden erreicht werden. Ohne diese zweite Fahrtunterbrechung wäre ein Lenkzeitblock von mehr als 4,5 Stunden (unzulässig) entstanden oder eine Tageslenkzeit von nur 7,5 Stunden erreicht worden.

Der Begriff der Tageslenkzeit bedeutet nicht Lenkzeit pro Werktag oder Kalendertag. Folgendes Beispiel illustriert dies:

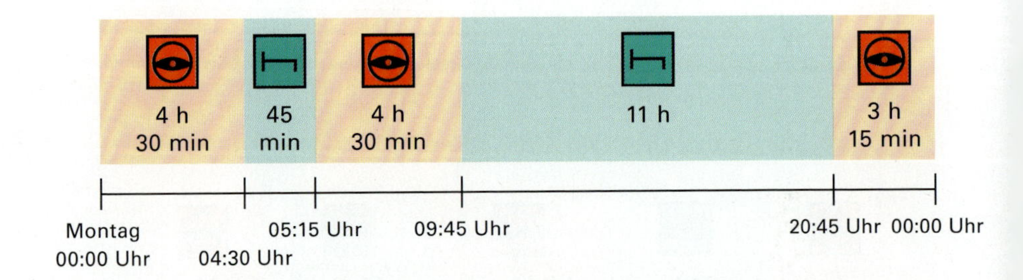

Damit haben sich am Montag 12 Stunden 15 Minuten Lenkzeit ergeben. Das Beispiel zeigt deutlich, dass die Tageslenkzeit die Lenkzeit zwischen zwei Ruhezeiten ist.

3.3.2 Aufteilung der Fahrtunterbrechungen

Die Fahrtunterbrechungen dürfen in zwei Abschnitten genommen werden.

Der erste Abschnitt muss mindestens 15 Minuten betragen.
Der zweite Abschnitt muss mindestens 30 Minuten betragen.

Bei den Fahrtunterbrechungen mit Teilunterbrechungen ist die Aufteilung und Reihenfolge festgeschrieben worden. Bei der Dauer der beiden Teilunterbrechungen handelt es sich um Mindestwerte.

BEISPIEL

Der Fahrer Müller hat nach 2,5 Stunden eine Pause von 40 Minuten eingelegt, bevor er seine Fahrt auf der A7 anschließend fortsetzt. Nach weiteren 2 Stunden Fahrzeit muss er eine Pause von mindestens 30 Minuten einlegen. Das Beispiel zeigt, dass bei den Teilunterbrechungen die Reihenfolge der einzelnen Blöcke nicht beliebig ist.

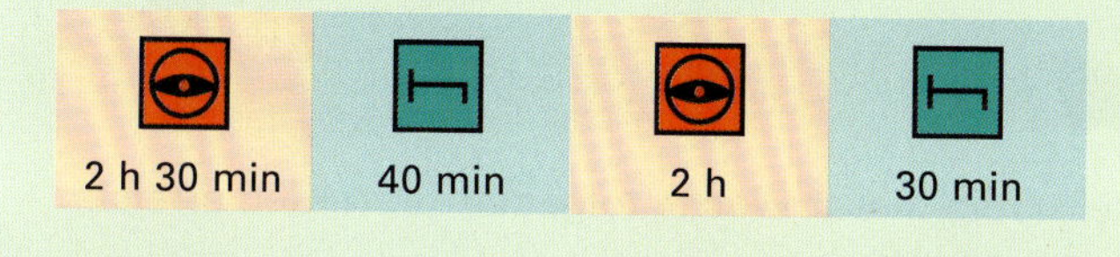

3.3.3 Verlängerung der Tageslenkzeit

Zweimal pro Woche sind 10 Stunden Lenkzeit erlaubt!

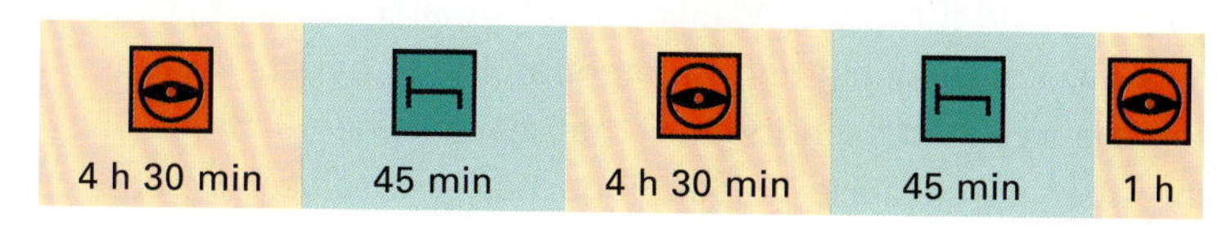

© DVR

Wird die Tageslenkzeit auf 10 Stunden verlängert, wird eine weitere Fahrtunterbrechung von 45 Minuten erforderlich. Im vorliegenden Beispiel wird die einfachste Form der Gestaltung dargestellt. Nach Erreichen von 9 Stunden Tageslenkzeit soll um eine Stunde verlängert werden. Mit dem Erreichen von 9 Stunden Tageslenkzeit ist ein Lenkzeitblock von 4,5 Stunden entstanden. Daher wird nun eine Fahrtunterbrechung von 45 min erforderlich. Nach dieser Fahrtunterbrechung dürfen Sie die Fahrt für eine Stunde fortsetzen.

Abbildung 125: Fahrtunterbrechung

3.3.4 Wöchentliche Lenkzeit

Die VO (EG) 561/2006 begrenzt die wöchentliche Lenkzeit auf **56 Stunden.**

Die maximale Wochenlenkzeit wird später unter Berücksichtigung des Arbeitszeitgesetzes erneut betrachtet. In Kapitel 3.7 wird die VO (EG) 561/2006 im Zusammenspiel mit dem Arbeitszeitgesetz betrachtet.

BEISPIEL

Fahrer Müller hat in dieser Woche folgende Fahrzeiten erreicht:

Montag	8 h 30 min
Dienstag	9 h 15 min
Mittwoch	8 h 40 min
Donnerstag	9 h 20 min
Freitag	8 h 10 min

Am Samstag sind für Fahrer Müller nur maximal 9 Stunden Lenkzeit möglich. Am Dienstag und Donnerstag hat er bereits 9 Stunden Tageslenkzeit überschritten. Er hat zwar keine 10 Stunden erreicht, aber durch diese beiden Tage hat er in dieser Woche zweimal die normale Tageslenkzeit von neun Stunden überschritten.

Die Woche beginnt Montag um 00:00 Uhr und endet Sonntag um 24:00 Uhr. Die 56 Stunden Wochenlenkzeit ergeben sich durch die sechs Tageslenkzeiten in einer Woche. Zweimal pro Woche sind 10 Stunden Tageslenkzeit möglich, zusätzlich viermal pro Woche 9 Stunden Tageslenkzeit: 2 x 10 + 4 x 9 = 56 Stunden.

3.3.5 Die Doppelwoche

Die maximale wöchentliche Lenkzeit beträgt 56 Stunden, dies wurde in der VO (EG) 561/2006 erstmalig festgeschrieben. Allerdings kann diese maximal mögliche Wochenlenkzeit nicht jede Woche ausgenutzt werden. Zusätzlich gilt die Doppelwochenregelung, die die Lenkzeit in einem Zwei-Wochen-Zeitraum auf 90 Stunden begrenzt. Die zulässige Lenkzeit in der aktuellen Woche ergibt sich aus der Lenkzeit der Vorwoche.

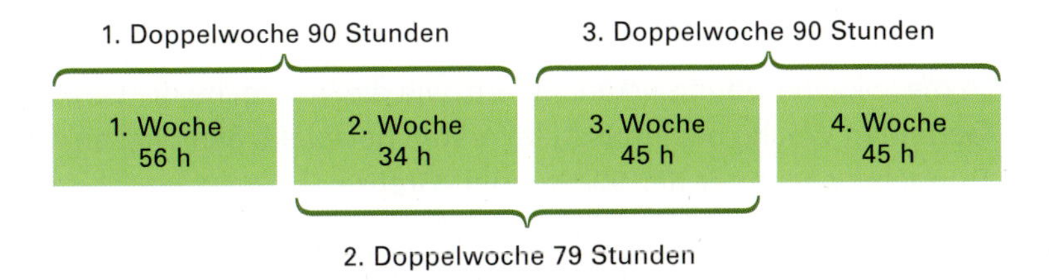

Beispiel: Vorwoche 34 Stunden → aktuelle Woche 56 Stunden

Die maximal zulässige Wochenlenkzeit kann also nur erreicht werden, wenn die Lenkzeit der Vorwoche lediglich 34 Stunden betrug. Für die dann folgende Woche wäre dann erneut wieder nur eine Lenkzeit von 34 Stunden möglich.

Eine derartige Aufteilung wäre für die Personalplanung und Disposition eher unpraktisch. Sinnvoll ist eine Aufteilung, die für alle Wochen ungefähr gleiche Wochenlenkzeiten bedeutet.

Im Durchschnitt ergibt sich durch die Doppelwochenregelung, bei vollem Ausnutzen der Zeiten, eine durchschnittliche Wochenlenkzeit von 45 Stunden. Diese grundsätzliche Feststellung wird bei der späteren Betrachtung des Arbeitszeitgesetzes wichtig.

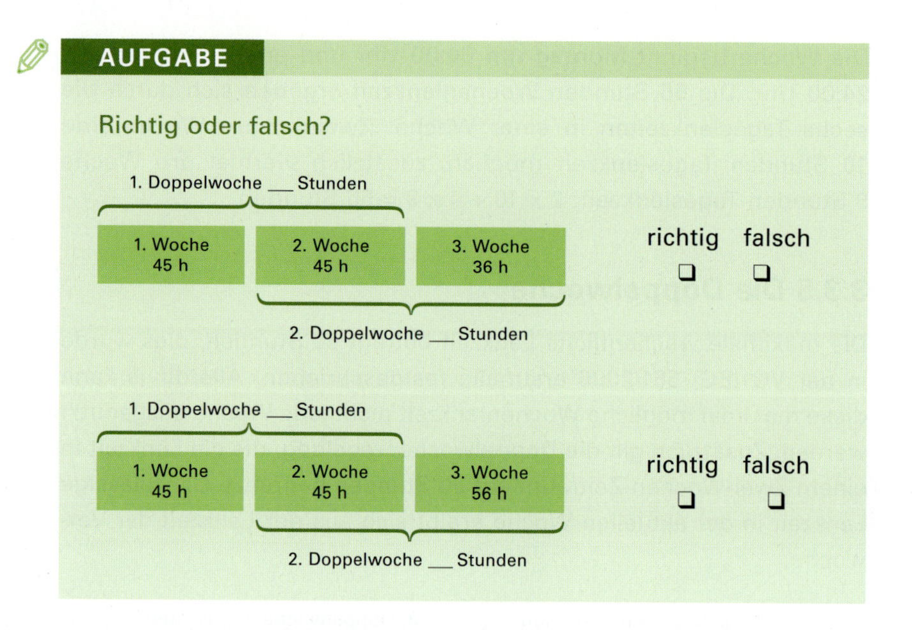

Durch diese kleine Übung erkennen Sie, wie die Vorwoche die Lenkzeit der laufenden Woche beeinflusst. Im ersten Beispiel bleibt die Lenkzeit der Doppelwoche unter der 90-Stunden-Grenze.

Im zweiten Beispiel wird die Doppelwochenregelung in der zweiten Doppelwoche verletzt, obwohl die maximale wöchentliche Lenkzeit von 56 Stunden nicht überschritten wird.

3.3.6 Aufgabenteil

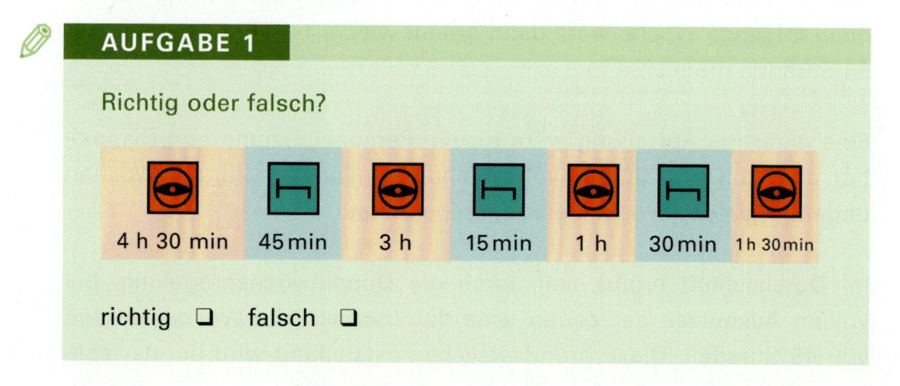

Begründung:

4 h 30 min	45 min	3 h	15 min	2 h	30 min	30 min

richtig ❑ falsch ❑

Begründung:

AUFGABE 2

Sie beginnen Ihre Fahrt morgens um 05:00 Uhr. Von 8:00 bis 8:45 Uhr legen Sie eine Pause ein. Im Anschluss fahren Sie weitere 3 Stunden. Von 11:45 bis 12:30 Uhr machen Sie eine Pause. Nachmittags wird die Fahrt von 12:30 bis 16:30 Uhr fortgesetzt. Beurteilen Sie, ob die Fahrt so durchgeführt werden darf!

AUFGABE 3

Nach zwei Stunden Fahrzeit legen Sie eine Fahrtunterbrechung von 30 Minuten ein. Nach weiteren 2,5 Stunden folgt eine Fahrtunterbrechung von 15 Minuten. Ist diese Aufteilung möglich?

AUFGABE 4

Nach einer Stunde Fahrzeit haben Sie eine Fahrtunterbrechung von 35 Minuten eingelegt. Im Anschluss sind Sie weitere 3 Stunden gefahren. Wie lang muss die nun erforderliche Fahrtunterbrechung sein?

AUFGABE 5

Darf die Fahrtunterbrechung genutzt werden, um sonstige Arbeiten durchzuführen?

AUFGABE 6

Sie haben in dieser Woche von Montag bis Freitag folgende Lenkzeiten erreicht:

Montag	9 Stunden 15 Minuten
Dienstag	9 Stunden
Mittwoch	8 Stunden
Donnerstag	9 Stunden 45 Minuten
Freitag	7 Stunden 30 Minuten

Wie viele Stunden darf am Samstag noch gelenkt werden?

AUFGABE 7

Ist die Doppelwochenregelung eingehalten?

1. Woche 56 Stunden
2. Woche 34 Stunden
3. Woche 45 Stunden
4. Woche 56 Stunden

AUFGABE 8

Sie kommen nach vier Stunden Fahrzeit zu einem Kunden, bei dem Sie keine Tätigkeiten während der Verladung durchführen. Man teilt Ihnen mit, dass Sie das Gelände nach einer Stunde fertig beladen wieder verlassen können. Wie lange dürfen Sie im Anschluss an diese Zeit noch lenken?

- ✔ Wie lang eine normale Tageslenkzeit ist und wann sie verlängert werden kann.
- ✔ Wann Fahrtunterbrechungen eingelegt werden müssen und wie sie aufgeteilt werden können.
- ✔ Welche Lenkzeiten in der Woche und in der Doppelwoche zulässig sind.

3.4 Lenk- und Ruhezeiten II: Tages- und Wochenruhezeit

FAHREN LERNEN **C**
Lektion 1

FAHREN LERNEN **D**
Lektion 17

Sie sollen die Regelungen zur Tages- und Wochenruhezeit kennen.

3.4.1 Tagesruhezeit

Innerhalb von 24 Stunden nach einer Tages- oder Wochenruhezeit muss eine Tagesruhezeit eingelegt werden. Die normale Tagesruhezeit beträgt 11 Stunden am Stück.

Eine Tagesruhezeit darf im Fahrzeug verbracht werden, folgende Bedingungen müssen erfüllt sein:

- Das Fahrzeug muss über eine Schlafkabine verfügen.
- Das Fahrzeug muss stehen.

Der 24-Stunden-Zeitraum nimmt bei der Tagesruhezeit eine wichtige Rolle ein. Ein Arbeitsbeginn am Montag um 7:00 Uhr bedeutet, dass meine normale Tagesruhezeit bis spätestens Dienstag 7:00 Uhr komplett abgeschlossen sein muss. Entsprechend sind meine beruflichen Tätigkeiten bis 20:00 Uhr zu beenden.

Sonstige Zeiten 13 h	Tagesruhezeit 11 h	Sonstige Zeiten 13 h

Das Bild zeigt, dass die Zeitspanne zwischen den beiden Tagesruhezeiten maximal 13 Stunden betragen kann. In der Praxis wird diese Zeit als **Schichtzeit** bezeichnet. Zur Schichtzeit zählen:

- Lenkzeiten
- Sonstige Arbeiten
- Fahrtunterbrechungen
- Bereitschaftszeiten

Schichtzeit darf nicht mit der Arbeitszeit gleichgesetzt werden. Zur Arbeitszeit zählen nur die Lenktätigkeit und die sonstigen Arbeiten, nicht aber Fahrtunterbrechungen und Bereitschaftszeiten, die in ihrer Dauer vorher bekannt waren. (zur Bereitschaftszeit siehe auch Kapitel 3.12 Arbeitszeitgesetz).

Arbeitszeit nach dem Arbeitszeitgesetz

Die tägliche Höchstarbeitsdauer beträgt 8 Stunden bzw. im Ausnahmefall 10 Stunden. Diese Regelung ergibt sich aus dem Arbeitszeitgesetz. Daher darf bei der Schichtzeit die Summe von sonstigen Arbeiten und Lenkzeiten niemals über die maximal zulässige Arbeitszeit von 10 Stunden kommen.

Nach der elfstündigen Tagesruhezeit beginnt wieder ein neuer 24-Stunden-Zeitraum. In diesem Zeitraum muss erneut eine 11-stündige Tagesruhezeit enthalten sein.

BEISPIEL

Busfahrer Müller führt eine Bustour mit einem Kegelclub durch. Seine Fahrt beginnt morgens um 7:00 Uhr mit der Fahrzeugübernahme. Der geplante Ablauf ist:

Uhrzeit	Tätigkeit	Zeitgruppe am Fahrtenschreiber
7:00 bis 8:00	Bus vorbereiten / Abfahrtkontrolle	Sonstige Arbeiten
8:00 bis 9:00	Fahrt zum Abfahrtort	Lenkzeit
9:00 bis 9:30	Reisegruppe aufnehmen	Sonstige Arbeiten
9:30 bis 11:00	Fahrt in ein Naherholungsgebiet	Lenkzeit
11:00 bis 15:00	Gruppe geht wandern	Bereitschaftszeit
15:00 bis 17:00	Fahrt zu einem Restaurant	Lenkzeit
17:00 bis 21:00	Gruppe verbringt den Abend im Restaurant	Bereitschaftszeit
21:00 bis 23:00	Rückfahrt	Lenkzeit
23:00	Arbeitsende	

Busfahrer Müller hat an diesem Tag lediglich 6,5 Stunden Lenkzeit und 1,5 Stunden „sonstige Arbeiten“, aber er hat ein Problem mit seiner Tagesruhezeit und dem 24-Stunden- Zeitraum. Das Arbeitsende um 23:00 Uhr bedeutet, dass seine anschließende 11-Stunden-Tagesruhezeit erst um 10:00 Uhr beendet wird. Der 24-Stunden-Zeitraum verlangt aber ein Ende der Tageruhezeit bis 7:00 Uhr. **Somit hat Müller gegen eine wichtige Regelung bei der Tagesruhezeit verstoßen!**

3.4.2 Verkürzung der Tagesruhezeit

Eine Verkürzung der Tagesruhezeit um 2 Stunden auf 9 Stunden Tagesruhezeit ist dreimal zwischen zwei Wochenruhezeiten möglich.

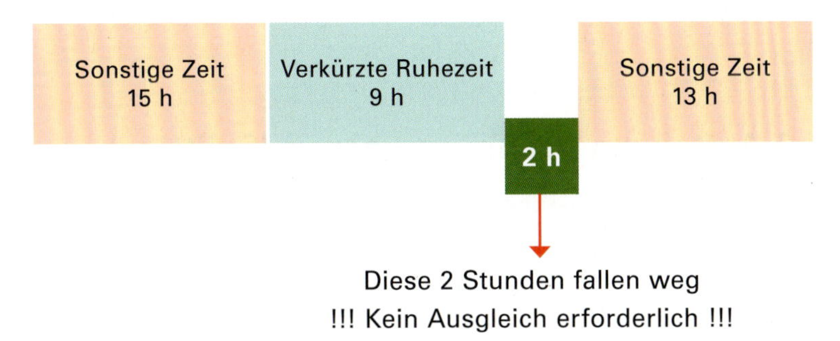

Im Beispiel beginnt mit dem Ende der neunstündigen Tagesruhezeit ein neuer 24-Stunden-Zeitraum. Nun stehen für die sonstigen Zeiten, wenn die folgende Tagesruhezeit nicht verkürzt wird, erneut 13 Stunden zur Verfügung. Wird auch die folgende Tagesruhezeit verkürzt, stehen für sonstige Tätigkeiten 15 Stunden zur Verfügung. Grundsätzlich sind bei den sonstigen Tätigkeiten die Vorschriften des Arbeitszeitgesetzes zu beachten.

BEISPIEL

Gerade im Busbereich wird die Verkürzung der Tagesruhezeit gerne genutzt, um bestimmte Tagesfahrten überhaupt zu ermöglichen.
Busfahrer Müller soll eine Reisegruppe von Hagen zum Hafengeburtstag nach Hamburg befördern. Für Fahrer Müller beginnt der Arbeitstag morgens um sechs Uhr. Um zwölf Uhr mittags

erreicht die Gruppe Hamburg. Die Rückfahrt wird für 21:00 Uhr angesetzt, die Zeit bis dahin nutzt Müller für eine 9-stündige verkürzte Tagesruhezeit. Zur Rückfahrt um 21:00 Uhr beginnt für Müller somit ein neuer 24-Stunden-Zeitraum. Ohne die verkürzte Tagesruhezeit wäre diese Tour so nicht möglich gewesen.

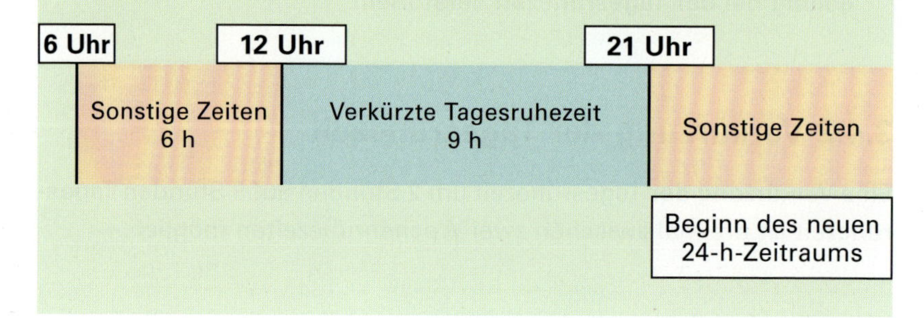

3.4.3 Aufteilung der Tagesruhezeit (Splitting)

Das Aufteilen der Tagesruhezeit in zwei Blöcke ist zulässig. Dann sind aber 12 Stunden Tagesruhezeit in einem 24-Stunden-Zeitraum nach einer Tages- oder Wochenruhezeit erforderlich.

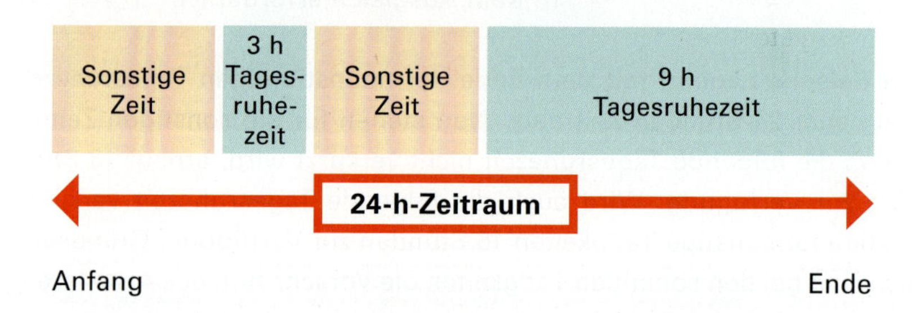

Der erste Block muss mindestens drei Stunden betragen.

Die Reihenfolge der Blöcke und deren Dauer sind festgeschrieben. Nach dem Block von 9 Stunden endet der 24-Stunden-Zeitraum. Durch die Aufteilung verlängert sich die Ruhezeit um eine Stunde auf 12 Stunden Tagesruhezeit.

Vom Grundsatz her darf eine Fahrtunterbrechung in eine Ruhezeit umgewandelt werden. Von Ruhezeit wird aber erst gesprochen, wenn ein Block drei Stunden beträgt.

Ruhezeit bedeutet auch, dass diese Zeit nicht durch sonstige Arbeitstätigkeiten unterbrochen werden darf. Zudem muss der Fahrer frei über seine Zeit verfügen können.

BEISPIEL

Auf Ihrer Tour hören Sie, dass die Autobahn im weiteren Streckenverlauf für mehrere Stunden wegen Bergungsarbeiten gesperrt ist. Sie haben nun die Wahl, ob Sie die Zeit auf der Autobahn im Stau stehend als Bereitschaftszeit verbringen wollen, oder ob Sie einen Parkplatz anfahren.

Abbildung 126: Autobahn-Sperrung

Es ist sinnvoll, auf einen Parkplatz zu fahren. Stellen Sie den Fahrtenschreiber auf Ruhezeit. Da bei größeren Verkehrsstörungen mit längeren Wartezeiten zu rechnen ist, legen Sie nun einen Block von 3 Stunden Pause ein. Im Anschluss nutzen Sie Ihre verbleibende Tageslenkzeit aus. Nun benötigen Sie nur noch einen Block mit neun Stunden Tagesruhezeit. Anders als bei der verkürzten Tagesruhezeit kann von dieser Möglichkeit täglich Gebrauch gemacht werden.

3.4.4 Unterbrechung der Tagesruhezeit im Fähr- und Eisenbahnverkehr

Die Tagesruhezeit darf im Fähr- und Eisenbahnverkehr zum Be- und Entladen unterbrochen werden.

Die Unterbrechung darf nicht mehr als eine Stunde betragen und darf auch in zwei Abschnitte geteilt werden.

Unterbrechung der Tagesruhezeit ist nur im Eisenbahn- oder Fährverkehr zulässig. Eine generelle Unterbrechung der Tagesruhezeit sieht die Verordnung (EG) 561/2006 nicht vor. Die Unterbrechung der Tagesruhezeit im Eisenbahn- bzw. Fährverkehr darf nicht mit der Aufteilung der Tagesruhezeit verwechselt werden. Beim Unterbrechen kommt es zu keiner Verlängerung der Tagesruhezeit, es bleibt bei den 11 Stunden Tagesruhezeit.

Die Schaubilder zeigen die beiden grundsätzlichen Möglichkeiten:

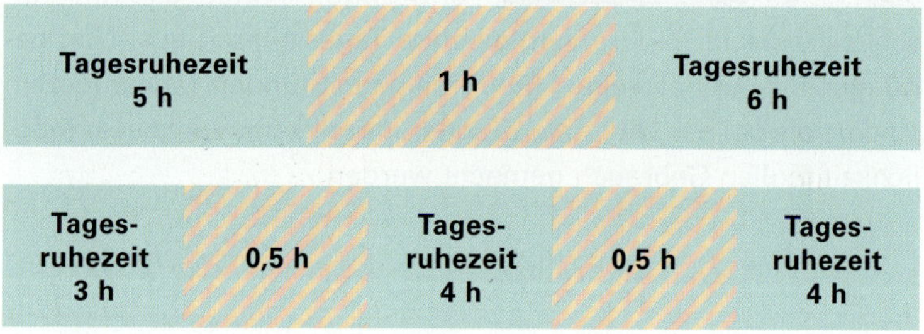

Tagesruhezeit 5 h	1 h	Tagesruhezeit 6 h

Tages-ruhezeit 3 h	0,5 h	Tages-ruhezeit 4 h	0,5 h	Tages-ruhezeit 4 h

Bei längeren Unterbrechungen ist die „Splitting"-Regel anzuwenden. Dadurch käme es dann auch zu einer Verlängerung der Tagesruhezeit (siehe oben „Aufteilung der Tagesruhezeit").

Im Fähr- und Eisenbahnverkehr kann eine Ruhezeit nur eingelegt werden, wenn dem Fahrer eine Schlafkabine oder ein Liegeplatz zur Verfügung steht. Darüber hat ein Nachweis zu erfolgen, z.B. Buchungsbeleg.

3.4.5 Wochenruhezeit

Nach spätestens sechs 24-Stunden-Zeiträumen ist eine Wochenruhezeit von 45 Stunden einzulegen.

6 24-h-Zeiträume	Wochenruhezeit 45 h	6 24-h-Zeiträume

BEISPIEL

Ein Unternehmen befördert Druckerzeugnisse, wie z.B. verschiedene Sonntagszeitungen. Daher verfügt es über eine Ausnahmegenehmigung für das Sonn- und Feiertagsfahrverbot.
Der Fahrer Meier beginnt seine Woche am Montagmorgen um 6:00 Uhr. Der Firmenchef beauftragt ihn damit, am Samstag um 17:00 Uhr im Anschluss an eine Tagesruhezeit in Essen-Kettwig Druckerzeugnisse aufzunehmen. Diese sollen im Rhein-Main-Gebiet abgeladen werden. Die Fahrt ist so disponiert, dass Meier den Lkw am Sonntagmorgen um 5:00 Uhr auf dem Firmengelände abstellt und seine Arbeit beendet.
Diese Tour darf von Meier durchgeführt werden, da seine sechs 24-Stunden-Zeiträume erst am Sonntag um 6:00 Uhr enden.

Eine Verkürzung der Wochenruhezeit auf 24 Stunden wird von der VO (EG) 561/2006 ausdrücklich zugelassen. Eine Verkürzung der Wochenruhezeit ist aber nur zugelassen, wenn:

1. die vorhergehende Wochenruhezeit 45 Stunden betragen hat und
2. die folgende Wochenruhezeit wieder 45 Stunden beträgt.

Wochenruhezeit 45 h	6 24-h-Zeiträume	Wochenruhezeit 24 h	6 24-h-Zeiträume	Wochenruhezeit 45 h

Dadurch wird verhindert, dass zwei verkürzte Wochenruhezeiten aufeinander folgen.
Die **verkürzte** Wochenruhezeit darf im Fahrzeug verbracht werden, sofern dieses über eine geeignete Schlafmoglichkeit verfügt. Die **regelmäßige** wöchentliche Ruhezeit darf **nicht** im Fahrzeug verbracht werden. Hier muss der Fahrer eine geeignete geschlechtergerechte Unterkunft mit angemessenen Schlafgelegenheiten und sanitären Einrichtungen (Wohnung, Hotelzimmer, Pension etc.) aufsuchen. Die Kosten hat der Arbeitgeber zu tragen.

Da insbesondere im Bereich Güterverkehr häufig nicht am Samstag und Sonntag gefahren wird, haben viele Fahrer keine Probleme mit verkürzten Wochenruhezeiten.
Beispielsweise ergibt sich durch ein Arbeitsende am Freitag um 18:00 Uhr und einen Arbeitsbeginn am Montag um 6:00 Uhr sich eine Wochenruhezeit von 60 Stunden.

BEISPIEL

Fahrer Meier, der am Sonntagmorgen seine Zeitungstour beendet hat, hat am folgenden Montag frei. Er beginnt erst am Dienstag um 6:00 Uhr wieder mit der Arbeit. Dadurch erreicht Meier eine Wochenruhezeit von 48 Stunden und kann auch auf die Verkürzung verzichten.

3.4.6 Ausgleich der Wochenruhezeit

Die Verkürzung der Wochenruhezeit um 21 Stunden muss nachgeholt werden. Dies erfolgt durch Anhängen an eine mindestens neunstündige Tagesruhezeit oder eine Wochenruhezeit.

Der Ausgleich muss vor Ablauf der dritten auf die Verkürzung folgende Woche erfolgen.

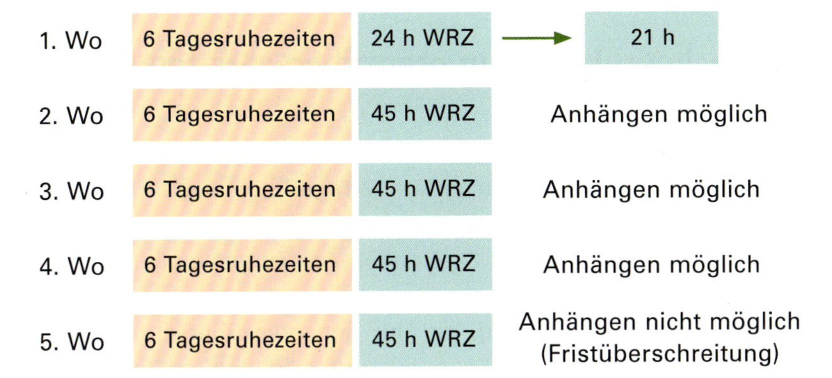

Im Schaubild wurde der Ausgleich durch Anhängen an eine Wochenruhezeit erreicht. Die verkürzte Zeit darf auch an eine mindestens neunstündige Ruhezeit angehängt werden. Die verkürzte Zeit muss dabei – nach der gängigen Kontrollpraxis – im Block nachgeholt werden.
In jedem Fall muss bis zum Ablauf der dritten Folgewoche die gesamte verkürzte Zeit ausgeglichen sein.

BEISPIEL

Busfahrer Müller verkürzt seine Wochenruhezeit, da er am Samstag noch eine Reisegruppe von Großbritannien nach Deutschland gefahren hat. In der Nacht von Sonntag auf Montag muss er bereits wieder losfahren. Er hat seine Wochenruhezeit auf 24 Stunden verkürzt. Am Donnerstag ist ein Feiertag, den Müller komplett frei hat. Er beendet seine Arbeit am Mittwoch um 18:00 Uhr und beginnt am Freitagmorgen um 6:00 Uhr. Dazwischen liegen 36 Stunden. Am Mittwoch musste Müller zunächst eine elfstündige Tagesruhezeit nehmen, im Anschluss hat er seine verkürzte Wochenruhezeit vom vorhergehenden Wochenende nachgeholt.

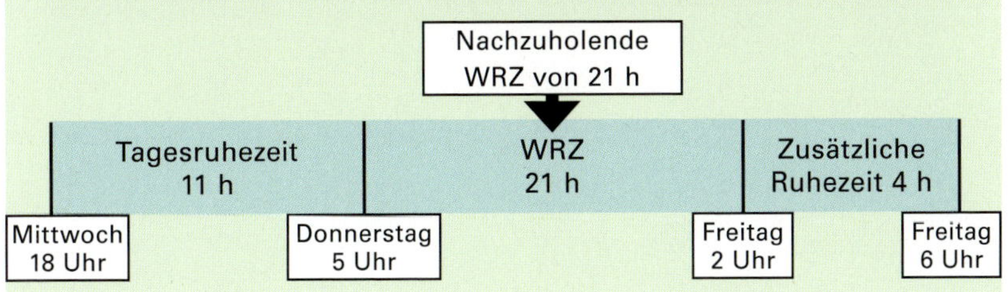

Das Beispiel zeigt, dass verkürzte Wochenruhezeit in der Praxis durch Anhängen an eine Tagesruhezeit nachgeholt werden kann.

3.4.7 Wochenruhezeit im grenzüberschreitenden Gelegenheitsverkehr

Am 4. Juni 2010 trat im grenzüberschreitenden Personenverkehr eine Neuerung in Kraft: die sogenannte **„12-Tage-Regelung"**. Demnach muss die wöchentliche Ruhezeit in bestimmten Fällen erst nach spätestens 12 aufeinanderfolgenden 24-Stunden-Zeiträumen eingelegt werden.

Von dieser Ausnahmeregelung, die nur den grenzüberschreitenden Gelegenheitsverkehr betrifft, kann nur unter folgenden Voraussetzungen Gebrauch gemacht werden:

- Die vorausgehende Wochenruhezeit ist eine regelmäßige von 45 Stunden und die Sonderregelung greift nur bei einem Einsatz (eine Fahrt).
- Der Aufenthalt im Ausland muss mindestens 24 aufeinanderfolgende Stunden betragen. Unter Ausland ist in diesem Zusammenhang ein anderer EU-Mitgliedsstaat oder ein Staat, in dem die VO (EG) 561/2006 gilt, zu verstehen.
- Spätestens nach Erreichen der zwölf 24-Stunden-Zeiträume erfolgt eine Wochenruhezeit. Diese kann aus zwei regelmäßigen Wochenruhezeiten (90 Stunden) bestehen. Sie können jedoch auch eine regelmäßige und eine verkürzte Wochenruhezeit einlegen (69 Stunden). Falls Sie von der zweiten Möglichkeit Gebrauch machen, gelten die bekannten Regelungen zum Ausgleich bei verkürzter Wochenruhezeit.
- Das Fahrzeug benötigt einen digitalen Fahrtenschreiber.
- Die Lenkdauer im Nachtbetrieb zwischen 22:00 und 6:00 Uhr wird reduziert. Eine Fahrtunterbrechung von 45 Minuten wird dann bereits nach 3 Stunden erforderlich. Bei einer Mehr-Fahrer-Besatzung entfällt dieser Punkt.

BEISPIEL

Busfahrer Müller begleitet eine Studienreise nach Großbritannien. Die Fahrt beginnt am Montag um 8:00 Uhr und dauert bis zum Mittwoch in der Folgewoche. Müller kann nach sechs 24-Stunden-Zeiträumen keine Wochenruhezeit einlegen. Da die Fahrt jedoch länger als 24 Stunden ins Ausland führt, darf er die 12-Tage-Regelung anwenden. Nach seiner Rückkehr legt Müller, wie das Schaubild zeigt, eine regelmäßige Wochenruhezeit von 45 Stunden und eine verkürzte von 24 Stunden ein.

Regel-mäßige WRZ 45 h	Mo	Di	Mi	Do	Fr	Sa	So	Mo	Di	Mi	Regel-mäßige WRZ 45 h	Ver-kürzte WRZ 24 h

3.4.8 Aufgabenteil

AUFGABE 1

Sie beginnen morgens um sechs Uhr nach einer elfstündigen Tagesruhezeit mit Ihrer Tour. Wie lange dürfen Sie an diesem Tag maximal für Ihren Betrieb im Einsatz sein?

AUFGABE 2

Sie beginnen mit Ihrer Tour um 00:15 Uhr. Nach 4,5 Stunden Lenkzeit legen Sie eine Fahrtunterbrechung von 45 Minuten ein. Im Anschluss fahren Sie erneut 4,5 Stunden, bevor Sie Ihren Arbeitstag beenden. Wann dürfen Sie frühestens Ihre Fahrt fortsetzen?

AUFGABE 3

Ein Busfahrer fährt eine Reisegruppe zur Industriemesse nach Hannover. Er startet morgens um sechs Uhr. Nach diversen sonstigen Arbeiten und Lenkzeiten erreicht die Gruppe morgens um 11:00 Uhr das Messegelände. Die Rückfahrt beginnt um 20:00 Uhr und der Busfahrer beendet um 24:00 Uhr seinen Arbeitstag. Daher kann die folgende Tagesruhezeit nicht bis 6:00 Uhr am Folgetag (und damit innerhalb des 24-Stunden-Zeitraums) eingelegt werden. Liegt ein Planungsfehler vor?

AUFGABE 4

Busfahrer Müller befördert eine Reisegruppe nach Schottland. Teil der Fahrt ist die Fährverbindung von Calais nach Dover. Um 10:00 Uhr erreicht Müller den Hafen von Calais. Nach 2 Stunden Wartezeit in seiner Schlafkabine fährt er den Bus auf die Fähre, dies dauert 10 Minuten. Die zweistündige Überfahrt verbringt Müller in einer Koje. Nach kurzer Entladung und einer Fahrt von 45 Minuten erreicht man Canterbury. Die Gruppe verlässt den Bus und erkundet das Städtchen. Für diesen Ausflug sind 7 Stunden vorgesehen. Wieviel Tageslenkzeit hat Müller nun wieder zur Verfügung?

AUFGABE 5

Fahrer Meier beginnt montags um sechs Uhr mit seiner Woche. Sein Chef hat ihn in dieser Woche für eine Sonderfahrt disponiert. Diese Fahrt soll am Samstag um 18:00 Uhr beginnen und am Sonntagmorgen um 05:00 Uhr enden. Darf diese Fahrt von Meier durchgeführt werden oder entsteht ein Konflikt mit der Wochenruhezeit?

AUFGABE 6

Sie fahren täglich Wechselbehälter im Begegnungsverkehr. Arbeitsbeginn ist jeden Tag um 05:00 Uhr. Von 11:00 bis 14:00 Uhr haben Sie täglich Zeit zur freien Verfügung, bevor Sie dann erneut bis 20:00 Uhr unterwegs sind. Die Ruhezeit von 20:00 bis 05:00 Uhr beträgt neun Stunden. Ist dies für die gesamte Woche zulässig?

AUFGABE 7

Sie haben Ihre Wochenruhezeit um 21 Stunden verkürzt. In der Folgewoche ist Donnerstag ein Feiertag. Sie beenden am Mittwoch um 18:00 Uhr Ihren Arbeitstag und starten am Freitag um sechs Uhr erneut. Kann dieser Zeitraum genutzt werden, um die 21 Stunden verkürzte Wochenruhezeit nachzuholen?

AUFGABE 8

Ihnen steht auf einer Fährfahrt keine Schlafkabine und auch kein Liegeplatz zur Verfügung. Wie stellen Sie Ihren Fahrtenschreiber ein?

- ✔ Wann eine Tagesruhezeit eingelegt werden muss und wie lang diese sein muss.
- ✔ Wie die Tagesruhezeit verkürzt und aufgeteilt werden kann.
- ✔ Wie die Tagesruhezeit im Fähr- und Eisenbahnverkehr unterbrochen werden darf.
- ✔ Wann eine Wochenruhezeit eingelegt werden muss und unter welchen Umständen diese verkürzt werden kann.

3.5 Lenk- und Ruhezeiten III: Weitere Regelungen

Sie sollen die Regelungen zur Mehr-Fahrer-Besatzung und zur Notstandsklausel kennen. Teilnehmer der beschleunigten Grundqualifikation Bus sollen die Regelungen im Linienverkehr bis 50 km Linienlänge kennen.

FAHREN LERNEN **C**
Lektion 1

FAHREN LERNEN **D**
Lektion 17

3.5.1 Die Mehr-Fahrer-Besatzung

Von einer Mehr-Fahrer-Besatzung wird nur gesprochen, wenn während der gesamten Tour zwei Fahrer anwesend sind. Lediglich in der ersten Stunde reicht ein Fahrer aus. Mit diesem Passus wird berücksichtigt, dass Fahrer 1 Fahrer 2 an einem anderen Wohnort abholt. Sollte im weiteren Verlauf der Tour wieder nur ein Fahrer anwesend sein, sind die Vorschriften für die Ein-Fahrer-Besatzung anzuwenden.

Der entscheidende Vorteil bei der Mehr-Fahrer-Besatzung ist, dass sich die täglichen Lenkzeiten auf bis zu 20 Stunden erhöhen können. Dies wird möglich, wenn beide Fahrer ihre Tageslenkzeit auf 10 Stunden verlängern.

Fahrer 1

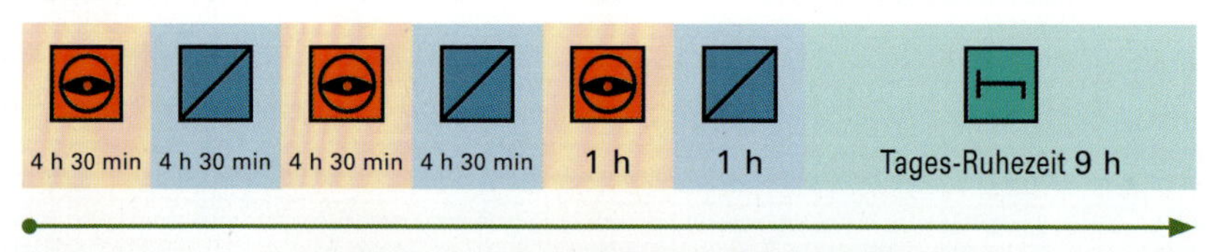

Beginn des 30-Stunden-Zeitraumes

Fahrer 2

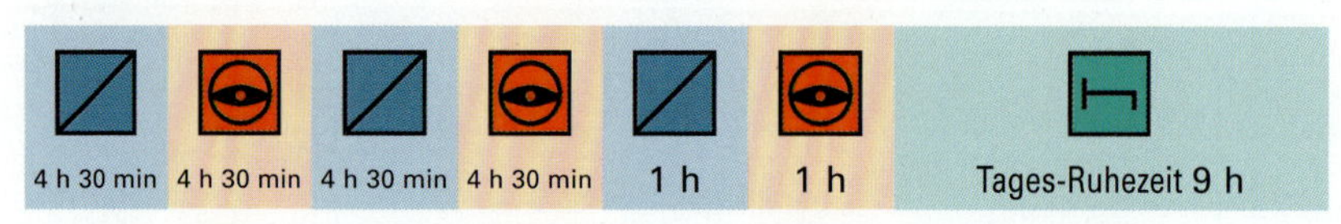

Das Schaubild zeigt auf, dass beim Mehrfahrerbetrieb die Lenkzeitunterbrechungen von 45 Minuten nach einem Lenkzeitblock von 4,5 Stunden entfallen. Der zweite Fahrer hat als Beifahrer Bereitschaftszeit, diese zählt nicht als Arbeitszeit. Ein im Mehrfahrerbetrieb eingesetzter Fahrer kann 45 Minuten seiner „Bereitschaftszeit" als „Fahrtunterbrechung" anrechnen, wenn er den lenkenden Fahrer nicht bei seiner Lenktätigkeit unterstützt.

Zudem gilt als Vorteil, dass die Tagesruhezeit nicht 11, sondern generell nur 9 Stunden beträgt. Im Ein-Fahrer-Betrieb ist eine Verkürzung von 11 Stunden auf 9 Stunden nur dreimal pro Woche zulässig.

Durch die längeren täglichen Lenkzeiten kann auch der 24-Stunden-Zeitraum, in dem eine Tagesruhezeit nach einer Tages- oder Wochenruhezeit liegen muss, nicht aufrecht erhalten werden. Vielmehr gilt ein 30-Stunden-Zeitraum, d. h. die 9-stündige Tagesruhezeit muss in einem Zeitraum von 30 Stunden nach einer Tages- oder Wochenruhezeit liegen.

3.5.2 Notstandsklausel

Für Sie als Fahrer kann sich bei der Anwendung der beschriebenen Regelungen zu den Lenk- und Ruhezeiten ein Problem ergeben, wenn Sie z. B. wegen Staus, Blitzeis oder eines medizinischen Notfalls die Ruhezeiten nicht einhalten können. Für derartige „Notfälle" wurde die sogenannte Notfallklausel (Art. 12 der VO (EG) 561/2006) geschaffen. Wenn die Sicherheit des Straßenverkehrs nicht gefährdet wird, dürfen Sie die Fahrt zum nächsten geeigneten Halteplatz fortsetzen. Unmittelbar nach dem Erreichen des Halteplatzes müssen Sie dies dokumentieren, indem Sie die Art und den Grund der Verzögerung handschriftlich festhalten. Beim analogen Fahrtenschreiber kann dies auf der Rückseite des Schaublattes erfolgen. Beim digitalen Fahrtenschreiber ist ein Tagesausdruck zu erstellen, auf dem der Vermerk gemacht werden muss. Weiterhin kann die Lenkzeit um eine Stunde überschritten werden, um für eine Wochenruhezeit zum Wohnort bzw. der Betriebsstätte zu gelangen (unter außergewöhnlichen Umständen). Wenn die Fahrt vorher für mindestens 30 Minuten unterbrochen wurde, kann die Lenkzeit sogar um bis zu zwei Stunden überschritten werden. Die Lenkzeitverlängerung muss bis zum Ende der dritten Folgewoche ausgeglichen werden.

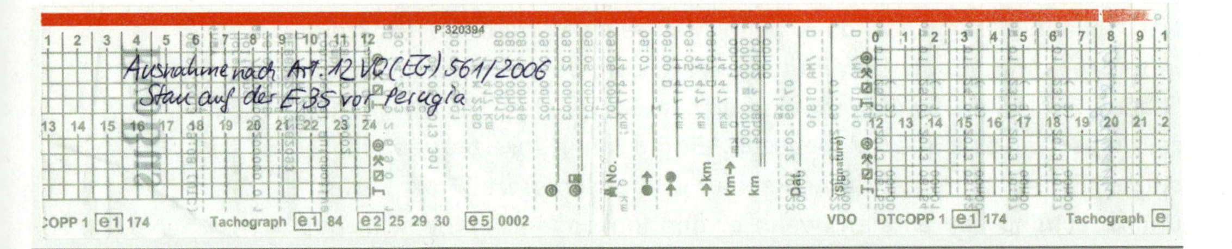

Abbildung 127: Beispiel für handschriftlichen Vermerk

Mit der Anwendung dieser bestehenden Notklausel sollten Sie vorsichtig sein. Der Grund muss **höhere Gewalt** sein, d. h. ein Stau muss unvorhersehbar sein. Ein Stau im Bereich einer großen Baustelle ist zu erwarten und sollte mit einkalkuliert sein. Dadurch wird ein Missbrauch dieser Regelung vermieden.

3.5.3 Nationale Regelungen zu Lenk- und Ruhezeiten (Fahrpersonalverordnung)

Durch die Fahrpersonalverordnung sind die Vorschriften der VO (EG) 561/2006 für weitere Fahrzeugkategorien übernommen worden. Dies betrifft:

1. Fahrzeuge zur Güterbeförderung von 2,8 t bis 3,5 t zGM einschließlich Anhänger.
2. Fahrzeuge zur Personenbeförderung mit mehr als 9 Sitzplätzen im Linienverkehr bis 50 km Linienlänge.

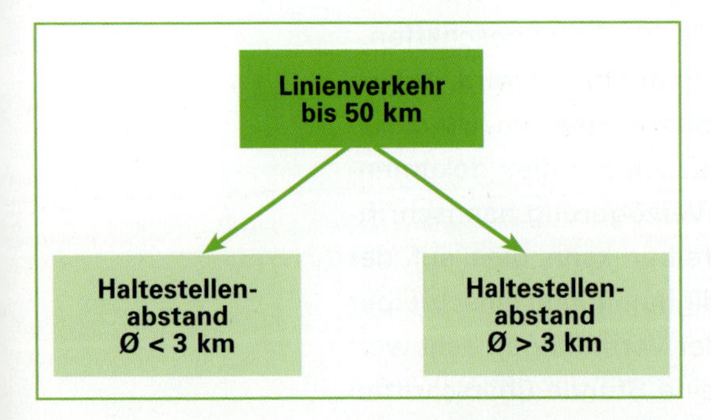

In beiden Bereichen gelten die EG-Sozialvorschriften nach der Verordnung (EG) 561/2006 (Lenkzeiten, Fahrtunterbrechungen und Ruhezeiten). Für die Fahrtenschreiber gelten jedoch abweichende Bestimmungen, die später erläutert werden. Für Linienbusse im **Linienverkehr bis 50 km Linienlänge** gelten jedoch die folgenden dargestellten Sonderregelungen.

Die folgenden Erläuterungen sind daher ausschließlich für Teilnehmer, die die Grundqualifikation Bus erwerben, von Bedeutung. Von dieser Ausweitung sind Sie vor allem dann betroffen, wenn Sie Ihre berufliche Tätigkeit in öffentlichen Verkehrsbetrieben ausüben. Dabei wird dann noch unterschieden, ob der Haltestellenabstand mehr oder weniger als drei Kilometer beträgt.

Abbildung 128: Linienbusse

Fahrtunterbrechung bei im Durchschnitt mehr als drei Kilometern Haltestellenabstand

Die normale Tageslenkzeit beträgt 9 Stunden. Nach einer Lenkzeit von 4,5 Stunden muss eine Unterbrechung von mindestens 30 Minuten eingelegt werden.

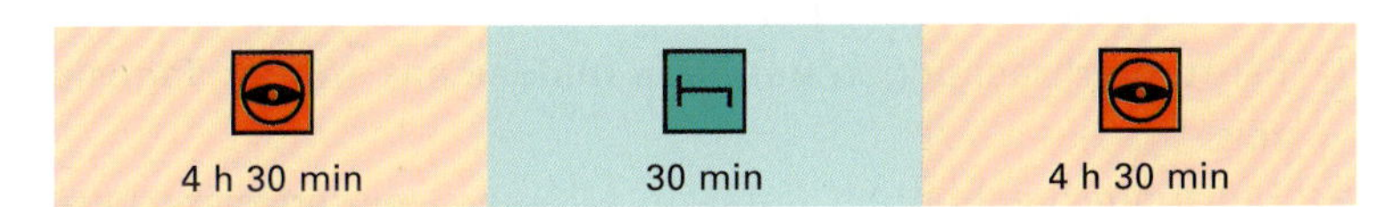

Die Lenkzeitunterbrechung von 30 Minuten kann in zwei Abschnitte von jeweils 20 Minuten oder

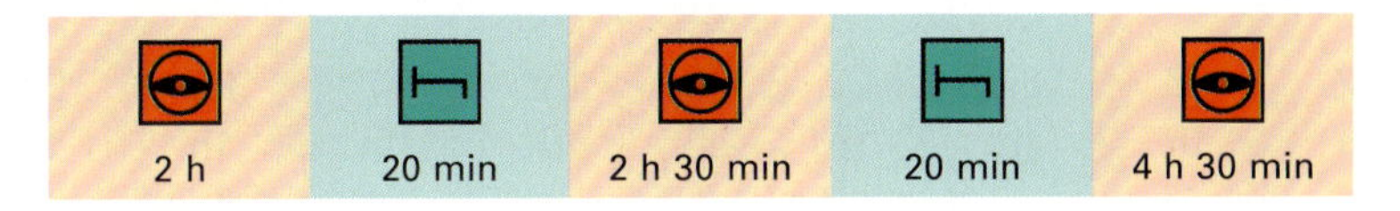

in drei Abschnitte von jeweils 15 Minuten aufgeteilt werden.

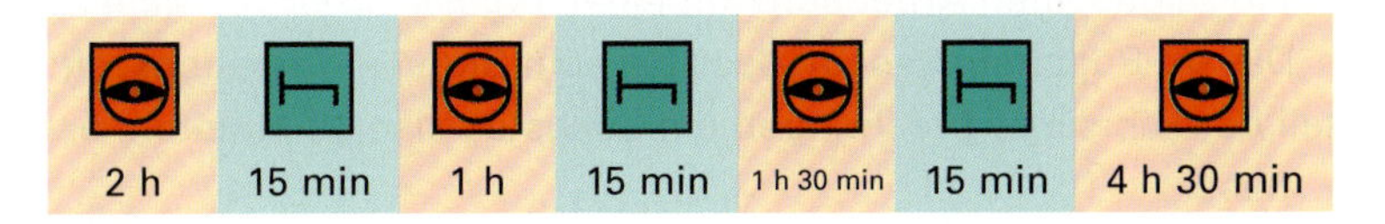

Die Besonderheit bei den Abweichungen besteht darin, dass die vorgesehene Fahrtunterbrechung nur 30 Minuten beträgt. Die bekannte Vorschrift, dass keine Lenkzeitblöcke von mehr als 4,5 Stunden entstehen dürfen, bleibt bestehen.

Auch bei den Regelungen der Fahrpersonalverordnung darf zweimal pro Woche auf 10 Stunden Tageslenkzeit verlängert werden. Als Folge ergibt sich, dass eine weitere Fahrtunterbrechung von 30 Minuten vor der letzten Stunde erforderlich ist.

Wird die vorgesehene Fahrtunterbrechung nicht am Stück genommen, so verlängert sie sich:

- Bei zwei Abschnitten auf 40 Minuten (zweimal 20 Minuten)
- Bei drei Abschnitten auf 45 Minuten (dreimal 15 Minuten)

Fahrtunterbrechung bei im Durchschnitt weniger als drei Kilometern Haltestellenabstand

Für Linienverkehr mit geringen Haltestellenabständen wurde eine Sonderregelung geschaffen. Dadurch lassen sich Fahrtunterbrechungen (FU) besser an die Fahrpläne anpassen. Bei dieser Regel handelt es sich um die **1/6-Regel**. Von ihr darf Gebrauch gemacht werden, wenn folgende Bedingungen erfüllt sind:

1. Fahrtunterbrechungen betragen mindestens 1/6 der Tageslenkzeit
2. Fahrtunterbrechungen unter 10 Minuten werden nicht berücksichtigt
3. Fahrtunterbrechungen müssen in Dienst- oder Fahrplänen berücksichtigt sein

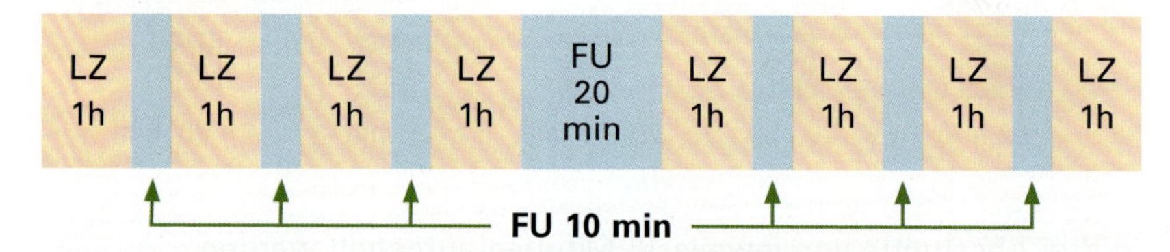

Das Bild zeigte einen Arbeitstag mit einer *Tageslenkzeit* von *acht Stunden*. Die 1/6-Regelung besagt, dass bei acht Stunden Tageslenkzeit der Anteil der Fahrtunterbrechungen ein Sechstel, also 80 Minuten, betragen muss.

Rechnung:

8 Stunden x 60 Minuten	= 480 Minuten Tageslenkzeit
480 Minuten : 6	= 80 Minuten Fahrtunterbrechung

Fahrtunterbrechungen von mindestens acht Minuten können in Einzelfällen auch Berücksichtigung finden, allerdings sind dann betriebliche Ausgleichsmaßnahmen erforderlich. Dies könnte z.B. die Festschreibung einer 1/5-Regelung im Tarifvertrag sein.

Die Regelung zur Fahrtunterbrechung bei mehr als drei Kilometern Haltestellenabstand stellt die strengere Regelung dar. Grundsätzlich darf diese Regelung auch im Linienverkehr mit weniger als drei Kilometern Haltestellenabstand angewendet werden.

Diskutiert wurde oftmals, ob diese Regelung die Forderungen des Arbeitszeitgesetzes nach Ruhepausen erfüllt. Im § 7 Abs. 1 Nr. 2 des Arbeitszeitgesetzes wird die Aufteilung in Kurzpausen für Verkehrsbetriebe erlaubt. Somit erfüllt die beschriebene Regelung der Fahrpersonalverordnung gleichzeitig die Ruhepausenregelung des Arbeitszeitgesetzes.

Wochenruhezeit im Linienverkehr bis 50 km Linienlänge

Nach sechs 24-Stunden-Zeiträumen – so heißt es in der VO (EG) 561/2006 – sind die Fahrer verpflichtet, eine Wochenruhezeit einzulegen. Diese Verpflichtung gilt nicht im Linienverkehr bis 50 km Linienlänge. Dort darf die Wochenruhezeit auf einen Zwei-Wochen-Zeitraum ausgedehnt werden.

Die entsprechende Rechtsgrundlage befindet sich im § 1 Absatz 4 der Fahrpersonalverordnung.

Die Vorschriften bezüglich Doppelwoche, Verkürzung der Wochenruhezeit und Ausgleich bei Verkürzung gelten für den Linienverkehr entsprechend der VO (EG) 561/2006.

Durch diese Regelung wird eine bessere Personalplanung ermöglicht.

3.5.4 Die AETR-Regelungen

Bei Fahrten in Staaten, in denen die EU-Vorschriften nicht gelten, die aber das AETR-Abkommen unterschrieben haben, gilt bezüglich der Lenk- und Ruhezeiten die sog. AETR-Regelung (vgl. die Übersichtskarte auf S. 183). Die Regelungen des AETR gelten dann auf der gesamten Strecke.

BEISPIEL

Fahrer Meier soll Wechselbehälter mit Veranstaltungstechnik nach Russland fahren. Die Fahrt führt von Deutschland über Polen und Weißrussland nach Russland. Russland und Weißrussland sind keine EU-Staaten. Beide Staaten haben jedoch das AETR unterschrieben. Daher gilt das AETR auf der gesamten Strecke, also auch auf den Streckenabschnitten, die innerhalb der EU verlaufen.

Das AETR wurde in weiten Teilen an die VO (EG) 561/2006 angepasst. Ein wesentlicher Unterschied zur EU-Verordnung besteht aber noch: Im AETR dürfen bei der Mehr-Fahrer-Besatzung zwei verkürzte Wochenruhezeiten hintereinander eingelegt werden.

3.5.5 Aufgabenteil

AUFGABE 1

Ihr Unternehmen bekommt den Auftrag, eine Sonderfahrt zum Formel 1 Grand Prix von Spanien in Barcelona durchzuführen. Für das Catering eines Herstellers sollen mehrere Paletten regionaler Getränkespezialitäten gefahren werden. Die Strecke von Hagen nach Barcelona beträgt ca. 1400 km. Der Kunde stellt ein enges Zeitfenster von 24 Stunden, ist aber bereit, eine Mehr-Fahrer-Besatzung zu bezahlen. Ihr Unternehmen plant mit einem Schnitt von 70 km pro Stunde. Planen Sie die Tour und prüfen Sie, ob die Fahrt unter Beachtung der Lenk- und Ruhezeiten möglich ist.

AUFGABE 2

Ein Sie geraten auf der A45 im Winter in einen Eisregen. Die Fahrbahn ist stellenweise extrem glatt, Sie können Ihre Fahrt nur mit geringer Geschwindigkeit fortsetzen. In dieser Situation bekommen Sie ein Problem mit Ihrer ununterbrochenen Fahrzeit. Sie erreichen nach einer Lenkzeit von 4 Stunden und 50 Minuten einen Parkplatz. Wie verhalten Sie sich in dieser Situation?

AUFGABE 3

Sie treten eine Stellung als Fahrer bei einem städtischen Verkehrsunternehmen im Linienverkehr an. Ein Kollege berichtet Ihnen über die Pausenregelung. Er nennt Ihnen drei Beispiele, wie Sie Pausen einlegen können. Beurteilen Sie bitte, ob diese Form der Fahrtunterbrechung im Linienverkehr bei mehr als 3 km Haltestellenabstand wirklich möglich ist.

Beispiel 1

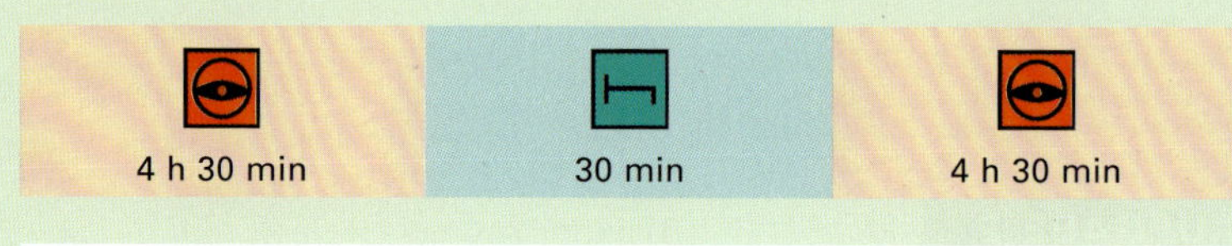

Beispiel 2

Beispiel 3

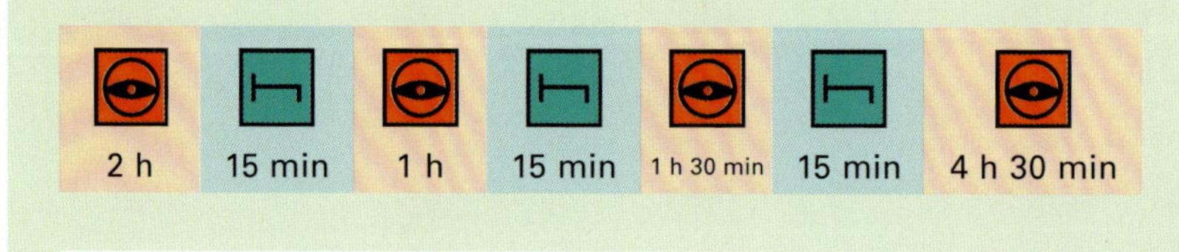

AUFGABE 4

Sie sollen mit einem Kollegen eine Mehr-Fahrer-Besatzung bilden. Sie wohnen nah am Firmengelände, Ihr Kollege wohnt ca. 30 Minuten entfernt. Das Fahrzeug steht bereits vorgeladen auf dem Firmengelände. Die Fahrt führt Sie am Beginn und am Ende der Fahrt am Wohnort des zweiten Fahrers vorbei. Dürfen Sie den Kollegen nach Fahrtbeginn abholen und am Ende der Fahrt früher aussteigen lassen?

AUFGABE 5

Es sollen Maschinenteile von Hagen nach Minsk (Weißrussland) befördert werden. Welche Vorschriften sind bezüglich der Sozialvorschriften zu beachten? Müssen unterschiedliche Vorschriften im innergemeinschaftlichen Streckenabschnitt und in Weißrussland angewendet werden?

AUFGABE 6

Sie fahren in einem kommunalen Verkehrsbetrieb im Linienverkehr bis 50 km und einem Haltestellenabstand von weniger als 3 km. Für die Fahrtunterbrechungen gilt dann die sogenannte 1/6-Regelung. Kontrollieren Sie, ob im folgenden Beispiel die 1/6-Regelung eingehalten wird.

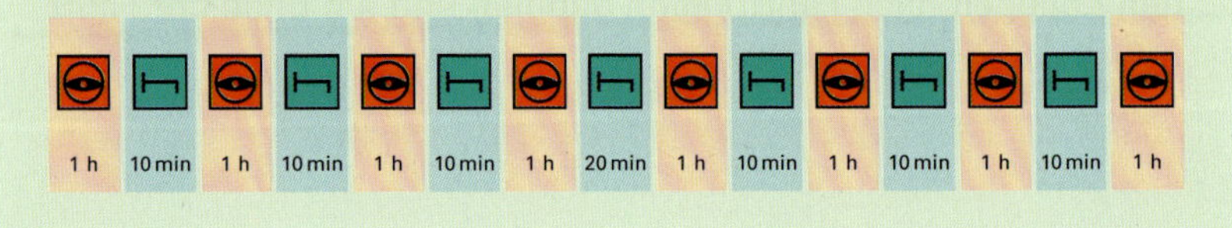

AUFGABE 7

Im Gespräch mit einigen Kollegen kommt die Frage auf, wie die täglichen Fahrten zur Firma einzustufen sind. Ein Kollege meint, dass dies Arbeitszeit ist, ein weiterer Kollege vertritt die Auffassung, dass diese Zeit nur als Arbeitszeit gilt, wenn das Fahrzeug an einem Ort übernommen wird, der nicht der Standort des Fahrzeuges ist. Was ist richtig?

Sie wissen:

- ✔ Welche Regelungen bei einer Mehr-Fahrer-Besatzung gelten.
- ✔ Wann die sogenannte Notstandsklausel angewendet werden darf und was dabei zu beachten ist.
- ✔ Welche Fahrzeuge unter die Fahrpersonalverordnung fallen.
- ✔ Welche Regelungen für Busse im Linienverkehr bis 50 km Linienlänge gelten.

3.6 Der analoge Fahrtenschreiber

Sie sollen die Funktionsweise und die richtige Bedienung des analogen Fahrtenschreibers kennen.

FAHREN LERNEN **C**
Lektion 1

FAHREN LERNEN **D**
Lektion 17

3.6.1 Rechtliche Grundlagen

Mit folgenden Kontrollmitteln können Lenk- und Ruhezeiten überprüft werden:

- Analoger Fahrtenschreiber
- Digitaler Fahrtenschreiber
- Tageskontrollblätter

Analoge und digitale Fahrtenschreiber sind für Fahrzeuge erforderlich, die in den Geltungsbereich der VO (EG) 561/2006 fallen, *zum Beispiel:*

- Gelegenheitsverkehr mit einem Reisebus
- Güterbeförderung mit einem Sattelzug zGM 40 t
- Linienverkehr bei einer Linienlänge von mehr als 50 km

Für diese drei Beispiele gilt die „Fahrtenschreiberverordnung" VO (EU) 165/2014. Diese Fahrzeuge besitzen entweder ein analoges oder ein digitaler Fahrtenschreiber, der von den Fahrzeugführern zu benutzen ist.

Seit dem 1. Mai 2006 ist der digitale Fahrtenschreiber für **Neufahrzeuge** vorgeschrieben. „Neufahrzeuge" bezieht sich

- in der Personenbeförderung auf Fahrzeuge mit mehr als neun Sitzen, einschließlich Fahrersitz (außer Linienbusse im Linienverkehr bis 50 km Linienlänge).
- in der Güterbeförderung auf Kfz mit mehr als 3,5 t zulässiger Gesamtmasse.

Bei älteren Fahrzeugen, die nach dem 1. Januar 1996 zugelassen wurden, besteht die Pflicht zur Ausrüstung mit einem digitalen Fahrtenschreiber, wenn das herkömmliche Gerät ersetzt werden muss. Diese **Nachrüstpflicht** betrifft:

- Fahrzeuge zur Personenbeförderung mit einer zulässigen Gesamtmasse von mehr als 10 t
- Fahrzeuge zur Güterbeförderung mit einer zulässigen Gesamtmasse von mehr als 12 t

Im Bereich des Personenverkehrs nimmt der **Linienverkehr bis 50 km Linienlänge** eine Sonderrolle ein. Er fällt unter die Fahrpersonalverordnung, ist aber von deren Aufzeichnungspflichten befreit. Die Fahrzeuge müssen nicht mit einem Kontrollmittel ausgerüstet sein. Die meisten Linienbusse sind allerdings freiwillig mit Kontrollgräten ausgestattet (flexiblerer Einsatz möglich).

Verfügt der Linienbus im Linienverkehr bis 50 km Länge über einen analogen Fahrtenschreiber, darf der Fahrer nachfolgende Regelung anwenden: Auf dem Schaublatt darf an Stelle des Namens des Fahrzeugführers das amtliche Kennzeichen oder die Betriebsnummer des jeweiligen Fahrzeugs eingetragen werden. Die Aufzeichnung der Daten erfolgt somit fahrzeugbezogen und nicht fahrerbezogen.

Bei Linienbussen im Linienverkehr bis 50 km Linienlänge und Ausrüstung mit digitalem Fahrtenschreiber kann auf das „Stecken" der Fahrerkarte verzichtet werden. Der digitale Fahrtenschreiber zeichnet die fahrzeugbezogenen Daten in den Massenspeicher.

Im **AETR-Verkehr** kann das Fahrzeug sowohl mit einem analogen als auch mit einem digitalen Fahrtenschreiber ausgestattet sein.

3.6.2 Der analoge Fahrtenschreiber

Das Gerät

Der Fahrtenschreiber nach VO (EU) 165/2014 ist für folgende Kfz vorgeschrieben:

- KOM ab 8 Fahrgastplätzen
- Kfz zur Güterbeförderung mit mehr als 3,5 t zGM

Dies ergibt sich aus der EG (VO) 561/2006. Seit dem 1. Mai 2006 dürfen in Neufahrzeuge nur noch digitale Fahrtenschreiber eingebaut werden.

Beim analogen Fahrtenschreiber werden die Wegimpulse mechanisch erfasst und an den Fahrtenschreiber weitergeleitet. Die Weiterleitung der Wegimpulse, die am Schaltgetriebe gemessen werden, kann mechanisch über Antriebswellen oder elektronisch erfolgen. Bei der mechanischen Weiterleitung ist ein Zwischengetriebe erforderlich. Dabei werden die Hinterachsübersetzung und der wirksame Hinterraddurchmesser mitberücksichtigt. Bei der elektronischen Weiterleitung ist dies nicht erforderlich. Dort wird die erfasste Drehzahl direkt im System in die tatsächlich gefahrene Geschwindigkeit umgerechnet und angezeigt.

Um Manipulationen zu verhindern, sind für den analogen Fahrtenschreiber **Plomben** vorgeschrieben. Das Gerät selbst und alle lösbaren Verbindungen der Übertragungseinrichtung müssen verplombt sein. Um Manipulationen und Defekte an Fahrtenschreibern zu verhindern, sind regelmäßig wiederkehrende Prüfungen vorgeschrieben. Alle zwei Jahre ist eine Tachoprüfung durchzuführen. Dabei wird geprüft, ob die festgesetzten Messwerte weiterhin stimmen (Soll-/Istwertvergleich). Außerdem wird der Zustand des Gerätes und der Plombierungen geprüft. Sollten sich Abweichungen ergeben, wird nachjustiert. Die Ergebnisse der Prüfung werden auf einem Einbauschild im Gerät festgehalten. Dieses Schild enthält folgende Angaben:

- Datum der letzten Prüfung
- Wirksamer Reifenumfang
- Wegimpulse pro Kilometer
- Die letzten acht Ziffern der Fahrzeugidentifizierungsnummer
- Gerätenummer des Fahrtenschreibers

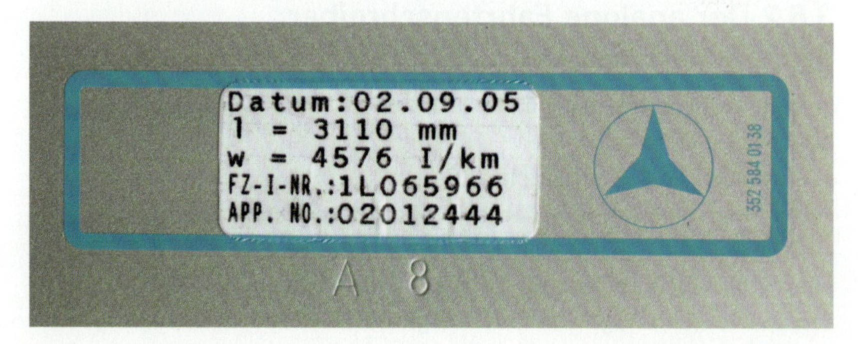

Abbildung 129: Einbauschild mit Plombierfolie

Um Manipulation an diesem Schild zu verhindern, wird über dieses Schild eine Plombierfolie geklebt.

Prüfungen des Fahrtenschreibers sind auch durchzuführen,

- wenn ein Gerät eingebaut wird
- nach einer Reparatur
- wenn die Wegdrehzahl oder der wirksame Reifenumfang geändert wurden.

Durchgeführt werden darf die Fahrtenschreiberprüfung von den Herstellern der Geräte und ihren autorisierten Partnern.

Abbildung 130: Analoger Fahrtenschreiber

Bei den analogen Fahrtenschreibern gibt es jedoch nicht nur Unterschiede im Hinblick auf die Übertragung des Geschwindigkeitssignals. Die Bauform der Geräte hat sich im Laufe der Zeit verändert. Abbildung 132 zeigt den herkömmlichen Fahrtenschreiber genauer: Es zeigt ein Zwei-Fahrer-Automatik-Gerät. Bei diesen Geräten befinden sich die Geschwindigkeitsanzeige und die Einrichtungen zur Aufzeichnung der Zeitgruppen in einer Baugruppe. Die im Bild gezeigten Elemente müssen vorhanden sein.

Schlüssel:
Zum ordnungsgemäßen Betrieb muss das Gerät abgeschlossen sein. Der Schlüssel kann und sollte allerdings im Schloss verbleiben.

Zeitgruppenschalter Fahrer 1/Fahrer 2:
Diese Schalter befinden sich in aller Regel oberhalb oder unterhalb des Gerätes. Beide Zeitgruppenschalter ermöglichen die Positionen Ruhezeit, Bereitschaftszeit und Arbeitszeit.

Scheibenwechsel:
Die Diagrammscheibe von Fahrer 1 ist grundsätzlich die Scheibe, welche direkt an den Nadeln für den Aufschrieb liegt. Besitzt das Fahrzeug nur einen Zeitgruppenschalter, so handelt es sich um ein Ein-Fahrer-Gerät. Wenn Sie das Gerät öffnen, sind drei Nadeln zu erkennen. Diese

Nadeln zeichnen die zurückgelegte Wegstrecke, die Tätigkeit und die gefahrene Geschwindigkeit auf. Auf der Diagrammscheibe von Fahrer 2 wird nur die Tätigkeit (Zeitgruppe) aufgezeichnet.

Geschwindigkeitswarnlampe:
Diese Lampe signalisiert dem Fahrer, dass er eine zuvor eingestellte Geschwindigkeit, z.B. 80 km/h, überschritten hat.

Uhr/Funktionskontrolle der Uhr:
Die Uhr ist auf die Uhrzeit des Zulassungslandes einzustellen. Eine Einrichtung zur Funktionsprüfung der Uhr ist zwingend vorgeschrieben. Dies kann durch verschiedene Möglichkeiten erfolgen:

1. Eine sich bewegende rot-weiße Scheibe
2. Ein Sekundenzeiger
3. Eine sich mittig im Uhrwerk drehende Scheibe

Funktionskontrollleuchte für den Aufschrieb:
Diese Leuchte signalisiert, wenn das Gerät nicht korrekt aufzeichnet. Ursächlich kann sein:

1. Keine Scheibe eingelegt
2. Gerät nicht verschlossen
3. Schaden am Gerät

Vor der Einführung des digitalen Tachos wurde der analoge Tacho bereits weiterentwickelt. In zahlreichen Fahrzeugen wurden sogenannte modulare oder EG-Flach-Tachographen verwendet. Bei diesen Geräten ist die Geschwindigkeitsanzeige von der Einheit für die Aufzeichnungen auf den Diagrammscheiben getrennt. Die Vorteile liegen im geringeren Platzbedarf und in der höheren Manipulationssicherheit.

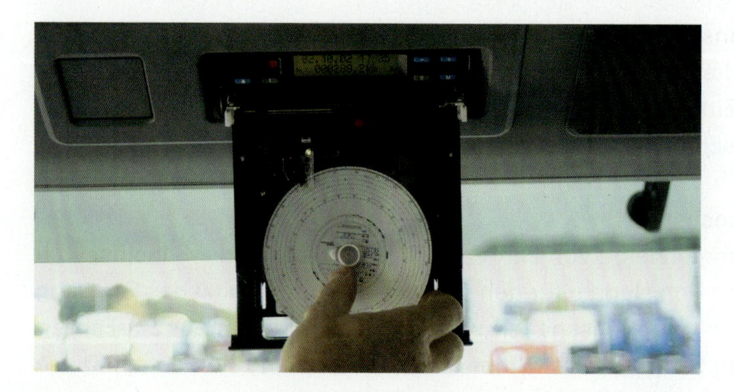

Abbildung 131: Modularer Tachograph

Bei diesem System handelt es sich bereits um einen Tachographen, der vollständig elektronisch arbeitet. Der modulare Tacho ist in die Bordelektronik eingebunden. Der Aufschrieb erfolgt allerdings weiterhin auf den herkömmlichen Diagrammscheiben. Der Aufschrieb auf der Diagrammscheibe wird elektronisch überwacht und erhöht somit die Sicherheit und Zuverlässigkeit. Es gibt den modularen Tachographen in der Ein- und Zwei-Fahrer-Ausführung. Die Diagrammscheiben müssen beim Fahrerwechsel weiterhin getauscht werden.

Bei beiden analogen Fahrtenschreibern muss zum ordnungsgemäßen Betrieb eine Diagrammscheibe eingelegt werden. Die Schaublätter dürfen nicht verschmutzt oder eingerissen sein. Um zu erkennen, welche Diagrammscheibe für einen bestimmten Tachographen verwendet werden darf, müssen Sie das Einbauschild des Fahrtenschreibers mit der Rückseite der Diagrammscheibe vergleichen. Auf dem Einbauschild befindet sich ein kleines [e...] mit einer Ziffer, hinter diesem Prüfzeichen befindet sich eine weitere Zahl. Auf den Rückseiten der Diagrammscheiben befinden sich zahlreiche Zahlen in Verbindung mit den Prüfzeichen. Die Diagrammscheibe ist geeignet, wenn Sie die Kombination vom Einbauschild auf der Rückseite finden.

BEISPIEL

Die Bilder zeigen, dass die im Gerät genannte Nr. [e1] 37 sich auch in der Auflistung auf der Rückseite der Diagrammscheibe befindet. Wenn jetzt auch noch der Geschwindigkeitsbereich übereinstimmt, darf die Scheibe verwendet werden.

Das Einbauschild enthält jedoch nicht nur Angaben zur richtigen Diagrammscheibe. Folgende weitere Angaben sind unter anderem darauf zu finden:

- Hersteller
- Typbezeichnung
- Produktionsnummer
- Herstellungsjahr

Neben dem Abgleich des Prüfzeichens ist auch auf den Geschwindigkeitsbereich zu achten. Wird eine Diagrammscheibe mit einem falschen Geschwindigkeitsbereich verwendet, so werden dort falsche Geschwindigkeiten aufgeschrieben. Das kann für Sie als Fahrer schwerwiegende Folgen haben. In der Rechtsprechung wird dies als Straftat (Fälschen einer technischen Aufzeichnung) bewertet.

3.6.3 Die Diagrammscheibe

Beschreibung der Vorderseite

Abbildung 132:
Vorderseite einer Diagrammscheibe

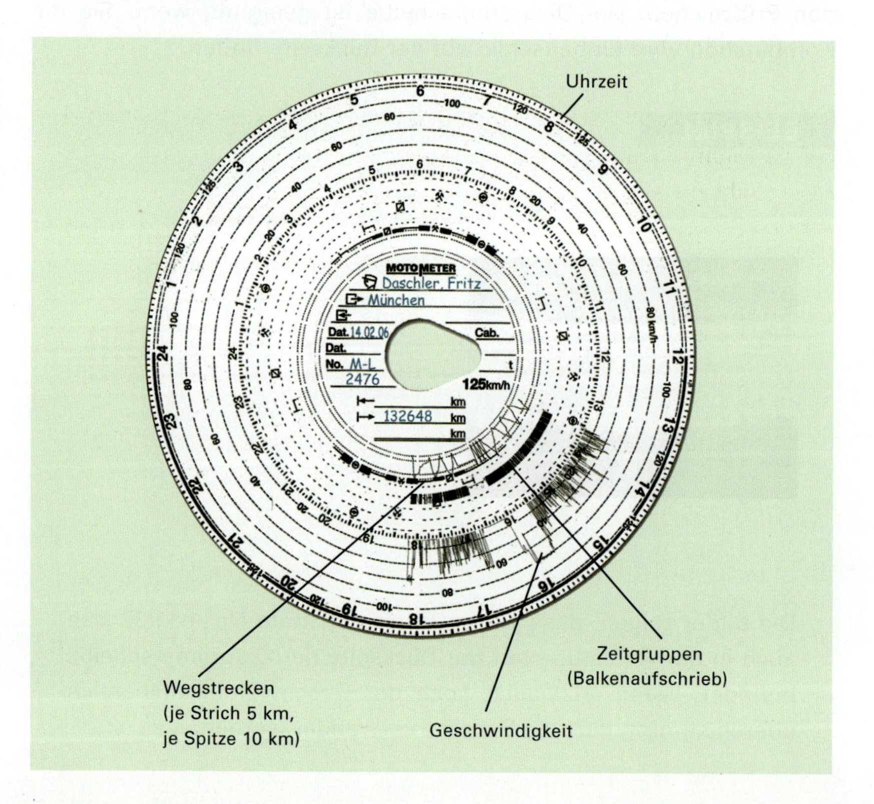

Die Diagrammscheibe stellt einen 24-Stunden-Zeitraum dar. Dieser ist am Rand der Scheibe aufgedruckt. Die Diagrammscheibe wird bei den herkömmlichen analogen Fahrtenschreibern über die Form des Loches in der Mitte zentriert. Dadurch stimmt die Uhrzeit des Gerätes mit der aufgezeichneten Uhrzeit überein.

An die Zeitskala schließt sich das Feld für den Geschwindigkeitsaufschrieb an. Die Geschwindigkeit wird als vertikaler Ausschlag mit aufgezeichnet. Über diesen Aufschrieb lässt sich z. B. auch eine Aussage treffen, ob der Fahrer den Kraftomnibus gleichmäßig und somit wirtschaftlich bewegt hat.

An die Geschwindigkeitsskala schließt sich der Bereich für die Zeitgruppen an. In diesem Bereich wird die Tätigkeit der Fahrzeugbesatzung mit unterschiedlichen Liniendicken dargestellt:

1. Lenkzeit	sehr dicker Balken
2. Arbeitszeit	dicker Balken
3. Bereitschaftszeit	Balken
4. Ruhezeit	Strich

Das letzte Feld, in dem der Fahrtenschreiber Aufzeichnungen macht, ist die Kilometerskala. Die in diesem Bereich entstehende „Zick-Zack-Linie" gibt Aufschluss darüber, wie viele Kilometer gefahren wurden. Jeder Querstrich über das Feld entspricht fünf Kilometern. Jeder „Zacken" bedeutet somit zehn gefahrene Kilometer.

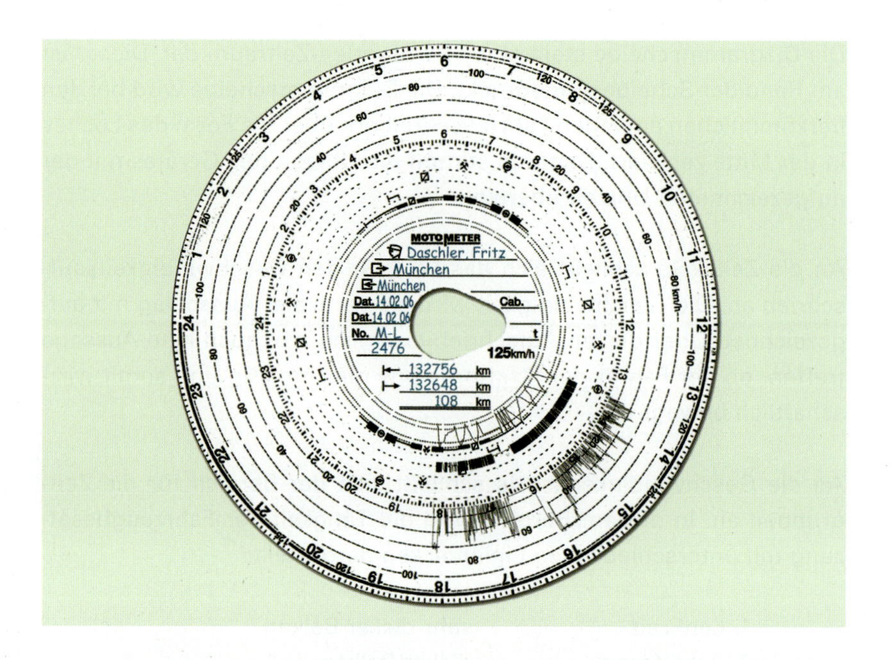

Die abgebildete Diagrammscheibe liefert folgende Informationen:

Höchstgeschwindigkeit: 80 km/h

Erste Pause: 16:05 Uhr

Dauer der Pause: 30 Minuten, von 16:05 bis 16:35 Uhr

Lenkzeit: von 13:30 bis 16:05 Uhr

Lenkzeit: von 16:35 bis 18:10 Uhr

Gefahrene Strecke: 108 km

Im inneren Bereich der Diagrammscheibe sind Eintragungen durch den Fahrer erforderlich. Entsprechende Felder sind vorgegeben und auf Diagrammscheiben verschiedener Hersteller grundsätzlich gleich angeordnet.

Beschreibung der Rückseite

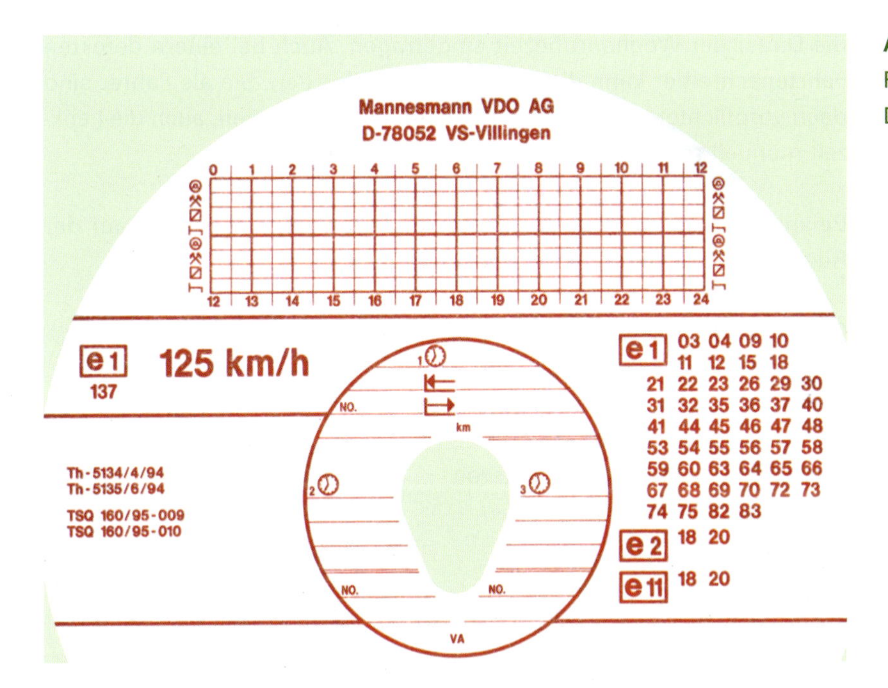

Abbildung 133: Rückseite einer Diagrammscheibe

Das Bild zeigt im oberen Teil der Rückseite zunächst eine Tabelle. Die Tabelle umfasst einen 24-Stunden-Zeitraum. Die Felder der Tabelle ermöglichen dem Fahrzeugführer, seine Zeitgruppen manuell zu notieren. Diese Tabelle kann genutzt werden, um den vorgeschriebenen Nachtrag nach Art. 15 Abs. 2 VO (EWG) 3821/85 (andere Arbeiten, Bereitschaftszeiten und Tagesruhezeiten) vorzunehmen, wenn diese Zeiten nicht technisch aufgezeichnet werden.

BEISPIEL

Um 17:30 Uhr beendet Lkw-Fahrer Meier seinen Arbeitstag. Die Diagrammscheibe wird entnommen. Von 17:30 Uhr bis 24:00 Uhr wird auf der Rückseite ein Eintrag in der Zeitgruppe Ruhezeit durchgeführt. Am nächsten Morgen um 6:00 Uhr legt Meier eine neue Diagrammscheibe ein. Erneut wird auf der Rückseite die Ruhezeit bis 6:00 Uhr im Feld Ruhezeit vermerkt. Somit hat Meier seine Zeiten lückenlos dokumentiert.

Für die Wochenruhezeit können ebenfalls Schaublätter, die mit Namen und Datum versehen sind, verwendet werden. In der Tabelle wird dann die Dauer der Wochenruhezeit eingetragen. Auch bei einem defekten Fahrtenschreiber kann die Tabelle genutzt werden. Sie als Fahrer sind dann verpflichtet, neben den vorgenannten Zeitgruppen, auch die Lenkzeit manuell zu erfassen.

Beispiel für den lückenlosen Nachweis folgender Tätigkeiten auf der Rückseite einer Diagrammscheibe:

06:00 – 07:00 Uhr Bereitschaftszeit
07:00 – 11:30 Uhr Lenkzeit
11:30 – 12:15 Uhr Fahrtunterbrechung
12:15 – 14:00 Uhr Lenkzeit
14:00 – 15:00 Uhr Bereitschaftszeit
15:00 – 17:00 Uhr Lenkzeit

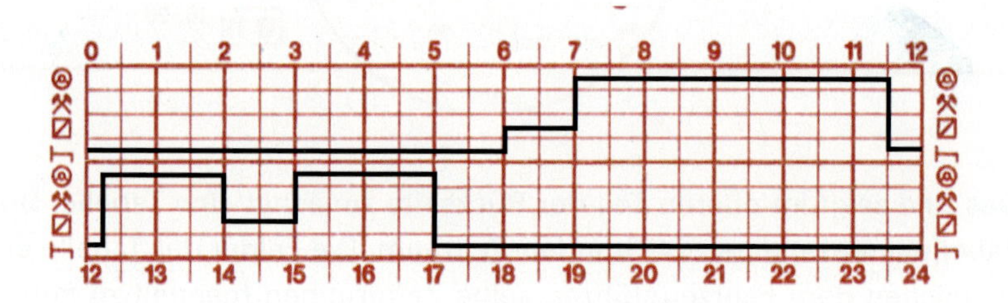

Der nächste wichtige Bereich auf der Rückseite sind die Prüfzeichen mit den dahinter stehenden Ziffern. Auf dem Einbauschild steht das entsprechende Prüfzeichen, z. B. e1, dahinter steht eine Ziffer. Diese Einheit muss ebenfalls auf der Rückseite der Diagrammscheibe stehen. Zusätzlich ist der Geschwindigkeitsbereich auf der Rückseite der Diagrammscheibe angegeben.

Im mittleren Bereich der Diagrammscheibe befindet sich ein Feld für weitere Eintragungen durch den Fahrzeugführer.

In diesem Bereich wird der Fahrzeugwechsel vermerkt. Bis zu drei Fahrzeugwechsel sind bei dieser Diagrammscheibe möglich. Sind weitere Wechsel erforderlich, so müssen diese gesondert vermerkt werden.

3.6.4 Ausfüllen der Diagrammscheibe

Ausfüllen vor der Fahrt

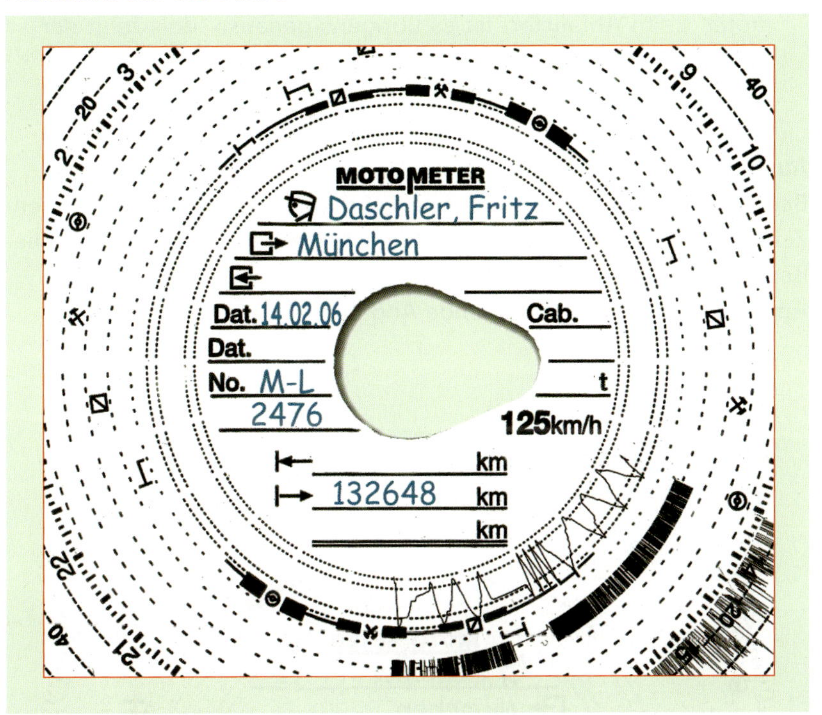

Zu Fahrtbeginn sind auf der Vorderseite folgende Eintragungen zu machen:

- Vor-/Zuname
- Abfahrtsort
- Abfahrtsdatum
- Kennzeichen
- Abfahrtskilometer

Beim Abfahrtort reicht die Stadt, es muss kein Stadtteil oder gar eine Adresse angegeben werden.

Beim Kennzeichen wird grundsätzlich das Kennzeichen des Kraftfahrzeuges eingetragen. Ob ein Anhänger mitgeführt wird, ist für den Betrieb des Fahrtenschreibers nicht von Bedeutung.

Bei den Abfahrtkilometern werden oftmals Fehler gemacht. Um am Ende der Fahrt die gefahrenen Kilometer besser berechnen zu können, werden die Abfahrtkilometer auf dem mittleren Strich notiert.

PRAXIS-TIPP

Dort, wo der Pfeil weg zeigt, handelt es sich um die Abfahrtkilometer. Beim Abfahrtort ist es übrigens genauso, dort zeigt der Pfeil ebenfalls weg.

Ausfüllen nach der Fahrt

Beendet der Fahrzeugführer seine Fahrt oder endet ein 24-Stunden-Zeitraum, entnimmt er die Diagrammscheibe und füllt diese abschließend aus.
Am Ende der Fahrt sind folgende Angaben zu ergänzen:

- Ankunftsort
- Ankunftsdatum
- Ankunftskilometer
- gefahrene Wegstrecke

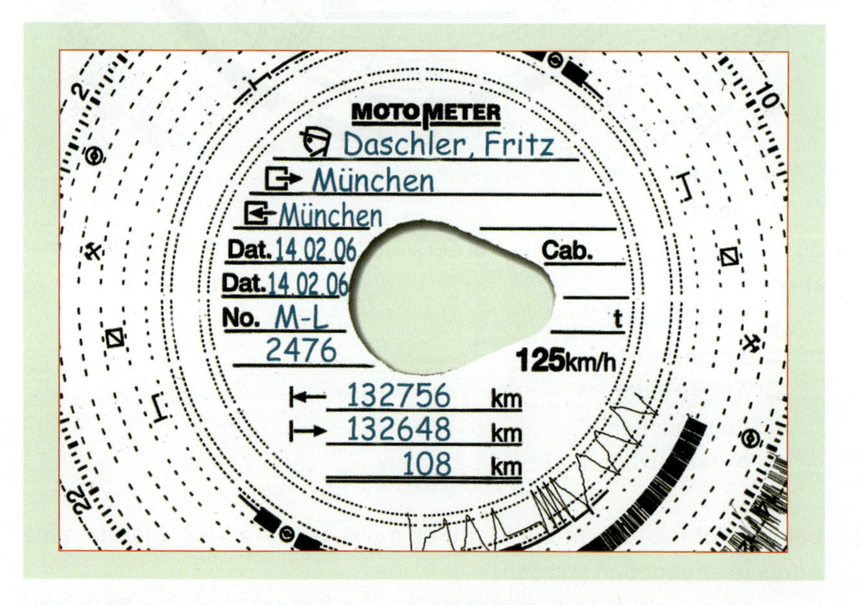

An dieser Stelle noch einmal der Hinweis, dass die Ankunftskilometer oben einzutragen sind.

Beim Ausfüllen der Diagrammscheiben sollte auch auf das richtige Einlegen hingewiesen werden. Zunächst darf die Diagrammscheibe nicht geknickt werden, da so kein richtiger Aufschrieb möglich ist. Das Justieren der Diagrammscheibe über die Öffnung in der Mitte wurde bereits erwähnt. Häufig werden die Diagrammscheiben verkehrt herum eingelegt. Die Scheibe muss immer mit der Geschwindigkeitsskala zu den Nadeln eingelegt werden!

Eintragungen bei Fahrzeugwechsel

Wechselt ein Fahrer im Laufe eines 24-Stunden-Zeitraumes das Fahrzeug, so hat er die Scheibe mitzunehmen. Zunächst muss er im bisher bewegten Kraftfahrzeug alle am Ende der Fahrt erforderlichen Angaben machen. Die Vorderseite ist also komplett auszufüllen. Wird das andere Kraftfahrzeug in Betrieb genommen, sind auf der Rückseite beim ersten Fahrzeugwechsel unter Punkt eins folgende Angaben zu machen:

- Uhrzeit des Fahrzeugwechsels
- Abfahrtkilometer (Pfeil zeigt weg)
- Kennzeichen des Kfz

Am Ende der Fahrt mit diesem Kraftfahrzeug sind folgende Angaben zu ergänzen:

- Ankunftskilometer
- Gefahrene Kilometer

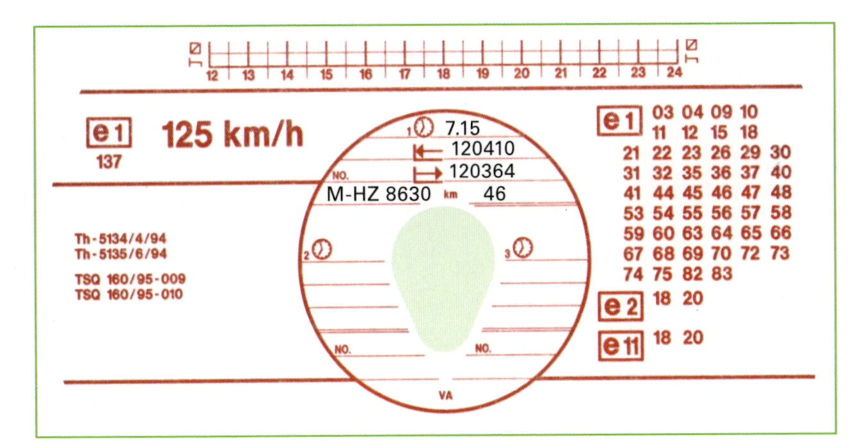

Abbildung 134: Eintragung bei Fahrzeugwechsel

3.6.5 Aufgabenteil

AUFGABE 1

Ist die abgebildete Diagrammscheibe in dem Fahrtenschreiber verwendbar?

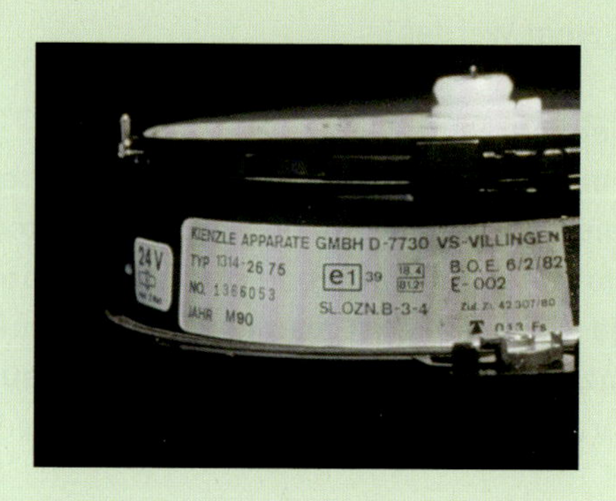

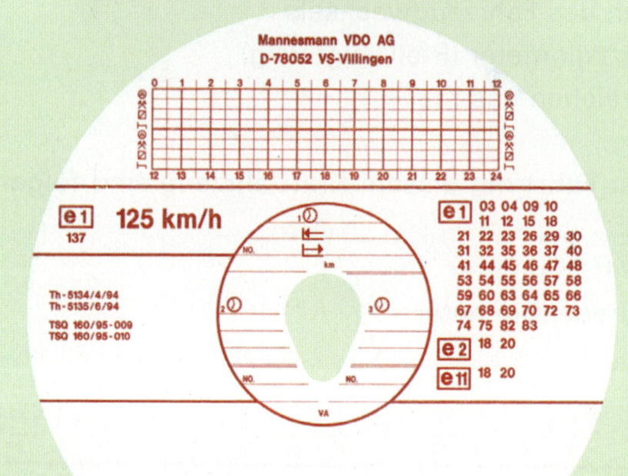

AUFGABE 2

Werten Sie die abgebildete Diagrammscheibe aus!

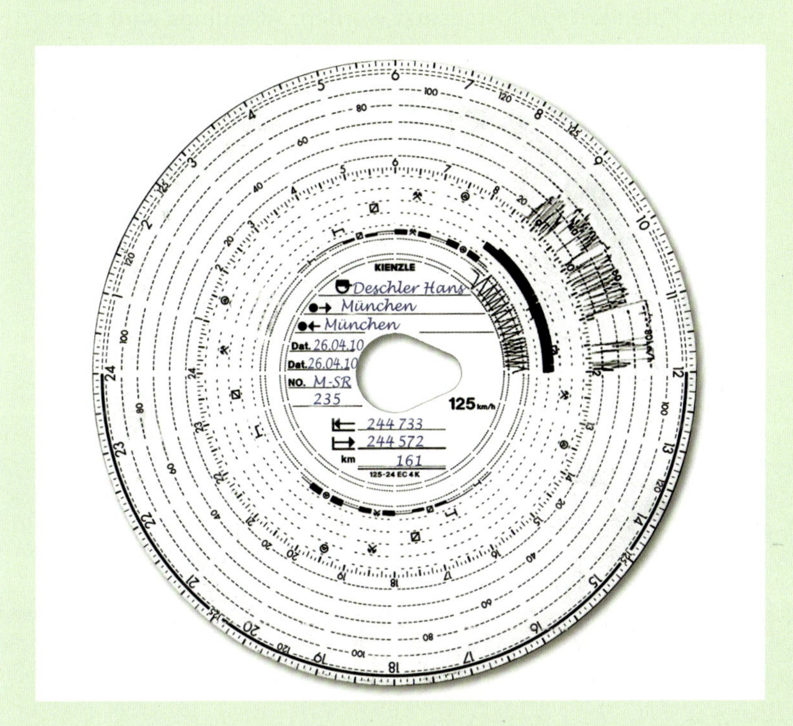

Welche Höchstgeschwindigkeit wurde gefahren?

Wann wurde die erste Pause eingelegt?

Wie lang war die Tageslenkzeit?

Wieviel Kilometer wurden gefahren?

AUFGABE 3

Ihr analoger Fahrtenschreiber ist defekt, die Fahrt darf bis zu sieben Kalendertage fortgesetzt werden. Allerdings sind handschriftliche Aufzeichnungen erforderlich. Die Rückseite der Diagrammscheibe kann für entsprechende Aufzeichnungen genutzt werden. Versuchen Sie, folgende Zeiten manuell nachzutragen:

00:00 Uhr bis 05:00 Uhr	Ruhezeit
05:00 Uhr bis 06:30 Uhr	Sonstige Arbeiten
06:30 Uhr bis 11:00 Uhr	Lenkzeit
11:00 Uhr bis 11:45 Uhr	Fahrtunterbrechung
11:45 Uhr bis 15:00 Uhr	Lenkzeit
Ab 15:00 Uhr	Ruhezeit

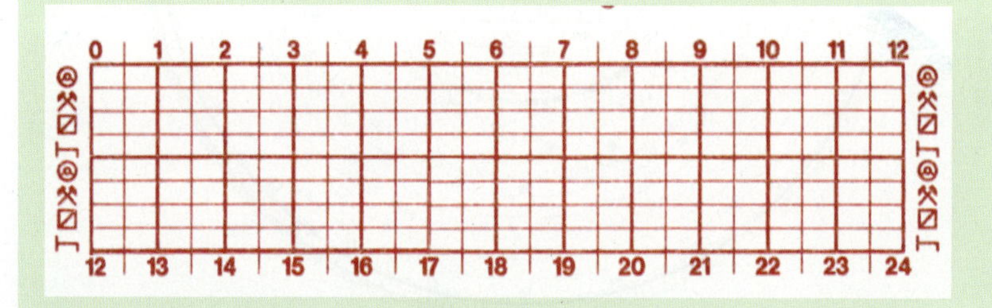

AUFGABE 4

Überprüfen Sie, ob bei den Zeiten nach Aufgabe 3 die Vorgaben der VO (EG) 561/2006 erfüllt sind.

AUFGABE 5

a) Welche Angaben müssen Sie zu Fahrtbeginn auf der Diagrammscheibe vermerken? Tragen Sie Beispieldaten ein.

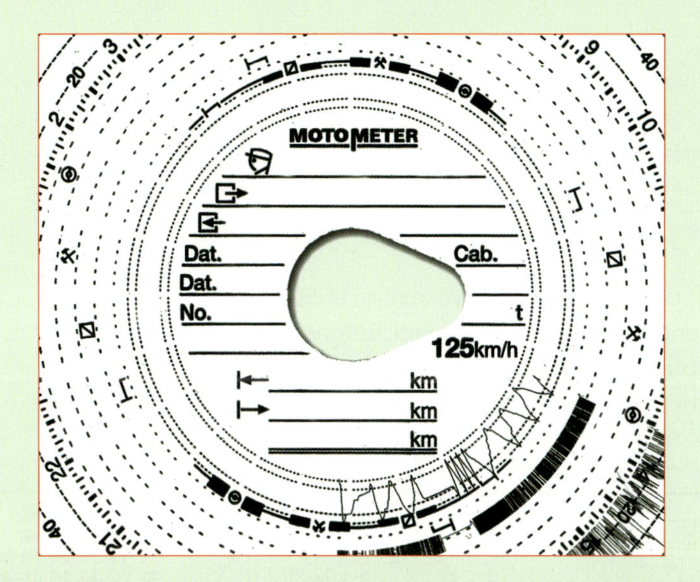

b) Welche Angaben sind am Fahrtende erforderlich? Tragen Sie Beispieldaten ein.

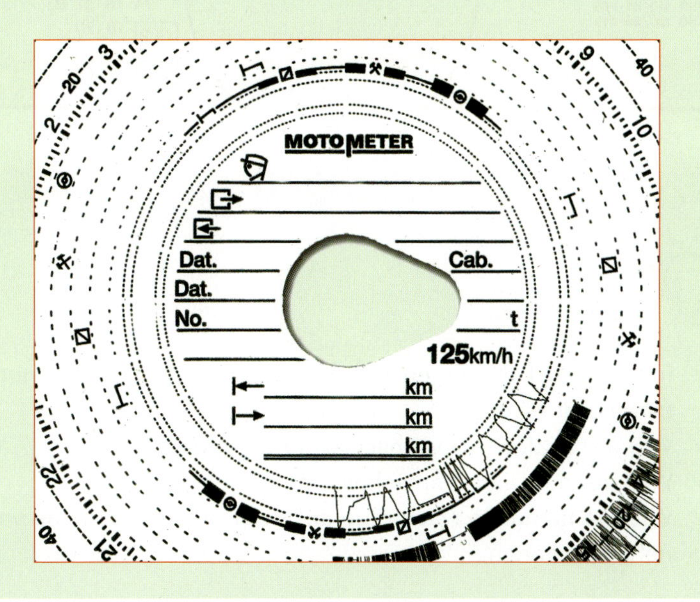

AUFGABE 6

Führen Sie zwei weitere Fahrzeugwechsel durch, tragen Sie diese auf der abgebildeten Rückseite der Diagrammscheibe ein!

1)
Uhrzeit des Fahrzeugwechsels: 11.46 Uhr
Kennzeichen des neuen Fahrzeuges: FFB – L 275
Abfahrtkilometer: 31923
Ankunftskilometer am Ende der Fahrt: 32004

2)
Uhrzeit des Fahrzeugwechsels: 14.50 Uhr
Kennzeichen des neuen Fahrzeuges: FS – KL 740
Abfahrtkilometer: 9402
Ankunftskilometer am Ende der Fahrt: 9424

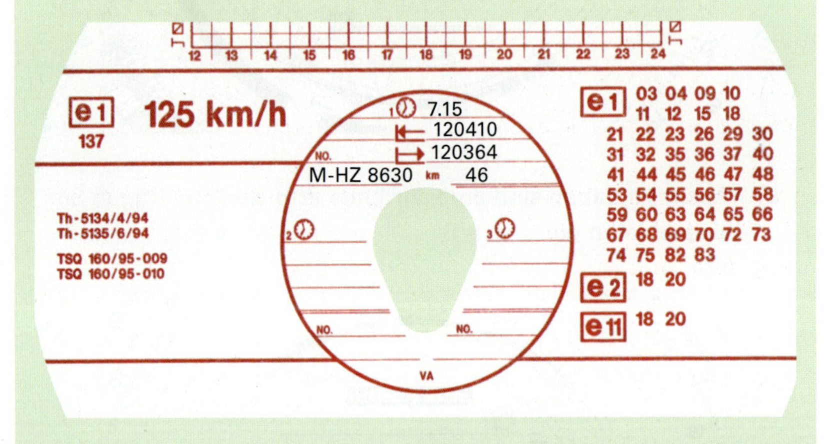

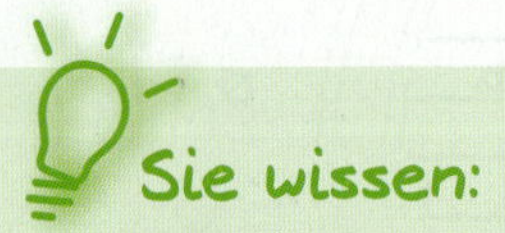

Sie wissen:

- In welchen Fahrzeugen der analoge Fahrtenschreiber noch eingesetzt wird.
- Wie der analoge Fahrtenschreiber aufgebaut ist.
- Was auf der Diagrammscheibe aufgezeichnet wird.
- Wie Sie manuelle Nachträge auf der Diagrammscheibe vornehmen können.

3.7 Gesamtsystem digitaler Fahrtenschreiber

FAHREN LERNEN **C**
Lektion 1

FAHREN LERNEN **D**
Lektion 17

Sie sollen die Funktionsweise des digitalen Fahrtenschreibers kennen.

3.7.1 Rechtliche Grundlagen

Der Einführungstermin für den digitalen Fahrtenschreiber war der 1. Mai 2006. Seitdem ist der digitale Fahrtenschreiber für alle Neufahrzeuge, die in den Geltungsbereich der EG (VO) 561/2006 fallen, verpflichtend vorgeschrieben.
Rechtliche Grundlage war die „Kontrollgeräteverordnung" VO (EWG) 3821/85, die von der VO (EU) Nr. 165/2014 abgelöst wurde.

Was ist neu in der VO (EU) Nr. 165/2014?

Die Verordnung ist am 1. März 2014 in Kraft getreten, die Regelungen sind ab 2. März 2016 anzuwenden. Inhalt der Neuregelungen zum Fahrtenschreiber ist vor allem die Weiterentwicklung des Fahrtenschreibers zu einem „intelligenten Fahrtenschreiber" und die Vermeidung von Manipulationen durch Fernkommunikation. Zudem wurde durch die VO (EU) 165/2014 die VO (EG) 561/2006 an bestimmten Stellen geändert (u. a. Aufnahme der „Handwerkerklausel").

3.7.2 Fahrtenschreiberkarten

Das Gesamtsystem digitaler Fahrtenschreiber besteht aus den erforderlichen Chipkarten und den im Fahrzeug verwendeten Komponenten.

Es gibt folgende Fahrtenschreiberkarten:

- Fahrerkarte
- Unternehmerkarte
- Werkstattkarte
- Kontrollkarte

Die Fahrtenschreiberkarten dienen zur Speicherung von Daten. Sie ermöglichen den Zugriff auf Daten vom Massenspeicher des Gerätes sowie den Ausdruck von Daten. Außerdem gibt es Karten mit Einstellungs- und Kalibrierungsfunktionen.

Fahrerkarte

Beantragung der Fahrerkarte

Die Fahrerkarte muss in dem EU-Staat beantragt werden, in dem der Fahrer seinen Wohnsitz hat. Für den Antrag der Fahrerkarte ist eine gültige Fahrerlaubnis nach Muster 1 der Anlage 8 der Fahrerlaubnis-Verordnung (FeV) erforderlich. Dies bedeutet, dass jeder, der im Besitz eines gültigen Kartenführerscheins ist, antragsberechtigt ist. Ein Nachweis über ein bestehendes Beschäftigungsverhältnis ist im Normalfall nicht erforderlich.

Insgesamt sind für den Antrag folgende Unterlagen vorzuweisen:

- Kartenführerschein
- Personalausweis, alternativ Pass mit Meldebestätigung in Deutschland
- Passfoto

Übersicht Ausgabestellen (PDF)

Die für die Aushändigung der Fahrerkarte zuständigen Stellen variieren in den einzelnen Bundesländern. Hilfe bietet hier das KBA, dort kann unter **www.kba.de** eine aktuelle Liste der zuständigen Stellen abgefragt werden.

Die Fahrerkarte ist fünf Jahre gültig und muss danach neu beantragt werden. Jeder Fahrer darf maximal eine Fahrerkarte besitzen. Die Fahrerkarte ist personenbezogen. Auf der Fahrerkarte sind folgende Informationen ablesbar:

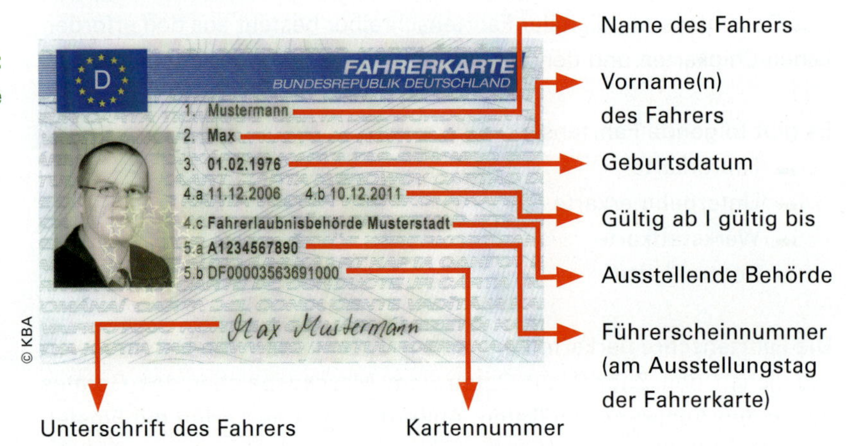

Abbildung 135: Fahrerkarte

Die wesentliche Funktion der Fahrerkarte ist die Speicherung von Daten bei Verwendung der Fahrerkarte im digitalen Fahrtenschreiber. Wird die Karte im Fahrtenschreiber eingesetzt, speichert sie:

- Angaben zu den benutzten Fahrzeugen
- Angaben zu den Tätigkeiten des Fahrers
- Daten über Ereignisse oder Störungen
- Daten über Kontrollaktivitäten

Bereits auf der Karte gespeichert sind Daten zur

- Karte selbst (z. B. Kartennummer/Gültigkeit)
- Identität des Karteninhabers
- Fahrerlaubnis

Die Speicherkapazität der Fahrerkarte reicht mindestens für die Fahrtätigkeiten von 28 Tagen aus. Erfahrungsgemäß sind wesentlich mehr Tage auf der Karte gespeichert. Ist die Speicherkapazität des Chips erschöpft, werden die ältesten Datensätze überschrieben.

Verlust/Diebstahl/Fehlfunktion der Fahrerkarte

In der täglichen Praxis kann es beim Umgang mit den Fahrerkarten zu

- Beschädigungen
- Fehlfunktionen
- Verlust
- Diebstahl

von Fahrerkarten kommen. In diesen Fällen hat der Fahrer die Pflicht, innerhalb von sieben Kalendertagen einen Antrag auf Ersetzen der Karte zu stellen. Er darf 15 Kalendertage ohne Fahrerkarte fahren. Dem Antrag sind die bereits oben genannten Anlagen beizufügen. Bei beschädigter Karte ist die defekte Fahrerkarte zurückzugeben. Bei Verlust oder Diebstahl ist eine schriftliche Erklärung des Verlustes bzw. bei Diebstahl ein Nachweis über eine Anzeige zu erbringen. Die alte Fahrerkarte wird für ungültig erklärt und eine neue Karte wird ausgestellt. Betrug die Restlaufzeit der alten Karte weniger als 6 Monate, wird eine vollkommen neue Fahrerkarte ausgestellt. Nach Antragsstellung auf eine Ersatzkarte hat die Behörde fünf Tage Zeit, um die Ersatzkarte auszustellen.

Fahrt ohne Fahrerkarte bei Verlust/Diebstahl/Fehlfunktion

Wird in den genannten Fällen ohne Fahrerkarte gefahren, sind einige Verhaltensweisen zu beachten.

Vor Fahrtbeginn:

- Tagesausdruck aus dem Massenspeicher des Fahrtenschreibers anfertigen
- Auf dem Ausdruck Vor- und Zuname ergänzen
- Nummer des Führerscheines oder der Fahrerkarte ergänzen
- Auf dem Ausdruck unterschreiben

Mit diesen Angaben zu Fahrtbeginn erklärt der Fahrer, dass er das Fahrzeug nun übernimmt. Alle ab diesem Zeitpunkt im Massenspeicher gespeicherten Aktivitäten sind nun dem Fahrer zuzuordnen.

Nach Fahrtende:

- Tagesausdruck aus dem Massenspeicher des Fahrtenschreibers anfertigen
- Auf dem Ausdruck Vor- und Zuname ergänzen
- Nummer des Führerscheines oder der Fahrerkarte ergänzen
- Auf dem Ausdruck unterschreiben

Mit dem zweiten Ausdruck am Ende der Fahrt schließt der Fahrer den Tag ab. Die Zeiten zwischen dem ersten und zweiten Ausdruck sind nun eindeutig ihm zuzuordnen.

Unternehmenskarte

Antragsberechtigt sind Unternehmen, die Kraftfahrzeuge einsetzen, die in den Geltungsbereich der VO (EG) 561/2006 fallen. Die Unternehmenskarte besitzt eine Gültigkeit von fünf Jahren. Mit Hilfe der Unternehmenskarte können die Daten aus dem Fahrtenschreiber angezeigt, ausgedruckt und heruntergeladen werden. Sollen die Fahrerdaten heruntergeladen werden, so muss neben der Unternehmenskarte die Fahrerkarte im Fahrtenschreiber gesteckt sein.

Abbildung 136: Unternehmenskarte, Vorderseite

Wird ein Fahrzeug neu in Betrieb genommen, besteht die Möglichkeit, eine Unternehmenssperre zu setzen. Wird vor der Erstinbetriebnahme die Unternehmenskarte gesteckt, findet ein Lock-In statt. Damit sind bis zum Lock-Out (Einstecken der Karte bei Abgabe des Fahrzeuges) alle Daten für unbefugte Dritte gesperrt. Zum Lock-Out kommt es automatisch, wenn mit einer anderen Unternehmenskarte eine Sperre eingeschaltet wird.

Das Unternehmen muss am Fahrtenschreiber angemeldet sein. Ist das Unternehmen nicht korrekt angemeldet, kann es zu Bußgeldern kommen. Beim VDO-Fahrtenschreiber DTCO 1381 kann dies über folgende Menüführung kontrolliert werden:

- Im Stand „ok“ betätigen und Menü aufrufen
- Auswahl „Anzeige Fahrzeug“ mit „ok“ bestätigen
- „Unternehmen“ auswählen mit „ok“ bestätigen

Nun sollte der Firmenname erscheinen.

Die Unternehmenskarte wird benötigt, um Daten aus dem Massenspeicher herunterzuladen. Bei neueren Fahrtenschreibern ab Oktober 2011 wird die Unternehmenskarte nicht mehr benötigt, um die Daten der Fahrerkarte herunterzuladen.

Die Unternehmenskarte kann und darf nicht zum Fahren verwendet werden. Neben den Daten zur Karte und zur Identität des Karteninhabers werden auf der Unternehmenskarte Aktivitäten wie das Setzen von Sperren oder das Herunterladen von Daten aus Massenspeicher und Fahrerkarte protokolliert. Die Anzahl der Unternehmenskarten pro Unternehmen ist nicht begrenzt, allerdings können auf eine Kartennummer nur 62 Karten ausgestellt werden.

Werkstattkarte

Die Werkstattkarte wird an Hersteller von zugelassenen Fahrtenschreibern, Installateure, Fahrzeughersteller und anerkannte Werkstätten ausgegeben. Die Werkstattkarte dient der Kalibrierung, Prüfung und Einstellung des digitalen Fahrtenschreibers. Zudem können mit der Werkstattkarte Daten aus dem Massenspeicher und von den Fahrerkarten heruntergeladen werden.
Zusätzlich werden auf der Werkstattkarte folgende Daten gespeichert:

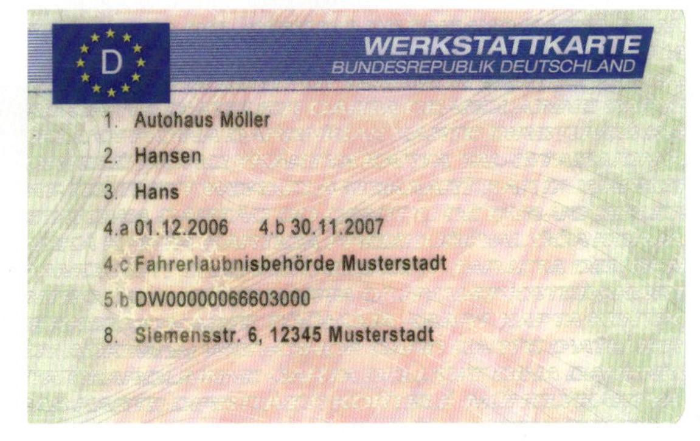

Abbildung 137: Werkstattkarte, Vorderseite

- Mindestens vier Datensätze von gefahrenen Fahrzeugen
- Fahrtätigkeiten für mindestens einen Tag
- Ereignis-/Störungsdaten
- Datensätze für Beginn/Ende Arbeitstag

- Kalibrierungsdaten
- Anzahl der durchgeführten Kalibrierungen

Werkstattkarten sind nur ein Jahr gültig. Die Werkstattkarte dient nicht zu Probefahrten, dafür kann das Gerät auf die Einstellung „Out of Scope" gestellt werden. Probefahrten fallen nicht in den Geltungsbereich der Verordnung (EG) 561/2006.

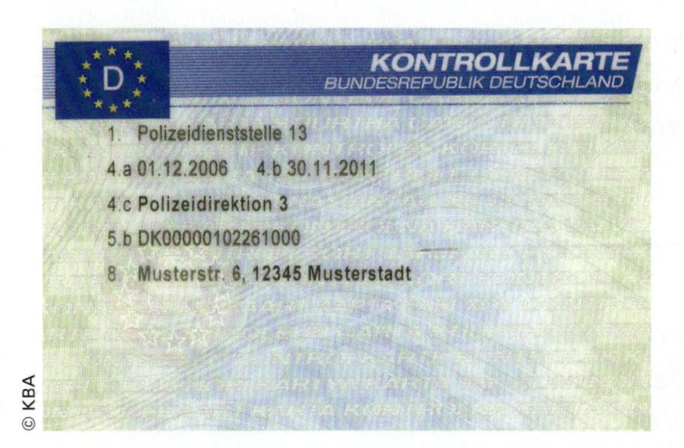

© KBA

Abbildung 138: Kontrollkarte, Vorderseite

Kontrollkarten

Diese Karten werden nur an die für die Kontrolle zuständigen Behörden ausgegeben. Mit diesen Karten ist es möglich, sämtliche Daten aus dem Massenspeicher und von den Fahrerkarten herunterzuladen. Diese Karte weist beim Einstecken in den Fahrtenschreiberschacht den Beamten als berechtigt aus. Neben den Daten zur Karte und zur zuständigen Behörde speichert diese Karte die Kontrollaktivitäten und protokolliert diese.

3.7.3 Das Gesamtsystem digitaler Fahrtenschreiber

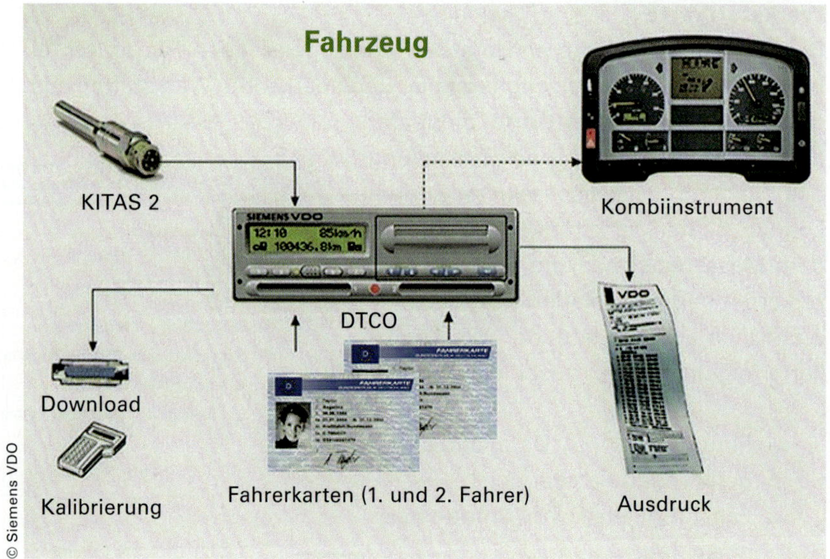

© Siemens VDO

Abbildung 139: Bestandteile des DTCO-Systems

Der digitale Fahrtenschreiber besteht im Wesentlichen aus:

- Weg-/Geschwindigkeitsgeber
- Verbindungskabeln zur Signalübertragung
- Fahrzeugeinheit

Der Weg-/Geschwindigkeitsgeber wird in dem Bild als KITAS bezeichnet. KITAS steht für Kienzle Tachographen Sensor. Dabei handelt es sich um ein Impuls- oder Zahnrad, welches die Drehzahl erfasst und in ein elektrisches Signal umwandelt. Dieses Signal liefert an den Massenspeicher somit Weg- und Geschwindigkeitsangaben in Echtzeit. Diese Daten halten fest, ob das Fahrzeug steht oder fährt. So entscheidet das Gerät, ob Lenkzeit oder keine Lenkzeit vorliegt.

3.7.4 Die Fahrzeugeinheit

Zurzeit sind in der EU Geräte der Hersteller Siemens VDO, Stoneridge, Actia und Intellic zugelassen (Abbildungen 140–143).

An der Fahrzeugeinheit sehen Sie zunächst das Display. Es gibt Ihnen zahlreiche Informationen zur Bedienung des Fahrtenschreibers.

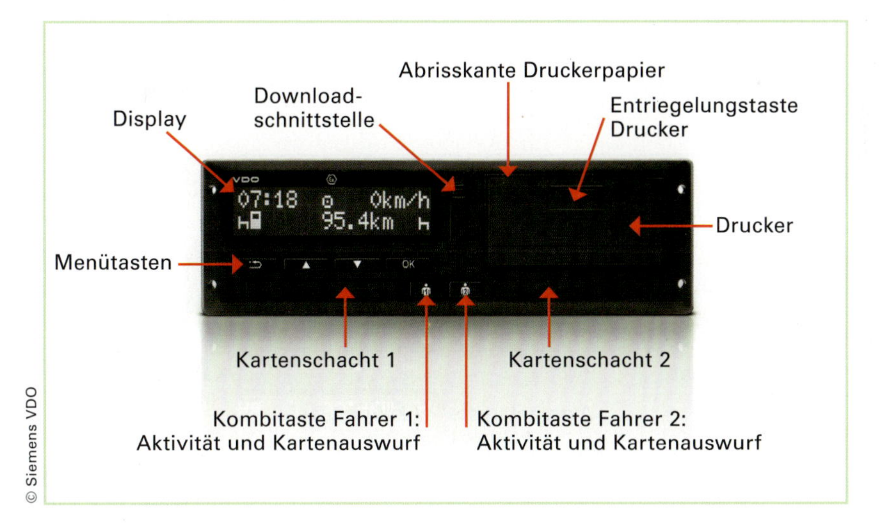

Abbildung 140: Digitaler Fahrtenschreiber DTCO von Siemens VDO

Abbildung 141:
Digitaler Fahrtenschreiber SE5000 von Stoneridge

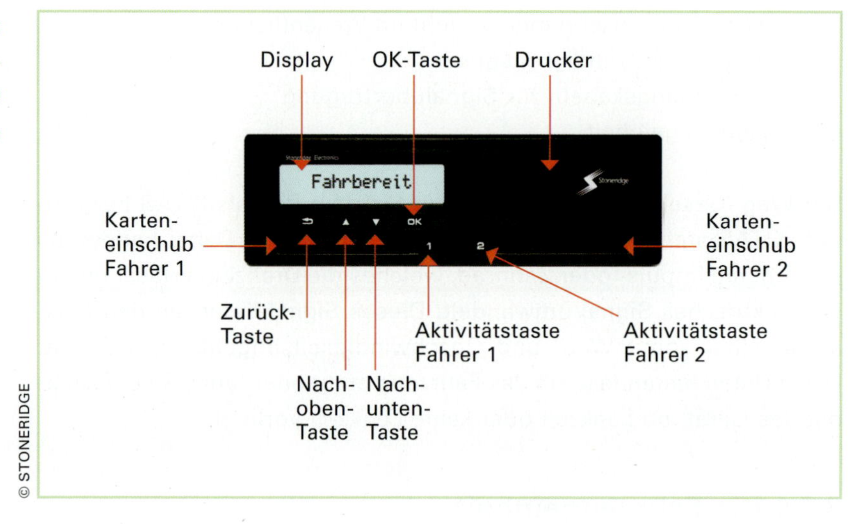

Da sich die Gestaltung des Geräts und die Menüführung von Hersteller zu Hersteller unterscheidet, kann an dieser Stelle nur ein Gerät detaillierter beschreiben werden. **Die Darstellungen auf den folgenden Seiten beziehen sich daher auf den digitalen Fahrtenschreiber von Siemens VDO (DTCO).**

Abbildung 142:
Digitaler Fahrtenschreiber Smartach von Actia

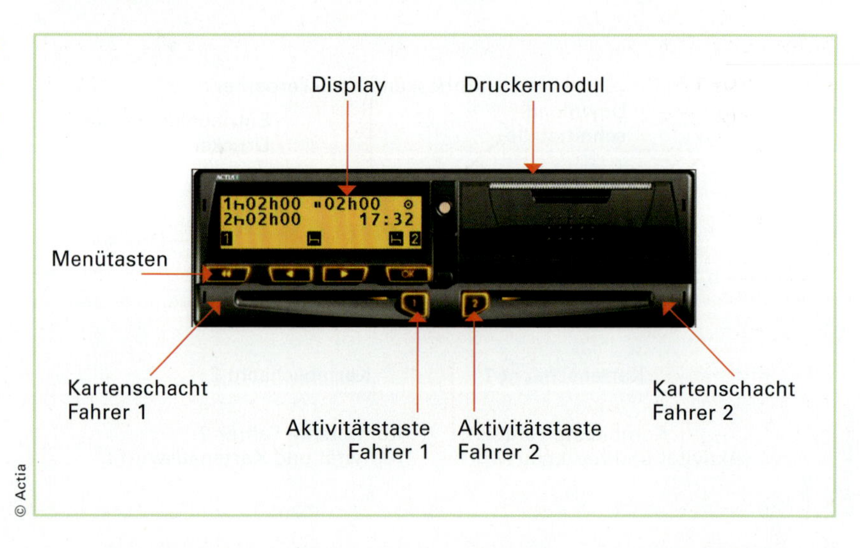

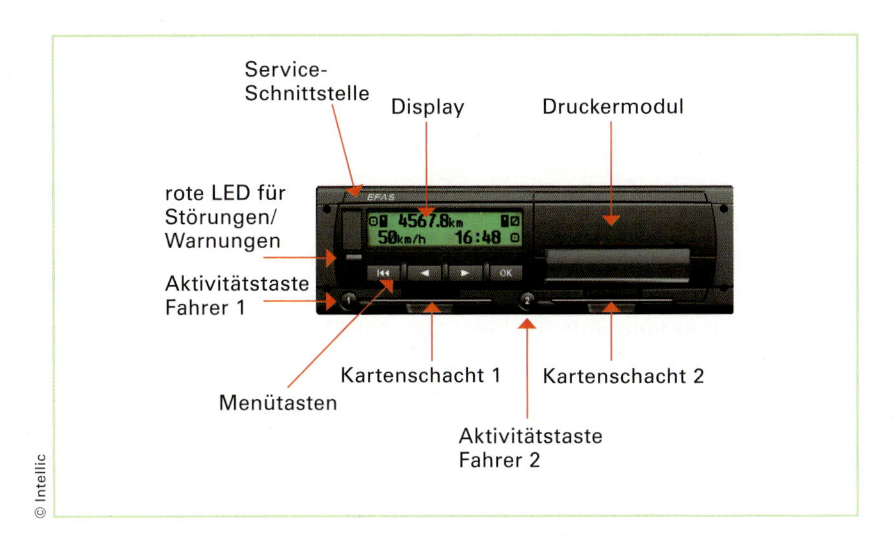

Abbildung 143: Digitaler Fahrtenschreiber Efas von Intellic

Bei älteren Modellen gibt es für jeden Kartenschacht eine Auswurf- und eine Aktivitätstaste. Das neueste Modell von VDO verbindet beide Funktionen in einer Taste – kurzer Druck ändert die Zeitgruppe, langer Druck wirft die Karte aus. Ein Auswurf ist nur bei stehendem Fahrzeug und eingeschalteter Zündung möglich.

Äußerlich nicht zu erkennen ist der **Massenspeicher**. Im Massenspeicher werden alle Fahrer und Zweitfahrer, die das Fahrzeug bewegt haben, gespeichert. Die Datensätze enthalten neben den persönlichen Daten alle Informationen über:

- Lenkzeit
- Lenkzeitunterbrechung
- Sonstige Arbeiten
- Bereitschaftszeiten
- Ruhezeiten
- Zurückgelegte Kilometer
- Gefahrene Geschwindigkeiten über einen Zeitraum von 24 Lenkstunden

Die Daten umfassen mindestens einen Zeitraum von 365 Kalendertagen. Lediglich Daten, die vom Fahrer manuell eingegeben worden sind, befinden sich nicht im Massenspeicher. Diese Daten sind ausschließlich auf der Fahrerkarte gespeichert.

Ein weiterer Bestandteil der Fahrzeugeinheit ist der **Drucker**. Mit Hilfe des Druckers können unterschiedliche Ausdrucke aus dem Massenspeicher und von der Fahrerkarte angefertigt werden. Sie werden in erster Linie Tagesausdrucke anfertigen. Zusätzlich können mit der Fahrerkarte aber auch Ausdrucke über Ereignisse und Störungen angefertigt werden.
Der Unternehmer muss die von den Fahrerkarten und aus dem Massenspeicher kopierten Daten sowie Ausdrucke der Fahrer gemäß FPersG ein Jahr lang aufbewahren. Das ArbZG sowie das Steuerrecht schreiben jedoch noch längere Aufbewahrungsfristen vor. Damit die Ausdrucke lesbar bleiben, darf nur bauartgenehmigtes Thermopapier verwendet werden.

Das **Downloadinterface** wird verwendet, um die Fahrzeugeinheit mit anderen Geräten beim Herunterladen der Daten zu verbinden.
Die **Menütaste** dient dazu, verschiedene Funktionen und Eintragungen beim Betrieb des Fahrzeuges durchzuführen. Sie besteht aus einem Schalter, der mehrere Funktionen gleichzeitig erfüllt.

Seit 1. Oktober 2011 dürfen nur noch Fahrtenschreiber der zweiten Generation verbaut werden. Wesentliche Änderungen gegenüber älteren Geräten sind:

- Höhere Manipulationssicherheit
- Die „1-Minuten-Regel"
- Vereinfachte Eingabe von Nachträgen in Ortszeit
- Neue Geschwindigkeitsmessfunktion
- Vereinfachter Download von der Fahrerkarte
- Kürzere Downloadzeiten

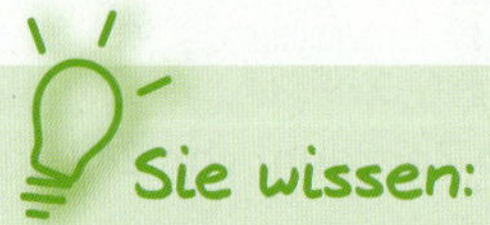

- ✔ Welche Fahrtenschreiber es gibt.
- ✔ Was auf der Fahrerkarte gespeichert wird.
- ✔ Was Sie tun müssen, wenn die Fahrerkarte defekt ist, verloren geht oder gestohlen wird.
- ✔ Wie der digitale Fahrtenschreiber aufgebaut ist und welche Gerätetypen es gibt.

3.8 Bedienung des digitalen Fahrtenschreibers – Grundlagen

FAHREN LERNEN **C**
Lektion 1

FAHREN LERNEN **D**
Lektion 17

Sie sollen die Grundlagen der Bedienung kennen.

3.8.1 Die UTC-Zeit

Die Daten aller Fahrten sollen vergleichbar und eindeutig sein. Die VO (EG) 561/2006 gilt in der gesamten Europäischen Union. Jedoch bestehen innerhalb Europas unterschiedliche Zeitzonen. Um die Daten sofort auswerten zu können, musste es eine Einigung hinsichtlich der Systemuhrzeit geben. Beim analogen Fahrtenschreiber lag die Zeit des Zulassungslandes zugrunde. Beim digitalen Fahrtenschreiber hat man sich auf die weltweit standardmäßig geltende „Greenwich Mean Time" (GMT) geeinigt. Diese Zeit gilt generell in

- England
- Island
- Irland
- Portugal

Die GMT entspricht der UTC-Zeit (Universal-Time-Coordinated) und kennt keine Sommerzeit. Abhängig von der Zeitzone kann innerhalb Europas eine Abweichung von bis zu drei Stunden zwischen der Orts- und der UTC-Zeit bestehen. Die nebenstehende Karte zeigt die Zeitzonen und ihre Differenzen zur UTC-Zeit.

Abbildung 144: Zeitzonen in Europa

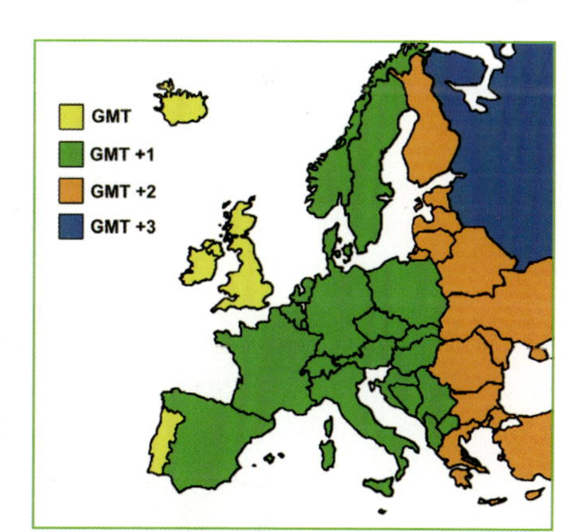

Zeitzonen	Staaten
00:00 (UTC)	GB/P/IRL/IS
+ 01:00 h	A/B/CZ/CY/D/DK/E/F/H/I/L/M/NL/PL/S/SK/SLO
+ 02:00 h	BG/EST/FIN/GR/LT/LV/RO/TR
+ 03:00 h	RUS

AUFGABE

Wie weicht die Ortszeit in Deutschland von der UTC-Zeit ab?

Eine Ortszeit wird durch Subtraktion in die UTC-Zeit umgerechnet:

FORMEL

UTC-Zeit = Ortszeit minus Zeitzone

Eine Besonderheit beim Umgang mit der UTC-Zeit ist die Sommerzeit. Gilt in einem Land die Sommerzeit, muss die Stunde Sommerzeit zusätzlich mit abgezogen werden.

FORMEL

UTC-Zeit = Ortszeit minus Zeitzone minus Sommerzeit

BEISPIELE

1. Fahrt zwischen Frankreich und Deutschland im August um 11:00 Uhr Ortszeit entspricht UTC 09:00 Uhr

UTC = Ortszeit minus Zeitzone minus Sommerzeit
= 11:00 Uhr – 1 h – 1 h
= 09:00 Uhr

2. Fahrt zwischen Frankreich und Deutschland im November um 11:00 Uhr Ortszeit entspricht UTC 10:00 Uhr

UTC = Ortszeit minus Zeitzone
= 11:00 Uhr – 1 h
= 10:00 Uhr

3. Fahrt in Portugal um 11:00 im November entspricht UTC 11:00 Uhr

UTC = Ortszeit
= 11:00 Uhr Portugal gehört zur Zeitzone „null"

- Die Zeitumstellung von Winter auf Sommer erfolgt am letzten Sonntag im März.
- Die Zeitumstellung von Sommer auf Winter erfolgt am letzten Sonntag im Oktober.

Die Umrechnung von Orts- in UTC-Zeit spielt in der Praxis eine zunehmend geringere Rolle. Die Umrechnung war bisher bei manuellen Nachträgen erforderlich. Da die neue Fahrtenschreibergeneration diese Umrechnung automatisch vornimmt, kann der Fahrer Nachträge in Ortszeit durchführen.

3.8.2 Die Piktogramme im Display

Die Zeitangabe in Verbindung mit dem kleinen, kugelförmigen Symbol gibt dem Fahrer Auskunft darüber, dass es sich um die Ortszeit handelt. Fehlt dieses kleine Symbol, handelt es sich um die UTC-Zeit.

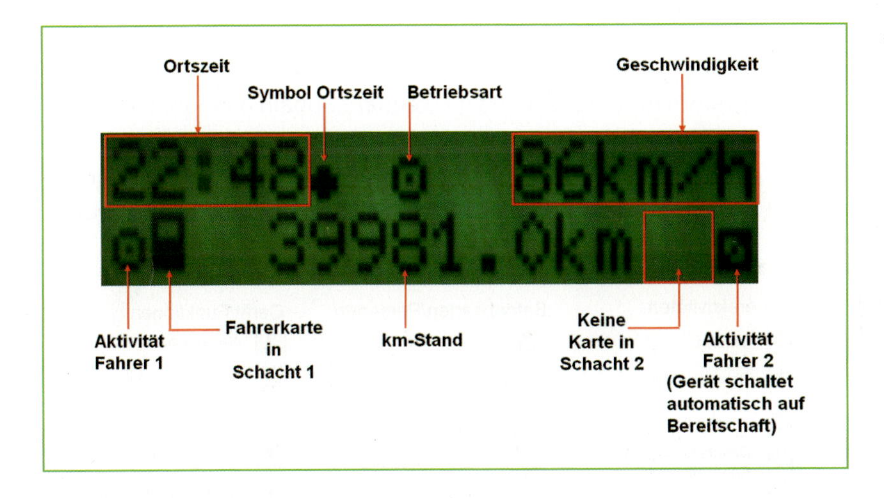

Abbildung 145: Display eines digitalen Fahrtenschreibers

Das Symbol für die Betriebsart stellt ein Lenkrad dar. Das Gerät befindet sich in der Betriebsart „Betrieb“. Weitere Betriebsarten sind:

- Unternehmen
- Kalibrierung
- Kontrolle

In welche Betriebsart das Gerät schaltet, hängt von den gesteckten Fahrtenschreiberkarten ab. Betriebsarten müssen nicht manuell eingestellt werden. Wird z.B. bei einer Straßenkontrolle die Kontrollkarte eingeschoben, schaltet das Gerät automatisch in die Betriebsart „Kontrolle“.

Abbildung 146 (links): Betriebsart Werkstatt

Abbildung 147 (Mitte): Betriebsart Unternehmen

Abbildung 148 (rechts): Betriebsart Kontrolle

Die im Display angezeigte Geschwindigkeit ist der vom KITAS erfasste Wert.

Unten links im Display wird die Aktivität für Fahrer 1 angezeigt. Im Bild ist das Lenkrad für die Tätigkeit „Fahren" sichtbar. Das Kartensymbol daneben zeigt, dass in Kartenschacht 1 die Fahrerkarte gesteckt wurde. Es muss sich um eine Fahrerkarte handeln, da sich das Gerät sonst nicht in der Betriebsart „Fahren" befinden würde.

In der Mitte wird im oben verwendeten Beispiel der Kilometerstand angezeigt.

Unten rechts wird die Aktivität des zweiten Fahrers angezeigt. Im Bild ist das Piktogramm für Bereitschaft zu erkennen. Sobald das Fahrzeug fährt, stellt der digitale Fahrtenschreiber automatisch für Fahrer 2 „Bereitschaft" ein. Links neben dem Piktogramm „Bereitschaft" ist kein Kartensymbol erkennbar. In Kartenschacht zwei ist somit keine Karte eingelegt.

Abbildung 149: Piktogramme

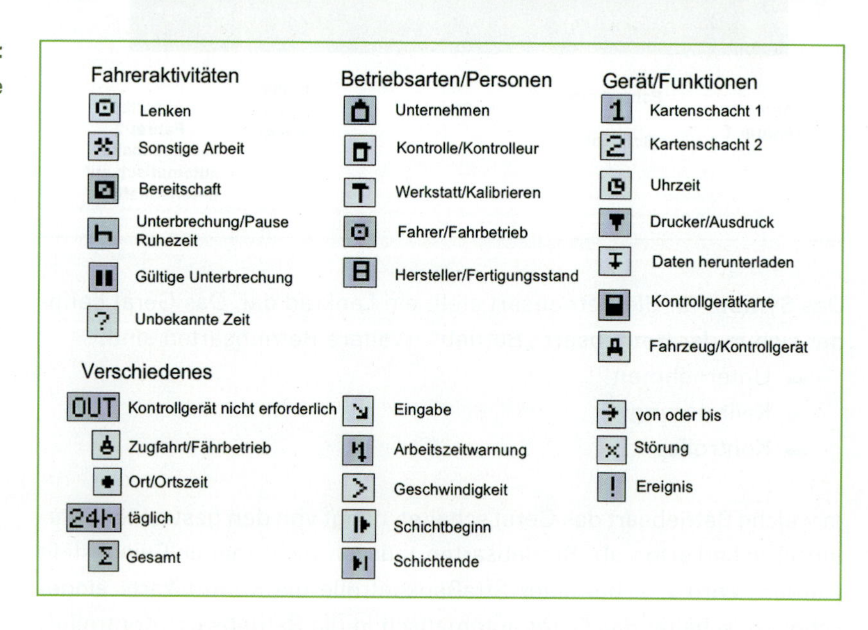

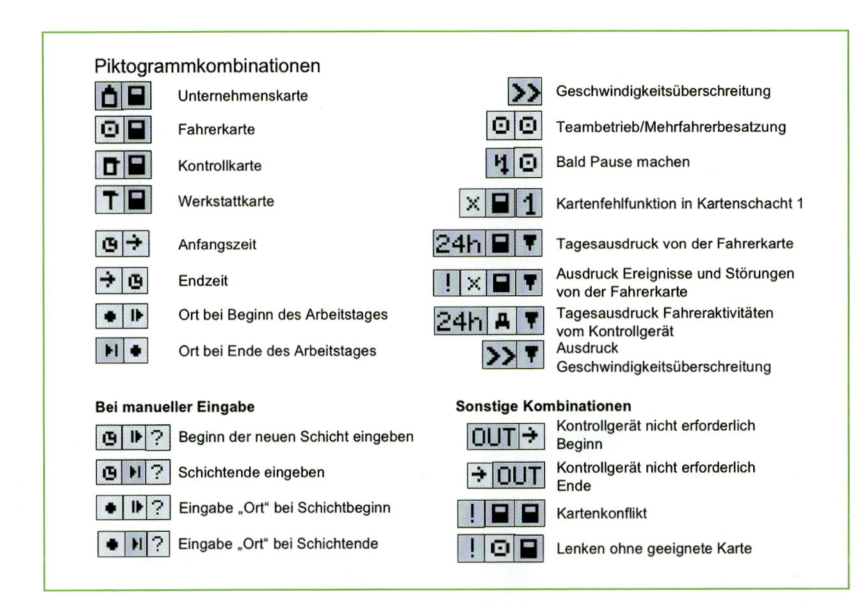

Abbildung 150: Piktogrammkombinationen

Die Anzeigemodi des Gerätes sind so vielfältig, dass eine Erläuterung aller Displaykombinationen nicht möglich ist. Die obenstehende Übersicht gibt aber alle Piktogramme wieder.

Beachten Sie unbedingt auch immer die Bedienungsanleitung des Geräts!

3.8.3 Ausdrucke

Ausdrucke mit dem digitalen Fahrtenschreiber

Für Sie sind drei Arten von Ausdrucken von Bedeutung:

- Tagesausdruck (immer ein 24-Stunden-Zeitraum: 0–24 Uhr)
- Ereignisse Störungen Fahrerkarte
- Technische Daten Fahrzeugeinheit

Das Einlegen der Papierrolle in den Drucker

Abbildung 151:
Papierrolle einlegen

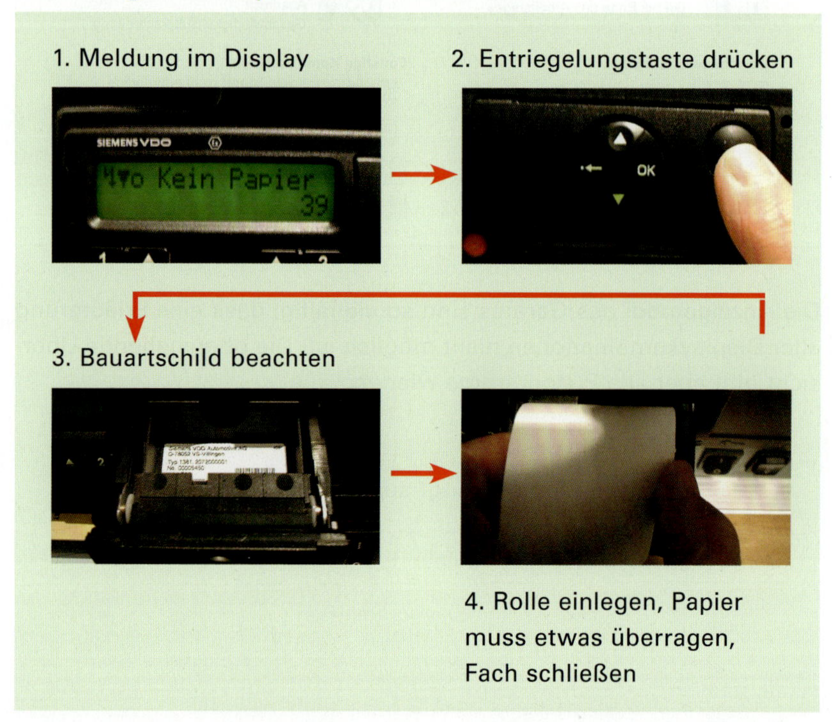

Wichtig ist das Bauartschild des Druckers. Es hilft Ihnen, zu erkennen, ob das einzulegende Thermopapier für den Drucker geeignet ist.

Der Drucker muss immer betriebsbereit sein, außerdem muss laut 165/2014 „ausreichend" Ersatzdruckerpapier mitgeführt werden. Was ausreichend ist, wird hier nicht festgelegt. Zu empfehlen ist es, immer eine Rolle im Drucker und eine Packung mit drei Rollen im Fahrzeug mitzuführen. Von einigen Staaten sind derartige Anforderungen an Druckerpapier bei Kontrollen bekannt.

Das folgende Bild zeigt einen 24-Stunden-Tagesausdruck. Diesen Ausdruck sollten Sie lesen und die wichtigen Daten bezüglich ihrer Zeitgruppen schnell heraussuchen können.

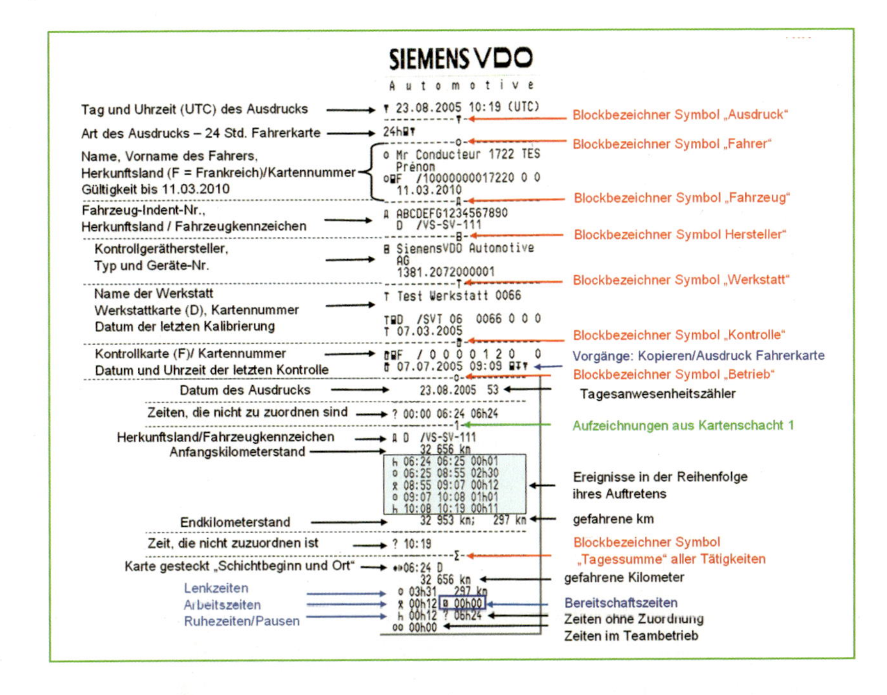

Abbildung 152: Ausdruck

Folgende Informationen lassen sich (unter anderem) aus dem oben abgebildeten Tagesausdruck ablesen:

- Beginn der Lenktätigkeit: 6:25 Uhr
- Zeitpunkt der letzten Kontrolle: 7.7.2005 um 9:09 Uhr
- Abfahrts- und Ankunftskilometer: 32656 bis 32953
- Dauer der täglichen Lenkzeit: 3 h 31 min
- Dauer der Bereitschaftszeit: 0 h
- Dauer der Fahrtunterbrechungen: 12 min
- Kennzeichen des Kfz: VS-SV-111

Jeder Ausdruck mit dem Fahrtenschreiber ist in Datenblöcke aufgeteilt. Die Trennung erfolgt mit Hilfe von gestrichelten Linien „-------------“. Symbole in jeder Linie geben Auskunft, welcher Datenblock folgt. Diese Symbole werden Blockbezeichner genannt. Im Datenblock „Aufzeichnungen aus Kartenschacht 1“ sind neben dem Kennzeichen, Herkunftsland, Anfangs- und Endkilometer und gefahrene Kilometer die Zeitgruppen chronologisch aufgeführt. Auf diesen Datenblock folgt unten im Bild der Block „Tagessumme“. In diesem Block wird die Summe aller Zeitgruppen gebildet. Diese Form der Aufzeichnung zeigt, dass die Zeitgruppen hier wesentlich besser erkennbar und ablesbar sind als bei den Schaublättern.

PRAXIS-TIPP

Mit Hilfe von Tagesausdrucken können Sie auch Ihre eigenen Lenkzeiten wesentlich besser nachhalten. Auslesegeräte wie der DIGIFOB helfen, um als Fahrer den Überblick zu bewahren. Diese Geräte zeigen mir, ob die gesetzlichen Vorgaben erfüllt sind. Der DIGIFOB ist beim Verlag Heinrich Vogel unter der Bestell-Nr. 24903 erhältlich.

Besonderheiten ergeben sich beim 24-Stunden-Ausdruck für die Zwei-Fahrer-Besatzung, wie das folgende Beispiel zeigt.

BEISPIEL

Fahrer Müller soll mit einem Kollegen einen zweiten Bus im 245 km weit entfernten Stuttgart abholen und eine Gruppe Fahrgäste nach Stuttgart mitnehmen.

---------- 1 ----------
D /BOT-JE 62
1 272 km
05:12 06:01 00h49
05:34 06:01 00h27
06:01 07:35 01h34
1 364 km; 92 km

? 07:35 08:03 00h28
---------- 2 ----------
D /BOT-JE 62
1 364 km
08:03 10:24 02h21
10:24 11:03 00h39
1 517 km; 153 km

Folgende Tätigkeiten der Fahrer lassen sich herauslesen:

5:12 bis 6:01 Uhr	Arbeitszeit
5:34 bis 6:01 Uhr	Arbeitszeit im Teambetrieb, zweite Karte in Schacht zwei gesteckt
6:01 bis 7:35 Uhr	Lenkzeit, zweiter Fahrer anwesend (Symbol Teambetrieb)
7:35 Uhr	Karte entnommen bei Kilometer 1364 km und einer Fahrstrecke von 92 km

7:35 bis 8:03 Uhr	unbekannte Zeit
8:03 Uhr	Karte in Schacht zwei gesteckt bei Kilometer 1364 km
8:03 bis 10:24 Uhr	Bereitschaftszeit als zweiter Fahrer
10:24 bis 11:03 Uhr	Arbeitszeit als zweiter Fahrer
11:03 Uhr	Kartenentnahme bei Kilometer 1517 und 153 gefahrenen Kilometern

Die oben genannte unbekannte Zeit von 7:35 bis 8:03 Uhr stellt eine Lücke in den Aufzeichnungen dar. Der Fahrer Müller hat somit keinen lückenlosen Nachweis, wie die EU-Vorschriften es fordern. Im späteren Abschnitt manueller Nachtrag wird erläutert, wie diese Lücke verhindert werden kann.

3.8.4 Aufgabenteil

AUFGABE 1

Sie befinden sich am 14.07.2014 in Griechenland, die Ortszeit in Griechenland ist 17:00 Uhr. Welcher UTC-Zeit entspricht diese Ortszeit?

AUFGABE 2

Sie befinden sich am 10.11.2014 in Deutschland, Ihr Fahrtenschreiber zeigt eine UTC-Zeit von 16:00 Uhr an. Welche Ortszeit entspricht dieser UTC-Zeit?

AUFGABE 3

Werten Sie folgenden Tagesausdruck aus!

```
SIEMENS VDO
A u t o m o t i v e
▼ 09.06.2006 15:54 (UTC)
-----------▼-----------
24h■▼
-----------⊙-----------
⊙ Horend
  Wolfgang
⊙■D  /DF000000200000 0 0
  26.09.2010
-----------Ħ-----------
Ħ WDB9302031L079441
  D  /   GER-PT 114
-----------B-----------
B SiemensVDO Automotive
  AG
  1381.2070000039
-----------T-----------
T DaimlerChrysler AG, We
  rk Wörth
T■D  /DW000000003320 0 1
T 24.05.2006
-----------▯-----------
-----------⊙-----------
     09.06.2006   2
-----------------------

? 00:00 09:36 09h36
⚒ 09:36 10:25 00h49
-----------1-----------
Ħ D  /   GER-PT 114
         179 km
⚒ 10:25 10:30 00h05
⊠ 10:30 10:31 00h01
⊙ 10:31 12:32 02h01
h 12:32 13:27 00h55
⊙ 13:27 15:54 02h27
         501 km;    322 km
-----------------------
? 15:54
-----------Σ-----------
•▸10:25 D
        179 km
▸•15:54 D
        501 km
 ⊙ 04h28    322 km
 ⚒ 00h54 ⊠ 00h01
 h 00h55 ? 09h36
⊙⊙ 00h00
```

Nennen Sie bitte
den Beginn der Lenktätigkeit:

das Datum der letzten Kontrolle:

Abfahrt- und Ankunftkilometer:

die Dauer der Lenkzeiten, Bereitschaftszeiten und Fahrtunterbrechungen:

Kennzeichen des verwendeten Fahrzeuges:

AUFGABE 4

Busfahrer Müller spricht mit einem Kollegen an einer Rastanlage. Der Kollege ärgert sich darüber, dass er seine Fahrerkarte spätestens alle 28 Kalendertage zum Auslesen seinem Chef überlassen muss. Er steht auf dem Standpunkt, dass es sich um persönliche Daten handelt und er diese nicht preisgeben muss. Stimmt diese Auffassung?

AUFGABE 5

Im Gespräch an einer Rastanlage berichten einige Fahrer von Bußgeldern, die durch Fehlbedienungen am digitalen Fahrtenschreiber entstanden sind. Strittig im Gespräch ist, wer für die Schulung im Umgang und die korrekte Bedienung verantwortlich ist. Nehmen Sie Stellung zu dieser Frage.

AUFGABE 6

Sie fahren mit einer Ostseefähre von Sassnitz nach Schweden. Da Sie einen Teil Ihrer Ruhezeit an Bord des Schiffes verbringen (Schlafkabine wurde gebucht), haben Sie Ihren Fahrtenschreiber auf Ruhezeit gestellt und gleichzeitig die Einstellung Fähre/Zug vorgenommen. Muss beim Verlassen der Fähre diese Einstellung rückgängig gemacht werden?

AUFGABE 7

Sie fahren mit einem Kollegen im Mehr-Fahrer-Betrieb. Am Fahrtenschreiber sind zwei Kartenschächte vorhanden, wie nutzen Sie diese richtig?

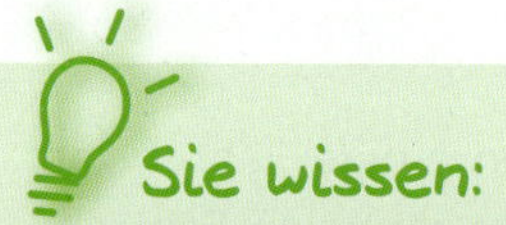

- ✔ Wie Sie Ortszeit in UTC-Zeit umrechnen können.
- ✔ Was die Piktogramme im Display des Fahrtenschreibers bedeuten.
- ✔ Wie Sie Papier in den Drucker einlegen.
- ✔ Welche Informationen Sie einem 24-Stunden-Tagesausdruck entnehmen können.

3.9 Der digitale Fahrtenschreiber in der Praxis

FAHREN LERNEN **C**
Lektion 1

FAHREN LERNEN **D**
Lektion 17

Sie sollen Anwendungsfälle des digitalen Fahrtenschreibers kennen.

3.9.1 Manuelle Eingaben am Gerät

Anmeldung zu Fahrtbeginn

PRAXIS-TIPP

Die Formulierung „Anmeldung zu Fahrtbeginn" ist etwas irreführend. In Artikel 15 Abs. 2 VO (EG) 561/2006 heißt es, dass Fahrerkarte bzw. Schaublätter ab dem Moment der Fahrzeugübernahme zu benutzen sind. Gemeint ist der Moment, ab dem Sie als Fahrer über das Fahrzeug verfügen können. Bis zum Fahrtbeginn werden Sie noch eine Abfahrtkontrolle durchführen oder andere Tätigkeiten vornehmen. Wird die Fahrerkarte erst zum Fahrtbeginn gesteckt, so müssen die sonstigen Tätigkeiten manuell nachgetragen werden. Diese Prozedur können Sie sich ersparen, wenn Sie sich angewöhnen, **grundsätzlich als Erstes die Fahrerkarte in den Fahrtenschreiber einzustecken**. In jedem Fall müssen jedoch vorangegangene Tagesruhezeiten manuell nachgetragen werden, wenn Sie das Fahrzeug neu übernehmen.

Wird die Karte eingesteckt, erscheint Folgendes im Display:

Die Gegenüberstellung von Orts- und UTC-Zeit bleibt für ca. 3 Sekunden sichtbar.

Es folgt die namentliche Begrüßung des Fahrers:

Der Ladebalken gibt Aufschluss über den Fortschritt des Einlesens der Fahrerkarte.

Im Anschluss erscheint:

Das Display zeigt dem Fahrer für wenige Sekunden, wann er zuletzt die Fahrerkarte aus einem digitalen Fahrtenschreiber entnommen hat. Nun tritt der digitale Fahrtenschreiber mit dem Fahrer in Dialog. Zunächst werden Sie gefragt, ob Sie einen manuellen Nachtrag machen möchten („Eingabe Nachtrag?").

Mit Hilfe der Menütasten „▲▼" und „OK" kann eine Auswahl erfolgen. Die Problematik der manuellen Nachträge wird im Folgenden noch näher betrachtet. Grundsätzlich sind Sie als Fahrer zum lückenlosen Nachweis verpflichtet. Hier im Beispiel wählen wir „Nein".

Die nächste Frage des Fahrtenschreibers bezieht sich auf den Abfahrtort und kommt nur zu Beginn eines neuen Arbeitstages:

Mit Hilfe der Menütasten „▲▼" und „OK" wählen Sie beispielsweise als Land Spanien (Nationalitätenzeichen „E") aus. Der Abfahrtort bezieht sich lediglich auf das Nationalitätenzeichen des Staates, es sind keine Orte einzugeben. Diese Eingabe ist insbesondere für das System zur Verwaltung der Orts- und UTC-Zeiten wichtig.

Da Sie Spanien ausgewählt haben, kommt es zu einer Besonderheit:

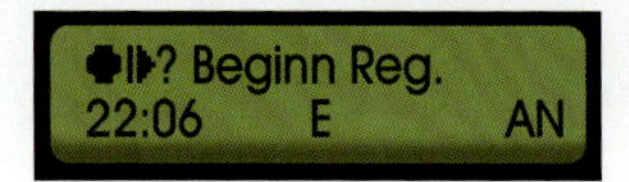

Das System fragt Sie nach der Region, dort sind wieder verschiedene Kürzel hinterlegt, in diesem Fall „AN“ für Andalusien. Bei den meisten Staaten erscheint die Frage nach der Region nicht. Die Auswahl erfolgt erneut mit Hilfe der Menütasten „▲▼“ und „OK“. Speziell für Spanien befindet sich in der Bedienungsanleitung eine Karte, die Ihnen bei der Auswahl der Regionen hilft.
Nach erfolgreicher Anmeldung sollte Folgendes im Display sichtbar sein:

Der Fahrtenschreiber befindet sich in der Betriebsart „Betrieb“, unten links ist zu erkennen, dass die Fahrerkarte im Kartenschacht 1 eingelegt ist. Bei der Abfahrt muss kein Umstellen auf „Fahren“ erfolgen. Das Gerät schaltet beim Losfahren automatisch auf die Zeitgruppe „Lenken“. Zur Zeit ist in Kartenschacht 2 keine Karte eingelegt (kein Kartensymbol unten rechts). Die vorgewählte Zeitgruppe für den Fahrer 2 ist immer Bereitschaftszeit. Soll das Fahrzeug mit einer Zwei-Fahrer-Besatzung betrieben werden, muss die Anmeldung für den zweiten Fahrer nach Anmeldung Fahrer 1 durchlaufen werden. Die Karte von Fahrer 2 wird erst nach erfolgreicher Anmeldung von Fahrer 1 gesteckt.

Manuelle Eingabe Beginn/Ende Land

Die manuelle Eingabe Beginn / Ende Land kann für Fahrer im Fernverkehr von Bedeutung sein. Im Fernverkehr wird die Fahrerkarte bei Übernachtung im Fahrerhaus gern während der gesamten Woche im Fahrtenschreiber steckengelassen. Dieses Vorgehen hat den Vorteil, dass in den Aufzeichnungen keine Lücken entstehen. Allerdings muss am Ende jedes Arbeitstages über die „Eingabe Fahrer 1“ und „Ende Land“ das Land beim Arbeitsende vermerkt werden. Zu Beginn des neuen Arbeitstages muss „Eingabe Fahrer 1“ und „Beginn Land“ ausgewählt werden.

Manuelle Nachträge

Manuelle Nachträge beziehen sich auf:

- Sonstige Arbeitszeiten
- Bereitschaftszeiten
- Fahrtunterbrechungen
- Tagesruhezeiten
- Wochenruhezeiten

- Auch Urlaubs- und Krankheitstage dürfen am Fahrtenschreiber nachgetragen werden.

Lenkzeiten werden automatisch gespeichert und können nicht nachgetragen werden.

Manuelle Nachträge sind nur für die Zeiten zwischen der letzten Entnahme und dem erneuten Stecken der Fahrerkarte möglich. Führen Sie einen manuellen Nachtrag durch, so wird dieser lediglich auf der Fahrerkarte, nicht im Massenspeicher abgelegt.

BEISPIEL

Lkw-Fahrer Meier hat nach seinem Arbeitsende die Fahrerkarte im Fahrzeug zurückgelassen. Versehentlich hat er sein Gerät am Abend auf Arbeitszeit eingestellt. Die Tagesruhezeit ist somit nicht korrekt eingespeichert. Eine Korrektur durch einen manuellen Nachtrag ist nicht möglich, da Nachträge nur für Zeiten gemacht werden können, in denen keine Fahrerkarte gesteckt wurde.

Rechtlich besteht die Nachtragspflicht für alle Tätigkeiten. Auch für die Tagesruhezeit zwischen der Kartenentnahme am vorherigen Arbeitstag und dem Kartenstecken am neuen Arbeitstag besteht Nachtragspflicht. Ebenso ist ein Nachtrag erforderlich, wenn die Karte während der Arbeitsschicht entnommen wurde, z.B. bei einem Fahrzeugwechsel oder wenn das Fahrzeug von Lade- oder Werkstattpersonal gefahren wurde. Auch die Zeiten der Wochenruhezeit müssen nachgewiesen werden. Durch manuelle Nachträge wird ein lückenloser Nachweis der Zeitgruppen des einzelnen Fahrers möglich.
Auch für die Wochenruhezeit sind manuelle Nachträge möglich. Ebenso ist ein manueller Nachtrag erforderlich, wenn die Fahrerkarte während der Arbeitsschicht entnommen wurde. Dies kann eintreten, wenn das Fahrzeug von Lade- oder Werkstattpersonal gefahren wurde. Für Fahrten innerhalb Deutschlands ist bei Fahrzeugen mit digitalem Fahrtenschreiber der manuelle Nachtrag der Wochenruhezeit ausreichend, um die eingelegte wöchentliche Ruhezeit nachzuweisen. Unter diesen Voraussetzungen kann auf den Nachweis für berücksichtigungsfreie Tage verzichtet werden – In der VO 165/2014 ist eindeutig festgelegt, dass Behörden

die Vorlage einer solchen Bescheinigung nicht verlangen dürfen. Im internationalen Verkehr sollte zur Sicherheit momentan noch das vorgegebene EU-Formblatt für berücksichtigungsfreie Tage vor der Fahrt ausgefüllt und als Nachweis mitgeführt werden. Doch prüfen Sie an dieser Stelle Ihren Fahrtenschreiber. Nicht alle Geräte zeichnen einen manuellen Nachtrag für die Wochenruhezeit vollständig auf. Dann benötigen Sie trotzdem einen Nachweis über berücksichtigungsfreie Tage zur Dokumentation der Wochenruhezeit.

Das Durchführen von manuellen Nachträgen stellt teilweise einen komplizierten Dialog mit dem Fahrtenschreiber dar. Sie können Fragen des Gerätes ignorieren, dies ist aber nicht zu empfehlen. Die Beantwortung, Auswahl und Bestätigung dieser Fragen erfolgt mit Hilfe der Menütasten „▲▼" und „OK". Bei älteren Fahrtenschreibern müssen die manuellen Nachträge in UTC-Zeit erfolgen, die Generation ab Oktober 2011 ermöglicht die Durchführung des Nachtrags in Ortszeit.

Die nachfolgenden Bilder zeigen die Durchführung eines Nachtrages für einen Fahrtenschreiber der neuen Generation seit Oktober 2011. Die Vielzahl von Geräten und Versionen erlauben leider nicht die Darstellung sämtlicher Abläufe bei allen Fahrtenschreibern. Wir haben uns hier auf ein gängiges und weit verbreitetes Modell beschränkt, das VDO-Gerät ab Version 1.4.

Das Gerät zeigt Datum und Uhrzeit der letzten Entnahme an.

Die Frage „Eingabe Nachtrag?" mit „Ja" beantworten.

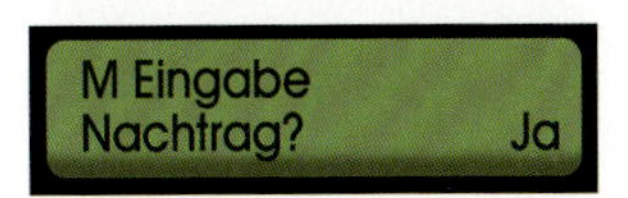

Über die Menütasten Datum, Uhrzeit und Aktivitäten einstellen.

Anschließend mit „OK“ bestätigen.

Abfahrtsland auswählen und bestätigen.

Die Karte ist eingelesen und die Arbeit kann beginnen.

Auschecken am Ende des Arbeitstages

Grundsätzlich sollte die Fahrerkarte am Ende des Arbeitstages entnommen werden. Nur so kann ein Diebstahl der Fahrerkarte wirksam verhindert werden. Es besteht aber keine Verpflichtung zur Entnahme der Fahrerkarte.

Sie fahren beispielsweise mit Ihrem Kraftfahrzeug auf den Betriebshof und wollen nach einer Reinigung des Fahrzeuges Ihren Arbeitstag beenden. Beim Anhalten des Kraftfahrzeuges schaltet der Fahrtenschreiber automatisch auf sonstige Arbeiten. Diese Einstellung ist für die durchzuführende Reinigung in Ordnung. Nach Beendigung Ihrer Reinigungsarbeiten endet Ihr Arbeitstag. Betätigen Sie den Zeitgruppenschalter 1 solange bis das Symbol Ruhezeit erscheint.

Nun entnehmen Sie die Karte. Das Gerät tritt mit Ihnen in Dialog und möchte den Ort (evtl. Region) des Endes wissen.

Drücken Sie die Taste ▲ und bestätigen Sie die Auswahl „Menüfunktionen aufrufen" mit „ok".
Blättern Sie anschließend bis zur Auswahl „Eingabe Fahrer 1" und bestätigen Sie mit „ok".
Blättern Sie bis zur Anzeige „Ende Land" und bestätigen Sie mit „ok".
Dann das Ankunftsland, in diesem Fall Deutschland, auswählen und mit „ok" bestätigen.
In Spanien werden Sie aufgefordert, auch die Region einzugeben.
Zum Verlassen der Eingabe betätigen Sie dreimal die Taste ·←.

Die Entnahme der Fahrerkarte am Ende des Arbeitstages bietet den Vorteil, dass manuelle Nachträge vorgenommen werden können, z. B., wenn vergessen wurde, das Gerät auf Ruhezeit zu stellen. Wurde die Karte stecken gelassen, ist kein manueller Nachtrag möglich.
Auch besteht die Gefahr, dass jemand mit Ihrer Karte fährt. Dadurch ist nicht nur die Tagesruhezeit fehlerhaft, sondern es droht ein Straftatbestand.

3.9.2 Mögliche Bedienungsfehler und Wissenswertes im täglichen Gebrauch

Defekte Fahrerkarte

Durch folgende Piktogrammkombination wird Ihnen signalisiert, dass Ihre Fahrerkarte nicht korrekt funktioniert:

Da kein Defekt am digitalen Fahrtenschreiber vorliegt, werden Daten weiterhin im Massenspeicher gespeichert. Grundsätzlich darf die Fahrt bei einer defekten Fahrerkarte fortgesetzt werden. Was in diesem Fall zu beachten ist, ist in Abschnitt 3.7.1 beschrieben.

Sie dürfen noch bis zu 15 Tage ohne Fahrerkarte fahren, müssen sich aber sofort um eine neue Karte bemühen. Sollte Ihnen dies nicht möglich sein, da Sie eine längere Tour durchführen, ist dies nachzuweisen. Unterlagen der Disposition oder Ähnliches sind hilfreich.

Störungen und Meldungen am Fahrtenschreiber

Bei einer Betriebsstörung hat das Unternehmen die Reparatur des Gerätes zu veranlassen. Diese eindeutige Aussage ist allerdings mit dem Zusatz „sobald es die Umstände gestatten" verbunden. Spätestens muss die Reparatur jedoch nach sieben Tagen erfolgen. Wird dies versäumt, können die zuständigen Behörden den Betrieb des Fahrzeuges untersagen. Kehrt ein Fahrzeug innerhalb der Wochenfrist nicht zum Sitz des Unternehmens zurück, hat der Fahrer die Aufgabe, die Reparatur unterwegs durchführen zu lassen. Dazu ist ein zugelassener Installateur oder ein zugelassener Betrieb aufzusuchen.
Für die Dauer des Defektes sind einige Dinge zu beachten, damit die Zeiten (Lenkzeiten, Unterbrechungen, Ruhezeiten und Bereitschaftszeiten) weiterhin nachzuvollziehen sind. Der Fahrer hat auf einem gesonderten Blatt seine Zeitgruppen nachzuhalten und der Fahrerkarte beizufügen. Auf diesem Blatt müssen zudem folgende Angaben enthalten sein:

- Geburts-, Familien- und Vorname
- Nummer der Fahrerkarte oder des Führerscheins
- Unterschrift des Fahrers

„Der Fahrerkarte beizufügen“ bedeutet, diese Unterlagen im Fahrzeug mitzuführen und bei Kontrollen vorzuweisen. Angaben zur Tätigkeit sollten grundsätzlich mit Datum und Uhrzeit erfolgen. Der Nachweis kann auf der Rückseite des Druckpapiers erfolgen, dort sind Felder für die Zeitgruppen oder auch Kilometerstände und Ortsangaben vorhanden.

Bei allen Störungen und Ereignissen wird der Fahrer über eine rote Warnlampe am Tacho über diese Zustände informiert. Im Display erscheint dann eine Meldung in Klartext, die dabei hilft, die Ursachen zu finden. Mögliche Fehler sind:

- Spannungsunterbrechung
- Fahrt ohne gültige Karte
- Gerätestörung
- Kartenkonflikt

Einige Ereignisse oder Störungen kann der Fahrer selbst schnell beheben. „Kartenkonflikt“ bedeutet, dass eine Karte eingelegt ist, die nicht mit einer anderen zusammen betrieben werden kann. „Fahrt ohne gültige Karte“ bedeutet, dass die Gültigkeitsdauer der Fahrerkarte von fünf Jahren überschritten ist. Bei „Gerätestörungen“ oder „Spannungsunterbrechungen“ ist in jedem Fall eine Werkstatt aufzusuchen.

Folgende Meldung signalisiert, dass der Fahrer eine Lenkzeit von 4 h 15 min erreicht hat:

In 15 Minuten muss eine Fahrtunterbrechung von mindestens 30 Minuten eingelegt werden. Eine Teilunterbrechung von 15 Minuten liegt bereits vor.

Beim Erreichen der 4,5 Stunden Lenkzeit erscheint folgende Meldung:

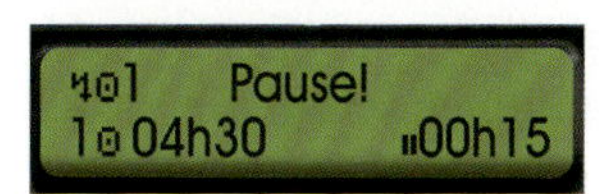

Die nächste Fahrtunterbrechung muss eingelegt werden!

Alle Meldungen im Display müssen durch den Fahrer mit „ok“ quittiert werden. Erfolgt nach dem Quittieren der Meldung keine Pause, so erscheint diese Meldung alle 15 Minuten erneut.

BEISPIEL

Wenn die Pausenaufforderung trotz Pause erneut erscheint, wurde die Pause fälschlicherweise als Arbeitszeit gespeichert. Das Gerät macht dann entsprechend beim Erreichen der Lenkzeit von 4,5 Stunden auf die Notwendigkeit einer Fahrtunterbrechung aufmerksam.
Der Fahrer muss nun dringend einen Parkplatz anfahren, um die gesetzlich vorgesehene Pause einzulegen.

Verhalten im Stau

Wenn Sie mit Ihrem Fahrzeug in einen Stau geraten, müssen diese Standzeiten im Fahrtenschreiber als Bereitschaftszeit gespeichert werden.

BEISPIEL

Fahrer Müller hört von einer Vollsperrung der Autobahn. Er entscheidet sich, einen nahen Rastplatz anzufahren. Er will von der Aufteilung der Tagesruhezeit Gebrauch machen. Die Standzeit auf dem Parkplatz wird als Ruhezeit gespeichert und stellt den ersten Block der Tagesruhezeit dar. Nach diesem Abschnitt darf er noch seine restliche Tageslenkzeit ausnutzen, bevor er den zweiten Abschnitt der Tagesruhezeit mit neun Stunden einlegt. Dieses Vorgehen ist sinnvoller als ein Verbleib auf der Autobahn.

Fährverkehr und digitaler Tachograph

Im Fähr- und Eisenbahnverkehr darf die Tagesruhezeit bis zu zweimal unterbrochen werden, ohne dass die Tagesruhezeit ungültig wird. Allerdings muss dem Fahrer eine Kabine oder ein Liegeplatz zur Verfügung stehen. Damit dies kontrollierbar ist, müssen entsprechende Belege (z.B. Reservierungen) mitgeführt werden.

BEISPIEL

Lkw-Fahrer Meier fährt wöchentlich nach Großbritannien. Er nutzt die Fährverbindung Calais – Dover. Er unterbricht seine Tagesruhezeit zweimal für die Verladung und Entladung. Dies ist zulässig. Meier nimmt für den Fahrtabschnitt an Bord der Fähre eine spezielle Einstellung am Fahrtenschreiber vor. Über die Menüfunktion „Eingabe Fahrzeug" und „Fähre / Zug" wird auf Fahrerkarte und Massenspeicher dokumentiert, dass dieser Abschnitt an Bord einer Fähre / Zug verbracht wurde. Die Einstellung verschwindet, sobald das Fahrzeug wieder bewegt wird.

Die 1-Minuten-Regel

Bei der alten Fahrtenschreibergeneration gab es in der Praxis mit der Form der Erfassung der Lenkzeiten auf Fahrerkarte und Massenspeicher oftmals Probleme. Gerade bei Fahrten mit vielen Stopps wurden Lenkzeiten erfasst, die deutlich über der realen Fahrzeit lagen. Dies hing mit der Wertung der einzelnen Minuten als Lenkzeit zusammen. Eine Minute wurde als Lenkzeit erfasst, sobald auch nur ein kurzer Moment Lenktätigkeit in der betreffenden Minute stattgefunden hat. Außerdem wurde jede Minute als Lenkzeit gespeichert, wenn in der vorhergehenden und folgenden Minute gelenkt wurde.

Mit der neuen Fahrtenschreibergeneration wird für jede Minute die mehrheitliche Aktivität gespeichert. Ein kurzes Vorfahren, ohne dass die Minute als Lenkzeit gespeichert wird, ist daher möglich.

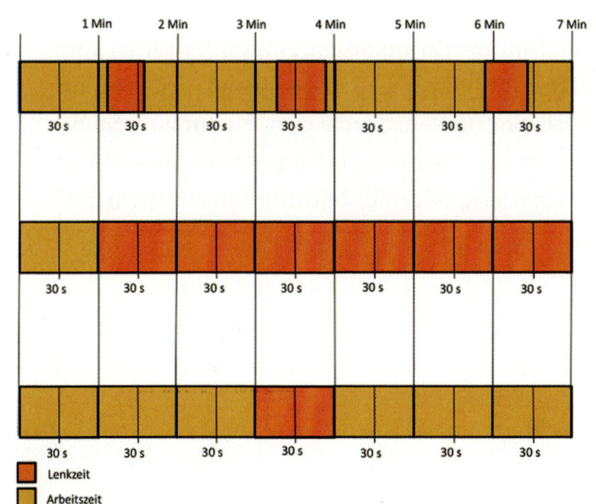

Abbildung 153: Die neue 1-Minuten-Regel

3.9.3 Aufgabenteil

AUFGABE 1

Sie kommen morgens an Ihren Bus. Zunächst beladen Sie den Bus mit Getränken und führen eine Abfahrtkontrolle durch. Wann sollten Sie die Fahrerkarte stecken?

AUFGABE 2

Der digitale Fahrtenschreiber fragt beim Anmelden nach einem manuellen Nachtrag. Sie haben Ihre Karte am Vortag zum Arbeitsende entnommen und heute zur Übernahme Ihres Fahrzeuges erneut gesteckt. Wie verhalten Sie sich richtig?

AUFGABE 3

Ihr Chef möchte Ihnen für Ihren krankheitsbedingten Ausfall kein Formblatt über berücksichtigungsfreie Tage geben. Er steht auf dem Standpunkt, dass Sie diesen durch den manuellen Nachtrag auf der Fahrerkarte nachweisen. Ist dieser Standpunkt in Ordnung, oder sind Schwierigkeiten bei Kontrollen zu erwarten?

AUFGABE 4

Das Gerät signalisiert Ihnen, dass Ihre Fahrerkarte defekt ist. Dürfen Sie die Fahrt fortsetzen, welches Verhalten ist richtig?

AUFGABE 5

Sie fahren im Fernverkehr durch Spanien, welche Besonderheit gilt es zu beachten?

AUFGABE 6

Sie beginnen in einer Firma neu als Busfahrer. Bisher sind Sie ausschließlich Fahrzeuge mit analogem Fahrtenschreiber gefahren, eine Fahrerkarte besitzen Sie bisher nicht. Dürfen Sie bereits für den neuen Betrieb fahren oder muss zunächst eine Fahrerkarte vorhanden sein?

AUFGABE 7

Der Fahrer fährt ein Fahrzeug mit einem älteren digitalen Fahrtenschreiber, bei dem zwar der Nachtrag durchgeführt werden kann, aber bei einem Zeitraum von mehr als einem Tag diese Zeiten nicht auf die Fahrerkarte übertragen werden. Was muss der Fahrer tun?

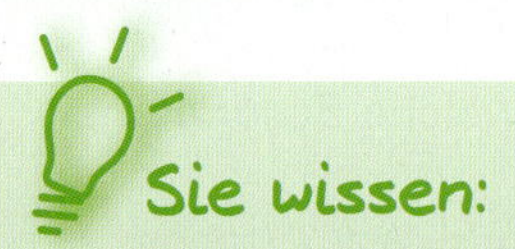

- ✔ Wie Sie sich zum Arbeitsbeginn am Fahrtenschreiber anmelden.
- ✔ Wie Sie Zeiten manuell nachtragen können.
- ✔ Was Sie am Ende eines Arbeitstags am Gerät eingeben.
- ✔ Wie Sie bei Störungen oder Bedienfehlern vorgehen.

3.10 Mitführpflichten

FAHREN LERNEN C
Lektion 1

FAHREN LERNEN D
Lektion 17

Sie sollen die Mitführpflichten kennen.

3.10.1 Dokumente und Nachweise

Die Mitführpflichten ermöglichen es den zuständigen Kontrollbehörden, die Einhaltung der Sozialvorschriften zu überprüfen. Bei Straßenkontrollen werden der aktuelle Tag und die vorausgegangenen 28 Kalendertage überprüft.

Allerdings sind auf der Fahrerkarte und im Massenspeicher auch wesentlich ältere Daten vorhanden. Auch diese können bei einer Verkehrskontrolle herangezogen werden.

Fahrerkarte

Die Fahrerkarte ist bei einem Fahrzeug mit analogem Fahrtenschreiber mitzuführen, wenn der Fahrer eine solche besitzt. Für ein Fahrzeug mit digitalem Fahrtenschreiber gilt, dass der Fahrer eine Fahrerkarte besitzen und diese mitführen muss. Eine durch Zeitablauf ungültig gewordene Fahrerkarte muss 28 Tage nach Ablauf der Gültigkeit noch mitgeführt werden.
Sollte es zum **Verlust, Diebstahl oder zur Beschädigung der Fahrerkarte** kommen, muss der Besitzer sich an die für die Ausstellung zuständige Behörde wenden. Einzelheiten regelt die VO (EU) 165/2014.

Handschriftliche Aufzeichnungen/Ausdrucke

Handschriftliche Aufzeichnungen werden erforderlich, wenn ein Defekt am Fahrtenschreiber keine Aufzeichnungen mehr ermöglicht. Die entsprechenden Zeitgruppen können auf der Rückseite der Diagrammscheibe entsprechend eingetragen werden. Bei Defekt eines digitalen Fahrtenschreibers sind die Zeitgruppen manuell nachzuhalten, dazu kann auch ein Blatt verwendet werden. Enthalten sein müssen, neben den Angaben zu den Zeitgruppen,

- Angaben zur Person
- Nummer des Führerscheins
- Unterschrift

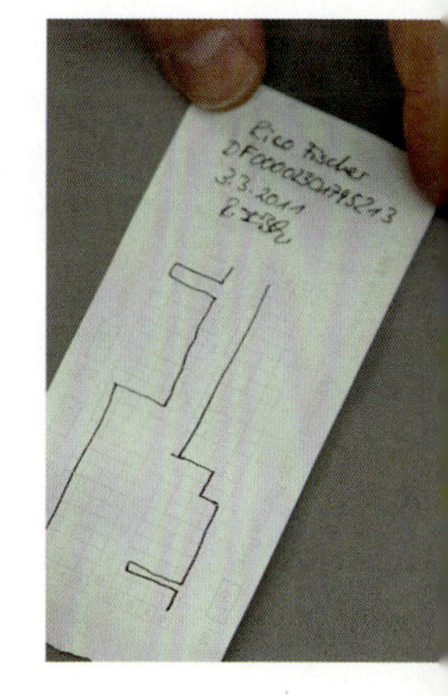

Abbildung 154: Handschriftliche Aufzeichnung auf der Rückseite des Druckerpapiers

Ausdrucke aus dem Massenspeicher werden erforderlich, wenn ein Defekt an der Fahrerkarte vorliegt. Zu Beginn der Fahrt ist ein Ausdruck über das verwendete Fahrzeug zu erstellen. Auf diesem Ausdruck sind dann Aufzeichnungen zu den oben genannten Angaben zu machen. Dies ist erforderlich, da der Ausdruck fahrzeug- und nicht fahrerbezogen ist. Am Fahrtende ist ein Ausdruck über die vom Gerät aufgezeichneten Zeiten durchzuführen. Sollten hier Zeiten nicht vollständig erfasst sein, sind diese handschriftlich zu vermerken. Dieser Ausdruck ist erneut mit den oben genannten Daten zu versehen.

Nachweis über berücksichtigungsfreie Tage

Bei Kontrollen hat sich der Überprüfungszeitraum verlängert. Seit 1. Januar 2008 werden der laufende Tag und die vorausgegangenen 28 Kalendertage kontrolliert. Ist in diesem Zeitraum einmal kein Fahrzeug geführt worden oder hatten Sie Urlaub, ist darüber eine Bescheinigung mitzuführen. Dies gilt bei Verwendung des analogen und des digitalen Fahrtenschreibers. Im Einzelnen greift diese Vorschrift, wenn Sie:

- Urlaub hatten
- Krank gewesen sind
- Ein Fahrzeug gelenkt haben, für das keine Nachweispflicht besteht
- Aus anderen Gründen kein Fahrzeug gelenkt haben

Der Unternehmer hat dem Fahrer die Bescheinigung vor Fahrtantritt auszuhändigen. Die Bescheinigung darf nicht handschriftlich ausgestellt sein. Wenn es die Umstände erfordern, kann auch ein Telefax oder eine digitale Form anerkannt werden. Die Bescheinigung ist vom Unternehmer oder einer von ihm beauftragten Person zu unterzeichnen. Bei der beauftragten Person darf es sich nicht um den Fahrer handeln. Allerdings unterzeichnet der Fahrer zusätzlich auf der Bescheinigung. Sollte ein berücksichtigungsfreier Tag unterwegs anfallen (z. B. der Fahrer erkrankt unterwegs), so ist die Bescheinigung nachträglich zu erstellen und auf Verlangen berechtigten Behörden vorzulegen. Die EU-Kommission hat am 16.12.2009 mit der Änderung der Leitlinie Nr. 5 ein einheitliches Muster im Amtsblatt veröffentlicht, mit dem Unternehmer Fahrern eine Bescheinigung für Tage erteilen können, an denen keine Aufzeichnungen gefertigt wurden. Die Bescheinigung ist prinzipiell nicht erforderlich, wenn die Zeiten komplett und richtig auf der Fahrerkarte manuell nachgetragen wurden. Viele Fahrer haben trotzdem die Bescheinigung dabei, da es bei Kontrollen unterschiedliche Auffassungen gibt. Diese Bescheinigung kann auch für Fahrer eingesetzt werden, die Fahrzeuge (über 2,8 bis 3,5 t zGM) lenken, die der Fahrpersonalverordnung unterliegen.

Muss für die Wochenruhezeit eine Bescheinigung über berücksichtigungsfreie Tage erstellt werden?

Generell empfiehlt es sich, im grenzüberschreitenden Verkehr auch bei vollzogenem Nachtrag die Bescheinigung über Wochenruhezeiten mitzuführen. Im innerdeutschen Verkehr haben sich die obersten Behörden des Bundes und der Länder darauf geeinigt, keine Bescheinigung zu verlangen, wenn bestimmte Bedingungen eingehalten werden:

- Fahrzeug mit digitalem Fahrtenschreiber: die Wochenruhezeit wurde manuell auf der Fahrerkarte nachgetragen.
- Fahrzeug mit analogem Fahrtenschreiber: die Wochenruhezeit wurde auf der Rückseite des auf die Wochenruhezeit folgenden Schaublattes manuell eingetragen.
- Handelt es sich um ein Fahrzeug zwischen 2,8 t und 3,5 t zGM ohne einen analogen oder digitalen Fahrtenschreiber, so ist die Wochenruhezeit auf den Tageskontrollblättern einzutragen.

Achtung! Bei einigen digitalen Geräten warnt das BAG, dass der manuelle Nachtrag der Wochenruhezeit nur teilweise bzw. unvollständig auf der Fahrerkarte erfolgt. Prüfen Sie dies bei Ihrem Gerät, denn ohne diesen Nachtrag darf auf die Bescheinigung im innerdeutschen bzw. internationalen Verkehr nicht verzichtet werden.

BEISPIELE

Busfahrer Müller will überprüfen, ob ein Nachtrag einer Ruhezeit über mehrere Tage korrekt als Ruhezeit gespeichert ist. Dies kann er mit Hilfe eines Tagesausdruckes kontrollieren. Müller hat sein Fahrzeug am Freitag abgestellt und am Montag erneut bewegt. Er führt am Montagmorgen einen vollständigen Nachtrag der Ruhezeit durch. Einige ältere Fahrtenschreiber haben mit Tagen, an denen keine Fahrerkarte gesteckt war, Probleme beim Nachtrag und zeichnen die nachgetragene Zeit an diesen Tagen als unbekannte Zeit auf. Müller versucht, einen Tagesausdruck von Samstag oder Sonntag anzufertigen. Wenn kein Ausdruck erfolgt, wurde die Zeit nicht richtig gespeichert. Für diesen Fall muss ein Formblatt für berücksichtigungsfreie Tage mitgeführt werden.

Bescheinigungsformular

Das einheitliche EU-Formblatt vom 16.12.2009 soll zum Nachweis verwendet werden. Durch manuelle Nachträge wird die Bescheinigung nach der VO (EU) 165/2014 zunehmend ersetzt. Behörden dürfen sie nicht primär verlangen. Im grenzüberschreitenden Verkehr sollte das EU-Formblatt zur Zeit noch verwendet werden, um Probleme zu vermeiden.

EU-Formblatt (.doc)

Das EU-einheitliche Formular zum Nachweis von Urlaubs-, Krankheits- und anderen berücksichtigungsfreien Tagen kann auf eu-bkf.de heruntergeladen werden: **www.eu-bkf.de/de/home/downloads/formularefahrer.htm**

Abbildung 155: EU-Formblatt zum Nachweis berücksichtigungsfreier Tage

ANHANG

BESCHEINIGUNG VON TÄTIGKEITEN[1]
(VERORDNUNG (EG) NR. 561/2006 ODER AETR[2])

Vor jeder Fahrt maschinenschriftlich auszufüllen und zu unterschreiben. Zusammen mit den Original-Kontrollgerätaufzeichnungen aufzubewahren

FALSCHE BESCHEINIGUNGEN STELLEN EINEN VERSTOSS GEGEN GELTENDES RECHT DAR.

Vom Unternehmen auszufüllender Teil

(1) Name des Unternehmens: ____
(2) Straße, Hausnr., Postleitzahl, Ort, Land: ____, ____, ____
(3) Telefon-Nr. (mit internationaler Vorwahl): ____
(4) Fax-Nr. (mit internationaler Vorwahl): ____
(5) E-Mail-Adresse: ____

Ich, der/die Unterzeichnete

(6) Name und Vorname: ____
(7) Position im Unternehmen: ____

erkläre, dass sich der Fahrer/die Fahrerin

(8) Name und Vorname: ____
(9) Geburtsdatum (Tag, Monat, Jahr): ____, ____, ____
(10) Nummer des Führerscheins, des Personalausweises oder des Reisepasses: ____
(11) der/die im Unternehmen tätig ist seit (Tag, Monat, Jahr): ____, ____, ____

im Zeitraum

(12) von (Uhrzeit/Tag/Monat/Jahr): ____/____/____/____
(13) bis (Uhrzeit/Tag/Monat/Jahr): ____/____/____/____
(14) ☐ sich im Krankheitsurlaub befand ***
(15) ☐ sich im Erholungsurlaub befand ***
(16) ☐ sich im Urlaub oder in Ruhezeit befand ***
(17) ☐ ein vom Anwendungsbereich der Verordnung (EG) Nr. 561/2006 oder des AETR ausgenommenes Fahrzeug gelenkt hat ***
(18) ☐ andere Tätigkeiten als Lenktätigkeiten ausgeführt hat ***
(19) ☐ zur Verfügung stand ***
(20) Ort: ____ Datum: ____

Unterschrift: ....

(21) Ich, der Fahrer/die Fahrerin, bestätige, dass ich im vorstehend genannten Zeitraum kein unter den Anwendungsbereich der Verordnung (EG) Nr. 561/2006 oder das AETR fallendes Fahrzeug gelenkt habe.

(22) Ort: ____ Datum: ____

Unterschrift des Fahrers/der Fahrerin: ....

[1] Eine elektronische und druckfähige Fassung dieses Formblattes ist verfügbar unter der Internetadresse http://ec.europa.eu
[2] Europäisches Übereinkommen über die Arbeit des im internationales Straßenverkehr beschäftigten Fahrpersonals.
*** Nur ein Kästchen ankreuzen

DE 1 DE

Schaublätter/Ersatzschaublätter/-druckerpapier

Beschriebene Schaublätter sind nur beim analogen Fahrtenschreiber mitzuführen. Mitzuführen sind neben dem aktuellen Schaublatt die Schaublätter der vorausgegangenen 28 Kalendertage. Außerdem müssen Sie Ersatzschaublätter bzw. Ersatzdruckerpapier mitführen. Die Vorschrift besagt, dass ausreichend Ersatzdruckerpapier mitzuführen ist. „Ausreichend" ist dabei nicht klar definiert. In Deutschland werden eine Rolle im Drucker und eine zusätzliche im Fahrzeug akzeptiert. Es gibt einen EU-Staat, der drei zusätzliche Rollen im Fahrzeug fordert.

Ausweispapier

Der Sozialversicherungsausweis muss seit Anfang 2009 nicht mehr mitgeführt werden. Sie müssen jedoch ein Ausweispapier mitführen, das sich zur schnellen und zweifelsfreien Identifikation eignet (Personalausweis, Pass oder ein Ausweis- oder Passersatz).

Kontrollbescheinigung

Wird im Geltungsbereich der VO (EG) 561/2006 ein Verstoß gegen die VO (EG) 561/2006 oder die VO (EWG) 3821/85 festgestellt, kann ein Verfahren oder eine Sanktion die Folge sein. Sollten solche Maßnahmen ergriffen worden sein, muss die entsprechende Stelle (z. B. Polizei, BAG) dem Fahrer eine Kontrollbescheinigung ausstellen. Die Kontrollbescheinigung ist solange vom Fahrer mitzuführen, bis derselbe Verstoß nicht mehr zu einem zweiten Verfahren führen kann.

3.10.2 Mitführpflichten Übersicht

Unterlagen	Fahrtenschreiber:			
	digital	Mischbetrieb, heute analog	Mischbetrieb, heute digital	analog
Persönliche Dokumente				
	✔	✔	✔	✔
	✔	✔	✔	✔
	✔	✔	✔	✔
Nachweise über Tätigkeiten (gegebenenfalls)				
Schaublätter der letzten 28 Tage		✔	✔	✔
Schaublatt des heutigen Tages		✔		✔
Ausdrucke der letzten 28 Tage		✔		

Unterlagen	Fahrtenschreiber:			
	digital	Mischbetrieb, heute analog	Mischbetrieb, heute digital	analog
 Bescheinigung über berücksichtigungsfreie Tage	✔	✔	✔	✔
Für das Gerät				
		✔		✔
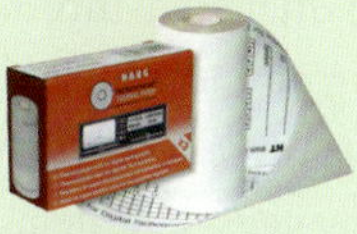	✔		✔	
Bei Defekt an Gerät/Karte oder Verlust der Karte (gegebenenfalls)				
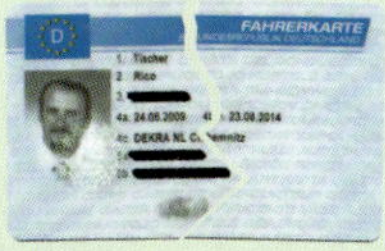	✔	✔ (wenn vorhanden)	✔	✔ (wenn vorhanden)
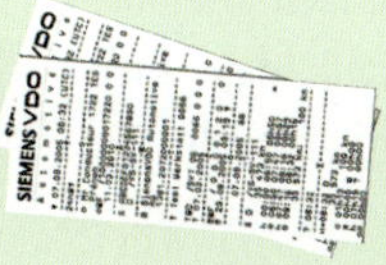 Tagesausdrucke mit handschriftlichen Angaben zum Fahrer	✔	✔	✔	
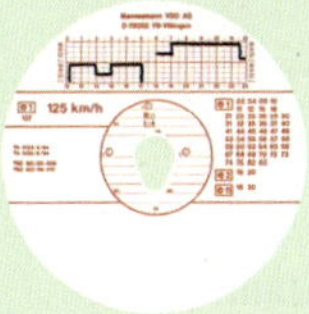 Handschriftliche Aufzeichnungen		✔		✔
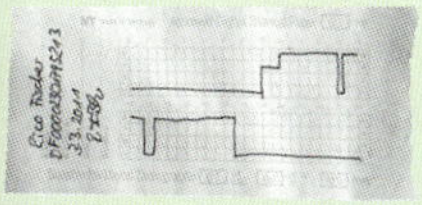 Handschriftliche Aufzeichnungen	✔		✔	

Lenk- und Ruhezeiten in der Praxis

Die Lenk- und Ruhezeiten perfekt einzuhalten, ist im Arbeitsalltag eines Lastwagen- oder Busfahrers eine große Herausforderung. Wer mit den Tücken eines digitalen Fahrtenschreibers kämpfen muss, läuft Gefahr, Fehler zu verursachen, die in Polizeikontrollen zu Problemen führen können. Deswegen hier nun ein paar Tipps zum praxisgerechten Umgang mit Ihrem digitalen Tachographen.

Parkplatznotstand

Parkplatznotstand bedeutet, dass es auf deutschen Autobahnen oft schon am frühen Abend, je nach Teilstück kann das bereits ab 18 Uhr sein, häufig keine freien Parkplätze für Schwerfahrzeuge mehr gibt. Wer dann auf der Suche nach einer freien Parkbucht einen Parkplatz nach dem anderen durchsucht, überzieht unter Umständen die maximal zulässige Lenkzeit. In diesem Fall sollten Sie auf jedem Parkplatz, den Sie durchforsten, einmal kurz anhalten. Sinn macht das, weil diese kurzen Stopps auf Ihrer Fahrerkarte protokolliert werden. Dies ist wichtig als Nachweis Ihrer Parkplatzsuche, falls Sie in einer Polizeikontrolle wegen der überzogenen Lenkzeit zur Rede gestellt werden. Denn Beamte haben beim digitalen Fahrtenschreiber keine Möglichkeit mehr, Ihre Schleichfahrten durch vollbesetzte Parkplätze nachzuvollziehen, weil auf Fahrerkarten Geschwindigkeiten – anders als auf Tachoscheiben – nicht notiert werden. Und im Massenspeicher werden Geschwindigkeiten zwar 24 Lenkzeitstunden lang sekundengenau protokolliert, danach aber überschrieben. Nach ein paar Tagen hinterm Steuer entfällt also auch diese Möglichkeit, die Begründung für Ihre überzogene Lenkzeit zu beweisen. Kurze Stopps aber werden auf Fahrerkarten dauerhaft vermerkt und können somit von Ihnen als „Beweismittel" herangezogen werden.

Fahrerkarte steckenlassen?

Dürfen Sie Ihre Fahrerkarte im Fahrtenschreiber steckenlassen, wenn Sie in den Feierabend gehen? Viele Fahrer machen es genau so, weil sie sich damit den manuellen Nachtrag bei Arbeitsbeginn ersparen wollen. Die Antwort darauf lautet: Im Prinzip ja! Sie dürfen sie stecken lassen! Allerdings nur, wenn Sie 100%ig sicher sein können, dass niemand Ihre Karte stehlen oder Ihr Fahrzeug damit in Bewegung setzen kann. Damit entfällt aber eigentlich das Abstellen des Fahrzeuges auf dem Firmenhof mit gesteckter Karte. Zumindest, wenn Sie danach den Fahrzeugschlüssel ans firmeneigene Schlüsselbrett hängen oder ein Zweitschlüssel existiert. Schließlich könnten nun Kollegen Ihr Fahrzeug auf dem Firmenhof zum Rangieren, zur Starthilfe o.ä. benutzen. Steckt dabei Ihre Fahrkarte im Schacht, hat das für Sie den gravierenden Nachteil, dass Ihre Tagesruhezeit unterbrochen wird, obwohl Sie selbst das Fahrzeug gar nicht bewegt haben.

Lieber entnehmen!

Besser ist es daher, Sie entnehmen Ihre Fahrerkarte, wenn Sie Ihr Fahrzeug auf dem Betriebshof abstellen und aktvieren im Fahrtenschreiber die Einstellung „Out". Damit geben Sie an, dass sich Ihr Fahrzeug in einem Bereich befindet, in dem die Lenk- und Ruhezeitenregelung nicht gilt. Das trifft beispielsweise zu, wenn das Betriebsgelände Ihrer Firma durch einen Zaun mit Schranke o.ä. klar erkennbar vom öffentlichen Straßenverkehr getrennt ist und die StVO keine Geltung hat. In diesem Bereich darf der Hofdienst oder Ladepersonal Ihr Fahrzeug bewegen, ohne dass eine Karte gesteckt ist. Zwar sehen Sie danach auf dem Display die Meldung „Fahrt ohne gültige Karte", die Sie mit „ok" bestätigen müssen, aber ein Verstoß liegt in diesem Fall nicht vor, weil vorher die Bedingungen für die Fahrt ohne Karte klar umrissen wurden.

Problemlos durch die Polizeikontrolle

Besorgen Sie sich eine sogenannte Fahrermappe und archivieren Sie darin alle kontrollrelevanten Dokumente; also beispielsweise die Fahrzeugscheine für Zugfahrzeug und Anhänger, EU-Lizenz, Versicherungsbestätigungen sowie Nachweise über arbeitsfreie Tage, Tachoscheiben oder Ausdrucke aus dem digitalen Tachographen. Geraten Sie nun in eine Kontrolle, präsentieren Sie dem Beamten den sauber sortierten (!) Inhalt. Das zeigt, dass Sie bemüht sind, perfekt zu arbeiten und nichts zu verbergen haben. Ein vernünftiger Beamter hat nun auch keinen Grund, sich an Kleinigkeiten festbeißen zu wollen. So kann eine Kontrolle in gegenseitigem Respekt verlaufen.

Nach einer Kontrolle, bei der etwas beanstandet wurde, sollten Sie den Beamten unbedingt bitten, das sogenannte europäische Kontrollprotokoll auszufertigen. Das verhindert sogar im Ausland, dass Sie für ein Vergehen ein zweites Mal zur Kasse gebeten werden können. Aber auch wenn eine Überprüfung ohne Beanstandung absolviert wurde, sind die Beamten verpflichtet, die Kontrolle nachzuweisen. Bei Tachoscheiben durch einen Stempel auf der letzten überprüften Scheibe **(Foto)** oder auf einem Ausdruck aus dem digitalen Fahrtenschreiber.

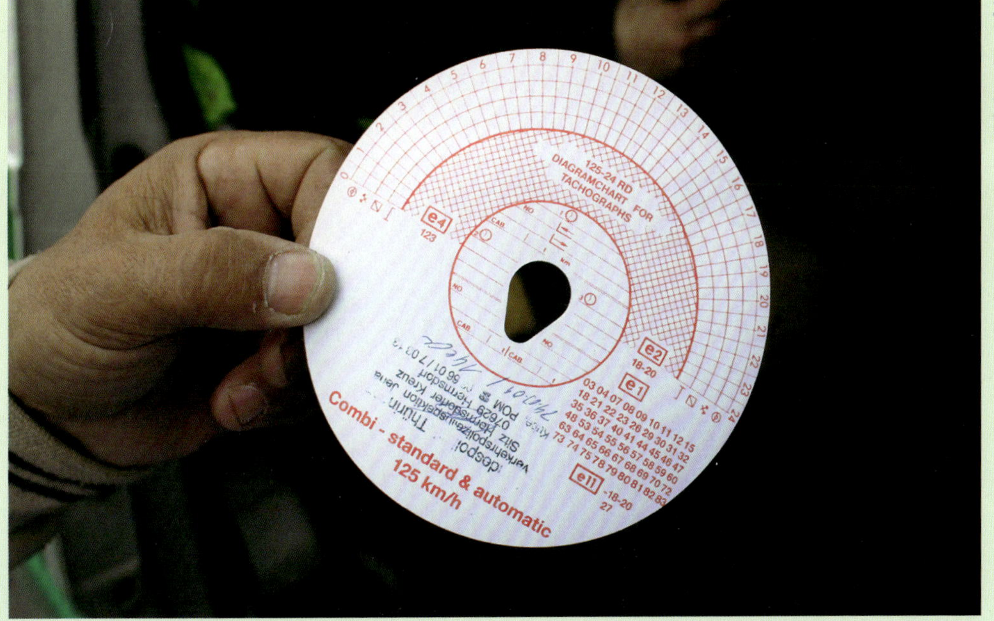

© Reiner Rosenfeld

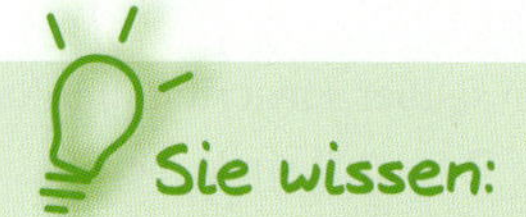

- ✔ Welche Dokumente Sie mitführen müssen, wenn Sie ein Fahrzeug mit analogem oder mit digitalem Fahrtenschreiber führen oder im Mischbetrieb unterwegs sind.
- ✔ Welche handschriftlichen Aufzeichnungen erstellt werden müssen, wenn der Fahrtenschreiber oder die Fahrerkarte defekt sind.

3.11 Sanktionen bei Fehlverhalten

Sie sollen die Sanktionen bei Verstößen gegen die Sozialvorschriften kennen.

Verstöße gegen die Sozialvorschriften werden als Ordnungswidrigkeiten geahndet. Im Fahrpersonalgesetz ist eine Obergrenze bei Bußgeldern von 5.000 € für den Fahrer festgeschrieben. Die Obergrenze für Verstöße durch den Unternehmer liegt bei 15.000 €.

Mögliche Verstöße sind zum Beispiel:

- Überschreiten der Tageslenkzeit
- Nichteinhaltung der Vorschriften zur Fahrtunterbrechung
- Nichteinhaltung der Vorschriften zur Wochenruhezeit
- Der Fahrtenschreiber wurde nicht benutzt
- Keine Ausdrucke bei Defekt, Verlust oder Diebstahl der Fahrerkarte

BEISPIEL

Lkw-Fahrer Meier hat sein Fahrzeug an einem Tag ohne Fahrerkarte gelenkt. Einige Tage später überschreitet er die Tageslenkzeit von 10 Stunden um zwei Stunden.

– Nichtbenutzen der Fahrerkarte	250,– €
– Überschreiten der Tageslenkzeit um 2 h je angefangene halbe Stunde	4 x 30,– €
Gesamtbußgeld	370,– €

✔ Was mögliche Verstöße sind und wie hoch die Bußgelder ausfallen können.

3.12 Das Arbeitszeitgesetz

Sie sollen die Regelungen des Arbeitszeitgesetzes kennen.

FAHREN LERNEN **C**
Lektion 1

FAHREN LERNEN **D**
Lektion 17

3.12.1 Das Arbeitszeitgesetz

Im § 21a des Arbeitszeitgesetzes wurde die EG-Richtlinie Nr. 2002/15 in Deutschland in nationales Recht umgesetzt. Inhalt dieser Richtlinie war im Wesentlichen die Festschreibung von wöchentlichen Höchstarbeitszeiten. Dies war für das Transportgewerbe eine Neuerung.
Für Selbständige wurde das „Gesetz zur Regelung der Arbeitszeit von selbständigen Kraftfahrern" geschaffen. Da es sich bei dem Arbeitszeitgesetz um eine nationale Rechtsvorschrift und bei der VO (EG) 561/2006 um eine EU-Verordnung handelt, hat die EU-Verordnung bei Widersprüchen Vorrang.

Zur Arbeitszeit gehört:
- Lenkzeit
- Beladen
- Umbrücken
- Fahrzeugvorbereitung

Keine Arbeitszeit ist:
- Ruhezeit
- Fahrtunterbrechung
- (Bereitschaftszeit)

Abbildung 156: Keine Arbeitszeit im Sinne des Arbeitszeitgesetzes: Die Fahrtunterbrechung

Lenkzeit ist die Arbeitszeit des Fahrers. Aber auch die Fahrzeugvorbereitung, die Reinigung und das Ein- und Auschecken sind Tätigkeiten, die als Arbeitszeit gelten. Diese Arbeiten sind erforderlich, um den Transport/die Beförderung zu ermöglichen. Entsprechend werden all diese Zeiten bei der Ermittlung der täglichen Arbeitszeit mit berücksichtigt. Im Bereich der Güterbeförderung zählt auch die Ladungssicherung oder das Übernehmen von Frachtpapieren mit zur Arbeitszeit.

Bereitschaftszeiten sind Zeiten, in denen der Fahrer nicht am Arbeitsplatz verbleiben muss, er sich jedoch für Anweisungen zur Fahrtätigkeit oder zur Ausführung anderer Arbeiten bereithalten muss. Zur Bereitschaftszeit gehören z. B.:

- Wartezeiten an einer Laderampe mit voraussichtlichem Ladetermin
- Wartezeiten während der Beförderung auf einer Fähre oder mit einem Zug
- Wartezeiten an den Grenzen und infolge von Fahrverboten
- Die Anfahrt oder Abholung mit einem Pkw zur Übernahme des Lkw/Reisebusses, wenn der Fahrer auf der gesamten Strecke nicht selbst fahren muss

Wichtig ist, dass die Zeiten und ihre voraussichtliche Dauer dem Fahrer im Voraus bekannt sein müssen. Bereitschaftszeit ist auch die neben dem Fahrer oder in der Schlafkabine verbrachte Zeit bei Mehrfahrerbesatzungen, die sich beim Fahren abwechseln. Ein im Mehrfahrerbetrieb eingesetzter Fahrer kann 45 Minuten seiner „Bereitschaftszeit" als „Fahrtunterbrechung" anrechnen, wenn er den lenkenden Fahrer nicht bei seiner Lenktätigkeit unterstützt.

Wöchentliche Höchstarbeitszeit

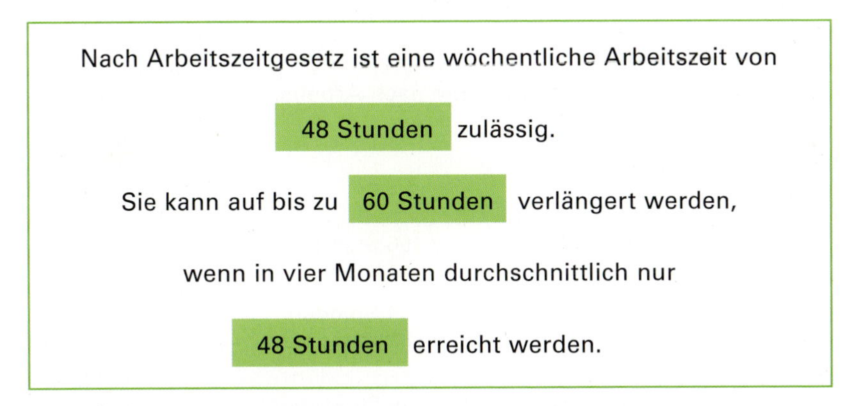

Nach Arbeitszeitgesetz ist eine wöchentliche Arbeitszeit von 48 Stunden zulässig.

Sie kann auf bis zu 60 Stunden verlängert werden,

wenn in vier Monaten durchschnittlich nur 48 Stunden erreicht werden.

Zudem regelt das Arbeitszeitgesetz die Pausen während der täglichen Arbeitszeit. Spätestens nach sechs Stunden Arbeitszeit ist eine Pause vorgeschrieben. Beträgt die Arbeitszeit sechs bis neun Stunden, ist eine Pause von 30 Minuten ausreichend. Bei längeren Arbeitszeiten von maximal 10 Stunden sind 45 Minuten Pause nach sechs Stunden einzuplanen.

Gerade im Verteilerverkehr spielt diese Pausenregelung nach dem Arbeitszeitgesetz eine besondere Rolle. Dort werden oftmals keine 4,5 Stunden Lenkzeit erreicht. Das folgende Beispiel zeigt das Zusammenspiel der Pausenregelungen nach dem Arbeitszeitgesetz und der VO (EG) 561/2006.

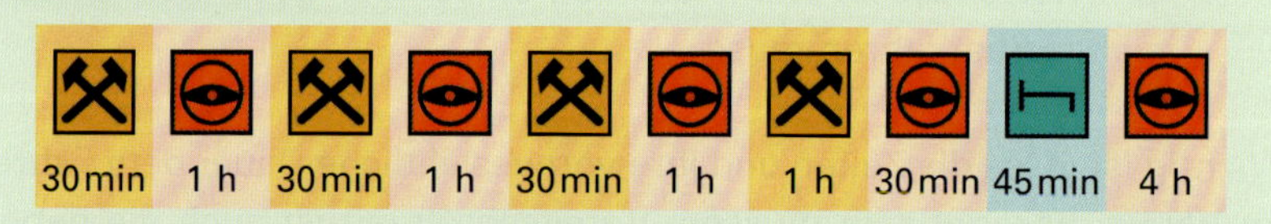

Nach 4,5 Stunden ist keine Pause erforderlich, da die 45 Minuten Fahrtunterbrechung erst nach 4,5 Stunden Lenkzeit einzulegen sind. Nach sechs Stunden sind zwar immer noch keine 4,5 Stunden Lenkzeit erreicht, allerdings schreibt das Arbeitszeitgesetz nach 6 Stunden Arbeitszeit eine Pause vor. Da die Arbeitszeit im Beispiel mehr als 9 Stunden beträgt, ist eine 45-Minuten-Pause erforderlich. Die Pause nach Arbeitszeitgesetz zählt auch als Fahrtunterbrechung nach VO (EG) 561/2006. Im Anschluss wären bis zu 4 Stunden Lenkzeit möglich, dann wird die höchstzulässige Arbeitszeit von 10 Stunden nach Arbeitszeitgesetz erreicht.

Zulässige wöchentliche Lenkzeit VO (EG 561/2006)	56 Stunden
Folgewoche:	34 Stunden

!!! Doppelwochenregelung 90 Stunden !!!

Durchschnitt beträgt somit 45 Stunden

→ EG (VO) 561/2006 regelt die Lenk- und Ruhezeiten
→ Arbeitszeitgesetz regelt die Arbeitszeiten

Das Beispiel zeigt, dass selbst bei sehr langen Tageslenkzeiten durch die Doppelwochenregelung nicht zwangsläufig ein Konflikt mit dem Arbeitszeitgesetz entsteht.

3.12.2 Mögliche Probleme durch Arbeitszeitgesetz

Durch das Arbeitszeitgesetz steht bei Ausnutzen der Tageslenkzeiten kaum noch Zeit für sonstige Arbeiten zur Verfügung.

Gesamtlenkzeit an einem Werk- bzw. Kalendertag	Verbleibende Zeit für sonstige Arbeiten	Begründung
10 h	**0 h**	Keine weitere Arbeitszeit möglich, da die höchstzulässige Arbeitszeit von 10 Stunden durch die Lenkzeit bereits erreicht wurde.
9 h	**1 h**	Eine Stunde ist als sonstige Arbeit möglich, da dann die höchstzulässige Arbeitszeit von 10 Stunden erreicht wird.
8 h	**2 h**	Zwei Stunden sind als sonstige Arbeit möglich, da dann die höchstzulässige Arbeitszeit von 10 Stunden erreicht wird.

3.12.3 Aufgabenteil

AUFGABE 1

Müller hat am heutigen Dienstag folgende Tätigkeiten für die Spedition Schnell & Sicher durchgeführt:

3 Stunden Lenkzeit
1,5 Stunden Be-/ Entladen
1 Stunde Fahrzeugpflege und Fahrzeugvorbereitung
2 Stunden Wartezeit auf Beladung (Dauer war vorher bekannt)
1 Stunde Fahrtunterbrechung
2 Stunden Arbeit mit dem Mitnahmestapler

Wieviel Stunden Arbeitszeit hat Müller am heutigen Dienstag erreicht?

AUFGABE 2

Busfahrer Meier beginnt morgens um 6:00 Uhr, er soll eine Gruppe zu einem mittelalterlichen Markt bringen und im Anschluss eine Schülergruppe zu einer Sportveranstaltung fahren. Folgende Zeiten fallen in dieser Reihenfolge an:
6:00 Uhr Vorbereitung des Busses mit Getränken und Kaffee
6:30 Uhr Anfahrt zum Abholpunkt
7:00 Uhr Aufnahme der Gruppe (Gepäck/Getränke)
7:30 Uhr Anfahrt zum Reiseziel
9:00 Uhr Rückfahrt
10:30 Uhr Säuberung des Busses
11:00 Uhr Anfahrt zur nächsten Gruppe
11:15 Uhr Ankunft Abholpunkt (Gepäck/Getränke)
12:00 Uhr geplante Abfahrtszeit mit der zweiten Gruppe
Kann die Tour so durchgeführt werden? Wann ist eine 45-minütige Fahrtunterbrechung / Pause erforderlich?

AUFGABE 3

Lkw-Fahrer Müller transportiert regelmäßig wertvolle elektronische Geräte, sein Sattelzug wird nach der Beladung vom Verlader verplombt. Müller hat während des Ladevorganges, der stets eine Stunde dauert, keine Aufgaben und wartet, dass er nach 60 Minuten wieder losfahren kann.
Am Dienstag erreicht er die entsprechende Rampe wegen eines engen Zeitfensters mit einer Tageslenkzeit von vier Stunden und 30 Minuten. Er stellt den Fahrtenschreiber auf Bereitschaftszeit. Nach diesen 60 Minuten fragt Müller sich, ob er nun zusätzlich auch noch eine Fahrtunterbrechung von 45 Minuten einlegen muss.

AUFGABE 4

Ein Kraftfahrer, der Krankenhäuser mit Textilien versorgt, hat folgende Arbeitszeiten:
1 Stunde Beladen des Lkw
2 Stunden Anfahrt zum ersten Krankenhaus
0,5 Stunden Be-/Entladen am ersten Krankenhaus
0,5 Stunden Anfahrt zum zweiten Krankenhaus
0,5 Stunden Be-/Entladen am zweiten Krankenhaus
1 Stunde Fahrt zum Betriebslager
0,5 Stunden Be-/Entladen des Lkw
Nun soll Meier den neu beladenen Lkw zu einer anderen Niederlassung des Unternehmens überführen. Da die Entfernung größer ist, kommt die Frage nach der restlichen Tageslenkzeit auf. Wieviel Stunden darf der Kraftfahrer nun noch fahren?

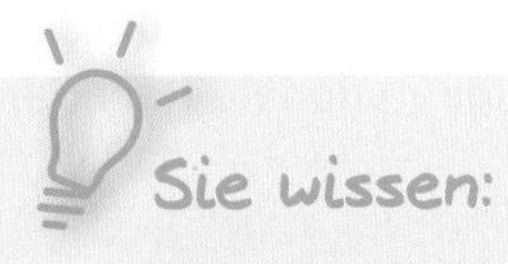

- Welche Tätigkeiten gemäß Arbeitszeitgesetz zur Arbeitszeit zählen.
- Unter welchen Umständen ein Zeitraum als Bereitschaftszeit zählt.
- Welche wöchentlich Arbeitszeit nach Arbeitszeitgesetz maximal zulässig ist.
- Welche Pausenzeiten nach Arbeitszeitgesetz vorgeschrieben sind.

3.13 Wissens-Check

1. Welche Vorschriften gelten auf einer Fahrt von Deutschland über Polen in die Ukraine in Bezug auf die Lenk- und Ruhezeiten?

- ❑ a) Die EG-Sozialvorschriften auf der gesamten Strecke
- ❑ b) Das AETR auf der gesamten Strecke
- ❑ c) In Deutschland und Polen die EG-Vorschriften, in der Ukraine das AETR
- ❑ d) Der Fahrer kann vor Fahrtantritt eine Vorschrift wählen, muss sich dann aber die gesamte Fahrt über daran halten

2. Sie führen eine Beförderung zwischen einem EU- und einem AETR-Staat durch. Welche Vorschriften sind zu beachten?

- ❑ a) Im Gebiet der EU sind die Vorschriften der EU zu berücksichtigen und im AETR-Staat ist das AETR anzuwenden.
- ❑ b) Auf der gesamten Strecke gilt das AETR.
- ❑ c) Das EU-Recht gilt auch im AETR-Staat.
- ❑ d) Im Gebiet der EU sind die Vorschriften der EU zu berücksichtigen und im AETR-Staat ist das dortige nationale Recht anzuwenden.

3. Wie lang ist die normale Tageslenkzeit?

___

4. Wie viele Stunden dürfen Sie das Fahrzeug ununterbrochen fahren?

___

5. Wie lange muss nach Ausnutzen der ununterbrochenen Lenkzeit die Fahrtunterbrechung mindestens sein?

___

6. Darf die Fahrtunterbrechung in Abschnitten genommen werden?

____

____

7. Welche maximale Wochenlenkzeit ist nach den EG-Sozialvorschriften zulässig?

____

8. Nach einer elfstündigen Tagesruhezeit beginnt ein Lkw-Fahrer seine Fahrt morgens um 00:15 Uhr. Er fährt 4,5 Stunden, legt eine Lenkzeitunterbrechung von 45 Minuten ein, um dann wieder 4,5 Stunden zu fahren. Wann darf dieser Fahrer eine weitere Fahrt beginnen?

____

____

____

9. Erläutern Sie den Begriff „Aufteilen" bzw. „Splitten" der Tagesruhezeit!

____

____

____

____

10. In welchen Fällen darf die Tagesruhezeit unterbrochen werden und wie lang darf die Unterbrechung maximal sein?

____

____

____

____

11. Wann muss eine Wochenruhezeit eingelegt werden und wie viele Stunden muss sie betragen?

12. Bei der Zwei-Fahrer-Besatzung erhöht sich die tägliche Lenkzeit für das Fahrzeug auf insgesamt wie viele Stunden?

13. Sie führen ein Fahrzeug mit analogem Fahrtenschreiber, welche Unterlagen sind mitzuführen?

14. Sie führen ein Fahrzeug mit digitalem Fahrtenschreiber. Welche Unterlagen sind mitzuführen?

15. Sie wechseln oft zwischen Fahrzeugen mit analogem und digitalem Fahrtenschreiber. Heute führen Sie ein Fahrzeug mit digitalem Fahrtenschreiber. Welche Unterlagen sind mitzuführen?

____

____

____

____

____

____

16. Die Fahrerkarte wird verloren, gestohlen oder ist defekt. Wie verhalten Sie sich? Darf die Fahrt fortgesetzt werden?

____

____

____

17. Erklären Sie, welche Zeiten zur Arbeitszeit zählen!

____

____

____

____

18. Sie führen an Ihrem Fahrzeug eine Abfahrtkontrolle durch. Welche Zeit müssen Sie dafür an Ihrem Fahrtenschreiber einstellen?

- ❑ a) Lenkzeit
- ❑ b) Bereitschaftszeit
- ❑ c) Sonstige Arbeit
- ❑ d) Fahrtunterbrechung

19. Welche Unterlagen sind bei der Beantragung der Fahrerkarte vorzulegen?

- ❑ a) Geburtsurkunde, Sozialversicherungsausweis, Passfoto und Nachweis über Wohnsitz im Inland
- ❑ b) Personalausweis, Passfoto und Kartenführerschein
- ❑ c) Personalausweis, Passfoto, Kartenführerschein und Nachweis über Wohnsitz im Inland
- ❑ d) Personalausweis, Passfoto, Nachweis über Wohnsitz im Inland und Sozialversicherungsausweis

20. Welche Angaben sind bei der Entnahme einer Diagrammscheibe für den analogen Fahrtenschreiber zu ergänzen?

- ❑ a) Ankunftsort, Ankunftsdatum, Ankunftskilometer und gefahrene Wegstrecke
- ❑ b) Ankunftsort, Ankunftsdatum und gefahrene Wegstrecke
- ❑ c) Ankunftsort, Ankunftsdatum, Ankunftskilometer, gefahrene Wegstrecke und Unterschrift des Fahrers
- ❑ d) Ankunftsdatum, Ankunftskilometer, gefahrene Wegstrecke

21. Ihr digitaler Fahrtenschreiber ist defekt. Dürfen Sie die Fahrt fortsetzen?

- ❑ a) Sie haben unverzüglich eine Werkstatt aufzusuchen
- ❑ b) Die Fahrt darf 7 Tage fortgeführt werden, wenn Sie alle Zeiten manuell auf einem Blatt nachhalten. Dieses Blatt muss zudem folgende Angaben enthalten: Geburts-, Familien und Vorname, Nummer der Fahrerkarte oder des Führerscheins und Ihre Unterschrift
- ❑ c) Die Fahrt darf 15 Tage fortgeführt werden, wenn Sie alle Zeiten manuell auf einem Blatt nachhalten. Dieses Blatt muss zudem folgende Angaben enthalten: Geburts-, Familien und Vorname, Nummer der Fahrerkarte oder des Führerscheins und Ihre Unterschrift
- ❑ d) Die Fahrt darf nur an dem Tag des Defektes fortgesetzt werden und alle Zeiten müssen manuell auf einem Blatt nachgehalten werden. Dieses Blatt muss zudem folgende Angaben enthalten: Geburts-, Familien und Vorname, Nummer der Fahrerkarte oder des Führerscheins und Ihre Unterschrift

22. Welcher Zeitraum wird bei einer Straßenkontrolle kontrolliert und muss lückenlos nachgewiesen werden?

- ❑ a) Aktueller Tag und die 15 vorausgegangenen Kalendertage
- ❑ b) Nur der aktuelle Tag
- ❑ c) Aktueller Tag und die 28 vorausgegangenen Kalendertage
- ❑ d) Aktuelle Woche und letzter Tag der Vorwoche

23. In welchen Zeitabständen haben Sie Ihrem Unternehmen Ihre Fahrerkarte zum Download zur Verfügung zu stellen?

- ❑ a) Spätestens alle 28 Kalendertage
- ❑ b) Nach einer entsprechenden Meldung im Fahrtenschreiber
- ❑ c) Vor Beginn einer neuen Woche
- ❑ d) Beim Erreichen des Ablaufdatums der Fahrerkarte

4 Risiken des Straßenverkehrs und Arbeitsunfälle

Nr. 1.3a und 3.1
Anlage 1 BKrFQV

4.1 Arbeitsunfälle im Überblick

Sie sollen die Definitionen von Arbeits- und Wegeunfall kennen. Außerdem sollen Sie einen Überblick über Arbeitsunfallstatistiken bekommen und menschliche, materielle und finanzielle Auswirkungen von Unfällen kennen.

4.1.1 Was ist eigentlich ein Arbeitsunfall?

Arbeitsunfall

Ein Unfall ist dann ein Arbeitsunfall im Sinne der gesetzlichen Unfallversicherung, wenn

- der Arbeitnehmer versichert ist,
- die Tätigkeit versichert ist und
- der Unfall nicht absichtlich herbeigeführt wurde.

Wegeunfall

Ein Wegeunfall im Sinne der gesetzlichen Unfallversicherung liegt vor, wenn sich der Unfall auf dem direkten oder verkehrsgünstigsten Weg zur oder von der Arbeitsstätte ereignet hat.

Berufskrankheit

Eine Berufskrankheit ist eine Krankheit, die aufgrund der versicherten beruflichen Tätigkeit des Arbeitnehmers entstanden ist.

Die Berufsgenossenschaft

Arbeitsunfälle müssen der Berufsgenossenschaft (BG) gemeldet werden, wenn die Arbeitsunfähigkeit länger als drei Tage dauert. Tödliche Arbeitsunfälle müssen sofort gemeldet werden.
Die Berufsgenossenschaften sind Trägerinnen der gesetzlichen Unfallversicherung. Sie haben Unfallverhütungsvorschriften („BG-Vorschriften") erlassen, an die sich die Mitgliedsbetriebe und ihre Angestellten halten müssen. Die Unternehmer sind verpflichtet, ihre Mitarbeiter mindestens einmal jährlich über Sicherheit und Gesund-

heitsschutz bei ihrer Arbeit zu informieren („Unterweisung zur Unfallverhütung").
Im Falle eines Arbeitsunfalls oder einer Berufskrankheit tritt die BG ein und übernimmt die Kosten für die Behandlung bzw. zahlt eine Rente bei Erwerbsminderung. Für die Transportbranche ist die Berufsgenossenschaft für Transport und Verkehrswirtschaft (BG Verkehr) zuständig.

4.1.2 Arbeitsunfälle in Zahlen

Kraftfahrzeuge sind sichere Verkehrsmittel, und auch für den Lkw- und Busfahrer gibt es im Berufsalltag normalerweise keine dramatischen Gefahren für Leib und Leben. Stolpern, Umknicken und Ausrutschen, also Unfälle bei den alltäglichen Tätigkeiten des Gehens oder Ein- und Aussteigens, sind die häufigsten Unfallsituationen. Doch schauen wir uns das Unfallgeschehen einmal genauer an.

Die meisten Menschen sind der Meinung, dass sich Unfälle am häufigsten im Straßenverkehr ereignen. Dies entspricht jedoch nicht den Tatsachen, wie die Grafik zeigt.

Abbildung 157: Unfalltote/Unfallverletzte im Vergleich (Angaben von 2011)

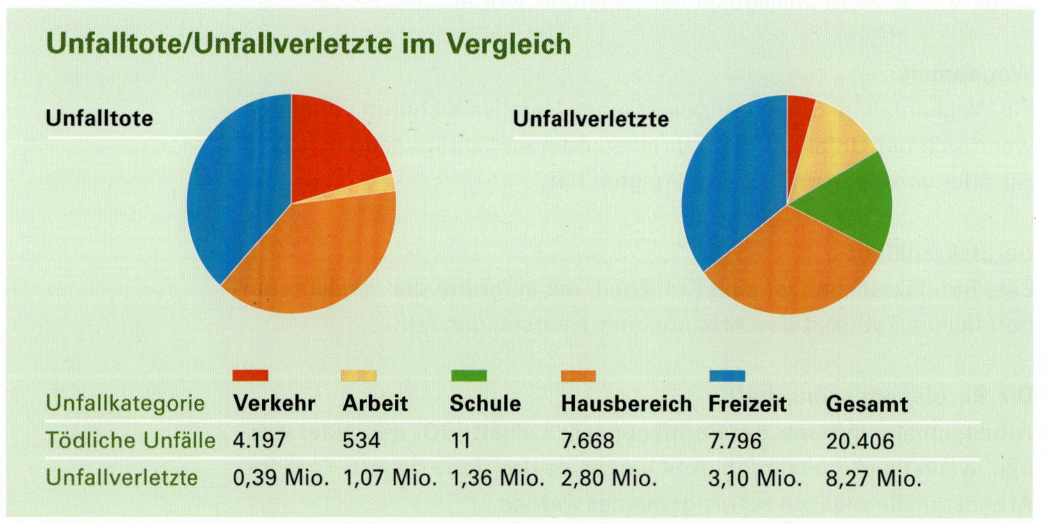

Unfallkategorie	Verkehr	Arbeit	Schule	Hausbereich	Freizeit	Gesamt
Tödliche Unfälle	4.197	534	11	7.668	7.796	20.406
Unfallverletzte	0,39 Mio.	1,07 Mio.	1,36 Mio.	2,80 Mio.	3,10 Mio.	8,27 Mio.

Trotz des höheren Risikos, im Haushalt und in der Freizeit als bei der Arbeit einen Unfall zu erleiden, ist jedes Jahr eine Vielzahl von Arbeitnehmern in einen Arbeitsunfall verwickelt. Dabei liegt die Zahl der meldepflichtigen Arbeitsunfälle – hierzu zählen auch Unfälle bei der

Fahrtätigkeit – von Unternehmen, die bei der Berufsgenossenschaft für Transport und Verkehrswirtschaft (BG Verkehr) versichert sind, deutlich über dem Durchschnitt aller gewerblichen Berufsgenossenschaften (pro tausend Beschäftigte/1.000-Mann-Quote).

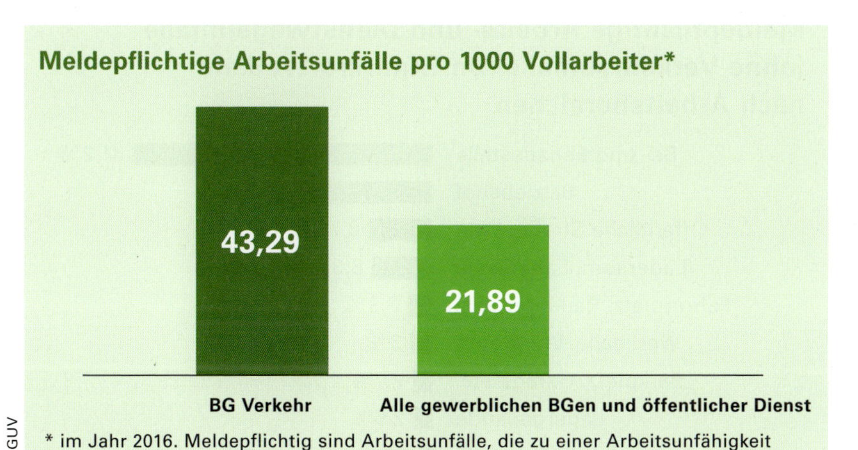

Abbildung 158: An die BG Verkehr wurden deutlich mehr Arbeitsunfälle gemeldet als an alle anderen BGen

Arbeitsunfälle im Umgang mit Lkw

Die untenstehende Grafik zeigt das Unfallgeschehen der Arbeitnehmer im Güterkraftverkehr, die bei der Berufsgenossenschaft für Transport und Verkehrswirtschaft (BG Verkehr) versichert sind.

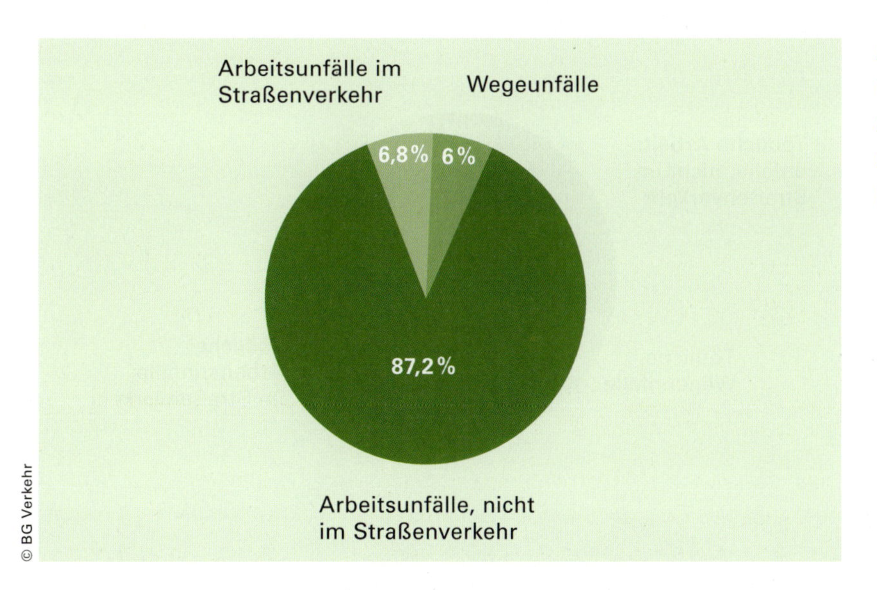

Abbildung 159: Meldepflichtige Arbeitsunfälle im Güterkraftverkehr (Stand: 2010)

Ca. 2/3 der meldepflichtigen Arbeitsunfälle im Güterkraftverkehr ereignen sich an Be- und Entladestellen, auf dem Betriebshof und im Laderaum bzw. auf der Ladefläche.

Abbildung 160: Arbeitsunfälle nach Arbeitsbereichen (2010)

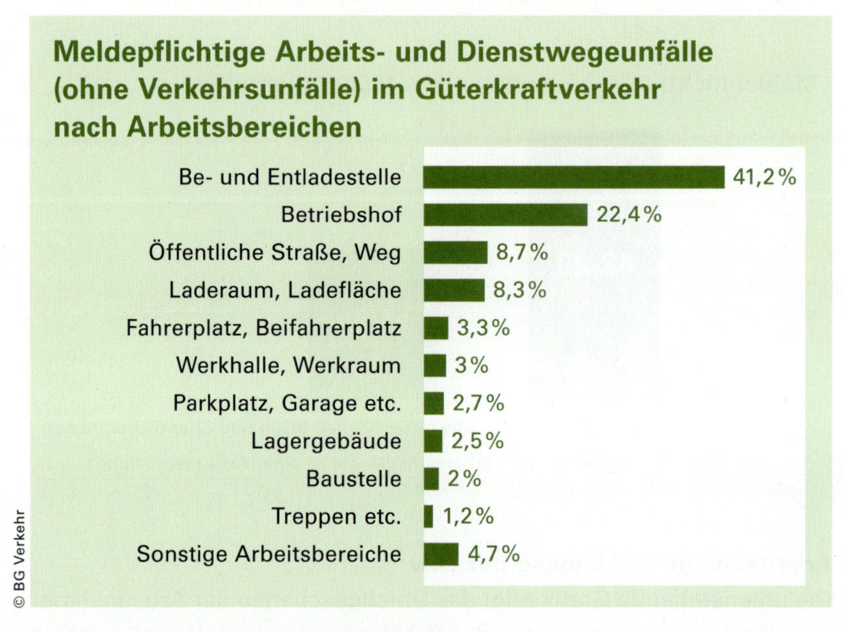

Die meisten *tödlichen* Unfälle hingegen ereignen sich im Straßenverkehr.

Abbildung 161: Tödliche Arbeitsunfälle im Güterkraftverkehr (Stand: 2010)

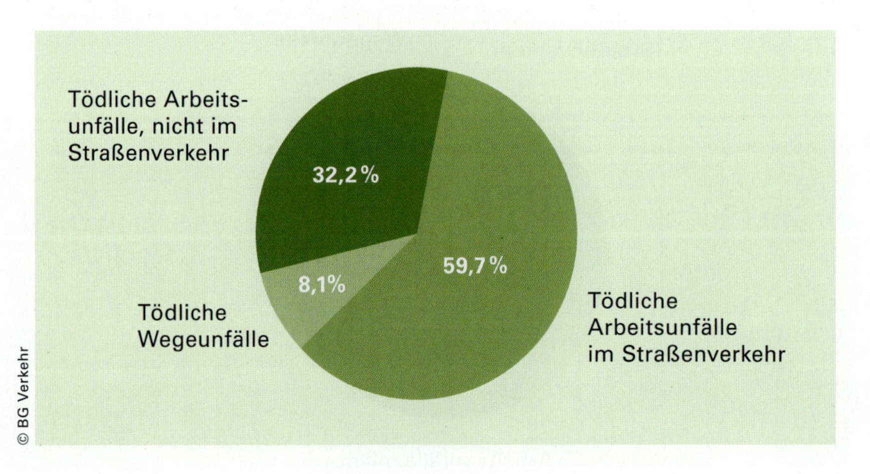

Arbeitsunfälle mit Beteiligung von Omnibussen

Die nachfolgende Darstellung gibt einen Einblick in das Unfallgeschehen bzw. über die Anzahl der meldepflichtigen Unfälle der bei der BG Verkehr versicherten Arbeitnehmer, deren Tätigkeit im Omnibusbereich angesiedelt ist.

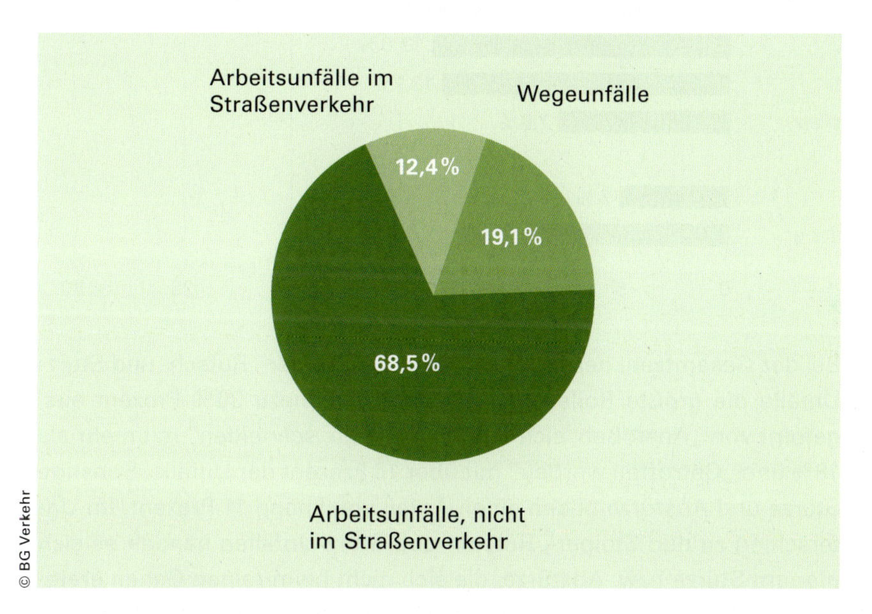

Abbildung 162: Meldepflichtige Arbeitsunfälle im Personenverkehr (Stand 2010)

Bei einer Betrachtung der Arbeitsunfälle zeigt sich, dass sich lediglich 12,4 Prozent der meldepflichtigen Arbeitsunfälle im Straßenverkehr ereignen. Damit stellen sie nicht den Hauptanteil der meldepflichtigen Arbeitsunfälle dar. Jedoch sind Verkehrsunfälle, insbesondere schwere, neben dem menschlichen Leid mit hohen Kosten verbunden sowie mit negativen Schlagzeilen und Imageverlust für die Busbranche.

Arbeitsunfälle in der Omnibusbranche ereignen sich nicht nur im Straßenverkehr, sondern auch in anderen Arbeitsbereichen des Unternehmens. Die folgende Grafik zeigt, dass sich die meisten Unfälle auf dem Betriebshof ereignen. Im Wesentlichen betrifft dies Unfälle mit dem stehenden Omnibus einschließlich des Be- und Entladevorganges. In erster Linie ist das Fahrpersonal von den Unfällen betroffen – zumindest trifft diese Aussage auf die bei der BG Verkehr gemeldeten Arbeitsunfälle zu. Weitere betroffene Personengruppen sind Werkstatt-, Reinigungs- und Wartungspersonal sowie Unternehmer.

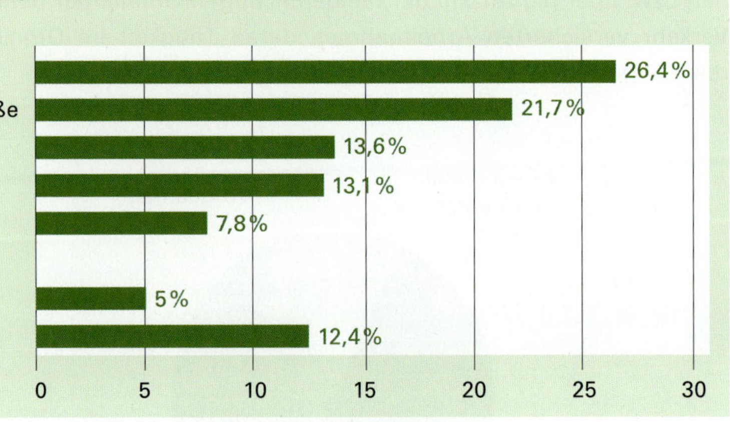

Abbildung 163: Unfälle rund um den Omnibus (Stand 2010)

Bei der Gesamtzahl der Unfälle spielen die Stolper-, Rutsch- und Sturz-Unfälle die größte Rolle. Ihr Anteil macht nahezu 30 % Prozent aus, gefolgt von „Anstoßen, sich stoßen, stechen, schneiden" mit mehr als 18 % und „Getroffen werden" mit über 16 Prozent der Unfälle. Sonstige Stürze und Abstürze bilden einen Anteil von knapp 11 Prozent. Im Unterschied zu den Stolper-, Rutsch- und Sturz-Unfällen handelt es sich hier um Stürze bzw. Abstürze, die sich nicht beim reinen Gehen ereignen, sondern z. B. beim Transport von Gegenständen.

Am häufigsten von Verletzungen betroffen sind bei Arbeitsunfällen in Omnibusunternehmen die Gliedmaßen (Knöchel, Fuß, Hand, Bein, Schulter, Arm, Handgelenk und -wurzel) und der Kopf.

In ca. 30 % der Fälle war der unfallauslösende Gegenstand der Omni- bzw. Schulbus. Mit weitem Abstand folgen Fußböden, Gehwege und Plätze. Den häufigsten Anteil stellen jedoch sonstige Gegenstände dar.

4.1.3 Unfallkosten

Unfälle, gleich welcher Art, können erhebliche Kosten verursachen. Das folgende Beispiel eines Unfalles macht deutlich, welche Kosten folgen können. Bei diesem Unfall war ein Fahrer beim Verlassen des Fahrzeugs von der Einstiegsstufe abgerutscht und hatte sich Prellungen sowie einen Bänderriss zugezogen.

Abbildung 164: Viele Unfälle ereignen sich beim Ein- und Aussteigen

Kosten eines Arbeitsunfalls (Fallbeispiel)

Krankenhausbehandlung	**Gesamtkosten in Höhe von 8.000 bis 10.000 €**
Medizinische Nachbehandlung	
Lohn- und Sozialkosten	

Abbildung 165: Kosten eines Arbeitsunfalls
Quelle: BG Verkehr

Das Beispiel zeigt, welche Kosten bereits mit einem relativ „einfachen" Arbeitsunfall verbunden sind. Dabei sind weitere betrieblichen Kosten wie z. B. für Organisations- und Verwaltungsaufwand, Fahrzeugreparatur, Aushilfsfahrer/-in, Ausfallzeiten sowie evtl. Erhöhungen von Versicherungsprämien nicht berücksichtigt, die die Unfallkosten noch erheblich steigern können.

Auch wenn solche Schäden teilweise durch Versicherungen abgedeckt sind, stellt ein Unfall aus Sicht des Betriebes immer einen Kostenfaktor dar: Selbst wenn niemand ernsthaft verletzt wird, muss der Fahrer seine Tour unterbrechen, der Unfall muss aufgenommen werden, und der Betrieb muss für ein Ersatzfahrzeug sorgen. Neben der Störung des Betriebsablaufes bedeutet dies zusätzlichen Organisations- und Verwaltungsaufwand, Ausfallzeiten, Wege- und Mietkosten usw. Wenn sich der Unfall im Linien- oder Reisebusverkehr ereignet, sind die betroffenen Fahrgäste durch den Aufenthalt verärgert. Beförderungsbetriebe und Lieferunternehmen können Liefertermine nicht einhalten und erleiden einen Imageverlust. Wird der Fahrer verletzt, kommt die Lohnfortzahlung in den ersten Tagen der Abwesenheit des Verunfallten hinzu. Ersatzkräfte müssen gefunden und eingewiesen werden. Nicht zuletzt entstehen bei Verletzten Kosten für die ärztliche Behandlung und Rehabilitation, auch wenn hier die Berufsgenossenschaft einspringt.

Nach dem Unfall sind in zum Teil aufwändigen Verfahren Haftungsfragen zu klären, Gerichte werden eingeschaltet, Versicherungsprämien werden erhöht und Kunden gehen möglicherweise verloren. Welche Kosten aus einem Unfall für den Betrieb tatsächlich entstehen, kann nur für den Einzelfall und vor dem Hintergrund der konkreten Rahmenbedingungen nach betriebswirtschaftlichen Gesichtspunkten ermittelt werden.

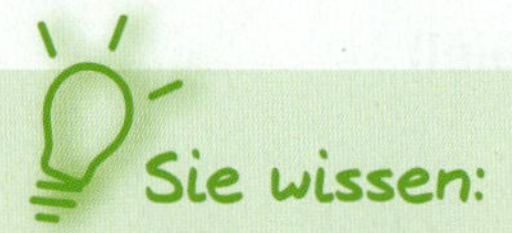

- ✔ wie ein Arbeitsunfall definiert ist.
- ✔ wie ein Wegeunfall definiert ist.
- ✔ in welchen Bereichen und bei welchen Tätigkeiten sich die meisten Arbeitsunfälle bei Bus- und Lkw-Fahrern ereignen.
- ✔ welche Kosten ein Unfall verursachen kann.

4.2 Typische Arbeitsunfälle I

FAHREN LERNEN C
Lektion 1

FAHREN LERNEN D
Lektion 5

Sie sollen typische Arbeitsunfälle kennenlernen und erkennen, dass Sie für die Vermeidung von Unfällen ebenso verantwortlich sind wie Ihr Arbeitgeber und andere Vorgesetzte.

4.2.1 Fahrerplatz

Eine individuelle, sorgfältige Einstellung des Fahrersitzes auf den Fahrer ist nicht nur im Hinblick auf Ergonomie und Komfort wichtig, sondern hilft auch dabei, Unfälle zu verhindern: Nur wer entspannt sitzt und alle Bedienungseinrichtungen ohne Verrenkungen erreicht, kann auf Dauer konzentriert fahren. Im Güterkraftverkehr entstehen häufig Unfälle durch falsches Auf- und Absteigen an Lkw-Fahrerhäusern und -Ladeflächen.

Hier einige Beispiele aus den Unfallmeldungen an die BG Verkehr:

Unfälle am Fahrerarbeitsplatz und ihre Folgen	
Beim Verlassen des Fahrzeugs abgerutscht und gestürzt	**Rippenprellung**
Beim Überfahren einer Bodenvertiefung löst sich die hintere Arretierung des Fahrersitzes, Fahrer fällt mit Sitz um	**Halswirbelsäulentrauma**
Beim Aussteigen auf dem Betriebshof auf den Randstein der Tankstellenumrandung getreten und umgeknickt	**Bänderriss**

Im Bereich des Fahrerarbeitsplatzes verdienen auch die Sichtverhältnisse nähere Beachtung: Die Sichtverhältnisse sollten nicht durch abgelegte Gegenstände (z. B. Fahrertasche, Zeitungen, Kaffeemaschine) eingeschränkt werden. Auch die genaue Spiegeleinstellung und die Reinigung der Scheiben (innen und außen) sind wichtig. Beim Einstellen der Spiegel und beim Reinigen der Scheiben kann es zu Unfällen kommen, wenn beispielsweise ungeeignete Aufstiegshilfen benutzt werden oder vom Einstieg aus gearbeitet wird.

Unfälle im Bereich Sicht, Fenster und Spiegel und ihre Folgen	
Konzepthalter („Klemmbrett“) und Fahrertasche versperren Sicht, beim Fahrerwechsel wird Kollege überfahren	**Tödliche Verletzungen**
Beim Reinigen der Fenster von der Leiter gefallen	**Verstauchungen, Brüche**
Beim Einstellen der Spiegel von Einstiegsstufe abgerutscht	**Verstauchungen, Knochenbrüche**

4.2.2 Türbereich

Am häufigsten treten bei den Mitgliedern der BG Verkehr Unfälle im Zusammenhang mit Stolpern, Rutschen, Stürzen auf. Dies trifft sowohl für Lkw- als auch für Busunfälle zu. Was auf den ersten Blick ungewöhnlich erscheint, bestätigen arbeitswissenschaftliche Erkenntnisse. Danach sind Aktivitäten, denen ein geringes Risiko beigemessen wird, unfallträchtiger als solche, deren Gefährlichkeit offensichtlich ist.

Generell werden selbstverständliche, alltägliche Vorgänge wie das Laufen oder Treppensteigen meist ohne große Überlegung und ohne Sorgfalt, stattdessen aber oft in Eile und „nebenbei“ vollzogen. Das Resultat dieser Verhaltensweise schlägt sich in der Unfallstatistik nieder. Bei Kraftfahrern ist möglicherweise durch das lange Sitzen die Tiefensensibilität im Beinbereich beeinträchtigt, so dass der Fahrer beim Aussteigen „wenig Gefühl“ in den Beinen hat.

Auch die Gestaltung des Bodens rund um den Fahrersitz und die unterschiedlichen Bodenhöhen bei den verschiedenen Fahrzeugen haben Einfluss auf das Unfallrisiko. Die Konsequenz kann nur sein, diesen Vorgängen im Alltag genauso viel Aufmerksamkeit zu widmen und zusätzliche Unfallquellen konsequent auszuschalten. Dazu gehört auch, geeignetes Schuhwerk zu tragen und sich – wo möglich – an Geländern festzuhalten.

Unfälle beim Türein- und -ausstieg und ihre Folgen	
Fahrer steigt mit abgezogenem Schlüssel aus, wird zwischen Fahrzeug und Werkstatttor eingeklemmt	**Quetschung**
Beim Aussteigen mit linkem Fuß umgeknickt	**Bänderzerrung**
Bei Sonnenlichteinwirkung im Bus Kontrollleuchte der hinteren Tür nicht erkannt und mit geöffneter Tür angefahren, einsteigender Mitfahrer fällt heraus und wird überrollt.	**Tödliche Quetschungen**

Für Lkw-Fahrer gilt:

- Springen Sie nie vom Fahrzeug! Das Auf- und Absteigen über Reifen, Felgen oder Radnaben ist gefährlich.
- Benutzen Sie am Fahrzeug vorhandene Aufstiege und Haltegriffe!
- Falls erforderlich, führen Sie auf Fahrzeugen ausreichend lange und sichere Leitern mit.

⚠ Reifen, ringförmige Tritte an Radnaben oder Felgen sowie Sprossen mit rundem Querschnitt sind als Aufstiege unzulässig!

Abbildung 166: Eingeklemmter Arm

4.2.3 Rückwärtsfahren und Rangieren

Rückwärtsfahren und Rangieren stellen erhebliche Gefahren für Personen dar, die zu Fuß unterwegs sind, weil Lkw-Fahrer große Bereiche hinter ihrem Fahrzeug nicht einsehen können.

PRAXIS-TIPP

- Lassen Sie sich einweisen!
- Der Einweiser muss sich außerhalb des Gefahrenbereiches, seitlich links im Sichtbereich des Fahrers aufhalten, also nie hinter dem Fahrzeug!
- Fahren Sie nur Schrittgeschwindigkeit!
- Besteht kein Blickkontakt zum Einweiser mehr, halten Sie das Fahrzeug sofort an!

Mit Hilfe geeigneter Assistenzsysteme kann Rückwärtsfahren sicherer gemacht werden.
Rangier-Warneinrichtungen geben Ihnen als Fahrer optische und akustische Warnsignale, wenn sich Personen oder Gegenstände im Gefahrenbereich hinter dem Fahrzeug befinden.
Videosysteme können Ihnen als Fahrer Bildinformationen über die Situation im rückwärtigen Bereich des Fahrzeuges liefern. Optimal wäre eine Kombination beider Systeme. Rechtlich werden diese Systeme aber nicht als Ersatz für einen Einweiser gewertet.

Handsignale für Einweiser von Fahrzeugen

Allgemeine Hinweise nach DGUV-Vorschrift 70 (ehemals BGV D29)
Die Handflächen zeigen in den drei folgenden Anweisungen immer nach vorne.

Abbildung 167:
Achtung
Arm hochgestreckt

Abbildung 168:
Halt
Beide Arme seitwärts waagerecht ausstrecken

Abbildung 169:
Halt – Gefahr
Beide Arme seitwärts waagerecht ausstrecken und abwechselnd anwinkeln und strecken

Handzeichen für Fahrbewegungen nach DGUV-Vorschrift 70 (ehemals BGV D29)

Abbildung 170:
Abfahren
Arm hochgestreckt mit nach vorn gekehrter Handfläche seitlich hin- und herbewegen

Abbildung 171:
Herkommen
Mit beiden Armen mit zum Körper gerichteten Handflächen heranwinken

Abbildung 172:
Entfernen
Mit beiden Armen mit vom Körper weggerichteten Handflächen wegwinken

Abbildung 173:
Links fahren*
Den der Bewegungsrichtung zugeordneten Arm anwinkeln und seitlich hin- und herbewegen

*vom Einweiser aus gesehen

Abbildung 174:
Rechts fahren*
Den der Bewegungsrichtung zugeordneten Arm anwinkeln und seitlich hin- und herbewegen

Abbildung 175:
Anzeige einer Abstandsverringerung
Beide Handflächen parallel dem Abstand entsprechend halten bzw. zusammenführen

Zur eigenen Sicherheit und um vom Fahrzeugführer besser gesehen zu werden, sollte der Einweiser unbedingt eine Warnweste oder auffällige Warnkleidung tragen.

© Lobbe Entsorgung GmbH

Abbildung 176 und 177:
Zum Vergleich: Einweiser mit und ohne Warnkleidung

4.2.4 Ankuppeln

PRAXIS-TIPP

Tragen Sie Arbeitshandschuhe! Sie sind unverzichtbar für alle An- und Abkuppelvorgänge. Muss mit Verkehr anderer Fahrzeuge gerechnet werden: Warnweste tragen, damit man besser gesehen wird! Im Baustellenbereich müssen außerdem Schutzschuhe und Schutzhelm getragen werden.

1. Betätigen Sie die Feststellbremsen und legen Sie die Unterlegkeile an.

⚠ Eine Bremsung durch Trennen der Bremsluftleitungen ist nicht ausreichend. Wird nach dem Kuppelvorgang die Vorratsleitung wieder angeschlossen, wird die Bremsstellung des Anhängerbremsventils wieder aufgehoben. Wurde das Zugfahrzeug nicht zuvor durch die Feststellbremse gesichert, setzt sich der Zug im Gefälle unkontrolliert in Bewegung!

Sofern die Standfläche nicht vollständig eben und waagerecht ist – und das ist sie nur ganz selten –, müssen zusätzlich Unterlegkeile angelegt sein. Unterlegkeile dürfen nur an Rädern der starren Achse angelegt sein, nie jedoch an lenkbarer Achse und Liftachse.

2. Lösen Sie die Vorderachsbremse (bei Gelenkdeichselanhängern)

⚠ Achtung: Beim Lösen der Vorderachsbremse kann die Zuggabel seitlich herumschlagen, wenn die Räder der Vorderachse nicht auf ebenem, glattem Untergrund stehen!

3. Fahren Sie mit dem Zugfahrzeug bis auf ca. 1 m an die Zugöse heran.

4. Gelenkdeichselanhänger: Stellen Sie die Zugöse auf die Kupplungshöhe ein.

Auf gar keinen Fall darf die Zuggabel während des anschließenden Ankuppelvorganges von Hand hochgehalten werden (durch eine zweite Person).

Starrdeichselanhänger: Stellen Sie die Zugöse auf die Fangmaulmitte oder geringfügig auf den unteren Lappen des Fangmauls ein.

Die Stützlast am Kuppelpunkt des Starrdeichselanhängers darf nie negativ (nach oben gerichtet) sein! Das muss durch richtige Beladung sichergestellt werden.

5. Öffnen Sie die Kupplung und die Handhebel bis zum Anschlag.
6. Treten Sie aus dem Gefahrenbereich zwischen Zugfahrzeug und Anhänger heraus.

Niemals beim Kuppelvorgang zwischen die Fahrzeuge treten!

7. Kuppeln Sie durch Zurücksetzen des Zufahrzeuges, nie durch verbotenes Auflaufenlassen!
8. Setzen Sie das Zugfahrzeug mit der Feststellbremse fest. Kontrollieren Sie, ob die Kupplung geschlossen und gesichert ist.

Wenn das Zugfahrzeug nicht sicher mit der Feststellbremse gesichert ist, rollt der Zug nach dem Anschließen der Vorratsleitung bzw. dem Lösen der Anhänger-Feststellbremse weg!

9. Schließen Sie die Verbindungsleitungen an. Zuerst die Bremsleitung (gelber Kupplungskopf), dann die Vorratsleitung (roter Kupplungskopf) und dann die weiteren Anschlüsse.
10. Gelenkdeichselanhänger: Lösen Sie soweit erforderlich die Höheneinstelleinrichtung. Starrdeichselanhänger: Bringen Sie die Stütze in Fahrstellung.
11. Entfernen und verstauen Sie die Unterlegkeile.
12. Lösen Sie die Anhängerfeststellbremse.

Wenn die Luftfeder auf „Senken" gestellt ist, der Aufbau aber wegen noch gebremster Räder (bedingt durch Kinematik) nicht vollständig abgesenkt ist, dann schlägt beim Lösen der Anhängerbremse der Aufbau herunter. Dies kann besonders bei Wechselbrückenanhängern auftreten.
Zur Vermeidung zuerst Luftfeder auf „Stop" stellen, dann erst Anhängerfeststellbremse lösen.

13. Stellen Sie das Anhängerlastventil, soweit noch vorhanden, ein.
14. Falls erforderlich: Regulieren Sie die Luftfeder nach. Heben Sie die Liftachse an oder senken Sie sie ab. Decken Sie die Park-Warntafel ab oder entfernen Sie diese.
15. Führen Sie eine Abfahrtkontrolle durch.

4.2.5 Abkuppeln

1. Positionieren Sie den Zug möglichst gestreckt und sehen Sie ausreichend Freiraum zum späteren Ankuppeln vor.
2. Betätigen Sie die Feststellbremsen von Zugfahrzeug und Anhänger.
3. Legen Sie Unterlegkeile an.
4. Gelenkdeichselanhänger: Setzen Sie, soweit erforderlich die Höheneinstellungen fest.
   Starrdeichselanhänger: Senken Sie die Stütze soweit ab, bis die Zugöse leicht vom Fangmaulgrund abgehoben ist.
5. Trennen Sie die Verbindungsleitungen: Zuerst die Vorratsleitung (roter Kupplungsknopf), dann die Bremsleitung (gelber Kupplungsknopf) und dann die weiteren Anschlüsse.

6. Öffnen Sie die Kupplung und den Handhebel bis zum Anschlag.
7. Ziehen Sie das Zugfahrzeug vor.

Starrdeichselanhänger können unter ungünstigen Bedingungen hochschlagen!

8. Schließen Sie die Kupplung.

Keinesfalls den Kupplungsbolzen durch Manipulation in der offenen Kupplung (bei Handhebel in der Kuppelstellung) auslösen! Verletzungsgefahr!

9. Bringen Sie – falls erforderlich – eine Park-Warntafel an.

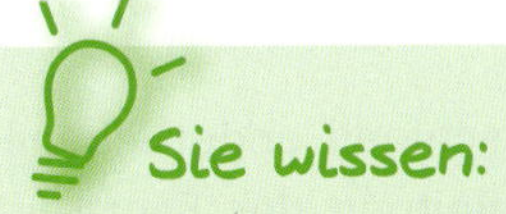

- ✔ welche Arbeitsunfälle sich rund um den Fahrerplatz, den Türbereich sowie beim Rangieren und Kuppeln ereignen können.
- ✔ wie Sie diesen Arbeitsunfällen durch ein sicherheitsgerechtes Verhalten vorbeugen können.

4.3 Typische Arbeitsunfälle II

Sie sollen typische Arbeitsunfälle kennenlernen und erkennen, dass Sie für die Vermeidung von Unfällen ebenso verantwortlich sind wie Ihr Arbeitgeber und andere Vorgesetzte.

FAHREN LERNEN **C**
Lektion 4

FAHREN LERNEN **D**
Lektion 4

4.3.1 Abstellen und Sichern

Abstellen und Sichern eines Lkw

Durch mangelhafte Sicherung der abgestellten Lkw kommt es wie beim Bus zu schweren Unfällen. Die Fahrzeuge überrollen die Fahrer oder drücken sie gegen Mauern oder Tore. Auch können die Fahrer zwischen Fahrzeug und Bordstein gequetscht werden.

Um solche Unfälle zu verhindern, darf ein mehrspuriges Fahrzeug erst verlassen werden, nachdem es gegen unbeabsichtigtes Bewegen gesichert ist. Insbesondere sind folgende Maßnahmen erforderlich:

1. **Auf ebenem Gelände**
   - Betätigen der Feststellbremse,
   - Einlegen des kleinsten Ganges bei maschinell angetriebenen Fahrzeugen (sofern nach der Betriebsanleitung des Fahrzeugs möglich)

   oder
   - Einlegen der Parksperre bei Fahrzeugen mit automatischem Getriebe

2. **Auf stark unebenem Gelände oder im Gefälle**
   - Betätigen der Feststellbremse und Benutzen der Unterlegkeile,
   - Betätigen der Feststellbremse und Einlegen des kleinsten gegenläufigen Ganges (sofern nach der Betriebsanleitung des Fahrzeugs möglich)

   oder
   - Betätigen der Feststellbremse und Einlegen der Parksperre bei Fahrzeugen mit automatischem Getriebe

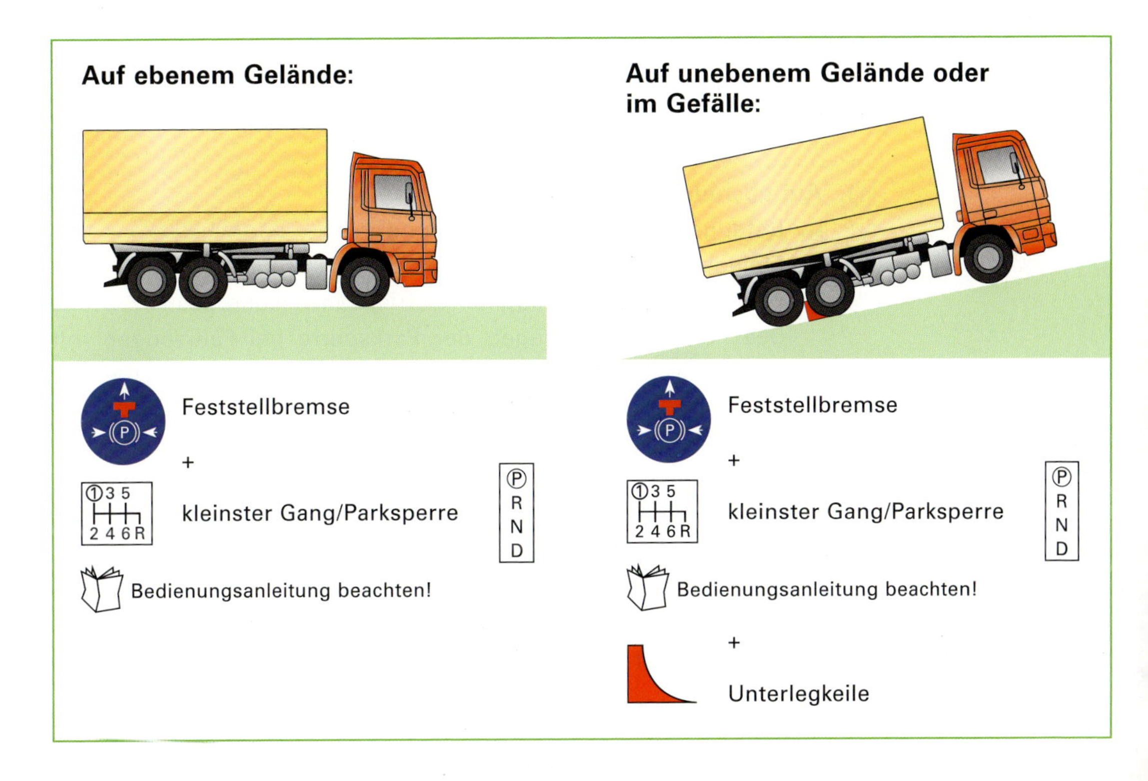

Abbildung 178: Abstellen und Sichern eines Lkw

Beim Befahren der Ladefläche mit dem Stapler rollt das Fahrzeug durch die auftretenden Kräfte in Längsrichtung beim Abbremsen des Staplers los und der Staplerfahrer stürzt beim anschließenden Zurücksetzen mit seinem Gerät zwischen Ladefläche und Rampe ab. Deshalb:

3. **Beim Be- und Entladen von Fahrzeugen,** wenn gefahrbringende Kräfte in Längsrichtung auftreten können,
   - Betätigen der Feststellbremse und Benutzen der Unterlegkeile.

Das Abstellen des Anhängers durch Trennen der Luftleitungen ist kein Betätigen der Feststellbremse im Sinne der Vorschriften, da sich das Fahrzeug bei Luftverlust in den Vorratsluftkesseln unbeabsichtigt in Bewegung setzen kann. Als Feststellbremse gilt bei einem Anhänger die mechanische Bremse (Handspindelbremse) oder der separat über den (meist) roten Knopf zu betätigende Federspeicher (Lösen vor der Abfahrt nicht vergessen!).

Abbildung 179: Federspeicher

Abstellen und Sichern eines Busses

Nach der Fahrt muss das Fahrzeug abgestellt und gesichert werden. Insbesondere sind folgende Maßnahmen erforderlich:

1. **Auf ebenem Gelände:**
   - Betätigen der Feststellbremse und
   - Einlegen des kleinsten Ganges bei maschinell angetriebenen Fahrzeugen (soweit möglich, Betriebsanweisung des Fahrzeugs beachten), oder Einlegen der Parksperre bei Fahrzeugen mit automatischem Getriebe

2. **Auf unebenem Gelände oder im Gefälle bzw. beim Be- und Entladen,** wenn in Längsrichtung gefahrbringende Kräfte auftreten können:
   - Betätigen der Feststellbremse und
   - Einlegen des kleinsten gegenläufigen Ganges (soweit möglich, Betriebsanweisung des Fahrzeugs beachten), oder Einlegen der Parksperre bei Fahrzeugen mit automatischem Getriebe und
   - Benutzen der Unterlegkeile

Abbildung 180: Abstellen und Sichern eines Busses

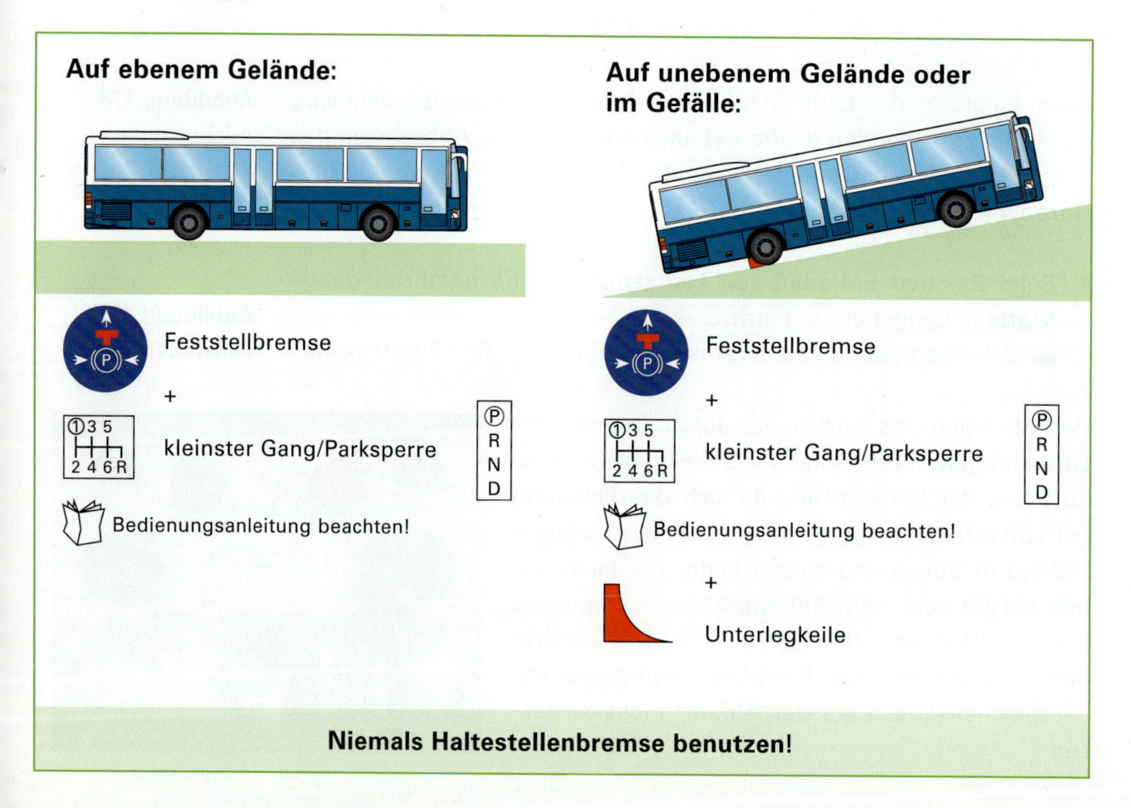

Durch mangelhafte Sicherung des abgestellten Busses können schwere Unfälle verursacht werden. Solche Unfälle ereignen sich sowohl auf dem Betriebshof als auch auf der Strecke bzw. an Haltestellen. Die Fahrzeuge überrollen die Fahrer oder drücken sie gegen Mauern oder Tore. Auch können die Fahrer zwischen Fahrzeug und Bordstein gequetscht werden.

Die **Haltestellenbremse** sichert den Bus oft nur bei laufendem Motor bzw. eingeschalteter Zündung. Bei geschlossener Tür oder abgezogenem Schlüssel muss das Fahrzeug mit der Feststellbremse gesichert werden, um solche Unfälle auszuschließen. Bei Omnibussen mit Automatik-Getriebe muss der Wahlhebel vor dem Abstellen des Motors auf P oder N gestellt werden, sonst kann sich der Bus beim nächsten Starten selbstständig in Bewegung setzen, unter Umständen sogar ohne dass Druckluft in der Bremsanlage ist.
In der Vergangenheit gab es Unfälle, bei denen Fahrer zwischen ungesicherten Türen eingeklemmt und schwer bzw. tödlich verletzt wurden Daher besteht hier Klemmgefahr, besonders beim Verlassen des Fahrerplatzes und beim mechanischen Verschließen der Tür von außen.

Festgefahrene Fahrzeuge

Folgende Punkte sind zu beachten, wenn ein festgefahrenes Fahrzeug geborgen werden soll:

- Die Antriebsräder dürfen nur unterlegt werden, wenn diese stillstehen.
- Es muss sichergestellt sein, dass sich niemand in Bereichen aufhält, in denen Gefahr durch fortschleuderndes Unterlegmaterial besteht.

Fahrzeugübergabe

Ein Austausch über den Fahrzeugzustand und eventuell nötige Verbesserungen fallen leichter, wenn ein entsprechender Informationsfluss betrieblich geregelt ist (Meldezettel, Mängelberichte, feste Ansprechpartner in der Werkstatt usw.). Fahrerbesprechungen sind ebenfalls ein wichtiges Forum zum Austausch von Informationen.

4.3.2 Be- und Entladen

Zu den Tätigkeiten von Lkw- und Reisebusfahrern gehört häufig auch Be- und Entladen. Hierbei nehmen die Fahrer oft eine ungünstige Körperhaltung ein, die zu einer erhöhten Belastung der Wirbelsäule führt.

Bei vorliegenden Vorschädigungen kann es dadurch unter anderem zu Bandscheibenvorfällen kommen. Die Art der Ladung und die Lage der Laderäume bedingen zum Teil sehr ungünstige Körperhaltungen.

Vorsichtsmaßnahmen gemäß DGUV-Vorschrift 70 (ehemals BG-Vorschrift D29) (Auszug)

- Beim Be- und Entladen von Fahrzeugen muss sichergestellt werden, dass diese nicht fortrollen, kippen oder umstürzen können.
- Das Be- und Entladen von Fahrzeugen hat so zu erfolgen, dass Personen nicht durch herabfallende, umfallende oder wegrollende Gegenstände bzw. durch ausfließende oder ausströmende Stoffe gefährdet werden.
- Die Ladung ist so zu verstauen und bei Bedarf zu sichern, dass bei üblichen Verkehrsbedingungen eine Gefährdung von Personen ausgeschlossen ist.

Wenn Sie am rechten Fahrbahnrand be- oder entladen, müssen Sie immer eine Warnweste tragen. Achten Sie auf den fließenden Verkehr, dieser darf nicht behindert oder gefährdet werden.

Für den Lkw-Fahrer gilt: „Trage nichts, was gerollt werden kann!"

- Nutzen Sie für die jeweilige Transportaufgabe geeignete und sichere Fahr-, Hebe- und Tragehilfen.
- Achten Sie darauf, dass die Hilfen funktionstüchtig und ausreichend tragfähig sind.
- Befestigen Sie Fahr-, Hebe- und Tragehilfen bei Mitnahme im Laderaum so, dass sie nicht verrutschen oder umfallen können.

© BG Verkehr

Abbildung 181: Handhubwagen

Weitere Hinweise für Busfahrer

- Nach Möglichkeit Koffer aufrecht nebeneinander stellen.
- Müssen Gepäckstücke übereinander gestapelt werden, gehören die leichten Koffer und Taschen nach oben.
- Auf geeignetem Bodenbelag Gepäckstücke schieben oder ziehen.
- Auch von den Klappen beim Bus können Unfallgefahren ausgehen. Beim Schließen der Klappen können Finger eingeklemmt werden. Wenn die Gasdruckfeder defekt ist, senkt sich die Klappe ab und der Fahrer kann sich beim Anstoßen verletzen. Auch beim Auswechseln der Federn geschehen Unfälle, wenn beispielsweise die Klappe herunterfällt und die arbeitende Person trifft.

Weitere Hinweise für Lkw-Fahrer

- Stauen Sie die Ladung nach Möglichkeit formschlüssig, das heißt die Ladung liegt allseitig an den Laderaumbegrenzungen, anderen Ladegütern oder Zwischenwandverschlüssen an.
- Schließen Sie Freiräume auf der Ladefläche durch Füllmittel, wie z. B. Luftsäcke, Schaumstoffpolster oder Leerpaletten.

Aufschlagende Bordwände und Laderaumtüren können zur tödlichen Gefahr werden. Deshalb:

© BG Verkehr

Abbildung 182: Vorsicht beim Öffnen der Ladetüren

- Prüfen Sie zuerst, ob Ladung gegen die Bordwände drückt: z. B. durch Sichtkontrolle der Ladefläche oder durch Feststellen des Kraftaufwandes beim Betätigen der Bordwandverschlüsse.
- Beseitigen Sie nach Möglichkeit den Ladungsdruck z. B. durch Entladung von der gegenüberliegenden Fahrzeugseite oder durch Abpacken von Hand.
- Stellen Sie sich immer so hin, dass Sie nicht von aufschlagenden Bordwänden oder evtl. abstürzender Ladung getroffen werden können.
- Sichern Sie Laderaumtüren und -klappen gegen unbeabsichtigtes Zuschlagen, z. B. durch Feststeller.
- Lassen Sie Steckbretter und Spriegelstangen nicht herunterfallen, sondern heben Sie diese von Hand herab.

Vorsichtmaßnahmen bei der Verwendung von Anlegeleitern

- Führen Sie, wenn erforderlich, ausreichend lange und sichere Leitern am Fahrzeug mit.
- Eine Leiter ist lang genug, wenn die oberen drei Sprossen nicht bestiegen werden müssen.
- Achten Sie auf den richtigen Anlegewinkel (ca. 65 bis 75°).
- Sichern Sie die Leiter gegen Wegrutschen und Umkippen (ggf. mit einem Gurt).

4.3.3 Wartungs- und Werkstattarbeiten

Abbildung 183: Beim Anklemmen/Fremdstarten unbedingt die Bedienungsanleitung beachten!

Batteriewartung und Starthilfe

Die Bedeutung der Pluspolabdeckungen von Batterien wird häufig unterschätzt. Beim Hantieren mit ungeeignetem (nicht isoliertem) Werkzeug oder bei einem Unfall besteht ohne Pluspolabdeckung die Gefahr, dass durch gleichzeitige Berührung der Pole mit einem leitenden Gegenstand ein Kurzschluss erzeugt wird, was im Extremfall zu einem Fahrzeugbrand oder zum Zerknall der Batterie führen kann.

Beim Laden von Batterien müssen die Herstelleranweisungen berücksichtigt werden. Für Räume, in denen Batterien geladen werden, gibt es Vorschriften hinsichtlich des Explosionsschutzes (z.B. Lüftung). Beim Umgang mit Batteriesäure ist für die persönliche Schutzausrüstung zu sorgen (Schutzhandschuhe, Gummischürze, Augen- bzw. Gesichtsschutz). Werden Batterien im Fahrzeug geladen, insbesondere mit dem Schnellladegerät, ist darauf zu achten, dass die Lüftungsöffnungen nicht durch Verschmutzungen, Rost o. ä. eingeengt sind. Unfälle, bei denen ein Batteriezerknall ausgelöst wird, können zu Verbrennungen und Verätzungen durch austretende Batteriesäure führen.

Der Ausbau einer Batterie ist in folgender Reihenfolge vorzunehmen:

1. Stromverbraucher (z.B. Lampen) – soweit wie möglich – ausschalten
2. Minuspol abklemmen
3. Pluspol abklemmen

Beim Einbau ist in umgekehrter Reihenfolge vorzugehen. Springt der Motor einmal nicht an, weil die Fahrzeugbatterie entladen ist, kann mit einem Starthilfekabel eine separate Batterie oder die Batterie eines anderen Fahrzeuges (beide mit gleicher Nennspannung) zum Starten benutzt werden. In jedem Fall ist die Bedienungsanleitung des Fahrzeugherstellers zu beachten. Das Starthilfekabel muss hierfür geeignet sein (ausreichend großer Leitungsquerschnitt, isolierte Polzangen). Folgende Reihenfolge ist unbedingt zu beachten:

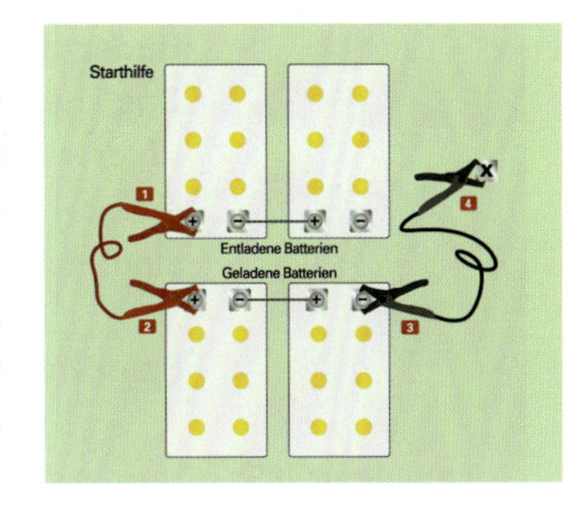

Abbildung 184: Ablauf bei der Starthilfe

1. Die erste Polzange des roten Kabels mit dem Pluspol der entladenen Batterie (oben) verbinden.
2. Die zweite Polzange des roten Kabels am Pluspol der geladenen Batterie (unten) anklemmen.
3. Die erste Polzange des schwarzen Kabels am Minuspol der geladenen Batterie (unten) anklemmen.
4. Die zweite Polzange des schwarzen Kabels – möglichst weit entfernt und unterhalb der entladenen Batterie (oben) – an einem Masseanschluss des Fahrzeuges anklemmen.

Nach dem Starten beide Kabel bei laufendem Motor in umgekehrter Reihenfolge wieder abnehmen.

⚠ Die zweite Polzange des schwarzen Kabels niemals am Minuspol der entladenen Batterie anklemmen. Beim Fremdstarten wird der Wasseranteil der verdünnten Schwefelsäure in der entladenen Batterie elektrolytisch zersetzt. Dabei entsteht das hochexplosive Knallgas (Sauerstoff-Wasserstoff-Gemisch), das über die Entlüftungsleitungen aus der Batterie abgeleitet wird. Der beim Abklemmen einer Polzange entstehende Funken reicht aus, um dieses Knallgas zu entzünden und die Batterie zum Explodieren zu bringen.

Ein Beispiel aus einer Unfallmeldung: Ein Kurzschluss bei der Batteriewartung verursachte einen Batteriezerknall und führte zu Verbrennungen und Verätzungen im Gesicht und am Oberkörper.

Räder und Radwechsel

Das Thema „Räder und Radwechsel“ betrifft die Fahrer dann, wenn sie unterwegs bei einer Panne das Rad wechseln müssen, oder – wie in einigen Unternehmen üblich – auch mit Wartungsarbeiten betraut sind.

Beim Radwechsel müssen folgende Schritte durchgeführt werden:

Abbildung 185: Vorbereitung

Vorbereitung

- Warnblinklicht einschalten
- Feststellbremse betätigen
- Warnweste anlegen
- Warndreieck/-leuchte aufstellen
- Unterlegkeile anlegen

Abbildung 186: Rad abnehmen

Rad abnehmen

- Reserverad abnehmen
- Wagenheber ansetzen
- Radmuttern lockern
- Fahrzeug anheben
- Radmuttern herausdrehen
- Ggf. Montierhülsen aufstecken
- Rad abnehmen

Abbildung 187: Reserverad aufsetzen

Reserverad aufsetzen

- Anlagefläche säubern
- Ggf. Montierhülsen aufstecken
- Reserverad aufsetzen
- Radmuttern aufschrauben
- Wagenheber absenken
- Radmuttern festziehen (Drehmoment!)

Abbildung 188: Nachbereitung

Nachbereitung

- Defektes Rad verstauen
- Werkzeug verstauen
- Unterlegkeile verstauen
- Warndreieck/-leuchte entfernen
- Radmuttern nach kurzer Fahrtstrecke nachziehen

Beim Montieren und Befüllen von Luftreifen kommt es vereinzelt immer wieder zu schweren Arbeitsunfällen. Die Ursachen liegen häufig in der Missachtung von Sicherheitsvorschriften.

Unfälle beim Reifenwechsel und ihre Folgen	
Neu montierter Reifen platzt beim Befüllen	**Schwere Prellungen, tödliche Verletzungen**
Schlauch des Druckluftschlagschraubers platzt	**Trommelfell geplatzt**

Gefahren im Motorbereich

Im Motorraum besteht Gefahr durch Stromspannung (Hochspannungsanlagen an Scheinwerfern oder von Hybridfahrzeugen), Hitzeeinwirkung (Auspuff, Kühlwasser) und rotierende Teile (Keilriemen, Lüfterräder). Verletzungen durch rotierende Teile können sicher verhindert werden, wenn das Fahrzeug mit einem Motorklappenschalter ausgerüstet ist, der die Stromzufuhr zum Anlasser bei geöffneter Klappe unterbricht.

Ein Beispiel aus einer Unfallmeldung im Motorbereich: Als der Arm beim Starten des Motors in den Keilriemenantrieb hineingezogen wurde, führte dies zum Hand- und Armabriss und zu Fingerverletzungen.

Werkstatt

Unfälle gibt es auch bei Wartungs- und Reparaturarbeiten in der Werkstatt. Oft werden bei diesen Unfällen einfache Sicherheitsregeln missachtet. Sorglosigkeit und Gedankenlosigkeit sind hier oft ausschlaggebend, hinzu kommen Gewohnheiten („Dabei ist noch nie was passiert") und falsches „Heldentum", wenn mit ungeeignetem Werkzeug „improvisiert" wird.

Unfälle in der Werkstatt und ihre Folgen	
Sturz in Arbeitsgrube nach dem Versuch, darüber zu springen (Abkürzen des Weges vom Aufenthaltsraum zum Lager)	**Schwere Rückenprellungen**
Beim Lösen einer Mutter durch Aufsetzen einer Verlängerung auf den Maulschlüssel abgerutscht und von der Leiter gestürzt	**Wirbelanbruch**
Festgesetzter Handgriff am Hochdruckreiniger	**Pistole schlägt unkontrolliert hin und her und führt zu Schnittverletzungen an beiden Schienenbeinen**

Persönliche Schutzausrüstung

Eine geeignete PSA (persönliche Schutzausrüstung) schützt vor schädigenden Einwirkungen bei der Arbeit. Für den Kraftfahrer ist das vor allem bei der Durchführung von Wartungsarbeiten und beim Be- und Entladen wichtig.

Abbildung 189: Sicherheitsschuhe

Beim **Fahren** müssen Sie feste, den Fuß umschließende Schuhe tragen. Bei **Werkstattarbeiten** müssen Sicherheitsschuhe getragen werden.

Sicherheitsschuhe bieten nicht nur Schutz gegen Quetschungen und Verletzungen durch herunterfallende Teile, sondern sorgen auch beim Gehen und Stehen für Halt und sicheren Tritt. So können Rutsch- und Stolperunfälle vermieden werden. Durch die orthopädische Gestaltung dieser Schuhe ergeben sich über diese Wirkungen hinaus weitere zusätzliche positive Effekte für den Gesundheitsschutz. Beim Einsatz von Handhubwagen bzw. Mitgängerstaplern („Ameisen") und immer dann, wenn Ladung zu heben und zu tragen ist, müssen Sie Sicherheitsschuhe tragen.

Kategorie	Grundanforderung	Zusatzanforderung
SB	I oder II*	
S 1	I	Geschlossener Fersenbereich, Antistatik, Energieaufnahmevermögen im Fersenbereich
S 2	I	Wie S 1, zusätzlich: Wasserdurchtritt, Wasseraufnahme
S 3	I	Wie S 2, zusätzlich: Durchtrittsicherheit, profilierte Laufsohle
S 4	II	Antistatik, Energieaufnahmevermögen im Fersenbereich
S 5	II	Wie S 4, zusätzlich: Durchtrittsicherheit, profilierte Laufsohle

*) Herstellungsarten:
I: Schuhe aus Leder oder anderen Materialien, hergestellt nach herkömmlichen Schuhfertigungsmethoden (z. B. Lederschuhe)
II: Schuhe vollständig geformt oder vulkanisiert (Gummistiefel, Polymerstiefel – z. B. aus PUR – für den Nassbereich

Abbildung 190: Kategorien von Sicherheitsschuhen DIN EN 345 Quelle: BGR 191

Geeignete **Schutzhandschuhe** schützen gegen chemische und mechanische Einwirkungen. Sie können Schnitt-, Riss- und Quetschwunden verhindern oder deren Folgen verringern. Beim Umgang mit spitzen und scharfen Gegenständen (z. B. Blechplatten) sowie heißen und kalten Gütern sind sie unerlässlich. Zudem sorgen sie auch in vielen anderen Fällen für den richtigen „Grip" beim Umgang mit Fahrzeugteilen oder Werkzeug.

In Bereichen, in denen mit Kränen gearbeitet wird, muss stets ein **Schutzhelm** getragen werden. Beim Arbeiten in Kühlräumen ist die Verwendung einer **Kälteschutzkleidung** angebracht.

Luftfedersysteme

Im Zusammenhang mit der Hubeinrichtung an Luftfedersystemen ereigneten sich mehrere Unfälle mit schweren bzw. tödlichen Verletzungen, insbesondere schwere Quetschungen des Kopf- bzw. Oberkörperbereichs. Eine Auswertung der Unfallberichte ergab, dass sich die Unfälle in zwei Gruppen einteilen lassen: Bei der einen Gruppe wurde durch den Ausbau oder die Reparatur eines Bauteiles der Luftfeder das

System schlagartig entlüftet. Der Fahrzeugaufbau senkte sich ab und die am Fahrzeug arbeitende Person wurde im Bereich der Bodengruppe eingeklemmt. Bei diesen Arbeiten wurden keine Vorkehrungen gegen unbeabsichtigtes Absinken des Aufbaus getroffen. Bei der anderen Gruppe rutschte beim Anheben bzw. Absenken des Fahrzeugaufbaus der Wagenheber von der Aufnahme ab. Die Ursachen für das Abrutschen des Wagenhebers waren falsch gewählte Ansatzpunkte für die Hebeeinrichtung und unebene Bodenverhältnisse.

Abbildung 191: Quetsch- und Schergefahren durch die Luftfederung
Quelle: BG Verkehr

Gefahrbereiche	Fahrzeug angehoben (mm)	Fahrzeug abgesenkt (mm)	Abstandsänderung (mm)
Gummibalgfeder	155	0	155
Schmutzabweisblech	360	170	190
Bodenblech	390	200	190
Radkasten	260	70	190
Spurkasten/Querlenker	100	30	70
Stoßdämpferaufnahme Querlenker	30	12	18

Bei Einhaltung der entsprechenden Sicherheitsvorkehrungen ist eine Absicherung gegen diese Unfälle gegeben: Fahrzeuge müssen bei den angesprochenen Arbeiten gegen Bewegung gesichert werden. Beim Arbeiten an Druckluftleitungen, -armaturen und -behältern von luftgefederten Fahrzeugen sind Vorkehrungen gegen unbeabsichtigtes Absinken des Aufbaus infolge Entweichens der Luft aus dem Federsystem zu treffen.

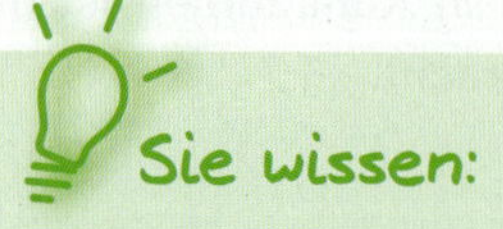

- wie Sie Ihr Fahrzeug nach der Fahrt richtig sichern.
- worauf bei Be- und Entladen geachtet werden muss, um Unfällen vorzubeugen.
- wo beim Wartungs- und Werkstattarbeiten Gefahren lauern und wie Sie diese vermeiden können.

4.4 Verkehrsunfälle im Überblick

Sie sollen die wichtigste Faktoren kennenlernen, die zu einem Unfall führen können und Sie erhalten einen Überblick über Verkehrsunfallstatistiken.

4.4.1 Entstehung von Unfällen

„Unfälle passieren nicht, Unfälle werden verursacht!" Dieser Kernsatz prägt seit langem die Diskussion um die Sicherheit. Unfälle haben Ursachen, und diese liegen oft im Bereich menschlichen Verhaltens. Dies gilt auch für Verkehrsunfälle mit Beteiligung von Kraftfahrzeugen und das Unfallgeschehen rund um das Kraftfahrzeug. Unterstellt man, dass kaum jemand Unfälle willentlich herbeiführt, bleibt als Konsequenz, dass sich die Menschen in ihrem Alltag häufig unbewusst für nicht sichere Verhaltensweisen entscheiden. Wer näher hinsieht, entdeckt allerdings auch, dass menschliches Verhalten sich unter konkreten Rahmenbedingungen vollzieht, die wiederum Einfluss auf das Verhalten haben. Beide bedingen sich wechselseitig.

Ein Unfallentstehungsmodell

In der Regel sind mehrere Unfall begünstigende Faktoren vorhanden, bevor es zu einem Unfall kommt. Das folgende Modell, das gleichermaßen für die Arbeits- und die Verkehrssicherheit gilt, stellt diesen Zusammenhang dar.

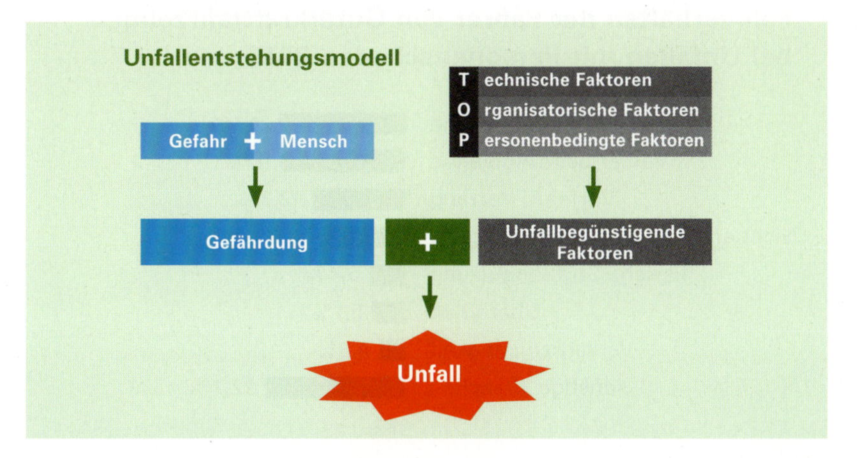

Abbildung 192: Ein Unfall entsteht, wenn zu einer Gefährdung weitere „unfallbegünstigende" Faktoren hinzukommen

4.4.2 Verkehrsunfälle in Zahlen

Verkehrsunfälle mit Beteiligung von Lkw

Im Jahr 2016 ereigneten sich 29.353 Unfälle mit Personenschäden (Angaben des Statistischen Bundesamtes), an denen mindestens ein Lkw beteiligt war. 1.713 Unfälle waren Alleinunfälle, d. h. ca. 5,8 % aller Lkw-Unfälle.

Abbildung 193: Die häufigsten Unfallgegner von Lkw sind die Pkw

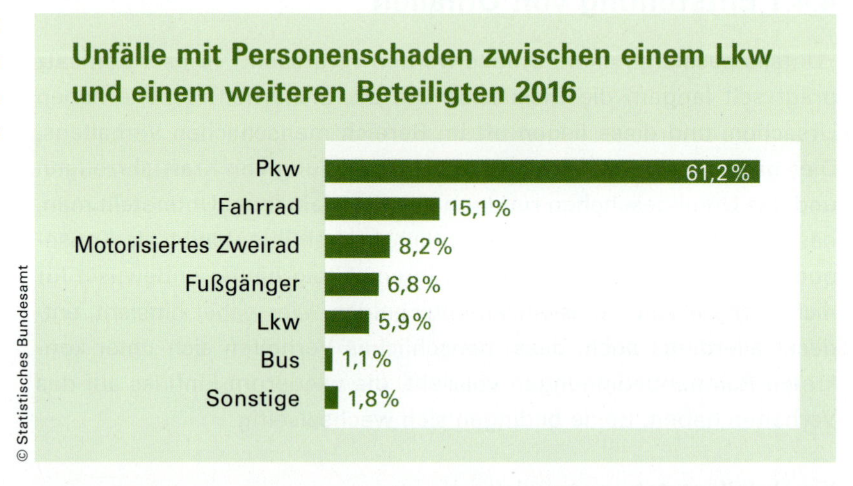

Am häufigsten kollidieren Lkw und Pkw miteinander. Bei den schwächeren Verkehrsteilnehmern (Fahrer motorisierter Zweiräder, Radfahrer und Fußgänger) ist der Anteil der Radfahrer bei Kollisionen mit einem Lkw am größten.

Abbildung 194: Abstand – Unfallursache Nr. 1

Die häufigsten Unfallursachen waren Abstandsfehler mit 17,2 %, Fehler beim Abbiegen mit 16,7 % und Fehlverhalten bei Vorfahrt und Vorrang mit ca. 12,7 %, die den unfallbeteiligten Fahrern von Güterkraftfahrzeugen angelastet wurden. Fehlverhalten im Zusammenhang mit Überholvorgängen sowie die Nutzung der falschen Straßenseite und Verkehrstüchtigkeit stand weniger im Vordergrund.

Weitere typische Lkw-spezifische Unfallsituationen sind:

- Rückwärtsrangieren ohne Einweiser/genügend Sicht
- Unfälle aufgrund mangelnder Ladungssicherung
- Steinschlag, verursacht durch Baustellenfahrzeuge

Verkehrsunfälle mit Beteiligung von Omnibussen

Im Jahr 2016 ereigneten sich laut Statistischem Bundesamt 5.811 Verkehrsunfälle mit Personenschaden, an denen mindestens ein Omnibus beteiligt war.
An 2.452 Unfällen im Zusammenhang mit anderen Verkehrsteilnehmern war der Omnibus als Hauptverursacher beteiligt. Bei den übrigen Unfällen war der Unfallgegner Hauptverursacher.

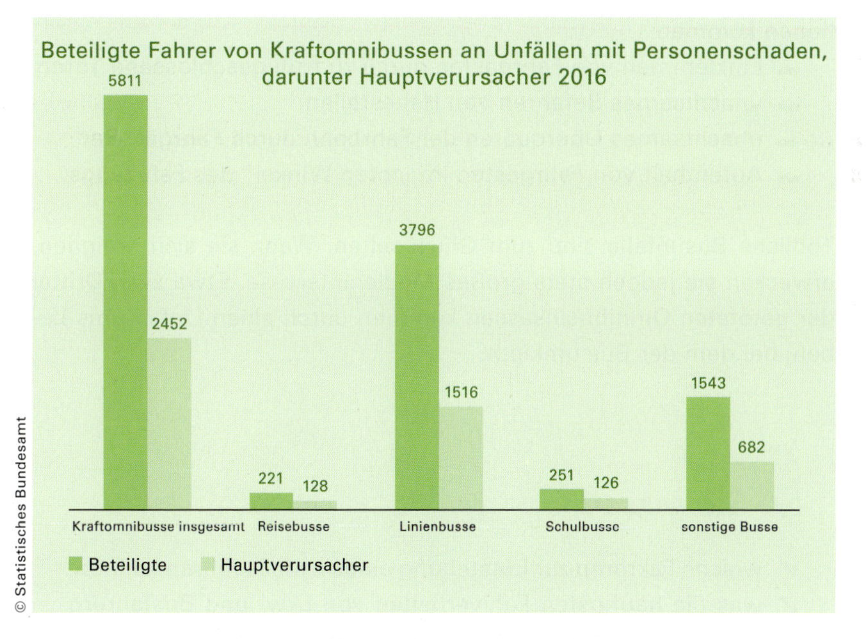

Abbildung 195: In der Mehrheit der Fälle waren die Busfahrer nicht Hauptverursacher der Unfälle

Omnibusunfälle mit Personenschäden ereignen sich innerhalb von Ortschaften häufiger als außerhalb. Die häufigsten Fehler der Omnibusfahrer bei diesen Unfällen sind nicht ausreichender Abstand bzw. Fehler beim Abbiegen.

Abbildung 196: Abstand ist die häufigste Unfallursache

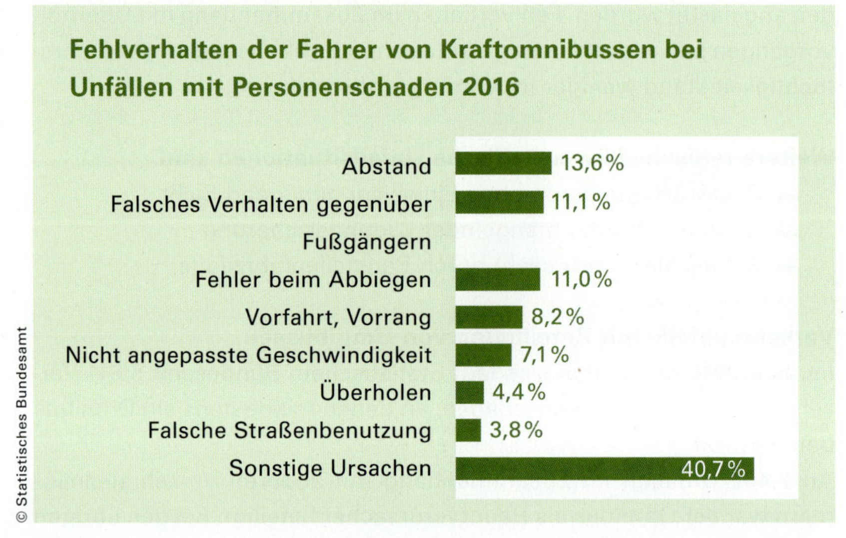

Im Rahmen der Fahrgastbeförderung kann es zu weiteren Unfallsituationen kommen:

- Einklemmen von Fahrgästen durch zu früh geschlossene Türen
- unachtsames Befahren von Haltestellen
- unachtsames Überqueren der Fahrbahn durch Fahrgäste
- Aufenthalt von Fahrgästen im „toten Winkel" des Fahrzeugs

Tödliche Busunfälle sind zum Glück selten. Wenn sie sich ereignen, erwecken sie jedoch stets großes Medieninteresse. Etwa zwei Drittel der getöteten Omnibusinsassen kommen durch einen Unfall ums Leben, bei dem der Bus umkippt.

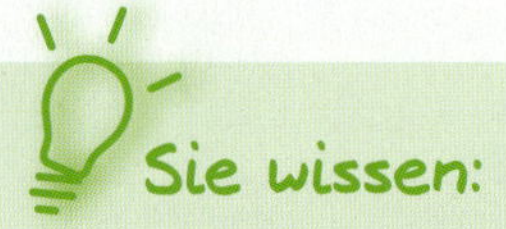

- ✔ welche Faktoren zur Entstehung eines Unfalls führen können.
- ✔ was die häufigsten Fehlverhalten von Lkw- und Busfahrern sind, durch die Verkehrsunfälle ausgelöst werden.

4.5 Situationsbedingte Unfallfaktoren

FAHREN LERNEN C
Lektion 14

FAHREN LERNEN D
Lektion 16

Sie sollen die verschieden Faktoren des „Systems Straßenverkehr" kennenlernen. Desweiteren erfahren Sie, welche Umwelteinflüsse hierbei eine Rolle spielen.

4.5.1 System Straßenverkehr

Das „System Straßenverkehr" ist ein komplexes Gebilde, an dem viele verschiedene Verkehrsteilnehmer beteiligt sind. Auch Umgebungsfaktoren unterschiedlicher Art, wie z. B. Verkehrsverhältnisse und Witterung, haben Einfluss darauf. Die einzelnen Faktoren wirken in ihrer Gesamtheit, treten aber auch in Wechselbeziehungen zueinander.

Jeder einzelne Verkehrsteilnehmer muss im Straßenverkehr ständig Entscheidungen treffen, die von anderen abhängig sind oder sich auf sie auswirken. Hier einige Beispiele:

- Kann ich den Motorradfahrer hier noch überholen oder lasse ich erst den Gegenverkehr vorbei?
- Versuche ich, den Bus noch zu erreichen und über die Straße zu laufen?
- Halte ich an, wenn die Ampel jetzt umspringt, oder fahre ich noch durch?
- Ist mein Abstand zum Vordermann ausreichend oder muss ich ihn vergrößern?

Diese Entscheidungen müssen häufig schnell getroffen werden, Zeit zum Überlegen und Abwägen steht meist nicht zur Verfügung. Doch nach welchen Kriterien werden die Entscheidungen getroffen? Wie sich die Verkehrsteilnehmer auch entscheiden – ihre Entscheidung kann sowohl für die eigene als auch für die Sicherheit anderer Verkehrsteilnehmer Folgen haben.

Die folgende Grafik zeigt, welche Komponenten des „Systems Straßenverkehr" miteinander in Beziehung stehen und sich gegenseitig beeinflussen.

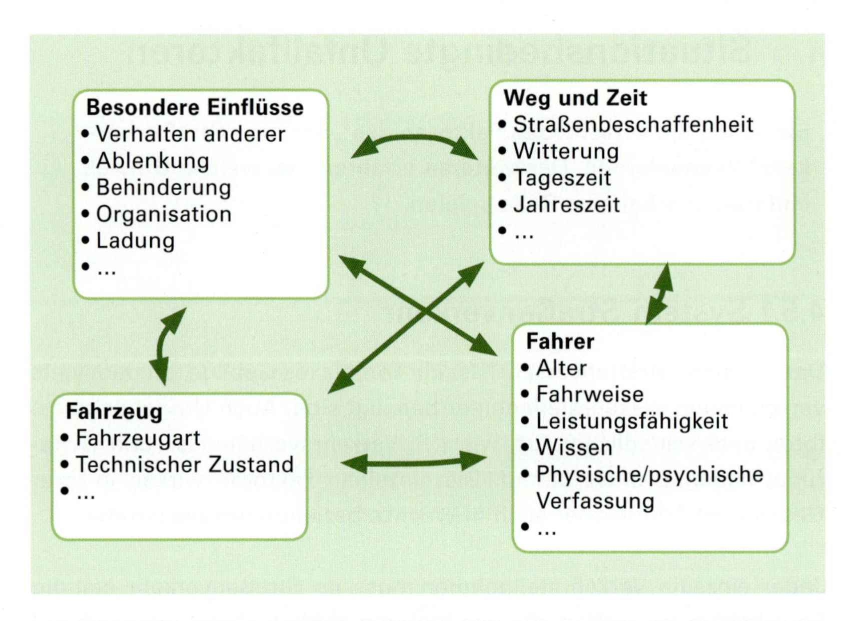

Abbildung 197: „System Straßenverkehr"

Manche der oben aufgeführten Faktoren sind eher konstant, andere dagegen können sich verändern und sind von der jeweiligen Situation abhängig. Beispielsweise kann sich die physische und psychische Verfassung eines Verkehrsteilnehmers sehr schnell verändern, wohingegen dessen Wissen, Können und Erfahrungen relativ konstant sind. Diese Gegebenheiten beeinflussen das menschliche Handeln und können in gleichen Situationen zu unterschiedlichen Verhaltensweisen führen.

Die einzelnen Faktoren, die mit den Komponenten „Fahrer", „Fahrzeug", „Weg und Zeit" und „Besondere Einflüsse" zusammenhängen, zeigen, wie verschieden sich Verkehrssituationen gestalten können. Dies hängt davon ab, welche einzelnen Faktoren wirken und miteinander in Beziehung treten. Die Verkehrssituation kann sich jederzeit aufgrund anderer Faktoren ändern, so dass man sich sehr schnell auf die neue Situation einstellen muss. Im Weiteren werden die einzelnen Komponenten näher betrachtet.

4.5.2 Umwelteinflüsse (Weg und Zeit)

Die maßgeblichen Faktoren, die Weg und Zeit bestimmen, sind:

- Beschaffenheit der Straße
- Witterungsbedingungen
- tages- und jahreszeitliche Bedingungen

Beschaffenheit der Straße

Ein wesentlicher Faktor für die Verkehrssicherheit ist die Beschaffenheit der Straße. Jeder versierte Fahrer weiß um die Gefahren, die sich aus mangelnder Qualität, dem Verlauf und aus der Randbebauung der Straße ergeben können und passt seine Fahrweise darauf an. Beispielsweise verleiten breite Straßen dazu, die eigene Fahrgeschwindigkeit eher als zu niedrig einzuschätzen. Mittels eines Blicks auf den Tacho kann diese allerdings schnell korrigiert werden.

Die **Straßenqualität** entscheidet darüber, welche Kräfte die Reifen auf die Straße übertragen. Je nachdem, welchen Belag – z. B. Pflaster, Beton oder Asphalt – die Straße hat, variieren diese sehr.

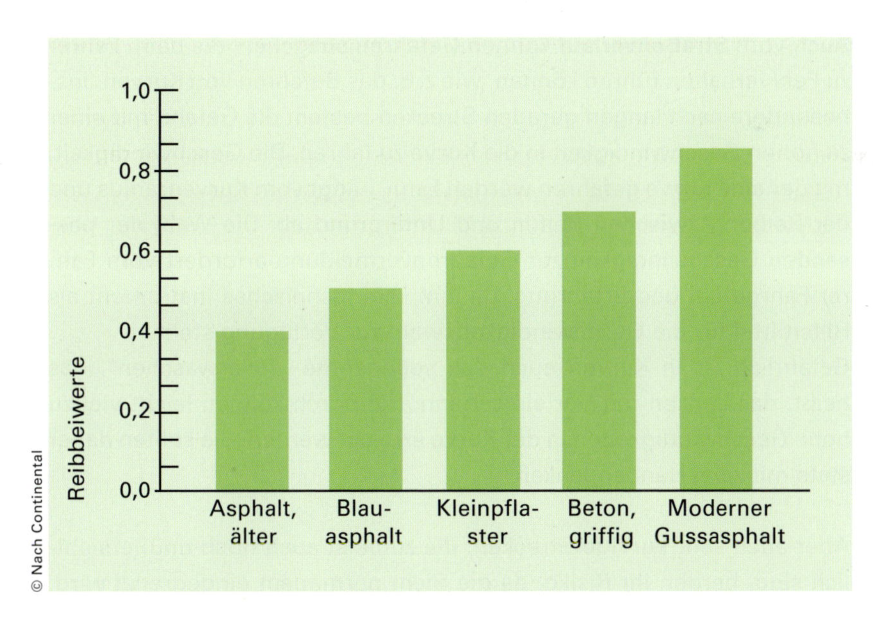

Abbildung 198: Haftreibung bei unterschiedlichen Fahrbahnbelägen

Aber auch Verschmutzungen und witterungsbedingte Einflüsse wie Regen, Hagel, Eis und Schnee beeinträchtigen die Kräfteübertragung. Z. B. begünstigen Spurrillen die Nässeansammlung auf der Straße bei

Regen und können zu „Aquaplaning", auch „Aufschwimmen der Räder" oder „Wasserglätte" genannt, führen. Aquaplaning bezeichnet die Unterbrechung des Kontaktes zwischen Reifen und Fahrbahn durch einen Wasserfilm.

Abbildung 199: Bremswege bei unterschiedlichen Fahrbahnzuständen und Fahrgeschwindigkeiten

Reibbeiwert / Geschwindigkeit		2,7 m/s 10 km/h	5,5 m/s 20 km/h	8,3 m/s 30 km/h	11,1 m/s 40 km/h	13,8 m/s 50 km/h	16,6 m/s 60 km/h	19,9 m/s 70 km/h	22,2 m/s 80 km/h	25,0 m/s 90 km/h	27,7 m/s 100 km/h
Asphalt trocken	0,8	0,6	2	4,5	8	12	18	25	31	39	48
Asphalt nass	0,4	1	4	9	16	24	36	50	62	78	96
Schnee	0,2	2	8	18	36	48	72	100	124	156	192
Eis	0,1	4	16	36	72	96	144	200	248	312	384

Angaben in m/Werte gerundet

Auch vom **Straßenverlauf** können Gefahren ausgehen, die beim Fahrer zu Fehlverhalten führen können, wie z. B. das Befahren von Kurven. Insbesondere nach langen geraden Strecken besteht die Gefahr, mit einer zu hohen Geschwindigkeit in die Kurve zu fahren. Die Geschwindigkeit, mit der eine Kurve gefahren werden kann, hängt vom Kurvenradius und der Reibung zwischen Reifen und Untergrund ab. Die Wahl der passenden Geschwindigkeit zur Gefahrenvermeidung erfordert vom Fahrer Fahrgefühl und Erfahrung, da ihm kein technisches Instrument als Hilfsmittel für die Geschwindigkeitswahl zur Verfügung steht.
Gefährlich ist in Kurven auch das sogenannte „Tellerwaschen", das heißt, das Lenken mit nur einer Hand. Hierdurch können leicht viel zu hohe Geschwindigkeiten in der Kurve erreicht werden. Sie sollten daher stets mit zwei Händen lenken.

Aber auch sehr kurvige Strecken, die zumeist auch noch unübersichtlich sind, bergen ihr Risiko, da die Sicht permanent eingegrenzt wird. Auch in diesen Situationen ist der Fahrer mit seinen Erfahrungen und seinem Fahrkönnen gefordert.

Untersuchungen zeigen, dass der erfahrene Fahrer seinen Blickpunkt ständig variiert. Damit beobachtet er permanent den Verkehrsbereich in der Nähe und in der Ferne. Das Variieren der Blickrichtung ist eine wichtige Voraussetzung für das Befahren von Engstellen.

Aber auch die Randbebauung einer Straße birgt ihre Gefahren. Beispielsweise kann sie dem Fahrer einen anderen Straßenverlauf als den tatsächlich vorhandenen vortäuschen. Das folgende Bild soll dies verdeutlichen. Man vermutet aufgrund der Kulisse, dass die Straße nach links verläuft und nicht in eine Rechtskurve mündet.

Abbildung 200: Straßenverlauf

Aber nicht nur auf offensichtlich schadhaften Straßen ereignen sich Unfälle, sondern auch auf Straßen, die scheinbar harmlos sind. Die Gefahr geht hier von Straßenstellen aus, die in ihren Gefahren nicht erkannt und unterschätzt werden. Ein Beispiel hierfür ist eine „Rechts-vor-links-Einmündung", die durch die Straßenbreite und die zugewachsene Randbegrünung beim Fahrer den Eindruck erweckt, als befinde man sich auf einer Vorfahrtstraße.

Abbildung 201:
Rechts-vor-links-Mündung

Weitere Beispiele sind Kuppen, Kreuzungen mit abknickender Vorfahrt sowie Kreuzungen und Einmündungen mit sogenannter Halbsicht. Dieser Begriff bezeichnet Stellen, an denen Hindernisse mit niedriger Höhe den Blick nur teilweise verstellen, so dass sich genau im nicht einsehbaren Bereich weniger hohe Fahrzeuge ungesehen nähern können.

Witterung

Dass Witterungsbedingungen wie Regen, Nebel und Schnee mit Gefahren verbunden sind, wissen wir aus unserer eigenen Erfahrung. Aber auch wissenschaftliche Studien der Bundesanstalt für Straßenwesen (BASt) haben sich mit der Fragestellung des Einflusses der Wit-

Abbildung 202:
Witterung und Unfallgeschehen innerorts

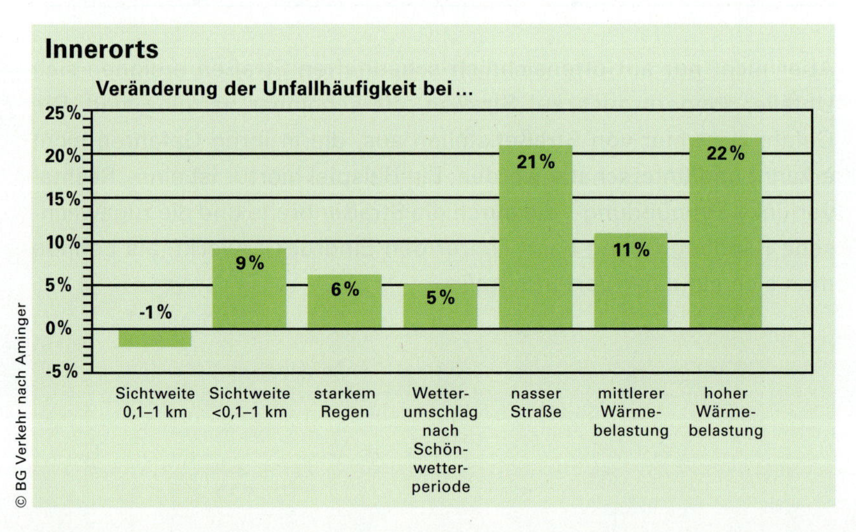

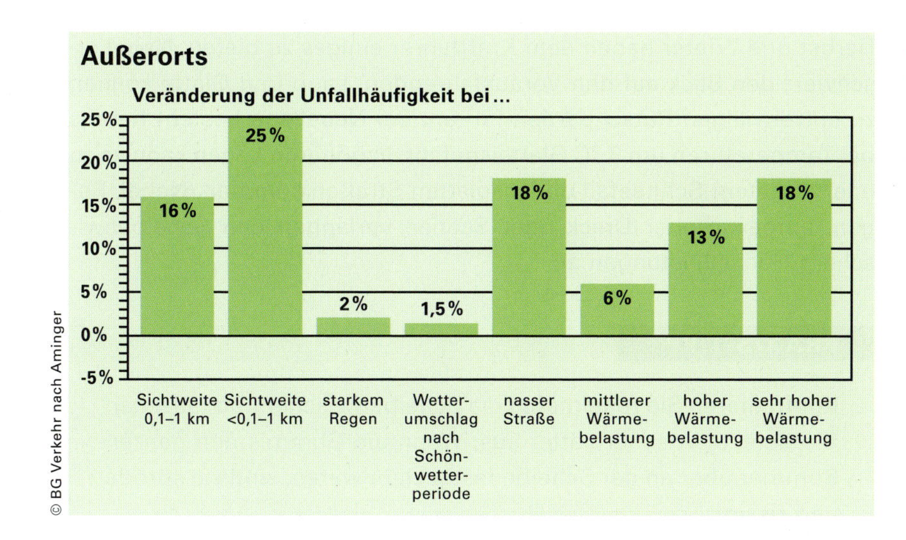

Abbildung 203: Witterung und Unfallgeschehen außerorts

terung auf das Unfallgeschehen befasst. Sie ergaben u. a.:

- Indirekte Einflüsse von Witterungsbedingungen beeinflussen das Unfallgeschehen mehr als direkte.
- Regen oder Nebel haben weniger Einfluss auf das Unfallgeschehen als Wärmebelastung oder eine nasse Fahrbahn.
- Die meisten Unfälle ereigneten sich bei hoher bzw. sehr hoher Wärmebelastung bzw. bei nasser Straße.

Die witterungsbedingten Gefahren, die von **Regen, Schnee** und **Eis** ausgehen, sind für den Fahrer unmittelbar mit eingeschränkter Sicht und reduzierter Fahrbahngriffigkeit verbunden. Eine mittelbare Gefahr stellt **Hitze** (hohe Temperaturen und hohe Luftfeuchtigkeit) dar, da sie die Konzentrationsfähigkeit des Fahrers stark beeinträchtigen kann.
Eine Fahrt bei Regen kann schnell zur Rutschpartie werden. Besonders gefährlich ist **Aquaplaning.** Auch bei Geschwindigkeiten unter 80 km/h können die Reifen je nach Bauart das Wasser auf der Fahrbahn nicht mehr verdrängen, das Fahrzeug gerät im wahrsten Sinne des Wortes ins Schwimmen.

Abbildung 204: Aquaplaning

PRAXIS-TIPP

Bei Aquaplaning hilft auf gerader Strecke nur eines: Die Lenkung mit beiden Händen geradehalten, auskuppeln, möglichst nicht bremsen und warten, bis die Räder wieder greifen.

Herbst und Winter haben dem Kraftfahrer einiges zu bieten: **Nebel** erschwert den Blick auf den Vorausfahrenden, Laub und Glätte können zu unfreiwilligen Rutschpartien führen. Bei Nebellage besteht bereits bei Temperaturen um 3 °C Glatteisgefahr. In höheren Lagen kann es zu unerwartetem Schneefall und eisglatten Straßen kommen. Nebel, Regen, aufgewirbelter Dreck oder Schnee verlangen den Scheibenwischern Höchstleistungen ab.

PRAXIS-TIPP

Kontrollieren Sie regelmäßig die Scheibenwischer und tauschen Sie defekte Wischerblätter aus. Wenn die Gummis den ganzen Sommer über an der Scheibe festgeklebt waren, sind sie spröde und rissig.

Abbildung 205:
Schnee

Spätestens im Herbst fällt auf: Viele Autos sind mit nicht intakten Scheinwerfern unterwegs. Schlechte Sicht und dazu noch die Dunkelheit – da kann die Fahrt zur riskanten Unternehmung werden. Nebel, Schneefall oder Regen behindern die Sicht erheblich. Wenn die Straßen zugefroren, nass oder voll Schnee oder Laub sind, müssen Sie deutlich langsamer und vorausschauender fahren.

PRAXIS-TIPP

Prüfen Sie regelmäßig Ihre Lichtanlage (Abfahrtkontrolle!).

Sowohl Straßenbeschaffenheit als auch jahres- und tageszeitenabhängige Bedingungen erfordern von Fahrern eine verstärkte Aufmerksamkeitsleistung und eine vorausschauende Fahrweise. Sie erfordern auch einen möglichst optimalen technischen Zustand und Ausstattung der Fahrzeuge, um Gefahrensituationen zu vermeiden.

- Winterreifen
- Ausreichendes Reifenprofil
- Schneeketten
- Spaten und Hacke
- Streusand
- Abschleppseil oder -stange

Abbildung 206: Schneeketten

Das Verkehrszeichen „Schneeketten" schreibt die Verwendung von Schneeketten vor. Bei der Benutzung ist zu beachten:

- maximale Geschwindigkeit 50 km/h
- Schneeketten müssen so beschaffen und angebracht sein, dass sie die Fahrbahn nicht beschädigen können.

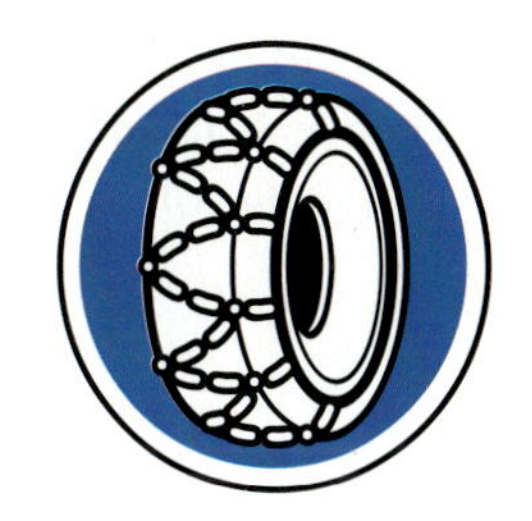

Abbildung 207: Verkehrszeichen „Schneeketten"

Tages- und Jahreszeiten

Tages- und jahreszeitenabhängige Faktoren beeinflussen ebenfalls das Verkehrs- und Unfallgeschehen. Beispielsweise schränken Dunkelheit und Dämmerung die Sehleistung ein. Die Fähigkeit des Auges, Informationen aufzunehmen, sinkt in der Nacht auf einen Bruchteil der Tagesleistung. Das **Sehvermögen** beträgt nachts nur etwa 1/20 des Tages.

Das Auge passt sich nur langsam an eine wechselnde Umgebung von Hell zu Dunkel an, dies benötigt je nach Alter mehrere Minuten. Die vollständige Anpassung – sogenannte **Adaption** – des Auges an die nächtliche Dunkelheit benötigt eine halbe bis ganze Stunde.

PRAXIS-TIPP

Es ist sinnvoll, nach einer in einem hellen Raum verbrachten Pause nicht sofort weiterzufahren, sondern dem Auge Zeit zu geben, sich an die dunkle Umgebung zu gewöhnen. Je älter ein Fahrer ist, umso mehr ist seine Adaptionsfähigkeit eingeschränkt. Jüngere Fahrer sind normalerweise schneller in der Lage, sich an eine veränderte Lichtumgebung anzupassen.

Zu der eingeschränkten Sehleistung des Auges in der Dunkelheit und der langsamen Hell-Dunkel-Anpassung kommt hinzu, dass sich der Fahrer während der Nacht in einer physiologischen Zeitphase befindet, in der die **Leistungsfähigkeit des Organismus** herabgesetzt ist. Untersuchungen zeigen, dass die Unfallgefahr bei Nachtfahrten deutlich erhöht ist. Nachtfahrten fordern vom Fahrer ein Höchstmaß an Konzentration. Zumal der Mensch gegen seinen natürlichen Biorhythmus handelt.

Abbildung 208: Leistungsbereitschaft des Menschen in Abhängigkeit von der Uhrzeit

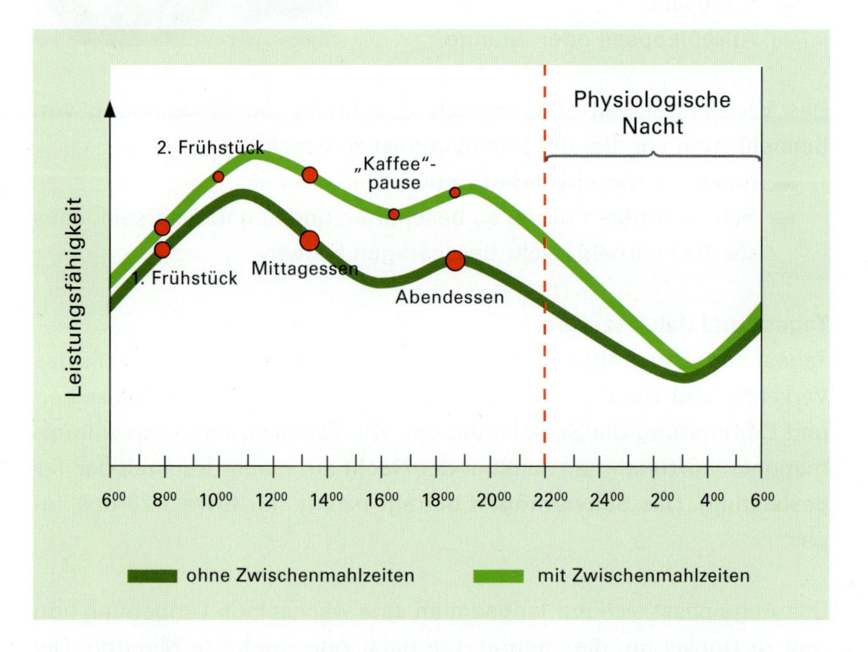

Hohes Verkehrsaufkommen und damit verbundene hektische Verkehrssituationen treten insbesondere in den Morgen- und Nachmittagsstunden auf und stellen Gefahrenmomente dar.

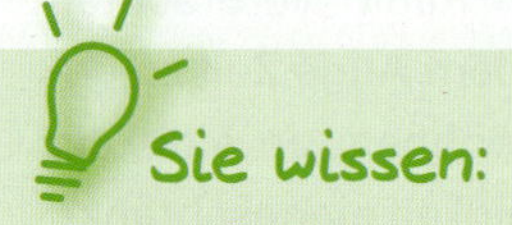

Sie wissen:

- ✔ welche Faktoren im „System Straßenverkehr" eine Rolle spielen.
- ✔ wie die Straßen- und Witterungsverhältnisse sowie die Tages- und Jahreszeiten das Verkehrs- und Unfallgeschehen beeinflussen.

4.6 Weitere Unfallfaktoren

Sie sollen weitere Unfallfaktoren kennenlernen.

4.6.1 Verhalten anderer Verkehrsteilnehmer

Das Verhalten anderer Verkehrsteilnehmer ist nicht einfach ein weiterer Umwelteinfluss wie Regen oder Dunkelheit. Vielmehr spielen sich zwischen den einzelnen Verkehrsteilnehmern vielfältige Wechselbeziehungen und Gruppenprozesse ab, die wiederum das Verhalten des Einzelnen beeinflussen. Die Tatsache, dass man sich im Schutz der Blechkarosserie gewissermaßen anonym gegenübertritt, unterstützt diese Prozesse. Da zwischen den einzelnen Fahrern kaum eine Möglichkeit zur Kommunikation besteht, wird die Entstehung von Frustration und Aggression begünstigt. So kann das Verhalten eines anderen als Angriff auf die eigene Person oder als Kränkung empfunden werden. Unter Umständen fühlt man sich dadurch subjektiv legitimiert, sich am anderen (oder vielleicht gar an einem unbeteiligten Dritten) zu „rächen".

Fahren heißt heute deshalb fast immer Fahren mit und zwischen anderen Verkehrsteilnehmern und ist nur möglich in der „Fahrgemeinschaft" der professionellen und der nicht-professionellen Verkehrsteilnehmer. Je besser das Miteinander funktioniert, umso besser funktioniert auch das Fahren. Wer die anderen dagegen in erster Linie als Störfaktor sieht, missachtet die sozialen Grundregeln des Straßenverkehrs.

Das Zusammenwirken mit anderen setzt jedoch voraus, dass man den anderen, seine Motive und Bedürfnisse richtig einschätzen kann. Dazu gehört auch, zu akzeptieren, dass es Verkehrsteilnehmer gibt, die (noch) nicht über ausreichendes Verkehrswissen und über eine ausreichende Verkehrspraxis verfügen oder unter Stresseinwirkungen Fehler machen. Gegenüber Kindern, Senioren, mobilitätseingeschränkten Menschen und Betrunkenen bzw. Personen unter Drogeneinfluss gilt der Vertrauensgrundsatz nur bedingt. Weil sie sich aufgrund ihrer körperlichen oder geistigen Fähigkeiten nicht immer verkehrsgerecht verhalten können, sind sie im Straßenverkehr besonders gefährdet.

Defensives Fahren heißt unter diesen Voraussetzungen, sich so zu verhalten, als wären schlimme Verhaltensfehler der anderen jederzeit möglich. Der professionelle und defensiv eingestellte Fahrer hat weniger das eigene, schnelle Vorankommen im Blick als das Funktionieren des Gesamtsystems, weil er weiß, dass dies auch für ihn vorteilhaft ist.

Einen professionellen Fahrer zeichnet aus, dass er auch mit eigenen Emotionen professionell umgehen kann sowie Ärger, Wut und aufkommende Aggression zumindest so weit im Griff hat, dass sie nicht in entsprechende Verhaltensweisen umgesetzt werden.

Zusammengefasst lässt sich die professionelle Fahrweise durch den Fahrstil des „Pilotierens" beschreiben: Ein Fahrer, der sich diesen Fahrstil zu Eigen gemacht hat, verhält sich stets aufmerksam, rational und vermeidet Risiken. Er weiß um die Verantwortung, die er für sich und andere Verkehrsteilnehmer sowie die Mitfahrer und sein Fahrzeug trägt. Es käme ihm nicht in den Sinn, diese durch unüberlegte, spontane oder (stark) emotionale Verhaltensweisen aufs Spiel zu setzen.

4.6.2 Ablenkungen/Behinderungen

Bei der Beschreibung der Komponente „Fahrer" (vgl. Kapitel 4.7) wird auf die Grenzen der menschlichen Informationsaufnahme und -verarbeitung hingewiesen. Jede Ablenkung während der Fahrt führt dazu, dass die vorhandenen Kapazitäten weiter beschnitten werden. Ablenkung kann z. B. ausgehen von den Fahrgästen, vom Streckenfunk oder Mobiltelefon, von der Musikanlage oder von der Orientierung bzw. Navigation auf fremden Strecken.
Sie sollten diese Ablenkungen soweit wie möglich reduzieren. Läutet beispielsweise Ihr Handy, rufen Sie nach Ende der Fahrt oder in einer Fahrpause zurück. Wenn ein Mobiltelefon oder der Hörer eines Autotelefons zum Telefonieren in der Hand gehalten werden muss, darf es während der Fahrt nicht genutzt werden (§23 StVO). Dies gilt auch für SMS oder Internetanwendungen. Zur Nutzung muss das Fahrzeug stehen und der Motor abgeschaltet sein.

Die Arbeit des Kraftfahrers erschöpft sich nicht in der reinen Fahrtätigkeit. Der Lkw-Fahrer ist zusätzlich mit der Verladung des Transportguts betraut und kommuniziert mit der Disposition. Der Busfahrer im Linienverkehr ist häufig auch Verkäufer von Fahrausweisen und Ansprechpartner für Fragen der Fahrgäste. Im Reisebusverkehr betätigt er sich auch als Verlader für das Gepäck und übernimmt teilweise Reiseleiterfunktionen. All diese Tätigkeiten können zu Lasten der Fahrtätigkeit gehen. Diese „Nebentätigkeiten" können als belastende Stressoren auf den Fahrer wirken, vor allem dann, wenn dabei Konflikte mit Fahrgästen bzw. Kunden/Kollegen entstehen.

4.6.3 Organisatorische Aspekte

Bei der Untersuchung von Unfallfaktoren kommt man häufig zu dem Ergebnis, dass Faktoren aus dem Bereich „Fahrer" den Hauptteil des Unfallgeschehens ausmachen. Dabei wird jedoch übersehen, dass die viel zitierten 80 Prozent der personenbedingten Unfälle nur auf sehr wenige Fahrer zurückzuführen sind. Bei vielen Unfällen lassen sich stattdessen organisatorische Komponenten feststellen, die den Unfall zumindest begünstigt haben.

Organisatorische Aspekte sind in dem Beschriebenen bisher nicht explizit erwähnt, sie können jedoch bei jeder Komponente wirken: Zum Beispiel haben Mitarbeiterauswahl und innerbetriebliche Aus- und Weiterbildung einen großen Einfluss auf Wissen und Können der Fahrer. Nicht zuletzt von der Dienstplangestaltung bzw. Disposition hängt es ab, ob die Fahrer durch ausreichende Pausen und Erholungszeiten dafür sorgen können, hinterm Steuer wirklich jederzeit fit zu sein. Organisatorische Fragen sind auch häufig Auslöser für die Entstehung von Stress und weiteren Belastungen.

Bei der Komponente „Fahrzeug" fällt beispielsweise die Wartung unter die Rubrik „Organisation". Ob bei Entscheidungen über die Fahrzeugausstattung bzw. -anschaffung Fahrerinteressen einbezogen werden, ist ebenfalls eine organisatorische Frage. Schließlich ist auch entscheidend, ob die Touren- bzw. Fahrpläne und Fahrerdispositionen tages- und jahreszeitliche Bedingungen und sonstige mögliche Probleme berücksichtigen.

Auch wenn die Fahrer auf diese organisatorischen Fragen kaum Einfluss haben, darf der Punkt „Organisation" nicht übersehen werden, wenn über Unfallentstehung gesprochen wird. Letzten Endes ist der Fahrer jedoch für das Führen seines Fahrzeugs verantwortlich und sollte in der Lage sein, auf Störungen flexibel und sinnvoll zu reagieren. Eine verantwortliche Tourenplanung erfordert eine gute Vorbereitung und berücksichtigt Kundenwünsche (z.B. Abfahrt- und Ankunftszeit, Kosten), Ziele des Unternehmers (z.B. Gewinn, Einsparung und Verschleiß) und Wünsche des Fahrers (z.B. Tageseinteilung, Pausen, Übernachtung).

4.6.4 Ladung

Fahrer müssen vor Antritt der Fahrt die ordnungsgemäße Beladung des Fahrzeuges überprüfen, z.B. ob die Ladung verkehrssicher und gegen Herabfallen und vermeidbares Lärmen gesichert ist. Dies gilt auch während des Transportes, vor allem nach einer starken Bremsung, nach dem Befahren schlechter Straßen oder wenn Anzeichen darauf hindeuten, dass mit der Ladungssicherung etwas nicht mehr in Ordnung sein könnte.

Der Omnibus dient zwar in erster Linie der Beförderung von Personen, aber auch im Omnibus muss die Ladung verkehrssicher untergebracht sein. Bei den üblichen Fahrzuständen (Ausweichmanöver, Vollbremsung und schlechte Wegstrecke) muss eine Gefährdung von Fahrer und anderen Verkehrsteilnehmern – dazu gehören natürlich auch die Fahrgäste – ausgeschlossen sein. Dies gilt sowohl für das Gepäck im Kofferraum, Anhänger oder Gepäckträger als auch für Gepäck oder andere Gegenstände, die im Innenraum des Busses mitgeführt werden.

Abbildung 209: Ladungssicherung am Lkw

Abbildung 210: Gepäck muss verkehrssicher untergebracht werden

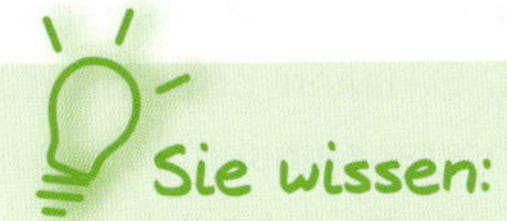

- ✔ wie das Verhalten anderer Verkehrsteilnehmer, Ablenkungen und Behinderungen, organisatorische Aspekte sowie die Ladung das Verkehrs- und Unfallgeschehen beeinflussen können.

4.7 Fahrerbedingte Unfallfaktoren

Sie sollen fahrerbedingte Unfallfaktoren kennen und wissen, wie Sie diese möglichen Gefahren so gering wie möglich halten können.

FAHREN LERNEN **C**
Lektion 1

FAHREN LERNEN **D**
Lektion 5

4.7.1 Sehvermögen und Blickfeld

Für Berufskraftfahrer ist gutes Sehvermögen eine unabdingbare Voraussetzung für eine sichere Teilnahme am Straßenverkehr. In vielen Fällen stimmt die Einschätzung des eigenen Sehvermögens ganz und gar nicht mit dem tatsächlichen Sehvermögen überein. Vor allem sich langsam entwickelnde Verschlechterungen des Sehvermögens werden häufig nicht wahrgenommen und mancher, der sich noch für voll fahrtauglich hält, ist in Wahrheit fahruntüchtig.

Das Sehvermögen

Unter dem Sehvermögen versteht man die Gesamtleistung des Sehorgans, also des Auges und der zugehörigen Zentren im Gehirn. Dies beinhaltet nicht nur die Sehschärfe, die man vom Sehtest her gewohnt ist, sondern auch das Sehen bei Dämmerung und im Dunkeln, das Gesichtsfeld, die Zusammenarbeit der Augen, das Farbensehen und das 3D-Sehen. Darüber hinaus ist die Blendempfindlichkeit ein weiterer bedeutsamer Faktor im Straßenverkehr.

Die Sehschärfe

Die Sehschärfe ist die maximale Fähigkeit des Netzhautzentrums (Makula), zwei Punkte mit hohem Kontrastunterschied (schwarz zu weiß) noch getrennt zu erkennen oder, praxisnäher, ein schwarzes Zeichen auf weißem Hintergrund von einem anderen zu unterscheiden. Verwendet werden hier so genannte Sehtafeln auf denen Zahlen, E-Haken oder die für genaue Prüfungen (z.B. Führerscheinsehtest) vorgeschriebenen Landoltringe abgebildet sind.

Abbildung 211: Sehtafel mit Landoltringen

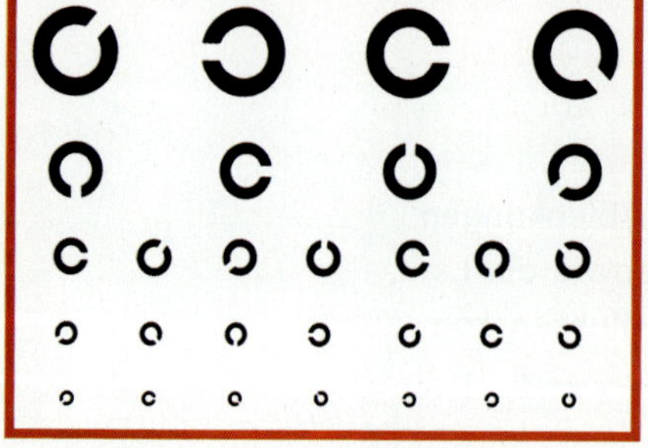

Die Sehschärfe fällt in der Dämmerung auf ungefähr die Hälfte und in der Dunkelheit auf 10 % der Tagessehschärfe ab. Das heißt, wer tagsüber nicht optimal sieht, erkennt nachts noch weniger.

Die Bedeutung der Sehschärfe für den Straßenverkehr liegt darin, dass je schlechter die Sehschärfe ist, umso später die kritische Verkehrssituation erkannt wird und desto kürzer die Entfernung und damit die Zeit zur Reaktion ist. Die typischen Unfallsituationen für Kraftfahrer mit herabgesetzter Sehschärfe sind Überholmanöver im Überlandverkehr, Abbiege- und Wendemanöver und Einfahrten in vorfahrtberechtigte Straßen.

Das Gesichtsfeld

Das Gesichtsfeld ist der Bereich, den wir ohne Kopf und Augen zu bewegen gleichzeitig überblicken können. Für den Straßenverkehr bedeutsam ist das beidäugige Gesichtsfeld, dass heißt die Überlagerung der Gesichtsfelder beider Augen. Treten Ausfälle auf, werden in entsprechenden Verkehrssituationen (Spurwechsel, Kinder betreten plötzlich die Fahrbahn etc.) Informationen übersehen und Unfälle sind vorprogrammiert.

Dämmerungssehvermögen und Blendempfindlichkeit

Auch normal sehtüchtige Kraftfahrer geraten in der Dämmerung und bei Nachtfahrten leicht an die Grenzen der Leistungsfähigkeit ihrer Augen. Schlecht erkennbare Objekte im Straßenverkehr, wie z. B. dunkel gekleidete Fußgänger werden leicht zu spät erkannt. Weniger als ein Viertel aller Fahrten in Deutschland findet während der Nacht statt, aber 40 % aller Verkehrstoten sind bei Dunkelheit zu beklagen. Bei den tödlich verunglückten Fußgängern sind es sogar 60 %. Daher sollte die Geschwindigkeit nachts niedriger sein als tags, um noch zeitgerecht reagieren zu können.

In der Nacht kann das Sehvermögen auf ein Zwanzigstel des tagsüber erreichten Wertes absinken. Für eine ausreichende Hell-Dunkel-Anpassung (Adaption) benötigt das Auge etwa fünf bis sechs Minuten. Ein Blick in die Scheinwerfer entgegenkommender Fahrzeuge kann die Anpassung auf einen Schlag zunichte machen. Bei älteren Fahrern lässt die Fähigkeit des Auges, sich auf schlechtere Lichtverhältnisse einzustellen, nach.

Die Sichtweite bei Nacht hängt ab von:

- Bauart und Leistung der Fahrzeug-Scheinwerfer
- Reflexionsgrad der Straße und möglicher Hindernisse (z. B. Fußgänger)

Mit Abblendlicht kann ein dunkel gekleideter Fußgänger auf einer ansonsten nicht beleuchteten Straße erst aus einer Entfernung von 25 bis 30 Metern erkannt werden. Eine weiß gekleidete Person ist dagegen schon aus 100 Metern sichtbar.
Auch unabhängig von Erkrankungen verschlechtern sich das Dämmerungssehvermögen und die Blendempfindlichkeit mit zunehmendem Alter. Durch die schleichende Entwicklung ist dies dem Fahrer in der Regel nicht bewusst und sollte ein Grund sein, dies ab dem 45. Lebensjahr überprüfen zu lassen.

Abbildung 212: Blendung durch entgegenkommende Fahrzeuge

Was kann man tun?

- Anpassung der Geschwindigkeit
- frühzeitiges Anschalten des Fahrlichtes zur besseren Erkennbarkeit für andere in der Dämmerung
- Vermeidung von kritischen Situationen
- evtl. Behandlung von Krankheiten (z.B. Operation des grauen Stars)
- passende optische Verhältnisse schaffen

Letzteres heißt, von innen und außen gereinigte Autoscheiben und ungetönte und reflexgeminderte (entspiegelte) Brillengläser. Warum ungetönte Gläser, wenn man doch eventuell blendempfindlich ist? Jede Tönung lässt weniger Licht durch. In Versuchen wurde bewiesen, dass diese Verminderung an Helligkeit mehr die Erkennbarkeit stärker behindert als der Gewinn durch die Blendminderung ausmacht.

Das Farbensehen

Besonders kritisch ist die Rotschwäche. Bei schlechten Lichtverhältnissen erkennt der Normalsichtige ein Auto ja häufig nur noch an den roten Rücklichtern. Der hier Eingeschränkte erkennt das Auto dann entsprechend später oder zu spät. Der typische Unfall eines Roteingeschränkten ist der Auffahrunfall bei schlechter Sicht. Therapeutisch gibt es hier kaum Möglichkeiten, da diese Sehfehler in der Regel angeboren und nicht behandelbar sind. Bei den erworbenen Farbschwächen liegen manchmal rückgängig machbare Veränderungen vor. Ein Beispiel ist der Farbempfindlichkeitsverlust durch Trübungen der Linse (grauer Star). Ein 55-Jähriger hat auch im gesunden Zustand 35% Farbempfindlichkeitsverlust gegenüber einem 19-Jährigen.

Visuelle Wahrnehmung

Geschätzte 80–90 % der für den Straßenverkehr relevanten Sinneseindrücke werden über das Auge wahrgenommen. Das Auge ist für den Kraftfahrer also das wichtigste Informationsorgan. Vom Auge wird immer nur ein Teilbereich scharf abgebildet.

Die Wahrnehmung ist stets auf ein Zentrum konzentriert. Zwar wird das gesamte Blickfeld durch die Wahrnehmung abgedeckt, aber an den Rändern, im Bereich des peripheren Sehens, ist die Abbildungsleistung sehr viel geringer. Im Peripheriebereich der Wahrnehmung werden Bewegungen weitaus eher erkannt als statische Objekte. Da der Kraftfahrer sich angesichts der gefahrenen Geschwindigkeiten sehr weit nach vorn orientieren muss, verschwindet der Nahbereich in der peripheren Wahrnehmung. Vor allem bei hohen Geschwindigkeiten entsteht so ein gefährlicher Tunnelblick. Der Fahrer muss deshalb den Blick immer wieder bewusst zurücknehmen, wenn er den Nahbereich unter Kontrolle halten will.

Der Blick während des Fahrens auf die Instrumente im Fahrzeug:

Blickzuwendung zum Tacho:	0,05 sec
Zielerfassung (Korrektursakkade):	0,15 sec
Scharfstellen (Umakkomodation) auf den Nahbereich:	0,4 sec
Blickverweildauer zur Informationserfassung:	0,5–1 sec
Blickzuwendung zur Straße:	0,05 sec
Scharfstellen (Umakkomodation) auf den Fernbereich:	0,4 sec
Gesamt:	1,55–2,05 sec

Bei einer Geschwindigkeit von 100 km/h entspricht das einer Strecke von ca. 40–60 m. Erst dann setzt beim Erkennen einer Gefahr die normale Reaktionszeit ein. Dass die von der Rechtsprechung zugrunde gelegten Reaktionszeiten von 0,7 bis 1 Sekunde unter diesen Umständen oft nicht ausreichen, liegt auf der Hand.

Ein Kraftfahrer ist im Straßenverkehr einer Vielfalt von Informationseindrücken ausgesetzt. Neben dem Auge werden auch Ohren, Nase und Tastsinn angesprochen. Dabei kann es leicht zu Überlastungen des Informationshaushaltes kommen. Wie bei einer überlasteten Telefonanlage kann es dann passieren, dass für die zentrale Information, auf die es ankommt, kein Kanal mehr frei ist.

Abbildung 213: Komplexe Verkehrssituation

Spiegeleinstellung

Beide Außenspiegel müssen so eingestellt werden, dass das eigene Fahrzeug seitlich noch zu sehen ist (beim Bus muss die hintere Tür im Blickfeld sein) und zudem ein möglichst großer Verkehrsraum um das eigene Fahrzeug herum erkennbar ist. Falsch ist es, die Einstellung der Außenspiegel so zu wählen, dass nur der Verkehrsraum oder nur die Räder beobachtet werden können. In den Außenspiegeln muss in einer Entfernung von 20 m, nach hinten vom Spiegel aus gemessen, der Verkehrsraum von der verlängerten Fahrzeugseite nach links 7 m und nach rechts 4 m übersehbar sein. Ein Frontspiegel, der über der Windschutzscheibe angebracht ist, ermöglicht die Sicht auf den Bereich unmittelbar vor dem Bus bzw. Lkw.

© Daimler AG

Abbildung 214: Rundumblick

Durch Zusatzspiegel kann der nicht einsehbare Bereich (toter Winkel) verkleinert werden. Mit „toter Winkel" ist der Bereich gemeint, den der Fahrer durch Scheiben und Spiegel nicht einsehen kann.

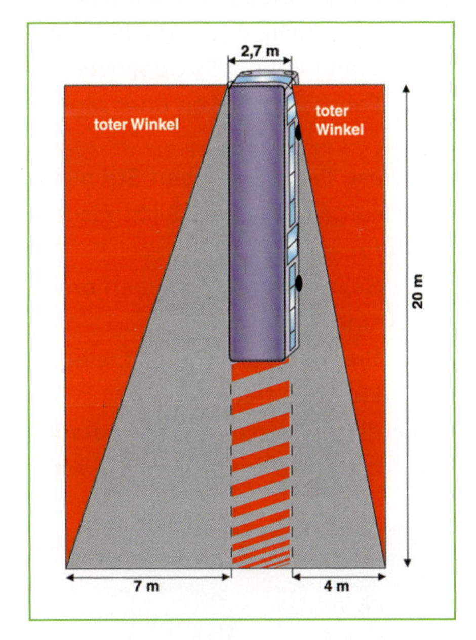

Abbildung 215: Sichtfeld des Busfahrers

Worauf sollte beim Kauf einer Brille geachtet werden?

- Die Fassungsränder sollten möglichst schmal und die Bügel möglichst dünn sein, um das räumliche Sehen nicht einzuschränken.
- Die Brille sollte entspiegelt sein und Kunststoffgläser haben.
- Bei Kurz- und Weitsichtigkeit eignen sich Gleitsichtbrillen.
- Empfehlenswert für Brillenträger und Träger von Kontaktlinsen ist das Mitführen einer Ersatzbrille.
- Eine Sonnenbrille hilft gegen Blendung und übermäßige Beanspruchung der Augen. Sie sollte nicht zu dunkel sein und einen UV-Schutz haben.
- Billige Sonnenbrillen verzerren oft das Bild.

Sichtmöglichkeit

Die Sichtmöglichkeit des Fahrers wird u.a durch folgende Faktoren beeinflusst:

- Fernlicht oder Abblendlicht?
- Mondhelle oder dunkle Nacht?
- Blendung durch Gegenverkehr?
- Fahrbahn trocken oder regennass?

Auf diese Faktoren haben Sie nur wenig Einfluss. Sie können jedoch dafür sorgen, dass die Sicht nicht weiter verschlechtert wird. Sorgen Sie dafür, dass

- Scheinwerfer, Scheiben und Spiegel sauber und nicht verkratzt sind
- Sie, wenn erforderlich, eine saubere, entspiegelte, nicht zu dunkle Brille tragen
- die Sicht nicht durch persönliche Gegenstände oder Dekorationsartikel eingeschränkt wird

Abbildung 216: Haustier und Hausrat schränken die Sicht ein

4.7.2 Das Alter

Die allgemeine Verkehrsunfallstatistik zeigt für junge Fahrer von 18 bis 25 Jahren ein stark erhöhtes Unfallrisiko auf. Jugendspezifische Verhaltensweisen (z. B. Risikobereitschaft, Imponier- und Konkurrenzverhalten) spielen dabei ebenso eine Rolle wie die vergleichsweise geringe Fahrerfahrung. Bei Lkw-Unfällen ist es die Altersgruppe der 35- bis 45-Jährigen, die an Verkehrsunfällen am stärksten beteiligt ist, bei Omnibusunfällen sind es die 45–55-Jährigen. Dies hängt auch damit zusammen, dass diese Altersgruppen bei den Fahrern besonders stark vertreten sind. Deutlich wird auch, dass es sich bei verunfallten Berufskraftfahrern schwerpunktmäßig nicht um Fahranfänger handelt.

Das Alter und die Entwicklung der Leistungsfähigkeit

Der Begriff der „biologischen Systeme" fasst die angesprochenen körperlichen Funktionen zusammen. Die Entwicklung dieser biologischen Systeme lässt sich stark vereinfacht als Kurve darstellen.

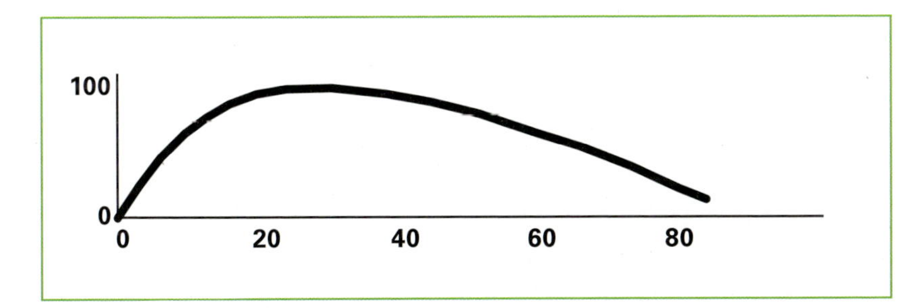

Abbildung 217: Entwicklung der Zellfunktion, Muskelkraft und Beweglichkeit biologischer Systeme

Ebenfalls nimmt die Leistung der Wahrnehmungs- und Sinnesorgane sowie die Sehfähigkeit und Altersweitsichtigkeit ab. Die Blendempfindlichkeit nimmt zu, Dämmerungssehschwäche nimmt ab. Das Gehör sowie die Reaktionsgeschwindigkeit lassen nach.

Weniger einheitlich stellt sich das Bild bei den geistigen bzw. kognitiven Fähigkeiten dar. In der Psychologie spricht man von „kognitiven Systemen", mit denen wir bewusste Kenntnis von uns selbst und unserer Umwelt erhalten. Dazu zählen die Intelligenz, Gedächtnisleistungen, das Lernen, die sprachliche Ausdrucksfähigkeit und der Umfang des Wissens.

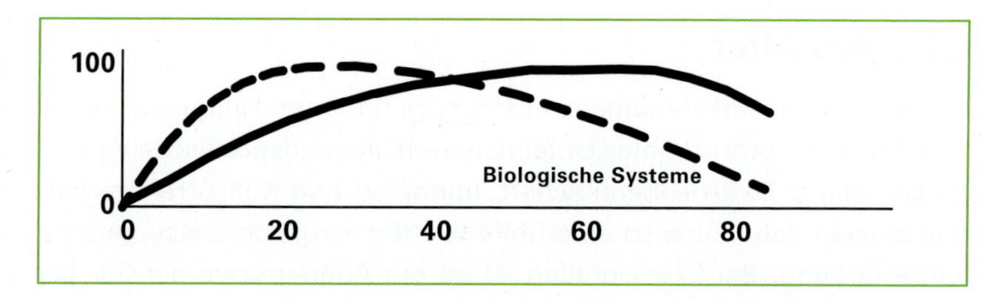

Abbildung 218: Entwicklung des Gedächtnisses, der Intelligenz und des Wissens kognitiver Systeme

Älter zu werden heißt nicht, dass die geistige Leistungsfähigkeit generell abnimmt. Bis ins hohe Alter sind demnach noch Steigerungen in Teilbereichen der kognitiven Systeme möglich.

Wie wirkt sich das Lebensalter im Arbeitsleben aus?

In Untersuchungen, in denen man die Leistungsfähigkeit von Arbeitnehmern auf der Grundlage tatsächlicher Leistungsergebnisse zu erfassen suchte, fanden sich keine eindeutigen Zusammenhänge zwischen der Leistungsfähigkeit und dem Lebensalter.

Altersbedingte Rückgänge in der Leistungsfähigkeit treten dort zu Tage, wo die Aufgabe komplexe Informationsverarbeitung unter Zeitdruck erfordert, beispielsweise bei Maschinenbedienern. Häufig können solche Einbußen aber durch andere Fähigkeiten ausgeglichen werden. Hinsichtlich der Leistungsfähigkeit von Bus- und Lkw-Fahrern liegen keine Untersuchungen vor.

Wissen durch Erfahrung oder Routine sind bei älteren Mitarbeitern stärker ausgeprägt als bei jüngeren. Auch die sozialen Fähigkeiten stehen höher im Kurs. Selbstsicherheit und positiver Einfluss auf andere Mitarbeiter, insbesondere jüngere, findet man bei älteren Mitarbeitern häufiger. Allerdings lässt sich in einigen Arbeitsbereichen der Leistungsabfall nicht aufhalten. Hier wäre die Schicht- und Nachtarbeit zu nennen, was natürlich auch für die Berufskraftfahrer zutrifft. Ab dem 51. Lebensjahr sind bei Busfahrern, wie Untersuchungen zeigen, gesundheitliche Einschränkungen spürbar. Durchblutungsstörungen, z. B. durch Arterienverkalkung, zu hoher oder zu niedriger Blutdruck sind bei Älteren öfter anzutreffen als bei Jüngeren. Jüngere Fahrer hingegen neigen eher zu jugendlichem Übermut und zu Selbstüberschätzung. Dies ist bei Berufskraftfahrern aufgrund der umfangreicheren Ausbildung allerdings weniger ausgeprägt als bei Pkw-Fahrern.

Einfluss des Fahreralters auf die Unfallzahlen

Unfallstatistiken zeigen, dass jüngere Pkw-Fahrer häufiger an Unfällen beteiligt sind als ältere. Ältere Pkw-Fahrer (über 55 Jahren) sind häufiger Unfallverursacher als die 35- bis 54-jährigen.

Diese Zahlen konnen jedoch nicht einfach auf Bus- und Lkw-Fahrer übertragen werden. Durch die regelmäßigen Gesundheitsuntersuchungen, denen sich viele Fahrer unterziehen, können altersbedingte Leistungseinbußen früher erkannt werden. Hinzu kommt die besondere Aus- und Weiterbildung, die den Fahrern zuteil wird, so dass im Hinblick auf eine sichere Verkehrsteilnahme bei dieser Gruppe von anderen Voraussetzungen ausgegangen werden kann.

Bei den Busfahrern sind diejenigen aus der Altersgruppe von 45 bis 54 Jahren am häufigsten an Unfällen mit Personenschaden beteiligt (vgl. Abb. 219). Dies hängt vermutlich aber auch damit zusammen, dass diese Altergruppe unter den Fahrern besonders häufig vertreten ist.

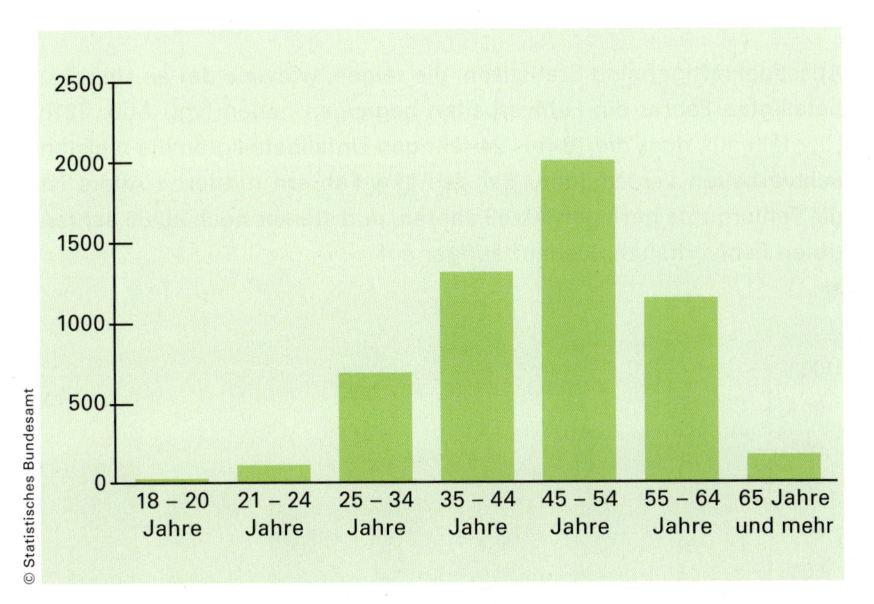

Abbildung 219: Beteiligte Busfahrer an Unfällen mit Personenschaden 2012 nach Altersgruppen

Bei Unfällen mit Beteiligung von Lkw schneidet die Altersgruppe von 25 bis 54 Jahren am schlechtesten ab. Die 18- bis 24-Jährigen sowie die über 55-Jährigen sind deutlich weniger an Unfällen beteiligt (vgl. Abb. 220). Allerdings ist auch hierbei die Altersstruktur der Lkw-Fahrer insgesamt zu berücksichtigen.

Abbildung 220: Beteiligte Lkw-Fahrer an Unfällen mit Personenschaden 2012 nach Altersgruppen

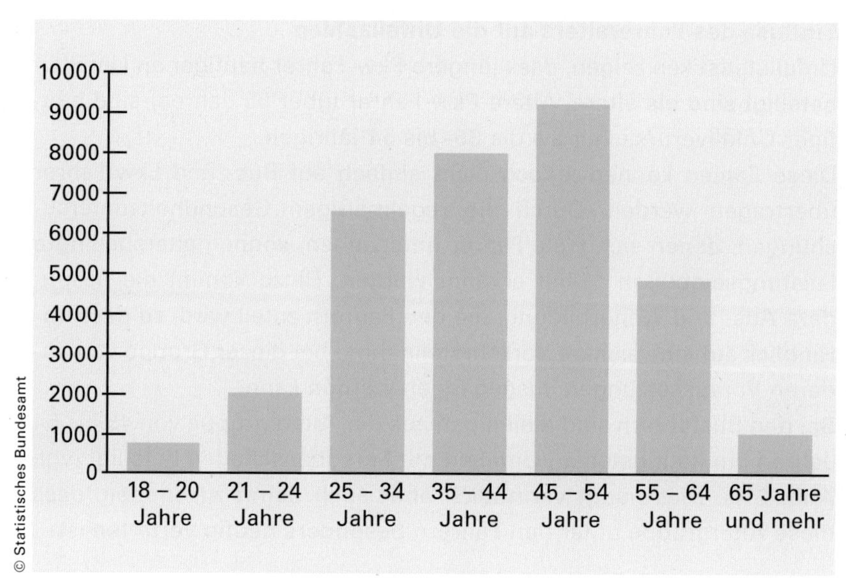

Aussagekräftiger sind Statistiken, die zeigen, wieviele der an Unfällen beteiligten Fahrer ein Fehlverhalten begangen haben (vgl. Abb. 221). Hier fällt auf, dass die 18- bis 24-jährigen Unfallbeteiligten die meisten Fehlverhalten verschulden. Bei den Lkw-Fahrern mittleren Alters ist die Fehlerquote geringer. Ab 55 Jahren, und stärker noch ab 65 Jahren treten Fehlverhalten wieder häufiger auf.

Abbildung 221: Beteiligte Lkw-Fahrer an Unfällen mit Personenschaden 2012 nach Altersgruppen, davon mit Fehlverhalten

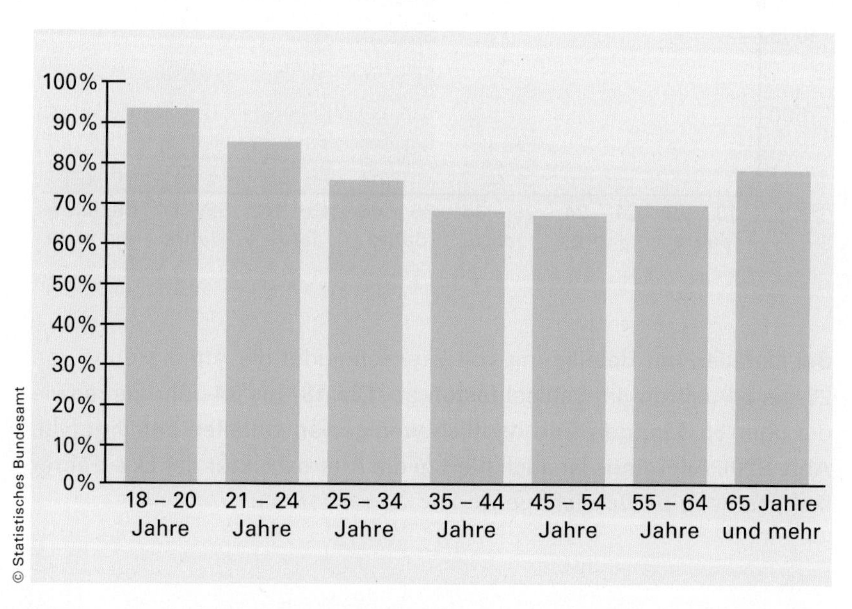

Ja nach Altersgruppe treten die verschiedenen Arten des Fehlverhaltens unterschiedlich häufig auf. So fallen jüngere Fahrer häufiger wegen nicht angepasster Geschwindigkeit auf als ältere. Über 55-jährige Fahrzeugführer missachten hingegen öfter die Vorfahrt als ihre jüngeren Kollegen (vgl. Abb. 222).

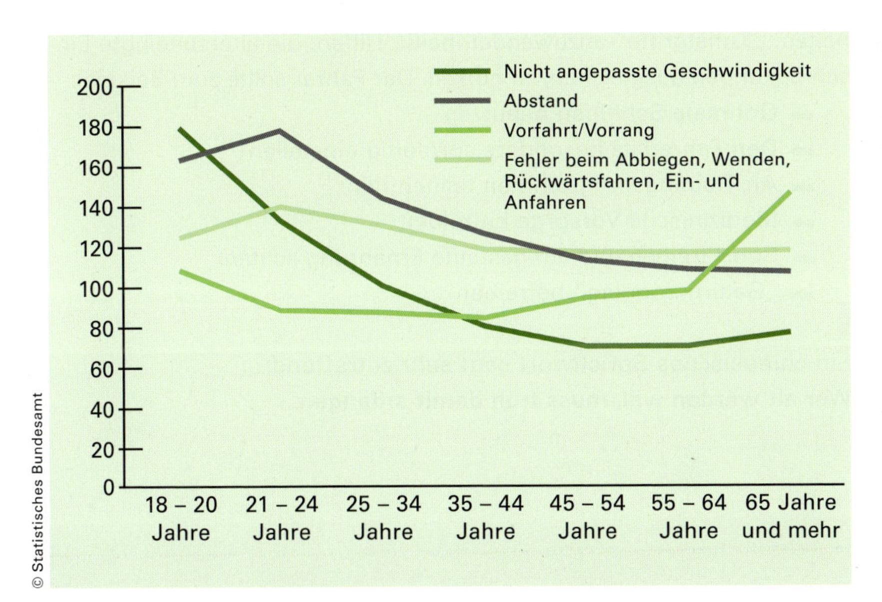

Abbildung 222: Fehlverhalten der Güterkraftfahrzeugfahrer bei Unfällen mit Personenschaden 2012: Ursachen je 1000 Beteiligte

Strategien im Umgang mit altersbedingten Risikofaktoren

Wie kann das Risikoverhalten **junger Fahrer** gesenkt werden? Hier bietet z.B. der Deutsche Verkehrssicherheitsrat (DVR) Fahrsicherheitstrainings an. Dieses Training findet in altersgemischten Gruppen statt. Junge Teilnehmer können von erfahrenen Teilnehmern lernen. Auch Mitarbeiterzirkel und Fahrerstammtische werden von dieser Altersgruppe gern angenommen, da solche Angebote dem Bedürfnis, mitreden und mitentscheiden zu können, entgegenkommen.

Welche Strategien können **älteren Fahrern** im Umgang mit altersbedingten Einschränkungen helfen?
Der Musiker Arthur Rubinstein sagte dazu im Alter von 80 Jahren Folgendes: Er habe sein Repertoire verringert, übe diese Stücke öfter und wende bei Auftritten kleine Kunstgriffe an, z.B. verlangsame er das Tempo vor besonders schnellen Passagen, damit danach der Eindruck des schnelleren Spielens entstehe. Übersetzt auf den Reisebus- und Lkw-Fahrer kann dies bedeuten, auf besonders lange und anstrengende

Fahrten zu verzichten oder längere Pausen einzulegen. Der Linienbusfahrer könnte z.B. häufiger auf bekannten Strecken und weniger im Schichtdienst eingesetzt werden. Vielleicht wäre auch Teilzeitarbeit möglich. „Häufiger üben" bedeutet für den Kraftfahrer zum einen, an den Trainings- und Weiterbildungsprogrammen teilzunehmen, die man ihm anbietet. Zum anderen sollte er bestrebt sein, seine Vitalität zu erhalten. „Kunstgriffe" anzuwenden heißt, Hilfen, die altersbedingte Einschränkungen ausgleichen, zu nutzen. Der Fahrer sollte zum Beispiel:

- Optimale Sehhilfen benutzen
- Den Fahrersitz besonders sorgfältig einstellen
- An Trainingsprogrammen teilnehmen
- Medizinische Vorsorge betreiben
- Sport treiben und auf gesunde Ernährung achten
- „Gehirn-Jogging" betreiben

Ein chinesisches Sprichwort sagt sehr zutreffend:
Wer alt werden will, muss früh damit anfangen.

4.7.3 Typische Fahrweise

Zu den häufigsten Ursachen von Bus- und Lkw-Unfällen gehören mangelnder Sicherheitsabstand und unangepasste Geschwindigkeit. Geschwindigkeit nimmt als Unfallursache eine Sonderrolle ein, denn Geschwindigkeit allein kann kaum Ursache eines Unfalls sein. In der Regel kommen Fehleinschätzungen der Situation oder ein Fahrfehler hinzu. Die Wahl einer – z. B. unangepassten – Geschwindigkeit wird beim Fahrer von vielen unterschiedlichen Faktoren bestimmt:

- Wahrnehmungsprobleme (z. B. Unterschätzen der tatsächlichen Geschwindigkeit)
- Nichterkennen des Gefährdungspotenzials (Fehleinschätzungen)
- Psychische Barrieren bei der Gefahrenwahrnehmung („Alles unter Kontrolle“ bzw. „Mir passiert schon nichts“)
- Situative Faktoren (z. B. Zeitdruck, Stress)

Auch beim Unterschreiten des angemessenen Sicherheitsabstands spielen die genannten Faktoren eine Rolle. Hinzu kommt die Verkehrsdichte, die den Fahrer immer wieder dazu veranlasst, sein Tempo zu verringern, während er vielleicht lieber den Schwung nutzen möchte. Überholverbote zwingen den Fahrer häufig, hinter langsameren Fahrzeugen zu bleiben, was Unmutgefühle und Stress auslösen kann.

4.7.4 Leistungsfähigkeit, Wissensstand und Erfahrung

Ein Kraftfahrzeug zu fahren erfordert komplexe Wahrnehmungs-, Entscheidungs- und Steuerungstätigkeiten. Die relevanten Signale aus der Umgebung müssen

- über die **Wahrnehmungskanäle** erfasst, gefiltert und bewertet werden,
- damit entsprechende **Handlungen** eingeleitet und ausgeführt werden können.

Abbildung 223: Wahrnehmen und Handeln

Bei hoher Informationsdichte (z. B. „Schilderwald") sind eine Überforderung des Wahrnehmungssystems und daraus resultierende Fahrfehler möglich. Vor allem unter Stress-Einflüssen können daraus unter Umständen schwerwiegende Fehler entstehen. Lkw- und Busfahrer versuchen diese Engpass-Problematik zum Teil dadurch auszugleichen, dass sie viele Steuerungs- und Bedienungsvorgänge in eine Routine überführen. Doch dieses routinierte Fahren kann auch zu Unfällen führen, wenn Änderungen der gewohnten Situation (Vorfahrtwechsel, Baustellen etc.) nicht rechtzeitig erkannt oder berücksichtigt werden.

© Artusius/Fotolia

Abbildung 224: Schilderwald

Konzentration und Aufmerksamkeit hängen auch von der Gestaltung und Einrichtung des Fahrerarbeitsplatzes ab.

- Vorgaben durch die Konstruktion des Arbeitsplatzes
- eigene Gestaltung durch den Fahrer (z. B. Zubehör, die die Sicht einschränken)

Ein guter Fahrer wird bei aller Routine immer darauf achten, konzentriert zu fahren, um jederzeit schnell auf wechselnde Situationen reagieren zu können. Völlig **tabu** müssen alle Beschäftigungen sein, bei denen der Fahrer den Blick sekundenlang vom Verkehrsgeschehen abwenden würde oder die ihn am schnellen Reagieren (Lenken, Bremsen) hindern, wie z. B. Bedienung des Navigationsgeräts, Reiseführertätigkeit oder im Linienbus während der Fahrt kassieren.

4.7.5 Körperliche und geistige Verfassung

Ermüdung und Krankheiten können die menschliche Leistungsfähigkeit herabsetzen. Schon ungenügender Schlaf oder ein grippaler Infekt verringern die Aufmerksamkeit, verlangsamen die Reaktionsgeschwindigkeit und beeinträchtigen die Entscheidungsprozesse.
Medikamente können diese Probleme noch verstärken. Viele Schlaf-, Schmerz- und Beruhigungsmittel, aber auch Medikamente gegen Erkältungen und Schnupfen haben negative Auswirkungen auf die Gesamtverfassung des Fahrers und beeinflussen die Fahrfähigkeit.
Aufputschmittel oder auch **Appetitzügler** vermitteln ein Gefühl beson-

derer Leistungsfähigkeit. Dies kann zu einer gefährlichen Selbstüberschätzung führen.
Auch **psychische Belastungen** können die Leistungsfähigkeit vorübergehend beeinträchtigen. Ursächlich für die Belastungen können sowohl die betrieblichen Bedingungen (Auseinandersetzungen mit Vorgesetzten, Kollegen oder Kunden, schlechtes Betriebsklima, enge Fahrpläne) als auch der private Bereich des Fahrers sein.
Mehr zu dem Thema „körperliche und geistige Verfassung“ erfahren Sie in Kapitel 7.

4.7.6 Klima

„Das sind ja heute wieder Temperaturen wie in der Sauna!“ Haben Sie das auch schon mal gedacht, als Sie im Hochsommer auf dem Fahrersitz Platz genommen haben? In der Tat: Bei intensiver Sonneneinstrahlung kann man hinter der Front- und Seitenscheibe Temperaturen bis zu über 70 °Celsius messen! Anders als in der richtigen Sauna macht die Hitze im Kraftfahrzeug aber alles andere als fit.

Behagliches Klima

Es existiert ein nur recht enger Bereich, in dem der Wärmehaushalt im menschlichen Körper ausgeglichen ist. Hier wird die Temperaturregelung allein durch den Blutkreislauf übernommen.
Für den Innenraum von Kraftfahrzeugen werden 23–27 °Celsius als behaglich empfunden.

Für die Behaglichkeit ist nicht nur die absolute Temperatur der Umgebungsluft entscheidend. Das Behaglichkeitsgefühl des Menschen in Bezug auf Wärme wird von folgenden Faktoren beeinflusst:

- Mensch: Bekleidung, Aktivitätsgrad, Aufenthaltsdauer
- Raum: Strahlungstemperatur (Temperatur der Umschließungsfläche)
- Raumluft: Lufttemperatur, Luftgeschwindigkeit, Luftfeuchte

Umschließungsflächen für den Bus- und Lkw-Fahrer sind der Fahrersitz, die Armaturen und die Fensterflächen. Gerade die Strahlungswärme der Fenster macht den Fahrern in den kalten und warmen Jahreszeiten zu schaffen.

Bei sitzender Arbeit soll die Luftbewegung allgemein nicht über der vergleichsweise niedrigen Geschwindigkeit von 0,2 m/s liegen, da

Werte oberhalb dieser Grenze als unangenehm empfunden werden. Solche Werte werden jedoch im Bus bzw. Lkw bei voll eingeschaltetem Gebläse oder geöffneten Fenstern stets überschritten.

Körperliche Auswirkungen und Unfallrisiko

Steigt die Wärme der Umgebung an, werden verschiedene Anpassungserscheinungen des Organismus ausgelöst:

- Die Schweißproduktion steigt heftig an.
- Die Herzfrequenz wird erhöht.
- Die Körpertemperatur nimmt leicht, die Schalentemperatur stark zu.
- Die Hautdurchblutung wird auf ein Mehrfaches verstärkt.
- Die Tätigkeit der Verdauungsorgane wird reduziert.

Als Folge nimmt die Leistungsfähigkeit für körperliche und geistige Arbeit ab, während die Ermüdbarkeit zunimmt. Auch der Appetit nimmt bei zunehmender Wärme ab.

Studien zeigen: Es ist unumstritten, dass das Klima am Arbeitsplatz die Leistungsfähigkeit des Fahrers beeinflusst. Die Versuchsreihe ergab auch, dass sich nicht nur die Fehlerhäufigkeit, sondern auch die Reaktionszeit bei zunehmender Wärme erhöht hat.

Klimaanlagen und Filtersysteme

Klimaanlagen stellen ein wichtiges Komfortmerkmal dar. Bei der Einstellung der Klimaanlage sollte die Temperaturdifferenz bei hohen Außentemperaturen 4 °Celsius nicht überschreiten, um insbesondere bei älteren Menschen Kreislaufprobleme auszuschließen. Auch in kälteren Jahreszeiten ist eine Klimaanlage von Vorteil. Zum Beispiel lässt sich das Beschlagen der Scheiben verhindern. Nachteil: Zu trockene Luft führt zum Austrocknen der Schleimhäute und begünstigt Infekte der oberen Atemwege.

Die Klimaanlage sorgt, wenn auch in gewissen Grenzen, für eine Luftreinigung. Staub, Abgase etc. werden aufgenommen und fließen dann mit dem Kondenswasser ab. Wichtig ist jedoch eine regelmäßige Wartung der Klimaanlage.

Tipps bei großer Hitze

- Nie mehr als 0,25 l auf einmal zu sich nehmen
- Atmungsaktive Kleidung tragen (Wetterbericht hören!)
- Gebläse richtig ausrichten, Zugluft vermeiden
- Klimaanlage rechtzeitig vor der Ankunft drosseln, um Akklimatisierung zu ermöglichen
- In Pausen Lenkrad und Armaturenbrett mit hellem Tuch abdecken
- Aktive Pausen im Schatten einlegen
- Fahrzeug möglichst im Schatten parken

Achtung:
Kohlensäurehaltige Getränke + Sonne = explosiv!

Tipps bei Kälte

- Fahrzeuginnenraum nicht überheizen
- An die Witterung angepasste Kleidung tragen
- Klimaanlage hilft auch gegen beschlagene Scheiben
- Zugluft vermeiden: Fahrgäste im Überlandverkehr nur hinten aussteigen lassen

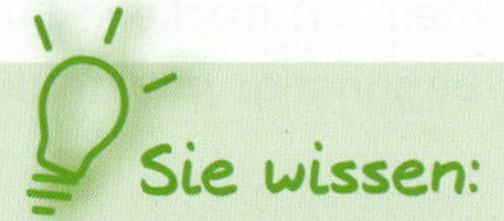

- ✔ welchen Einfluss das Sehvermögen, das Alter, die Fahrweise, Leistungsfähigkeit, Wissenstand und Erfahrung sowie die körperliche und geistige Verfassung des Fahrers und das Klima im Fahrzeug auf die Unfallgefahr haben.
- ✔ mit welchen Strategien Sie diesen Gefahren vorbeugen können.

4.8 Sicherheitsgerechtes Verhalten

FAHREN LERNEN **C**
Lektion 3

FAHREN LERNEN **D**
Lektion 13

Sie sollen erfahren, wie unter anderem durch die Wahl der richtigen Geschwindigkeit und des richtigen Abstands ein sicherheitsgerechtes Verhalten erreicht werden kann.

4.8.1 Sicheres Fahren

Sicheres Fahren setzt Kenntnisse der Fahrphysik und der Gefahrenlehre voraus. Dazu gehört auch das Wissen über das Verhalten anderer Verkehrsteilnehmer. Ein guter Fahrer weiß, dass Unfälle in der Regel nicht aus dem Versagen einer Komponente des „Systems Straßenverkehr" herrühren, sondern aus dem Zusammentreffen mehrerer Komponenten (z.B. Fehler des Verkehrspartners und ungünstige Fahrbahnbedingungen und zu geringer Abstand). Defensives Fahren bedeutet auch, möglichst viele Komponenten des Systems möglichst aufeinander abzustimmen:

- vorausschauendes Beschleunigen und Abbremsen
- Rücksicht nehmen
- nicht auf eigenem Recht bestehen
- mit Fehlern der Anderen rechnen

Abbildung 225: Das „System Straßenverkehr"

4.8.2 Geschwindigkeitsbegrenzungen

Folgende Geschwindigkeitsgrenzen gibt es:

- **Innerhalb geschlossener Ortschaften** sind für Busse und Lkw wie für alle anderen Fahrzeuge 50 km/h vorgeschrieben, sofern keine andere Geschwindigkeitsbegrenzung gilt.
- **Außerorts** darf maximal 60 km/h (Lkw und Busse mit Stehplätzen) bzw. 80 km/h (Busse mit und ohne Gepäckanhänger) gefahren werden.
- Auf **Autobahnen und Kraftfahrstraßen** mit Fahrbahnen für eine Richtung, die durch Mittelstreifen oder sonstige bauliche Einrichtungen getrennt sind, dürfen Busse mit Stehplätzen 60 km/h, Lkw 80 km/h und Busse ohne Anhänger 100 km/h fahren. Dazu muss

am Bus der Nachweis der Eignung des Fahrzeugs erbracht und durch eine „100 km/h-Plakette" kenntlich gemacht sein.
- Wenn Sie ausnahmsweise (z.B. im Lieferverkehr, im Linienbetrieb) Fußgängerzonen befahren müssen, gilt die Schrittgeschwindigkeit.

Die Geschwindigkeit muss generell den Straßen, Sicht- und Witterungsbedingungen angepasst werden. Bei Nebel mit Sichtweiten unter 50 m darf beispielsweise maximal 50 km/h gefahren werden. Auch bei Nachtfahrten ist die Geschwindigkeit auf die Sichtverhältnisse abzustimmen.

4.8.3 Reaktionsweg, Bremsweg und Anhalteweg

Aus diesen Geschwindigkeitsbegrenzungen ergeben sich sehr unterschiedliche Brems- bzw. Anhaltewege. Der **Anhalteweg** setzt sich aus dem Reaktionsweg und dem Bremsweg zusammen:

FORMEL

Anhalteweg = Reaktionsweg + Bremsweg

Wichtig ist es, zum Bremsweg den **Reaktionsweg** hinzuzurechnen. Dies ist der Weg, den das Fahrzeug zurücklegt, während Sie als Fahrer die Bremsnotwendigkeit erkennen und das Bremspedal je nach Situation bis hin zu einer Vollbremsung betätigen (Bremsbeginn).

Die Reaktionszeit liegt im Normalfall in dem Bereich 1,0–1,5 Sekunden. Bei geübten und aufmerksamen Fahrern kann diese Zeit im Idealfall etwas kürzer sein, bleibt aber bei unvorbereiteten Reaktionszeiten im Bereich der sog. Schrecksekunde. Durch Alkohol, Medikamenteneinfluss, Drogen, Müdigkeit oder Krankheit kann sich die Zeit deutlich verlängern. Ist der Fahrer abgelenkt, kann die Reaktionszeit bis zu 5 Sekunden betragen.

Der Reaktionsweg ist abhängig von
- Der Reaktionszeit, in der das Fahrzeug ungebremst weiterfährt
- Der Geschwindigkeit

FORMEL

$$\text{Reaktionsweg} = \left(\frac{\text{Geschwindigkeit (km/h)}}{10}\right) \cdot 3$$

Diese vereinfachte Faustformel geht von einer Reaktionszeit von ca. 1 Sekunde aus.

FORMEL

Die Geschwindigkeit kann in km/h oder in m/s angegeben werden. Um km/h in m/s umzurechnen, muss dieser Wert durch 3,6 geteilt werden.

AUFGABE

a) Berechnen Sie anhand der Faustformel, wie viel Meter ein Fahrzeug mit 50 km/h in einer 1 Sekunde zurücklegt (also der Reaktionsweg bei einer Reaktionszeit von 1 Sekunde).
b) Wie lang ist der Reaktionsweg bei einer Reaktionszeit von 5 Sekunden?
c) Wie lang ist der Reaktionsweg bei einer Reaktionszeit von 1 Sekunde und einer Geschwindigkeit von 100 km/h?

Wenn sich die Geschwindigkeit verdoppelt, verdoppelt sich auch der Reaktionsweg.

Der **Bremsweg** hängt von vielen verschiedenen Faktoren ab. Diese werden beeinflusst durch:

- Bremsmethode des Fahrers
- Geschwindigkeit
- Fahrzeuggewicht
- Bremssystem des Fahrzeuges
- Reifen
- Technischer Fahrzeugzustand
- Fahrbahnzustand, Witterung
- Gefälle, Steigung

Unter Bremsweg versteht man die Strecke, die ein Fahrzeug vom Beginn der Bremsung bis zum Ende der Bremsung zurücklegt. Entscheidend für die Länge des Bremsweges sind die gefahrene Geschwindigkeit v in m/s bzw. km/h und die Verzögerung a in m/s^2.

Der Bremsweg lässt sich wie folgt abschätzen:

FORMEL

$$\text{Bremsweg} = \frac{\text{Geschwindigkeit (km/h)}}{10} \cdot \frac{\text{Geschwindigkeit (km/h)}}{10}$$

Diese Faustformel geht von einer Verzögerung von ca. 4 m/s^2 aus, also wie bei einer Vollbremsung auf nasser Fahrbahn. Auf trockenem Asphalt beträgt der Bremsweg ca. 60 % des Faustformel-Wertes, die Verzögerung ca. 7 m/s^2.

Wenn sich die Geschwindigkeit verdoppelt, vervierfacht sich der Bremsweg.

Technisch gesehen hat aber auch die Leistungsfähigkeit der Bremsanlage einen Einfluss auf den Bremsweg. In modernen Fahrzeugen werden Sie als Fahrer von elektronischen Helfern wie dem Bremsassistenten (BAS) unterstützt. Der BAS erkennt eine Notbremsung elektronisch und unterstützt während des Bremsweges.

AUFGABE

Berechnen Sie anhand der Faustformel den Bremsweg eines Fahrzeugs bei 30, 50 und 100 km/h!

4.8.4 Geschwindigkeit und Abstand

Geschwindigkeit und Abstand entscheiden in ganz wesentlichem Maße darüber, wie viel Spielraum dem Fahrer im Ernstfall bleibt, um auch auf unvorhergesehene Ereignisse zu reagieren. Wer beispielsweise seine **Geschwindigkeit** über die erlaubten 80 km/h hinaus auf 86 km/h erhöht, verlängert seinen Anhalteweg bei einer angenommenen Reaktionszeit von 1 Sekunde und einer mittleren Bremsverzögerung von 6 m/s^2 von 63,37 m auf 71,45 m. Dort, wo der Fahrer in diesem Rechenbeispiel aus 80 km/h bereits steht, beträgt die (Rest-)Geschwindigkeit des schnelleren Fahrers noch 35,45 km/h – trotz genauso schneller Reaktion und gleich starker Bremsung. Die zusätzlich notwendigen 8,08 m können im Extremfall zwischen „gerade noch mal gut gegangen" und einem Aufprall mit 35 km/h entscheiden. Fährt ein Lkw oder Bus mit dieser Geschwindigkeit auf einen stehenden Pkw auf, haben dessen Insassen keine Überlebenschance.

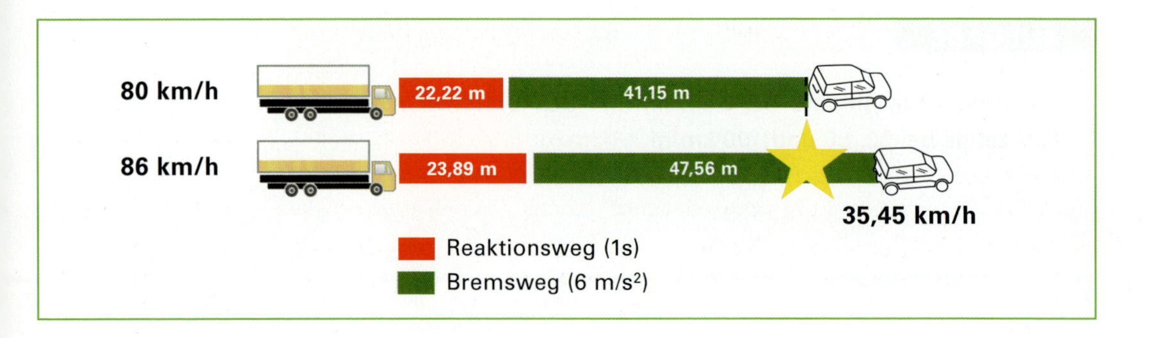

Abbildung 226: Auswirkung überhöhter Geschwindigkeit auf den Anhalteweg

Abbildung 227: Auswirkung verzögerter Reaktion auf den Anhalteweg

Die im vorherigen Beispiel wirkenden physikalischen Gesetzmäßigkeiten machen sich auch bemerkbar, wenn wir die **Auswirkungen einer verzögerten Reaktion** (etwa durch Müdigkeit oder Ablenkung) betrachten: Beträgt die Reaktionszeit des Fahrers statt der oben angenommenen Sekunde 1,5 Sekunden, verliert er dadurch bei einer Fahrgeschwindigkeit von 80 km/h allein durch die verzögerte Reaktion 11,11 m, die zum Anhalteweg hinzu addiert werden müssen. Bei gleichen Bedingungen wie oben (Bremsung mit 6 m/s^2) bedeutet dies im Extremfall eine Aufprallgeschwindigkeit von 41,56 km/h an der Stelle, an der das andere Fahrzeug (Reaktionszeit 1 Sekunde, gleiche Bremsverzögerung) steht.

Wenn sich der Fahrer – beispielsweise beim Einsatz des Tempomaten – aus dem aktiven Fahrgeschehen zurückzieht und geistig „abschaltet“, kann die Reaktionszeit noch drastischer erhöht werden. Dies gilt auch bei Ablenkung durch Nebentätigkeiten.

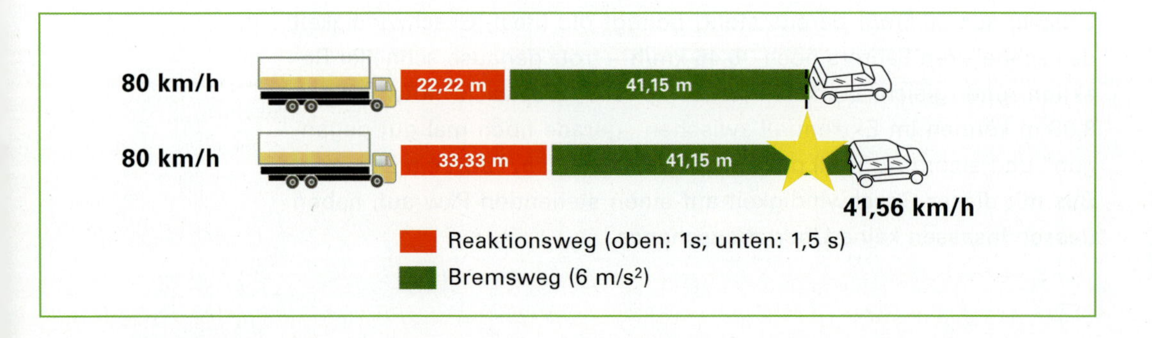

Die physikalischen Gesetzmäßigkeiten, die bei den oben genannten Beispielen zum Tragen kommen, haben auch im Hinblick auf den **Abstand** gravierende Auswirkungen: Wer bei einer Geschwindigkeit von 80 km/h den für Omnibusse und Lkw oberhalb von 50 km/h vorgeschriebenen Sicherheitsabstand von mindestens 50 m einhält, kann auch dann noch rechtzeitig reagieren und anhalten, wenn ein vorausfahrender Pkw plötzlich eine Notbremsung durchführt (angenommene mittlere Bremsverzögerung des Pkw = 8 m/s^2).

Abbildung 228: Vollbremsung durch vorausfahrenden Pkw, Lkw/Bus hält Sicherheitsabstand (50 m) ein

Wer dagegen den Abstand zum Vordermann in unzulässiger Weise auf 20 m verkürzt, wird bei ansonsten unveränderten Bedingungen unweigerlich einen Auffahrunfall mit einer Geschwindigkeit von über 40 km/h verursachen.

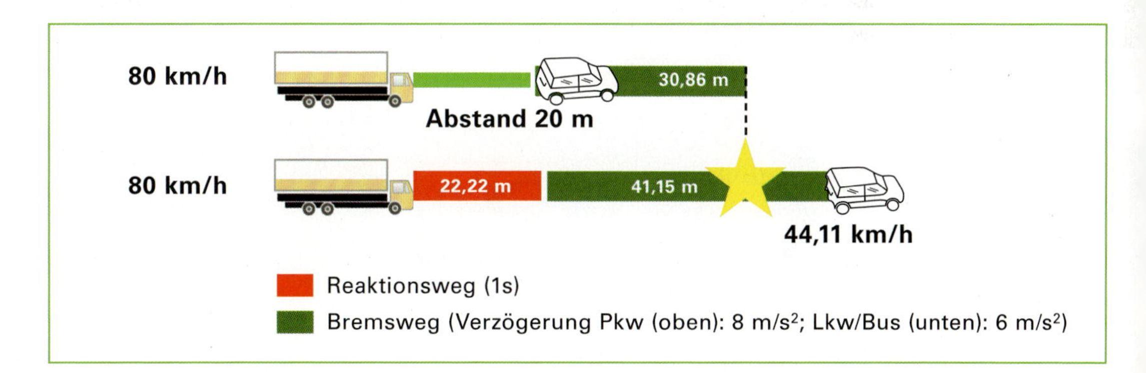

Abbildung 229: Vollbremsung durch vorausfahrenden Pkw, Lkw/Bus hält nur 20 m Abstand

Dies belegt anschaulich, dass dem ausreichenden Sicherheitsabstand eine ähnliche Bedeutung für die Verkehrssicherheit zukommt wie der Wahl der richtigen, d.h. angepassten Geschwindigkeit und einer schnellen Reaktion. Wer bei Tempo 80 den Abstand zum Vordermann um 10 Meter vergrößert, gewinnt eine Reaktionsreserve von fast 0,5 Sekunden.

Der richtige Abstand

Um den erforderlichen Sicherheitsabstand zu ermitteln, können bei Fahrten auf **Landstraßen** zwei Faustformeln genutzt werden: Der Halber-Tacho-Abstand in Metern und die Zwei-Sekunden-Regel. Langsame Fahrzeuge und Züge mit einer Länge über 7 m müssen außerdem einen Einscherabstand berücksichtigen.

Auf **Autobahnen** ist für Fahrzeuge über 3,5 t zGM bei einer Geschwindigkeit von mehr als 50 km/h ein Mindestabstand von 50 m vorgeschrieben.

Innerhalb geschlossener Ortschaften darf der Abstand auf 15 m (das entspricht ungefähr drei Pkw-Längen) verkürzt werden, wenn die Situation es erlaubt.

4.8.5 Überholen

Überholen ist ein gefährliches Fahrmanöver. Es ist nur erlaubt, wenn

- Sie die gesamte Strecke überblicken können
- Sie den Gegenverkehr nicht behindern
- Sie mit wesentlich höherer Geschwindigkeit fahren als der zu Überholende

Mit folgender Formel lässt sich der Überholvorgang einschätzen:

FORMEL

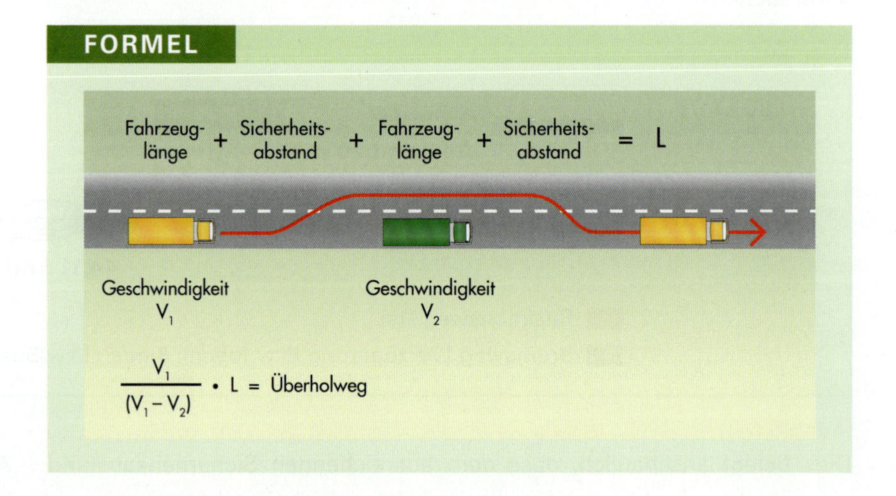

AUFGABEN

Sie fahren mit Ihrem Lkw mit 80 km/h auf der Autobahn. Sie möchten einen anderen Lkw überholen, der mit 78 km/h unterwegs ist. Beide Fahrzeuge sind 15 Meter lang. Sie haben einen Sicherheitsabstand von 50 Metern und wollen 50 Meter vor dem Fahrzeug wieder einscheren.

Wie lang ist der Überholweg ungefähr?

Wie lange brauchen Sie für den Überholvorgang ungefähr?

Sie wissen:

- ✔ was sicheres und defensives Fahren bedeutet.
- ✔ welche Geschwindigkeitsbegrenzungen es gibt.
- ✔ wie Reaktions-, Brems- und Anhalteweg sich zusammensetzen.
- ✔ warum eine angepasste Geschwindigkeit und der richtige Abstand so wichtig sind.
- ✔ wie die Länge eines Überholwegs abgeschätzt werden kann.

4.9 Wissens-Check

1. Bei welcher Witterung ist das Unfallgeschehen größer?

- ❑ a) Bei starkem Regen
- ❑ b) Bei hoher Wärmebelastung

2. Was bezeichnet der Begriff „Aquaplaning"?

---

3. Die Tageszeit beeinflusst die Leistungsfähigkeit eines Menschen. Wann ist die Leistungsfähigkeit normalerweise am geringsten?

- ❑ a) Zwischen 2 und 4 Uhr
- ❑ b) Zwischen 10 und 12 Uhr
- ❑ c) Zwischen 18 und 20 Uhr

4. Welches Schuhwerk darf der Fahrer beim Führen eines Fahrzeugs benutzen?

- ❑ a) Schlappen (z.B. Badelatschen)
- ❑ b) Fußumschließendes Schuhwerk (z.B. Sandalen mit Fersenriemen, Halbschuhe)
- ❑ c) Kein bestimmtes Schuhwerk gefordert

5. Wobei erleiden die Fahrer mehr Arbeitsunfälle?

- ❑ a) Beim Fahren im Straßenverkehr (z.B. Autobahn)
- ❑ b) Bei Tätigkeiten rund um das Fahrzeug (z.B. Ein- und Aussteigen, Be- und Entladen)

6. Welche Aussagen sind richtig?

- ❑ a) Beim An- und Abkuppeln von Fahrzeugen dürfen sich keine Personen zwischen Zugfahrzeug und Anhänger aufhalten.
- ❑ b) Das Auflaufen lassen von Anhängern ist verboten.
- ❑ c) Beim Auflaufen lassen von Anhängern kommt es immer wieder vor, dass die Person zwischen Zugfahrzeug und Anhänger eingequetscht wird und ihren schweren Verletzungen erliegt.
- ❑ d) Beim An- und Abkuppeln muss der Anhänger mittels betätigter Feststellbremse und angelegten Unterlegkeilen gegen Wegrollen gesichert sein.

7. Wie sollte der Fahrer seine Pausen gestalten, um sich effektiv zu erholen?

- ❑ a) Möglichst viel essen und trinken
- ❑ b) Bewegung an der frischen Luft
- ❑ c) Kurzschlaf (max. 30 Minuten) und anschließend Bewegung an der frischen Luft

8. Worauf hat der Fahrer beim Rückwärtsfahren oder Zurücksetzen mit dem Fahrzeug zu achten?

____

____

____

____

____

9. Laut § 9 (5) StVO müssen sich Fahrer beim Rückwärtsfahren so verhalten, dass eine Gefährdung anderer Verkehrsteilnehmer ausgeschlossen ist. Erforderlichenfalls haben sie sich einweisen zu lassen. Welche Kleidung sollte der Einweiser tragen?

____

10. Was versteht man unter dem Begriff „Halbsicht"?

____

____

____

11. Was ist mit „Adaption des Auges" gemeint?

____

____

12. Welche der genannten Klimagrößen hat keinen Einfluss auf das Wärmeempfinden des Menschen?

- ❑ a) die Wärmestrahlung
- ❑ b) der Luftdruck
- ❑ c) die Luftbewegung
- ❑ d) die Lufttemperatur

13. Wie viel Prozent der für den Straßenverkehr relevanten Sinneseindrücke werden über das Auge wahrgenommen?

- ❑ a) 10 %
- ❑ b) 30 %
- ❑ c) 60–70 %
- ❑ d) 80–90 %

14. Der Fahrer eines Lkw oder Omnibusses sollte sein Fahrzeug professionell fahren. Was versteht man unter einer „professionellen Fahrweise"?

____

____

____

15. In welcher Reihenfolge sind die Polzangen bei der Starthilfe anzuklemmen? Sortieren Sie die Schritte.

____ Die erste Polzange des schwarzen Kabels am Minuspol der geladenen Batterie (unten) anklemmen.

____ Die zweite Polzange des roten Kabels am Pluspol der geladenen Batterie (unten) anklemmen.

____ Die erste Polzange des roten Kabels mit dem Pluspol der entladenen Batterie (oben) verbinden.

____ Die zweite Polzange des schwarzen Kabels – möglichst weit entfernt und unterhalb der entladenen Batterie (oben) – an einem Masseanschluss des Fahrzeuges anklemmen.

16. Welche Eigenschaft wird vom Lebensalter kaum beeinflusst?

- ❑ a) Reaktionszeit
- ❑ b) Eignung für körperliche Schwerarbeit
- ❑ c) Geübtheit für alltägliche Tätigkeiten

17. Was ist beim Abstellen eines Fahrzeuges auf unebenem Gelände oder im Gefälle zu beachten?

____

____

____

____

____

18. Wie wird erreicht, dass die Zuggabel auf Kupplungsmaulhöhe steht?

- ❑ a) Zweite Person korrigiert die Höhe der Zuggabel von Hand
- ❑ b) Höheneinstelleinrichtung benutzen
- ❑ c) Zuggabel mittels Holzlatte abstützen

19. Wie ist die Umrechnung zwischen der Geschwindigkeit in km/h und m/s?

20. Welche Komponente ist für den Anhalteweg dem Bremsweg unbedingt hinzuzurechnen?

21. Wie groß ist die Reaktionszeit im Normalfall und welchen Wert kann sie bei intensiver Ablenkung erreichen?

22. Wie ist die vereinfachte Faustformel für den Reaktionsweg?

23. Wie ist die vereinfachte Faustformel für den Bremsweg bei einer niedrigen Bremsverzögerung von ca. 4 m/s^2?

24. Sie fahren mit einer Geschwindigkeit von 100 km/h und leiten eine Bremsung ein. Wie lang ist der Reaktionsweg bei einer Reaktionszeit von 1 Sekunde und wie lang bei einer Reaktionszeit von 5 Sekunden?

5 Kriminalität und Schleusung illegaler Einwanderer

Nr. 3.2 Anlage 1 BKrFQV

5.1 Die Hintergründe illegaler Einwanderung

Sie sollen die rechtlichen Rahmenbedingungen und die gesellschaftlichen Hintergründe von illegaler Einwanderung kennenlernen.

Flüchtlingswelle in Europa

60 Millionen Menschen sind weltweit laut Bericht des Uno-Flüchtlingswerks auf der Flucht (UNHCR,2014). Das sind so viele wie seit dem Zweiten Weltkrieg nicht mehr. Sie kommen zumeist aus Syrien, Afghanistan und Somalia und fliehen vor Krieg, Vertreibung und Verfolgung. Sicherheit und Schutz suchen sie auch in den Ländern der europäischen Gemeinschaft EU. Wer aus einem nicht sicheren Herkunftsland stammt (z. B. Syrien, Afghanistan, Sudan) oder zu einer verfolgten Personengruppe gehört (z. B. aufgrund von Religion, Sexualität, o. ä.) findet hier Schutz.
Seit Mitte 2015 erlebt die Europäische Gemeinschaft einen nie gekannten Ansturm von Flüchtlingen überwiegend aus Syrien, das seit 2011 durch einen ausufernden Bürgerkrieg destabilisiert wird.
Rund 1,5 Millionen Flüchtlinge werden innerhalb eines Jahres alleine in Deutschland erwartet. Hunderttausende weitere werden auf andere Länder der EU verteilt werden.
Die meisten der Flüchtlinge nutzen Schleuser, um die EU zu erreichen. Darunter auch viele sogenannte Wirtschaftsflüchtlinge aus sicheren Herkunftsländern, die sich in der EU ein besseres Leben erhoffen. Besonders attraktiv ist zurzeit für Schleusungen die Balkanroute (vgl. Abb. S. 412). Diese führt ausgehend von der Türkei über Griechenland, Mazedonien und Serbien mitten in die EU.
Die große Zahl der Flüchtlinge hat inzwischen zur Wiedereinführung von Grenzkontrollen in einigen EU-Mitgliedsländern und zur Errichtung von neuen Grenzzäunen geführt. Dies soll sicherstellen, dass die Ein-

reise in EU-Länder geregelt erfolgt und nicht einreiseberechtigte Personen zurück- und ausgewiesen werden können.
Für Fahrer von Bussen und Lastkraftwagen bedeutet dies, dass in ganz Europa das Risiko steigt, ohne Wissen und Wollen in illegale Schleusungen verwickelt zu werden. Denn Flüchtlinge werden auch gegen behördliche Widerstände mit Hilfe von Schleusern oder auf eigene Faust versuchen, ihre Ziele in den verschiedenen Ländern Europas zu erreichen. Wenn nötig auch versteckt in, auf oder unter Fahrzeugen ohne Wissen des Fahrers.
Zu erwarten ist zudem eine Verschärfung der Situation an den Hotspots der illegalen Migration (vgl. S.404ff.). Bestes Beispiel ist der Ort Calais an der französischen Atlantikküste. Mitte 2015 sind hier Tausende Flüchtlinge eingetroffen, die nun versuchen unerkannt England zu erreichen – versteckt in Fahrzeugen oder zu Fuß durch den Eurotunnel. So dramatisch ist die Situation, dass Transportunternehmen inzwischen andere Häfen nutzen, um nach England überzusetzen.

5.1.1 Einwanderung

Definition „Migration"

Von „Migration" wird gesprochen, wenn Personen oder Personengruppen in einen neuen geographischen und sozialen Raum wechseln und ihr Lebensumfeld damit dauerhaft verändern.
Menschen, die ihre Wohnorte verlassen, um sich für lange Zeit oder sogar dauerhaft an einem anderen Ort niederzulassen, werden als „Migranten" bezeichnet.
Gründe für Migration sind meist Krieg, Not oder Verfolgung. Wer migriert, verbindet damit oft die Hoffnung auf ein „besseres Leben". Für diese Hoffnung nehmen Migranten oft große, zum Teil lebensbedrohlichen Risiken auf sich (siehe unerlaubte Migration).

Definitionen „Immigrant und Emigrant"

Eng damit verbunden sind die Begriffe „Immigrant" und „Emigrant". Als „Emigranten" werden – aus der Sicht eines Staates – Personen bezeichnet, die ein Land verlassen; als „Immigranten" Personen, die in ein Land einwandern.

Recht auf Niederlassung

Immigranten haben als Nicht-Staatsbürger im Verhältnis zu anerkannten Staatsbürgern oft weniger Rechte. Ein bedeutender Unterschied ist das meist stark eingeschränkte Recht auf Niederlassung in einem Staat. Hier regeln Zuwanderungsgesetze die Zahlen und rechtlichen Hintergründe. So wollen Nationalstaaten ihre Bürger und deren Lebensumstände schützen. Diesem Schutz dienen auch Pässe, Grenzen und Grenzkontrollen.

5.1.2 Illegale Einwanderung

Definition „Illegale Migration"

Unerlaubte Migration bezeichnet Wanderbewegungen, die über Staatsgrenzen hinweg stattfinden und dabei staatliche Regelungen umgehen.

Definition „Illegaler Migrant"

Eine Person, die unerlaubt in ein Land einreist oder sich dort aufhält, wird pauschal als „illegaler Migrant" bezeichnet.
Unerlaubte Einreise (illegale Immigration) liegt vor, wenn:

- Eine Person für ihre Einreise keine gültigen Papiere besitzt und sie deshalb im Falle einer Kontrolle mit einer Einreiseverweigerung, Abschiebung, Ausweisung oder Verhaftung rechnen muss.
- Die Papiere ungültig werden, mit denen eine Person vorher regulär eingereist war und sich regulär aufgehalten hat.

Illegale Immigration ist strafbar und kann zur Festnahme, Verurteilung und Abschiebung durch Staatsorgane führen. Die Abschiebung erfolgt in das Herkunftsland des Migranten.

© ho/ddp

Abbildung 230: Zur Schleusung illegaler Einwanderer verwendeter Kleintransporter

Gewährung von Asyl

Von einer Abschiebung kann abgesehen werden, wenn ein illegal Eingereister vor dem Rechtshintergrund der Genfer Flüchtlingskonvention (GFK) Asyl beantragt. Die GFK gilt in allen Ländern der EU. Asyl muss gewährt werden, wenn im Herkunftsland „Verfolgung" droht.
„Verfolgung" bedeutet Gefahr für Leib und Leben, Folter, Todesstrafe o.ä. wegen Zugehörigkeit zu einer Rasse, Religion, Nationalität, einer sozialen Gruppe oder wegen einer politischen Überzeugung. Zudem haben in der Bundesrepublik Deutschland politisch Verfolgte auch nach Artikel 16a des Grundgesetzes (GG) ein Recht auf Asyl.
Kann die Verfolgung plausibel begründet werden, wird eine (zunächst befristete) Aufenthaltserlaubnis ausgesprochen.
Notsituationen wie Armut oder Bürgerkrieg sind *keine* Asylgründe. Ausnahme bilden „Kontingentflüchtlinge". So heißen Flüchtlinge aus extremen Krisenregionen wie z.B. aktuell Syrien, die im Rahmen von humanitären Aktionen aufgenommen werden.

5.1.3 Rechtliche Rahmenbedingungen

Das Aufenthaltsgesetz in Deutschland

Die rechtliche Grundlage für den Aufenthalt von Ausländern in Deutschland bildet in Zusammenhang mit anderen Gesetzen das „Gesetz über den Aufenthalt, die Erwerbstätigkeit und die Integration von Ausländern im Bundesgebiet" (Aufenthaltsgesetz, kurz „AufenthG").

Abbildung 231: Bundespolizeibeamtin bei der Überprüfung eines Passes

Für die legale Einreise nach Deutschland ist der § 3 des AufenthG zur **Passpflicht** von Bedeutung. Hierin heißt es sinngemäß:
Ausländer dürfen nur in das Bundesgebiet einreisen oder sich darin aufhalten, wenn sie einen anerkannten und gültigen Pass oder Passersatz oder einen Ausweisersatz besitzen.

Weiter legt das Aufenthaltsgesetz in § 4 fest, dass der Einreisende einen sogenannten Aufenthaltstitel besitzen muss.
§ 4 Erfordernis eines Aufenthaltstitels
Ausländer bedürfen für die Einreise und den Aufenthalt im Bundesgebiet eines Aufenthaltstitels, sofern nicht durch Recht der Europäischen Union oder durch Rechtsverordnung etwas anderes bestimmt ist (...).

Abbildung 232: Elektronischer Reisepass

Die Aufenthaltstitel werden erteilt als:
- Visum (§ 6 AufenthG),
- Aufenthaltserlaubnis (§ 7 AufenthG),
- Niederlassungserlaubnis (§ 9 AufenthG) oder
- Erlaubnis zum Daueraufenthalt-EU (§ 9a AufenthG).

Weitere zu beachtende rechtliche Grundlagen sind in erster Linie:
- der Schengener Grenzkodex
- die Aufenthaltsverordnung
- die EU-Visum-Verordnung
- das Pass- und Zollrecht

Wird gegen diese Gesetze und Verordnungen vorsätzlich verstoßen, spricht man von einer unerlaubten Migration. Ob sich aus einer unerlaubten Migration ein illegaler Status ergibt, wird wieder nach dem AufenthG entschieden. Fällt der Fall unter den § 95 (Strafvorschriften) AufenthG, kann der Fall als Straftat gewertet werden, wenn er zur Anzeige gebracht wird.

Das Schengenabkommen

Weltweit ist es üblich, dass Staaten der illegalen Einwanderung durch Kontrollen an ihren Grenzen entgegen wirken. Doch ein vereintes, modernes Europa basiert neben der Aufhebung von nationalen Handelsschranken und einer gemeinsamen politischen Ausrichtung auch auf der Reisefreiheit seiner Bürger. Diese Reisefreiheit garantiert das Schengener Abkommen 400 Millionen Europäern durch den Wegfall von Kontrollen an europäischen Binnengrenzen zu Wasser, zu Lande und an Flughäfen.

Europa und der Schengen-Raum

Der Schengen-Raum ist ein Gebiet, in dem der freie Personenverkehr von Staatsangehörigen der Schengener Mitgliedsstaaten möglich ist. Der Schengen-Raum ermöglicht es Europäern, sich frei bzw. mit ihrem Personalausweis innerhalb des Schengen-Gebietes fortzubewegen. Gleichzeitig gibt es ein gemeinsames Regelwerk für Personen, die die Außengrenzen der EU-Mitgliedsstaaten überschreiten wollen.

Im Jahr 2017 umfasst der Schengen-Raum die folgenden Staaten:

1. 22 EU-Staaten: Belgien, Dänemark, Deutschland, Estland, Finnland, Frankreich, Griechenland, Italien, Lettland, Litauen, Luxemburg, Malta, Niederlande, Österreich, Polen, Portugal, Schweden, Slowakei, Slowenien, Spanien, Tschechische Republik, Ungarn

2. Vier assoziierte Staaten: Schweiz mit Liechtenstein, Norwegen und Island.

Einen Sonderstatus haben Großbritannien und Irland. Beide bestehen weiterhin auf Grenzkontrollen und eigenen Visa-Regelungen, sind jedoch Teil des Schengen-Abkommens bei der Zusammenarbeit von Polizei und Justiz, bei der Drogenbekämpfung und beim Schengener Informationssystem SIS.

Bulgarien, Rumänien, Zypern und Kroatien sind noch keine Vollmitglieder des Schengen-Raums. Aufgrund der EU-Zugehörigkeit dieser vier Länder sind dennoch visafreie Reisen der Bürger dieser Staaten im Schengen-Raum möglich.

Innere Grenzsicherung

Unabhängig von den o.g. Reiseerleichterungen für Europäer führen Schengen-Länder auf ihren Hoheitsgebieten auch weiterhin Personenkontrollen durch, jedoch in verringertem Umfang. Die Kontrollen finden in einer Tiefe von bis zu 30 Kilometern hinter den Landesgrenzen statt. Darüber hinaus steht es den Staaten frei, zum Schutz der öffentlichen Ordnung, Gesundheit und Sicherheit in Ausnahmefällen und zeitlich begrenzt Grenzkontrollen wieder einzuführen. Europäische Reisende sollten daher einen Personalausweis oder Reisepass ins EU-Ausland mitnehmen.

Abbildung 233: Beamte der Bundespolizei bei der Überwachung der Grenzen

Kontrollen an Außengrenzen

Die Außengrenzen des Schengen-Raumes werden von den Behörden der Staaten mit Grenzen zu Drittstaaten gesichert. Dazu gehören auch Grenzübergänge an allen internationalen Flughäfen. Bei der Einreisekontrolle hilft seit 2011 das Schengen Visa-Informationssystem VIS. Damit können Behörden die Identitäten von Visuminhabern direkt beim Grenzübergang überprüfen. Alle Eingaben in das System sind binnen Minuten für alle nationalen Stellen verfügbar. So können Personen effektiv identifiziert werden, die die Voraussetzungen für die Einreise in einen Mitgliedstaat oder den dortigen Aufenthalt nicht oder nicht mehr erfüllen.

5.1.4 Illegale Einwanderung in die EU

Formen der unerlaubten Migration

Unerlaubte Migration hat verschiedene Formen:

Fluchtmigration

Fluchtmigration ist die Verlagerung des Lebensmittelpunktes wegen einer lebensbedrohlichen Situation im Heimatland.

Arbeitsmigration

Arbeitsmigration ist das Auswandern von Menschen, um eine Erwerbstätigkeit in einem fremden Land anzunehmen. Dabei gehen Wanderbewegungen vorwiegend aus weniger entwickelten Ländern in wirtschaftlich weiter entwickelte Nationen. Arbeitsmigration ist oft zeitlich begrenzt. Arbeitsmigranten behalten häufig ihren Lebensmittelpunkt in der Heimat.

Illegale Einreise mit Hilfe von Schleusern

Definition „Schleuser"

Schleuser sind Menschen, die anderen Menschen zur Flucht in ein anderes Land verhelfen oder die es anderen Menschen ermöglichen, entgegen den aufenthaltsrechtlichen Bestimmungen des Ziellandes in dieses Land zu gelangen und sich dort aufzuhalten.
Sie organisieren gegen entsprechende Bezahlung die unrechtmäßige Einreise ins Zielland, wobei mit zunehmender Grenzsicherung der Bedarf an dieser „professionellen" Hilfe bei der Grenzüberwindung steigt.

Im Umfeld krimineller Banden

Kriminelle Schleuser operieren meist im Bereich des organisierten Verbrechens mit international vernetzten Strukturen – ein Umfeld, in dem allein der Profit zählt. Menschenleben werden dafür regelmäßig aufs Spiel gesetzt. Da die finanziellen Mittel illegaler Migranten i. d. R. beschränkt sind, kommt es im Zusammenhang mit Schleusungen auch häufig zu Zwangsarbeit und Menschenhandel.

Definition „Zwangsarbeit" und „Menschenhandel"

Unter Zwangsarbeit versteht man dabei jede Art von Arbeit oder Dienstleistung, die von einer Person unter Androhung irgendeiner

Strafe verlangt wird und für die sie sich nicht freiwillig zur Verfügung gestellt hat. Beim Menschenhandel werden vorwiegend Frauen im Rahmen sexueller Ausbeutung zur Prostitution gezwungen.

Das „große Wettrüsten"

Unerlaubte Migration kann weltweit als eine Art großes Wettrüsten zwischen den Zielländern und den Schleuserbanden gesehen werden. Denn selbst die immer schärfer werdenden Kontrollen halten Migranten nicht davon ab, in attraktive Staaten einreisen zu wollen. Allerdings müssen sie zunehmend die Dienste krimineller Schleuserbanden in Anspruch nehmen, um Grenzen zu überwinden – mit allen damit verbunden Risiken.
Dazu gehört, dass Schlepperleistungen trotz Bezahlung nicht erbracht oder „Kunden" ausgebeutet werden. Schätzungen gehen von 20 bis 25 % aller Fälle aus.
Oder es werden Routen gewählt, die viele Migranten mit dem Leben bezahlen. Dabei gilt: je intensiver die Routen kontrolliert werden, desto höher ist das Risiko für Leib und Leben.

Todesfälle durch illegale Migration

Auch die Länder des Schengener Abkommens rüsten zunehmend auf beim Schutz ihrer Grenzen. Zentrum ist die im Jahr 2005 gegründete EU-Grenzschutzbehörde FRONTEX, die die EU-Staaten mit großem logistischem, personellem und technischem Aufwand unterstützt. Ein Beispiel für Frontex-Maßnahmen sind sogenannte „Pushback-Operationen", bei denen Frontexpersonal Flüchtlingsboote noch vor der europäischen Küste zur Rückkehr nach Nordafrika oder in die Türkei zwingen. Doch sind Pushbacks wegen der Gefahren für die Migranten politisch stark umstritten und werden für den Tod von Migranten verantwortlich gemacht.
Aber Frontex unterstützt auch Staaten an der Außengrenze der EU bei der Bewachung ihrer Landgrenzen. So wie im Fall Griechenlands, das an seiner Landgrenze zur Türkei über Jahre Einfallstor für hunderttausende Migranten war. Seit 2012 verhindert ein mit Frontex entwickeltes Schutzsystem bestehend aus einem Graben, meterhohen Zäunen, Stacheldraht und einem engmaschigen Überwachungssystem, illegale Grenzübertritte äußerst effektiv.
Doch gerade diese extreme Abschottung Europas treibt Migranten auf zunehmend riskante Routen. Mit der Folge, dass viele ihren verbotenen Weg in die EU mit dem Leben bezahlen.

Tot oder vermisst

So starben in den Jahren 2000 bis 2013 rund 23.000 Menschen auf ihrem illegalen Weg nach Europa oder gelten als vermisst*. Viele ertranken im Mittelmeer, in der Ägäis oder in Grenzflüssen. Andere sind auf dem Weg durch die Sahara Richtung Nordafrika verdurstet oder wurden bei heimlichen Grenzpassagen erschossen. Wieder andere starben in Auffanglagern oder in ihren Verstecken in Zügen oder Flugzeugen.

Abbildung 234: Deutsche Polizeibeamte bergen zwei tote Migranten aus einer Kabeltrommel. Sie wollten auf einem Lkw von Griechenland nach Deutschland einreisen. (2011)

Tote in Lkw und Transportcontainern

Zahlen der Organisation Fortress Europe belegen, dass zwischen 1988 und 2000 mindestens 532 Migranten beim Versuch ihr Leben ließen, in einem Lkw oder Lkw-Transportcontainer versteckt in ein europäisches Land einzureisen.

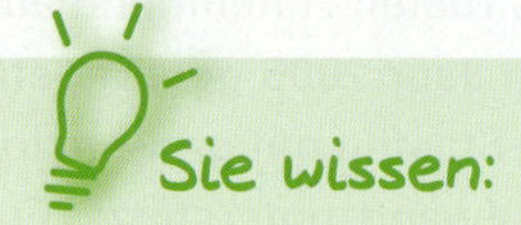

Sie wissen:

- ✔ Was die Begriffe Migrant, Immigrant und Emigrant bedeuten.
- ✔ Wann Personen als „illegale Migranten“ gelten.
- ✔ Unter welcher Voraussetzung Migranten von europäischen Staaten Asyl gewährt werden muss.
- ✔ Mit welchen Dokumenten Ausländer legal nach Deutschland einreisen dürfen und was ein Aufenthaltstitel ist.
- ✔ Was Schengen-Raum bedeutet und welche Staaten dazu gehören.

* Datenbankprojekt europäischer Journalisten „The Migrants Files“, https://www.detective.io/#/detective/the-migrants-files/

5.2 Illegale Migration in Lkw und Bussen

Sie sollen erfahren, welche Gefahren im Zusammenhang mit der Schleusung illegaler Einwanderer für Bus- und Lkw-Fahrer bestehen und wie Sie diesen begegnen können.

5.2.1 Illegale Migranten in Bussen

Beförderungsverbot gem. § 63 AufenthG

Gemäß § 63 Abs. 1 AufenthG darf ein Beförderungsunternehmer Ausländer nach Deutschland nur befördern, wenn sie im Besitz eines erforderlichen Passes und eines erforderlichen Aufenthaltstitels (Visum, Aufenthaltserlaubnis, Niederlassungserlaubnis, Erlaubnis zum Daueraufenthalt) sind.

Mögliche Erkennungsmerkmale von illegalen Migranten in Bussen

- Der Reisende hat Verständigungsprobleme und versteht auch keine geläufigen Fremdsprachen (z. B. Englisch).
- Der Reisende verhält sich nervös und sucht die Umgebung durch häufige Kopfbewegungen in alle Richtungen ab.
- Die Reisenden können als größere Gruppen (Familienverbände) unterwegs sein.
- Die Art des Gepäcktransportes und die Menge des Gepäcks im Verhältnis zur Personenzahl sind auffällig.
- Der Reisende hat keine oder nicht deutlich als Reisedokumente erkennbare Dokumente bei sich, um sich auszuweisen.
- Die vorhandenen Dokumente weisen Druckfehler auf oder sind als Fälschungen deutlich erkennbar.

Abbildung 235: Polizeikontrolle im Bus

Da Sie als Busfahrer Vertreter Ihres Beförderungsunternehmens sind, haben Sie das Recht, sich Dokumente des Reisenden zur Legitimation zeigen zu lassen. Wenn Sie sich nicht sicher sind, ob es sich um illegale Migration handelt, verständigen Sie die Bundes- oder Landespolizei. Haben Sie keine Scheu nachzufragen! Versucht sich der Reisende zu entfernen und eine Kontrolle zu umgehen, haben Sie nach § 127 Absatz 1 der Strafprozessordnung das Recht einer so genannten **Festnahmebefugnis**.

§ 127 (1) Strafprozessordnung
Wird jemand auf frischer Tat betroffen oder verfolgt, so ist, wenn er der Flucht verdächtig ist oder seine Identität nicht sofort festgestellt werden kann, jedermann befugt, ihn auch ohne richterliche Anordnung vorläufig festzunehmen. Die Feststellung der Identität einer Person durch die Staatsanwaltschaft oder die Beamten des Polizeidienstes bestimmt sich nach § 163b Absatz 1.

Daran sollten Sie als Fahrer auch denken:
Illegale Migranten können sich auch an Bord Ihres Fahrzeuges verstecken, ohne dass Sie dies bemerken. Diese Gefahr besteht überwiegend bei grenzüberschreitenden Fahrten.
Illegale Migranten wurden schon in winzigen Hohlräumen von Bussen im Bereich des Unterbodens, des Motors oder des Fahrgestells und im Fahrgastraum gefunden.
Werden illegale Migranten versteckt in Ihrem Bus gefunden, stehen Sie im Verdacht, ein krimineller Schleuser zu sein!

So können Sie sich schützen:

- Rechnen Sie mit dem Unmöglichen!
- Lassen Sie Türen, Fenster, Kofferräume und Stauräume nicht offen stehen, wenn Sie sie nicht **dauerhaft** im Blickfeld haben. Einem Menschen reichen schon wenige Sekunden und ein winziger Spalt, um sich zu verstecken.
- Sperren Sie konsequent ab, sobald Sie das Fahrzeug verlassen! Das gilt für alle Türen, Kofferräume und Stauräume an Ihrem Fahrzeug und an mitgeführten Anhängern.
- Verriegeln Sie Anhänger – wenn möglich – mit nummerierten Schlössern.

Fährhäfen

Ein besonderes Risiko besteht auf Zufahrten zu Fährhäfen an der Atlantikküste mit Verbindungen nach Großbritannien. Das Gleiche gilt für griechische Fährhäfen Richtung Italien und für nordafrikanische Häfen mit Fähren nach Europa. Siehe auch Kapitel „Illegale Migranten in Lkw".

So verhalten Sie sich richtig

Informieren Sie umgehend die Polizei, sobald Sie ...

- einen illegalen Migranten unter Ihren Fahrgästen ausmachen
- oder einen illegalen Migranten in einem Versteck wie z. B. einem Gepäckraum entdecken

Behandeln Sie die Person unbedingt respektvoll, auch wenn sie durch ihre vermutlich illegale Einreise gegen Gesetze verstößt!

5.2.2 Illegale Migranten in Lkw

Daran sollten Sie als Fahrer denken:

In ganz Europa werden Jahr für Jahr tausende illegal Reisende auf Lastwagen, in Kleintransportern oder versteckt in Anhänger entdeckt. Vielfach nutzen Migranten solche Fahrzeuge (oft mit Hilfe ihrer Schleuser) ohne Wissen des Fahrers als Transportmittel. Entdeckt werden die „blinden Passagiere" dann bei Lkw-Kontrollen durch Behörden, beim Abladen durch Ladepersonal, oder wenn sich die Migranten durch Klopfen oder Rufen in ihren Verstecken bemerkbar machen. Betroffene Fahrer geraten dann schnell in den Verdacht, wissentlich in die Schleusungen verwickelt zu sein.

Kontrollieren Sie deswegen, besonders im grenzüberschreitenden Verkehr, regelmäßig Ihr gesamtes Fahrzeug samt Anhänger, Auflieger, Laderaum und Ladung!

Insbesondere:

- Die Verplombung (Zoll- und Firmenplomben). Vergleichen Sie Plombennummern mit den Lade- oder Zollpapieren und suchen Sie nach Anzeichen von Manipulationen.
- Den sicheren Verschluss der Ladefläche bei *allen* Aufbautypen: Kofferaufbauten, Silos, Tankfahrzeuge, Planengestelle etc. Achten Sie darauf, ob Schlösser manipuliert oder ausgetauscht wurden.

- Den festen und unversehrten Sitz von Planenschnüren. Schnüre müssen straff sein und durch alle Ösen führen, damit niemand einsteigen kann. Planen- oder Zollschnüre können auch durchtrennt und wieder verschlossen worden sein.
- Die Unversehrtheit der Plane, auch auf dem Dach des Fahrzeuges.
- Die Unterseite des Fahrzeuges, kleinste Hohlräume, z.B. Werkzeugfächer, Spoiler, Rahmen, Achsen sowie Stau- und Palettenkästen.

Abbildung 236: Kontrolle eines Lkws an der deutsch-polnischen Grenze (vor der Erweiterung des Schengen-Raumes)

Achtung:

- Zeiten, in denen Lkw oder Ladeeinheiten nicht unter Aufsicht stehen, werden oft für das unbemerkte Zusteigen genutzt (Huckepackverkehre, Rollende Landstraße, abgestellte Wechselbrücken, Pausenzeiten von Fahrern etc.).
- Machen Sie unbedingt auch nach Pausen oder Ruhezeiten, in denen Sie das Fahrzeug nicht alleine gelassen haben, einen Kontrollgang und überprüfen Sie Plomben, Verschlüsse, Aufbauten, Unterseite und Dach.

Das bietet zusätzliche Sicherheit:

- Machen Sie Hörproben: Achten Sie auf Stimmen oder andere Geräusche von der Ladefläche.

Vorsicht:
In geschlossenen Laderäumen besteht Erstickungsgefahr!

Beachten Sie:

- Migranten und Schleuser nutzen **jede** Möglichkeit zum Einsteigen (Leitern, Sprünge von z. B. Brücken auf langsame Fahrzeuge, Einsteigen während langsamer Fahrt, Manipulationen von Plomben, Schlössern, Türen, Stau- oder Palettenkästen etc.).
- Häufig werden Transportrouten auch im Vorfeld ausgekundschaftet. Melden Sie Beobachtungen Ihrer Firma und / oder Behörden.
- Auf Transportrouten, die mit Migrationsrouten identisch sind, besteht ein erhöhtes Risiko:
  - Irak – Türkei – Balkan – Österreich – Deutschland – Dänemark – Schweden
  - Griechenland – Italien – Österreich – Deutschland
  - Osteuropa Richtung Österreich oder Deutschland
  - Frankreich oder Belgien Richtung Großbritannien
  - Marokko – Spanien – Frankreich

Abbildung 237: Ein Lkw aus der Türkei wird am Grenzübergang Bulgarien-Türkei mit einem CO_2-Messgerät auf blinde Passagiere untersucht.

TIPPS FÜR UNTERWEGS

Die Situation der illegalen Einwanderer

Für Lkw-Chauffeure, die regelmäßig England- oder Griechenlandtouren fahren, gehören illegale Immigranten zum Arbeitsalltag. Für sie ist es traurige Normalität, fremdländische Männer, Frauen, Jugendliche und Kinder rund um die großen griechischen Mittelmeerhäfen oder entlang der französischen oder belgischen Atlantikküste zu beobachten. Sie wissen, dass es illegal Reisende sind, die eine Möglichkeit suchen, sich in einem Lkw zu verstecken, der auf einer Fähre das ionische Meer Richtung Italien oder den Ärmelkanal nach England überquert. Die einen erhoffen sich dort Chancen auf Anerkennung als Asylsuchende, andere locken die Verdienstmöglichkeiten und damit ein besseres Leben für ihre Familie zuhause.

Brennpunkte

Doch weil Europa sich mit immer besseren Methoden gegen die Migrantenströme abschottet, ist es im Laufe der letzten Jahre zunehmend schwieriger geworden, illegal Grenzen zu überqueren. Besonders griechische und französische Fährhäfen stellen auf den klassischen Migrationsrouten fast unüberwindbare Hindernisse dar, weil hier täglich tausende von Lastwagen gezielt nach versteckten Menschen durchsucht werden **(Foto)**. Je nach Hafen kommen dabei Suchhunde oder Hightech-Equipment à la CO_2-Sonden und Herzschlagdetektoren zum Einsatz. Alleine an der französischen und belgischen Atlantikküste werden so jährlich bis zu 30.000 heimliche Einwanderer in Lkws und Containern entdeckt. Wer erwischt

wird, wird erkennungsdienstlich behandelt und dann, weil eine Rückführung ins Herkunftsland meist nicht möglich ist, wieder freigelassen. Als Folge belagern inzwischen tausende Migranten die Atlantikhäfen Calais, Dunkerque, Le Havre und Brest und auf griechischer Seite Patras und Igoumenitsa in der Hoffnung auf eine neue Chance, heimlich in einen Lkw zu gelangen, um endlich nach Italien oder England zu kommen. An manchen Stellen haben sich richtiggehende Camps gebildet, in denen Immigranten in provisorischen Holzverschlägen oder unter Plastikplanen hausen **(Foto)**. Andere vegetieren in abrissreifen Häuser und Fabriken oder in Zelten dahin. Überlebenshilfe bekommen sie meist nur von Hilfsorganisationen, die bisweilen halblegal operieren müssen, da Unterstützern von illegalen Migranten in europäischen Ländern hohe Haftstrafen drohen.

Von den Behörden werden die Illegalen zum Teil stillschweigend geduldet, zum Teil kommt es aber auch immer wieder zu Verhaftungen oder Zwangsauflösungen der Camps. Doch wirklich wirksam ist dieses Vorgehen nicht. Denn nach wie vor machen sich jährlich Hunderttausende mit der Hoffnung auf ein besseres Leben im Gepäck illegal auf den Weg nach Europa.

Mögliche Folgen für den Fahrer

Was für die Migranten eine Chance bedeutet, kann für die Lkw-Fahrer schnell zum Horror werden. Denn wer in den griechischen, italienischen, französischen oder englischen Häfen mit einem illegalen Passagier an Bord erwischt wird, muss mit oft drakonischen Strafen rechnen.

Immer wieder ist zu hören, dass ganze Lastwagengespanne monatelang beschlagnahmt werden, Fahrer wochenlang im Gefängnis schmoren oder saftige Geldstrafen aus eigener Tasche bezahlen müssen. In England drohen beispielsweise pro geschmuggeltem Passagier 2000,– englische Pfund Strafe, umgerechnet rund 2400,– Euro. Die Strafe kann unter bestimmten Umständen auch dann fällig werden, wenn Personen ohne Wissen des Fahrers auf oder unter das Fahrzeug geklettert sind.

Schutzmaßnahmen

Keine Pausen an Brennpunkten

Immer mehr Fahrer greifen deswegen zu Maßnahmen, um sich gegen Migranten zu schützen, die ihr Fahrzeug entern wollen. Die einfachste ist es, auf den Zufahrten zu den Häfen nicht mehr anzuhalten. Im Griechlandverkehr bedeutet dies, zwischen Athen und dem Fährhafen Patras den Fuß nur noch dann vom Gas zu nehmen, wenn es der Straßenverkehr gar nicht anders zu lässt. Trotzdem besteht so noch immer beim Ampelstopp oder auf langsamen Streckenabschnitten die Gefahr, dass Migranten versuchen, Trailertüren zu öffnen oder sich un-

TIPPS FÜR UNTERWEGS

ter dem Fahrzeug auf Achsen zu verstecken. Im Englandverkehr koordinieren viele Fahrer ihre Lenk- und Ruhezeiten so, dass sie Pausen oder Tagesruhezeiten mindestens zwei Stunden vor den französischen Atlantikhäfen Calais und Dunkerque oder dem belgischen Ostende einlegen. Nach der Ruhepause ziehen sie dann Nonstop zu den Fährterminals oder zur Einfahrt des Kanaltunnels durch.

Fahrzeug gründlich durchchecken

Aber selbst in den Hafengeländen oder im Bauch von Fähren besteht die Gefahr, dass sich Personen noch auf Lastwagen verstecken. Bei der Wahl der Verstecke mangelt es nicht an Phantasie. So berichten Fahrer, dass sie blinde Passagiere nach Fährpassagen hinter Dachspoilern oder im Inneren der Lastwagenkabine im hochgeklappten, oberen Bett entdeckt haben. Ein anderer Fahrer erzählt von einer Art Hängematte, die sich ein blinder Passagier mit Hilfe einer Wäscheleine im Rahmen seiner Zugmaschine ganz nahe an der Sattelkupplung gebaut hatte. Fahrer sind also gut beraten, ihr Fahrzeug selbst vor dem Verlassen von Fähren noch einmal genau durchzuchecken. Ansonsten kann es bei einer Durchsuchung durch Behörden im Zielhafen einen Haufen unnötiger Probleme geben.

Drahtseile, Ketten, Vorhängeschlösser

Dass die oft verzweifelten illegalen Migranten bei der Wahl ihrer Verstecke oft große Risiken für Leib und Leben eingehen, beweist das Beispiel einer deutschen Silospedition. Die hatte Ende 2009 im Hafen von Calais massive Probleme, weil sich achtzehn (!) Migranten im Inneren eines mit Rieselgut beladenen Silotrailers versteckt hatten. Offensichtlich hatte ein Schleuser einen Domdeckel des Silos geöffnet, die Menschen einsteigen lassen und das Mannloch danach wieder verschlossen. Die Gefahr, dass Menschen im Silo ersticken könnten, wurde dabei billigend in Kauf genommen. In einem anderen Fall hatte ein Fahrer der Spedition bereits damit begonnen, einen Silotrailer zu entladen, als er von innen ein verzweifeltes Klopfen und Rufen hörte. Auch in seinem Fahrzeug hatten sich Menschen versteckt. Inzwischen sichern die Fahrer ihre Siloaufbauten mit einem extrastarken Stahlseil, das durch die Verschlüsse der Domdeckel geführt wird **(Foto)**. Das Drahtseil ersetzt die ansonsten übliche, leicht zu manipulierende Zollschnur. Die hatten die Schleuser jedes Mal durchtrennt und später z.B. mit Superkleber wieder zusammengefügt.

Oder es kommen Drahtstifte zum Einsatz, wenn die kriminellen Helfer der Migranten durchtrennte Zoll- oder Planenschnüre wieder „reparieren", nachdem sie ihre zahlenden Kunden zwischen Ladungsteilen auf versiegelten Lastwagen versteckt haben. Selbst auf gut verriegelten und zusätzlich gesicherten Kühltrailern werden Illegale versteckt – in manchen Fällen bereits beim Laden, in ande-

© Reiner Rosenfeld

ren Fällen, indem die massiven Türen am unteren Rand oder vom Dach aus aufgehebelt werden und Menschen durch den schmalen Schlitz ins Innere schlüpfen. Dazu reicht schon ein Spalt von nur dreißig Zentimetern. Hinweise, dass jemand auf die verschlossene Ladefläche gelangt sein könnte, gibt es danach nicht. Deswegen sichern immer mehr Frigofahrer Türen von Kühlaufbauten mit starken Ketten und jeder Menge zusätzlichen, massiven Vorhängeschlössern **(Foto)**.

© Reiner Rosenfeld

Rücken an Rücken

Andere nutzen die Möglichkeit, sich gemeinsam mit einem Kollegen gegen die Illegalen zu schützen. Sie stellen sich dann zentimetergenau Rücken an Rücken **(Foto)**. Das heimliche Öffnen der Türen ist so, zumindest bei Kofferaufbauten, nicht mehr möglich. Ist kein Kollege mit einem passenden Fahrzeug zur Hand, rangieren erfahrene Chauffeure ihre Trailer auch schon mal mit der türbewehrten Rückseite nahe an eine Hauswand, um sich gegen Eindringlinge und Diebe zu schützen. Wieder andere satteln ab und stellen sich mit dem Zugfahrzeug ganz nahe vor die Trailertüren.

Bewachte Parkplätze

Inzwischen machen aber auch bewachte Parkplätze auf den Zufahrten zu einigen Fährhäfen gute Geschäfte. Die modernsten bieten dabei Sicherheit vom Feinsten: rundherum Elektrozäune, die ungewünschte Eindringlinge an eine Zentrale melden, an den Ein- und Ausfahrten Sicherheitsschleusen, an denen Kennzeichen per Video notiert werden, Dutzende von Kameras, die 24 Stunden am Tag das Gelände kontrollieren und Wachen mit Hunden, die jeden einfahrenden Lastwagen nach versteckten Personen durchsuchen **(Foto)**. Wer gut schlafen will und einen Chef hat, der das oft sehr teure Sicherheitspaket bezahlen will, ist gut beraten, solche bewachten Parkplätze anzusteuern.

© Reiner Rosenfeld

Besondere Vorsicht bei Fahrten nach Großbritannien

Besonders bei Transporten nach Großbritannien besteht die Gefahr, dass sich heimliche Passagiere an Bord eines Fahrzeuges verstecken. England ist für illegale Migranten besonders attraktiv, da es dort, anders als in den meisten anderen europäischen Ländern, kein Meldewesen gibt. Zudem existiert in Großbritannien keine gesetzliche Verpflichtung, Ausweispapiere zu besitzen. Ist eine Person erst einmal im Land, ist es für englische Behörden schwer festzustellen, ob sie sich legal oder illegal dort aufhält.

Um die Zahl illegaler Einwanderungen einzudämmen, gilt in England ein Gesetz, das alle am Transport beteiligten Personen (Frachtführer, Fahrer, Fahrzeughalter etc.) mit Geldstrafe belegen kann, sobald illegale Migranten auf, unter oder in einem Fahrzeug gefunden werden. Die Strafe beträgt bis zu 2.000 GBP pro versteckter Person.

Strafen lassen sich vermeiden

Strafen lassen sich vermeiden, wenn nachgewiesen werden kann, ...

- dass kein Grund zur Annahme bestand, dass sich ein illegaler Einwanderer auf dem Fahrzeug befindet oder befinden könnte.
- dass für das Fahrzeug ein „effektives System" (siehe unten) im Einsatz war, das geeignet ist, illegale Beförderung zu verhindern.
- dass alle verantwortlichen Personen das System eingesetzt haben.

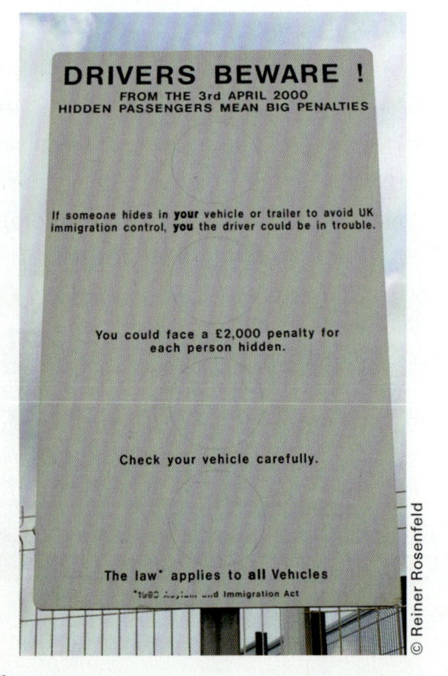

© Reiner Rosenfeld

Abbildung 238: Information für Fahrer vor Einfahrt in den Hafen von Calais

Einhalten eines „effektiven Systems"

Fahrer können sich vor Strafen schützen, indem sie das folgende, für Fahrer geltende vierstufige „effektive System" erfüllen:

- **Securing** (Sichern): Sichern des Fahrzeuges nach dem Beladen; je nach Aufbau durch Schlösser, Zoll- oder Planenschnüre oder ähnliche Einrichtungen.
- **Checking** (Prüfen): Gewissenhafte Fahrzeugkontrolle nach Fahrtunterbrechungen wie Pausen, Ruhezeiten etc.

- **Recording** (Aufzeichnen): Dokumentation der Kontrollen und Maßnahmen des Fahrers in einer „vehicle security checklist" (s.u.).
- **Conducting** (Durchführen): Durchführung einer „Endkontrolle" vor Einfahrt in das Hafengelände oder vor der Zufahrt zum Eurotunnel.

Praxisleitfaden Zivilstrafe (PDF)

Code of Practice (Praxisleitfaden)

Die britische Regierung hat einen „Code of Practice" mit detaillierten Verhaltensregeln veröffentlicht, die verhindern sollen, dass sich Illegale Migranten in Lkw, Bussen oder Privatfahrzeugen verstecken können. Eine deutsche Übersetzung des „Code of practice finden Sie auf www.eu-bkf.de/de/home/downloads/ formularefahrer.htm. Dort finden Sie außerdem das Merkblatt „Wie man eine Strafe vermeidet", mit einer kurzen Zusammenfassung der Verhaltensregeln speziell für Fahrer.

Merkblatt „Wie man eine Strafe vermeidet" (PDF)

Vehicle Security Checklist (Fahrzeugsicherheits-Checkliste)

Bei allen Fahrten nach Großbritannien sollten Fahrer im eigenen Interesse eine Vehicle Security Checklist (siehe Abbildung 239) verwenden, um ihre Maßnahmen und Kontrollen zu dokumentieren.

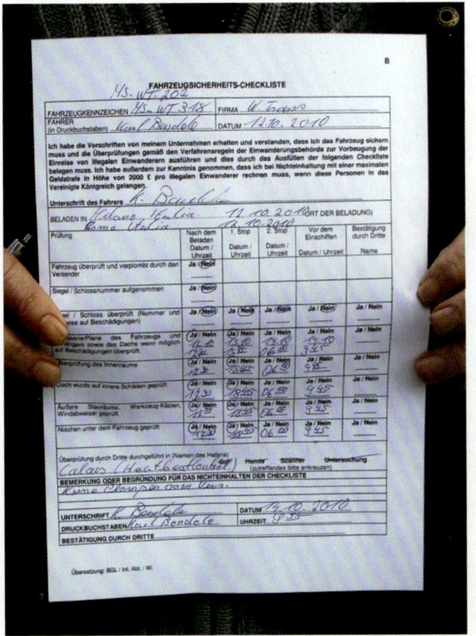

B

FAHRZEUGSICHERHEITS-CHECKLISTE

FAHRZEUGKENNZEICHEN MS-WT 318 FIRMA

FAHRER (in Druckbuchstaben) DATUM 12.10.2010

Ich habe die Vorschriften von meinem Unternehmen erhalten und verstanden, dass ich das Fahrzeug sichern muss und die Überprüfungen gemäß den Verfahrensregeln der Einwanderungsbehörde zur Vorbeugung der Einreise von illegalen Einwanderern ausführen und dies durch das Ausfüllen der folgenden Checkliste belegen muss. Ich habe außerdem zur Kenntnis genommen, dass ich bei Nichteinhaltung mit einer maximalen Geldstrafe in Höhe von 2000 £ pro illegalen Einwanderer rechnen muss, wenn diese Personen in das Vereinigte Königreich gelangen.

Unterschrift des Fahrers

BELADEN IN (ORT DER BELADUNG)

Prüfung	Nach dem Beladen Datum / Uhrzeit	1. Stop Datum / Uhrzeit	2. Stop Datum / Uhrzeit	Vor dem Einschiffen Datum / Uhrzeit	Bestätigung durch Dritte Name
Fahrzeug überprüft und verplombt durch den Versender	Ja / Nein				
Siegel / Schlossnummer aufgenommen	Ja / Nein				
…el / Schloss überprüft (Nummer und …eise auf Beschädigungen)	Ja / Nein	Ja / Nein	Ja / Nein	Ja / Nein	Ja / Nein
…asserie/Plane des Fahrzeugs und …hängers sowie des Dachs wenn möglich auf Beschädigungen überprüft	Ja / Nein	Ja / Nein	Ja / Nein	Ja / Nein	Ja / Nein
…berprüfung des Innenraums	Ja / Nein	Ja / Nein	Ja / Nein	Ja / Nein	Ja / Nein
…ach wurde auf innere Schäden geprüft	Ja / Nein	Ja / Nein	Ja / Nein	Ja / Nein	Ja / Nein
Äußere Stauräume, Werkzeug-Kästen, Windabweiser geprüft	Ja / Nein	Ja / Nein	Ja / Nein	Ja / Nein	Ja / Nein
Nischen unter dem Fahrzeug geprüft	Ja / Nein	Ja / Nein	Ja / Nein	Ja / Nein	Ja / Nein

Überprüfung durch Dritte durchgeführt in (Namen des Hafens) CO2 Hunde Scanner Untersuchung (zutreffendes bitte ankreuzen)

BEMERKUNG ODER BEGRÜNDUNG FÜR DAS NICHTEINHALTEN DER CHECKLISTE

UNTERSCHRIFT DATUM 14.10.2010

DRUCKBUCHSTABEN UHRZEIT

BESTÄTIGUNG DURCH DRITTE

Übersetzung: BGL / Int. Abt. / Wi

Abbildung 239: Beispiel für eine Fahrzeug-Checkliste

Fahrzeugsicherheitscheckliste (PDF)

Fragen Sie Ihren Chef nach dieser Liste. Sie finden sie auch zum Download auf www.eu-bkf.de/de/home/downloads/formularefahrer.htm.

Bestätigung des Absenders

Sollten Sie bei der Beladung Ihres Fahrzeuges nicht persönlich anwesend sein dürfen, lassen Sie sich eine Bestätigung des Absenders ausstellen, dass er die notwendigen Sicherheitsvorschriften eingehalten hat und sich keine unberechtigten Personen auf dem Fahrzeug befinden.

Kontrollen mit Hilfe von Technik

Nutzen Sie unbedingt alle Möglichkeiten, Ihr Fahrzeug auch mit Hilfe von Technik nach illegalen Einwanderern durchsuchen zu lassen. In einigen Häfen, wie z.B. Calais und Dunkerque, werden Lastwagen gleich automatisch bei der Einfahrt in den Hafen, noch vor der englischen Pass- und Einreisekontrolle einer CO_2-Untersuchung und / oder einer Herzschlagkontrolle unterzogen. Bei der Zufahrt zum Eurotunnel ist die Durchsuchung des Fahrzeuges mit Hilfe von Passiv Millimetric Weaving-Durchleuchtung und CO_2-Sonde allerdings freiwillig. Lassen Sie sich die Kontrolle bescheinigen. Technische Untersuchungen allein können jedoch ein „effektives System“ nicht ersetzen!

Abbildung 240: Anlage zum Durchleuchten von Fahrzeugen mit Passive Millimetric Waving an der Einfahrt zum Eurotunnel bei Coquelles

Verhalten im Ernstfall

Wenn Sie vermuten, dass sich illegale Einwanderer in/auf/unter Ihrem Fahrzeug befinden, stoppen Sie Ihr Fahrzeug und informieren Sie die Polizei. Befolgen Sie deren Anweisungen. Vergessen Sie nicht, auch Ihren Chef zu informieren.

Entdecken Sie illegale Migranten im Ausland bei Ihrer letzten Kontrolle vor der Zufahrt zum Fährhafen oder zum Eurotunnel, können Sie alternativ auch das Hafen- oder Tunnelpersonal informieren. Entdecken Sie sie erst in Großbritannien, erreichen Sie die UK Border Agency unter der Rufnummer 0044(0)2087456006.

Sollten Sie illegale Reisende entdecken, dann beachten Sie die folgenden Verhaltensregeln:

- Behandeln Sie die Menschen mit Respekt.
- Vermeiden Sie Konflikte.
- Halten Sie Abstand und werden Sie keinesfalls handgreiflich.
- Bringen Sie sich keinesfalls in Gefahr.

Keine Beihilfe zur illegalen Einwanderung

Sobald Sie erkennen, dass Sie es mit unerlaubter Migration zu tun haben und dies nicht der Bundes- oder Landespolizei melden, leisten Sie u. U. bereits Beihilfe zur illegalen Einwanderung und begehen damit eine Straftat. Besonders schwer wiegt es, wenn Sie von Schleusern Geld zur Weiterbeförderung entgegennehmen.

Vorsicht bei Fährverbindungen von Griechenland nach Italien

Besondere Vorsicht ist auch auf Transportrouten geboten, die von Griechenland nach Italien führen. Auf den Zufahrten zu den griechischen Fährhäfen und oft auch in den Häfen warten illegale Migranten auf Gelegenheiten, sich heimlich in Fahrzeugen zu verstecken.

Das deutsche Auswärtige Amt warnt auf seiner Internetseite in den Reise- und Sicherheitshinweisen zu Griechenland eindrücklich vor Verwicklungen in Schleusungsdelikte. Speziell Lkw-Fahrer werden über die Gefahren informiert, die auf den Zufahrten zu den Häfen Patras und Igoumenitsa durch illegale Migranten und ihre Schleuser bestehen (http://www.auswaertiges-amt.de).

Reise- und Sicherheitshinweise vom Auswärtigen Amt

Abbildung 241: Migrationsrouten nach und in Europa, (rot bedeutet hohe Gefährdung, gelb steht für eine sehr geringe Gefährdung für Lkw- und Busfahrer)

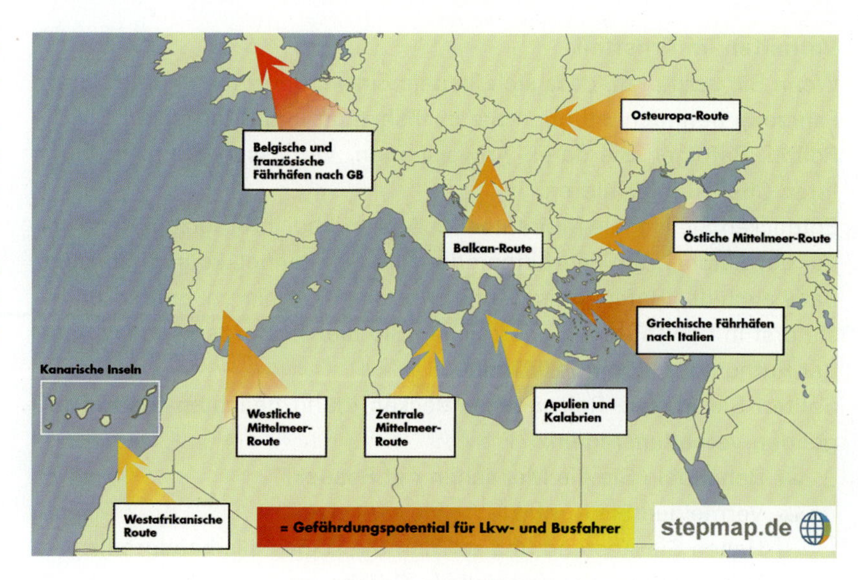

Weitere Informationen über Vorsichtsmaßnahmen

Die Schleusung illegaler Einwanderer stellt an den EU-Außengrenzen und einigen Binnengrenzen ein massives Problem dar. Nutzen Sie sämtliche Möglichkeiten, sich über Maßnahmen zum Schutz vor illegaler Schleusung zu informieren.

Informationen erhalten Sie bei:

- Polizeibehörden im In- und Ausland (in Deutschland speziell die Bundespolizei)
- Fährgesellschaften
- Einwanderungsbehörden
- Zollbehörden
- Ihrem Arbeitgeber

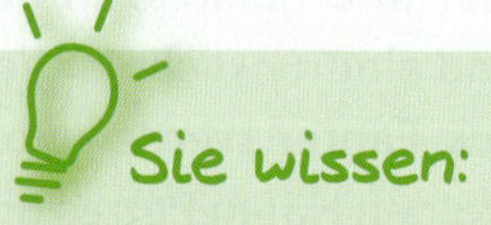

- ✔ Wie Sie als Busfahrer illegale Migranten erkennen können.
- ✔ Wie Sie verhindern können, dass illegalen Migranten Ihren Lkw als Beförderungsmittel nutzen.
- ✔ Wo Sie weitere Informationen über Vorsichtsmaßnahmen erhalten.

5.3 Schutz vor Diebstahl und Überfällen

FAHREN LERNEN D
Lektion 9

Sie sollen wissen, wie Sie Diebstählen von Fahrzeugen oder Ladung vorbeugen können und wie Sie sich im Schadensfall verhalten müssen.

5.3.1 Gefahr durch Diebstahl

Während eines Gütertransports sind die Ladung und der Lkw sowohl bei plan- als auch bei außerplanmäßigen Aufenthalten gefährdet. Doch auch Busse werden regelmäßig gestohlen. Oft stecken vernetzte Strukturen hinter den Diebstählen. Das setzt Wissen über die Art der Ladung, den Fahrweg bzw. den Abstellort des Fahrzeugs voraus. Zu den Informanten gehören oft Tramper und Prostituierte, die auf Rastplätzen ihre Dienste anbieten. Aber auch Personen, die sich als andere Fahrer oder Beschäftigte ausgeben, können zum Kreis der Informanten zählen. Seien Sie also auch hier besonders aufmerksam!

Die nachstehenden Tipps sollen Ihnen helfen, die Sicherheit während der Fahrt zu erhöhen.

5.3.2 Sicherheitshinweise

Fahrzeugschlüssel

- Verstecken Sie einen Schlüssel nie für einen anderen Kollegen oder Fahrer, der das Fahrzeug übernehmen soll. Die üblichen Verstecke sind bekannt oder leicht auszuspähen.
- Geben Sie den Schlüssel, auch kurzzeitig, nicht in die Hände Dritter.
- Ziehen Sie den Zündschlüssel grundsätzlich beim Verlassen des Fahrzeuges ab.
- Vergewissern Sie sich, dass die Schlüssel nicht identifiziert werden können. So darf beispielsweise am Schlüsselring nicht erkennbar sein, zu welchem Fahrzeug der Schlüssel gehört.

Vor dem Transport

Jeder Fahrer hat vor jedem Einsatz sein Fahrzeug auf die Betriebssicherheit und Verkehrssicherheit zu überprüfen (tägliche Abfahrtskontrolle):

- Sicherungseinrichtungen: Prüfen Sie alle Sicherungseinrichtungen des Fahrzeuges z. B. Schlösser, Alarmanlagen, Telematiksysteme auf Funktionalität.
- Betriebsstoffe: Prüfen Sie ob genügend Treibstoff, Motoröl, Kühlwasser und Scheibenwischwasser vorhanden sind, um außerplanmäßige Aufenthalte beim Transport zu vermeiden.
- Sicherheitssysteme: Informieren Sie sich, welche Sicherheitssysteme an Bord des Fahrzeuges sind und machen Sie sich vor Fahrtantritt mit deren Umgang vertraut.
- Lkw-Laderaum: Überprüfen Sie den Laderaum auf Beschädigungen (Planen und Verschlüsse).
- Melden Sie Mängel sofort und lassen Sie diese vor Fahrtantritt beseitigen.

Während des Transportes

- Wählen Sie eine sichere Fahrtstrecke aus (wenn nicht vorgeschrieben) und halten Sie die Lenk- und Ruhezeiten ein.
- Verschließen Sie das Fahrzeug grundsätzlich und aktivieren Sie alle Sicherungseinrichtungen, selbst bei einem kurzfristigen Verlassen des Fahrzeuges.
- Verschließen Sie beim Verlassen des Fahrzeuges die Fenster.
- Bei Zwei-Fahrer-Besetzung: Ein Fahrer muss grundsätzlich im Fahrzeug verbleiben.
- Vermeiden Sie unnötige Unterwegsstopps.
- Lassen Sie keine Wertgegenstände sichtbar im Fahrzeug liegen und weisen Sie ggf. auch die Fahrgäste darauf hin.
- Verschließen Sie Fahrzeug und Fenster, wenn Sie im Fahrzeug schlafen.
- Nehmen Sie keine Anhalter mit.
- Gewähren Sie keinem Dritten Einblick in die Transport- oder Begleitdokumente.
- Werden Sie während eines Gütertransports von der Polizei, dem Bundesamt für Güterverkehr (BAG) oder dem Zoll kontrolliert und die Ladefläche und Plombe wird geöffnet, notieren Sie bitte Dienstausweisnummer und Name der betreffenden Person und sorgen Sie unverzüglich nach der Kontrolle wieder für eine ordentliche Verplombung durch die Kontrollperson.
- Wenn Sie Ladungseinheiten unterwegs wechseln oder tauschen (Begegnungsverkehre), prüfen Sie bei Übernahme den ordnungsgemäßen Zustand von Ladeeinheit, Verschlüssen und Plomben.

- Müssen Sie während der Fahrt außerplanmäßig halten, dann nur auf gesicherten Parkplätzen. Eine Übersicht der gesicherten Parkplätze in Europa erhalten Sie über die IRU International Road Transport Union, CH Genf (www.iru.org). Als sicher ist ein Parkplatz im Ausland einzustufen, der allseits mindestens mit einem 2 m hohen Zaun gesichert ist und über einen 24-Std.-Wachdienst verfügt. Alternativ suchen Sie belebte Parkplätze auf und parken Sie in der Nähe weiterer Fahrzeuge. Meiden Sie unbeleuchtete, abgelegene Parkplätze. Vermeiden Sie auch regelmäßiges Parken auf dem gleichen unbewachten Parkplatz.
- Versuchen Sie Ihren Lkw mit den Ladetüren gegen ein sicheres Hindernis (z. B. Wand) zu parken, sodass ein Zugang zum Laderaum unmöglich ist. Ggf. können auf Parkplätzen auch zwei Lkw Tür an Tür geparkt werden.

Parkplätze in Europa

- Parken Sie auf Rastplätzen Ihr Fahrzeug in Sichtweite.
- Sprechen Sie nicht über Ladung und Fahrtroute.
- Interne Abläufe gegen Einblicke von außen schützen.
- Überprüfen Sie nach jedem Stopp die Sicherungseinrichtungen bzw. ob sich jemand am Fahrzeug zu schaffen gemacht hat.
- Bei Unregelmäßigkeiten sofort die Polizei und das Unternehmen/den Auftraggeber informieren.
- Seien Sie vorsichtig, wenn jemand signalisiert, dass etwas mit Ihrem Fahrzeug nicht in Ordnung ist/Sie zum Anhalten animiert.
- Seien Sie vorsichtig, wenn Sie jemand um Hilfe bittet oder Ihnen ohne Aufforderung seine Hilfe anbietet.

Offene WLAN Netzwerke an Raststätten als Sicherheitsrisiko

- Senden Sie keine sensiblen Daten (Passwörter, Fotos, Lieferadressen, Informationen zum Auftrag) über öffentliche Netzwerke. Hacker könnten die Inhalte mitlesen oder die Daten abgreifen.
- Verwenden sich Messenger und Webseiten (https://) mit sicherer Verschlüsselung und reden Sie im Chat nicht über die Ladung, Ziel der Fahrt oder den genauen Aufenthaltsort
- Installieren Sie einen Virenschutz/Sicherheitssoftware
- Passwortgeschützte WLAN-Netzwerke bevorzugen
- Vor allem bei geschäftlicher Nutzung sollte Ihr Arbeitgeber Ihnen einen VPN (Virtual Private Network) Zugang einrichten
- Web Cam abdecken, wenn sie nicht benötigt wird
- In E-Mails von Unbekannten keine Links anklicken und keine Anhänge öffnen

TIPPS FÜR UNTERWEGS

Schutz vor Diebstahl

Kriminalität im Umfeld von Lastwagen und Bussen ist in Europa auf dem Vormarsch. Immer öfter hört und liest man Berichte über gestohlene Ladungen, verschwundene Lastwagen und Busse oder bestohlene und überfallene Fahrer.

Fahrzeug immer abschließen!

Dabei lautet der wichtigste aller Tipps: Schließen Sie Ihr Fahrzeug ab, auch wenn Sie die Kabine nur für einen Moment verlassen! Das gilt, wenn Sie jemanden nach dem Weg fragen wollen, um den Truck oder Bus herumlaufen müssen, weil es irgendwo klappert oder Sie nur mal schnell zum Pinkeln aussteigen wollen. Wer einmal erlebt hat, wie schnell Fremde um ein Fahrzeug rumschleichen, wenn man es nur ein paar Sekunden alleine lässt, versteht diese eherne Grundregel. Besonders Lkw-Fahrer sollten das Absperren der Kabine auch dann beherzigen, wenn sie rund ums Fahrzeug mit Ladearbeiten beschäftigt sind. Denn einige Gauner haben sich offensichtlich auf solche Situationen spezialisiert und dringen, während der Fahrer voll aufs Arbeiten konzentriert ist, über die Beifahrertüre ins Fahrerhaus ein. Nachher fehlen das Handy, der Geldbeutel und die Tankkarten. Bei diesem Trick machen es Lastwagenfahrer, die ihre Fahrerkabine mit Hilfe einer Fernbedienung entriegeln, Verbrechern übrigens oft unbewusst besonders einfach. Denn bei vielen Fernbedienungen wird neben der Fahrertüre üblicherweise auch gleich die Beifahrertüre geöffnet.

Türsicherung

Weil Kriminelle besonders oft über die Beifahrertüre in Fahrzeuge eindringen, sind erfahrene Trucker inzwischen dazu übergegangen, diese Schwachstelle am Fahrzeug besonders zu schützen. Beispielsweise durch Riegel, die von innen vorgelegt werden (Foto) oder Vorrichtungen, die verhindern, dass der Türöffnungsmechanismus heimlich von außen bedient werden kann (Foto). Zusätzliche Türsicherungen sind inzwischen auch im Zubehörhandel oder als Sonderzubehör beim Lkw-Kauf erhältlich.

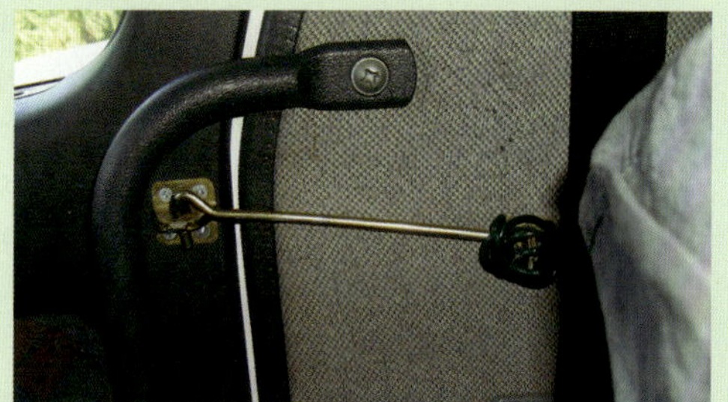

© Reiner Rosenfeld

© Reiner Rosenfeld

Werden die Türsicherungen an beiden Türen nachgerüstet, kann das auch nachts für zusätzliche Sicherheit sorgen. Kriminelle haben so keine Chance, überraschend in die Kabine einzudringen, während der Fahrer drinnen schläft. Alternativ behelfen sich Fahrer mit einem schmalen Spanngurt, mit dem sie beide Kabinentüren zusammenziehen. Aber Achtung, diese Methode hat den gefährlichen Nachteil, dass der Fahrer in einem Notfall das Fahrerhaus unter Umständen nicht ausreichend schnell verlassen kann. Andere Fahrer befestigen innen an den Türen Alarmgeber, die einen extrem lauten Ton aussenden, wenn Führerhaustüren heimlich geöffnet werden.

Alles „am Mann"?

Am billigsten und besonders effektiv ist es aber, Privat- und Firmenhandys, Geldbeutel, Tank- und Kreditkarten, sowie die Fahrzeugpapiere in eine kleine Bauchtasche zu packen. Die schnallt sich der Fahrer um, wenn er das Fahrzeug verlassen will, um Essen zu gehen oder eine Tasse Kaffee zu trinken. Das kleine Täschchen signalisiert Gaunern, dass im Truck oder Bus nichts mehr zu holen ist, weil der Fahrer alles Wichtige und Wertvolle am Mann hat. Warum sollten Autoknacker jetzt noch einbrechen wollen?

Tank- und Kreditkarten: Nicht aus den Augen lassen!

Tank- oder Kreditkarten sind bei Betrügern äußerst beliebt, weil sich davon sogenannte Dubletten erstellen lassen. Das sind elektronische Kopien des Magnetstreifens, mit denen später auf Kosten des Besitzers getankt werden kann. Weil Dubletten aber nur solange einsetzbar sind, bis der Besitzer den Betrug entdeckt und die Karten gesperrt hat, gehen Verbrecher beim Kopieren äußerst hinterlistig vor. Sie dringen so in Fahrzeuge ein, dass der Fahrer kaum eine Chance hat, zu bemerken, dass ein Fremder die Kabine durchsucht und Kopien von den Karten angefertigt hat. Die zur Karte passende PIN-Nummer liefern viele Fahrer den Gaunern übrigens meist frei Haus. Zumindest wenn sie, wie in viel zu vielen Fällen üblich, die PIN-Nummer direkt auf der Karte oder irgendwo in der Nähe notiert haben. Mit Dublette und PIN ausgestattet, ist es für Verbrecher ein Leichtes, auf große Tank- oder Einkaufstour zu gehen. Um vor Tankkartenbetrügern sicher zu sein, müssen Fahrer demnach Tankkarten und PIN-Nummer unter allen Umständen räumlich getrennt aufbewahren! Lassen Sie die Karten auch bei Bezahlvorgängen nicht aus den Augen und geben Sie die PIN-Nummer immer verdeckt ein.

Leere Ladefläche?

Gegen Gauner, die wertvolle Ladungen ausspähen und für den schnellen Blick auf die Ladefläche Planen aufschneiden **(Foto)**, ist übrigens auch ein Kraut gewachsen; zumindest wenn Ihre Ladefläche leer oder mit „wertloser" Ware beladen ist. In diesem Fall lohnt es sich, nachts einfach die Türe der Ladefläche offenstehen zu lassen, oder die Plane am Heck so einzuschlagen, dass ein kleines, dreieckiges Fenster entsteht. Das Aufschlitzen der Plane, um auf die Ladefläche zu blicken, ist so nicht mehr nötig.

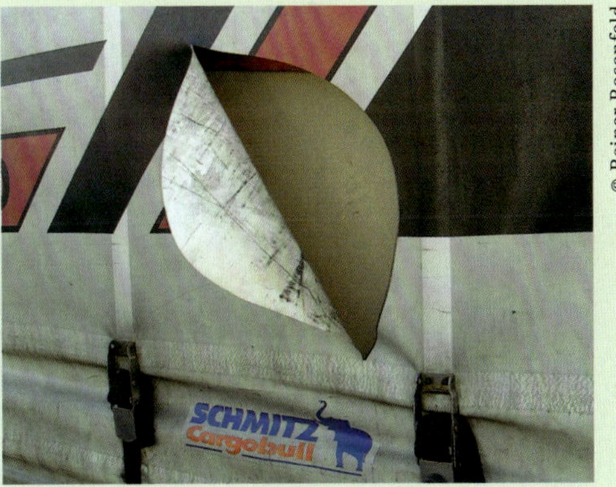

Ach übrigens: Fahren Sie morgens nie los, ohne Ihre Abfahrtskontrolle am Fahrzeug gemacht zu haben. Bei manchem Kollegen hat schon mal ein Rad gefehlt, waren die hinteren Türen offen oder keine Lampen mehr dran.

Abbildung 242: Lkw-Kontrolle durch das Bundesamt für Güterverkehr

5.3.3 Verhalten im Schadensfall

Bei Überfall oder Diebstahl von Fahrzeug und/oder Ladung sollten Sie:

- Ruhe bewahren, Täter nicht provozieren, keinen Widerstand leisten
- So früh wie möglich hilfeleistende Stelle verständigen (Polizei, Konsulat, Rechtsanwalt, Verbandszentralen)
- Erste Hilfe leisten
- Fluchtfahrzeug (Typ, Farbe, Kennzeichen, besondere Auffälligkeiten) und Fluchtrichtung merken
- Kurze Personenbeschreibung des/der Täter (Größe, scheinbares Alter, auffällige äußere Merkmale)
- Zeugen feststellen (Name, Anschrift, Telefonnummer)
- Wo war der Lkw/Bus abgestellt (Parkplatz, Straße, etc.)?
- Wie war das Fahrzeug/die Ladung gesichert?
- Zweck der Fahrtunterbrechung?
- Kilometerstand zum Diebstahlzeitpunkt?
- Andere Wahrnehmungen schriftlich festhalten (Auffälligkeiten im Vorfeld der Tat, wie z. B. verfolgende Fahrzeuge, Ansprechen durch Unbekannte bei Fahrtunterbrechung etc.)
- Nichts berühren, nichts verändern

(Quelle: Zentrale LKA Niedersachen, Hannover)

Wenn Sie einen Diebstahl feststellen oder Opfer eines Übergriffs werden, informieren Sie auch unverzüglich Ihren Arbeitgeber.

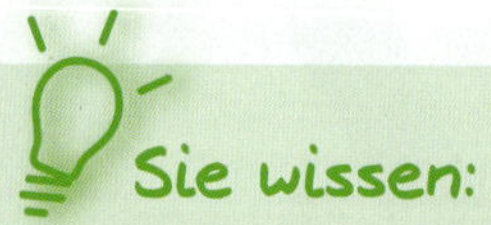

Sie wissen:

- ✔ Wie sich Kriminelle Informationen über Ihre Ladung und den Fahrweg verschaffen.
- ✔ Wie Sie sich verhalten, wenn Sie Opfer eines Diebstahl oder Überfalls werden.
- ✔ Wie Sie sich während eines Transportes gegen kriminelle Übergriffe schützen können.

5.4 Gefahren von Drogen- und Warenschmuggel

Sie sollen wissen, welche Waren in welcher Menge eingeführt werden dürfen und wie Sie einem unbeabsichtigten Schmuggel in Ihrem Fahrzeug vorbeugen können.

5.4.1 Richtmengen, Freimengen und Schmuggelgut

Grenzpolizeiliche Kontrollen finden an den Grenzen zwischen so genannten „Schengen-Staaten" grundsätzlich nicht mehr statt. Der Wegfall der Zollkontrollen für Angehörige von Schengen-Vollanwenderstaaten bedeutet aber nicht, dass Drogenkuriere, Waffenhändler und Zigarettenschmuggler ungehindert agieren können.

Damit der Wegfall der Kontrollen an den Binnengrenzen nicht zu einer Gefährdung der Sicherheit oder zu Ausfällen bei den Steuereinnahmen führt, hat der Zoll mobile Kontrolleinheiten eingerichtet. Diese können unter bestimmten Voraussetzungen im Inland Personen und Fahrzeuge anhalten sowie Gepäck und Ladung überprüfen.

Richtmengen bei Reisen innerhalb der EU

Für Ihren persönlichen Bedarf können Sie aus jedem EU-Land – ausgenommen Sondergebiete (s.u.) – Waren abgabenfrei und ohne Zollformalitäten nach Deutschland mitbringen. Das gilt für Sie als Privatmensch genauso wie in Ihrer Funktion als Bus- oder Lkw-Fahrer!

Abbildung 243: Für Genussmittel gelten Richtmengen

Manchmal werden Waren allerdings in so großen Mengen mitgebracht, dass eine rein private Verwendung zweifelhaft erscheint.
Deshalb wurden für bestimmte Genussmittel **Richtmengen** festgelegt, bis zu denen eine Verwendung zu privaten Zwecken angenommen wird.

Richtmengen
Tabakwaren:

– Zigaretten	800 Stück
– Zigarillos	400 Stück
– Zigarren	200 Stück
– Rauchtabak	1 kg

Aus Bulgarien, Kroatien, Lettland, Litauen, Ungarn oder Rumänien dürfen bis 31.12.2017 nur 300 Zigaretten nach Deutschland mitgebracht werden.

Alkoholische Getränke

– Spirituosen	10 Liter
– Alkoholhaltige Süßgetränke (Alkopops)	10 Liter
– Zwischenerzeugnisse wie Likörwein, Wermut o.ä.	20 Liter
– Schaumwein	60 Liter
– Bier	110 Liter

Sonstiges

– Kaffee	10 kg

Reisen innerhalb der EU durch Nicht-EU-Länder
Durchqueren Sie bei einer Fahrt innerhalb der EU ein Nicht-EU-Land, können dort u. U. geringere Freimengen gelten. Busreisende dürfen beispielsweise Waren wie Kleidung, Parfüm, Elektrogeräte nur bis zu einem Warenwert von 300 € in die EU einführen. Informieren Sie sich vor Fahrtbeginn!

Abbildung 244: Bei Reisen durch Nicht-EU-Länder gelten u. U. geringere Freimengen

Tabakwaren, alkoholische Getränke und Kaffee können Sie entsprechend den Richtmengen abgabefrei danach wieder in die EU einführen, wenn Sie den Nachweis erbringen, dass die Waren aus dem freien Verkehr der EU stammen. Dieser Nachweis kann z. B. durch die Vorlage von Rechnungen oder Kassenbelegen erfolgen.

Sondergebiete

Folgende Zollsondergebiete könnten für Sie als Bus- oder Lkw-Fahrer interessant sein:

- Büsingen
- Helgoland
- die Inselgruppe der Färöer
- Livigno und Campione d`Italia sowie der zu Italien gehörende Teil des Luganer Sees zwischen Ponte Tresa und Porto Ceresio
- Ceuta und Melilla
- der türkische Teil Zyperns
- Gibraltar

Die aufgeführten Gebiete gehören zwar zu EU-Mitgliedstaaten, jedoch nicht zum Zollgebiet der EU. Daher gelten für sie die Bestimmungen wie bei der Einreise aus einem Drittland (siehe unten).

Weitere Informationen über Zollregelungen finden Sie unter www.zoll.de. Fragen an den Zoll können Sie auch telefonisch, per Mail oder Fax stellen:
Informations- und Wissensmanagement Zoll
Telefon: 0351 44834-510 (Mo-Fr: 8-17 Uhr)
Fax: 0351 44834-590
E-Mail: info.privat@zoll.de

Übersicht Richtmengen und Freimengen

Eingeschränkte Freimengen bei Einreise aus einem Drittland

Für Lkw- oder Busfahrer, die üblicherweise häufiger als einmal im Monat aus einem Nicht-EU-Land in die EU einreisen, gelten deutlich **geringere Frei- und Wertgrenzen** als für „andere Reisende". Abgabefrei dürfen sie nur die folgenden „eingeschränkten Freimengen" einführen:

Tabakwaren:

- 40 Zigaretten **oder**
- 20 Zigarillos **oder**
- 10 Zigarren **oder**
- 50 g Rauchtabak **oder**
- eine anteilige Zusammenstellung dieser Waren.

Andere Waren

- bis zu einem Warenwert von insgesamt 90 Euro; davon dürfen nicht mehr als 30 Euro auf Lebensmittel des täglichen Bedarfs entfallen.

Für eine abgabenfreie Wareneinfuhr müssen zudem die folgenden **Voraussetzungen** erfüllt sein:

- die Waren sind für den persönlichen Ge- oder Verbrauch, für einen Angehörigen des Haushalts oder Geschenke,
- der Einreisende führt die Waren mit sich und
- die Waren sind nicht zu gewerblichen Zwecken bestimmt.

Wichtig:

- Die Abgabenfreiheit kann nur einmal pro Tag in Anspruch genommen werden.
- Alkohol und alkoholische Getränke können nicht abgabefrei eingeführt werden und müssen mündlich beim Zoll angemeldet werden.

Übersicht Freimengen

Die ansonsten üblichen Freimengen für Reisende finden Sie ebenfalls unter www.zoll.de.

Finger weg von Schmuggelgut

Der Erwerb oder Besitz von Tabakwaren, die vorschriftswidrig in die EU gebracht wurden, stellt eine Steuerhehlerei dar. Das gilt auch, wenn Sie diese Tabakwaren in einem EU-Land erworben haben.

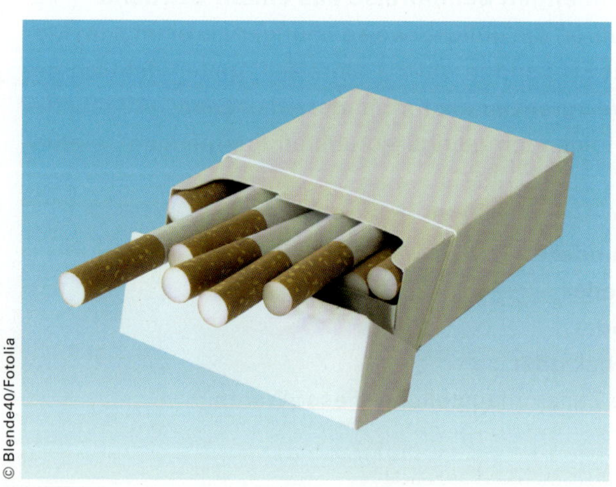

Abbildung 245: Beliebtes Schmuggelgut: Zigaretten

Dass Tabakwaren in das EU-Zollgebiet geschmuggelt wurden, erkennen Sie:

- An den aufgebrachten oder fehlenden Steuer-Banderolen
- Wenn die Gesundheitshinweise oder Angaben zum Nikotin- und Teergehalt fehlen oder an deren Sprache und Schrift
- Wenn der Preis deutlich niedriger ist als in einem regulären Geschäft
- Wenn die Tabakwaren nicht offen zum Verkauf angeboten werden
- Dass Tabakwaren mit deutscher Steuer-Banderole im EU-Ausland verkauft werden
- Am Markennamen „Jin Ling"

5.4.2 Weitere zollrechtliche Bestimmungen

Als Bus- und Lkw-Fahrer sollten Sie auch die folgenden Punkte berücksichtigen.

Bargeld oder gleichgestellte Zahlungsmittel

Als Bus- oder Lkw-Fahrer können sie von Freunden, Bekannten oder Kunden gebeten werden, größere Mengen Bargeld oder gleichgestellte Zahlungsmittel (z.B. Sparbücher, Münzen, Wertpapiere) mitzunehmen und an Personen im Ausland zu übergeben. Dabei müssen Sie beachten:
Bei **Fahrten innerhalb der EU** besteht eine **Anzeigepflicht auf Nachfrage:** Wer mit Bargeld oder gleichgestellten Zahlungsmitteln im Gesamtwert von 10.000 Euro oder mehr aus einem EU-Land nach Deutschland einreist oder aus Deutschland in ein EU-Land ausreist, muss diesen Betrag bei der Ein- oder Ausreise auf Befragen der Zollbeamten mündlich anzeigen.
Bei **Fahrten außerhalb der EU** besteht **Anmeldepflicht:** Wer mit Barmitteln im Gesamtwert von 10.000 Euro oder mehr aus einem Nicht-EU-Land nach Deutschland einreist oder aus Deutschland in ein Nicht-EU-Land ausreist, muss diesen Betrag bei der Ein- oder Ausreise **unaufgefordert** bei der zuständigen deutschen Zollstelle schriftlich anmelden.

Einfuhr von Lebensmitteln aus einem Nicht-EU-Land

Die Einfuhr von Lebensmitteln zum eigenen Ge- oder Verbrauch ist grundsätzlich zulässig. Die Einfuhr bestimmter Lebensmittel in ein Land der EU kann jedoch beschränkt oder verboten sein.

Verboten ist **unter anderem** die Einfuhr von:

- Fleisch und Fleischerzeugnisse, Wild
- Milch und Milcherzeugnissen
- Eiern
- Wildpilzen
- Kartoffeln
- Nahrungsergänzungsmittel, sobald sie dem Arzneimittelgesetz unterliegen

Busfahrer, Passagiere und Zollbestimmungen

App „Zoll und Reise"

Jeder Passagier hat selbst Verantwortung zu tragen, dass von ihm mitgeführte Waren bei einem Grenzübertritt rechtmäßig deklariert werden. Sie als Busfahrer haben diesbezüglich keine Maßnahmen zu ergreifen.
Zu Ihrem Service kann jedoch gehören, dass Sie Kunden freundlich auf Zollbestimmungen hinweisen! Dabei kann Ihnen die kostenlose Smartphone -App des Zolls „Zoll und Reise" helfen.

Mit „Zoll und Reise" finden Sie schnell heraus, welche Waren bei der Einreise nach Deutschland in welchen Mengen erlaubt sind. Weiter berechnet die App die Einfuhrabgaben, wenn Freimengen überschritten werden. Ideal ist, dass die App keine Internetverbindung benötigt. So fallen keine Roaming-Gebühren an.
Achtung: die reduzierten Freimengen, die u. U. für Sie als Fahrer gelten (s. o.) werden in der App nicht berücksichtigt.

5.4.3 Drogen- und Warenschmuggel

Achtung Schmuggler

Um einem unbeabsichtigtem Schmuggel vorzubeugen, sollten Sie folgende Punkte beachten:

- Behalten Sie insbesondere beim Aufenthalt an Rastplätzen stets Ihr Gepäck im Auge.
- Besonders häufig suchen Schmuggler nach Gelegenheiten, Fahrzeuge zu präparieren. Dabei wird die Schmuggelware nicht nur in der Ladung bzw. im Reisegepäck versteckt. Auch Hohlräume am Fahrzeug wie z.B. Staukästen oder das Reserverad werden gern genutzt.

Wer beim Schmuggeln erwischt wird, zahlt nicht nur die fälligen Einfuhrabgaben, sondern auch noch einen Zuschlag in gleicher Höhe. Häufig drohen sogar ein Strafverfahren und die Sicherstellung der geschmuggelten Waren.
So kann beispielsweise der Zigarettenschmuggel mit Freiheitsstrafe bis zu fünf Jahren, in besonders schweren Fällen bis zu zehn Jahren, bestraft werden.

Abbildung 246: Sicherstellung von Zigaretten, die im doppelten Boden eines Lkw geschmuggelt wurden

Waren, die oft ohne Wissen des Fahrers geschmuggelt werden, sind Waffen und Betäubungsmittel. Schwierigkeiten an EU-Außengrenzen können Sie z.B. auch mit größeren Mengen gefälschter Markenprodukte wie Uhren oder Textilien bekommen.

Illegale Drogen

Zu den in Deutschland verbotenen Betäubungsmitteln gehören die bekannten Drogen Heroin, Opium, Kokain, Haschisch, Marihuana oder LSD, aber auch Amphetamine, die Modedroge Ecstasy oder das pflanzliche Produkt Khat.
Anbau, Herstellung, Handel, Ein- und Ausfuhr, Veräußerung, Abgabe, Inverkehrbringen und der Erwerb von illegalen Drogen werden strafrechtlich verfolgt.

Nehmen Sie keine Päckchen o.ä. mit, deren Inhalt Sie nicht kennen!

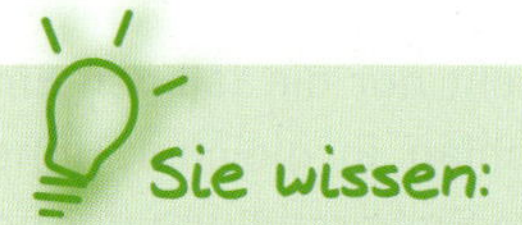

- ✔ Was die Begriffe Richtmengen, Freimengen und eingeschränkte Freimengen bedeuten.
- ✔ Was Sie in Bezug auf Freimengen/Richtmengen zu beachten haben, wenn Sie auf einer Fahrt ein Nicht-EU-Land durchqueren.
- ✔ Welche Lebensmittel nicht in die EU eingeführt werden dürfen.
- ✔ Wie Sie sich vor Kriminellen schützen können, die Ihr Fahrzeug für den Schmuggel präparieren wollen.

5.5 Wissens-Check

1. Wie nennt man Menschen, die einzeln oder in Gruppen ihre bisherigen Wohnorte verlassen, um sich an anderen Orten niederzulassen?

- ❑ a) Migräne
- ❑ b) Migrane
- ❑ c) Migranten
- ❑ d) Migrissten

2. Worin besteht der Unterschied zwischen Immigranten und Emigranten?

____

____

3. Welches Gesetz bildet in Deutschland in Verbindung mit anderen Gesetzen die rechtliche Grundlage für einen Aufenthalt von Ausländern?

____

4. Welche Punkte können auf illegale Migranten in Bussen hinweisen? Nennen Sie mindestens drei Punkte.

____

____

____

____

____

5. Worauf sollten Sie als Fahrer besonders achten, um Ihr Fahrzeug vor illegalen Migranten zu schützen? Nennen Sie mindestens drei Punkte.

6. Welche Punkte umfasst das so genannte „effektive System" der UK Border Agency?

7. Welche Möglichkeiten gibt es, um Ihr Fahrzeug auf Rastplätzen vor Diebstahl und Überfällen zu schützen? Nennen Sie mindestens drei Punkte.

8. Wie verhalten Sie sich richtig, wenn Sie einen Diebstahl bemerken? Nennen Sie mindestens drei Punkte.

6 Gesundheitsschäden vorbeugen

Nr. 3.3 Anlage 1 BKrFQV

6.1 Belastung und Beanspruchung

Sie sollen fähig sein, Gesundheitsschäden vorzubeugen. Dabei sollen Sie die Grundsätze der Ergonomie sowie die Funktion der Wirbelsäule kennen.

6.1.1 Grundlagen der Ergonomie

Den überwiegenden Teil ihrer Arbeitszeit verbringen Bus- und Lkw-Fahrer im Sitzen. Ein lauer Job, könnte man meinen – doch weit gefehlt. Das stundenlange Sitzen stellt eine große Belastung für Muskulatur und Wirbelsäule dar. Auch das Heben und Tragen, das zum Alltag vieler Fahrer gehört, strapaziert den Körper. Fast jeder kennt die Symptome: Verspannungen, Müdigkeit und Rückenschmerzen. Berufskraftfahrer gehören zu den Tätigkeitsgruppen mit den meisten Fehltagen aufgrund von Rückenbeschwerden.*

Mit alledem beschäftigt sich die **Ergonomie.** Das Wort Ergonomie ist aus dem Griechischen abgeleitet. „Ergos" bedeutet Arbeit und „Nomos" Gesetz, Regel, Wissenschaft. Ergonomie als Teil der Arbeitswissenschaft versucht aus technischer, medizinischer, psychologischer und wirtschaftlicher Sicht auf den Menschen ausgerichtete und damit gesundheitlich günstige Arbeitsplatzverhältnisse zu schaffen.

Das Ziel der Ergonomie ist also die bestmögliche Anpassung der Arbeit an den Menschen, zum Zweck einer optimaleren und wirtschaftlicheren, vor allem aber auch menschlicheren („humaneren") Nutzung seiner Leistungsfähigkeit.

* Quelle: Gesundheitsreport 2014 der Techniker Krankenkasse

6.1.2 Belastung und Beanspruchung

Während die Begriffe „Belastung“ und „Beanspruchung“ von der Allgemeinheit meist bedeutungsgleich verwendet werden, werden sie in der Arbeitswissenschaft scharf voneinander abgegrenzt. Denn wie sehr jemand durch eine Belastung tatsächlich beansprucht wird, hängt von vielen Dingen ab: zum Beispiel von der Dauer und der Stärke, in der die Belastung einwirkt, von der Möglichkeit, sich zu erholen oder von individuellen Eigenschaften und Fähigkeiten jedes Einzelnen.

Unter Belastung wird die Gesamtheit der äußeren Einflüsse verstanden, die auf den Menschen einwirken. Mit Beanspruchung sind die körperlichen sowie psychischen Reaktionen des Menschen auf die Belastungen gemeint.

Wenn beim Heben oder Tragen einer Last das Gewicht (= die Belastung) verdoppelt wird, wächst auch die Beanspruchung. Nur ein Gepäckstück einzuladen stellt eine geringere Belastung dar als fünfzig Stücke einzuladen. Auch die hierfür aufgewandte Zeit bewirkt eine höhere Beanspruchung.

Die Gesamtbelastung einer Person setzt sich aus verschiedenen Teilbelastungen zusammen. Das folgende Modell verdeutlicht das Belastungs-Beanspruchungs-Konzept:

Teilbelastungen aus:
- Arbeitsaufgaben (arbeitsinhaltsbezogen)
- Arbeitsumgebung (situationsbezogen)
- Belastung: Höhe Dauer

Zusammensetzung der Teilbelastungen:
- simultan (gleichzeitig)
- sukzessiv (nacheinander)

Individuelle Eigenschaften, Fähigkeiten, Fertigkeiten

Teilbeanspruchung von:
- Skelett
- Sehnen/Bändern
- Muskeln
- Herz/Kreislauf
- Atmung
- Sinnesorganen
- Schweißdrüsen
- Zentralnervensystem
- Haut

Beanspruchung:
- objektiv engpassorientiert
- von Arbeitsperson erlebt

Abbildung 247: Belastungs-Beanspruchungs-Konzept

Außerdem muss eine Belastung nicht automatisch etwas Schlechtes bedeuten: Im Sport zum Beispiel sind angemessene Belastungen Voraussetzung für Trainingseffekte und eine Steigerung der Leistungsfähigkeit. Auch im Alltag würden wir uns ohne Aufgaben oder Herausforderungen nicht wohl fühlen. Das Fehlen von Belastungen kann sogar negative Auswirkungen haben: Muskeln oder Gelenke, die zu wenig oder gar nicht belastet werden, verkümmern. Wer kennt nicht das Sprichwort: „Wer rastet, der rostet"?

Wie stark ist die Belastung und Beanspruchung am Arbeitsplatz eines Kraftfahrers?

„Heute hat mich der Job geschafft!" Sind Sie auch schon einmal mit diesem Gefühl aus dem Fahrzeug gestiegen? Als Fahrer sind Sie vielfältigen Belastungen ausgesetzt: Hektischem Verkehr, Wintereinbruch/sommerlicher Hitze, Zeitdruck, Konflikten mit Fahrgästen oder Verladepersonal – die Reihe ließe sich weiter fortsetzen. Machen Sie doch einmal Ihren persönlichen Belastungs-Test (siehe nächste Seite).

Im Gegensatz zu anderen Tests gibt es hier keine Auswertung nach dem Motto „Wenn Sie mehr als 5-mal ‚stark' oder ‚sehr stark' angekreuzt haben, ..." Denn wie sehr jemand durch eine Belastung tatsächlich beansprucht wird, hängt – wie erwähnt – von vielen Dingen ab.

Abbildung 248: Persönlicher Belastungstest

Wie stark fühlen Sie sich im Fahrdienst durch folgende Faktoren belastet?

	kaum	wenig	stark	sehr stark
1. Fahrersitz	❍	❍	❍	❍
2. Nachtfahrten	❍	❍	❍	❍
3. Klima	❍	❍	❍	❍
4. Lärm	❍	❍	❍	❍
5. Ernährungs-Unregelmäßigkeiten	❍	❍	❍	❍
6. Ermüdung	❍	❍	❍	❍
7. Unregelmäßige Dienste	❍	❍	❍	❍
8. Gesundheitliche Probleme	❍	❍	❍	❍
9. Unangenehme Fahrgäste/ Art der Ladung	❍	❍	❍	❍
10. Toilettenmangel	❍	❍	❍	❍

Belastungen reduzieren, Belastbarkeit erhöhen

Der Fahrer ist während seiner Arbeit verschiedensten Belastungen ausgesetzt, mit denen er sich ständig auseinandersetzen muss. Diese lassen sich nicht einfach beseitigen. Hohes Verkehrsaufkommen, unangenehme Beifahrer oder Fahrgäste, Lärm oder schlechte Witterung sind nur einige Beispiele. Einzelne Belastungen lassen sich reduzieren. Hier könnten technische Lösungen in Betracht kommen, wie zum Beispiel ein **optimierter Fahrerarbeitsplatz.** Die körpergerechte Einstellung muss jedoch durch den Fahrer erfolgen.

Regelmäßige **aktive Pausen** zum Ausgleich der durch die Zwangshaltung verursachten Beanspruchung sind hier sehr wichtig. Nicht zuletzt kann der Fahrer selbst durch **gesunde Lebensweise** und **körperliches und geistiges Training** seine individuelle Belastbarkeit erhöhen.

Andere Belastungen wie zum Beispiel durch Fahr- und Schichtpläne lassen sich wirkungsvoll nur auf Unternehmensebene reduzieren. Der Umgang mit Kundenbeschwerden – denn häufig dient der Fahrer nur als „Blitzableiter" – ist ebenfalls ein wichtiger Punkt für die Arbeitszufriedenheit der Fahrer.

6.1.3 Die Wirbelsäule und „ihre" Bandscheiben

Die Wirbelsäule stützt den Körper und ermöglicht dem Menschen die aufrechte Haltung. Solange sie klaglos ihren Dienst versieht, macht sich kaum jemand Gedanken darum, wie die Wirbelsäule aufgebaut ist und was sie so alles aushalten muss. Wussten Sie zum Beispiel, dass beim Anheben einer Last von 50 Kilogramm in einer ungünstigen Körperhaltung das Gewicht eines ganzen Kleinwagens auf die unteren Bandscheiben drücken kann? Da kann man sich leicht verheben.

Aber auch ganz normale Betätigungen belasten Wirbelsäule und Muskulatur. Das gilt zum Beispiel für längeres Stehen oder Sitzen. Und wer dabei eine schlechte Haltung einnimmt, verstärkt die Belastung zusätzlich.

Kennzeichnend für die menschliche Wirbelsäule ist ihre Doppel-S-Form. Die Wirbelsäule besteht aus einzelnen Wirbelkörpern. Im Einzelnen unterscheidet man verschiedene Abschnitte:
die Halswirbelsäule, die Brustwirbelsäule, die Lendenwirbelsäule sowie Kreuz- und Steißbein.

Anders als die meisten Organe werden die Bandscheiben nicht durchblutet. Ihre Versorgung mit Nährstoffen erfolgt allein durch einen Flüssigkeitsaustausch mit ihrer Umgebung. Dies ist mit dem Zusammendrücken und der folgenden Ausdehnung eines Schwamms vergleichbar. Bei Belastung wird verbrauchte Flüssigkeit aus der Bandscheibe herausgedrückt. Bei einer länger andauernden Entlastung, zum Beispiel nachts, werden Nährstoffe, Flüssigkeit und Sauerstoff aufgenommen.
Die Abbildungen auf der folgenden Seite stellen dar, wie die Bandscheiben beim Heben von Lasten belastet werden.

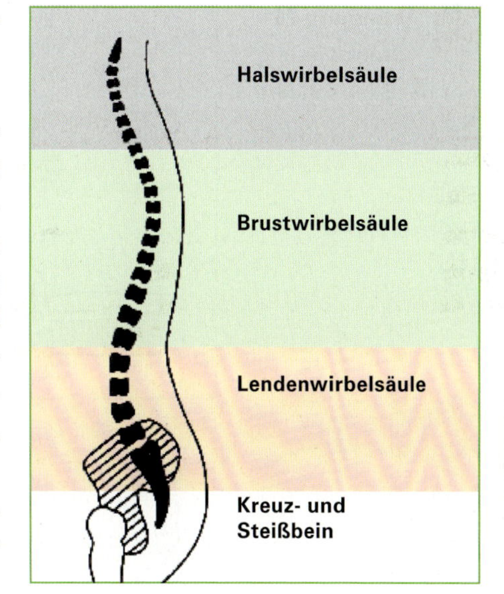

Abbildung 249: Die Abschnitte der Wirbelsäule

Die Bandscheiben selbst sind nicht schmerzempfindlich. Auch bei grober „Misshandlung" melden sie sich erst, wenn Schädigungen bereits eingetreten sind. Häufige Ursache für Wirbelsäulen- bzw. Rückenbeschwerden sind Verspannungen der Muskulatur.
Die Bandscheiben machen zusammen etwa ein Viertel der Gesamtlänge der Wirbelsäule aus. Die Flüssigkeitsabgabe geht mit einer Volumenab-

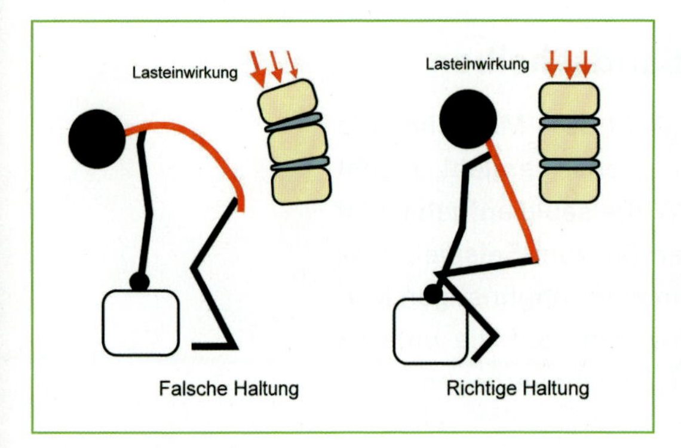

nahme bzw. Höhenminderung der Bandscheiben einher. Am Morgen ist der erwachsene Mensch ein bis zwei Zentimeter größer als am Abend, weil sich die in der Nacht nur gering belasteten Bandscheiben wieder ausgedehnt haben. Da die Nährstoffversorgung nur über den beschriebenen Pump-/Saug-Mechanismus sichergestellt wird, kann man ohne weiteres sagen: Die Bandscheibe lebt von der Bewegung.

Abbildung 250: Belastung der Bandscheiben beim Heben von Lasten

Abbildung 251: Druckwirkung auf die Bandscheibe in Bar

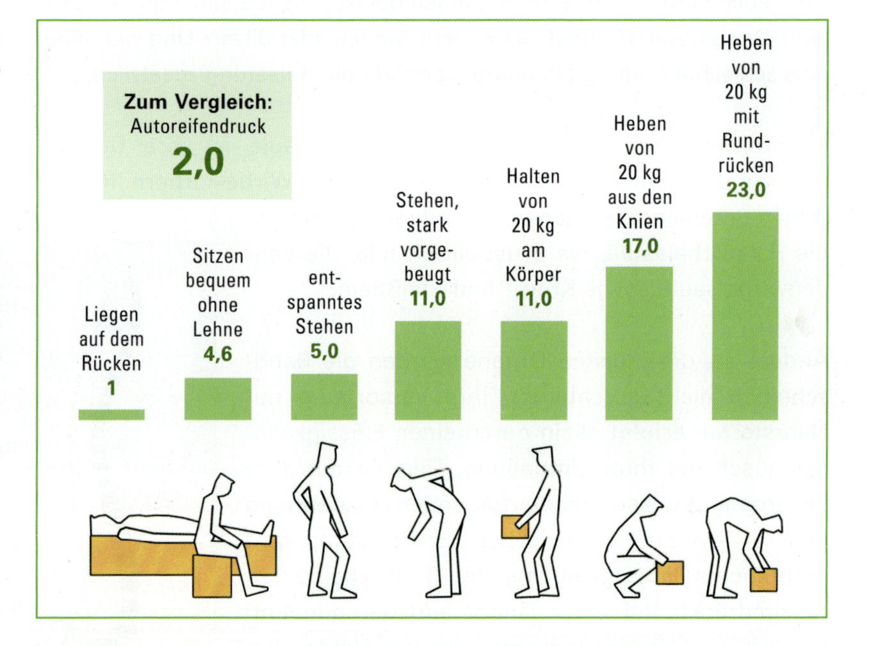

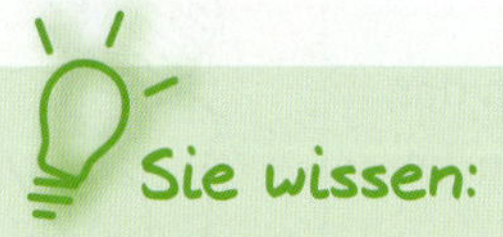

Sie wissen:

- ✔ was „Ergonomie“ bedeutet.
- ✔ was der Unterschied zwischen Belastung und Beanspruchung ist.
- ✔ wie Sie Belastungen reduzieren und die Belastbarkeit erhöhen können.
- ✔ wie die Wirbelsäule aufgebaut ist.

6.2 Heben und Tragen

Sie sollen die wichtigsten Regeln zum richtigen Heben und Tragen kennenlernen.

6.2.1 Heben und Tragen am Arbeitsplatz Omnibus und Lkw

Zu den Nebentätigkeiten eines **Reisebusfahrers** gehört es, das Gepäck der Fahrgäste im Kofferraum zu verstauen. Dies ist häufig aufgrund der Anordnung der Kofferräume mit Zwangshaltungen verbunden.

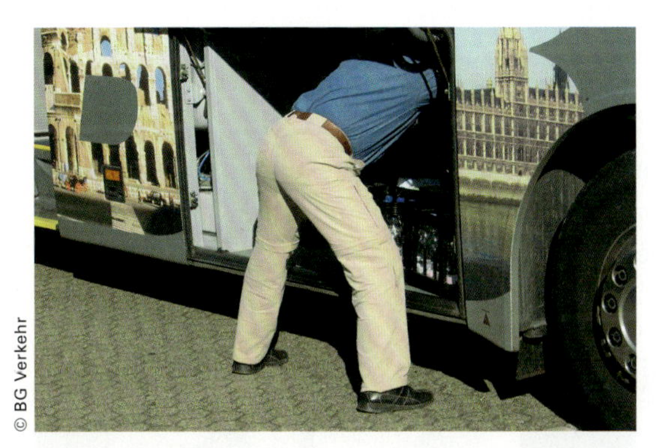

Abbildung 252: Zwangshaltung beim Beladen eines Busses

Außerdem ist die Form, Größe und das Gewicht der Gepäckstücke sehr unterschiedlich und größtenteils können diese nur durch einseitiges Heben und Tragen bewegt werden. Auch andere Lasten, wie zum Beispiel Proviant, muss der Fahrer in enge Stauräume verladen.

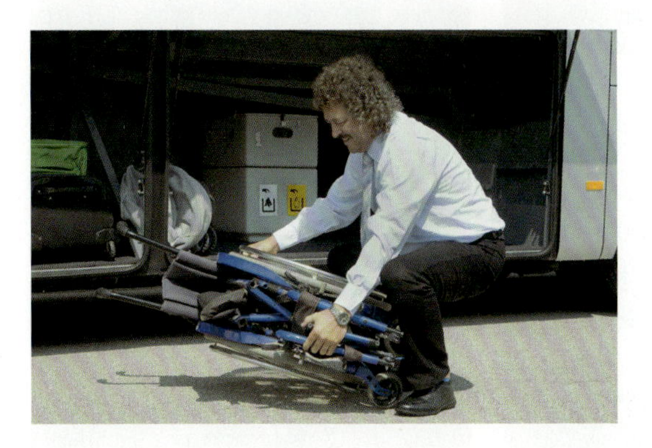

Abbildung 253: Gepäckstücke sind unterschiedlich groß und schwer

Lkw-Fahrer hingegen sind mit dem Be- und Entladen betraut. Dabei sollten Sie, wenn möglich, auf Fahr-, Hebe- oder Tragehilfen wie zum Beispiel die Sackkarre, den Paletten-Hubkarren oder den Gabelstapler zurückgreifen. Auch das Umpacken („Kommissionieren") von Hand ist nicht selten.

6.2.2 Richtig Heben

Grundsätzlich sollten Lasten möglichst **nah am Körper** und mit **geradem Rücken** angehoben und getragen werden.

Beim Anheben:
- Möglichst nah und frontal an den Gegenstand herantreten
- Die Beine beugen
- Den geraden Oberkörper durch eine Bewegung im Hüftgelenk nach vorn beugen
- Den Körper durch Anspannen der Rumpfmuskulatur stabilisieren
- Das Gewicht gleichmäßig durch Strecken im Hüft-, Knie- und Sprunggelenk anheben

Abbildung 254: Falsch: Heben mit rundem Rücken

Abbildung 255: Richtig: Achten Sie beim Heben auf einen geraden Rücken

Abbildung 256: Gehen Sie beim Heben in die Hocke!

Abbildung 257: Noch besser: Statt mehrerer Lasten gleichzeitig, tragen Sie lieber einzeln!

6.2.3 Richtig Tragen

Beim Tragen:
- Gewicht nah am Körper tragen
- Den Körper bewusst aufrecht halten
- Wenn möglich, Gewicht symmetrisch verteilen
- Wenn einseitig getragen werden muss, abwechselnd links und rechts tragen
- Hohlkreuzstellung vermeiden

Abbildung 258: Lasten mit geradem Rücken und möglichst nah am Körper tragen!

Abbildung 259: Wenn möglich, das Gewicht symmetrisch verteilen

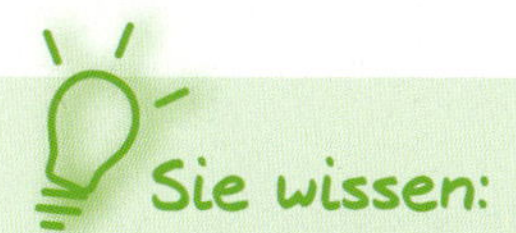

- ✔ wie Sie Lasten möglichst rückenschonend anheben.
- ✔ wie Sie Lasten möglichst rückenschonend tragen.

6.3 Die richtige Sitzeinstellung

Sie sollen lernen, wie Sie den Fahrersitz richtig einstellen.

FAHREN LERNEN **C**
Lektion 1

FAHREN LERNEN **D**
Lektion 5

6.3.1 Die richtige Sitzeinstellung

Die richtige Sitzeinstellung ist sehr wichtig. Eine falsche Sitzposition kann Rückenschmerzen sowie Langzeitschäden an Skelett und Muskelapparat verursachen. Moderne Bus- und Lkw-Sitze bieten zahlreiche Einstellmöglichkeiten. Die meisten Fahrerinnen und Fahrer können in ihren Fahrzeugen eine belastungsarme Sitzposition einnehmen, wenn sie die Verstellmöglichkeiten nutzen.
Mit der Universal-Sitzschablone der BG Verkehr können Sie Ihre Sitzhaltung im Fahrzeug überprüfen.

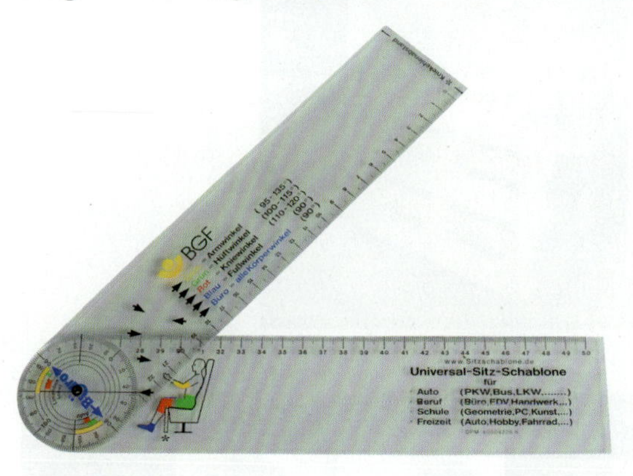

Abbildung 260: Sitzschablone

Anzustreben ist eine leicht zurückgelehnte, entspannte Haltung. Ausgangsstellung: Lenkrad und gegebenenfalls Instrumententräger in vorderer Position.

PRAXIS-TIPP

Schritt für Schritt: Fahrersitz richtig einstellen

(1) Sitzflächentiefe
(= Länge der Sitzfläche) einstellen
- Abstand zur Kniekehle etwa eine halbe Handbreite

(2) Neigung der Sitzfläche einstellen
- Leicht nach hinten abfallend, ca. 5 Grad

(3) Auf den Sitz ganz nach hinten setzen, Neigung der Rückenlehne einstellen

- Ca. 15–20 Grad, fast wie beim Pkw
- Rücken soll ganz an der Rückenlehne anliegen
- Winkel zwischen Oberkörper und Oberschenkel in Nutzfahrzeugen 105–110 Grad
- Kein Druckgefühl oder Beengtheit im Bauchbereich

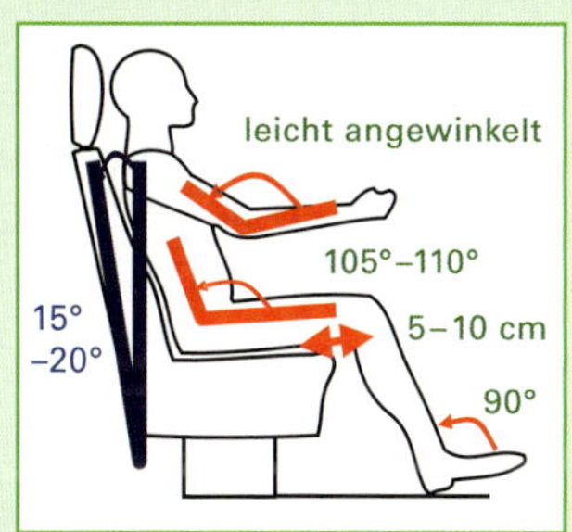

(4) Mittleren Pedalwinkel zwischen Ruhestellung und Vollausschlag bestimmen

- Ferse soll aufstehen
- Fußwinkel 90 Grad
- Fuß muss beim Betätigen auf der gesamten Pedalfläche aufstehen

(5) Sitzhöhe und Sitzlängsverstellung (= Abstand zu Pedalen) einstellen

- Pedale müssen gut erreichbar sein
- Oberschenkel sollen auf der Sitzvorderkante aufliegen

(6) Kniewinkel überprüfen

- Im Lkw 110–120 Grad, im Reisebus 110–120 Grad, im Linienbus 110–130 Grad, falls nötig, Sitzhöhe und Längseinstellung korrigieren

(7) Lage der Oberschenkel überprüfen

- Oberschenkel liegen leicht auf der Sitzvorderkante auf
- Kein Druck der Vorderkante auf die Oberschenkel, falls nötig zuerst Sitztiefe, dann nochmals Sitzhöhe und Längseinstellung überprüfen

(8) Lenkrad und ggf. Instrumententräger richtig einstellen
- Leicht angewinkelte Arme beim Lenken

(9) Lendenwirbelstütze einstellen
- Fühlbare Stützwirkung ohne unangenehmen Druck

(10) Kopfstütze einstellen
- Oberkante über Augenhöhe (keine „Nacken"-Stütze)

Während der Fahrt sollte die Sitzposition von Zeit zu Zeit leicht verändert werden (z. B. durch Vorbeugen und Zurücklehnen), um Muskelverspannungen zu vermeiden. Eine starre Beinhaltung über einen längeren Zeitraum kann, vor allem bei geringer Flüssigkeitszufuhr, zu Blutgerinnseln in den Beinen führen.

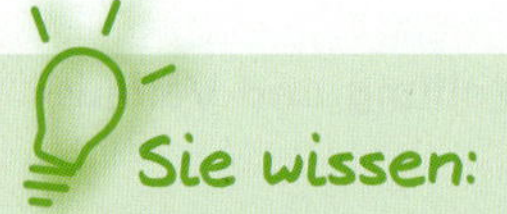

- ✔ warum die richtige Sitzposition wichtig ist.
- ✔ worauf bei der Sitzeinstellung zu achten ist.

6.4 Bewegung im Alltag

Sie sollen Maßnahmen für eine gute körperliche Kondition und gegen Rückenschmerzen kennenlernen. Dazu gehören Übungen für die Fahrpause wie auch sportliche Aktivitäten in der Freizeit.

6.4.1 Die Bedeutung einer guten physischen Kondition

Maßnahmen gegen Rückenbeschwerden

Häufig werden Rückenbeschwerden durch Verspannungen der Muskulatur ausgelöst. Dagegen können Sie etwas tun:

- Den Sitz richtig einstellen
- Die richtige Sitzposition wählen, während langer Fahrten immer wieder leicht ändern
- Regelmäßige Pausen mit Bewegung (z.B. Lockerungsübungen) einlegen
- Beim Be- und Entladen auf eine körpergerechte Haltung achten
- Ausgleichsport zur sitzenden Tätigkeit betreiben

Denn: Ein trainierter Körper kann unvermeidbare Belastungen besser „wegstecken“. Wer in der Freizeit Sport treibt, ist deshalb im Vorteil. Durch spezielle Übungen, die Sie in einer Rückenschule lernen, können Sie Ihre Muskulatur weiter kräftigen.

Abbildung 261: Treppensteigen hält fit

Vorteile einer sportlichen Betätigung

Durch eine regelmäßige sportliche Betätigung verbessern Sie Ihre physische (das heißt körperliche) Kondition. Dies beugt nicht nur Rückenschmerzen vor, sondern hat auch zahlreiche weitere Vorteile:

- Das Risiko verschiedener Krankheiten (z.B. Herz-Kreislauf-Erkrankungen, Schlaganfall, Diabetes) sinkt.
- Ihre geistige Leistungsfähigkeit und Konzentrationsfähigkeit steigt.
- Sie fühlen sich körperlich fitter, Belastungen im (Fahrer-)Alltag können leichter gemeistert werden.
- Übergewicht kann reduziert bzw. Normalgewicht gehalten werden.

Abbildung 262: Kürzere Strecken einfach mal per Rad zurücklegen

Nutzen Sie auch im Alltag jede Gelegenheit, sich zu bewegen. Zum Beispiel:

- Treppe steigen statt Aufzug nehmen!
- Zu Fuß gehen oder Fahrrad fahren statt Auto fahren!

6.4.2 Übungen für die Fahrpause

Mit den Übungen in diesem Kapitel können Sie in Fahrpausen Ihre Muskulatur lockern, Verspannungen vorbeugen und sich auf Belastungen vorbereiten.

Strecken des Rumpfes

Räkeln Sie sich im Sitz und strecken Sie die Arme hoch. Heben Sie dabei den Brustkorb an. Halten Sie die Spannung 3 bis 6 Sekunden und lösen Sie sie dann – tief durchatmen. Die Übung 3 x wiederholen.

Dehnen der Halsmuskulatur

Nehmen Sie eine aufrechte Sitzhaltung ein. Führen Sie einen Arm über den Kopf und legen Sie die Hand an das gegenüberliegende Ohr. Neigen Sie den Kopf unter dem Gewicht der auf dem Ohr liegenden Hand leicht zur Seite. Nun strecken Sie den Arm in Richtung Boden, bis Sie eine angenehme Dehnung im Hals spüren. Halten Sie die Spannung einige Sekunden. Die Übung 2 x wechselseitig wiederholen.

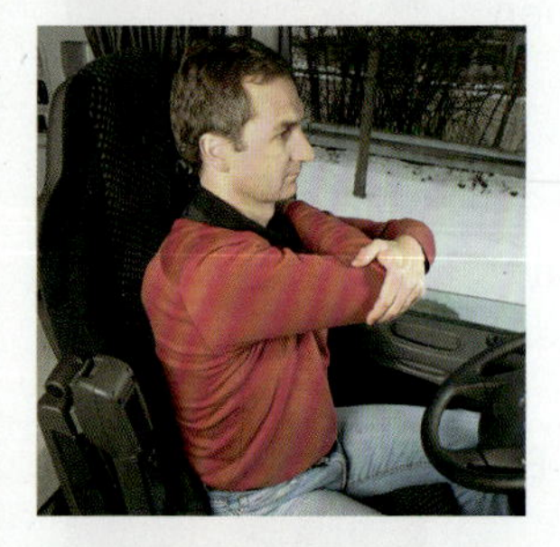

Dehnen der Schultern

Fassen Sie mit der linken Hand den rechten Arm oberhalb des Ellbogens. Ziehen Sie den rechten Arm zur Seite, bis Sie eine Dehnung in den hinteren Schultermuskeln spüren. Halten Sie die Spannung etwa 20 Sekunden und wechseln Sie dann die Seite.

Lockern des Nackens

Bewegen Sie den Kopf nach links und blicken Sie die linke Schulter an. Bewegen Sie den Kopf dann langsam über unten nach rechts, bis Sie über der rechten Schulter zur Seite sehen. Das Kinn hält bei der Bewegung Kontakt zur Brust bzw. dem Schlüsselbein. Die Übung 8 x wiederholen.

Lockern der Schultern

Greifen Sie mit den Händen locker an die Schultern und lassen Sie sie im Wechsel nach vorne und nach hinten kreisen.

Dehnung der Arme

Fassen Sie mit der linken Hand hinter dem Kopf den rechten Ellbogen. Ziehen Sie den Ellbogen nach links, bis Sie im rechten Oberarm eine Dehnung spüren. Halten Sie die Spannung etwa 20 Sekunden und wechseln Sie anschließend die Seite.

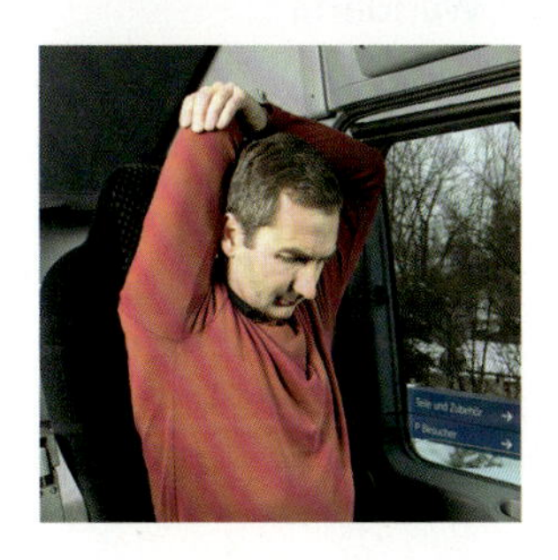

www.bg-verkehr.de
Eine ausführliche Anleitung und weitere Übungen enthält die Broschüre „Fit auf langen Fahrten", die bei der Berufsgenossenschaft für Transport und Verkehrswirtschaft (BG Verkehr) erhältlich ist.

Broschüre „Fit auf langen Fahrten"

6.4.3 Rückenfreundliche und rückenfeindliche Sportarten

Sport ist Mord, und Turnen füllt Urnen – so heißt es im Volksmund. Dies mag vielleicht für manche Spielarten des Leistungssports zutreffen. Mit Augenmaß betrieben hat regelmäßiger Sport auf jeden Fall positive Auswirkungen auf die Gesundheit. Die erhöhte Sauerstoffversorgung des Organismus, die Stärkung der Muskeln und die Kräftigung des Herz-Kreislauf-Systems erhöhen die Belastbarkeit und beugen Erkrankungen und Schädigungen vor. Im Hinblick auf Rückenleiden ist jedoch die Auswahl einer geeigneten Sportart unerlässlich. Sportarten, die eine zusätzliche Belastung für die Wirbelsäule darstellen, sind ungeeignet.

Abbildung 263: Rückenfreundliche und rückenfeindliche Sportarten

Rücken-freundlich	Bedingt rückenfreundlich	Rücken-feindlich
Tanzen	Fußball	Kampfsportarten
Wandern	Handball	Golf
Laufen	Basketball	Tennis
Radfahren	Turnen	Ski-Abfahrtslauf
Schwimmen	Tischtennis	Snowboard
Ski-Langlauf	Aerobic	Segeln
Mini-Trampolin	Bergwandern	Rudern
Wanderreiten	Bodybuilding	Kajak, Kanadier
	Springreiten	Windsurfen
	Military	Wasserski
		Turmspringen
		Feld- und Eishockey
		Squash
		Badminton
		Trampolin
		Mountainbike
		Motocross

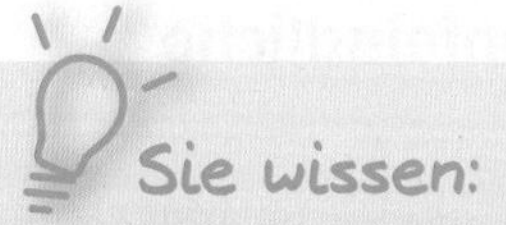

Sie wissen:

- ✔ warum eine gute physische Kondition wichtig ist.
- ✔ wie Sie eine gute physische Kondition erreichen und halten können.
- ✔ wie Sie sich in Fahrpausen bewegen und fit halten können.
- ✔ welche Sportarten gut und welche weniger gut für den Rücken sind.

6.5 Lärm

Sie sollen die Auswirkungen von Lärm auf den menschlichen Organismus kennen, insbesondere, dass Lärm Stress auslösen und Gehörschutz schützen kann. Sie sollen Lärm mindernde und Gehör schonende Verhaltensweisen im Alltag kennenlernen.

6.5.1 Schall ist messbar

Lärm ist unerwünschter Schall. Die Druckwellen des Schalls breiten sich in der Luft mit 340 Metern pro Sekunde, also mit über 1200 km/h aus. Ihre Stärke lässt sich mit einem Mikrofon messen, das die Schwingungen der Schallwellen in elektrische Signale umwandelt. Diese zeigen sich entsprechend der Lautstärke auf einer Skala von 0 bis 130 Dezibel (dB). Dabei nimmt das Messgerät die verschiedenen Frequenzen ungefähr so wie das menschliche Ohr auf. Diese Filterung heißt auch A-Bewertung, die Kurzbezeichnung der Skala lautet daher dB(A).
Die größte Hörempfindlichkeit liegt zwischen 1.000 und 4.000 Hz. Tiefe Töne unter 1.000 Hz und hohe Töne über 4.000 Hz nimmt man also subjektiv leiser wahr als Töne aus dem mittleren Frequenzbereich.

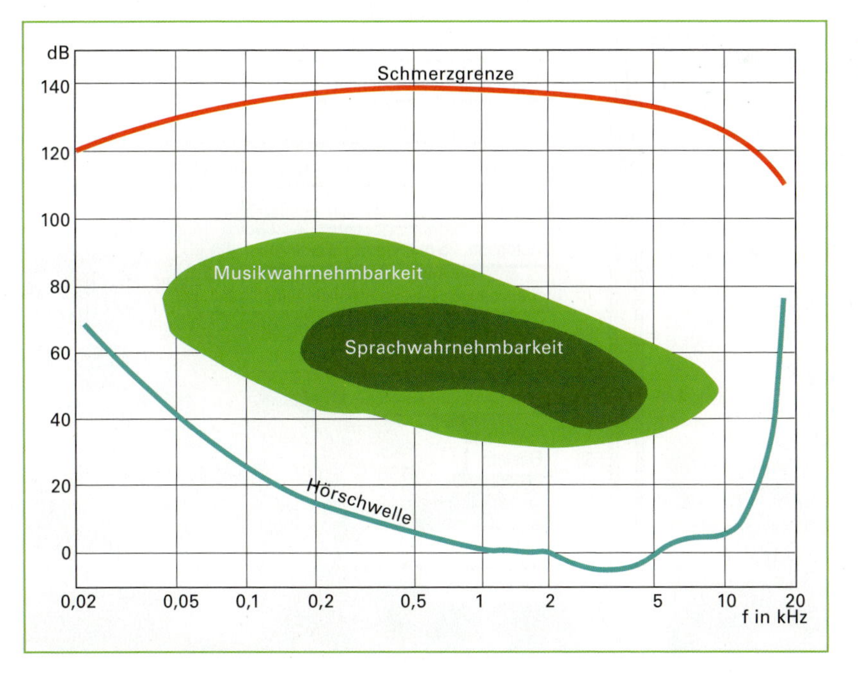

Abbildung 264: Schall

Am oberen Rand der Skala liegt die Schmerzgrenze, sprich: Ein Geräusch mit 130 dB(A) tut uns körperlich weh. Am unteren Rand befindet sich dagegen die Hörschwelle, also die Grenze unseres Hörvermögens. Den Anstieg der Werte dazwischen empfinden wir allerdings nicht gleichmäßig: Ein um 10 dB(A) lauteres Geräusch nehmen wir als doppelt so laut wahr. Zum Beispiel ist ein mit ca. 80 dB(A) vorbei fahrendes Auto doppelt so laut wie ein Rasenmäher, der mit 70 dB(A) brummt. Problematisch dabei ist: Tatsächlich erzeugt eine Steigerung von nur 3 dB(A) schon eine Verdoppelung des Schalldrucks. Das heißt, wir setzen das Ohr möglicherweise schon einer doppelten Belastung aus, ohne es zu spüren.

Das „Lärmometer“ gibt Auskunft über die Schädlichkeit verschiedener Alltags-Lärmquellen.

Abbildung 265: „Lärmometer“

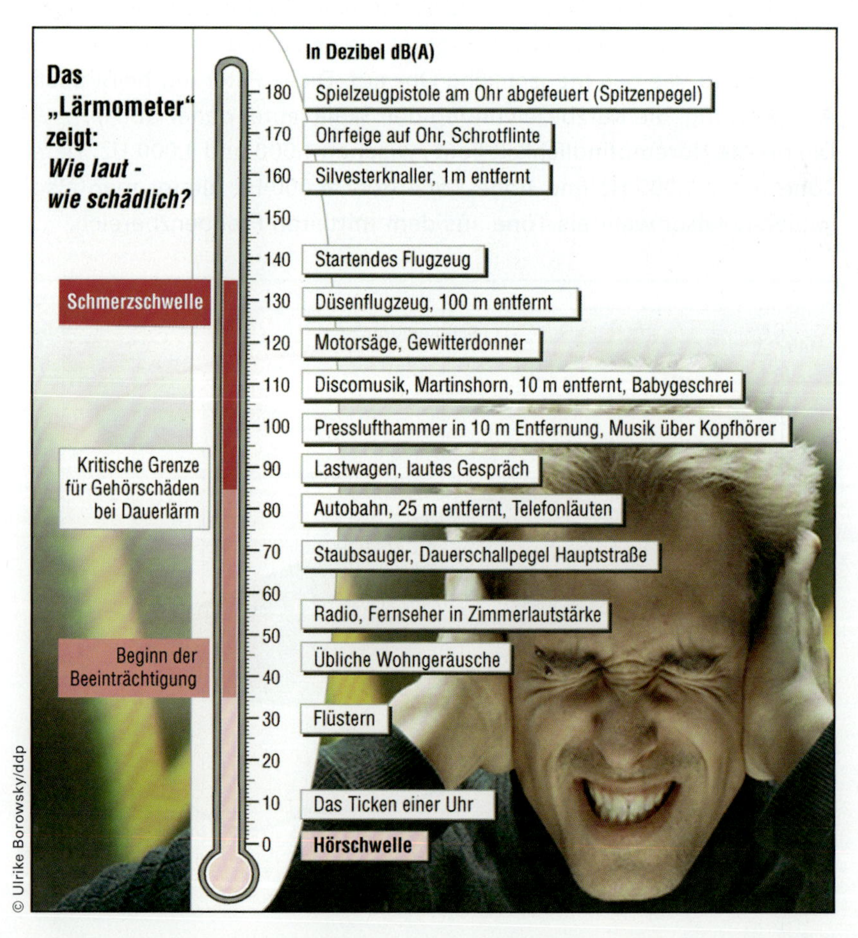

6.5.2 Auswirkungen von Lärm

Seit der Urzeit ist Lärm für den Menschen ein Alarmzeichen. Lärm löst eine Reaktion im Körper aus, die mit Stress verbunden ist. Je nach Art des Schalls, seiner Lautstärke und der Dauer der Einwirkungen kann man körperliche und seelische Folgen beobachten.

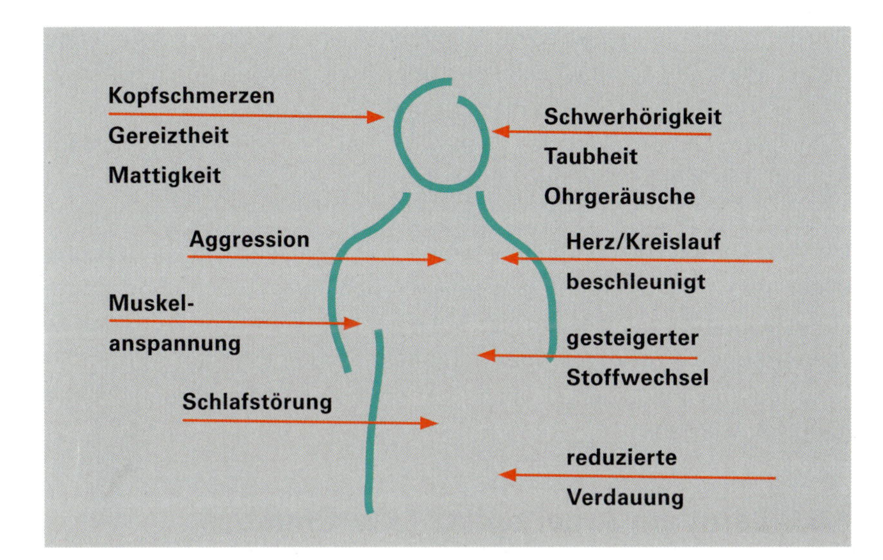

Abbildung 266: Folgen von Lärmbelästigung

Im fortgeschrittenen Stadium erschwert die Schwerhörigkeit unsere Kommunikation und führt uns in die Isolation. Aber nicht nur das Gehör, auch das vegetative Nervensystem leidet unter Lärm. So können beispielsweise Magenleiden oder Nervosität die Folge eines durch Dauerlärm angegriffenen Nervenkostüms sein.

Auch Schlafstörungen und Bluthochdruck sind typische Lärmkrankheiten. Laut Verkehrsclub Deutschland haben 13 Millionen Deutsche ein erhöhtes Herzinfarktrisiko, weil sie an lauten Straßen oder Schienen wohnen. Nicht zu unterschätzen, wenn auch nicht messbar und individuell sehr verschieden, sind die Auswirkungen von Lärm auf unsere Psyche. Lärm verursacht Stress, macht uns gereizt und unkonzentriert. Das erhöht die Unfallgefahr am Arbeitsplatz oder im Verkehr.

Eine Dauerschädigung des Innenohrs kann mit einem Ohrsausen (Tinitus) und/oder einer vorübergehenden Hörverschlechterung beginnen. Oft verläuft der Weg in die Taubheit aber schleichend. Zuerst fallen die hohen Töne oberhalb der Sprachfrequenzen, wie zum Beispiel das Vogelgezwitscher, aus. Dann wirkt sich die Taubheit bei den

Sprachfrequenzen aus. Zunächst verschwinden die stimmlosen, dann die stimmhaften Konsonanten, schließlich die Vokale. Bei dauerhaft kräftiger Geräuscheinwirkung kann die Lärmschwerhörigkeit auch schnell zunehmen. Oft addiert sie sich zu einer altersbedingten Schwerhörigkeit. Im fortgeschrittenen Stadium verstehen wir nichts mehr und können nicht mehr mitreden. Das macht einsam.

Wer behauptet, er sei an Lärm „gewöhnt", hat meistens schon einen Hörschaden. Die Taubheit selbst ist unheilbar; sie kann durch Hilfsmittel wie zum Beispiel Hörgeräte nur gemildert werden.
Außer dem Gehör leidet das vegetative Nervensystem: Lärm schlägt uns auf den Magen und macht nervös.

Um eine Geräuschsituation über einen längeren Zeitraum zu erfassen, bildet man Mittelwerte der gemessenen Schallpegel. Der so genannte „Beurteilungspegel" bezieht sich auf einen achtstündigen Zeitraum. Er kann arbeitsplatzbezogen oder personenbezogen ermittelt werden. In besonderen Fällen kann er auch über eine 40-stündige Arbeitswoche gemittelt werden.

6.5.3 Lärm am Arbeitsplatz Lkw/Omnibus

Im Hinblick auf eine Gehörschädigung liegen die Messwerte am Fahrerarbeitsplatz in **Omnibussen** unterhalb der kritischen Werte. Eine Gehörgefährdung ist demnach nicht zu erwarten.

Abbildung 267: Lärmbelastung im Omnibus ist meistens nicht kritisch

Bei Reisebussen zum Beispiel liegen die ermittelten Dauerschallpegel im Fahrbetrieb zwischen 67 und 75 dB(A). Dabei sind die Geräusche aller Fahrzustände, die verschiedene Fahrbahnen sowie Zusatzgeräusche wie Heizung/Klimaanlage, Verkehrsfunk und Radio enthalten. Im Schulbusverkehr können hohe Werte – gelegentlich über 100 dB(A) – erreicht werden. Diese sind aber nur sehr kurzzeitig und somit kaum relevant im Hinblick auf eine mögliche Gehörschädigung.

Das können Sie tun:

PRAXIS-TIPP

- Drosseln Sie das Heizgebläse
- Vermeiden Sie das Ausfahren der Gänge
- Regeln Sie die vorderen Lautsprecher im Bus getrennt.
- Tragen Sie bei lärmintensiven Arbeiten – auch im privaten Bereich – einen Gehörschutz
- Meiden Sie laute Musikveranstaltungen sowie laute Musik über den Kopfhörer
- Machen Sie Spaziergänge im Stillen
- Entspannte und leise Hörerlebnisse mit geeigneter Musik oder Naturgeräuschen tragen zur Gehör-Erholung bei

Bei modernen **Lkw** stellen die Innengeräusche, die durch das Fahrzeug verursacht werden, in der Regel kein Problem dar. In Einzelfällen, zum Beispiel bei älteren Fahrzeugen oder Lkw für spezielle Einsatzgebiete (Baustellenfahrzeuge, Mobil- und Autokrane, ältere KEP-Fahrzeuge) können jedoch hohe Lärmpegel auftreten, die auch ins Fahrerhaus dringen. Auch unterhalb der kritischen Schwelle kann Lärm als Stressor wirken, der Ihre Befindlichkeit und Ihre Konzentration beeinträchtigt.

Abbildung 268: Lärmbelastung auf Baustellen

Außerhalb des Fahrerhauses entsteht Lärm in erster Linie bei Belade- und Entladevorgängen. Spezielle Fahrzeuge wie zum Beispiel Silofahrzeuge, Kühlfahrzeuge und Betonmischer (Betonpumpen) sind als lärmintensiv anzusehen. Hier werden unter Umständen gehörschädigende Grenzwerte überschritten. Auch der Einsatz von Glas- und Abfallsammelfahrzeugen ist mit einer hohen Geräuschbelastung verbunden. Das können Sie als Fahrer tun:

PRAXIS-TIPP

- Bei Schlafpausen die Leistung des Kühlaggregates reduzieren („Schildkrötenstellung")
- Auf den Wartungszustand der Fahrzeuge achten (z. B. Schalldämpfer und Schallschutz-Hauben der Aggregate)
- Bei lärmintensiven Arbeits- und Ladevorgängen geeigneten Gehörschutz tragen
- Pausen bewusst zur Gehörerholung nutzen
- Den Lkw, wenn möglich, nicht mit der Kabine zur Fahrbahn abstellen
- Ohropax aus Apotheke oder Drogerie benutzen und sich mit einem Wecker, der neben dem Kopf abgestellt wird, und zusätzlich einem Handy wecken lassen

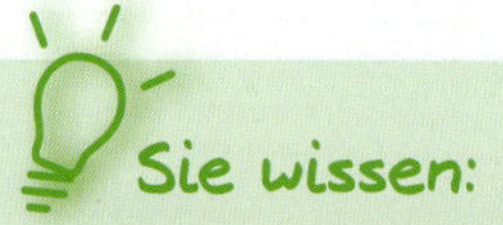

- ✔ wie Schall gemessen wird.
- ✔ welche Auswirkungen Lärm haben kann.
- ✔ wie Sie Lärmbelästigungen im Alltag verringern können.

6.6 Arbeitsmedizinische Betreuung

Sie sollen Kenntnisse über arbeitsmedizinische und psychologische Betreuung durch den Betriebsarzt besitzen, insbesondere sollen Sie

- **Inhalte der Gesundheitsuntersuchung nach G 25 und FeV kennen**
- **bereit sein, Gesundheitsvorsorge wahrzunehmen.**

6.6.1 Arbeitsmedizinische Untersuchungen

Berufskraftfahrer müssen sich im Rahmen von Rechtsvorschriften arbeitsmedizinisch untersuchen lassen. Dadurch bietet sich für den Fahrer die Möglichkeit, rechtzeitig gesundheitliche Veränderungen zu erkennen und therapeutisch einzugreifen. Die arbeitsmedizinische und psychologische Betreuung des Kraftfahrers bietet eine umfassende Beratung und Hilfe in Gesundheitsfragen und ist nicht nur eine Eignungsuntersuchung.

Zum einen hat sich hier seit vielen Jahren die berufsgenossenschaftliche Grundsatz-Untersuchung G 25 bewährt. Diese ist für Personal, welches Fahr-, Steuer- und Überwachungstätigkeiten ausübt, ausgelegt. Sie wird nicht nur bei Bus- und Lkw-Fahrern, sondern z. B. auch bei Fahrern von Flurförderzeugen (Staplern) und Kranfahrern angewandt.
Untersucht wird man in der Regel vom Betriebsarzt in Abständen von drei Jahren. Selbstverständlich bleibt auch hier die ärztliche Schweigepflicht gewahrt. Nur z. B. durch Arbeits- oder Tarifverträge, Betriebsvereinbarungen oder offensichtliche Gesundheitsstörungen ist eine solche Untersuchung Tätigkeitsvoraussetzung. Die Untersuchungen (Erst- und Nachuntersuchungen) bestehen aus folgenden Punkten:

- Vorgeschichte, aktuelle Beschwerden
- Vollständige körperliche Untersuchung
- Urinstatus
- Feststellung des Seh- und Hörvermögens

Während der G 25 seine Berechtigung im Wesentlichen als Präventionsmaßnahme im Sinne der betrieblichen Gesundheitsvorsorge für den betreffenden Fahrer hat, ist die Zielsetzung der Untersuchung nach der Fahrerlaubnis-Verordnung (FeV) eine Erhöhung der Verkehrssicherheit.

	G25	FEV
Art der Untersuchung	Arbeitsmedizinische Vorsorgeuntersuchung	Eignungs- bzw. Tauglichkeitsuntersuchung
Zweck der Untersuchung	Reduktion oder Überwachung einer (inner)betrieblichen Gefährdung Schutz der Beschäftigten (und Dritter)	Sicherheit des öffentlichen Straßenverkehrs
Wer darf untersuchen?	Betriebsarzt bzw. Arbeits-/ Betriebsmediziner	Jeder Arzt, bestimmte Anteile der Untersuchung nur durch Spezialisten (z. B. Augenarzt, Arbeitsmediziner)
Freiwilligkeit der Untersuchung	Angebotsuntersuchung (d. h. freiwillig für den Beschäftigten), soweit keine Festlegung durch Tarif- oder Arbeitsverträge existiert	Sofern man seine Fahrerlaubnis behalten will, nicht freiwillig
Gültigkeit	max. 3 Jahre (derzeit)	max. 5 Jahre (Gültigkeit der jeweiligen Fahrerlaubnis)
Verantwortlich für rechtzeitige Untersuchung und Kostenträger	Unternehmer	Fahrerlaubnisinhaber bzw. -bewerber

Abbildung 269: Medizinische Untersuchungen laut berufsgenossenschaftlichem Grundsatz „G25" und Fahrerlaubnisverordnung für Bus- bzw. Lkw-Fahrer

Die Fahrerlaubnis für bestimmte Klassen unterliegt einer Befristung. Bei der Ersterteilung und vor jeder Verlängerung dieser Klassen sind eine ärztliche und eine augenärztliche Untersuchung erforderlich. Die Untersuchungen müssen durchgeführt werden, bevor das auf der Fahrerlaubnis aufgedruckte Gültigkeitsdatum oder die in der Verordnung bestimmte Übergangszeit abgelaufen ist, anderenfalls fährt man ohne gültige Fahrerlaubnis.

Fahrerlaubnisklassen	maximale Geltungsdauer
A, A1, B, BE, M, L und T	15 Jahre
C1, C1E	bis zur Vollendung des 50. Lebensjahres, danach jeweils 5 Jahre
C, CE	jeweils 5 Jahre
D, D1, DE, D1E	jeweils fünf Jahre, über das 50. Lebensjahr hinaus nur mit Psychometrie
Fahrgastbeförderung	jeweils fünf Jahre, über das 60. Lebensjahr hinaus nur mit Psychometrie

Die spätestens alle fünf Jahre stattfindende ärztliche Untersuchung nach der Fahrerlaubnisverordnung unterscheidet sich nur geringfügig von der G 25-Untersuchung. Im Einzelnen werden folgende Punkte untersucht:

- Vorgeschichte
- Größe, Gewicht-, Puls-, Blutdruck- und Urinuntersuchung
- Hörweite für Flüstersprache
- Körperbehinderungen
- Herz
- Kreislauf
- Blut
- Erkrankungen der Niere
- Hormonstörungen
- Nervensystem
- Psychische Erkrankungen
- Sucht
- Gehör
- Schlafbezogene Atemstörungen

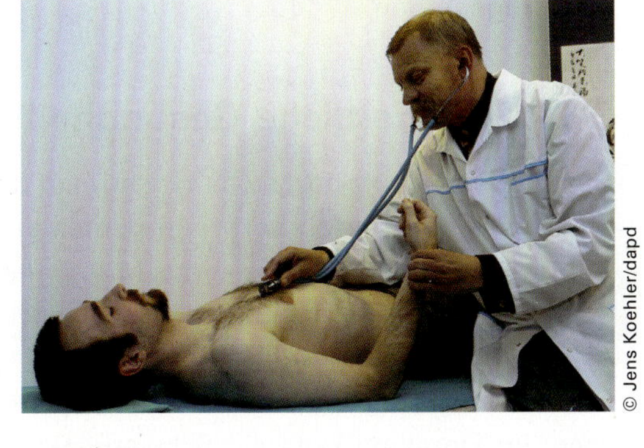

Abbildung 270: Ärztliche Untersuchung

Auftraggeber der Untersuchung ist der Fahrerlaubnisbewerber. Sofern nicht der Arbeitgeber die Kosten für die Untersuchung übernimmt,

muss er auch die Rechnung selbst begleichen. Der Fahrer leitet die Bescheinigung an die Fahrerlaubnisbehörde weiter.
Für Busfahrer gelten bei der Erstuntersuchung und ab dem 50. Lebensjahr besondere Anforderungen, die durch einen Leistungstest geprüft werden. Wenn Sie morgen dorthin müssten – wäre Ihnen dann mulmig? Dazu besteht eigentlich kein Anlass, denn die Aufgaben sind so angelegt, dass man sie schafft – wenn man wirklich fit ist. Im Wesentlichen handelt es sich bei den Tests um Reaktions-, Aufmerksamkeits- und Orientierungsaufgaben. Bei diesen Aufgaben kommt es auf exaktes Arbeiten, aber auch auf Schnelligkeit an. Nervosität, Lampenfieber und Stressreaktionen können dazu führen, dass ein Bewerber den Anforderungen nicht genügt, obwohl seine Leistungsfähigkeit eigentlich ausreichen würde. Aus diesem Grund ist es wichtig, die Untersuchung möglichst gelassen anzugehen.
Wer den Test nicht besteht, kann ihn nach einiger Zeit wiederholen. Wer auch bei einer Wiederholung „durchfällt", kann durch eine Fahrprobe unter Beweis stellen, dass er im Stande ist, ein Fahrzeug sicher zu führen. In den einzelnen Bundesländern gibt es hierzu unterschiedliche Regelungen.

6.6.2 Ganzheitliche Gesundheitsförderung

Gesundheitsschutz darf sich nicht nur auf die Zeit beschränken, die der Mitarbeiter im Betrieb verbringt. Unter ganzheitlichem Gesundheitsschutz muss auch die Freizeit des Mitarbeiters mit einbezogen werden, denn der private Bereich beeinflusst den Menschen auch während der Arbeitszeit und umgekehrt.
Gesundheitsförderung kann den einzelnen Mitarbeiter im Betrieb ansprechen. Im Einzelnen kann ein Schwerpunkt auf der individuellen Verhaltensänderung des Mitarbeiters ausgelegt werden. Eine Erweiterung kann z.B. durch Ernährungsberatung, Rückenschule oder Stressabbau erfolgen. Nicht nur individuelle, sondern auch betriebsbezogene Maßnahmen können in Betracht kommen. Veränderung der Arbeitsbedingungen oder technische Umgestaltung der Arbeitsplätze wären hier zu nennen.
Auch die Krankenkassen unterstützen durch Vorsorgeangebote die Gesundheitsförderung der Beschäftigten. Zu nennen sind in diesem Zusammenhang die ärztlichen Vorsorgeuntersuchungen sowie Kuren, deren Kosten von den Kassen übernommen werden. Jede Krankenkasse bietet Information, Beratung und Aufklärung zu den unterschiedlichen Feldern des Gesundheitsschutzes an. Diese Angebote wollen

und sollen jedoch nicht den Arztbesuch ersetzen. Krankenkassen übernehmen gegebenenfalls auch die Kosten für notwendige Schutzimpfungen (z. B. Grippeschutz).

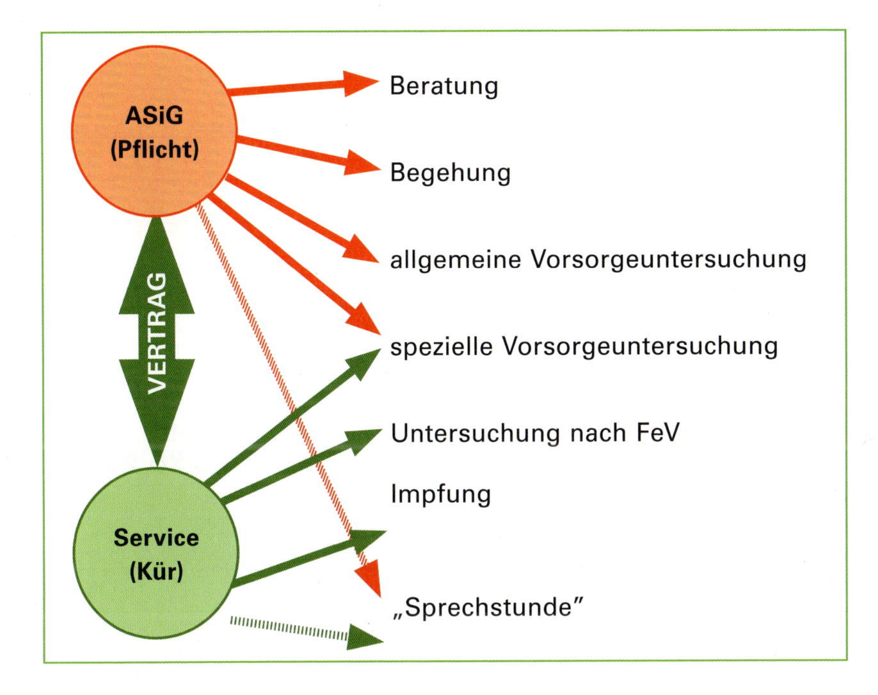

Abbildung 271: Der Betriebsarzt: Vertragsleistung und Service

 Was tun, wenn Sie unterwegs krank werden?

Hotline: 01805-112024

www.DocStop-online.eu

Auf **www.DocStop-online.eu** sind bundesweit über 290 Anlaufstellen aufgelistet, an denen Berufskraftfahrer medizinische Hilfeleistungen anfordern können.

DocStops Anlaufstellen

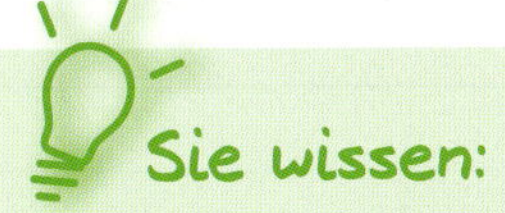

Sie wissen:

- ✔ wozu die Untersuchungen nach G25 und nach FeV dienen und wann sie durchgeführt werden müssen.
- ✔ warum eine ganzheitliche Gesundheitsförderung wichtig ist.

6.7 Wissens-Check

1. Wie können Sie die Belastbarkeit im Arbeitsalltag erhöhen?

2. Wie heben Sie einen Gegenstand „richtig" an und halten zugleich Ihr Gesundheitsrisiko so gering wie möglich?

3. Wie tragen Sie einen Gegenstand „richtig" und halten zugleich Ihr Gesundheitsrisiko so gering wie möglich?

4. Für eine bestimmte Person soll die beim manuellen Umschlag von Stückgütern zu erwartende Beanspruchung ermittelt werden. Welche Messgröße erscheint dazu als Beanspruchungsgröße geeignet?

- ❑ a) die Masse der zu tragenden Last
- ❑ b) die Länge des Lastweges
- ❑ c) die Herzschlagfrequenz der Person

5. Wenn Sie einen vorgegebenen Text einmal mit der rechten und einmal mit der linken Hand schreiben sollen, dann ändert sich ...

- ❑ a) die Belastungshöhe
- ❑ b) die Beanspruchung
- ❑ c) die Belastungszeit

6. Nehmen wir an, dass ältere Mitarbeiter versuchen, altersbedingte Veränderungen der Leistungsfähigkeit zu kompensieren. Sind sie dann bei gleicher Tätigkeit im Vergleich zu jüngeren Mitarbeitern...

- ❑ a) höher belastet, aber niedriger beansprucht?
- ❑ b) niedriger belastet und niedriger beansprucht?
- ❑ c) gleich belastet und gleich beansprucht?
- ❑ d) gleich belastet, aber höher beansprucht?

7. Wer ist für die rechtzeitige Untersuchung nach der Fahrerlaubnisverordnung (FeV) verantwortlich?

____

8. In welchen Zeitabständen wird/muss die Untersuchung nach G 25 bzw. FeV durchgeführt werden?

____

____

9. Welche Zielsetzung verfolgt die G 25- bzw. FeV-Untersuchung?

____

____

10. Anders als die meisten Organe werden die Bandscheiben nicht durchblutet. Wie „ernährt“ sich die Bandscheibe?

____

____

____

Infos zum Vogelcheck

Mehr Fragen zu diesem Kenntnisbereich finden Sie im VogelCheck Grundquali!

Infos auf www.eu-bkf.de/vogelcheck

7 Körperliche und geistige Verfassung

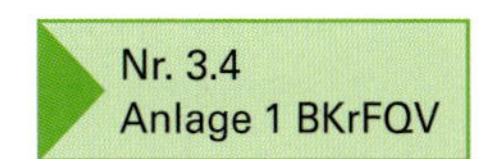
Nr. 3.4
Anlage 1 BKrFQV

7.1 Nahrungsaufnahme und Energiebedarf

Sie sollen über Grundkenntnisse des Verdauungstraktes, der Aufgaben der Organe und des Stoffwechsels sowie zum unterschiedlichen Tagesbedarf für Fette, Eiweiß, Kohlenhydrate und Flüssigkeit verfügen.

Sitzende Tätigkeit, Bewegungsarmut und lange Arbeitszeiten begünstigen die Entstehung von Rückenproblemen und Übergewicht. Sie haben das ganze Berufsleben noch vor sich! Das ist Ihre heutige Ausgangslage. Damit Sie auch noch fit Ihre Rente geniessen können und als Spät-Sechziger Ihren Spaß am Leben haben, sollten Sie sich schon heute Gedanken über die richtige Ernährung machen. Denn: „Wer spät aufhören will, sollte früh anfangen!"

7.1.1 Verdauung, Nahrungsinhalte, Flüssigkeitsbedarf

Um die wichtigen Bestandteile aus der Nahrung aufnehmen zu können, ist zunächst die Zerkleinerung der Nahrungsmittel und deren chemische Zerlegung in kleinste Moleküle erforderlich. Bereits beim Kauen beginnt die chemische Verdauung der Speisen durch Enzyme des Speichels, die verzweigte Kohlenhydratverbindungen (= Stärke) zerlegen. Die Organe des Verdauungstraktes teilen die Nahrung mit Hilfe chemischer Vorgänge Schritt für Schritt in ihre kleinsten Bestandteile auf, z.B. Enzyme der Bauchspeicheldrüse, die der Zucker- und Fettverdauung dienen. Die Nährstoffe werden im Dünndarm aufgenommen und vom Blut weitertransportiert. Die meisten Energieträger werden direkt nach ihrer Aufnahme von der Leber als Energiereserven gespeichert. Im Dickdarm wird dem Nahrungsbrei Flüssigkeit entzogen und dadurch eingedickt.

Abbildung 272: Schema des Verdauungstraktes mit den Hauptstationen der Nahrungsmittelzerkleinerung bzw. -verdauung

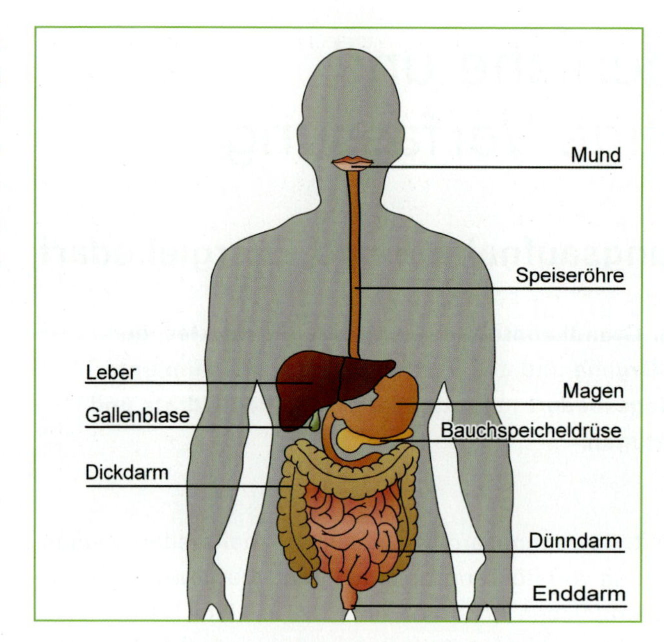

Ob Nahrungsmittel „schwer im Magen liegen", hängt von ihrer Zusammensetzung ab. Sehr fettige und eiweißreiche Speisen (z. B. Schweinebraten, Ölsardinen) können fünf bis neun Stunden im Magen verweilen, hingegen wird z. B. gekochter Fisch mit Reis innerhalb von einer bis zwei Stunden vom Magen weitergeleitet.

Abbildung 273: Verweildauer verschiedener Speisen (nach Ahlheim)

Speisen	Verweildauer
gekochter Fisch – Reis gekochte Milch – weiches Ei	1–2 Stunden
Brötchen – Rührei – Sahne Kalbshirn – Kartoffeln	2–3 Stunden
Geflügel (gekocht) – Schinken – Beefsteak Spinat – Schwarzbrot – Bratkartoffeln	3–4 Stunden
Kalbsbraten – Rindfleisch – Rauchfleisch Erbsen – Linsen – Schnittbohnen	4–5 Stunden
Geflügel (gebraten) Schweinebraten	5–7 Stunden
Ölsardinen	8–9 Stunden

Die Verdauungsgeschwindigkeit hängt zusätzlich davon ab, ob Dünn- und Dickdarm durch Muskeltätigkeit (s. u.), in ihrer Aktivität angeregt werden und ob im Speisebrei unverdauliche Faseranteile (Ballaststoffe) vorhanden sind. Fehlende körperliche Aktivität, ballaststoffarme Speisen (z. B. Konditoreiwaren) und eine zu geringe Trinkmenge (s. u.) führen zu einer trägen Darmtätigkeit, die zu Verstopfungen, Völlegefühl und Erkrankungen der Darmwand führen können.
Die Hüftbeugemuskulatur befindet sich in unmittelbarer Nachbarschaft zu Dünn- und Dickdarm. Bei Lauf- und Gehbewegungen führt der Wechsel zwischen Muskelanspannung und -erschlaffung zu einer mechanischen Reizung des Darmes, evtl. vergleichbar einer Massage, und damit zu einer natürlichen Anregung der Darmtätigkeit. Genau deshalb sind regelmäßige Bewegung und ballaststoffreiche Ernährung für die Gesundheit so wichtig!

Die Tabelle stellt die Gründe einer erschwerten Verdauung (inklusive Stuhlgangsproblemen) der normalen Verdauung gegenüber:

Konditoreiwaren
Fettreich (Frittiertes, Gebratenes)
Bewegungsarmut
Geringe Trinkmenge

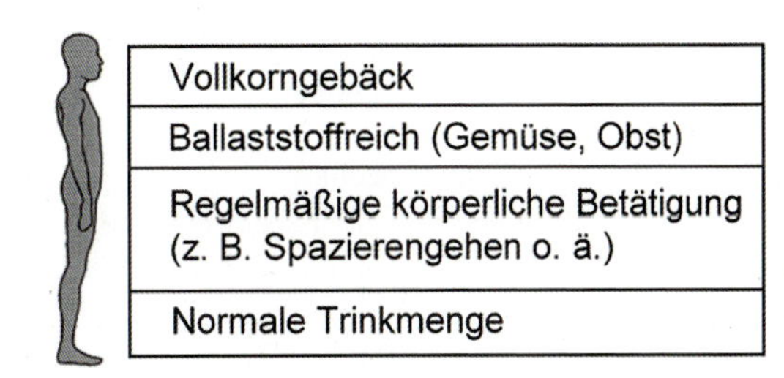

Vollkorngebäck
Ballaststoffreich (Gemüse, Obst)
Regelmäßige körperliche Betätigung (z. B. Spazierengehen o. ä.)
Normale Trinkmenge

Flüssigkeitsbedarf

Ein Erwachsener benötigt täglich eine Flüssigkeitsmenge von etwa 2,5 Liter (Aufrechterhaltung der Körperfunktionen, Stoffwechsel). **Mindestens 1,5 Liter** müssen in Form von Getränken aufgenommen werden. Auch feste Nahrungsmittel enthalten einen Flüssigkeitsanteil bzw. in den Körperzellen entsteht durch bio-chemische Vorgänge bei der Energiegewinnung aus Zuckern Wasser.

7.1.2 Stoffwechsel

Die Nahrungsaufnahme dient u. a. der Energiebereitstellung für die Körperzellen, die Energie für mechanische Bewegungen (= Muskelaktivität) und biochemische Vorgänge (z. B. Herstellung von Eiweißmolekülen) benötigen. Zur Aufrechterhaltung eines gleichmäßigen Energieangebotes

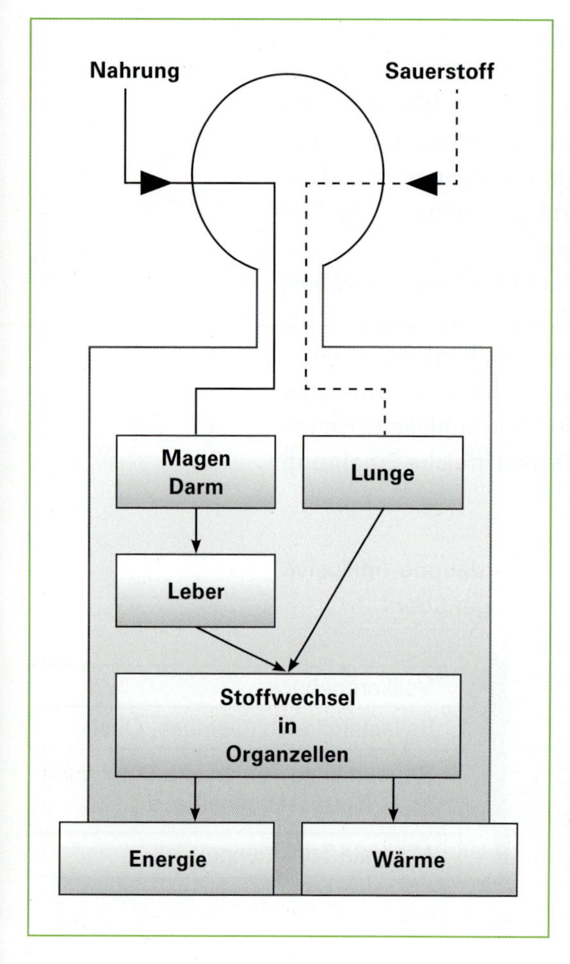

Abbildung 274: Stoffwechsel

reguliert die Leber den Blutzuckerspiegel: Bei Bedarf gibt sie Energieträger (Zucker) in das Blut ab. Für den Energiestoffwechsel benötigt der Körper Sauerstoff, den er über die Lunge aufnimmt und mit Hilfe roter Blutkörperchen zu den Organen transportiert. Eiweiße und Mineralstoffe aus der Nahrung werden direkt für den Aufbau des Körpers (z.B. Muskelmasse, Knochen,) verwendet. Mit dem Blut können die Nährstoffe im gesamten Organismus verteilt werden. Die Gesamtheit dieser Vorgänge nennt man **Stoffwechsel.** Die Wege der Nahrung und des erforderlichen Sauerstoffs sind hier schematisch dargestellt. Ziel des Stoffwechsels, zum Beispiel der Muskelzellen, ist die Bereitstellung von Energie für mechanische Bewegungen. Wärme fällt als „Abfallprodukt" der chemischen Reaktion an.

7.1.3 Energieträger

Kohlenhydrate (Stärke, Zucker), Ballaststoffe

Aus Kohlenhydraten (Stärke, Zucker) können Körperzellen am einfachsten Energie herstellen. Bei kurzzeitigen Belastungen, z.B. Laufbelastung oder Hebevorgänge, schöpfen die Muskelzellen ihren Energiebedarf ausschließlich aus Kohlenhydraten. Kartoffeln, Getreideprodukte (Nudeln, Brot), Obst und Gemüse sind Kohlenhydratquellen. Die Hälfte des täglichen Energiebedarfs sollte durch Kohlenhydrate gedeckt werden. Besonders wertvoll sind Nahrungsmittel, wenn sie neben den Energieträgern auch Mineralien, Vitamine (s.u.) und Ballaststoffe (pflanzliches Fasermaterial) enthalten. Ballaststoffe machen satt, senken den Cholesterinspiegel im Blut, beugen Herzinfarkt und Darmkrebs vor. Sie sind vor allem in Vollkornprodukten, Gemüse, Obst und Hülsenfrüchten enthalten. Die empfohlene Menge liegt bei 25 bis 30 Gramm pro Tag. Da Ballaststoffe Wasser binden, sollte auf eine höhere Flüssigkeitszufuhr geachtet werden. Im Gegensatz zu Ballaststoffen wird Traubenzucker sehr rasch von den Verdauungsorganen

Abbildung 275: Zuckerhaltige Lebensmittel

aufgenommen und an das Blut abgegeben, so dass es zu einem schlagartigen unerwünschten Blutzuckeranstieg kommt, der eine ebenso heftige körperseitige Gegenregulation (Insulinausschüttung) hervorruft, die einerseits zu einer raschen Aufnahme des Zuckers in die Zellen, andererseits aber auch oft zu einer überschießenden Blutzuckersenkung führt. In Folge dieser Unterzuckerung kommt es wieder zu einem (Heiß-)Hungergefühl und dramatischem Leistungsverlust. Leicht aufnehmbare Zuckerformen wie Traubenzucker, Industriezucker, Honig oder weißes Mehl (z. B. Weißbrot) machen auf Dauer „dick und krank".

Zuviel Zucker, egal ob im Essen oder Trinken, ist generell schlecht, da Zucker relativ viel Kohlenhydrate enthält. Werden diese nicht verbraucht, so werden sie in Körperfett umgewandelt. Neben zuviel Fett in der Nahrung ist somit auch zuviel Zucker eine der Hauptursachen für Übergewicht.

Fett

Fett ist ein Energieträger, der von der Arbeitsmuskulatur bei lang andauernden (> 30 min) (Ausdauer-)Belastungen mittlerer Intensität verwertet wird, z. B. beim Joggen, Radfahren, Rudern. Aus Fett lässt sich doppelt so viel Energie (38 kJ ≈ 9,3 kcal) wie aus der gleichen Menge Eiweiß oder Kohlenhydrate freisetzen. Die Organzellen benötigen Fett als Bausubstanz, weiterhin ist Fett erforderlich bei der Aufnahme fettlöslicher Vitamine (Vitamin A, D, E, K). In Nahrungsmitteln tierischer Herkunft (Fleisch-/

Wurstwaren, Milchprodukte) ebenso wie in Pflanzen (z.B. Kokos, Sonnenblumen, Raps, Oliven, Nüsse) kommen Fette vor.
Der Fettanteil in der täglichen Nahrung sollte 30% nicht übersteigen (ca. 70 g pro Tag). Fehlen o.g. Ausdauerbelastungen im täglichen Bewegungsmuster, so wird der Energieträger Fett vom Körper gespeichert und man nimmt zu!
Speisefette unterscheiden sich in ihrer Qualität deutlich. Die Verwertung „gesättigter" Fettsäuren aus z.B. Kokosfett, Fleischwaren, Milchprodukten, Kuchen und Schokolade ist für den Körper ungünstig. Gemeinsam mit Fetten vor allem tierischer Herkunft nimmt der Körper Cholesterin auf. Sind die Blutfettwerte bzw. der Cholesterinwert ständig erhöht, so kann fettreiche Nahrung zum Erkrankungsfaktor für Blutgefäße werden. Unter ungünstigen Bedingungen werden Blutfette, u.a. auch Cholesterine, in der Gefäßwand abgelagert und führen so zur Gefäßverengung.

PRAXIS-TIPP

Fett sollte am besten über **ungesättigte Fettsäuren** aufgenommen werden, da diese vom Körper leichter verarbeitet werden können als gesättigte Fettsäuren. Ungesättigte Fettsäuren sind z.B. in Nüssen, Oliven- und Sonnenblumenöl enthalten, gesättigte z.B. in Fleischwaren, Milchprodukten, Kuchen oder Schokolade.

In der Tabelle sind die Energieträger verschiedenen typischen körperlichen Belastungsbeispielen zugeordnet, die von den Zellen der Arbeitsmuskulatur zur Deckung ihres Energiebedarfes verwertet werden:

Abbildung 276: Gegenüberstellung der Energieträger bei Kurz- und Dauerbelastung

Fett	**Zucker (Kohlenhydrate)**
Lang dauernde Belastung, maximal mittlere Belastungshöhe	Kurzzeitbelastung, hohe Belastungsstärke
Jogging	Sprint
Zügiges Spazierengehen (> 45 min)	Krafttraining
Fahrradfahren	Gewichtheben

Proteine (= Eiweiße)

Eiweiß ist in tierischen und pflanzlichen Nahrungsmitteln (z.B. Hülsenfrüchte, Soja, Mais) enthalten. Körperzellen benötigen Eiweiß für ihre Zellstruktur, biochemische Vorgänge des Stoffwechsels und z.B. im Blut als Transportmoleküle für Botenstoffe oder Stoffwechselprodukte. Bestimmte Eiweiße stellt der Körper selbst her, andere müssen mit der Nahrung aufgenommen werden. 10–15% der täglichen Energiezufuhr sollte aus Eiweißen bestehen. Der Tagesbedarf des Erwachsenen wird bereits durch 1 g Eiweiß pro Kilogramm Körpergewicht gedeckt.

Vitamine

Vitamine sind lebenswichtige Nahrungsbestandteile, die für biochemische Vorgänge des Stoffwechsels zwingend erforderlich sind und vom Körper überwiegend nicht selbst hergestellt werden können. Vollkornprodukte, Hülsenfrüchte, frisches Gemüse und Obst, Fleisch, Fisch und Eier enthalten Vitamine. In Zeiten eingeschränkter Nahrungsverfügbarkeit traten bestimmte Erkrankungen als direkte Folge von Vitaminmangel auf (Nerven-, Haut-, Knochenerkrankungen). Das abwechslungsreiche Nahrungsangebot Europas stellt derzeit die ausreichende Versorgung des Körpers mit Vitaminen sicher. Für eine ausgewogene Ernährung sind keine Vitaminpräparate oder Nahrungsergänzungsmittel erforderlich. Viele Vitamine sind gegen Hitze empfindlich bzw. zersetzen sich bei längerer Lagerung und werden für die Ernährung wertlos. Eine schonende Zubereitung der Speisen ist nicht zuletzt für die Vitaminversorgung wichtig.

Abbildung 277: Vitaminträger: Gemüse und Obst

PRAXIS-TIPP

Frisches Obst bzw. ungegartes Gemüse sollten daher den täglichen Speiseplan regelmäßig ergänzen!

Mineralstoffe

Mineralstoffe sind anorganische Nährstoffe, die u.a. zur Informationsübertragung der Nerven und Körperzellen, der Muskelaktivität und in biochemischen Enzymen benötigt werden. Z.B. ist Kalzium, das u.a. in Milchprodukten enthalten ist, zum Knochenaufbau erforderlich. Eisen benötigt der Körper für die Bildung des roten Blutfarbstoffes, an dem Sauerstoff von der Lunge zu den Organen transportiert wird. Quellen für Eisen sind Fleischprodukte, Hülsenfrüchte und bestimmte Getreide. Jod ist Bestandteil des Schilddrüsenhormons, das Stoffwechsel- und Wachstumsvorgänge steuert. Da in vielen Regionen Deutschlands im Trinkwasser kein oder zuwenig Jodid vorhanden ist, sollten u.a. mindestens jodiertes Speisesalz und z.B. Seefisch regelmäßig verzehrt werden.

7.1.4 Energiebedarf

Energie

Als Maßeinheit der Energie werden Kalorie (cal) und Joule (J) nebeneinander verwendet. Dies erfordert manchmal eine Umrechnung.
Eine Kalorie entspricht dem Wärmewert, der ausreicht, um 1 Gramm Wasser von 14,5 °C auf 15,5 °C zu erwärmen. Eine Kilokalorie (kcal) ist entsprechend die Wärmemenge, die ausreicht, um ein Kilo Wasser um ein Grad zu erhöhen.
Ein Joule (J) entspricht der Energiemenge, die benötigt wird, um eine Sekunde lang die Leistung von einem Watt (das entspricht in etwa der Leistung des menschlichen Herzens) zu erbringen.
Umgerechnet wird wie folgt:

4,19 Joule (J)	= 1 Kalorie (cal)
4,19 Kilojoule (KJ)	= 1 Kilokalorie (kcal)

Der tägliche **Energieverbrauch** des Menschen ist die Summe von Grund- und Leistungsumsatz. Der **Grundumsatz,** der abhängig von Geschlecht, Alter, Körpergröße und Gewicht ist, beschreibt die Energiemenge, die der Körper für die Grundfunktionen in Ruhe benötigt. Übrigens: Die Leber und die Skelettmuskulatur mit jeweils 25 % sowie

das Gehirn mit rund 20% haben den höchsten Anteil am Grundumsatz. Dann folgt das Herz mit 9% und die Nieren mit 7%. Der Rest entfällt auf den übrigen Organismus. Mit **Leistungsumsatz** wird der zusätzliche Energiebedarf bezeichnet, den körperliche Bewegung verlangt. Die Höhe des Leistungsumsatzes wird wesentlich von der Belastung der Arbeitsmuskulatur und der Umgebungstemperatur bestimmt.
Den individuellen Energieverbrauch kann man mit einer Faustformel abschätzen:

FORMEL

Vereinfachte Formel zur Berechnung des Energiebedarfes normalgewichtiger Personen:

Grundumsatz (kJ) = Broca-Index · Geschlechtsfaktor
Gesamtumsatz = Grundumsatz · Aktivitätsfaktor

Der Broca-Index dient zur groben Abschätzung des „Normalgewichtes" einer Person

Broca-Index = Körpergröße [cm] – 100 = Normalgewicht [in kg]

Geschlechtsfaktor: Männer = 90, Frauen = 80
Aktivitätsfaktor: hauptsächlich am Steuer und bewegungsarme Freizeitgestaltung = 1,4; während der Arbeit und in der Freizeit überwiegende Bewegung = 1,7

Rechenbeispiel:

Merkmale	**Rohdaten**	**Rechengrößen**	**Rechenwerte**
Körpergröße	1,80 m	Broca-Index = 180 – 100	80
Geschlecht	männlich	Geschlechtsfaktor	90
Tätigkeit	überwiegend Fahren, in der Freizeit geringe körperliche Aktivität	Aktivitätsfaktor	1,4

Gesamtumsatz = 80 · 90 · 1,4 = 10.080 kJ
Ein 80 kg schwerer, normalgewichtiger Mann, der im Beruf und in der Freizeit geringe körperliche Aktivitäten aufweist, hat einen Gesamtumsatz von ca. 10.100 kJ (= ca. 2.410 kcal, der Umrechnungsfaktor Kalorie (cal) in Joule (J) ist 4,19).

AUFGABE

Wie hoch ist der Gesamtumsatz eines 1,80 großen, normalgewichtigen Mannes, der in der Freizeit regelmäßig Sport treibt?

Eine tägliche Nahrungsaufnahme mit einem Energiegehalt von 10.000–12.600 kJ (2.400–3.000 kcal) ist für Männer in der Regel ausreichend. Liegen keine besonderen körperlichen Belastungen vor, so genügen für Frauen 8.500–11.000 kJ (2.000–2.600 kcal).
Reine Fahrtätigkeit, die vergleichbar mit Schreibtisch- bzw. Büroarbeit ist, wird zu den körperlich leichten Tätigkeiten gerechnet. Der Energieverbrauch eines Bus- oder Lkw-Fahrers ist in der Regel nicht sehr hoch, somit werden die zuviel aufgenommenen Energieträger nicht verbraucht, sondern als Fett gespeichert, d. h. er nimmt zu!

Wieviele Kalorien in bestimmten Lebensmitteln enthalten sind, können Sie der folgenden, beispielhaften Kalorientabelle entnehmen. Bei vielen Produkten ist der Kalorienwert auch auf der Verpackung angegeben. Achten Sie dabei auch immer auf die Menge, die diesem Wert zugrunde liegt.

Abbildung 278: 100 g Salat enthalten ca. 48 kcal

Abbildung 279: 100 g Kartoffelchips enthalten ca. 598 kcal

Nahrungsmittel	Menge	Energie in kcal
In der Raststätte		
Salat mit Hähnchen	100 g	48
Chili con Carne	100 g	101
Spaghetti Bolognese	100 g	129
Reisauflauf mit Käse und Schinken	100 g	143
Frikadelle	100 g	187
Schweineschnitzel paniert	100 g	236
Hamburger	100 g	295
Currywurst	100 g	344
Pommes frites	100 g	350
Unterwegs		
Apfel	100 g	49
Banane	100 g	70
Vollmilchjoghurt mit Früchten	100 g	106
Gummibärchen	100 g	332
Vollmilchschokolade	100 g	569
Kartoffelchips	100 g	598

Achtung, alle Angaben sind nur ungefähre Werte!

Überschlagen Sie einmal, wieviel kcal Sie am Tag zu sich nehmen! Vergleichen Sie diesen Wert dann mit dem Gesamtumsatz.

- Welches Verhalten zu einer gesunden Verdauung beiträgt.
- Wie hoch der tägliche Flüssigkeitsbedarf ist.
- Welche Energieträger es gibt und was diese bewirken.
- Wie Sie Ihren individuellen Energiebedarf ermitteln.

TIPPS FÜR UNTERWEGS

Verpflegung unterwegs

Der Speiseplan

Regelmäßig in Rasthöfen zum Essen gehen, ist teuer. Da bleibt am Monatsende vom Lohn und den Spesen kaum etwas übrig. Viele Kollegen, die im Fernverkehr fahren, sind deswegen zu Selbstversorgern geworden. Die kennen sämtliche Supermarktfilialen, die sie auf ihren Stammstrecken ohne zeit- und spritaufwendige Umwege ansteuern können und versorgen sich dort vor langen Touren mit Proviant: Kaffee, Tee, Mineralwasser, Obst, Gemüse, Brot, Wurst, Joghurt und Käse stehen dann, genau wie zu Hause, auf dem Speiseplan. Damit warme Speisen im Wochenverlauf nicht zu kurz kommen, wird die Marschverpflegung meist noch durch Fertiggerichte aus Dosen und Tüten ergänzt.

Wer seine Einkaufsliste nach den Regeln der Deutschen Gesellschaft für Ernährung zusammenstellt, kann sich auch im Lastwagen ausgewogen ernähren. Fertiggerichte stehen dem nicht entgegen. Schließlich können sie die schnelle Mahlzeit aus der Dose beim Kochen im Lkw ja immer wieder mal mit kleingeschnittenen Zwiebeln oder frischem Gemüse aufpeppen. Das sorgt für Nachschub an frischen Vitaminen und stiftet ein paar zusätzliche Ballast- und Nährstoffe. Dazu kann frischer Salat den Lkw-Speiseplan ergänzen. Den gibt's in den Kühlregalen deutscher Supermärkte ja inzwischen in kleinen Portionen abgepackt, inklusive Dressing in verschiedenen Geschmacksrichtungen.

© Reiner Rosenfeld

Warme Mahlzeit – kein Problem!

Was nun noch fehlt, um wirklich unabhängig von teuren Autohöfen und Restaurants leben zu können, ist ein anständiger Kocher. Am besten einer der flachen Gaskocher **(Foto)**, die seit ein paar Jahren unter Lkw-Fahrern Furore machen. Dieser Kochertyp hat sich beim Einsatz in der Kabine bewährt, weil er Töpfen, Wasserkesseln oder Pfannen eine große, sichere Standfläche bietet. Da wird der Nachteil, dass für passende Gaskartuschen verhältnismäßig viel Geld auf den Tisch gelegt werden muss, gerne in Kauf genommen. Zu kaufen gibt's die Kocher im Campinghandel oder auf Truckerhöfen.

Immer schön kühl bleiben

Damit empfindliche Nahrungsmittel auch in heißen Sommerwochen haltbar bleiben, gehört in jeden Lkw ein Kühlschrank oder eine Kühlbox. Aber kein extrabilliges Sparmodell für 20 Euro aus dem Supermarkt, sondern ein hochwertiges Gerät, das die Kühltemperatur dauerhaft um mindestens 35 Grad unter die Umgebungstemperatur drücken kann. Das schaffen eigentlich nur die sogenannten Kompressorgeräte. Die sind zwar alles andere als billig, haben dafür aber auch noch den Vorteil, dass sie sehr energiesparend laufen. Achtung: Kompressorgeräte sind eigentlich unverwüstlich, solange eine wichtige Grundregel beachtet wird: Stellen Sie das Gerät unbedingt auf „Off“, bevor in einer Werkstatt die Fahrzeugkabine nach vorne gekippt wird. Bei diesem extremen Neigungswinkel besteht die Gefahr, dass Öl zur Saugseite des Kompressors läuft. Springt dann die Kühlung an, brennt der Elektromotor durch, weil Öl nicht verdichtet werden kann. Schalten Sie deswegen das Kühlaggregat auch erst dann wieder an, wenn die Kabine schon geraume Zeit (mindestens eine Stunde) wieder in der Waagrechten ist, damit das Öl zurück fließen kann.

Kochen – drinnen und draußen

Bei der Ausstattung der Fahrzeugkabine mit Kochutensilien sind einige Kollegen übrigens sehr erfinderisch. Einige bringen ihr Equipment in sogenannten Kochkisten **(Foto)** im Fahrerhaus unter. Da findet sich alles was wichtig ist für die gesunde Ernährung an Bord: Kocher, Töpfe, Tassen, Teller und Besteck; Gewürze, Nahrungsmittel und Spülmittel samt Bürste. Unbestrittener Vorteil einer Kochkiste ist ihr variabler Einsatzort. Bei schlechtem Wetter wird drinnen gekocht. Bei schönem Wetter kann die Kiste inklusive aller Küchengeräte auf die Schnelle aus der Kabine gehoben werden. Und schon kann Mann oder Frau im Campingstuhl sitzend das Abendessen zubereiten und dabei die Strahlen der Abendsonne genießen. Das sind dann die wirklich schönen Seiten des Truckerlebens.

Die Methode, Küchenutensilien in einem Staukasten außen am Lastwagen oder am Trailer zu deponieren und dort auch gleich zu kochen, wie das bei Kollegen aus dem Süden oder Osten Europas zu beobachten ist, hat sich im deutschen Transportalltag übrigens nicht bewährt. Dazu sind a) die Lkw-Buchten auf deutschen Parkplätzen zu eng und b) muss viel zu oft der Auflieger oder Anhänger getauscht werden.

In diesem Sinne wünschen wir Ihnen auf Ihren Fahrten durch Deutschland oder Europa immer einen vollen Kühlschrank und „Guten Appetit!“

FAHREN LERNEN **D**
Lektion 16

7.2 Gesundheitsrisiken und richtige Ernährung

Sie sollen die Qualität von Nahrungsmitteln einschätzen können und Kenntnisse über Gesundheitsrisiken bei ungünstiger Ernährung besitzen.

Nachdem wir uns mit der Verdauung, den Nahrungsinhalten und dem jeweiligen Flüssigkeits- und Energiebedarf auseinandergesetzt haben und Sie sicher schon Ihren individuellen Energiebedarf (Gesamtumsatz) ausgerechnet haben, schauen wir nachfolgend auf die Gesundheitsrisiken und was wir dagegen machen können.

7.2.1 Gesundheitsrisiken

Nach Schätzungen der Weltgesundheitsorganisation (WHO) hängt die Hälfte der Todesursachen bei Personen, die vor dem 65. Lebensjahr versterben, mit fehlerhafter Ernährung zusammen. Ungünstige Ernährung bzw. **Übergewicht** nehmen eine herausragende Position bei den Erkrankungs- und Todesursachen ein. Bewegungsmangel und zu hohe Aufnahme von Fett, Zucker und Alkohol sind für das Übergewicht verantwortlich.
Der Fettanteil an der täglichen Nahrung sollte 30 % nicht übersteigen (ca. 70 g pro Tag), tatsächlich liegt in Deutschland der durchschnittliche tägliche Fettverzehr deutlich über 110 g pro Tag. Hoher Fettverzehr führt zu erhöhten Blutfett- und Cholesterinwerten, die in Verbindung mit Bluthochdruck den Gefäßverschluss (Arteriosklerose) begünstigen. Das Risiko für Folgeerkrankungen (Bluthochdruck, Durchblutungsstörungen, Herzinfarkt, Schlaganfall) steigt deutlich.
Stoffwechselstörungen wie z. B. Zuckerkrankheit, Gicht und Osteoporose stehen in Verbindung mit ungünstigem Ernährungsverhalten. Zwischen bestimmten Darm-, entzündlichen Leber- und verschiedenen Krebserkrankungen und der Über- bzw. Fehlernährung gibt es Zusammenhänge.
Die erhöhte mechanische Belastung des Bewegungsapparates durch Übergewicht führt regelmäßig zu vorzeitigem Gelenkverschleiß und begünstigt degenerative Veränderungen der Wirbelsäule bzw. der Bandscheiben.

Häufigste Krankheitsrisiken durch Fehlernährung in Deutschland

- Herz-Kreislauf-Krankheiten
- Diabetes mellitus
- Gicht
- Fettstoffwechselstörung
- Übergewicht
- Schilddrüsenerkrankung
- Alkoholismus
- Karies
- Gallenerkrankung
- Chronische Lebererkrankungen
- Bauchspeicheldrüsenerkrankungen
- Osteoporose

7.2.2 Body-Mass-Index (BMI)

Im Jahr 2001 untersuchte eine Forschungsgruppe in Zusammenarbeit mit der Berufsgenossenschaft für Fahrzeughaltungen ca. 1000 Lkw- und Busfahrer hinsichtlich ihrer Körpermerkmale (z.B. Größe, Gewicht). Auffällig war u.a. das im Vergleich zur Normalbevölkerung deutlich erhöhte Körpergewicht, sowohl bei Fahrern als auch bei Fahrerinnen. **Durchschnittlich wog der Berufskraftfahrer ca. 8 kg mehr als eine Vergleichsperson.** Dieses Ergebnis wird auch durch neuere Umfrageergebnisse bestätigt.

Zur Abschätzung ob Übergewicht vorliegt, zieht man derzeit zwei Messgrößen einer Person heran: die in Metern gemessene Körperlänge und das in Kilogramm gemessene Körpergewicht. Aus beiden Parametern wird der „Body-Mass-Index“, kurz BMI errechnet:

FORMEL

$$\text{BMI} = \frac{\text{Körpergewicht}}{\text{Körperlänge}^2}$$

Beispiel: 90 kg schwere Person, 1,78 m groß:

$$\text{BMI} = \frac{90}{(1{,}78 \cdot 1{,}78)} = 28{,}41$$

Abbildung 280:
BMI

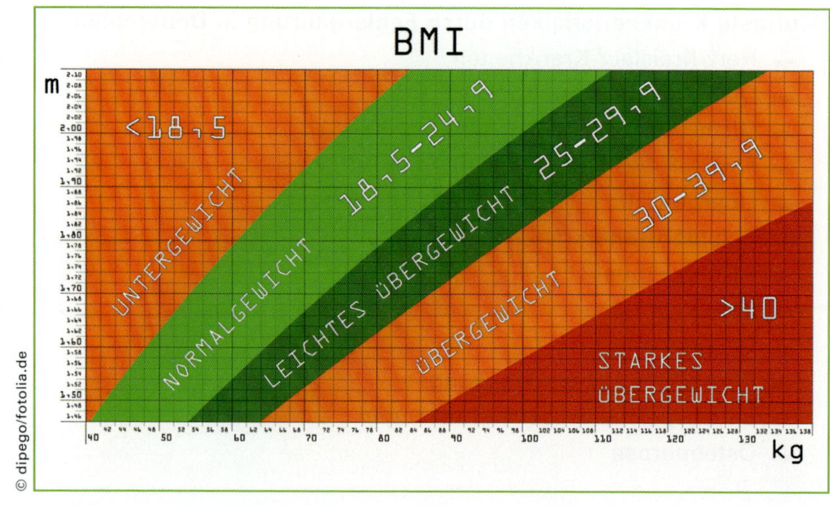

Ein BMI-Wert zwischen 18 und 25 zeigt **Normalgewicht** an. BMI-Werte zwischen 26 und 30 weisen auf **Übergewicht** hin, das reduziert werden sollte. BMI-Werte von mehr als 30 zeigen eine dringend erforderliche Gewichtsabnahme an. Bei einem BMI-Wert von über 40 handelt es sich um starkes Übergewicht. Die Interpretation des BMI gilt gleichermaßen für Frauen und Männer, basiert jedoch auf Durchschnittswerten. Sollten Sie Kraftsportler sein, so dürfte Ihr BMI Index durchaus etwas höher sein, da Sie eine überdurchschnittliche Muskelmasse besitzen. Einen erhöhten BMI-Wert allerdings nur auf „schwere Knochen" zu schieben, wäre falsch – es sei denn, Sie hätten künstliche Metallgelenke.

Berechnen Sie nun Ihren eigenen Body-Mass-Index. Er gibt Ihnen eine gewisse Standortbestimmung und keine Angst: Sie müssen das Ergebnis nicht Ihrem Nachbarn verraten!

Eine weitere einfache Abschätzung, ob aus dem Übergewicht mit hoher Wahrscheinlichkeit Gesundheitsrisiken resultieren, ist mit Hilfe der Betrachtung des **Fettverteilungsmusters** möglich:
Eine „apfelförmige" Stammfettverteilung (männlicher Typ) mit relativ schlanken Armen und Beinen und großem Bauchumfang (bei Männern mehr als 94 cm, bei Frauen mehr als 80 cm), ist als ungünstiger Prognosefaktor zu bewerten. Personen mit dieser Form der Fettverteilung un-

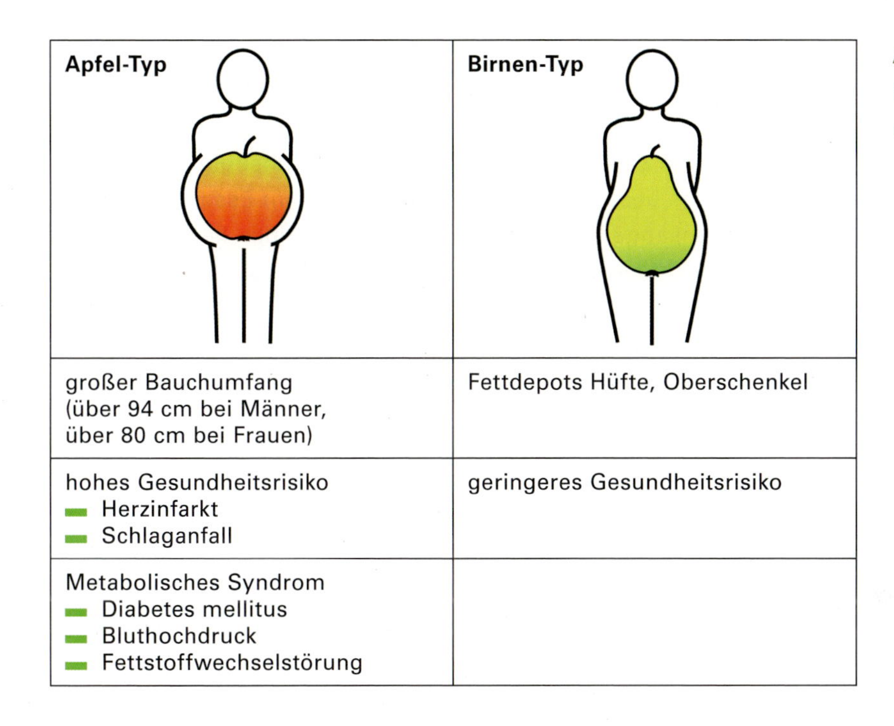

Apfel-Typ	Birnen-Typ
großer Bauchumfang (über 94 cm bei Männer, über 80 cm bei Frauen)	Fettdepots Hüfte, Oberschenkel
hohes Gesundheitsrisiko - Herzinfarkt - Schlaganfall	geringeres Gesundheitsrisiko
Metabolisches Syndrom - Diabetes mellitus - Bluthochdruck - Fettstoffwechselstörung	

Abbildung 281: Fettverteilungsmuster

terliegen dem deutlich erhöhten Risiko, Gesundheitsschäden zu erleiden: Fettstoffwechselstörung, gehäuftes Auftreten von Zuckerkrankheit, Bluthochdruckerkrankung und Durchblutungsstörungen an den Herzkranzgefäßen.

Als günstiger wird eine „birnenförmige" Stammfettverteilung angesehen (weiblicher Typ), d. h. Fettverteilung hauptsächlich auf Hüften und Oberschenkeln.

Das individuelle Fettverteilungsmuster bzw. der Bauchumfang sind eng verbunden mit dem Risiko, Folgeerkrankungen zu erleiden.

Beispielbetrachtung: Energiebedarf Joggen

Der Leistungsumsatz wird durch Dauerlauf/Joggen gegenüber dem „Ruhezustand vor dem Fernseher" deutlich erhöht. Ein 80 kg schwerer Läufer, der eine 4 km lange Strecke mit mittlerer Laufgeschwindigkeit überwindet, verbraucht ca. 750 kJ (180 kcal), was dem „Heizwert" von ca. 15 g Butter entspricht.

Grundsätzlich helfen regelmäßige (3–5 mal die Woche), leichte bis mittlere Ausdauerbelastungen (Joggen, Schwimmen, Radfahren, Rudern), um Übergewicht zu vermindern.

7.2.3 Günstige und ungünstige Nahrungsmittel

Als Bus- und Lkw-Fahrer sind Sie bei Ihren Mahlzeiten von den Randbedingungen wie z. B. Dienst- und Pausenzeiten abhängig. Die Verpflegung unterwegs besteht häufig aus mitgebrachtem Essen. Im Gegensatz zum Essensangebot in Raststätten oder Kantinen liegt der Vorteil der selbst zusammengestellten **Brotzeit** darin, dass sie kostengünstiger ist und dass man Einfluss auf die Qualität und den Geschmack der ausgewählten Lebensmittel nehmen kann.
Bei Gast- und Raststättenbesuchen sollten Sie der Verlockung sogenannter „Truckermenüs" mit in Fett Gebratenem oder Frittiertem widerstehen. Denn die XXL-Mantaplatte (Currywurst und Pommes weiß/rot) oder satte Schweinesteaks mit Bratkartoffeln und Butterbohnen sind schlicht zu fett und salzig und liegen schwer im Magen. Das wiederum führt zu schnellerer Ermüdung und langsamerer Reaktion im Straßenverkehr.
Gut für Geist und Körper und somit auch für die Leistungs- und Konzentrationsfähigkeit sind mehrere kleinere, kohlenhydratreiche, aber fettarme Mahlzeiten über den Tag verteilt.
Zur leichteren Orientierung innerhalb des vielfältigen Speisenangebotes können der Ernährungskreis der Deutschen Gesellschaft für Ernährung e. V. (DGE) und die zehn DGE-Regeln dienen. Durch Einhaltung dieser Regeln bleibt die breite „Nahrungsmittelpalette", und damit der Spaß und Genuss am Essen erhalten.

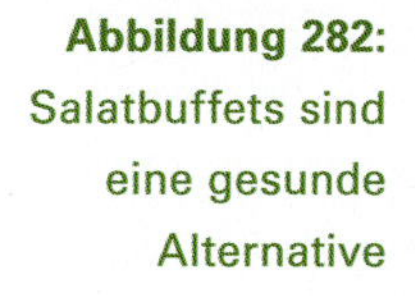

Abbildung 282:
Salatbuffets sind eine gesunde Alternative

1. Vielseitig essen

Genießen Sie die Lebensmittelvielfalt. Merkmale einer ausgewogenen Ernährung sind abwechslungsreiche Auswahl, geeignete Kombination und angemessene Menge nährstoffreicher und energiearmer Lebensmittel.

Abbildung 283: DGE-Ernährungskreis®

2. Reichlich Getreideprodukte und Kartoffeln

Brot, Nudeln, Reis, Getreideflocken, am besten aus Vollkorn, sowie Kartoffeln enthalten kaum Fett, aber reichlich Vitamine, Mineralstoffe, Spurenelemente sowie Ballaststoffe und sekundäre Pflanzenstoffe. Verzehren Sie diese Lebensmittel mit möglichst fettarmen Zutaten.

3. Gemüse und Obst – Nimm „5 am Tag" …

Genießen Sie 5 Portionen Gemüse und Obst am Tag, möglichst frisch, nur kurz gegart, oder auch eine Portion als Saft – idealerweise zu jeder Hauptmahlzeit und auch als Zwischenmahlzeit: Damit werden Sie reichlich mit Vitaminen, Mineralstoffen sowie Ballaststoffen und sekundären Pflanzenstoffen (z. B. Carotinoiden, Flavonoiden) versorgt. Das Beste, was Sie für Ihre Gesundheit tun können.

4. Täglich Milch und Milchprodukte; ein- bis zweimal in der Woche Fisch; Fleisch, Wurstwaren sowie Eier in Maßen

Diese Lebensmittel enthalten wertvolle Nährstoffe, wie z. B. Calcium in Milch, Jod, Selen und Omega-3 Fettsäuren in Seefisch. Fleisch ist wegen des hohen Beitrags an verfügbarem Eisen und an den Vitaminen B_1, B_6 und B_{12} vorteilhaft. Mengen von 300–600 Gramm Fleisch und Wurst pro Woche reichen hierfür aus. Bevorzugen Sie fettarme Produkte, vor allem bei Fleischerzeugnissen und Milchprodukten.

5. Wenig Fett und fettreiche Lebensmittel

Fett liefert lebensnotwendige (essentielle) Fettsäuren und fetthaltige Lebensmittel helfen das der Körper fettlösliche Vitamine aufnehmen kann. Fett ist besonders energiereich, daher fördert zu viel Nahrungsfett das Übergewicht. Zu viele gesättigte Fettsäuren erhöhen das Risiko für Fettstoffwechselstörungen, mit der möglichen Folge von Herz-Kreislauf-Krankheiten. Bevorzugen Sie pflanzliche Öle und Fette (z. B. Raps- und Sojaöl und daraus hergestellte Streichfette). Achten Sie auf unsichtbares Fett, das in Fleischerzeugnissen, Milchprodukten, Gebäck und Süßwaren sowie vielen Fast-Food und Fertigprodukten enthalten ist. Insgesamt 60 – 80 Gramm Fett pro Tag reichen aus.

6. Zucker und Salz in Maßen

Verzehren Sie Zucker und Lebensmittel, bzw. Getränke, die mit verschiedenen Zuckerarten (z. B. Glucosesirup) hergestellt wurden, nur gelegentlich. Würzen Sie kreativ mit Kräutern und Gewürzen und wenig Salz. Verwenden Sie Salz mit Jod und Fluorid.

7. Reichlich Flüssigkeit

Wasser ist absolut lebensnotwendig. Trinken Sie rund 1,5 Liter Flüssigkeit jeden Tag. Bevorzugen Sie Wasser – ohne oder mit Kohlensäure – und andere kalorienarme Getränke. Alkoholische Getränke sollten nur gelegentlich und nur in kleinen Mengen konsumiert werden.

8. Schmackhaft und schonend zubereiten

Garen Sie die jeweiligen Speisen bei möglichst niedrigen Temperaturen, soweit es geht kurz, mit wenig Wasser und wenig Fett – das erhält den natürlichen Geschmack, schont die Nährstoffe und verhindert die Bildung schädlicher Verbindungen.

9. Nehmen Sie sich Zeit, genießen Sie Ihr Essen

Bewusstes Essen hilft, richtig zu essen. Auch das Auge isst mit. Lassen Sie sich Zeit beim Essen. Das macht Spaß, regt an vielseitig zuzugreifen und fördert das Sättigungsempfinden.

10. Achten Sie auf Ihr Gewicht und bleiben Sie in Bewegung

Ausgewogene Ernährung, viel körperliche Bewegung und Sport (30 bis 60 Minuten pro Tag) gehören zusammen. Mit dem richtigen Körpergewicht fühlen Sie sich wohl und fördern Ihre Gesundheit.

PRAXIS-TIPP

Tipps zu gesunder Ernährung

Das besser nicht	Das hält fit
STATT ...	**WÄHLEN SIE**
Croissants	Obst Müslibrötchen
Brot/Brötchen mit Salami Salate mit Mayonnaise	Brötchen mit z. B. Schinken, Pute; Gemüsestreifen zum Brot Salate mit Essig/Öl
Currywurst mit Pommes frites	Nudeln mit Tomatensauce
Gerichte mit Sahnesaucen Gyros mit Pommes	Reis oder Gemüseaufläufe
Paniertes Schnitzel mit Kartoffelsalat Panierte Hähnchenteile mit Pommes und Cola	Schnitzel/Kotelett natur gebraten mit Gemüse oder Salat

Abbildung 284:
Gesunde Ernährung

AUFGABE

Welche Energieträger decken den Energiebedarf eines Bus- oder Lkw-Fahrers?

Welche Energieträger führen zu Übergewicht eines Bus- oder Lkw-Fahrers und zu erhöhten Gesundheitsrisiken?

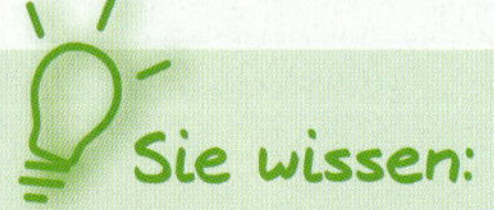

- ✔ Welche Gesundheitsrisiken durch ungünstige Ernährung entstehen.
- ✔ Wie Sie Ihren Body-Mass-Index ermitteln.
- ✔ Welche Nahrungsmittel für eine ausgewogene Ernährung und auch im Hinblick auf die Fahrtauglichkeit sinnvoll sind.

7.3 Tagesrhythmus und Müdigkeit

FAHREN LERNEN C
Lektion 1

FAHREN LERNEN D
Lektion 16

Sie sollen über Kenntnisse zur menschlichen Tagesrhythmik und deren Bedeutung für die Leistungsfähigkeit verfügen und wissen, dass die Tagesrhythmik nicht beeinflussbar ist. Sie sollen die Ursachen von Müdigkeit kennen, deren Symptome erkennen können und wissen, welche Maßnahmen bei Müdigkeit helfen.

7.3.1 Tagesrhythmus

Verschiedene Vorgänge des menschlichen Körpers (z.B. Hormonausschüttung, Körpertemperatur, Stoffwechselaktivität, psychische Ermüdung) laufen in regelmäßig wiederkehrenden Kreisläufen ab. Dieser Rhythmus ist an einen Zyklus von ca. 24 Stunden gekoppelt, der auch fortbesteht, wenn äußere Signale (Tag-Nacht-Wechsel) fehlen.
Verschiebt sich die Wachphase in die Nacht, so ändern sich die körpertypischen Abläufe nicht bzw. nur in sehr geringem Maße. So besteht beispielsweise der Verlauf der Körpertemperaturkurve, mit einer Temperaturabsenkung zur Nacht, fort. Der Wechsel der Wachphase in die Nacht hinein führt nicht zu einer parallelen Umstellung der körpereigenen Rhythmik, das heißt: **Ein „Umtrainieren" der verschiedenen Funktionen** durch z. B. lang andauernde Nachtdienstphasen **ist nicht möglich.** Als Beispiel hierzu sei noch der sogenannte Jetlag (Zeitzonenkater) genannt. Bei Interkontinentalflügen über mehrere Zeitzonen hinweg kommt unsere innere Uhr mit der Zeitverschiebung in Kollision und unser Schlaf-Wach-Rhythmus gerät durcheinander.

Leistungskurve

Wir wissen alle, dass unsere Leistungsfähigkeit über den Tag verteilt unterschiedlich ist. Die Leistungsfähigkeit und -bereitschaft folgt einer Kurve, die sich im Laufe der Evolution entwickelt hat, und die für alle Menschen in etwa gleich ist. Der Tag wird von der inneren Uhr in eine aktive Phase (= heller Tag) und eine Ruhephase (= Nacht) eingeteilt. Individuell ergeben sich nach Typ „Frühaufsteher" oder „Nachtmensch" Verschiebungen der Leistungshochs/-tiefs. Grundsätzlich muss jedoch von einer deutlich herabgesetzten Leistungsfähigkeit in den Stunden nach Mitternacht bis zum frühen Morgen ausgegangen werden.

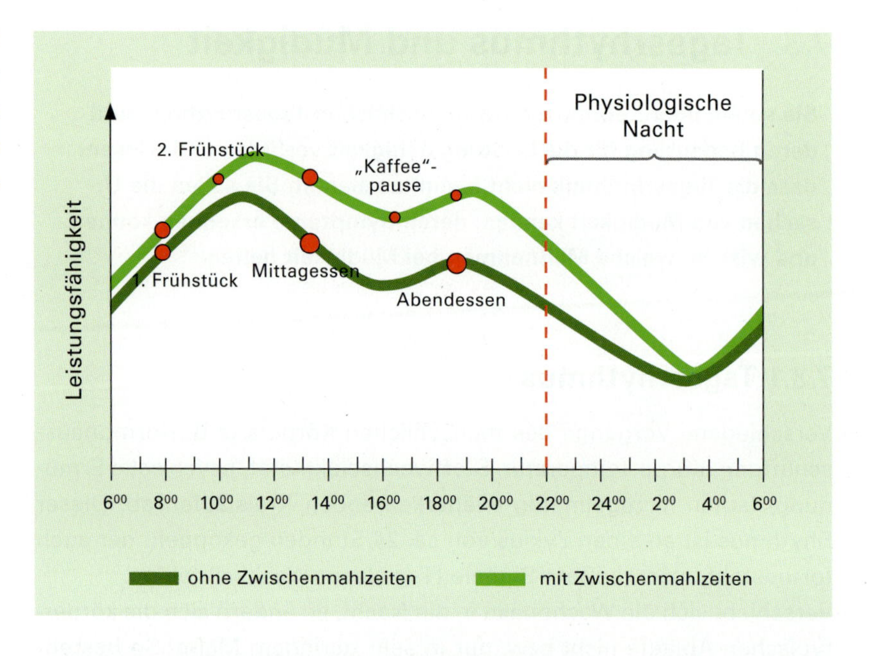

Abbildung 285: Darstellung der Leistungsfähigkeit im Verlauf eines Tages

An der Kurve ist zu erkennen, dass die „Totpunkte" in den frühen Morgenstunden und am Nachmittag liegen, während am Vormittag und am frühen Abend Leistungsspitzen bestehen. Zu unterscheiden sind noch Personen, die früh aufstehen und fit sind, – die „Lerchen" – und die „Morgenmuffel", die in der zweiten Aktivitätsphase ihre Höhepunkte haben, – die „Eulen".
Es ist nicht möglich, sich einen anderen Rhythmus anzutrainieren, die individuelle Leistungskurve ist biologisch fest programmiert. Schichtarbeiter müssen sich bewußt sein, dass sie auch zu Zeiten eingeschränkter Leistungsfähigkeit arbeiten müssen.

Abbildung 286: Sind Sie eine „Eule" oder eine „Lerche"?

7.3.2 Ermüdung und Müdigkeit

Das zentrale Nervensystem steuert über ein Aktivierungs- und Dämpfungssystem, ob wir wach und aktiv sind oder ob Erholungs- und Regenerationsprozesse ablaufen.

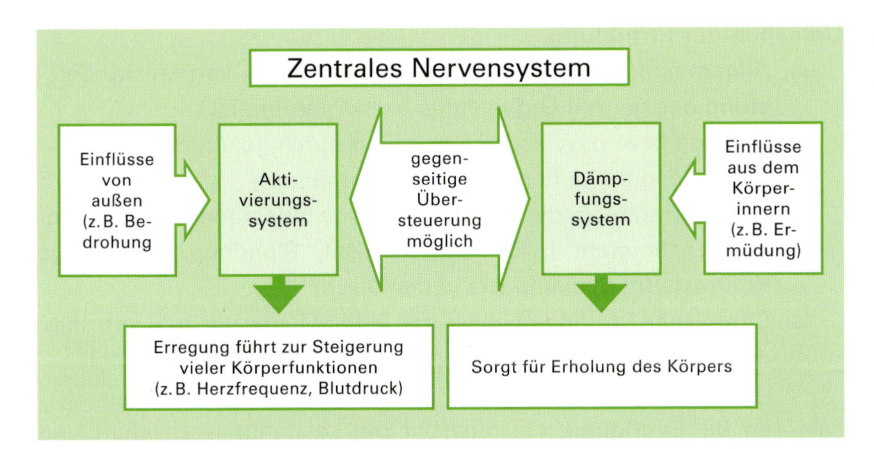

Abbildung 287: Zentrales Nervensystem

Der Schlaf

Schlaf ist ein Zustand der äußeren Ruhe. Dabei unterscheiden sich viele Körpervorgänge von denen des Wachzustands. Puls, Atemfrequenz und Blutdruck sinken ab, und die Gehirnaktivität verändert sich. Im Schlaf werden viele Hirnfunktionen blockiert, so dass sich Schlafende kaum bewegen und kaum etwas wahrnehmen. Psychische und körperliche Belastungen können den Schlaf vorübergehend aus dem Gleichgewicht bringen. Dazu spielen z.B. falsche Ernährung sowie Alkohol-, Nikotin- und Koffeingenuss eine besondere Rolle, insbesondere bei bereits vorhandenen Schlafstörungen. Auch äußere Einflüsse wie Licht, Lärm, Raumtemperatur, beengende Kleidung usw. beeinflussen den Schlaf. Besonders Schichtarbeiter oder Personen mit sehr unregelmäßiger Arbeitszeit leiden unter Schlafstörungen.

Menschen sind in unterschiedlichem Maße gegen Störungen anfällig. Auch benötigt nicht jeder gleich viel Schlaf. Wer nach wenigen Stunden Schlaf ausgeruht und tags leistungsfähig ist, hat dementsprechend ausreichend geschlafen. Wird versucht, länger zu schlafen, als eigentlich notwendig (zum Beispiel wegen des Glaubens, acht Stunden seien ein zwingendes Mindestmaß), so kann dieses Verhalten auf Dauer ebenfalls Schlafstörungen auslösen, die sich in häufigem Erwachen oder schlechter Schlafqualität äußern.

Ermüdung

Der Zustand herabgesetzter Leistungs- oder Widerstandsfähigkeit wird als Ermüdung bezeichnet. Dabei wird grundsätzlich zwischen Muskelermüdung (periphere Ermüdung) und allgemeiner Ermüdung (zentrale Ermüdung) unterschieden.

Ursachen der Ermüdung

- Allgemeine körperliche Ermüdung, die durch körperliche Belastung des ganzen Organismus hervorgerufen ist
- Geistige bzw. psychische Ermüdung durch geistige Arbeit
- Durch Monotonie hervorgerufene Ermüdung
- Augenermüdung, die durch ungünstige Belastungen des Sehapparates entsteht (z.B. Fehlsichtigkeit, Blendung, ungünstige Kontraste im Blickfeld wie in der Disco)
- Chronische Ermüdung, die durch lang andauernde und verschiedenartige Ermüdungseinflüsse bedingt ist

Faktoren für Ermüdung, die messbar die Leistungsbereitschaft und Leistungsfähigkeit reduzieren:

- Dauer und Intensität körperlicher und geistiger Arbeit
- Umgebungsfaktoren wie Licht, Lärm, Klima
- Psychische Faktoren wie Sorgen, Angst, Konflikte
- Krankheit, Schmerzen, Ernährungsfehler
- Überforderung oder Unterforderung (z.B. Monotonie)

Symptome bei Müdigkeit

- Herabsetzung der Aufmerksamkeit
- Verlangsamung und Dämpfung der Wahrnehmung
- Behinderung des Denkens
- Abnahme des Leistungswillens
- Abnahme der Leistungsfähigkeit (körperlich und geistig)

Schlafdefizit

Durch verkürzten Nachtschlaf stellt sich ein Schlafdefizit ein. Verschiedene Ursachen können hierfür verantwortlich sein: verkürzte oder fehlende Tiefschlafphase mit mangelhafter psychischer Erholung, Störung der Hormonproduktion bei verkürzter Schlafdauer, unzureichende Zellregeneration u.v.m. Betroffene Personen sind weniger er-

holt und anfälliger für Leistungseinbußen wie z. B. Konzentrationsstörungen.
Wurde die normale Schlafphase einmalig um nur wenige Stunden verkürzt, so kann der Körper diesen Mangel in den folgenden Nächten ausgleichen. Sind die Schlafphasen regelmäßig verkürzt (< 5 Stunden), z. B. durch Störungen oder durch Nachtschichten, so ist ein einfacher Ausgleich des Schlafdefizites nicht mehr möglich. Die Leistungsfähigkeit Betroffener ist tagsüber deutlich herabgesetzt. Sehr häufig besteht eine erhöhte Reizbarkeit. In monotonen Situationen besteht die Gefahr, sehr schnell müde zu werden, z. B. bei eintönigen Autobahnfahrten.

Müdigkeit

Definition: Müdigkeit ist ein Missbehagen aufgrund vorangehender Anstrengung, einer Krankheit oder des unterdrückten Schlafbedürfnisses.

Woran erkennt man Müdigkeit?

- Gähnen
- Brennende Augenlider
- Blendempfindlichkeit
- Häufiges Augenzwinkern
- Verspannungen der Schulter- und Rückenmuskulatur
- Leichte Kopfschmerzen
- Erhöhte Reizbarkeit
- Blickstarre (Bilder laufen wie im Film ab)
- Tunnelförmige Einengung des Blickfeldes
- Wahrnehmungsfehler bis hin zu Halluzinationen
- Schlechtes Abschätzen von Abständen zur Seite und zum vorausfahrenden Fahrzeug (auch: permanentes Fahren am oder auf dem Mittelstreifen)
- Ruckartige und unnötige Lenkradbewegungen
- Häufiges Verschalten
- Unangemessen heftige Bremsmanöver
- Verlangsamte Reaktionen
- Entscheidungsunfreudigkeit
- Konzentrations- und Orientierungsschwierigkeiten
- Übermäßige Euphorie
- Das Bedürfnis, sich die Nasenwurzel zu massieren
- Leichtes Frösteln
- Wiederholtes Aufschrecken aus Unaufmerksamkeit

Abbildung 288:
Müdigkeit

Ungewolltes Einschlafen („Sekundenschlaf")

„Sekundenschlaf" ist die populäre Bezeichnung für ungewolltes Einschlafen. Entgegen landläufiger Meinung kann der „Sekundenschlaf" auch mit offenen Augen ablaufen und in körperlich ausgeruhtem Zustand vorkommen. Die Ursache liegt z.B. in einer bequemen Sitzhaltung, bei der Nervenzellen längs der Wirbelsäule einen Ruhezustand signalisieren und damit im Gehirn das Weckzentrum ausschalten. Wenn dann die Sinneswahrnehmung der Augen noch durch monotone Bildeindrücke die Aufmerksamkeit unterfordert, wird die Gehirnaktivität soweit zurückgefahren, dass Reaktionszeiten von mehreren Sekunden die Folge sind. Die oben aufgezählten Symptome können auch ein ungewolltes Einschlafen ankündigen.

AUFGABE

Welche Strecke legt Ihr Fahrzeug zurück, wenn Sie bei einer Geschwindigkeit von 60 km/h zehn Sekunden lang schlafen?

Unfallrisiko infolge Müdigkeit

Eine vom DVR im Jahr 2012 in Auftrag gegebene und vom Marktforschungsinstitut Ipsos durchgeführte Befragung von 2000 Personen ergab, dass jeder dritte Autofahrer (34%) schon mal übermüdet Auto gefahren ist, wovon wiederum ein Drittel in einen lebensgefährlichen Sekundenschlaf gefallen war. Zwei Prozent aller Befragten gaben an, einen Verkehrsunfall mit Personen- oder Sachschaden aufgrund von Übermüdung erlebt zu haben.

Verschiedene Studien kommen zu dem Ergebnis, dass ca. 25% der Autounfälle durch Einschlafen verursacht werden. Allen Studien ist gemeinsam, dass die Ursache „Einschlafen" erst dann als wahrscheinlich angesehen wird, wenn alle anderen Faktoren (andere Verkehrsteilnehmer, Witterung, Straßenglätte, Straßenverlauf, technische Ursachen, medizinische Ursachen (z.B. Herzinfarkt, Schlaganfall usw.) ausscheiden.

Es wurde nachgewiesen, dass Schlafmangel ähnliche Auswirkungen hat wie Alkohol. Personen, die über einen Zeitraum von 24 Stunden wach gehalten wurden, reagierten ebenso verlangsamt wie solche, die einen Blutalkoholspiegel von 1 Promille aufwiesen. Ein Niveau vergleichbar mit 0,5‰ Blutalkohol wird schon nach 17 Stunden Wachsein erreicht. Die Fehlerhäufigkeit steigt mit zunehmendem Schlafmangel. Die Abhängigkeit der Reaktionsgeschwindigkeit von der Fahrtdauer zeigt das folgende Diagramm.

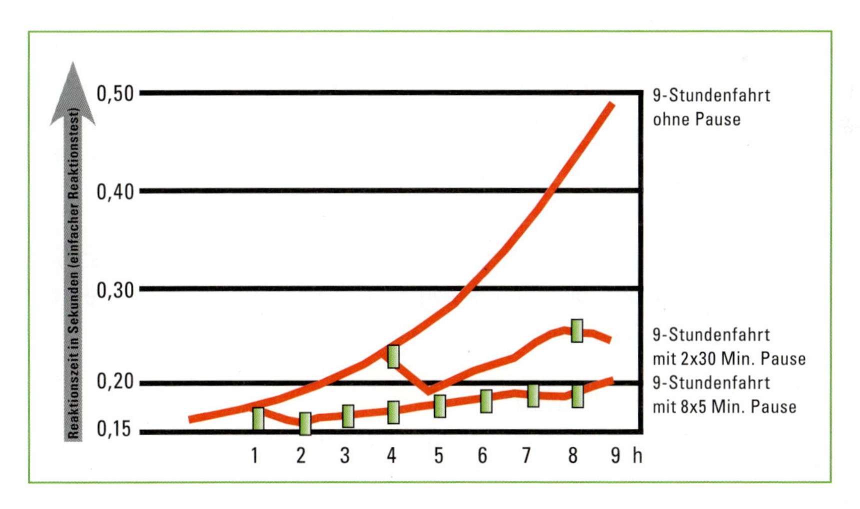

Abbildung 289: Abhängigkeit der Reaktionsgeschwindigkeit von Fahrtdauer und Pausenhäufigkeit

Häufige kurze Pausen haben einen hohen Erholungswert. Ungünstig sind wenige bzw. gar keine Pausen. Längere Pausen verkürzen die Reaktionszeit nicht zusätzlich.

7.3.3 Maßnahmen gegen Müdigkeit

Stichwort „Schlafhygiene"

Der Schlaf ist erholsam, der Körper hat Zeit zur Regeneration, ist fit und leistungsbereit, wenn die Rahmenbedingungen optimiert sind: Raumtemperatur und -helligkeit, keine Störungen, regelmäßige Schlafzeit, Bekleidung etc. Hilfreich sind auch Entspannungsübungen vor dem Einschlafen.

Stichwort „Richtige Ernährung"

Fleisch und fetthaltige Gerichte sowie Eierspeisen benötigen einen längeren Verdauungsvorgang als kohlenhydratreiche Speisen oder gegarte Gemüse. Der Verdauungsprozess löst im vegetativen Nervensystem dämpfende Nervensignale aus und macht so „müde". Besonders mittags, wenn die psychische Leistungsfähigkeit einen Tiefpunkt erreicht, erhöht eine „schwere Mahlzeit" die Müdigkeit.

Auch regelmäßige Flüssigkeitsaufnahme ist zur Vermeidung einer vorschnellen Ermüdung wichtig. Säfte, Mineralwasser und Tee ergänzen die vom Körper ausgeschiedene Flüssigkeit und führen Mineralien und Kohlenhydrate nach.

Abbildung 290: Erholsamer Schlaf

Abbildung 291: Viel Trinken

Anregende Getränke wie Kaffee, Schwarzer Tee oder „Energy-Drinks" sind als Mittel gegen Müdigkeit ungeeignet. Die chemische Struktur der Stoffe in den Getränken ähneln der des Adenosins, einem körpereigenen Stoff. Dieser dämpft normalerweise die Tätigkeit aktiver Nervenzellen und schützt sie vor Überanstrengung. Zwar steigt die Leistungs- und Konzentrationsfähigkeit kurzfristig an, die Wirkung hält aber nicht lange an.

Bei längerem oder häufigem Genuss „aufputschender Getränke" hilft sich der Körper darüber hinaus selber. Er bildet mehr Rezeptoren für das dämpfende Adenosin aus, so dass die Wirkung nachlässt.

Abbildung 292: Aktive Pausen

Stichwort „Pausen"

Aus wissenschaftlichen Untersuchungen ist bekannt, dass es besser ist, häufiger kleine Pausen einzulegen als eine große. Ideal ist es, alle zwei Stunden eine Pause von 10 bis 15 Minuten einzulegen. Auch Bewegung wirkt der Ermüdung entgegen.

Stichwort „Powernapping“

In der Pause kann auch, wenn möglich, ein Tagschlaf – das so genannte Powernapping – gehalten werden. Nach Meinung von Schlafforschern erhöht sich durch einen kurzen Tagschlaf die Konzentrations-, Leistungs- und Reaktionsfähigkeit. Man sollte beim Powernapping jedoch vermeiden, länger als 30 Minuten zu schlafen, da man nach etwa dieser Zeit in tiefere Schlafphasen fällt.

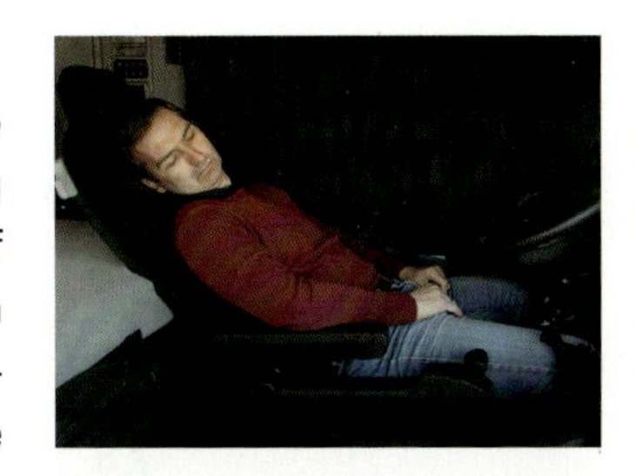

Stichwort „Gutes Klima“

Ausreichend frische Luft und ein angenehmer Temperaturbereich unterstützen die Leistungsbereitschaft und Leistungsfähigkeit des Körpers. Deshalb sollten Sie die Fahrerkabine regelmäßig lüften bzw. ausreichend belüften und die Temperatur so einstellen, dass man weder schwitzt noch friert.

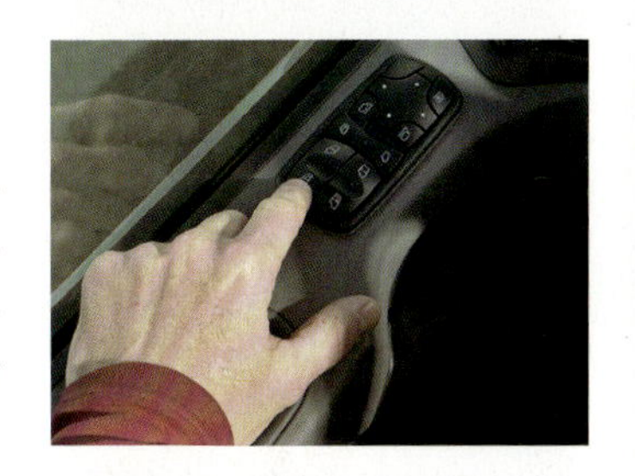

Stichwort „Medikamente“

Sie können die Fahrtüchtigkeit einschränken und Ermüdungserscheinungen verstärken. Führen Sie keine Eigenbehandlung mit Medikamenten ohne Befragung eines Arztes durch. Hier können bei einem Verkehrsunfall auch strafrechtliche Konsequenzen die Folge sein.

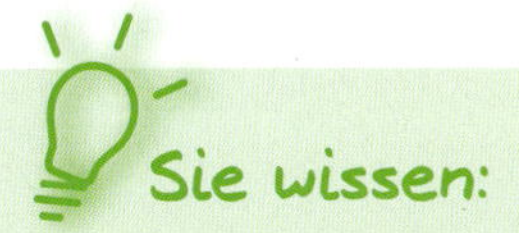

- ✔ Dass die individuelle Leistungsfähigkeit über den Tag verteilt unterschiedlich ist.
- ✔ Wie Müdigkeit entsteht und welche Faktoren sie beeinflussen.
- ✔ Welche Unfallrisiken durch Müdigkeit entstehen.
- ✔ Welche Maßnahmen gegen Müdigkeit helfen.

Abbildung 293: Powernapping

Abbildung 294: Gutes Klima

Abbildung 295: Vorsicht bei Einnahme von Medikamenten

7.4 Art und Wirkungsweise von Stress

Sie sollen über allgemeine Kenntnisse zu Stressmodellen verfügen und wissen, welche Faktoren Stress erzeugen können.

7.4.1 Was ist Stress bzw. was sind Stressoren?

Der Begriff Stress kommt aus dem lateinischen „stringere" und bedeutet „anspannen". Er bezeichnet zum einen durch spezifische äußere Reize **(Stressoren)** hervorgerufene psychische und physiologische Reaktionen beim Menschen, die zur Bewältigung besonderer Anforderungen befähigen, und zum anderen die dadurch entstehende körperliche und geistige Belastung.

Abbildung 296: Stress

STRESS

Im Allgemeinen wird Stress als unangenehme physische und psychische Belastung des Organimus empfunden

Stress durch Reize
Mittels Stressoren von innen oder außen

Stress als Reaktion
Positiv oder negativ

Stress als Wechselwirkung
Bewertung und Bewältigung

Stress durch Reize

Im Allgemeinen wird Stress als unangenehme physische und psychische Belastung des Organismus empfunden. Diese wird durch äußere oder innere Reize oder Ereignisse (Stressoren) hervorgerufen. Häufig wird damit ein Ereignis oder eine Situation verbunden, der man nicht ausweichen kann (z. B. eine Prüfungssituation).
Für die individuelle Beanspruchung eines Menschen stellen sich dabei zwei Fragen: Wie wird die Situation oder das Ereignis bewertet? Welche Möglichkeiten habe ich, damit umzugehen?

So ist der Tod eines nahen Familienangehörigen immer ein belastendes und einschneidendes Ereignis. Trotzdem gehen die Menschen unterschiedlich damit um. Dies führt zu individuellen Beanspruchungsreaktionen durch diese Situation.

Allerdings ist zu beachten, dass die Reize, also die Stressoren, nicht zwangsläufig für den Menschen schädigend sind. Stress wirkt bis zu einem bestimmten, individuell unterschiedlichen Punkt positiv, motivierend und wird dann als Eu-Stress bezeichnet. Führt die Beanspruchungsreaktion zu Gesundheitsstörungen, d.h. liegt negativ wirkender Stress vor, dann wird dieser als Dis-Stress unterschieden. Da der Eu-Stress im Umgangssprachlichen kaum vorkommt, beziehen sich die weiteren Ausführungen auf den Dis-Stress.

Stress als Reaktion

Die inneren und äußeren Reize führen zu einer *Reaktion*. In der Medizin ist allgemein erforscht und bestätigt, dass Stress zu einem „Symptom des allgemeinen Krankseins" führen kann, das heißt, dass mehrere Krankheitssymptome regelmäßig in Kombination auftreten.

Der Körper reagiert mit einer „Stress-Antwort". Es steht dabei nicht so sehr die abstrakte Belastung (Stressor) im Vordergrund, sondern die Beanspruchungsreaktion, also die Reaktion des Körpers.

Die Reize, die eine entsprechende Beanspruchung erzeugen, werden auch Stressoren genannt, die aus verschieden Quellen stammen. Die Belastung steigt mit der Anzahl, der Intensität und der Einwirkungsdauer der Stressoren.

Abbildung 297: Arten von Stressoren

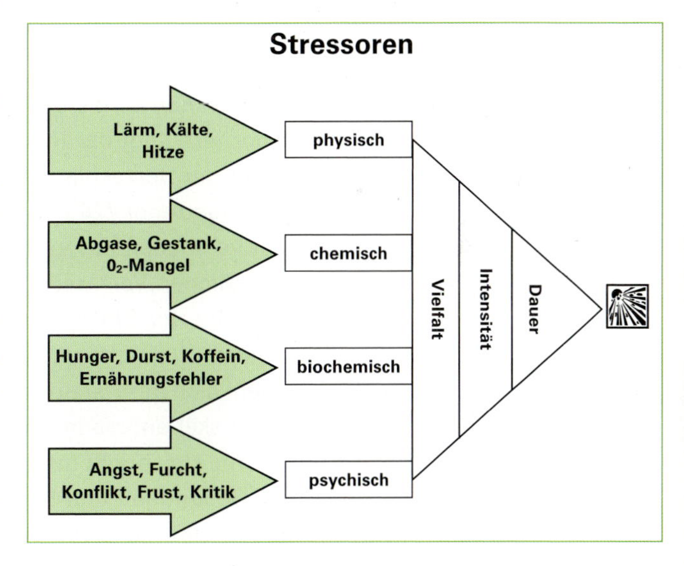

AUFGABE

Welche generellen äußeren und inneren Stressoren können Stress im Körper erzeugen? Nennen Sie jeweils ein Beispiel!

Physische Stressoren:

Chemische Stressoren:

Biochemische Stressoren:

Psychische Stressoren:

Herzschlag und Blutdruck

Die Herzschlagfrequenz beim Menschen ist abhängig von der Belastung, vom Alter und von der körperlichen Fitness. Grundsätzlich sollte Ihr Ruhepuls zwischen 60 bis 80 Schlägen pro Minute liegen. Bei ausgeprägten Sportlern liegt der Ruhepuls sogar deutlich darunter. Unter Belastung steigt der Herzschlag deutlich an. Für die **maximale Herzfrequenz** gilt die Faustregel **220 minus Lebensalter.** Diese Grenze sollten Sie aber nicht versuchen auszuloten, ist sie doch immer von der individuellen körperlichen Verfassung abhängig.
Idealerweise sollte der **Blutdruck** beim Menschen bei 120/80 mm Hg liegen. Der obere Wert charakterisiert den Druck im Herzen in dem Moment, in dem sich der Herzmuskel maximal zusammenzieht. Sobald sich der Herzmuskel entspannt, sinkt der Druck auf den unteren Wert ab. Ab 140/90 mm Hg spricht man von Bluthochdruck. Dieser wirkt sich nachteilig auf Gesundheit und Lebenserwartung aus.
Bei Stresssituationen im Straßenverkehr (z. B. Kind springt zwischen geparkten Fahrzeugen hervor, ein Pkw nimmt Ihnen die Vorfahrt usw.), kommt es zu einem drastischen Anstieg von Puls und Blutdruck. Eine Herzfrequenz von 140 bis 160 Schlägen pro Minute bei einem Blutdruck von 170/130 mm Hg sind dabei keine Seltenheit. Dies belastet Geist und Körper extrem und kann auf Dauer krank machen.

7.4.2 Wechselbeziehung zwischen Stress und Individuum

Stress als Wechselwirkung

Wie schon erwähnt, ist die Reaktion des Körpers auf Stressoren individuell. Der Mensch reagiert nicht wie eine Maschine auf den Reiz. Auf Stressor A folgt nicht automatisch die Reaktion B, sondern der Mensch reagiert als Individuum, dessen Eigenschaften und Fähigkeiten dazu führen, dass die Situationen und Ereignisse zu unterschiedlichen Beanspruchungen führen. Es entsteht eine Wechselwirkung zwischen den Stressoren und dem Individuum. Wir bewerten die Situationen unterschiedlich und haben unterschiedliche Bewältigungsstrategien, so dass die Beanspruchungsreaktionen auf gleiche Stressoren sehr individuell, d. h. unterschiedlich ausfallen können.

Die Bewertungsebene ist genetisch vorbelastet. So sind Menschen „von Hause aus" eher optimistisch („Das Glas ist halb voll") oder pessimistisch („Das Glas ist halb leer"). Hier spielen Gedanken, Gefühle, Erfahrungen, Einstellungen, gesellschaftliche Zwänge usw. eine große Rolle. Die Möglichkeiten der Bewältigung hängen von den persönlichen Voraussetzungen und Erfahrungen ab.

Zusammenfassend kann gesagt werden, dass der Mensch versucht, eine ihn belastende (stressige) Situation zu umgehen, indem er sowohl die Situation als auch seine Bewältigungsfähigkeiten und -möglichkeiten bewertet. Je schlimmer eine Situation bewertet wird und je geringer die Bewältigungsmöglichkeiten angesehen werden, desto größer wird das Risiko einer negativen Auswirkung auf den Körper.

Abbildung 298: Auswirkungen von Stress auf den Körper

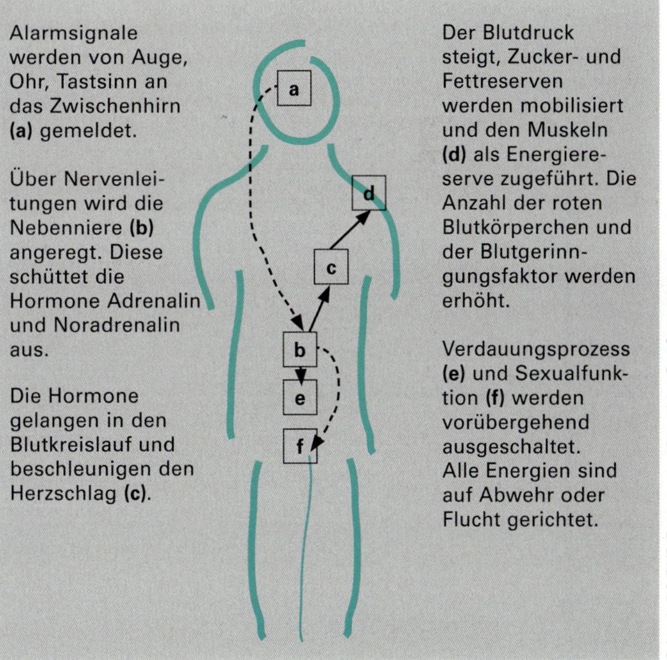

Der Ablauf von Stressreaktionen wird in vier Phasen unterteilt.

Vorphase

Das Gehirn filtert Reize aus der Umgebung, die es als bedrohlich interpretiert. Wachsamkeit und Konzentration nehmen zu, gleichzeitig werden Kreislauf und Stoffwechsel „heruntergefahren", um Kräfte zu sammeln.

Alarmphase

Die Bedrohung wird konkret. Es erfolgt Alarm. Das Denken wird teilweise blockiert. Der gesamte Körper wird auf Höchstleistung geschaltet. Blutdruck und Herzfrequenz steigen, Adrenalin und Hormone werden ausgeschüttet und mehr Blut in die Muskeln gepumpt. Für die Situation unwichtige Körperfunktionen (Verdauung oder Appetit) werden abgeschaltet.

Handlungsphase

Die im Körper freigesetzte Energie wird in die Tat umgesetzt. Im klassischen Sinn erfolgt der Angriff oder die Flucht.

Abbildungen 299:
Stressphasen

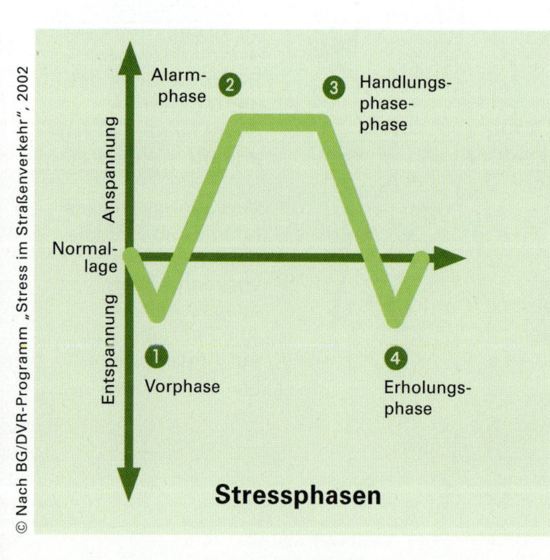

Erholungsphase

Die Körperfunktionen werden wieder auf Ruhe geschaltet. Es folgt die Erholung. Man fühlt sich müde und der Organismus kehrt langsam in den Normalzustand zurück.

Dieses Stressreaktionsmuster läuft in unserer schnellen, modernen Gesellschaft genauso ab wie vor Jahrtausenden. Möglicherweise hatte jedoch der vorzeitliche Mensch nach einer Handlungsphase eine anschließend großzügiger bemessene Erholungsphase zur Verfügung.

Das haben wir heute oft nicht. Wohin mit der bereitgestellten Energie, wenn die anderen Verkehrsteilnehmer „stressen" oder der Termindruck zu groß ist? Die Handlungs- und Erholungsphasen sind häufig nicht realisierbar. Der Körper befindet sich in einem ständigen Niveau der erhöhten Alarmbereitschaft und Anspannung. Es kommt zu einem gefährlichen Aufschaukelungsprozess und eine Überforderung tritt ein. Dies kann am besten an der Stress-Treppe dargestellt werden.

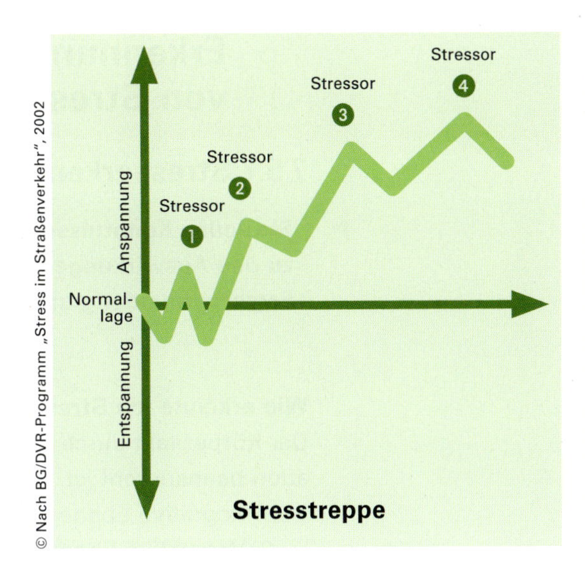

Abbildungen 300: Stresstreppe

AUFGABE

Von der Entwicklung des Menschen her war Stress überlebenswichtig. Warum?

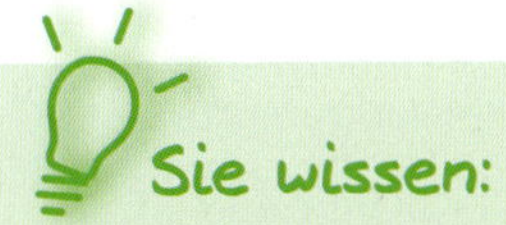

- ✔ Was Stress und Stressoren sind.
- ✔ Wie sich Herzschlag und Blutdruck unter Stress verändern.
- ✔ Welche Stressphasen es gibt.

7.5 Erkennung und Bewältigung von Stress

7.5.1 Stresserkennung

Sie sollen Kenntnisse zum individuellen Umgang mit Stress und zu den Auswirkungen von Stress haben und Strategien zur Stressvermeidung und Stressbewältigung kennen.

Wie erkenne ich Stress, wie wirkt er sich aus?

Der Körper teilt durch Signale mit, dass er durch eine belastende Situation beansprucht ist. Dabei müssen wir vier Ebenen unterscheiden:

1. Kognitive Ebene (Gedanken)
2. Vegetative Ebene (Nerven, Hormone)
3. Emotionale Ebene (Gefühle)
4. Körperliche Ebene (z.B. muskuläre Anspannung)

Die Symptome, die den Ebenen zugeordnet werden können, zeigt die folgende Abbildung.

Abbildung 301: Stress-Signale des Körpers

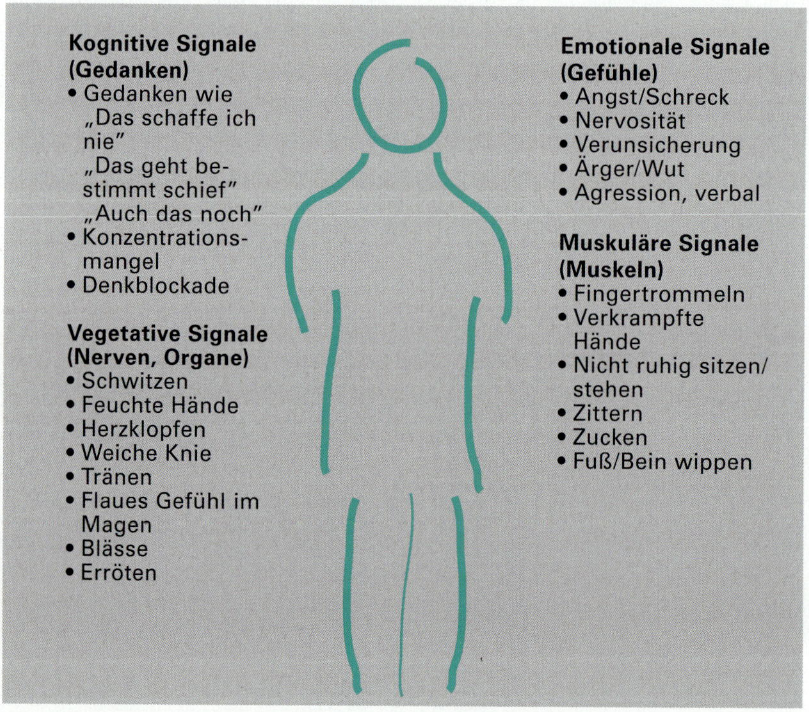

Kognitive Signale (Gedanken)
- Gedanken wie „Das schaffe ich nie" „Das geht bestimmt schief" „Auch das noch"
- Konzentrationsmangel
- Denkblockade

Vegetative Signale (Nerven, Organe)
- Schwitzen
- Feuchte Hände
- Herzklopfen
- Weiche Knie
- Tränen
- Flaues Gefühl im Magen
- Blässe
- Erröten

Emotionale Signale (Gefühle)
- Angst/Schreck
- Nervosität
- Verunsicherung
- Ärger/Wut
- Agression, verbal

Muskuläre Signale (Muskeln)
- Fingertrommeln
- Verkrampfte Hände
- Nicht ruhig sitzen/stehen
- Zittern
- Zucken
- Fuß/Bein wippen

Eine direkte Folge der stressbedingten Überforderung ist die reduzierte Fähigkeit zur Informationsverarbeitung. Über unsere Sinne gelangen ständig Informationen in unser Gehirn, die gefiltert und in Reaktionen umgesetzt werden. Wir können pro Sekunde ca. 4–5 Informationen aufnehmen, die dann etwa 5 Sekunden zur Verarbeitung im Gehirn bereitgehalten werden. Stressbedingt wird die Informationsdichte reduziert, so dass Situationen und Ereignisse nicht wahrgenommen oder ausgeblendet werden. Beispiel: Aussagen von Autofahrern nach einem Verkehrsunfall wie „Den habe ich nicht gesehen ...“, obwohl der Unfallgegner zu erkennen gewesen wäre, da keine objektivierbare Sichtbeeinträchtigung vorlag. Weitere Auswirkungen zeigt das folgende Schaubild.

Abbildung 302: Folgen einer Überbelastung des Informationshaushaltes

Eingeengte Wahrnehmung

Zu viele Informationen treffen gleichzeitig ein. Das Gehirn zieht eine Art Notbremse. Die Informationen werden extrem gesiebt und gefiltert, die meisten werden nicht mehr ins Arbeitszentrum des Gehirns vorgelassen. In diesem Fall können z. B. Verkehrsschilder noch wahrgenommen werden, aber die Reaktion erfolgt zu spät.

Eingeengtes Blickfeld

An den Rändern des Blickfeldes nimmt der Fahrer nichts mehr wahr. Sein Blickfeld verengt sich, so dass er z. B. das Kind am Straßenrand oder einen Fußgänger, der gerade die Straße überqueren will, nicht sehen kann.

Erkennungsfehler

Ein Fahrer sieht das Schild mit der Bedeutung „Einfahrt verboten“. Er glaubt aber, das Schild mit der Bedeutung „Verbot für Fahrzeuge aller Art“ zu erkennen, und rechnet deshalb damit, dass diese Straße auch in Gegenrichtung befahren werden darf.

Entscheidungsfehler

Ein Entscheidungsfehler liegt vor, wenn ein Fahrer die Verkehrssituation zwar richtig wahrgenommen hat, aber trotzdem falsch reagiert. Beim Einfädeln in eine Vorfahrtstraße merkt er, dass er die Geschwindigkeit des fließenden Verkehrs unterschätzt hat. Statt Vollgas zu geben, bremst er ab und kommt mitten auf der Kreuzung zum Stehen.

Erinnerungslücken

Das Gehirn des Fahrers kann unter Stress die Verkehrssituation nicht länger als zwei Sekunden speichern (normal wären fünf). Daher vergisst er, wie er seinen Weg zurückgelegt hat. Erst bei der übernächsten Kreuzung kommt er ins Grübeln. War das eine Ampel oder nicht?

Fehlende Wahrnehmung

Bestimmte Aspekte des Verkehrsgeschehens werden völlig übersehen, z. B. eine rote Ampel oder eine Vorfahrtstraße.

Gehirnblockade

Bei totaler Überforderung kann der Fahrer völlig reaktionsunfähig werden. Diesen Zustand nennt man Blackout. Dabei ist der Betroffene lahmgelegt – wie im Schockzustand.

Erste Warnzeichen bei Überlastung des Gehirns
Diese stressbedingten Ausfallerscheinungen sollten Sie unbedingt ernst nehmen, Beispiele sind:

- **Selbstvergessenheit**
  Wenn Sie sich nicht mehr erinnern, wie Sie die letzten Kilometer zurückgelegt haben und keine Einzelheiten dazu mehr abrufen können.
- **Alarmzeichen übersehen**
  Wenn Sie ein rote Ampel oder ein Stoppschild zu spät wahrnehmen oder gar übersehen.
- **Gleichgültigkeit**
  Wenn Sie merken, dass Sie auf Menschen im Straßenverkehr nicht stärker als auf Gegenstände wie Schilder oder Autos reagieren.

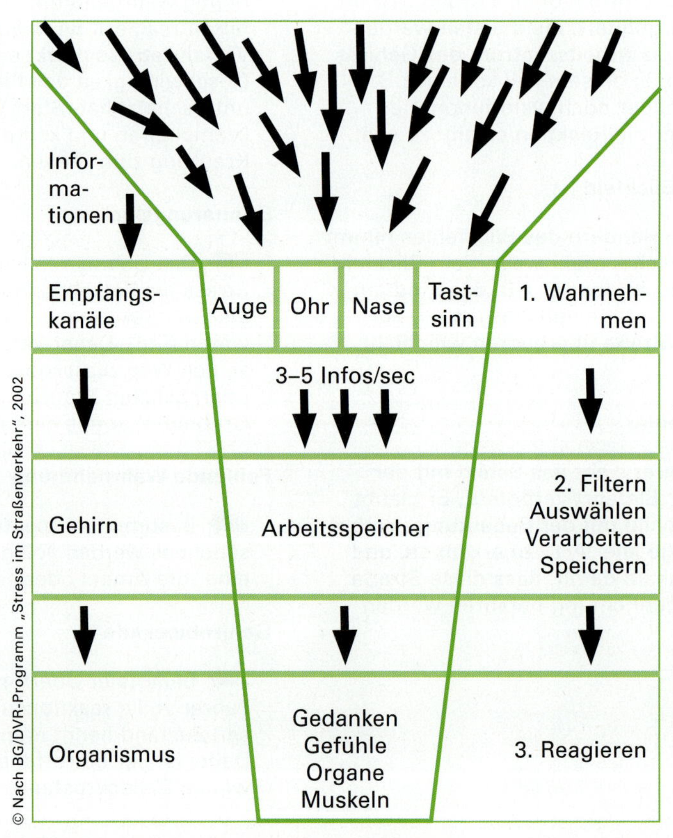

Abbildung 303: Informationsverarbeitung

7.5.2 Stress im Straßenverkehr

Grundsätzlich werden die Belastungen im Straßenverkehr individuell unterschiedlich empfunden (Glas halb voll – Glas halb leer). Unabhängig davon werden in Umfragen von Kraftfahrern immer wieder folgende Situationen als besonders belastend genannt:

- Berufs-/Urlaubsverkehr
- Stau/Baustellen
- chaotische Verkehrszeichen
- Glatteis, Schnee, Regen, Nebel
- Fahren unter Zeitdruck
- plötzlich einscherendes Auto
- Konfrontation/Ärger mit anderen Verkehrsteilnehmern
- Kind springt zwischen geparkten Kfz auf die Fahrbahn
- Telefonieren beim Fahren

Wenn dann noch gesundheitliche, berufliche oder private Grundprobleme („Die Frau ist krank, die Freundin schwanger!") dazukommen, findet unser Organismus keine nötigen Ruhepausen mehr, die Konzentration nimmt ab, die Aggression nimmt zu und die Unfallgefahr steigt drastisch.

7.5.3 Stressvermeidung und Stressbewältigung

So individuell wie die Auswirkungen von Stressoren auf die Menschen sind, so individuell sind auch die Möglichkeiten, Stress zu vermeiden oder zu bewältigen. Was dem Einen hilft, kommt für den Anderen nicht in Frage. Es gibt aber einige grundlegende Strategien, die im Einzelnen vorgestellt werden. Diese Strategien anzuwenden, hat für den Einzelnen, aber auch für den Betrieb Vorteile.

Individuum	Betrieb
Zufriedenheit	Weniger Fehlzeiten
Gesteigertes Wohlbefinden	Weniger Fehlreaktionen
Vorbeugung vor Erkrankungen durch Stress	Geringere Fehlerquote, mehr Qualität
Höheres Leistungsvermögen	Ausgeglichene Mitarbeiter und damit eine bessere Außenwirkung

Abbildung 304: Vorteile der Stressvermeidung für Mitarbeiter und Unternehmen

Ausgeglichenheit	Weniger innerbetriebliche Spannungen
Vorhersehbarer Tagesablauf	Höhere Motivation

AUFGABEN

Nennen Sie die Alarmsignale sowie jeweils ein Beispiel, wie Sie Stress am „eigenen Leib" feststellen können.

Welche Folgen können stressbedingt beim Führen eines Fahrzeuges auftreten?

Kurzfristige Möglichkeiten zur Stressvermeidung

Stressoren ausschalten oder verringern

Am einfachsten ist es, Stressoren zu reduzieren oder auszuschalten. Schlechter Luft im Fahrzeug kann man durch Lüften begegnen, ein zu kalter oder zu warmer Innenraum durch Betätigung der Heizung oder der Klimaanlage. Bei Suchfahrten kann z. B. das Autoradio ausgeschaltet werden, welches in dieser Situation u. U. in Form einer Lärmbelästigung „stresst".

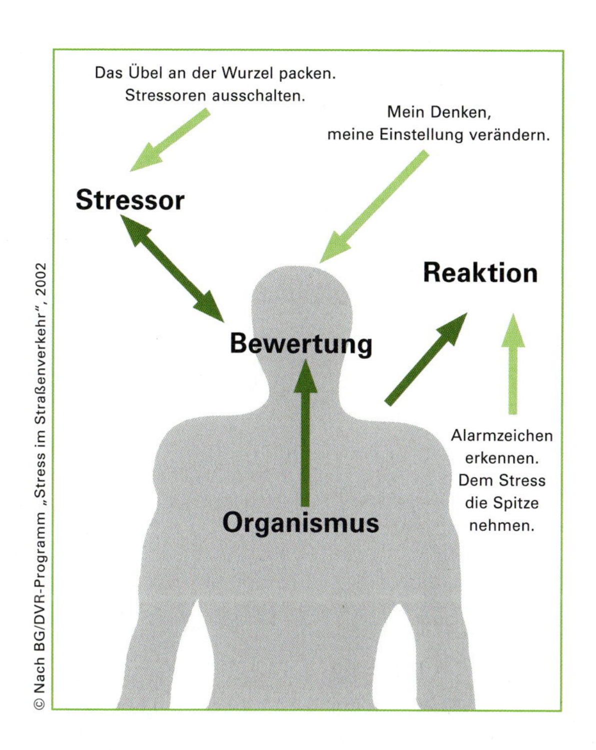

Abbildung 305: Anti-Stress-Strategien

Gelassen bleiben

Auf Zeit- oder Termindruck, der durch unvorhersehbare Ereignisse entsteht (Stau, Unfall, Umleitung, technischer Defekt am Fahrzeug usw.), haben wir alle überhaupt keinen Einfluss. Dies muss man sich selber immer wieder positiv zugestehen. Hier bewusst die Verantwortung für diese Umstände abzulehnen, schont die eigenen Ressourcen und hilft, Stress zu vermeiden. Auch ein betriebliches Krisenmanagement und eine gute betriebliche Organisation (z. B. gute Tourenplanung oder Berücksichtigung der Mitarbeiterwünsche bei der Tourenplanung) helfen, Stress erst gar nicht aufkommen zu lassen.

Gedankenstopp

Lassen sich negative Gedanken und Grübeleien nicht eindämmen, kann der Gedankenstopp helfen. Man sagt laut STOPP und haut ggf. noch leicht mit der Hand auf einen Gegenstand. Während der Fahrgastbeförderung ist es auch möglich, das Wort gewissermaßen lautlos auszusprechen. Wichtig ist, dass mit dem Stopp ein Ruck durch den Körper geht, eine Aufforderung das „Gedankenkarussel" aufzuhalten.

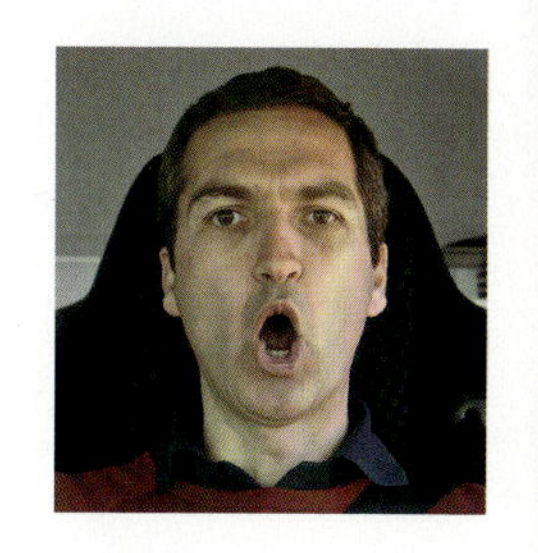

Abbildung 306: Gedankenstopp

Abbildung 307: Atemübung

Abbildung 308: Übungen in der Fahrpause

Atemübungen

Medizinisch ist nachweisbar, dass die Atmung unter Stressbelastung flacher wird. Es bleibt einem also „die Luft weg". Hier helfen gezielte Atemübungen. Die Atmung bewusst vertiefen und die Atemfrequenz verringern. Das geht notfalls auch beim Fahren.

Zehneratmung

Ganz normal atmen und beim Ausatmen bis zehn zählen. Dann wieder bei eins anfangen.
Hiermit soll die Konzentration auf die Atmung gelenkt werden. Das Ausatmen wird gezählt, da hier die Atemspannung abgebaut wird und dies somit entspannender ist. Die Übung kann auch hinter dem Steuer eines Fahrzeuges durchgeführt werden. Sie eignet sich, um Gedankenkreisel abzustellen und auch um den Ärger zu dämpfen.

Progressive Muskelentspannung

Stress kann zu Verspannungen der Nacken- und Schultermuskulatur führen. Hier hilft kurzfristig eine Übung, die auch im Fahrzeug während Pausen oder an Ampelstopps durchgeführt werden kann. Hierzu werden die verspannten Muskelgruppen bis zu einer mittleren Stärke bewusst angespannt, die Spannung einige Sekunden gehalten und dann wieder entspannt. Dieser Vorgang wird 3- bis 5-mal wiederholt.

Relativieren

Denken Sie an etwas Schönes (Urlaub, Fußball, Frau, Freundin, Freund etc.) und sagen sich „Eigentlich geht´s mir ganz gut im Vergleich zu Anderen!", oder empfinden Sie schlicht Mitleid mit dem vermeintlichen Aggressor: „Der kann´s nicht besser. Es fährt halt nicht jeder so gut wie ich!".

Pause machen

Wenn gar nichts mehr geht, dann machen Sie einfach eine kurze Pause, sausen dreimal um den Lkw (ohne überfahren zu werden!) und machen sich Luft. Das ist immer noch besser als hormongesteuert, mit Bluthochdruck und 40 Tonnen oder einem vollbesetzten Bus durch die Gegend zu fahren.

Langfristige Möglichkeiten zur Stressvermeidung

Stress schon im Vorfeld vermeiden
Zeitdruck muss z. B. nicht entstehen, wenn man dies vorher organisieren kann. Lieber etwas früher zur Arbeit fahren, als den geliebten Schlaf noch bis zur letzten Minute zu verlängern.

Auf Situationen einstellen
Wenn Situationen unvermeidbar sind, dann macht es Sinn, sich vorher darüber im Klaren zu sein, was auf einen zukommt. Es ist besser, bewusst und gelassen einer solchen Situation gegenüberzutreten, als sich von ihr überraschen zu lassen. Keiner von uns mag gerne im Stau stehen. Aber wenn er unausweichlich ist, ist es allemal besser, den Stau zu akzeptieren und sich vorher zu sagen: „Ich stehe zwar im Stau, aber es macht mir nichts aus", als negative Gedanken zu äußern, z. B.: „Warum immer ich? Das war mir schon klar, dass ich jetzt schon wieder im Stau stehe." Wer sich über das Unvermeidliche ärgert, macht es sich unnötig schwer.
Positiv denken und sich *vorher* selber positiv programmieren.

Bedenken Sie: Das Verhalten der anderen Verkehrsteilnehmer kann man selber fast nie beeinflussen. Man hat es aber selber in der Hand, ob man sich darüber aufregt.

Gesunde Lebensweise
Es ist nachgewiesen, dass eine gesunde Lebensweise die allgemeine Belastbarkeit erhöht. Hierzu zählen eine gesunde **Ernährung**, ausreichend **Schlaf** und **Bewegung**. Wer sich nicht bewegt und häufig „kleine Unterstützer" wie Kaffee, Zigaretten und Alkohol zu sich nimmt, macht es Stressoren leichter, Körperreaktionen auszulösen. An folgendem Beispiel soll dies verdeutlicht werden.
Stress verursacht, wie schon erwähnt, einen Anstieg des Adrenalinspiegels. Adrenalin ist ein Hormon, welches den Körper auf Höchstleistung programmiert. Alle Kräfte und Reserven werden für Angriff oder Flucht mobilisiert. Während der Arbeit sind aber weder die Flucht noch der Angriff möglich, zumindest nicht ohne Schaden für die Beteiligten.
Nach der Arbeit muss daher die aufgestaute Energie abgebaut werden. Dies kann nur durch die Bewegung geschehen. Die Möglichkeiten hierzu sind vielfältig – Spazierengehen, Joggen, Schwimmen, Radfah-

ren, Nordic Walking, Kegeln usw. Wer sich mit einem von Adrenalin aufgeputschten Körper schlafen legt, muss sich nicht wundern, wenn er keinen Schlaf findet. Schlafmangel wiederum führt zu Müdigkeit und schnellerer Ermüdung – ein Teufelskreis. Auch die Ernährung spielt hier eine große Rolle, wie im Kapitel „Ernährung" dargestellt wird.
Zu einer gesunden Lebensweise gehört auch, den Kopf frei zu bekommen. Wer immer an die Arbeit denkt, wird nicht zur Ruhe kommen. Zu einer Stressreaktion gehört, wie das 4-Phasen-Modell gezeigt hat, auch eine Erholungsphase. Hierzu ist es notwendig, Hobbys zu pflegen oder sich Routinen anzueignen. Sie lenken ab, der Geist beschäftigt sich mit anderen Dingen und eine Ruhephase tritt ein. Nur so kann der Stress abgebaut werden.

Realistische Ziele setzen
Stress wird auch dadurch erzeugt, dass der Anspruch an die eigene Leistung und das eigene Verhalten zu hoch sind. Der Aufwand, der zum Erreichen dieser Ziele nötig ist, kann den Menschen überfordern. Fehlschläge gehen oft mit übertriebenen Schuldzuweisungen an die eigene Person einher. Sinnvoll ist es, größere Ziele in kleinere, aber leicht erreichbare „Teilziele" zu zerlegen. Ein mittleres, aber realistisches Anspruchsdenken hat mehr Realitätsbezug. Fehlschläge können leichter ausgeglichen werden. Dies gilt beruflich und privat. Jeder Mensch muss sich fragen, welchen Preis er zu zahlen bereit ist, um ein Ziel zu erreichen.

Autogenes Training
Wie wir bei der Entstehung von Stress gesehen haben, sorgt eine psychische Anspannung für eine körperliche Anspannung. Das autogene Training dreht den Spieß einfach um und beruht auf der These: Körperliche Ruhe sorgt für die Beruhigung des Geistes. Sie besteht aus zahlreichen kurzen Grundübungen zur Autosuggestion. Sie konzentrieren sich dabei beispielsweise auf die Schwere Ihres Körpers, auf die Atmung oder auf Ihren Puls. Keine Sorge, Sie sind deshalb kein Fall für den Psychiater – auch Leistungssportler, Manager und ich selbst, der Autor dieser Zeilen, vertrauen darauf. Autogenes Training führt eine Ruhephase herbei, mindert Stress und erhöht dadurch wieder die Leistungsbereitschaft. Aber auch andere Entspannungstechniken, wie z. B. Meditation oder Tai-Chi erfüllen diesen Zweck.

AUFGABE

Was können **Sie** kurzfristig und langfristig gegen Stress tun?

- ✔ Wie Sie Stress erkennen und welche Folgen Stress haben kann.
- ✔ Welche typischen Stresssituationen es im Straßenverkehr gibt.
- ✔ Was Sie – kurzfristig und langfristig – zur Stressvermeidung und zur Stressbewältigung tun können.

7.6 Alkohol im Straßenverkehr

Sie sollen sich über die möglichen Folgen von Alkoholkonsum im Straßenverkehr bewusst werden und die gesetzlichen Regelungen zu Promillegrenzen in Deutschland und in Europa kennen.

7.6.1 Alkoholkonsum und Alkoholunfälle in Deutschland

Jeder Deutsche über 14 Jahre konsumiert im Schnitt pro Jahr über 100 Liter Bier, fast 20 Liter Wein, 4 Liter Sekt und mehr als 5 Liter hochprozentige Spirituosen. Umgerechnet bedeutet das einen Jahreskonsum von knapp 10 Litern reinem Alkohol, oder eine Badewanne voll alkoholischer Getränke.

Insgesamt wurden im Jahr 2016 bei Alkoholunfällen 225 Verkehrsteilnehmer getötet und 16.995 Personen verletzt. Fast jeder 13. Verkehrstote starb in Deutschland im Jahr 2016 an den Folgen eines Alkoholunfalls und rund 160.000 Alkoholdelikte pro Jahr im Straßenverkehr sprechen eine deutliche Sprache. Anfang 2016 waren knapp 1,25 Millionen Personen im Verkehrszentralregister mit verkehrsbezogenen Alkoholdelikten eingetragen.
Deshalb gilt: Wenn Sie schon Alkohol trinken wollen, dann müssen Sie klar trennen zwischen Trinken und Fahren!
Gemessen wird die Alkoholkonzentration als Blutalkoholkonzentration (BAK) oder Atemalkoholkonzentration (AAK). Die AAK wird beim Test mit dem „Alkomaten" mit zwei multipliziert, um auf die BAK zu schließen.
Beispiel: AAK von 0,25‰ multipliziert mit 2 ergibt also eine BAK von 0,5‰.

Abbildung 309: Alkoholkontrolle

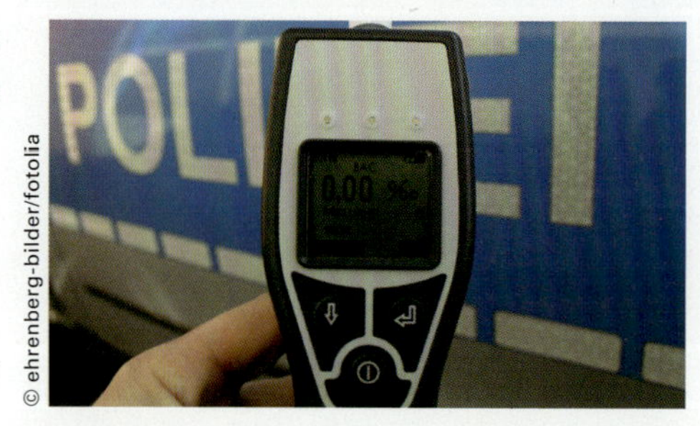

7.6.2 Promillegrenzen in Deutschland

Bezüglich der Promille-Grenzen gibt es in der Bundesrepublik Deutschland etliche Vorschriften. Diese sollten Sie kennen:

0,0‰ Blut-Alkohol-Konzentration (BAK)

Grundsätzlich gilt für alle Fahranfänger in der Probezeit (2 Jahre, kann auf 4 Jahre verlängert werden) und für Fahrer bis zum 21. Lebensjahr ein (absolutes) Alkoholverbot. Bei Verstoß drohen Punkte im Fahreignungsregister (FAER) und Anordnung eines besonderen Aufbauseminars für Fahranfänger.
Aber Vorsicht, auch wenn Sie kein Neuling sind: Nach § 8 BOKraft gilt im **Omnibus-, Taxi- und Mietwagenverkehr** ein absolutes Alkoholverbot. Für **Gefahrgutfahrer** gilt nach § 28 GGVSEB ebenfalls ein absolutes Alkoholverbot. D.h. die Polizei kann die Weiterfahrt jederzeit untersagen, Kompensationskosten (z.B. Terminfracht, Ausfall etc.) gehen zu Ihren Lasten und Sie werden wahrscheinlich fristlos Ihren Arbeitsplatz verlieren. So entschied beispielsweise das Landesarbeitsgericht Köln, dass der Verstoß gegen ein absolutes Alkoholverbot eine schwere Verletzung einer bedeutsamen Vertragspflicht darstellt und deshalb auch eine außerordentliche Kündigung rechtfertigt. Der Fahrer wurde fristlos gefeuert und musste auch noch eine Vertragsstrafe an den Arbeitnehmer zahlen.

0,3‰ BAK

Zeigt ein Fahrer ab 0,3‰ BAK Ausfallerscheinungen (z.B. zu langsames/ schnelles Fahren, Fahren in Schlangenlinie, Rotlichtverstoß etc.), so spricht man von relativer Fahruntauglichkeit. Dies erfüllt einen Straftatbestand (§ 316 bzw. 315c StGB) und hat einen Entzug der Fahrerlaubnis von mindestens sechs Monaten zur Folge.

0,5‰ BAK

Kommen Sie ab diesem Wert in eine Routinekontrolle und es können keine Ausfallerscheinungen festgestellt werden, so begehen Sie eine Ordnungswidrigkeit. Bußgeld, Fahrverbot und Punkte in Flensburg sind die Folge. Vorsicht: Im Wiederholungsfall droht eine Medizinisch-Psychologische-Untersuchung (MPU) zur Feststellung der Fahrtauglichkeit. Aber Vorsicht: Wer als Berufskraftfahrer unterwegs ist, egal ob Personenbeförderung oder Gütertransport, läuft Gefahr, seinen Arbeitsplatz zu verlieren, wenn er seine Fahrtätigkeit aufgrund eines Fahrverbots nicht antreten kann.

1,1‰ BAK

Ab 1,1‰ spricht man von absoluter Fahruntauglichkeit. Wer ab 1,1‰ BAK unterwegs ist, der macht sich auf jeden Fall der Trunkenheit im Straßenverkehr (§ 316 StGB) oder – bei einem Unfall oder Beinaheunfall – der Gefährdung des Straßenverkehrs (315c StGB) strafbar.

1,6‰ BAK

Ab dieser Konzentration ist zur Wiedererlangung der Fahrerlaubnis eine MPU unumgänglich!
Im Übrigen beginnt hier auch die absolute Fahruntauglichkeit für Fahrradfahrer – sie werden gleichfalls zur MPU geschickt!

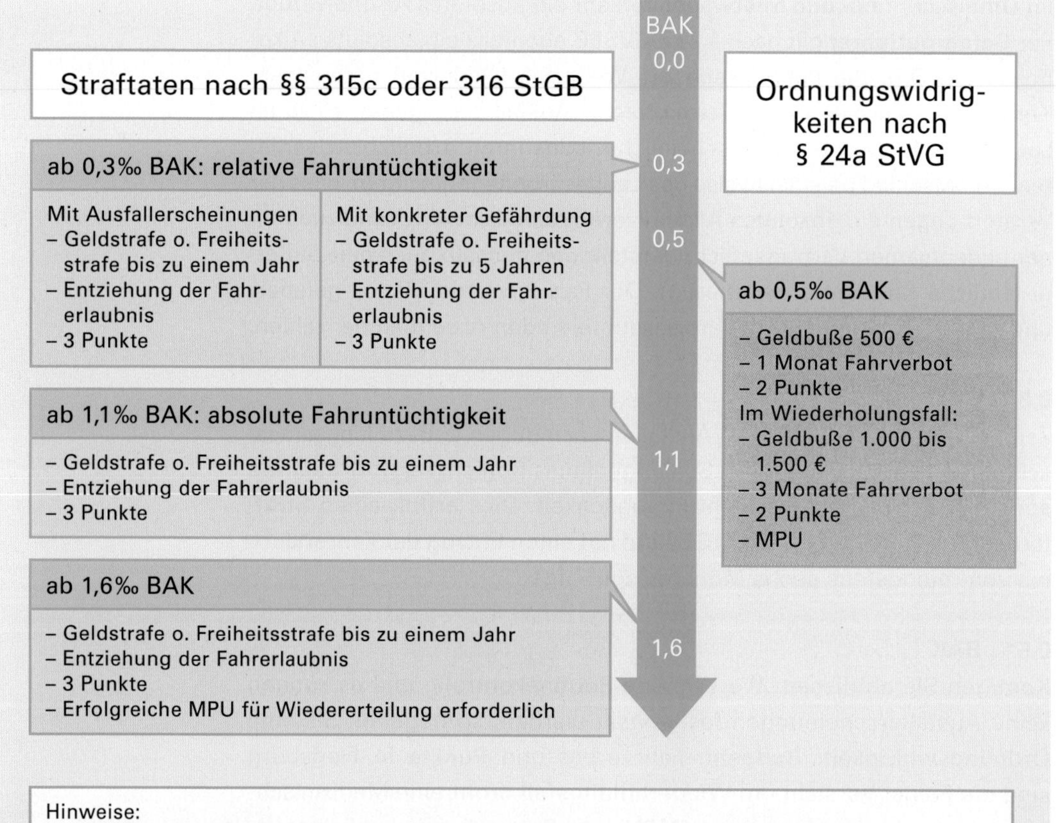

Hinweise:
- In der Probezeit bzw. bis zum vollendeten 21. Lebensjahr gilt immer die 0,0‰-Grenze!
- Die Grenzen zur Anordnung einer MPU können länderspezifisch nach unten abweichen.
- Bei den Angaben handelt es sich z.T. um Richtwerte. Das genaue Strafmaß kann im jeweiligen Einzelfall variieren.

7.6.3 Promillegrenzen in Europa

Promillegrenzen in Europa*	
Bosnien-Herzegowina	0,0‰
Deutschland (Gefahrgut + Bus)	
Estland	
Italien (Lkw + Bus)	
Kroatien (Lkw + Bus)	
Mazedonien (Lkw + Bus)	
Rumänien	
Russland	
Serbien (Lkw + Bus)	
Slowakei	
Slowenien (Lkw + Bus)	
Tschechien	
Türkei (Lkw + Bus)	
Ukraine	
Ungarn	
Weißrussland	
Norwegen	
Polen	
Schweden	
Österreich (Lkw + Bus)	0,1‰
Belgien (Lkw + Bus)	0,2‰
Frankreich (Bus)	
Griechenland (Lkw + Bus)	
Luxemburg (Lkw + Bus)	
Spanien (Lkw + Bus)	0,3‰
Litauen	0,4‰
Bulgarien	0,5‰
Dänemark	
Deutschland	
Finnland	
Frankreich	
Irland	
Island	
Lettland	
Montenegro	
Niederlande	
Portugal	
Schweiz	
Zypern	
Großbritannien	0,8‰
Liechtenstein	
Malta	

* Teilweise abweichende Grenzen für Führerschein-Neulinge und Pkw-Fahrer

Vorsicht auch im Schadensfall: Wer unter Alkohol-, Drogen oder Medikamenteneinfluss ein Kraftfahrzeug im Straßenverkehr führt, der kann im Schadensfall bis zu € 5000.- in Regress (Kfz-Haftpflicht) genommen werden und haftet selbst für den Schaden. Teil- und Vollkasko erlöschen und die Versicherungen bezahlen nichts.

- ✔ Welche Promillegrenzen Sie in Deutschland und in Europa einhalten müssen.
- ✔ Ab wann eine relative und ab wann eine absolute Fahruntauglichkeit vorliegt.
- ✔ Welche Folgen das Fahren mit Alkohol im Blut haben kann.

7.7 Wirkung und Folgen von Alkoholkonsum

FAHREN LERNEN D
Lektion 16

Sie sollen die Folgen von Alkoholkonsum für den Körper kennenlernen und wissen, wie Sie die Blutalkoholkonzentration und die ungefähre Dauer des Alkoholabbaus berechnen können.

7.7.1 Unmittelbare Folgen von Alkoholkonsum

Bereits geringe Mengen an Alkohol (ab 0,3‰ BAK) haben gravierende Auswirkungen auf die Fahrtauglichkeit. Diese nehmen mit erhöhter BAK zu und die Fahrtauglichkeit wird erheblich beeinträchtigt.

- Die Reaktionszeit verlängert sich, Konzentration nimmt ab
- Gehör lässt nach, Müdigkeit tritt auf
- Risikobereitschaft nimmt zu
- längere Informationsverarbeitungsdauer im Gehirn
- Blendwirkung steigt, Raum-/Tiefenwahrnehmung nimmt ab
- Blickfeld verengt sich (Tunnelblick), Hell-Dunkel-Anpassung nimmt ab
- Entfernung, Geschwindigkeit und Abstand werden nicht mehr richtig eingeschätzt
- Gefahrensituationen werden falsch eingeschätzt, man fährt weniger aufmerksam, dafür aber aggressiver
- Bewegungskoordination nimmt ab (Torkeln, Lallen), Bewusstseinsstörungen bis zum Black Out

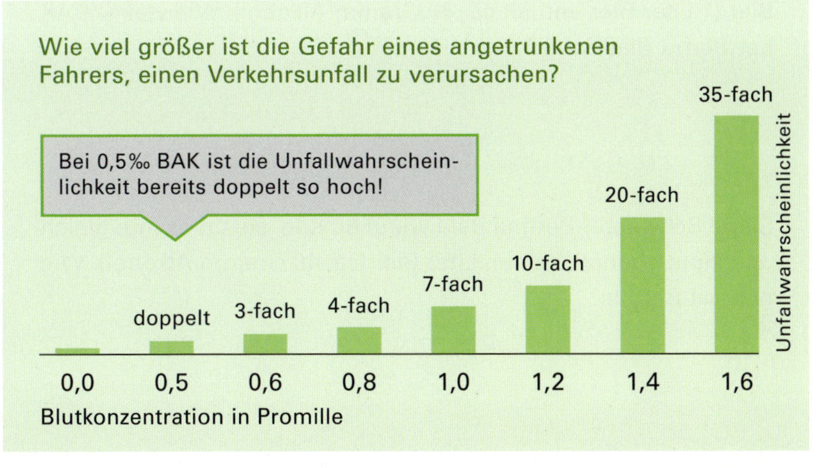

Abbildung 310: Unfallgefährdung durch BAK

7.7.2 Der Alkoholstoffwechsel

Alkohol ist ein wasserlösliches Zellgift, welches u.a. die Nervenleitgeschwindigkeit verringert. Er verteilt sich in gesamten „Wasseranteil" des menschlichen Körpers. Durchschnittlich enthält der männliche Körper rund 70% Wasser, der weibliche rund 60% Wasser – und in eben diesen Anteilen verteilt sich der Alkohol. Da der weibliche Körper also grundsätzlich weniger Wasser enthält als der männliche, weist bei gleicher Trinkmenge und gleichem Körpergewicht also eine Frau durchschnittlich eine höhere BAK aus als ein Mann.

Berechnung der Blutalkoholkonzentration

Der schwedische Biochemiker Eric **Widmark** hat eine sehr einfache Formel zur ungefähren Berechnung der Alkoholkonzentration im menschlichen Körper gefunden.

FORMELN

FÜR MÄNNER

$$\frac{\text{Alkohol (g)}}{\text{Körpergewicht (kg)} \cdot 0{,}7} = \text{BAK in ‰}$$

FÜR FRAUEN

$$\frac{\text{Alkohol (g)}}{\text{Körpergewicht (kg)} \cdot 0{,}6} = \text{BAK in ‰}$$

AUFGABEN

Bernd Blau wiegt 80 Kilo. Mit großem Durst trinkt er eine Maß Bier (1 Liter Bier enthält ca. 40 Gramm Alkohol). Wie viel ‰ BAK hat Bernd Blau intus?

Seine Schwester Bettina Blau wiegt 60 Kilo, sie tut es ihm gleich und kippt ebenfalls einen Liter Bier (ca. 40 Gramm Alkohol). Wie blau ist Bettina?

Die Widmark´sche Formel beruht auf Durchschnittswerten. Sollten Sie einen erhöhten Fettanteil des Körpergewichts haben, dann fällt die BAK natürlich höher aus. Deshalb ist Vorsicht bei Anwendung dieser Formel geboten.

Der Alkoholstoffwechsel im Körper verläuft in drei Phasen:

Abbildung 311: Alkohol

Resorptionsphase (Aufnahmephase)

Der Alkohol wird über Magen und Dünndarm im Blutkreislauf aufgenommen. Ca. 2% der Alkoholmenge werden bereits beim Trinken durch die Mundschleimhaut aufgenommen. Für die Aufnahmegeschwindigkeit spielen Konzentration und Temperatur des Alkohols, aber auch der Füllungsgrad des Magens eine Rolle. Grundsätzlich geht man davon aus, dass ca. zwei Stunden nach Trinkende der Alkohol gänzlich vom Körper aufgenommen worden ist.
Bei Trinken auf leeren Magen, Sturztrunk oder beim Trinken von „harten Sachen" kommt es zu einer schnelleren Anflutung des Körpers mit Alkohol und die Wirkung wird verstärkt.

Diffusionsphase (Verteilungsphase)

Hier verteilt sich der Alkohol im ganzen Körper und erreicht sämtliche Organe.

Eliminationsphase (Abbauphase)

In dieser Phase wird der Alkohol im Körper abgebaut. Dies geschieht zu über 90% durch die Leber. Die Abbaugeschwindigkeit und somit auch ihre Leistungsfähigkeit **kann nicht beeinflusst werden** – auch nicht durch Schlafen, Kaffeetrinken, Energy-Drinks, Sport usw. In einem gesunden Körper werden durchschnittlich ca. 0,1–0,15‰ Blutalkoholkonzentration (BAK) pro Stunde abgebaut – egal, ob Mann oder Frau. Wenn nun jemand 1,5‰ BAK intus hat, dann dauert es ungefähr 10–15 Stunden bis er wieder völlig nüchtern und fahrtauglich ist. D.h. die Abbauphase dauert stets wesentlich länger als die Aufnahmephase. Hier haben sich schon viele Personen verschätzt und sind am nächsten Morgen mit **„Restalkohol"** am Steuer erwischt worden.

AUFGABEN

Bernd und Bettina feiern feucht fröhlich das Fußball-WM-Finale 2014. Pünktlich zum Spielbeginn beginnen sie zu trinken und haben um 01:00 Uhr einen weltmeisterlichen Rausch. Bettina kam zu diesem Zeitpunkt auf 1,8 ‰ und Bernd gar auf 2,25 ‰.

a) Wann sind beide wieder völlig nüchtern und fahrtauglich?

b) Welche BAK hätten beide bei einer Polizeikontrolle um 08:00 Uhr morgens?

Berechnen Sie nun Ihre Blutalkoholkonzentration nach Widmark bei einer Trinkmenge von 2 Liter Bier und ermitteln Sie, wie lange es dauert, bis Sie wieder völlig nüchtern und fahrtauglich wären!

7.7.3 Körperliche Schäden durch Alkohol

Langfristig treten körperliche Schäden ab einem durchschnittlichen täglichen Alkoholkonsum von ca. 20 Gramm (halber Liter Bier) bei Frauen und ca. 40 Gramm (ein Liter Bier) bei Männern auf. Diese können sein:

- Fettleber, Entzündung des Lebergewebes bis hin zur Leberzirrhose
- Bauchspeichel-, Magen- und Dünndarmentzündung
- Muskelschwund
- Nervenerkrankungen
- erhöhtes Krebsrisiko
- Impotenz
- geistige Degeneration

Nach Berechnungen der Lebensversicherer reduziert sich die Lebenserwartung durch Alkoholabhängigkeit um 15 Jahre.

7.7.4 Sucht

Leichte Verfügbarkeit von Alkohol und häufiger Alkoholkonsum im persönlichen Umfeld können zu Alkoholmissbrauch und langfristig zu Alkoholsucht führen – mit schleichendem Übergang. Begünstig wird dieser Übergang durch unbewältigte Probleme im privaten und beruflichen Umfeld oder durch psychische Ursachen. Wenn häufig versucht wird, Probleme mit Alkohol zu „lösen", besteht die Gefahr, dass sich dieses Verhaltensmuster verfestigt.
Unter Sucht versteht man den Zustand, dass Personen nicht mehr auf bestimmte Substanzen verzichten können. Es kommt zu einer zwanghaften Substanzaufnahme, die Kontrollfähigkeit über den Konsum geht verloren. Es gibt beispielsweise Alkoholsucht, Drogensucht und Medikamentensucht.
Die Entwicklung einer Abhängigkeitserkrankung verläuft in Phasen, die regelhaft in unterschiedlicher Ausprägung von den Suchtkranken durchlaufen werden:
1. Einstieg – 2. Erleichterung – 3. Gewöhnung – 4. Abhängigkeit (Kontrollverlust hinsichtlich Konsummenge bzw. Konsumsituation, z. B. morgendliches Alkoholtrinken, Alkoholkonsum in sozial unangebrachten Situationen).

Abbildung 312: Suchtmittel

Suchtmittel		Häufigkeit	Altersgipfel
Alkohol	Gesamtbevölkerung	*10 % gefährdet*	
	Beschäftigte	*5 %*	*25–45 Jahre (diese Gruppe: 10–13 %)*
Arzneimittel	Gesamtbevölkerung	*450.000–1,5 Mio*	*40–50 Jahre (davon ca. 2/3 Frauen)*
	Beschäftigte	*2 %*	
Rauschgifte	Gesamtbevölkerung	*450.000–1 Mio*	*< 25 Jahre*
	Beschäftigte	*0,5 %*	

Abbildung 313: Suchtmittelstatistik

Suchttherapie

Eine erfolgreiche Suchttherapie benötigt neben professioneller medizinischer Hilfe auch einen verlässlichen Rahmen im Betrieb. Beim Einstieg in eine erfolgreiche Suchttherapie müssen mitwirken:

- Vorgesetzter
- Hilfsangebote (Betriebsarzt, betriebliche Suchtkrankenhilfe, außerbetriebliche Beratung)
- Einbettung in ein verbindliches arbeitsrechtliches Gefüge (Festlegen von Regeln und Konsequenzen)

Alkoholismus ist arbeitsrechtlich als Erkrankung anzusehen. Der Ausweg aus der Suchterkrankung liegt daher innerhalb eines schützenden Rechtsrahmens wie z. B. Arbeitsunfähigkeit und Entgeltfortzahlung. Auch ein Rückfall nach zunächst erfolgreicher Therapie hat arbeitsrechtlich nicht zwingend eine Kündigung zur Folge. Eine Therapie nach einem Suchtrückfall wird in der Regel von den Sozialversicherungsträgern gewahrt. Mehr als 40 % der Suchttherapien in Deutschland waren 2004 erfolgreich. Der erfolgreiche Therapieverlauf gliedert sich in Entgiftung, Entwöhnung und Rehabilitation. Häufig finden die Therapien stationär statt, um den Suchtkranken von einem ungünstigen Umfeld fernzuhalten.

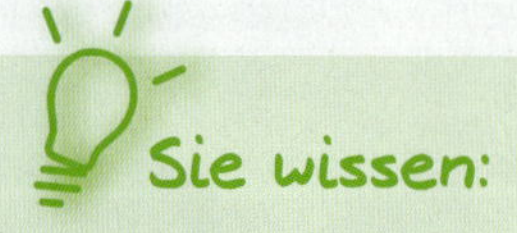

- ✔ Welche unmittelbaren und langfristigen Auswirkungen Alkoholkonsum für den Körper hat.
- ✔ Wie Sie die Blutalkoholkonzentration grob berechnen können.
- ✔ Wie Sie die ungefähre Dauer des Alkoholabbaus berechnen können.
- ✔ Wie eine Alkoholsucht entstehen und therapiert werden kann.

7.8 Drogen

FAHREN LERNEN D
Lektion 16

Sie sollen einen Überblick über die wichtigsten illegalen Drogen erhalten und deren Auswirkungen auf die Fahrtauglichkeit kennen.

7.8.1 Drogenkonsum in Deutschland

Dass Drogen eine nicht zu unterschätzende Rolle in der Gesellschaft spielen, erkennt man alleine schon daran, dass im Jahr 2013 in Deutschland 1.002 Personen direkt durch den Konsum illegaler Drogen starben. Die Anzahl der Rauschgiftabhängigen liegt mit geschätzten 450.000 bis eine Million Personen fast genauso hoch wie die der Medikamentenabhängigen. 68 % der Drogenkonsumenten sind unter 25 Jahre alt und in der Altersgruppe der 12- bis 25-Jährigen haben ca. 27 % schon einmal illegale Drogen ausprobiert.
Daher wundert es nicht, dass sich Jahr für Jahr in Deutschland rund 1.500 meist schwere Verkehrsunfälle ereignen, bei denen illegale Drogen eine Rolle spielen.

7.8.2 Illegale Drogen – eine Auswahl

Cannabis

Cannabis ist der Überbegriff für verschiedene Produkte (Marihuana, Hasch, Gras, Shit usw.) aus der Hanfpflanze. Die getrockneten Pflanzen- bzw. Blätterbestandteile werden meist pur oder mit Tabak vermischt geraucht. Der Wirkstoff ist Tetrahydrocannabinol (THC). Beim typischen Rauschverlauf kommt es zu veränderter Sinneswahrnehmung, auch das Zeit- und Raumgefühl wird verändert. Räumliches Sehen und die Sehschärfe wird eingeschränkt, die Konzentration nimmt ab, Reaktions- und Entscheidungszeit verlängert sich.
Die Abbauprodukte von THC sind noch bis zu 6 Wochen im Urin und über mehrere Monate in den Haaren nachweisbar.

Abbildung 314: Hanfpflanze

Ecstasy

Ecstasy ist eine Sammelbezeichnung für stimulierende synthetische Drogen, die stets illegal und meist in Kapsel- oder Tablettenform hergestellt werden. Wer was hier in die Tabletten hineingibt, ist fraglich, daher sind die Wirkungen relativ unterschiedlich. Grundsätzlich kommt

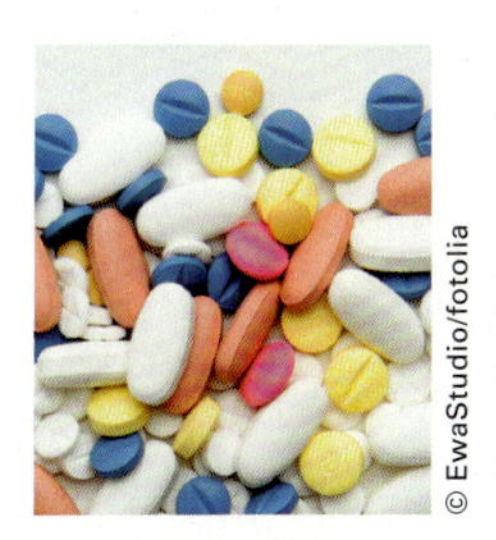

Abbildung 315: Ecstasy

es durch Einschränkung von Wahrnehmung und Konzentration zu einer absoluten Fahruntauglichkeit.
Die Wirkstoffe sind im Urin bis zu 3 Tagen und im Haar über mehrere Monate nachweisbar.

Speed/Amphetamine

Speed ist eine Bezeichnung für Amphetamine. Diese werden in illegalen Labors aus chemischen Grundstoffen zu Flüssigkeiten, Pulver und Tabletten geformt. Speed wird geschluckt, geschnupft oder auch getrunken. Die Wirkung reicht von Euphorie, Depression, Wahnvorstellungen bis hin zu Halluzinationen.
Die Wirkstoffe sind im Urin bis zu drei Tagen und im Haar über mehrere Monate nachweisbar.

Abbildung 316: Kokain

Kokain

Kokain (Koks) wird aus der Kokapflanze gewonnen und meist als Pulver geschnupft. Es löst Halluzinationen aus und führt bei längerem Konsum zu starker Euphorie. Kokain ist im Urin bis zu drei Tagen und im Haar über mehrere Monate nachweisbar.

Grundsätzlich gilt, dass die dargestellten **Drogen** allesamt **die Fahrtüchtigkeit ausschließen** und ihre Wirkung durch die gleichzeitige Aufnahme von Alkohol **unkalkulierbar verstärkt** wird.
Anders als beim Alkohol verläuft der Abbau von Drogen im menschlichen Körper nicht linear, sondern ungleichmäßig und schwer abschätzbar. In bestimmten Fällen werden die psychoaktiven Substanzen z.B. im Körperfett gespeichert und im Abbaufall plötzlich wieder unkalkulierbar freigesetzt.

7.8.3 Rechtliche Folgen

Der Nachweis bestimmter Drogen im Blut führt, auch ohne Verkehrsunfall, zu Geldbußen, Punkten im Fahreignungsregister sowie zu Fahrverbot oder Geld-, Freiheitsstrafe und Entzug der Fahrerlaubnis. Unabhängig davon ist jeder Verstoß gegen das Betäubungsmittelgesetz (BtmG) strafbar. Vorsicht auch im Schadensfall: Wer unter Alkohol-, Drogen oder Medikamenteneinfluss ein Kraftfahrzeug im Straßenverkehr führt, der kann im Schadensfall bis zu € 5000.- in Regress (Kfz-Haftpflicht) genommen werden und haftet selbst für den Schaden. Teil- und Vollkasko erlöschen und die Versicherungen bezahlen nichts.

Wer in den Verdacht gerät, Drogenkonsument zu sein, wird von der Führerscheinstelle zur Medizinisch-Psychologischen-Untersuchung (MPU) geschickt, um seine Drogenfreiheit und damit seine Fahrtauglichkeit nachzuweisen. Bei Drogenkonsum ist dies jedoch ohne einen einjährigen Abstinenznachweis kaum möglich. Wenn Drogenkonsum festgestellt wird, wird die Fahrerlaubnis entzogen und der Berufskraftfahrer ist arbeitslos. Deshalb: Finger weg von Drogen!

- ✔ Wie die wichtigsten illegalen Drogen wirken und welche Auswirkungen sie auf die Fahrtauglichkeit haben.
- ✔ Welche rechtlichen Folgen Drogenkonsum hat.

7.9 Medikamente

Sie sollen den Einfluss von Medikamenten auf die Fahrtauglichkeit sowie die Gefahren durch Arzneimittelmissbrauch kennen.

FAHREN LERNEN **D**
Lektion 16

7.9.1 Einfluss von Medikamenten auf die Fahrtauglichkeit

Medikamente können gefährliche Wirkungen entfalten und eine Fahruntüchtigkeit herbeiführen.
Die Verantwortung hinsichtlich der Fahrtüchtigkeit liegt beim Fahrer.
Wenn Sie Medikamente einnehmen müssen, so ist zu beachten:

- Problematik der Fahrtüchtigkeit mit dem Arzt besprechen. Der Arzt muss hierzu ausführlich und inhaltlich klar verständlich die Risiken darstellen, ggf. ist bei Kraftfahrern für die Dauer der Medikation eine Arbeitsunfähigkeit festzustellen.
- Beim Arzneimittelkauf den Apotheker zu Nebenwirkungen befragen, die sich ggf. auf die Fahrtüchtigkeit auswirken könnten.
- Den Beipackzettel immer aufmerksam lesen. Bei Hinweisen auf eine eingeschränkte Fahrtüchtigkeit sollte nochmals der Arzt zur Problematik befragt werden.
- Wenn Einschränkungen hinsichtlich der Fahrtüchtigkeit bestehen, muss die Teilnahme am Straßenverkehr mit einem Fahrzeug unterbleiben.

Abbildung 317: Arzneimittel-Nebenwirkungen

Medikamentengruppe (Auswahl)	Nebenwirkungen
Blutzuckersenkende Mittel (Antidiabetika)	Unterzuckerung, Bewusstlosigkeit
Blutdrucksenkende Mittel (z.B. Beta-Blocker)	Dämpfende Wirkung
Psychopharmaka	Dämpfende Wirkung, Störung der angemessenen Gefahrenbeurteilung u.v.m.
Mittel gegen Allergien	Dämpfende Wirkung, Schläfrigkeit
Mittel gegen See-/Reisekrankheit	Zentrale Dämpfung, Sehstörungen

7.9.2 Gefahren durch Arzneimittelmissbrauch

Die Wirkung von Arzneimitteln können ähnlich angenehme Wahrnehmungen hervorrufen, wie sie von der Alkoholsucht bekannt sind: z.B. Lösen seelischer Spannungen, Hemmen von Angstzuständen, Unterdrücken von Frustrationen und Langeweile, Dämpfen von Erregungszuständen, Beseitigung von negativen Gemütszuständen.
Die Möglichkeit, seelische und körperliche Zustände mit Hilfe von Medikamenten steuern zu können und die Gewöhnung an diesen Zustand stellen vielfach den Einstieg in die Medikamentenabhängigkeit dar. Problematisch wird der Medikamentenmissbrauch im Straßenverkehr. Auf den seelischen Zustand bzw. auf das zentrale Nervensystem wirkende Arzneimittel bergen oft das Potential, verkehrsuntüchtig zu machen. Neben der Beeinträchtigung der Wahrnehmung und den damit verbundenen Nachteilen für die Handlungsfähigkeit können auch Sinneswahrnehmungen verändert sein, sodass wichtige Signale oder Informationen im Straßenverkehr nicht oder zu spät wahrgenommen werden. Fehlverhalten wird meist nicht bewertet.

Medikamentengruppe	Hauptwirkung	Nebenwirkung
Beruhigungsmittel	Bekämpfung von Angst, Unruhe	Entspannung, Schläfrigkeit, Euphorie
Schlafmittel	Beseitigung von Schlafstörungen aufgrund seelischer Anspannung oder äußeren Störungen	Dämpfung, seelische Entspannung
Schmerzmittel, zentrale Wirkung	Schmerzbekämpfung	Dämpfung, seelische Entspannung

Abbildung 318: Beispiele für Medikamenten-Nebenwirkungen

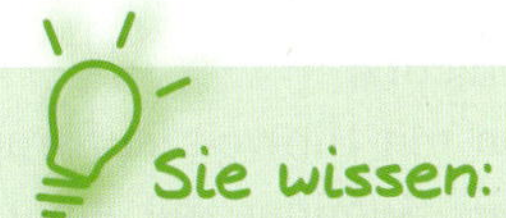

- Welche Auswirkungen Arzneimittel auf die Fahrtauglichkeit haben können.
- Wie Sie sich bei einer Medikamenteneinnahme richtig verhalten.
- Welche Gefahren durch Medikamentenmissbrauch entstehen.

7.10 Fahreignungs-Bewertungssystem

Sie sollen das Punktsystem kennen, ein Entzug der Fahrerlaubnis kann für Sie arbeitsrechtliche Folgen nach sich ziehen.

Einteilung nach Punkten

Das Fahreignungsregister (FAER) hat am 01. Mai 2014 das Verkehrszentralregister (VZR) abgelöst. An die Stelle des bisherigen Punktesystems mit einer Bewertung der Zuwiderhandlungen von 1 bis 7 Punkten und einem Entzug bei 18 Punkten, trat das Fahreignungs-Bewertungssystem mit Entzug bei 8 Punkten. Straftaten oder Ordnungswidrigkeiten werden je nach Bedeutung für die Verkehrssicherheit in drei Kategorien eingeteilt und nach Ablauf gesetzlich festgelegter Fristen getilgt:

Punkte	Vergehen	Tilgung
3 Punkte	Straftaten mit Bezug auf die Verkehrssicherheit oder gleichgestellte Straftaten, wenn die Fahrerlaubnis entzogen wurde oder wenn eine Sperrfrist für die Erteilung einer Fahrerlaubnis ausgesprochen wurde	zehn Jahre (120 Monate)
2 Punkte	Straftaten mit Bezug auf die Verkehrssicherheit oder gleichgestellte Straftaten ohne Entziehung der Fahrerlaubnis bzw. ohne Sperrfrist für die Erteilung einer Fahrerlaubnis besonders verkehrssicherheitsbeeinträchtigende oder gleichgestellte Ordnungswidrigkeiten	fünf Jahre (60 Monate)
1 Punkt	verkehrssicherheitsbeeinträchtigende oder gleichgestellte Ordnungswidrigkeiten	zweieinhalb Jahre (30 Monate)

Stufen des Fahreignungssystem

- **1 bis 3 Punkte:** Vormerkung (es passiert nichts)
- **4 bis 5 Punkte:** Ermahnung (Anschreiben mit Hinweis auf freiwillige Teilnahme an einem Fahreignungs-Seminar mit einem Punkt Abzug
- **6 bis 7 Punkte:** Verwarnung (Anschreiben mit Hinweis auf freiwillige Teilnahme an einem Fahreignungs-Seminar ohne Punkteabzug
- **8 oder mehr Punkte:** Entzug der Fahrerlaubnis

7.11 Wissens-Check

1. Welche Energieträger decken den Energiebedarf eines Berufskraftfahrers?

____

2. Welche Energieträger führen zum Übergewicht eines Berufskraftfahrers und zu erhöhten Gesundheitsrisiken?

____

3. Lebensmittel lassen sich in verschiedene Bestandteile zerlegen, z. B. unverdauliche Ballaststoffe, Mineralstoffe usw. Aus welchen Lebensmittelbestandteilen kann der menschliche Körper Energie gewinnen?

____

4. Wie können Sie selbst die Verdauung anregen und Verstopfungen vorbeugen?

____

5. Welche Energieträger nutzt die Arbeitsmuskulatur z. B. beim Verladen von Koffern, Anheben von Stückgut?

____

____

6. In welchen Nahrungsmitteln befinden sich lebenswichtige Vitamine?

____

7. Wie hoch sollte die tägliche Fettaufnahme sein?

- ❑ a) max. 10 % der täglichen Energieaufnahme
- ❑ b) max. 30 % der täglichen Energieaufnahme
- ❑ c) max. 50 % der täglichen Energieaufnahme
- ❑ d) max. 70 % der täglichen Energieaufnahme

8. Welche Eiweißaufnahme pro Tag ist ausreichend?

____

9. Welche chronischen Erkrankungen sind mit Übergewicht verbunden?

____

10. Welche körperliche Aktivität hilft Übergewicht (Körperfett) zu vermindern?

____

11. Wie sollte man die Mahlzeiten auf den Arbeitstag verteilen?

- ❑ a) am besten morgens und abends jeweils eine üppige Mahlzeit
- ❑ b) maximal drei Mahlzeiten täglich
- ❑ c) mehrere kleinere Mahlzeiten (mehr als drei)
- ❑ d) auf jeden Fall eine üppige Mahlzeit vor der Lenkzeit

12. Wie viel Liter muss ein Erwachsener täglich mindestens trinken, damit die Körperfunktionen und Stoffwechselvorgänge aufrechterhalten bleiben?

- ❑ a) 4 Liter
- ❑ b) 1,5 Liter
- ❑ c) 2,5 Liter
- ❑ d) 1 Liter

13. Wie kann vorzeitiger Ermüdung und herabgesetzter Aufmerksamkeit vorgebeugt werden?

14. Geben Sie an, zu welcher Tageszeit die Aufmerksamkeit aufgrund der inneren biologischen Uhr besonders schlecht ist!

15. Nennen Sie fünf Anzeichen von Müdigkeit!

16. Welche körperlichen Beeinträchtigungen drohen bei Teilnahme am Straßenverkehr im müden Zustand?

17. Wie kann der Tagesrhythmus der Körpervorgänge (Wach/Schlafen, nächtliche Körpertemperaturabsenkung, Hormonspiegel, tägliche Leistungskurve) umtrainiert werden?

- ❑ a) Durch regelmäßige Schichtarbeit
- ❑ b) Durch Einnahme von geeigneten Medikamenten
- ❑ c) Durch Autogenes Training
- ❑ d) Gar nicht

18. Im zentralen Nervensystem führen dämpfende Signale zur Ermüdung. Wie kann diese Dämpfung „überlistet" werden?

- ❑ a) Durch Kaffee, Tee und Energy-Drinks
- ❑ b) Durch Helligkeit und Frischluft
- ❑ c) Durch Dehnübungen
- ❑ d) Gar nicht

19. Welche Faktoren verschlechtern die Schlafqualität?

____

____

____

____

20. Welche Faktoren fördern ungewolltes Einschlafen?

____

____

21. Welche Pausenregelung verhindert vorzeitige Ermüdung?

____

____

22. Welchen Erholungswert hat eine große Pause im Vergleich zu mehreren kleinen Pausen?

- ❑ a) Einen genauso großen Erholungswert
- ❑ b) Einen geringeren Erholungswert
- ❑ c) Einen größeren Erholungswert

23. Ersetzt Powernapping den Nachtschlaf?

___

24. Welche Auswirkungen hat Stress auf den Körper?

- ❑ a) Blutdruck und Herzfrequenz steigen, Adrenalin gelangt in den Blutkreislauf
- ❑ b) Man wird ruhig und konzentriert
- ❑ c) Er kann die Informationsverarbeitung im Gehirn verringern
- ❑ d) Häufiger Stress macht den Körper widerstandsfähig

25. Nennen Sie die vier Phasen der Stressreaktion!

- ❑ a) Vorphase – Alarmphase – Handlungsphase – Erholungsphase
- ❑ b) Alarmphase – Handlungsphase – Erholungsphase – Vorphase
- ❑ c) Alarmphase – Aktionsphase – Regenerationsphase
- ❑ d) Vorphase – Handlungsphase – Erholungsphase

26. Welche Aussagen sind richtig?

- ❑ a) Stress wird allein durch äußere Reize auf den Körper verursacht.
- ❑ b) Stress wird durch äußere und innere Reize auf den Körper verursacht.
- ❑ c) Die Reize auf den Körper beanspruchen alle Menschen gleichermaßen.
- ❑ d) Es gibt positiven und negativen Stress.

27. Nennen Sie drei Möglichkeiten Stress zu vermeiden.

____

____

28. Nennen Sie drei Beispiele, wie Sie erkennen können, dass Ihr Körper unter Stress steht.

____

____

29. Welche Maßnahmen sind gut geeignet, um einen Suchtkranken in eine Erfolg versprechende Therapie zu bringen?

- ❑ a) Arbeitskollegen sorgen durch Übernahme von Arbeitsaufgaben dafür, dass der Betroffene seinen Rausch ausschlafen kann, um einen klaren Kopf zu bekommen.
- ❑ b) Die Familie verringert Tag für Tag die getrunkene Alkoholmenge auf ein normales Maß.
- ❑ c) Das Unternehmen vereinbart einen standardisierten Umgang mit Suchterkrankungen, bestehend aus verbindlichen Hilfsangeboten und arbeitsrechtlichen Folgen, wenn die Angebote nicht wahrgenommen werden.

30. Welche Maßnahmen helfen, die nachteiligen Alkoholwirkungen auf die Leistungsfähigkeit und Urteilsfähigkeit zu vermindern?

- ❑ a) Fettes Essen (z. B. Ölsardinen), um die Alkoholaufnahme in den Körper zu verhindern
- ❑ b) Bier mit Limonade zu verdünnen (z. B. Radler, Alsterwasser)
- ❑ c) Coffeinhaltige Flüssigkeiten trinken, um den Alkoholabbau zu beschleunigen
- ❑ d) Keine dieser Maßnahmen

31. Welche gesellschaftlichen/persönlichen Umstände führen häufig zur Alkoholabhängigkeit?

32. Wie hoch ist die durchschnittliche Erfolgsquote nach Alkoholentzugstherapie?

- ❑ a) 10 %
- ❑ b) 25 %
- ❑ c) 30 %
- ❑ d) 40 %

33. Was zeichnet eine Medikamentensucht aus?

34. Ab welcher täglichen Alkoholmenge liegt ein „kritisches Trinkverhalten" vor?

35. Warum können sich Arzneimittel auf die Fahrtüchtigkeit auswirken?

36. Was sind die typischen Suchtphasen?

37. Wie ist arbeitsrechtlich eine Alkoholsucht einzuordnen?

---

38. Mit welchen Maßnahmen können Sie den Alkoholabbau im Körper beschleunigen?

- ❑ a) gar nicht
- ❑ b) Wasser trinken
- ❑ c) Fettreiche Nahrung (z. B. Bratkartoffeln, Ölsardinen)
- ❑ d) Frische Luft

39. Welche Organe werden durch Alkoholsucht geschädigt?

---

40. Um wie viele Jahre kann eine Alkoholsucht die durchschnittliche Lebenserwartung senken?

- ❑ a) 1 Jahr
- ❑ b) 5 Jahre
- ❑ c) 10 Jahre
- ❑ d) 15 Jahre

Infos zum Vogelcheck

Mehr Fragen zu diesem Kenntnisbereich finden Sie im VogelCheck Grundquali!

Infos auf www.eu-bkf.de/vogelcheck

8 Verhalten in Notfällen

Nr. 3.5
Anlage 1 BKrFQV

8.1 Pannen und Notfälle

FAHREN LERNEN **C**
Lektion 8

FAHREN LERNEN **D**
Lektion 9, 14

Sie sollen einen Überblick über mögliche Pannen und Notfälle mit Omnibus und Lkw bekommen und Hilfestellungen bei der Lageeinschätzung erhalten.

8.1.1 Einführung

Pannen und Notfälle sind in der Regel unerwartete und plötzliche Ereignisse, die die meisten Menschen unvorbereitet treffen.
Aber was sind eigentlich Pannen und Notfälle? Der Begriff „Panne" wird verwendet, wenn technische oder organisatorische Störungen den gewünschten Betriebsablauf verzögern oder stoppen. Im „Notfall" kommt es neben der Beeinträchtigung der Technik auch zu einer Gefährdung von Menschen.
Für den Fahrer ist es wichtig, sich mit diesem Thema zu beschäftigen. Er weiß, dass sein Verhalten den Verlauf einer Pannen- oder Notfallsituation in eine positive Richtung steuern kann. Nur wer vorher Handlungsmuster für Pannen und Notfälle mehrfach und regelmäßig trainiert hat, wird im „Ernstfall" in der Lage sein, diese bewusst bzw. unbewusst zu „meistern". **Dabei gilt: Lerne auch durch Fehler und dokumentiere richtige Handlungen, um diese erneut zu üben.** Auf diese Weise werden gewollte Handlungsabläufe im Unterbewusstsein abgelegt und stehen damit in kritischen Situationen zur Verfügung.

Abbildung 319: Beispiel für einen Notfall

Abbildung 320: Liegengebliebener Bus

8.1.2 Arten von Pannen und Notfällen

Pannen und Notfälle kennt fast jeder Berufskraftfahrer, der regelmäßig am Straßenverkehr teilnimmt.

Zu den realistischen und vorhersehbaren Ausnahmesituationen gehören:

- **Fahrzeugstörungen und Liegenbleiben an kritischen Stellen,** z.B. Reifenpanne, Motorschaden, Liegenbleiben bei schlechten Sichtverhältnissen (Nebel, Schneetreiben o.ä.), Liegenbleiben auf einer Brücke oder hinter einer Kurve, einer Kuppel oder auf einer Brücke, Liegenbleiben im Tunnel
- **Unfälle,** z.B. Verkehrsunfälle, Anfahren von Fußgängern und Radfahrern, Wildschaden, Umstürzen des Fahrzeugs
- **außergewöhnliche Ereignisse,** z.B. Fahrzeugbrand, verlorene Ladung bei Lkw
- **medizinische Notfälle und Übergriffe,** z.B. plötzlich kritischer Gesundheitszustand (Herzinfarkt, epileptischer Anfall), Überfall, Gewalttaten zwischen Fahrgästen, Randalierer

Einfache Pannen und Fahrzeugstörungen sind in der Regel recht gut beherrschbar, da kein schnelles Handeln zur Abwendung von weitergehenden Gefahren erforderlich ist. Man kann in Ruhe überlegen, wer zu informieren ist und wo ggfs. Hilfestellung zu erhalten ist. Schäden am Fahrzeug müssen möglicherweise direkt in autorisierten Fachwerkstätten behoben werden.

Medizinische Notfälle

Wenn eine Weiterfahrt nicht möglich ist, weil der Fahrer selbst gesundheitsbedingt dazu nicht in der Lage ist, muss er das Fahrzeug an geeigneter Stelle anhalten, ggfs. eine Fahrzeugsicherung mit Warnblinkanlage und Warndreieck erfolgen. Eine Rettungsleitstelle und/oder die zuständige Person im Unternehmen sind dann zu informieren, damit die erforderlichen Maßnahmen, z.B. ärztliche Hilfe und Ersatzfahrer, eingeleitet werden können.

Medizinische Notfälle von Fahrgästen im Fahrzeug während der Fahrt oder in Fahrtpausen erfordern die umgehende Einleitung von Maßnahmen. Typische plötzlich und spontan auftretende medizinische Notfälle sind Verdacht auf Herzinfarkt, wenn ein Fahrgast z.B. über Engegefühl und Schmerzen im Brustbereich und linkem Arm, über Atemnot und Schweißausbrüche klagt, oder Epilepsie- oder andere Krampfanfälle, wenn es z.B. zu heftigen Verkrampfungen und zu Störungen des Bewusstseins mit einer Eigengefährdung des Patienten kommt. Typisch können auch Hitzeschäden bei höheren Temperaturen sein, die sich häufig z.B. in Kreislaufschwächen, starken Kopfschmerzen, Übelkeit zeigen.

© Robert Kneschke/Fotolia

Abbildung 321: Schmerzen im Brustbereich können auf Herzinfarkt hindeuten

Bei einem derartigen Notfall ist es naheliegend, zunächst im Bus nachzufragen, ob ein Fahrgast über eine medizinische Ausbildung verfügt. Unabhängig davon ist jedoch ein Notruf abzusetzen, da die Ursachen des medizinischen Notfalles eine weitergehende Behandlung erfordern. Der Notruf kann im Linienbusverkehr über die Leitstelle abgesetzt werden, die dann auch weitere Maßnahmen einleiten kann. Im Reisebusverkehr kann der Notruf über die internationale Notrufnummer 112 weitergeleitet werden.

8.1.3 Notfallausrüstung in Bus und Lkw

Kraftfahrzeuge sind zwar in der Regel mit Unterlegkeilen, Verbandkasten, Warndreieck oder Warnleuchte, viele auch mit Feuerlöschern ausgestattet, die Fahrer wissen aber mitunter nicht, wo sich die Gegenstände im Fahrzeug befinden. Grund ist, dass die Platzierung der Notfallausrüstung vom jeweiligen Fahrzeughersteller abhängt. So unterschiedlich die einzelnen Kraftfahrzeuge sind, so unterschiedlich sind auch die Plätze, an denen die einzelnen Elemente der Notfallausrüstung untergebracht bzw. „versteckt“ werden. Deshalb ist es notwendig, dass der Fahrer durch den Unternehmer oder eine beauftragte Person darin unterwiesen wird, bevor er das Fahrzeug das erste Mal führt. Durch die verpflichtende Zustandskontrolle des Fahrzeugs vor Fahrtantritt (gemäß § 36 UVV „Fahrzeuge“, DGUV-Vorschrift 70, ehemals BGV D29) vergewissert sich der Fahrer auch vom Vorhandensein und ordnungsgemäßen Zustand der Notfallausrüstung. Auf diese Weise werden die Aufbewahrungsorte ins Gedächtnis gerufen und prägen sich so besser ein.

Abbildung 322: Zustandskontrolle der Notfallausrüstung

Abbildung 323: Notfallausrüstung

Es ist sinnvoll, mindestens einen Verbandskasten, Warndreieck und Warnkleidung **griffbereit** in der Nähe des Fahrers zu platzieren, da diese Gegenstände im Notfall schnell verfügbar sein müssen. Wenn diese Gegenstände hinter Verschlussklappen deponiert sind, sollten außen Hinweise auf die Notfallausrüstung sichtbar sein.

Wenn Teile der Notfallausrüstung für Fahrgäste oder Dritte zugänglich sind, werden sie leider häufig entwendet. Dieses betrifft besonders Notfallhämmer, die in speziellen Halterungen in der Nähe der Notausstiege befestigt sind. Ein anderer Aufbewahrungsort der Nothämmer als in der Nähe der Notausstiege, z.B. beim Fahrer, ist nicht zulässig und auch nicht sinnvoll. Eine Sicherung gegen Entwenden, z.B. eine Plombierung, ist möglich, wenn die schnelle Entnahme ohne Werkzeug dadurch nicht verhindert wird.

Der Fahrer hat weiterhin darauf zu achten, dass die Ausrüstung des Fahrzeugs beim Einsatz den jeweiligen Straßen- und Witterungsbedingungen angepasst ist. Wenn es die Umstände erfordern, sind Winterreifen aufzuziehen sowie Schneeketten, Abschleppstange oder -seil, Spaten und Hacke mitzuführen.

Gemäß der Straßenverkehrs-Zulassungs-Ordnung (StVZO) sind alle mehrspurigen Kraftfahrzeuge verpflichtet, eine Notfallausrüstung mitzuführen. Sie besteht aus:

- einer normgerechten Warnweste (DIN EN ISO 20471)
- einem Verbandkasten bzw.
- zwei Verbandkästen bei Bussen mit mehr als 22 Fahrgastplätzen
- einem Warndreieck

- einer Warnleuchte (tragbare Blinkleuchte) bei Kraftfahrzeugen zGG > 3,5 t
- einem Unterlegkeil bei Kraftfahrzeugen zGG > 4 t, bzw. zwei Unterlegkeilen bei drei- und mehrachsigen Fahrzeugen

Zusätzlich ist bei Kraftomnibussen noch mitzuführen:
- eine windsichere Handlampe
- ein Handfeuerlöscher (6 kg) bzw. zwei Handfeuerlöscher bei Doppeldeckfahrzeugen

Mindestens zwei Feuerlöscher müssen in der Regel auch bei Lkw mitgeführt werden, wenn gefährliche Güter befördert werden. Die vorgeschriebene Mindestausstattung richtet sich dann nach der Menge der gefährlichen Güter und der zulässigen Gesamtmasse des Fahrzeugs und ist im Abschnitt 8.1.4 des ADR geregelt.

Die im Fahrzeug mitgeführten Feuerlöscher sind regelmäßig zu prüfen. Das Datum der letzten Prüfung und der Name des Prüfers müssen auf der Plakette des Feuerlöschers genannt sein. Häufig ist auch das nächste Prüfdatum verzeichnet. Im Gefahrgutrecht beträgt für in Deutschland hergestellte Feuerlöschgeräte die Prüffrist zwei Jahre ab dem Herstellungsdatum und danach ab dem Datum der nächsten auf dem Feuerlöschgerät angegebenen Prüfung. Bei Feuerlöschern in Kraftomnibussen ist eine jährliche Prüfung vorgeschrieben, für deren Durchführung der Fahrzeughalter verantwortlich ist.

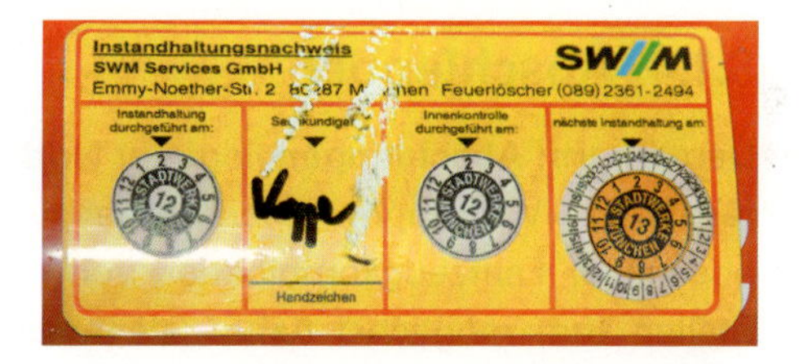

Abbildung 324: Der nächste Prüfungstermin wird auf dem Typenschild angegeben

AUFGABE

Welche Notfallausrüstung muss bei diesen Fahrzeugen mitgeführt werden?

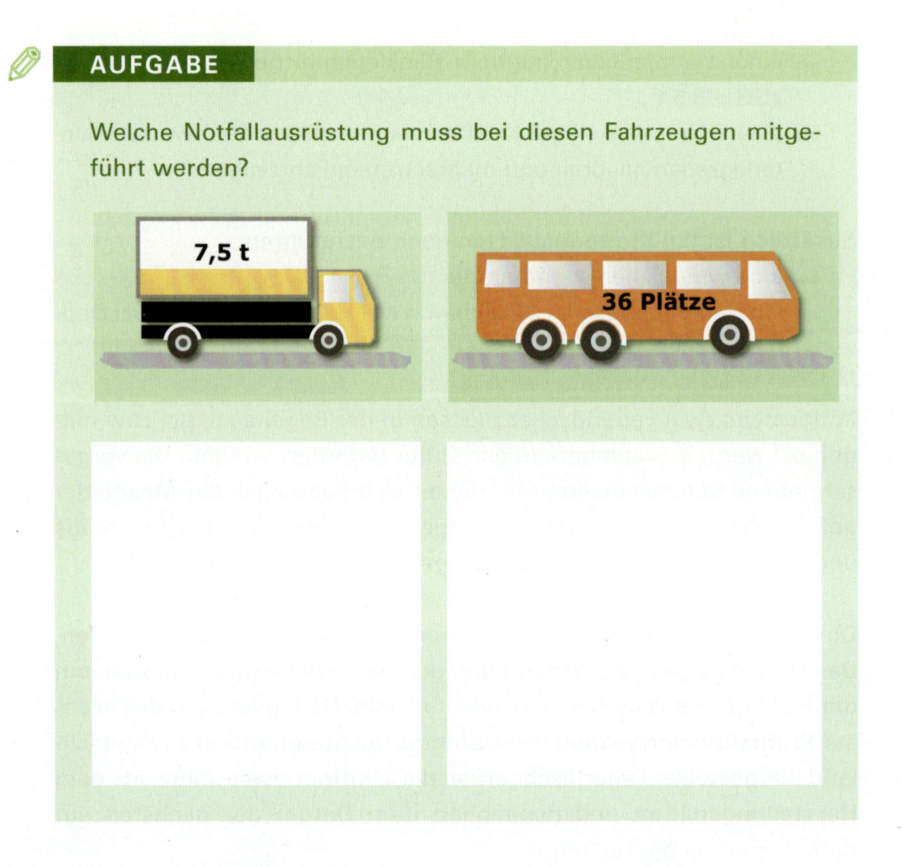

8.1.4. Abschleppen

Dem Begriff **Abschleppen** liegt der **Nothilfegedanke** zugrunde. Hierunter ist das Verbringen eines betriebsunfähig gewordenen Fahrzeuges oder einer Fahrzeugkombination von der Fahrbahn oder von anderen Stellen zum möglichst nahe gelegenen, geeigneten Bestimmungsort, z. B. einer Werkstatt, zu verstehen.
Grundsätzlich sind die Hinweise in den Bedienungsanleitungen der Fahrzeughersteller zu beachten (z. B. Gelenkwellen abflanschen, Ausfall der Lenkhilfe).

In der StVO, der Fahrerlaubnis-Verordnung (FeV) und in der Unfallverhütungsvorschrift „Fahrzeuge" (DGUV-Vorschrift 70, vormals BGV D29) wird beschrieben, welche Bedingungen einzuhalten sind, z. B.:

- Beim Abschleppen eines auf der Autobahn liegengebliebenen Fahrzeugs ist die Autobahn bei der nächsten Ausfahrt zu verlassen.

Abbildung 325: Abschleppstange

- Beim Abschleppen eines außerhalb der Autobahn liegengebliebenen Fahrzeugs darf nicht in die Autobahn eingefahren werden.
- Während des Abschleppens haben beide Fahrzeuge Warnblinklicht einzuschalten.
- Beim Abschleppen eines Kraftfahrzeugs genügt die Fahrerlaubnis für die Klasse des abschleppenden Fahrzeugs. Am Steuer des abzuschleppenden Fahrzeuges sollte eine erfahrene Person sitzen.
- Fahrzeuge dürfen durch andere Fahrzeuge nur bewegt werden, wenn sie sicher miteinander verbunden sind. Die Benutzung loser Gegenstände zum Schieben, wie Stempel, Riegel, ist unzulässig. Dies bedeutet u. a.:
  Beim Abschleppen ungebremster Fahrzeuge müssen starre Verbindungsteile, z. B. Abschleppstangen, verwendet werden. Beträgt die zGM von maschinell angetriebenen Fahrzeugen mehr als 4 t, sollten grundsätzlich Abschleppstangen – keine Abschleppseile – verwendet werden.
  Die Fahrzeuge müssen durch die hierfür vorgesehenen Verbindungseinrichtungen – z. B. Anhängekupplung und Zuggabel – verbunden sein.
- Bei Abschlepparbeiten ist eine Warnweste zu tragen.

Alles, was über das Abschleppen hinausgeht, ist genehmigungspflichtiges Schleppen im Sinne des § 33 StVZO – unabhängig davon, ob das Fahrzeug betriebsunfähig oder betriebsfähig ist.

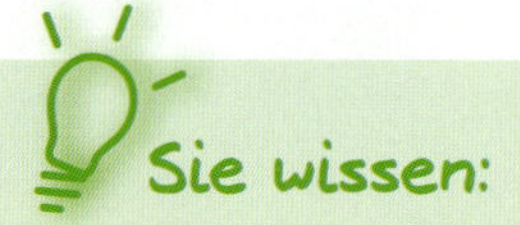

- ✔ Welche typischen Arten von Pannen und Notfällen es gibt.
- ✔ Welche Notausrüstung für Lkw und Bus in der StVZO vorgeschrieben ist.
- ✔ Welche Notausrüstung griffbereit aufbewahrt werden sollte.
- ✔ Welche Fahrzeuge mit Feuerlöschern ausgerüstet sein müssen und wie zu erkennen ist, ob sie geprüft sind.
- ✔ Was beim Abschleppen eines Fahrzeugs zu beachten ist.

8.2 Reaktion bei Pannen oder Notfällen

Sie sollen unterschiedliche Szenarien von Pannen und Notfällen kennenlernen und lernen, diese als „Krisenmanager" zu meistern.

FAHREN LERNEN **C**
Lektion 8

FAHREN LERNEN **D**
Lektion 16

8.2.1 Erste Schritte nach einem Unfall

Eine einzige Handlungsanleitung, die generell für jede erdenkliche Panne oder jeden Notfall passt und eingesetzt werden kann, gibt es nicht. Zu viele unterschiedliche Szenarien von Pannen und Notfällen sind möglich und was in der einen Situation richtiges Verhalten wäre, kann in einer anderen falsch sein. Ein Grundsatz gilt allerdings immer: **„Ruhe bewahren!"**

Eine Panne oder ein Notfall stellt für den betroffenen Fahrer in der Regel eine **Stresssituation** dar. Je heikler die Situation, desto heftiger fällt die Stressreaktion aus. So wird eine Reifenpanne ohne Fahrgäste bzw. Ladung wahrscheinlich weniger Stress auslösen als die gleiche Panne mit einem vollbesetzten Bus oder mit einem beladenen Lkw mit dringend benötigter Ware. Dennoch wird vom Fahrer erwartet, beide Situationen zu meistern. Schließlich ist er ein Profi.

Ein Fahrer, der bei einer Panne oder einem Notfall in Panik gerät, wird unkontrolliert „kopflos" hin- und herlaufen. In einer derartigen Stresssituation konzentriert sich unser Gehirn vollständig auf die Steuerung der überlebensnotwendigen Funktionen; alles andere wird ausgeblendet. Ein Mensch, der sich in dieser Stressphase befindet, trägt nur zu einer Verschlechterung der Lage bei. Damit fällt er als „Krisenmanager", d.h. als derjenige, der für die notwendigen Maßnahmen sorgen soll, aus.

Beim Eintreten der Situation soll der Fahrer gefasst und ruhig bleiben, also **„Ruhe bewahren"**. Er atmet ein- bis zweimal tief durch, überlegt kurz und handelt dann. So schafft der Mensch sich die Möglichkeit, die Situation aktiv zu erfassen und die aufkommende Panikreaktion und Hektik zu unterdrücken. Er kann versuchen, die geeigneten Maßnahmen einzuleiten. Hat der Betroffene diese zuvor trainiert und verinnerlicht fühlt er sich nicht hilflos, sondern kann die notwendigen Maßnahmen als Handlungswissen routinemäßig abrufen und durchführen. Er ist also ein „Krisenmanager", der befähigt ist, die Situation zu meistern.

Ein **überlegtes Handeln** in kritischen Situationen lässt sich also nur erreichen, wenn realitätsnahe Situationen trainiert werden. Das Verhaltensmuster eines Menschen setzt sich aus dem zusammen, was er in seinem Leben erfahren und gelernt hat. Panikartige Reaktionen auf kritische Ereignisse sind nicht auf Verantwortungslosigkeit zurückzuführen, sondern entstehen eher aus fehlendem Wissen und nicht ausreichendem Training.

Nach der **StVO** haben die Unfallbeteiligten eines Verkehrsunfalls auch bei Sachschäden immer:

- unverzüglich zu halten
- den Verkehr zu sichern und bei geringfügigem Schaden unverzüglich beiseite zufahren
- sich über die Unfallfolgen zu vergewissern

- Verletzten zu helfen
- anderen am Unfallort anwesenden Beteiligten und Geschädigten die erforderlichen Feststellungen zu ermöglichen

Liegt nur eine Panne oder Störung vor ohne Gefahr eines größeren Sachschadens oder gar eine Gefährdung von Menschen, wird es leicht gelingen, die Ruhe zu bewahren und zu überlegen, was zu tun ist. Sehr viel schwieriger wird es, wenn die Situation komplexer und unübersichtlich ist, z. B. nach einem Unfall.

Zur ersten Einschätzung einer Notfallsituation sind folgende Fragen zu klären:

- Sind Personen verletzt, wenn ja, wie viele und wie schwer?
- Müssen Personen aus einer besonderen Unfallsituation befreit oder gerettet werden?
- Gibt es noch eine unmittelbare Bedrohung am Unfallort, z. B. Feuergefahr?

Hierbei geht es nicht darum, jeden Fahrgast bis ins Detail nach seinen Befindlichkeiten zu interviewen oder nach der Ursache für die Situation zu forschen. Der erste Überblick dient zur Klärung der Frage, ob eine Hilfeleistung durch Notarzt, Feuerwehr, Polizei oder Sonstige erforderlich ist oder die notwendigen Maßnahmen allein vorgenommen werden können.

Die ersten Schritte nach Unfällen sind:

- Absichern des Fahrzeugs bzw. der Unfallstelle gegen Folgeunfälle (mindestens Einschalten der Warnblinkanlage)
- Absetzen des Notrufs an Polizei-/Feuerwehrleitstelle
- Erste Hilfe leisten

Weitere Maßnahmen müssen dann in Abhängigkeit vom konkreten Unfallgeschehen eingeleitet werden, z. B. Feuerlöschversuch, Information von Fahrgästen.

Diese ersten Schritte sind bei jeder Unfallsituation durchzuführen, auch wenn der Fahrer selbst nicht Unfallbeteiligter, sondern als Erster am Unfallort ist. In diesem Falle ist ebenfalls anzuhalten, ggfs. die Unfallstelle abzusichern, der Notruf abzusetzen und Erste Hilfe zu leisten.

8.2.2 Unfalldokumentation

Grundsätzlich muss jeder **Unfallbeteiligte** am Unfallort verbleiben, bis zugunsten der anderen Unfallbeteiligten und Geschädigten alle erforderlichen Feststellungen getroffen worden sind. Dazu sind mindestens folgende Pflichtangaben zu leisten:

- Feststellung seiner Person
- seines Fahrzeuges
- Art seiner Beteiligung

Das umfasst Angaben zur Person mit Namen und Anschrift, auf Verlangen Vorzeigen des Führerscheines und des Fahrzeugscheines, sowie Angaben zur Haftpflichtversicherung soweit möglich.
Unfallbeteiligte müssen sich zu erkennen geben. Wenn einer der Unfallbeteiligten sich den Feststellungen durch Entfernen vom Unfallort entzieht, kann der Straftatbestand der **Unfallflucht** erfüllt sein. Die Feststellung von Zeugen zur Klärung der Schuldfrage ist nachrangig.

Die Dokumentation eines Vorfalls ist für die nachfolgende Bearbeitung von größter Wichtigkeit und kann im Versicherungsfall oder gar vor Gericht als entscheidendes Dokument einfließen.
Die Unfallmeldung soll den Vorfall sachlich und klar widerspiegeln. Mit ihr werden bestimmte Angaben in vorgefertigten Formularen festgehalten. Hinzu kommt eine kurze Schilderung des Vorfalls aus Sicht des Fahrers, eventuell unterstützt durch Skizzen und Fotos.

Der **europäische Unfallbericht** ist dafür ein zweckmäßiger Vordruck, der vom Dachverband der nationalen Versicherungsverbände (Insurance Europe) herausgegeben wird und in verschiedenen Sprachen kostenfrei erhältlich ist. Bei einer Fahrt ins Ausland ist es sinnvoll, den Vordruck auch in der Sprache des Ziellandes mitzuführen. Bei einem Unfall können dann die wichtigsten Daten auch aufgenommen werden, wenn sich die Beteiligten sprachlich nicht verständigen können.

Die wichtigsten Angaben sind im Vordruck als Rubrik vorgesehen. Das Unfallaufnahme-Formular entspricht den in Deutschland gültigen rechtlichen Anforderungen für Angaben, die Unfallbeteiligte am Unfallort zu machen haben.

Unfallbericht

Keine Schuldanerkenntnis, sondern eine Wiedergabe des Unfallherganges zur schnelleren Schadenregulierung.

Von beiden Fahrzeuglenkern auszufüllen

1. Tag des Unfalles | Uhrzeit

2. Ort (Gemeinde, Straße, Haus-Nr. bzw. Kilometerstein)

3. Verletzte? (auch leicht) nein ☐ ja ☐ *

4. Andere Sachschäden als an den Fahrzeugen A u. B nein ☐ ja ☐

5. Zeugen (Name, Anschrift, Telefon; *Insassen von A und B unterstreichen*)

Fahrzeug A

6. Versicherungsnehmer (siehe Kfz-Schein/ Grüne Versicherungskarte)

Name:
Vorname:
Anschrift:
Telefon:
Besteht Berechtigung zum Vorsteuerabzug? nein ☐ ja ☐

7. Fahrzeug

Marke, Typ:
Amtl. Kennzeichen:

8. Versicherer

Vers.-Nr:
Agent:
Nr. der Grünen Karte:
Versicherungsausweis oder Grüne Karte | gültig bis:
Besteht eine Vollkaskoversicherung? nein ☐ ja ☐

9. Fahrer (siehe Führerscheindaten)

Name:
Vorname:
Adresse:
Führerschein-Nr:
Klasse: ausgestellt durch:
gültig ab bis
(Für Omnibusse, Taxis usw.)

10. Bezeichnen Sie durch einen Pfeil den Punkt des ersten Anstoßes.

11. Sichtbare Schäden

14. Bemerkungen

12. Umstände

Bitte ankreuzen, soweit für die Beschreibung der Skizze sachdienlich

A			B
☐	1	Fahrzeug parkte (auf der Straße)	☐
☐	2	fuhr aus der Parkstelle heraus	☐
☐	3	fuhr in eine Parkstelle hinein	☐
☐	4	fuhr aus einem Parkplatz, aus einem Grundstück oder einem Feldweg/Privatweg heraus	☐
☐	5	fuhr auf einen Parkplatz, bog in ein Grundstück oder einen Feldweg/Privatweg ein	☐
☐	6	bog in einen Kreisverkehr ein	☐
☐	7	fuhr im Kreisverkehr	☐
☐	8	fuhr heckseitig auf ein anderes Fahrzeug auf bei Fahrt in dieselbe Richtung und auf derselben Fahrspur	☐
☐	9	fuhr in gleicher Richtung, aber in einer anderer Spur	☐
☐	10	wechselte die Spur	☐
☐	11	überholte	☐
☐	12	bog rechts ab	☐
☐	13	bog links ab	☐
☐	14	setzte zurück	☐
☐	15	fuhr in die Gegenfahrbahn	☐
☐	16	kam von rechts	☐
☐	17	beachtete Vorfahrtszeichen nicht	☐
☐	◄	**Anzahl der angekreuzten Felder** ►	☐

13. Unfallskizze

Bezeichnen Sie: 1. Straßenführung 2. Richtung der Fahrzeuge A und B (durch Pfeile) 3. Ihre Position im Moment des Zusammenstoßes 4. Straßenschilder 5. Straßennamen

15. Unterschrift beider Fahrer

A B

Fahrzeug B

6. Versicherungsnehmer (siehe Kfz-Schein/ Grüne Versicherungskarte)

Name:
Vorname:
Anschrift:
Telefon:
Besteht Berechtigung zum Vorsteuerabzug? nein ☐ ja ☐

7. Fahrzeug

Marke, Typ:
Amtl. Kennzeichen:

8. Versicherer

Vers.-Nr:
Agent:
Nr. der Grünen Karte:
Versicherungsausweis oder Grüne Karte | gültig bis:
Besteht eine Vollkaskoversicherung? nein ☐ ja ☐

9. Fahrer (siehe Führerscheindaten)

Name:
Vorname:
Adresse:
Führerschein-Nr:
Klasse: ausgestellt durch:
gültig ab bis
(Für Omnibusse, Taxis usw.)

10. Bezeichnen Sie durch einen Pfeil den Punkt des ersten Anstoßes.

11. Sichtbare Schäden

14. Bemerkungen

* Name und Anschrift angeben

Abbildung 326: Unfallbericht

Die Unfalldokumentation mit dem Vordruck alleine ist aber nur bei Bagatellschäden ausreichend. Bei einem größeren Sachschaden oder bei Personenschäden können weitere Angaben notwendig sein. Diese können auf dem Vordruck ergänzt oder mit einem eigenen Zusatzprotokoll, ggfs. mit Fotos, dokumentiert werden.

Dazu gehören z. B. folgende Angaben:

- Wer ist verletzt und Art der Verletzung? (Name, Anschrift und Art der Verletzungen)
- Name, Anschrift und Telefonnummer anderer Unfallbeteiligter
- Name, Anschrift und Telefonnummer von Zeugen
- Wetter zum Unfallzeitpunkt (trocken, nass, Regen, Sonnenschein, Glatteis, Schnee, Schneetreiben etc.)
- Fahrbahnbeschaffenheit (Asphalt, unbefestigte Straße etc.)
- Besondere Auffälligkeiten (Defekte an anderen Unfallfahrzeugen, ohne Licht gefahren etc.)
- Polizeidienststelle, die den Unfall aufgenommen hat, Namen/Tagebuchnummern der Polizisten?
- Abstände zu anderen Unfallbeteiligten/zur Infrastruktur
- Bremsspuren
- ...

Sie wissen:

- ✔ Wie wichtig es ist, Ruhe zu bewahren und wie Sie das erreichen können.
- ✔ Mit welchen Fragen Sie die erste Einschätzung einer Notfallsituation vornehmen müssen.
- ✔ Was bei einem Unfall als Erstes zu tun ist.
- ✔ Welche Pflichten Unfallbeteiligte nach der StVO haben.
- ✔ Wofür die Unfalldokumentation wichtig ist.

8.3 Absichern des Fahrzeugs

FAHREN LERNEN **C**
Lektion 8

FAHREN LERNEN **D**
Lektion 16

Sie sollen wissen, wie eine Pannen- oder Unfallstelle abzusichern ist.

8.3.1 Absichern des Fahrzeugs

Die Absicherungsmaßnahmen warnen den nachfolgenden Verkehr und dienen der eigenen Sicherheit. Grundsätzlich sollte versucht werden, das Fahrzeug an eine sichere oder weniger gefährliche Stelle zu fahren, z. B. ein Parkplatz oder eine Nothaltebucht. Bleibt ein Kraftfahrzeug am helllichten Tag im Stadtverkehr liegen, ist dies weniger gefährlich als ein fahrunfähiges Kraftfahrzeug bei Nacht und Nebel. Hat ein Fahrzeug an einer gefährlichen Stelle (z. B. in einem Tunnel oder auf einer Brücke) eine Panne, sollte der Fahrer möglichst in einen sicheren Bereich mit eingeschalteter Warnblinkanlage weiterfahren.
An Stellen extremer Gefährdung, z. B. auf einem Bahnübergang, muss das Fahrzeug aus dem Gefahrenbereich gebracht werden, auch wenn Sachschäden am Fahrzeug oder an der Infrastruktur die Folge sind.
Bevor Absicherungsmaßnahmen durchgeführt werden, ist zur eigenen Sicherheit Warnkleidung anzulegen.

Sicherungsmaßnahmen beim Anhalten sind:
- Warnblinkanlage aktivieren (möglichst noch vor Stillstand)
- Fahrzeugbeleuchtung bei Dunkelheit oder sonstigen schlechten Sichtverhältnissen einschalten (§ 17 Abs. 4 StVO)
- Fahrzeug gegen Wegrollen sichern (Feststellbremse)
- Lenkung wird zum Fahrbahnrand hin eingeschlagen

Für die weitere Absicherung müssen das Warndreieck und andere Warneinrichtungen (Warnleuchte, tragbare Blinkleuchte) in ausreichender Entfernung aufgestellt werden. Diese hängt im Allgemeinen von der Geschwindigkeit des fließenden Verkehrs und eventuellen Sichtbehinderungen, wie z. B. Kurven und Kuppen, ab.

Die Entfernung zwischen Fahrzeug und Warndreieck bzw. anderer Warneinrichtung beträgt:

- Ca. 100 m bei schnellem Verkehr
- Mindestens 150 und bis zu 400 m auf Autobahnen
- Ausreichend weit bei Sichtbehinderungen

Abbildung 327: Wichtig: Warnweste tragen und möglichst hinter der Leitplanke aufhalten

Zum Aufstellen des Warndreiecks ist ein sicherer Weg möglichst abseits der Fahrbahn oder hinter der Leitplanke zu wählen. Alternativ könnte auch der äußere Fahrbahnrand mit Blickrichtung zum fließenden Verkehr benutzt werden.

AUFGABE

Ihr Fahrzeug ist hinter einer Kurve liegengeblieben. Zeichnen Sie ein, wo Sie die Warneinrichtungen platzieren!

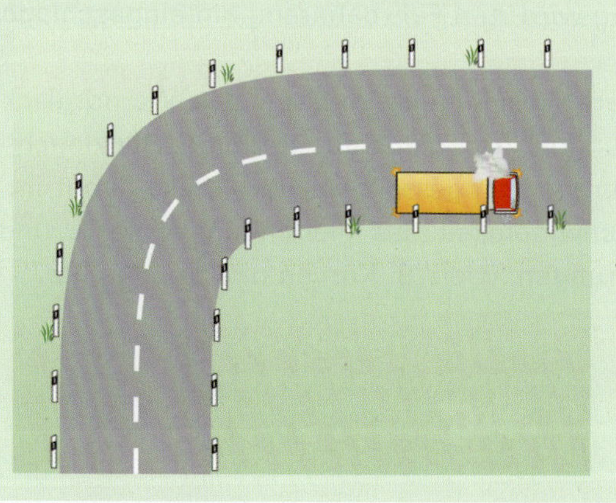

Sie wissen:

- ✔ An welchen Stellen eine erhöhte Gefährdung vorliegt, wenn das Fahrzeug dort liegen bleibt.
- ✔ Welches die ersten Sicherungsmaßnahmen sind, die Sie beim Anhalten treffen müssen.
- ✔ Wie Warndreieck und andere Warneinrichtungen aufzustellen sind.
- ✔ Wie Ihre Eigensicherung erfolgen muss, damit Sie sich nicht gefährden.

8.4 Notruf absetzen

Sie sollen wissen, was beim Absetzen eines Notrufs wichtig ist.

8.4.1 Notruf absetzen

Bei der Feststellung, dass fremde Hilfe benötigt wird, muss als erstes der Notruf abgesetzt werden, um nicht weitere wertvolle Zeit bis zum Eintreffen der Rettungskräfte zu verlieren.

Um einen Notruf überhaupt absetzen zu können, muss zuerst die **Rufnummer 112** gewählt werden. Die Rufnummer 112 ist europaweit für Notrufe bei Unfall, Feuer oder anderen Notlagen eingerichtet worden.
Sie kann kostenfrei aus dem Festnetz oder vom Mobiltelefon aus angerufen werden. Der Notruf, der häufig auch in Englisch oder Französisch aufgenommen werden kann, wird dann an die national zuständigen Stellen weitergeleitet.
Bei Fahrten außerhalb Europas muss der Unternehmer vorher die Notrufnummer des jeweiligen Landes ermitteln und dem Fahrpersonal bekanntgeben.
In Verkehrsunternehmen mit einer **Leitstelle,** die eine ständige Verbindung mit den Fahrern hat, wird in der Regel die Alarmierung der Rettungskräfte über die Leitstelle laufen.

Abbildung 328: Notrufsäule

Für das **Absetzen des Notrufs** sind folgende Fragen (5 W) zu beachten:

1. **W**o ist die Unfallstelle?
2. **W**as ist passiert?
3. **W**ieviele sind verletzt?
4. **W**elcher Art sind die Verletzungen?
5. **W**arten auf Rückfragen

Für Fahrer von Linienbussen ist die Frage **„Wo ist die Unfallstelle?"** in der Regel ohne Probleme zu beantworten. Die Strecken sind bekannt und eine Weitergabe der Informationen an die Leitstelle per Funk funktioniert meist. Für Reisebus- und Lkw-Fahrer ist es schwieriger, diese Frage zu beantworten, wenn sie sich an für sie unbekannten Orten aufhalten. Eine Hilfestellung für die Standortbestimmung können Na-

vigationssysteme und Mobiltelefone bieten. Wird ein Notruf über eine Notrufsäule oder Notrufstation abgesetzt, weiß die Notrufleitstelle ebenfalls sofort, wo sich der Hilfesuchende befindet.
Bei der Beantwortung der Frage **„Was ist passiert?"** geht es um eine kurze Darstellung der Unfallsituation. Es könnten z. B. mehrere Fahrzeuge zusammengestoßen sein. Die Schilderung von Schuldfragen kostet wertvolle Zeit und ist an dieser Stelle nicht von Bedeutung.
Die Anzahl der Verletzten **(„Wie viele sind verletzt?")** ist wichtig für die Anzahl der Rettungswagen. Die Information **„Welcher Art sind die Verletzungen?"** wird benötigt, um zu entscheiden, ob neben dem Einsatz von Fahrzeugen auch beispielsweise Rettungshubschrauber benötigt werden. Das **„Warten"** ist wichtig, falls die Rettungsleitstelle Rückfragen hat. Daher beendet diese grundsätzlich den Anruf.
Je nach Situation kann es erforderlich sein, dass zur Aufrechterhaltung der Kommunikation zwischen Unfall- und Leitstelle permanent eine Person am Notrufgerät sprechbereit bleibt, z. B. wenn die Unfallstelle schwer zu finden ist oder der Ausgang einer Notsituation nicht absehbar ist.

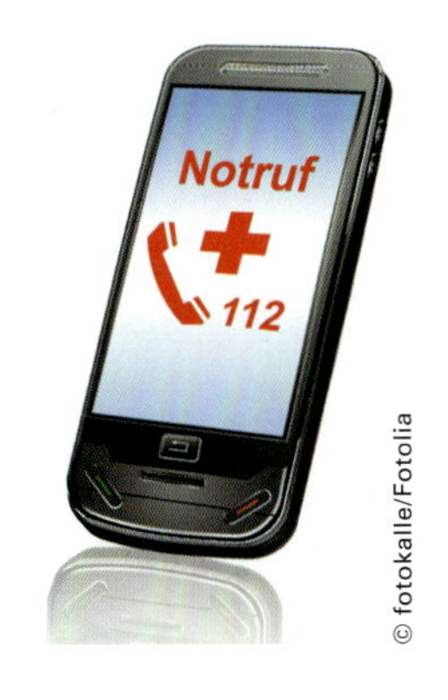

Abbildung 329: Notruf über Handy absetzen

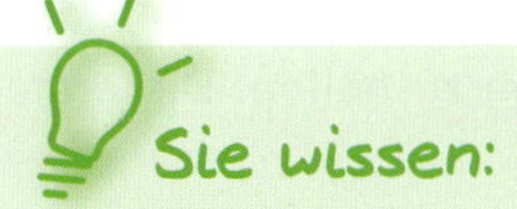

- ✔ Welches die europäische Rufnummer ist und kennen ihre Bedeutung.
- ✔ Welche Fragen beim Absetzen eines Notruf wichtig sind (5 W).
- ✔ Warum Sie das Gespräch mit der Rettungsleitstelle nicht von sich aus beenden sollten.

8.5 Erste Hilfe

Sie sollen die Grundprinzipien der Ersten Hilfe kennen.

8.5.1 Verpflichtung zur Hilfeleistung

Die Verpflichtung, bei Unfällen Erste Hilfe zu leisten, ist für Teilnehmer im Straßenverkehr explizit in der StVO §34 festgeschrieben. Deshalb ist es auch verpflichtend, zum Erwerb der Führerscheine der Klassen C und D einen Erste-Hilfe-Kurs zu absolvieren. Zum Trainieren dieser Maßnahmen ist es zu empfehlen, mindestens alle zwei Jahre den Lehrgang oder ein Erste-Hilfe-Training zu durchlaufen, um im Bedarfsfall in der Lage zu sein, die erforderlichen Sofortmaßnahmen am Unfallort bis zum Eintreffen der Rettungskräfte wirksam auszuführen.

8.5.2 Lebensrettende Sofortmaßnahmen

Nach dem Absichern der Unfallstelle gegen Folgeunfälle und dem Absetzen des Notrufs müssen am Unfallort die lebensrettenden Sofortmaßnahmen eingeleitet werden, um Verletzten zu helfen. Die ersten Schritte sind dann:

- Eingeschlossene Personen befreien
- Verletzte aus dem Gefahrenbereich bringen (Rautek-Rettungsgriff)

Dabei ist immer auch auf den Eigenschutz zu achten: die eigene Sicherheit steht im Vordergrund und es ist niemandem geholfen, wenn Sie sich selbst gefährden.
Ein **Notfall** liegt bei einem Verletzten vor, wenn die lebenswichtigen Funktionen des Körpers (Vitalfunktionen) gestört sind. Im ersten Überblick ist deshalb zu entscheiden, ob bei Verletzten ein Notfall (bewusstlose Personen) vorliegt. Diese sind immer zuerst zu versorgen.

Die Vitalfunktionen sind:

- Bewusstsein
- Blutkreislauf
- Atmung

Eine Störung der Vitalfunktionen führt zu einer verminderten Versorgung des Gehirns und ist damit lebensbedrohend. Verletzte sollen deshalb nach Möglichkeit auch bei Bewusstsein gehalten und ihre Atmung und ihr Kreislauf überwacht werden.

Die Vitalfunktionen können bei einem Verletzten geprüft werden durch
- Ansprechen
- Schmerzreiz (Kneifen Innenseite des Oberarm)
- Kopf überstrecken und Atmungsbewegung verfolgen oder hören

Wenn Atmung und Kreislauf erkennbar funktionieren, ist der Bewusstlose in die stabile Seitenlage zu bringen. Bei einer Störung weiterer Vitalfunktionen sind Maßnahmen zur Wiederbelebung (Herzdruckmassage in Rückenlage auf fester Untergrund und Atemspende) erforderlich, die so lange weitergeführt werden müssen, bis professionelle Hilfe eintrifft.

Abbildung 330: Stabile Seitenlage

8.5.3 Weitere Erste-Hilfe-Maßnahmen

Weitere Schritte der ersten Hilfe am Unfallort sind:
- Stoppen von Blutungen (z. B. Druckverband, Abdrücken der Blutversorgung, Aufpressen von sterilem Verbandmaterial)
- Versorgung von Knochenbrüchen (z. B. Lage fixieren, abdecken mit sterilem Verbandmaterial)
- Betreuung von Schockverletzten (fahle, blasse, kalte Haut, auffällige Unruhe, schneller/schwächer werdenden Puls, Frieren, Schweiß auf der Stirn)

Die genaue Vorgehensweise bei Verletzungen, die lebensrettende Sofortmaßnahmen erfordern, wird in den Erste-Hilfe-Lehrgängen erklärt und geübt. Medikamente dürfen nicht verabreicht werden, das ist Personen mit medizinischer Ausbildung vorbehalten.

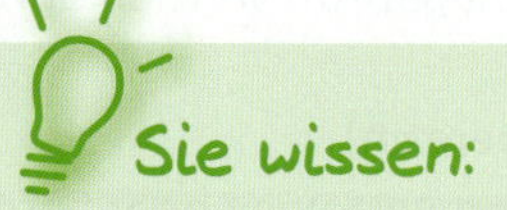

- Welches die ersten Schritte der Sofortmaßnahmen am Unfallort sind.
- Wann bei einer Verletzung ein Notfall vorliegt.
- Welches die Vitalfunktionen sind und wie sie geprüft werden können
- Was eine stabile Seitenlage ist und wie eine Wiederbelebung durchgeführt werden muss.

8.6 Verhalten bei Bränden

Sie sollen die Funktion, die Handhabung und den richtigen Einsatz von Handfeuerlöschern kennen.

8.6.1 Der richtige Feuerlöscher

In Fahrzeugen mitgeführte Feuerlöscher müssen frei zugänglich aufbewahrt werden. In Bussen befindet sich der Feuerlöscher in der Nähe des Fahrers, in Doppeldeckfahrzeugen ein zweiter auf der oberen Fahrgastebene.
Feuerlöscher haben spezifische Einsatzbereiche, die durch Brandklassen gekennzeichnet werden. In der StVO sind für KOM Feuerlöscher vorgeschrieben, die mindestens die Brandklassen A, B und C abdecken.

Abbildung 331: Brandklassen

Brandklasse	Zugehörige Stoffe	Geeignetes Löschmittel
A	Feste Stoffe, normalerweise unter Glutbildung verbrennend: Holz, Papier, Textilien etc.	Pulver-Feuerlöscher, Schaum-Feuerlöscher, Wasser-Feuerlöscher
B	Flüssige oder flüssig werdende Stoffe: Benzin, Fette, Öl, Kunststoffe etc.	Pulver-Feuerlöscher, Schaum-Feuerlöscher, CO_2-Feuerlöscher
C	Gase: Methan, Erdgas, Wasserstoff etc.	Pulver-Feuerlöscher
D	Brennbare Metalle und Legierungen: Magnesium, Natrium, Aluminium, deren Legierungen etc.	Pulver-Feuerlöscher mit Metallbrand-Pulver/ D-Pulver
F	Speiseöle-/fette (pflanzliche oder tierische Öle und Fette) in Frittier- und Fettbackgeräten und anderen Kücheneinrichtungen und -geräten	Fettbrand-Feuerlöscher
Hinweis: Beachten Sie immer auch die Warnhinweise auf den Feuerlöschern und eventuelle markenspezifische Besonderheiten		

Für KOM ist in der StVZO vorgeschrieben, dass das Fahrpersonal mit der Handhabung des Feuerlöschers vertraut ist. Dafür ist neben dem Fahrpersonal auch der Fahrzeughalter verantwortlich.
Die Handhabung der Feuerlöscher ist auf dem Typenschild in Text und Piktogrammen beschrieben.

Unterschieden werden zwei „Bauarten“:

- Auflade-Feuerlöscher und
- Dauerdruck-Feuerlöscher.

Bei einem Dauerdruck-Feuerlöscher steht das Innere des Behälters unter Druck und der Feuerlöscher ist nach dem Entsichern sofort einsatzbereit. Bei einem Auflade-Feuerlöscher muss nach dem Entsichern zuerst das Druckmittel im Löschbehälter freigesetzt werden, bevor dieser einsatzbereit ist.

Das Löschpulver von Pulverlöschern kann zu Augen- bzw. Bindehautreizungen – und bei empfindlichen Personen zu Erbrechen – führen. Darauf ist beim Einsatz in unmittelbarer Nähe von Personen zu achten. Ein Brand eines Mülleimers im Fahrzeuginnenraum könnte gegebenenfalls auch mit einer oder mehreren Flaschen Mineralwasser gelöscht werden.
Um einen Feuerlöscher wirkungsvoll einsetzen zu können, sind praxisbewährte Regeln zu beachten.

Weitere Informationen über das Verhalten speziell bei einem Busbrand finden Sie in Kapitel 8.7.

8.6.2 Richtig löschen

	Richtig	Falsch	Anmerkung
Brand in Windrichtung angreifen!			Gefährdung durch Rauch, Hitze und zurückströmendes Löschmittel
Flächenbrände von vorne beginnend ablöschen!			Feuer wird zurückgedrängt
Tropf- und Fließbrände von oben nach unten löschen!			Löschen ab Austrittsstelle
Ausreichend Feuerlöscher gleichzeitig einsetzen, nicht nacheinander!			effektivere Brandbekämpfung
Rückzündung beachten!			Gefahr durch unerkanntes Wiederaufflammen
Nach Gebrauch Feuerlöscher nicht wieder an den Halter hängen. Neu füllen lassen!			nur betriebsbereite Feuerlöscher bereitstellen

- ✔ Welche Brandklassen es gibt und kennen Beispiele für Stoffe, die dieser Brandklasse entsprechen.
- ✔ Welche Regeln für den richtigen Einsatz von Feuerlöschern zu beachten sind.

8.7 Verhalten bei Busunfällen

FAHREN LERNEN **D**
Lektion 16

Als angehender Busfahrer sollen Sie in diesem gesonderten Kapitel über das korrekte Verhalten bei Busunfällen, die Evakuierung der Fahrgäste und über das richtige Vorgehen bei einem Busbrand unterrichtet werden. Als Lkw-Fahrer können Sie dieses Kapitel auslassen.

8.7.1 Krisenmanager

Nachdem die Rettungskräfte alarmiert wurden, müssen die weiteren Maßnahmen durchgeführt werden. Dabei sollte sich der Busfahrer über eines bewusst sein: „Ich muss nicht alles selber machen!"
Der Fahrer kann Aufgaben auch delegieren, indem er einen Auftrag an eine geeignete Person vergibt. Die Anweisungen müssen verständlich und eindeutig sein: „Bitte stellen Sie das Warndreieck hinter dem Bus noch vor der Kurve auf".

8.7.2 Evakuierung der Fahrgäste

Eine Frage, die sich immer wieder stellt, wenn ein Bus mit Personen an Bord eine Panne oder Notfall hat: **Wohin mit den Fahrgästen?**

Abbildung 332: Nothahn

Bei einem Linienbus im Stadtverkehr kann der Fahrer die Menschen einfach aussteigen lassen, wenn diese das wünschen und keine Gefährdung durch den fließenden Verkehr besteht. Anders ist es beispielsweise auf einer Landstraße, Autobahn, Brücke oder in einem Tunnel. In dieser Situation muss der Fahrer verschiedene Gesichtspunkte gegeneinander abwägen. Kernfrage ist: **Wo sind die Fahrgäste sicherer aufgehoben?**
Dabei sind sowohl die örtlichen Gegebenheiten zu berücksichtigen als auch die Zusammensetzung der Fahrgäste. Je nach Situation kann der Verbleib der Fahrgäste an Bord klare Vorteile haben.

Bei einem Busbrand oder sonstigen Unfällen mit akuter Gefahr für Leib und Leben hingegen ist eine Evakuierung ohne Verzögerung erforderlich. Sobald die Entscheidung zur Evakuierung der Fahrgäste getroffen wurde, müssen bei Stillstand des Busses alle Türen geöffnet werden. Eventuell ist eine Öffnung mit den Notbetätigungseinrichtungen der Türen erforderlich. Diese bewirken, dass die Türen kraftlos geschaltet werden und von Hand geöffnet werden können. Die Notbetätigung sollte allerdings nur bei stehendem Bus vorgenommen werden, da die auslösende Person aus dem sich bewegendem Fahrzeug hinausfallen könnte. Je nach Bauart des Busses ist eine Notbetätigung der Türen erst bei Geschwindigkeiten unter ca. 6 km/h möglich.

Abbildung 333:
Notausstieg

8.7.3 Busumsturz

Ist die Benutzung der Türen nicht möglich, weil der Bus beispielsweise nach einem Unfall auf der Seite liegt, sind die gekennzeichneten Notausstiege zu benutzen. Meist müssen dazu vorgesehene Scheiben mit einem Nothammer eingeschlagen werden (Es gibt z. B. auch Dachluken, die als Notausstiege gekennzeichnet sind.).
In solchen Situationen muss der Fahrer Ruhe bewahren und diese auch den Fahrgästen vermitteln. Hierzu sollte er Folgendes tun:

1. Per Durchsage die Fahrgäste zu den erforderlichen Maßnahmen anleiten:
   a. Einschlagen der Notausstiege mit dem Nothammer bzw. Öffnen der Dachluken
   b. Flucht ins Freie und in sicherer Entfernung sammeln; dazu einen Helfer bestimmen

Abbildung 334:
Umgekippter Bus

2. Überblick über Verletzte verschaffen
3. Notruf absetzen (gegebenenfalls durch einen geeigneten Helfer)
4. Fahrgästen beim Verlassen des Busses helfen
5. Kontrollieren, ob der Bus leer ist
6. Fahrer und Helfer prüfen Vollzähligkeit der Fahrgäste an der Sammelstelle
7. Eintreffen von Rettungskräften und Polizei abwarten

8.7.4 Busbrand

Brennende Fahrzeuge, insbesondere Omnibusse, sind keine Phantasien, sondern reale Einzelfälle. Bei dem betroffenen Fahrer löst die Feststellung, dass der fahrende Bus brennt, zunächst ein ungläubiges Entsetzen aus. Getreu dem Motto: Es kann nicht sein, was nicht sein darf.

Nach der Überwindung des ersten Schockmoments und Realisierung der Situation, kommt jetzt der Moment des Handelns. Der Bus muss an einer geeigneten Stelle schnellstens zum Stillstand gebracht werden. Dabei darf auch in einer kritischen Situation nicht zu dicht an feste Bauteile (z. B. Leitplanke, Tunnelwand) gefahren werden, damit die Öffnung von Außenschwingtüren und die Fluchtmöglichkeit für die Fahrgäste nicht eingeschränkt wird. Wenn es die Situation noch zulässt, sollte ein Parkplatz, eine Raststätte oder mindestens eine Haltebucht mit ausreichendem Abstand zu anderen Fahrzeugen oder Personen angefahren werden. Dort kann eine Evakuierung der Fahrgäste sicherer erfolgen und die Rettungskräfte haben bessere Bedingungen für den Rettungseinsatz. Zum Anhalten sollte auf eine Vollbremsung verzichtet werden, da die Fahrgäste dadurch verletzt und in Panik versetzt werden könnten. Ein Feuerausbruch im Fahrzeuginneren wird in der Regel schneller bemerkt als beispielsweise ein Motorbrand.

Abbildung 335: Brennender Bus

Brennt ein Bus zum Beispiel von außen, muss sich der Fahrer, nachdem er angehalten und die Evakuierung der Fahrgäste sowie die Absetzung des Notrufes organisiert hat, zunächst einen Überblick über das Ausmaß des Brandes verschaffen. Erst danach werden Löschversuche unternommen.

- ✔ Welches besonders geeignete Stellen sind, um den Bus im Notfall zu evakuieren.
- ✔ Was die Notbetätigungseinrichtung der Türen bewirkt und wann sie wirksam werden kann.
- ✔ Wo Notausstiege sind und wie diese zu öffnen sind.
- ✔ Wie bei einem Busumsturz vorzugehen ist.

8.8 Pannen und Notfälle an besonderen Orten

Sie sollen den Aufbau von Tunneln und Brücken und die damit zusammenhängenden Notfallmaßnahmen bei einem Unfall oder einer Panne kennenlernen.

FAHREN LERNEN **C**
Lektion 3

FAHREN LERNEN **D**
Lektion 14

8.8.1 Tunnel

Tunnel in Deutschland werden regelmäßig auf ihre Sicherheitsstandards hin überprüft. Grundlage für das Sicherheitsniveau sind die in Deutschland geltenden „Richtlinien für die Ausstattung und den Betrieb von Straßentunneln" (RABT). Seit 2004 regelt eine europäische Richtlinie die Sicherheitsstandards der Tunnel im europäischen Straßennetz. Allerdings decken die seit einigen Jahren regelmäßig durchgeführten europaweiten Tests immer wieder Sicherheitsmängel an einzelnen Tunneln auf.

Neben der Ausstattung mit Licht und einer wirkungsvollen Belüftung sind vor allem das Notfallmeldesystem sowie die Anlage und Kennzeichnung der Fluchtwege wichtige Bestandteile des Sicherheitskonzepts von Straßentunneln.

In längeren Straßentunneln sind im Abstand von 600 m Pannenbuchten am rechten Fahrbahnrand angeordnet, die einen Nothalt im Tunnel ermöglichen. Notrufstationen in Tunneln befinden sich:

- in Pannenbuchten
- an den Portalen
- im Abstand von 150 m auf der freien Strecke in längeren Tunneln.

Abbildung 336: Notportal im Tunnel

Wenn ein Halt auf der Strecke notwendig ist, können die Notrufstationen und Pannenbuchten über die Notgehwege zu Fuß sicher erreicht werden.

Die Notrufstationen sind jeweils mit einem manuellen Brandmelder, einer Notrufeinrichtung sowie mit zwei Feuerlöschern ausgestattet. Sobald die Notrufstation betreten, die Notrufeinrichtung betätigt oder ein Feuerlöscher entnommen wird, geht ein Alarmsignal in der Tunnelüberwachungsstelle ein und eine Sprechverbindung wird hergestellt. Handys sollen für Notrufe im Tunnel nicht benutzt werden, da eine Lokalisierung im Tunnel nicht möglich ist. In längeren Tunneln ist eine Videoüberwachung eingerichtet, die den gesamten Tunnelinnenraum, einschließlich der Notrufstationen und Querverbindungen erfasst. Notfälle können so schneller lokalisiert werden.

Für die Selbstrettung im Brandfall sind Fluchtwege eingerichtet und gekennzeichnet. Richtungspfeile markieren den kürzesten Weg. Notausgänge sind im Abstand von längstens 300 m vorhanden. Im Brandfall schaltet sich, zusätzlich zu den ständig betriebenen, selbstleuchtenden Rettungszeichen, eine sehr helle Orientierungsbeleuchtung ein, die im Abstand von etwa 25 m zu den jeweiligen Notausgängen führt.

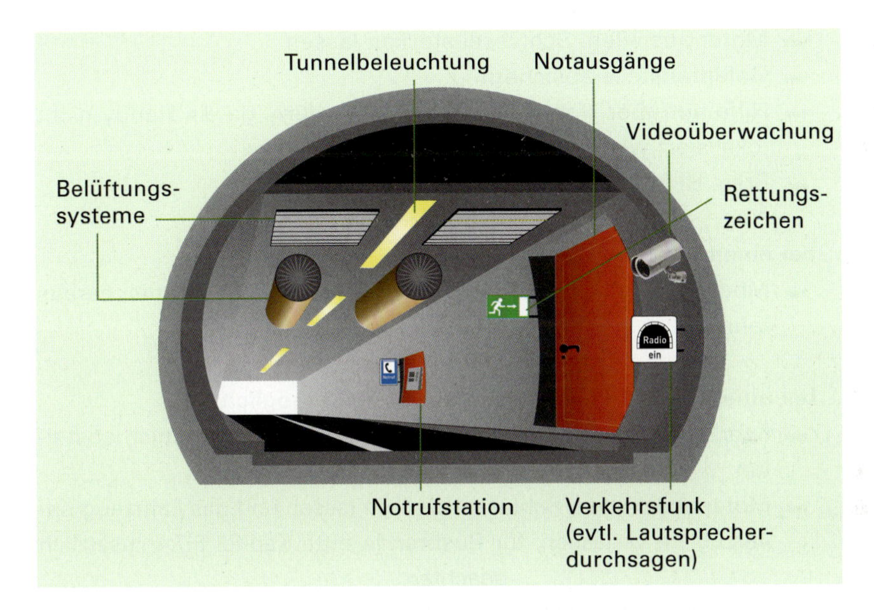

Abbildung 337: Sicherheitsausstattung in Tunneln

Allgemeine Verhaltenstipps in Tunneln ...

... bei Einfahrt in den Tunnel:

- Sonnenbrille absetzen und Sonnenblenden hochklappen
- Licht einschalten
- Sender mit Verkehrsfunk bzw. die im Tunnelportal angegebene Sendefrequenz einstellen
- Geschwindigkeitsbeschränkungen und andere Verkehrsregelungen sorgfältig beachten
- Sicherheitsabstand einhalten

... bei Staus:

- Warnblinkanlage einschalten
- Abstand halten, auch bei langsamer Fahrt und im Stand
- Motor bei längerer Standzeit abstellen
- Verkehrsnachrichten oder Lautsprecherdurchsagen beachten
- Wechselverkehrszeichen beachten
- Nicht wenden oder rückwärts fahren

... bei Panne oder Unfall:

- Warnblinklicht einschalten
- Möglichst die nächste Pannenbucht ansteuern, sonst auf Seitenstreifen oder ganz rechts anhalten
- Motor abstellen, Schlüssel stecken lassen
- Gefahrenstelle absichern
- Hilfe nur über Notrufeinrichtung anfordern, da ein Handy nicht lokalisiert werden kann
- Erste Hilfe leisten, wenn nötig

... bei einem Brand:

- Möglichst das brennendes Fahrzeug aus dem Tunnel heraus fahren

... bei einem Brand, falls Herausfahren nicht möglich:

- Fahrzeug möglichst in einer Pannenbucht, sonst seitlich abstellen
- Motor abschalten, Schlüssel stecken lassen und das Fahrzeug unverzüglich verlassen; für Busbrände bitte Kapitel 8.7.4 zusätzlich beachten
- An Notrufstation Brandalarm auslösen
- Wenn noch möglich, Erste Hilfe leisten
- Brand mit Feuerlöschern aus Fahrzeug und Notrufstation bekämpfen
- Wenn Brand nicht zu löschen ist, Tunnel schnellstmöglich über die Notausgänge verlassen
- Wenn möglich, bergab flüchten

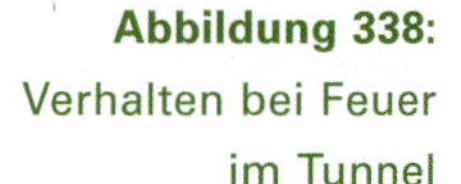

Abbildung 338: Verhalten bei Feuer im Tunnel

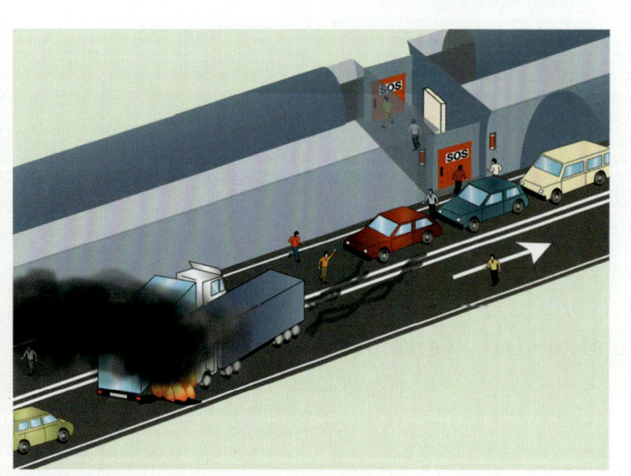

...für nicht direkt vom Brand Betroffene:

- Nicht wenden oder rückwärts fahren
- Lautsprecherdurchsagen und Verkehrshinweise im Radio befolgen
- Bei Feuer und Rauch Fahrzeug verlassen, Autoschlüssel stecken lassen

8.8.2 Brücken

Abbildung 339: Brücke

Auch auf Brücken bringt ein Unfall oder eine Panne besondere Probleme mit sich. Vor allem, wenn es sich um eine Autobahnbrücke mit entsprechender Länge und Höhe handelt, wird die Situation als bedrohlich empfunden.

Falls möglich, sollte – auch unter Inkaufnahme der Beschädigung eines platten Reifens – langsam bis zu einer sicheren Stelle weitergefahren werden. Bleibt das Fahrzeug direkt auf der Brücke stehen, gelten grundsätzlich die gleichen Sicherheitsregeln wie bei anderen Pannensituationen. Achtung: Im Bereich hinter der Leitplanke besteht möglicherweise – insbesondere bei schlechter Sicht – unmittelbare Absturzgefahr (es besteht kein begehbarer Rand).

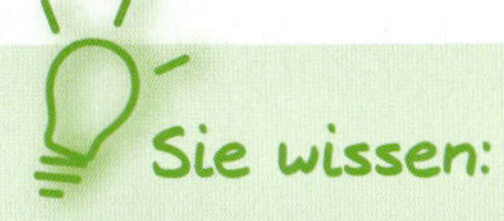

Sie wissen:

- ✔ Was Sie bei Einfahrt in den Tunnel und bei einem Stau im Tunnel beachten sollten.
- ✔ Wo Notrufstationen im Tunnel sind und wie diese ausgestattet sind.
- ✔ Wie die Fluchtwegbeschilderung aussieht.
- ✔ Was bei einem Brand des Fahrzeugs im Tunnel zu veranlassen ist.

8.9 Betreuung nach schweren Unfällen

Sie sollen über den richtigen Umgang mit posttraumatischen Reaktionen auf Unfälle informiert werden.

8.9.1 Verarbeitung von Extremsituationen

Warum ist eine Betreuung notwendig? Häufig haben Bus- und Lkw-Fahrer Probleme, erlebte Extremsituationen psychisch zu verarbeiten. Dies gilt z. B. dann, wenn sie an Verkehrsunfällen mit Schwerverletzten oder Getöteten beteiligt waren oder selbst Opfer eines Überfalls wurden. Diese Erlebnisse lösen häufig heftige seelische Reaktionen aus, da sie über die normalen Belastungen im täglichen Leben weit hinausgehen. Hieraus können schwere Angsterkrankungen entstehen. Der Psychologe spricht in diesem Zusammenhang zum Beispiel von „posttraumatischen Belastungsreaktionen".

Das auslösende Ereignis taucht bei den Betroffenen immer wieder als plastisch erlebte Erinnerung auf. In ihren Albträumen erscheint das Geschehen oder zumindest Teile davon immer wieder. Diese Personen sind häufig sehr schreckhaft und leicht reizbar. Oft kommen Schlaflosigkeit, Apathie und ein dauerhaftes Gefühl des Betäubtseins, emotionale Stumpfheit und Gleichgültigkeit hinzu. Körperliche Symptome sind in

Abbildung 340: Auffahrunfall

diesem Zusammenhang vegetative Muskelverspannungen und Kopfschmerzen. Zudem können Depressionen zu Suizidgedanken führen.
Unmittelbar nach einem Ereignis sind diese psychischen Reaktionen normal, da die Seele das Erlebte erst verarbeiten muss. Häufig hat dies eine Arbeitsunfähigkeit von einigen Tagen oder Wochen zur Folge. Wird das Geschehen nicht oder nicht ausreichend verarbeitet, kann diese posttraumatische Reaktion zu einer chronischen Erkrankung werden. Dies kann zu dauerhafter Arbeitsunfähigkeit führen. In dieser Zeit sind Gespräche mit Kollegen, Freunden und Experten hilfreich. Folgen können auch nach Wiederaufnahme der Fahrtätigkeit verstärkt oder erstmals auftreten. Dabei lösen z.B. Erlebnisse während der Fahrt Erinnerungen an das Unfallerlebnis aus und führen zu starken Emotionen. Im Straßenverkehr kann dies zu gefährlichen Situationen führen, wenn der Fahrer vollkommen unerwartet seine Handlungen nicht mehr kontrollieren kann. Die betroffenen Fahrer erkennen häufig nicht, dass sie Hilfe benötigen. Sie versuchen zunächst, mit der Situation allein fertig zu werden. Der Unternehmer hat jedoch eine Fürsorgepflicht für seine Beschäftigten, d.h. dass er die Betroffenen bei der Verarbeitung des Geschehenen unterstützen muss.
Treten die gesundheitlichen Beeinträchtigungen als Folge eines Arbeitsunfalls auf, tragen die Unfallversicherungsträger die anfallenden Behandlungskosten.

8.9.2 Phasen der Betreuung

Betreuung am Unfallort

Der Fahrer sollte bereits am Unfallort betreut werden. Um die Verletzten kümmern sich die Rettungskräfte intensiv, der zumindest äußerlich unverletzte Fahrer bleibt häufig unbeachtet. Eine zusätzliche Belastung stellen der entstehende Menschenauflauf und Schaulustige dar. Der Fahrer kann in der Regel keinen Abstand zum Geschehen gewinnen, da die Unfallaufnahme bzw. polizeiliche Befragungen aller Beteiligten meist direkt vor Ort stattfinden. Eine große Hilfe kann in solchen Situationen die Anwesenheit einer entsprechend ausgebildeten Kontaktperson sein. Diese kann beruhigend auf den Fahrer einwirken, ihn in einen ruhigeren Bereich bringen und gegebenenfalls weitere Hilfe anfordern. In vielen Fällen kann bereits hier mit einer erfolgreichen Verarbeitung des Geschehens begonnen werden. Folgen wie Ausfallzeiten und Krankheiten können durch die Erstbetreuung in der Akutphase vermieden oder deutlich reduziert werden.

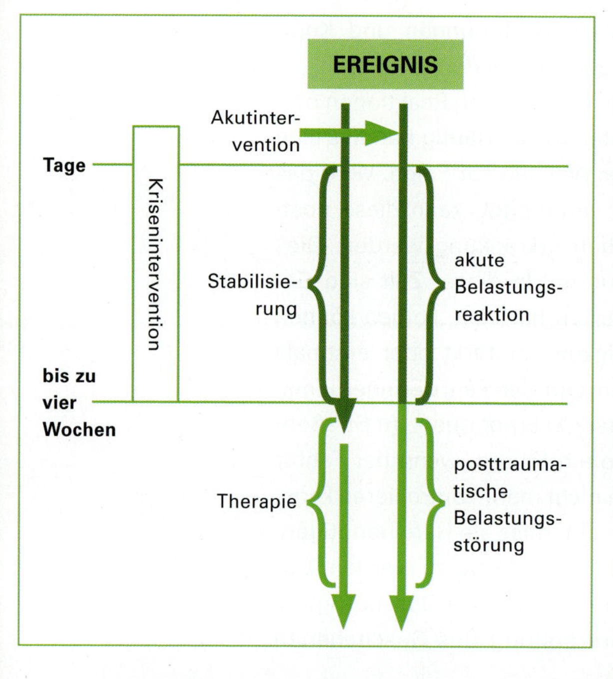

Abbildung 341: Intervention bei akuter Belastungsreaktion und posttraumatischer Störung

Die Erstbetreuung kann durch Notfallpsychologen oder durch speziell ausgebildetes Personal des Verkehrsunternehmens durchgeführt werden. Auch psychologisch ausgebildete Rettungskräfte oder Mitarbeiter aus Kriseninterventionsteams (KIT) können eingesetzt werden.

Zur Erstbetreuung gehört auch, dass die Fahrer ins Krankenhaus bzw. zur Notfallambulanz begleitet werden, persönliche Gegenstände wiederbeschafft und die Angehörigen über den Unfall informiert werden.

Folgebetreuung

Nach der Rückkehr in den Betrieb muss der Fahrer bei der Verarbeitung des Erlebten weiter unterstützt werden. Hierbei können Notfallpsychologen oder betriebliche Sozialberater sowie Betriebspsychologen helfen. Kollegen und Vorgesetzte des Fahrers werden bei der weiteren Betreuung von diesen Fachleuten eingebunden. Auch der Betriebsarzt wird hinzugezogen, sollte es zu Auffälligkeiten kommen. Eine therapeutische Weiterbehandlung, z.B. als Einzel- oder Gruppenmaßnahme, kann im Einzelfall notwendig sein, ebenso die Einbeziehung von Angehörigen. Um feststellen zu können, ob ein Fahrer nach einem belastenden Unfallereignis geeignet ist, wieder ein Fahrzeug zu führen, kann eine sogenannte diagnostische Probefahrt sinnvoll sein. Dabei sollten der Vorgesetzte und möglichst auch ein Psychologe anwesend sein.

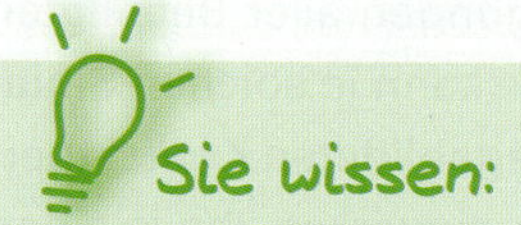

- ✔ Was Ursachen für posttraumatische Belastungsreaktionen sein können und welche Symptome es gibt.
- ✔ Was eine Erstbetreuung nach einem traumatisierendem Ereignis ist und was sie bewirken soll.

8.10 Wissens-Check

1. Nennen Sie vier Beispiele für typische Pannen und Notfälle von Lkw oder Bussen!

____

____

____

____

____

2. Welcher allgemeine Grundsatz gilt für Fahrer bei Pannen und Notfällen?

____

3. Welche Fragen muss sich der Fahrer stellen, um sich einen ersten Überblick nach einer Panne oder einem Notfall zu verschaffen?

____

____

4. Wie lauten die 5 „W“ einer Notfallmeldung?

____

____

____

____

____

5. Warum ist die Angabe der Verletztenzahl wichtig?

____

6. Ist die Verpflichtung zum Tragen einer Warnweste nur bei Dunkelheit gegeben?

7. In welchen Entfernungen hinter dem Fahrzeug müssen das Warndreieck bzw. andere Warneinrichtungen aufgestellt sein?

8. Reicht die Warnblinkanlage bei einem liegengebliebenen Fahrzeug aus oder muss es beleuchtet sein?

9. Wo soll sich der Fahrer auf dem Weg zum Aufstellen des Warndreiecks aufhalten?

10. Was ist bei einem Fahrzeugbrand noch vor dem Löschversuch mit dem Feuerlöscher zu tun?

11. Warum sollen Mobiltelefone (Handys) zum Absetzen des Notrufs im Tunnel nicht benutzt werden?

12. Was ist bei Stau in einem Tunnel zu beachten?

13. Welche besondere Gefahr besteht auf Brücken?

14. Welche Symptome (Anzeichen) sind bei einer post-traumatischen Belastungsreaktion möglich?

15. Welche Gegenstände gehören zur Notfallausrüstung eines Omnibusses? Nennen Sie mindestens sechs.

16. In welcher Situation müssen Fahrgäste eines Busses in der Regel sofort evakuiert werden?

17. Wo befinden sich Notausstiege bei einem Bus und wie sind sie zu benutzen?

18. Was ist nach einem Busumsturz zu tun? Bringen Sie die folgenden Maßnahmen in die richtige Reihenfolge (durchnummerieren).

____ Warten auf Rettungskräfte und Polizei

____ Notruf wird abgesetzt (Fahrer oder andere geeignete Person)

____ Fahrer hilft den Fahrgästen aus dem Bus

____ Fahrer und Ansprechpartner prüfen Vollzähligkeit der Fahrgäste an der Sammelstelle

____ Fahrer verschafft sich Überblick über die Verletzten

____ Fahrer überprüft, ob Bus leer ist

____ Durchsage/Instruktion der Fahrgäste über die erforderlichen Maßnahmen:

a. Einschlagen der Scheiben (Notausstiege) mittels Nothammer bzw. Öffnen der Notluken (im Dach)

b. Flucht ins Freie und an einer Stelle sammeln (Ansprechpartner bestimmen)

19. Kann der Fahrer die oben genannten Aufgaben delegieren oder muss er alles selber machen?

____

20. Welche Gegenstände gehören zur Notfallausrüstung eines Lkw? Nennen Sie mindestens fünf.

____

____

____

____

____

____

21. Wo finden sich die verbindlichen Hinweise über mitzuführende Notfallausrüstungen?

- ❑ a) In der Straßenverkehrs-Zulassungs-Ordnung (StVZO)
- ❑ b) In der Straßenverkehrs-Ordnung (StVO)
- ❑ c) In der Bedienungsanleitung des Herstellers

22. Wie lautet die europaweite Notrufnummer?

- ❑ a) 110
- ❑ b) 112
- ❑ c) 115

23. Auf welche Personen ist die Verpflichtung zur Ersten Hilfe begrenzt?

- ❑ a) Kraftfahrer mit angeschlossener Berufsausbildung
- ❑ b) Ausgebildete und benannte Ersthelfer
- ❑ c) Alle Personen ohne Begrenzung

24. Was ist beim Einsatz von Feuerlöschern zu beachten?

- ❑ a) Immer mehrere Löscher nacheinander einsetzen
- ❑ b) Nur von beauftragten Personen zu benutzen
- ❑ c) Feuer mit dem Wind angreifen

25. Welche Reihenfolge bei einer Reifenpanne ist richtig?

- ❑ a) Leitstelle informieren, Pannenstelle absichern, Rad wechseln
- ❑ b) Notruf über 112 absetzen, Warnweste überziehen, Rad wechseln
- ❑ c) Warnweste überziehen, Pannenstelle absichern, Rad wechseln

26. Worauf bezieht sich das letzte „W“ beim Absetzen eines Notrufes?

- ❑ a) Warten auf Rückfragen, falls die Leitstelle weitere Fragen hat
- ❑ b) Wiederholen aller Angaben, damit sich die Leitstelle Notizen machen kann
- ❑ c) Warnung vor Witterungseinflüssen, z.B. Glatteis

Abkürzungsverzeichnis

AA	Antriebsachse
ABA	Active Brake Assist
ABE	Allgemeine Betriebs-Erlaubnis
ABS	Anti-Blockier-System
Abs.	Absatz
ABV	Automatischer Blockierverhinderer
ACEA	Verband europäischer Kraftfahrzeug-Entwickler
ADR	Accord européen relatif au transport international des marchandises Dangereuses par Route (Europäisches Übereinkommen über die internationale Beförderung gefährlicher Güter auf der Straße)
AETR	Accord Européen sur les Transports Routiers (Europäisches Übereinkommen über die Arbeit des im internationalen Straßenverkehr beschäftigten Fahrpersonals)
AG	Aktiengesellschaft
AGR	Abgasrückführung
AGS	Automatische Getriebe-Steuerung
AIST e.V.	Arbeitsgemeinschaft zur Förderung und Entwicklung des internationalen Straßenverkehrs
AKS	Automatisches Kupplungs-System
ALB	Automatisch-lastabhängige Bremskraftregelung
API	American Petroleum Institute (Amerikanisches Erdölinstitut)
ArbZG	Arbeitszeitgesetz
ART	Abstandsregeltempomat
ASiG	Gesetz über Betriebsärzte, Sicherheitsingenieure und andere Fachkräfte für Arbeitssicherheit
ASOR	Übereinkommen über die Personenbeförderung im grenzüberschreitenden Gelegenheitsverkehr mit Kraftomnibussen
ASR	Antriebsschlupfregelung
ATF	Automatic Transmission Fluid (Automatikgetriebeöl)
ATL	Abgasturbolader
AU	Abgasuntersuchung
AufenthG	Aufenthaltsgesetz
BAG	Bundesamt für Güterverkehr
BAS	Bremsassistent

BASt	Bundesanstalt für Straßenwesen
BBA	Betriebsbremsanlage
BBiG	Berufsbildungsgesetz
BG	Berufsgenossenschaft
BGB	Bürgerliches Gesetzbuch
BGBl.	Bundesgesetzblatt
BGF	Berufsgenossenschaft für Fahrzeughaltungen
BGI	Berufsgenossenschaftliche Informationen
BGL	Bundesverband Güterkraftverkehr Logistik und Entsorgung
BGR	Berufsgenossenschaftliche Regeln für Sicherheit und Gesundheit bei der Arbeit
BGV	Berufsgenossenschaftliche Vorschriften
BKatV	Bußgeldkatalog-Verordnung
BKrFQG	Berufskraftfahrer-Qualifikations-Gesetz
BKrFQV	Berufskraftfahrer-Qualifikations-Verordnung
BMI	Body-Mass-Index
BMVBW	Bundesministerium für Verkehr, Bau- und Wohnungswesen
BOKraft	Verordnung über den Betrieb von Kraftfahrunternehmen im Personenverkehr
BOStrab	Verordnung über den Bau und Betrieb der Straßenbahnen
BTL	Biomasse-To-Liquid
bzw.	beziehungsweise
CAN	Controller Area Network
CDI	Common-Rail Diesel Injection
CEMT	Conférence Européenne des Ministres des Transports (Europäische Verkehrsministerkonferenz)
CI	Corporate Identity (Firmen-Image)
CMR	Convention Marchandise Routiere (Vereinbarungen im internationalen Straßen-Güterverkehr)
CNG	Compressed Natural Gas
CTU	Beförderungseinheit
CZ	Cetanzahl
d.h.	das heißt
daN	Dekanewton
db(A)	Dezibel (A-Bewertung)
DBA	Dauerbremsanlage
DBL	Dauerbremslimiter

ddp	Deutscher Depeschendienst GmbH
DGE	Deutsche Gesellschaft für Ernährung
DHS	Deutsche Hauptstelle für Suchtfragen
DI	Direct Injection (Direkteinspritzung)
DIN	Deutsche Industrie Norm
DOHC	Double Overhead Camshaft (zwei obenliegende Nockenwellen)
DOT	Department Of Transportation (US-Verkehrsministerium)
DSC	Digital Stability Control (Digitale Stabilitäts-Kontrolle)
DVR	Deutscher Verkehrssicherheitsrat
e.V.	eingetragener Verein
EAG	Elektronisches Automatik-Getriebe
EBS	Elektronisches Bremssystem
ECE	Economic commission for Europe (Europäische Wirtschaftskommission)
EDC	Electronic Diesel Control (Elektronisches Diesel-Motormanagement)
EDV	Elektronische Datenverarbeitung
EFTA	Europäische Freihandelszone
EG	Europäische Gemeinschaft
EGS	Elektronische Getriebesteuerung
EN	Europäische Norm
ESP	Elektronisches Stabilitätsprogramm
etc.	et cetera
ETS	Elektronisches Traktionssystem
EU	Europäische Union
EuGH	Europäischer Gerichtshof
EUR	Euro
EVB	Exhaust Valve Brake (Auslass-Ventil-Bremse)
EWG	Europäische Wirtschaftsgemeinschaft
FAS	Fahrerassistenzsysteme
FBA	Feststellbremsanlage
FDI	Fuel Direct Injection (Benzindirekteinspritzung)
FDR	Fahrdynamikregelung
FDS	Fahrzeug-Diagnose-System
FeV	Fahrerlaubnis-Verordnung
FIS	Fahrerinformationssystem
FPersG	Fahrpersonalgesetz
FPersV	Fahrpersonalverordnung

FRONTEX	Frontières extérieures (Europäische Agentur für die operative Zusammenarbeit an den Außengrenzen)
FSI	Fuel Stratified Injection (Benzindirekteinspritzung)
FU	Fahrtunterbrechung
FZV	Fahrzeug-Zulassungsverordnung
G 25	Berufsgenossenschaftliche Grundsatz-Untersuchung
GBP	Pfund Sterling (britische Währung)
GDI	Gasoline Direct Injection (Benzindirekteinspritzung)
GGAV	Gefahrgutausnahmeverordnung
GGBefG	Gefahrgutbeförderungsgesetz
GGVS	Gefahrgutverordnung Straße
GGVSEB	Gefahrgutverordnung Straße, Eisenbahn und Binnenschifffahrt
GmbH	Gesellschaft mit beschränkter Haftung
GMT	Greenwich Mean Time
GPS	Global Positioning System
GRA	Geschwindigkeitsregelanlage
GSM	Global System for Mobile Communications
GTL	Gas-To-Liquid
GüKG	Güterkraftverkehrsgesetz
h	Stunde(n)
HA	Hinterachse
HBA	Hilfsbremsanlage
HGB	Handelsgesetzbuch
HU	Hauptuntersuchung
IATA-DGR	International Air Transport Association Dangerous Goods Regulations (Regelwerk für Gefahrguttransport im Luftverkehr)
IBC	Intermediate Bulk Container (Großpackmittel)
IMDG-Code	International Maritime Code for Dangerous Goods (Kennzeichnung für Gefahrgut im Seeschiffsverkehr)
IMO	International Maritime Organization (Internationale Seeschifffahrts-Organisation)
IR	Infarot
IRU	International Road Transport Union
ISO	International Organization for Standardization (Internationale Organisation für Normung)
IVTM	Integrated Vehicle Tire Pressure Monitoring (Reifendrucküberwachung)
JIS	Just-in-sequence

JIT	Just-in-time
KAT	Katalysator
KBA	Kraftfahrt-Bundesamt
kcal	Kilokalorie
KEP	Kurier-, Express- und Paketdienste/Kurier-, Express- und Postdienste
Kfz	Kraftfahrzeug
KITAS	Kienzle Tachographensensor
kJ	Kilojoule
km	Kilometer
km/h	Kilometer pro Stunde
KOM	Kraftomnibus
KraftStG	Kraftfahrzeugsteuergesetz
KrW-/AbfG	Kreislaufwirtschafts- und Abfallgesetz
KV	Kombinierter Verkehr
l	Liter
LC	Lashing Capacity (Zurrkraft)
Lkw	Lastkraftwagen
LPG	Liquefied Petroleum Gas
LVP	Lastverteilungsplan
m	Meter
m/s	Meter pro Sekunde
M+S	Matsch und Schnee
MA	Mittelachse
min	Minute(n)
Mio.	Million(en)
MIV	Motorisierter Individualverkehr
MOZ	Motor-Oktanzahl
Mrd.	Milliarde(n)
MSR	Motor-Schleppmoment-Regler
N	Newton
NA	Nachlaufachse
OBD	On Board Diagnose
OBU	On Board Unit
OHC	Overhead Camshaft (obenliegende Nockenwelle)
ÖPNV	Öffentlicher Personennahverkehr
ÖV	Öffentlicher Verkehr
OWiG	Gesetz über Ordnungswidrigkeiten
PA	Polyamid
PBefG	Personenbeförderungsgesetz

PES	Polyester
Pkm	Personenkilometer
Pkw	Personenkraftwagen
PP	Polypropylen
PR	Ply Rating (Anzahl der Gewebelagen im Gürtelreifen)
PS	Pferdestärke
PSA	Persönliche Schutzausrüstung
RABT	Richtlinien für die Ausstattung und den Betrieb von Straßentunneln
RFID	Radio Frequency Identification (Radiofrequenztechnik zu Identifikationszwecken)
RFT	Run Flat Tyre
RHM	rutschhemmende Materialien
RIV	Regolamento Internazionale Veicoli (International einsetzbare Güterwagen)
ROZ	Researched (Erforschte) Oktanzahl
s.o.	siehe oben
s.u.	siehe unten
SAE	Society of Automotive Engineers (Verband der Automobilingenieure)
SCR	Selective Catalytic Reduction (Selektive Katalytische Reduktion)
sec	Sekunde(n)
SP	Sicherheitsprüfung
SPA	Spurassistent
StGB	Strafgesetzbuch
StPO	Strafprozeßordnung
StVG	Straßenverkehrsgesetz
StVO	Straßenverkehrs-Ordnung
StVZO	Straßenverkehrs-Zulassungs-Ordnung
SZR	Sonderziehungsrechte
t	Tonne
T.I.R.	Transports Internationaux Routiers (zollrechtliches Versandverfahren)
TCS	Traction Control System (Antriebsschlupfregelung)
THW	Technisches Hilfswerk
TMC	Traffic Message Channel (Verkehrsnachrichtenkanal)
TPM	Tire Pressure Monitoring (Reifendrucküberwachung)
TRZ	Tagesruhezeit
TWI	Tread Wear Indicator (Reifenverschleiß-Indikator)

u.a.	unter anderem
UN	United Nations (Vereinte Nationen)
usw.	und so weiter
UTC	Universal Time Coordinated
UVV	Unfallverhütungsvorschriften
VA	Vorderachse
VDI	Verein Deutscher Ingenieure
vgl.	vergleiche
VIS	Visa-Informationssystem
VO	Verordnung
WHO	Weltgesundheitsorganisation
WRZ	Wochenruhezeit
z.B.	zum Beispiel
zGG	zulässiges Gesamtgewicht
zGM	zulässige Gesamtmasse
ZOB	Zentraler Omnibus-Bahnhof

Formelzeichen

a	Beschleunigung
F	Kraft
F_{Beschl}	Beschleunigungskraft
F_{FW}	Fahrwiderstand
F_{G}	Gewichtskraft
F_{Luft}	Luftwiderstand
F_{N}	Normalkraft
F_{Reib}	Reibungskraft
F_{Roll}	Rollwiderstand
F_{Steig}	Steigungswiderstand
$F_{Träg}$	Massenträgheitskraft (Beschleunigungswiderstand)
g	Erdbeschleunigung
M	Drehmoment
m	Masse
n	Drehzahl
P	Leistung
t	Zeit
V	Volumen
μ	Haftreibungszahl

Stichwortverzeichnis

E

F

DIE OFFIZIELLEN FRAGEN DES DIHK:

Alle Fragen und Antworten im VogelCheck!

Der DIHK hat den amtlichen Fragenkatalog mit über 1300 Fragen veröffentlicht - jedoch ohne Angabe der richtigen Lösungen. Alle Fragen **inklusive Antworten** von unseren Fachautoren gibt`s im VogelCheck!

VogelCheck – Ihre Prüfungsvorbereitung:

- Beinhaltet alle Fragen des amtlichen Fragenkatalogs der IHK
- Richtige Antworten und Musterlösungen von Fachautoren in VogelCheck
- Einfache Selbstkontrolle dank der Musterlösungen und Selbstbewertung in Prüfungssimulationen
- Keine geheimen Fragen mehr! Sie wissen, worauf Sie sich vorbereiten müssen

Multiple Choice Fragen im VogelCheck:

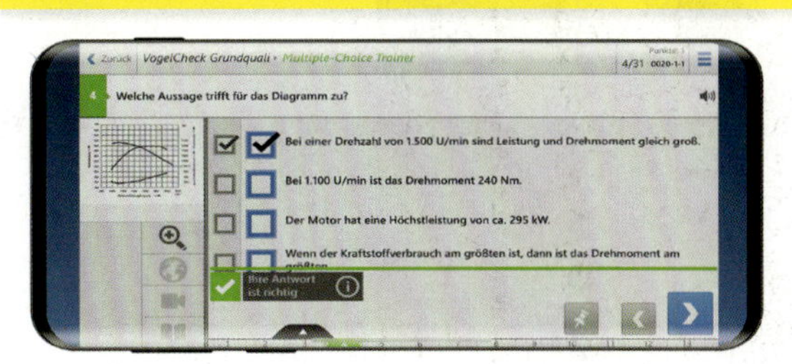

3 ULTIMATIVE TIPPS für die Prüfung:

Die Anzahl der richtigen Antworten ist an der Anzahl der Antwortalternativen ablesbar!

4 Antwortmöglichkeiten → 1 richtige Antwort

5 Antwortmöglichkeiten → 2 richtige Antworten

Auch an der Punktezahl können Sie die Anzahl der richtigen Antworten erkennen.

1 Punkt → 1 richtige Antwort

2 Punkte → 2 richtige Antworten

Nie mehr als 2 Antworten auswählen!

Bei 3 ausgewählten Antworten gibt es automatisch 0 Punkte.

LENK- UND RUHEZEITEN UP TO DATE

Hintergrundwissen

Die ausführlichen Erklärungen richten sich an Unternehmer, Disponenten, Ausbilder sowie Mitarbeiter in Fachbehörden.

Christoph Rang
Lenk- und Ruhezeiten im Straßenverkehr
Bestell-Nr.: 23013
Softcover, 356 Seiten
28,90 € ohne MwSt. (30,92 € inkl. MwSt.)

Christoph Rang
Das digitale Kontrollgerät
Bestell-Nr.: 23003
Softcover, 308 Seiten
28,90 € ohne MwSt. (30,92 € inkl. MwSt.)

Praxiswissen

Diese Praxisbücher bieten anschauliche Anleitungen für Fahrer, Unternehmer und Fuhrparkleiter im Umg mit Kontrollgeräten und Lenk- und Ruhezeiten.

Thomas Fritz
Lenk- und Ruhezeiten in der Praxis
Bestell-Nr.: 23002
Softcover, 160 Seiten
21,90 € ohne MwSt. (23,43 € inkl. MwSt.)

Olaf Horwarth
Digitale Fahrtenschreiber in der Praxis
Bestell-Nr.: 23040
Softcover, 265 Seiten
24,90 € ohne MwSt. (26,64 € inkl. MwSt.)

Jetzt bestellen!

www.heinrich-vogel-shop.de | 089 / 20 30 43 – 1600 | vertriebsservice@springer.com